C++ Templates（第2版）中文版

C++ Templates: The Complete Guide, Second Edition

[美] 戴维 · 范德沃德（David Vandevoorde）
[德] 尼古拉 M. 约祖蒂斯（Nicolai M. Josuttis）著
[美] 道格拉斯 · 格雷戈（Douglas Gregor）
何荣华 王文斌 张毅峰 杨文波 译

人民邮电出版社
北京

图书在版编目（CIP）数据

C++ Templates : 第2版 / (美) 戴维·范德沃德
(David Vandevoorde) , (德) 尼古拉 M.约祖蒂斯
(Nicolai M. Josuttis) , (美) 道格拉斯·格雷戈
(Douglas Gregor) 著 ; 何荣华等译. -- 北京 : 人民邮
电出版社, 2024.1
ISBN 978-7-115-60151-3

Ⅰ. ①C… Ⅱ. ①戴… ②尼… ③道… ④何… Ⅲ. ①
C++语言－程序设计 Ⅳ. ①TP312.8

中国版本图书馆CIP数据核字(2022)第185305号

版权声明

◆ 著　[美] 戴维·范德沃德（David Vandevoorde）
[德] 尼古拉 M. 约祖蒂斯（Nicolai M. Josuttis）
[美] 道格拉斯·格雷戈（Douglas Gregor）
译　何荣华　王文斌　张毅峰　杨文波
责任编辑　秦　健
责任印制　王　郁　焦志炜
◆ 人民邮电出版社出版发行　北京市丰台区成寿寺路 11 号
邮编　100164　电子邮件　315@ptpress.com.cn
网址　https://www.ptpress.com.cn
北京市艺辉印刷有限公司印刷
◆ 开本：787×1092　1/16
印张：40.25　2024 年 1 月第 1 版
字数：1 022 千字　2024 年 1 月北京第 1 次印刷
著作权合同登记号　图字：01-2017-8616 号

定价：149.80 元

读者服务热线：(010)81055410　印装质量热线：(010)81055316
反盗版热线：(010)81055315
广告经营许可证：京东市监广登字 20170147 号

内容提要

本书是一本全面介绍 C++模板技术的图书，主要内容涵盖 C++模板的基础概念、语言细节、编程技巧、高级应用以及实用示例等。本书针对 C++11、C++14、C++17 标准进行了内容更新，并对很多新语言特性（包括变量模板、泛型 lambda、类模板参数推导等）给出详细解释。通过阅读本书，读者可以深入理解 C++模板技术，掌握开发高效、简洁且易维护的软件的原因、时机和方法。

本书内容丰富，架构清晰，讲解翔实，适合对 C++模板技术感兴趣的开发人员或爱好者阅读。

序言

在 C++中，模板这个概念已经有 30 多年的历史了。1990 年出版的 *The Annotated C++ Reference Manual* 一书详细介绍了模板，在此之前更专业的出版物中也有对模板的介绍。然而，即使十多年后，对于模板这一迷人、复杂、强大的 C++特性，仍缺乏一本能够专注于阐述其基本概念和高级技术的著作。为了解决这个问题，我们决定编写一本关于模板的书（或许有点不够谦逊），本书的第 1 版由此而来。

自 2002 年年底本书第 1 版出版以来，C++发生了许多变化。C++标准的新迭代版本增加了新的语言特性，同时持续创新的 C++社区也开发了基于模板的新编程技术。因此，本书第 2 版虽然涉及 C++标准，但主要针对"现代 C++"。

本书的作者拥有不同的背景和意图。David（又名"Daveed"），是一位经验丰富的编译器实现者，同时也是 C++标准委员会的骨干，他所在的工作组负责核心语言演化，他的兴趣在于准确且详细地介绍模板的所有能力（和问题）。Nicolai，是一位"普通"的应用程序开发人员，同时也是 C++标准委员会的库工作组成员，他的兴趣在于通过一种方法来理解模板的所有技术，以便能够使用这些技术并从中获益。Douglas，是一位由模板库开发人员转变而来的编译器实现者和程序语言设计师，他的兴趣在于收集、分类和评估大量用于构建模板库的技术。此外，我们都期望与你和整个社区分享这些知识，以帮助消除更多关于模板的误解、困惑或顾虑。

于是，你将看到的内容既有附带日常示例的概念性介绍，也有模板具体行为的详细描述。从模板的基本原理开始，逐步进阶到"模板编程的艺术"，你将发现（或重新发现）诸如静多态、类型特征、元编程和表达式模板等技术。你还将深入理解 C++标准库，其中几乎所有代码都涉及模板。

在本书编写过程中，我们学到了很多东西，也从中收获了很多乐趣。希望你在阅读时也有同样的体验。

前言

本书第 1 版大概出版于 15 年前。当时我们期望编写一本对 C++程序员有益的 C++模板学习指南。这个项目是成功的——当听到读者认为我们的材料很有帮助时，当看到我们的书多次被推荐为参考图书，并广受好评时，我们是非常高兴的。

本书第 1 版的部分内容已经过时了，虽然大多数内容对于现代 C++程序员来说依然完全适用，但不可否认，语言的演化是在不断进行的（现代 C++标准的里程碑版本包括 C++11、C++14、C++17），因此对本书第 1 版内容的修订势在必行。

因此，对于第 2 版，我们的宗旨依然未变：提供 C++模板的学习指南。这意味着它既是一本准确可靠的参考书，又是一套易于理解的教程。不过，这次我们的对象是现代 C++语言，它要比本书第 1 版介绍的 C++语言难以驾驭得多。

我们也清楚地知道，自本书第 1 版出版以来，C++编程资源已经发生了变化（内容更加丰富）。例如，出现了一些深入介绍开发特定的基于模板的应用程序的图书。更重要的是，我们可以容易地从网上获得更多关于 C++模板和基于模板技术的信息，以及这些技术的高级用法示例。因此，在本书第 2 版中，我们打算将重心放在介绍可广泛用于各种应用程序的普适性技术上。

我们在本书第 1 版中所展示的一些技术已经过时，因为 C++语言现在提供了可以达到相同效果的更直接的方法。在本书第 2 版中，这些过时技术已被删除（或降低权重），相应地你将发现展现新语言先进用法的技术。

现在 C++模板伴随我们也有 30 多年了，不过 C++社区的程序员仍能经常“解锁”其在软件开发领域的新知识。本书的目标就是和读者分享这些知识，同时全面提升读者的开发能力以开启新思路，有可能的话，我们还希望能发现下一项重要的 C++技术。

阅读本书前应该具备的知识

想要充分利用本书，读者必须对 C++有所了解。我们会详细描述特定的语言特性，而不是语言本身的基础知识。读者应该熟悉类和继承的概念，并且应该能够使用 C++标准库中的组件（比如输入输出流和容器）来编写 C++应用程序，还应该熟悉现代 C++的基础特性，比如 auto、decltype、移动语义和 lambda 表达式等。我们还会随时根据需要介绍相关主题的更多细节，即使它们与模板没有直接关系。这将确保本书对专家和中级程序员都适用。

我们主要讨论的 C++语言标准修订版是 C++11、C++14 和 C++17。然而，在编写本书时，正逢 C++17“新鲜出炉”，我们认为绝大多数读者可能不熟悉它的细节。由于所有的修订对模板的行为和使用方法都产生了重大影响，因此，我们会对其中与本书的主旨高度相关的那些新特性进行简要介绍。不过，我们的目标既不是介绍现代 C++标准，也不是提供对本标准先前版本（C++98 和 C++03）的变化的详尽描述，而是基于现代 C++标准（C++11、C++14 和

C++17），专注于 C++中模板的设计和使用，偶尔举一些示例，介绍只有现代 C++标准支持或鼓励使用的不同于先前标准的新技术。

本书的组织结构

我们的目标是，一方面给刚开始使用模板的初级程序员提供所需信息，并让他们从模板的强大功能中获益；另一方面给经验丰富的“老手”提供“弹药”，让他们能够突破现代 C++的先进技术的极限。为了实现这一点，我们决定将本书组织为以下几个部分。

- 第一部分以教程的风格来介绍基础模板的基本概念。
- 第二部分展现模板的语言细节。这部分的内容可作为模板相关设计的案头参考。
- 第三部分解释 C++模板支持的基本设计和编码技术，它们覆盖的范围从细微的概念到复杂的惯用方法。

此外，我们还提供了一些附录，其中涉及的内容并不局限于模板（如关于 C++中重载解析的概述）。另一些附录涵盖一些概念。这些概念是对模板的基本扩展——已经包含在未来标准（大概是 C++20）的草案中。

最好按章节顺序阅读第一部分的内容。例如，第 3 章就是基于第 2 章所含内容展开介绍的。第二部分和第三部分各章之间的关联不是多紧密。交叉引用将帮助读者在不同主题之间自由切换。

如何阅读本书

如果你是一位想学习或复习模板概念的 C++程序员，请仔细阅读第一部分——基础知识。即使你已经非常熟悉模板，快速浏览这一部分可能会有助于你熟悉我们的写作风格和常用术语。这一部分还介绍如何有逻辑地组织包含模板的源代码。

读者可以根据自己喜欢的学习方法，决定是先消化第二部分中大量的模板细节知识，还是转而阅读第三部分的实用编程技巧（更多的语言细节问题可以参考第二部分的内容）。如果读者购买本书是为了解决日常开发中的具体难题，那么后一种学习方法可能比较有效。

正文经常引用的附录包含许多有用信息，我们也试图让附录中的表述变得生动有趣、浅显易懂。

根据我们的经验，学习新东西的好方法是看示例。因此，你会发现本书有很多示例。一种示例只包含阐释抽象概念的几行代码，而另一种示例则包含具体应用的完整程序。后一种示例将由描述程序代码所在文件的 C++注释引入。

关于编程风格的一些说明

C++程序员的编程风格互不相同，我们也不例外。通常涉及的问题是，在哪里放置空格符、分隔符（如花括号、圆括号）等。尽管偶尔会就当前话题做出让步，但是我们会尽量保持编程风格的一致。例如，在教程部分，我们可能更喜欢大量使用空格和具体名称来令代码更加直观易读；在更高级技术的讨论中，紧凑的风格可能更适合话题讨论。

需要注意的是关于类型、参数和变量声明的稍微特殊的用法。显然，下面几种风格是可接受的：

```
void foo (const int &x);
void foo (const int& x);
void foo (int const &x);
void foo (int const& x);
```

虽然这几种写法差异不大，但我们倾向于使用 int const 而不是 const int 来表示“常量整数”。我们选用这个顺序有两个原因。第 1 个原因是，针对问题“什么是常量”，int const 提供了更为简单明了的答案，“常量”总是指 const 限定符前面的内容。实际上，尽管

```
const int N = 100;
```

等价于

```
int const N = 100;
```

但对于

```
int* const bookmark;                //指针不能改变，但指针指向的数值可以改变
```

却没有相应的等价形式（把 const 限定符放在指针运算符“*”之前，与前者并不等价）。在这个示例中，指针本身是常量，而不是它指向的 int。

第 2 个原因与处理模板时常用的语法替换原则有关。考虑以下两种使用 typedef 关键字的声明：[①]

```
typedef char* CHARS;
typedef CHARS const CPTR;          //指向 char 类型的常量指针
```

或者使用 using 关键字：

```
using CHARS = char*;
using CPRT = CHARS const;          //指向 char 类型的常量指针
```

当我们将 CHARS 文本替换为它所代表的内容时，第 2 个声明的含义是不变的：

```
typedef char* const CPTR;          //指向 char 类型的常量指针
```

或

```
using CPTR = char* const           //指向 char 类型的常量指针
```

然而，如果我们把 const 写在它的限定类型之前，这个原则就不适用了。考虑前面两个类型定义的替代方案：

```
typedef char* CHARS;
typedef const CHARS CPTR;         //指向 char 类型的常量指针
```

---

① 注意，在 C++中，类型定义定义了“类型别名”而不是新类型（参阅 2.8 节）。
例如：

```
typedef int Length;      //定义 Length 作为 int 的一个别名
int i = 42;
Length l = 88;
i = l;                   //正确
l = i;                   //正确
```

替换 CHARS 文本会导致类型含义不同：

```
typedef const char* CPTR;           //指向常量char类型的指针
```

当然，同样的现象（规则）也适用于 volatile 限定符。

关于空格符，我们决定在符号&和参数名称之间放置一个空格：

```
void foo (int const& x);
```

通过这种做法，我们强调了参数类型和参数名称是分离的。不可否认，对于像下面这样的声明来说更容易令人混淆。

```
char* a, b;
```

在上面的代码中，根据从 C 语言继承的规则，a 是指针，而 b 是 char 类型的普通变量。为了避免产生这种混淆，我们干脆避免以这种方式声明多个实体。

虽然本书是一本关注语言特性的书。然而，许多技术、特性和辅助模板现在都出现在 C++标准库中。为了联结模板与 C++标准库，我们通过演示如何使用模板技术来实现某些库组件的方式来阐释模板技术，并且使用标准库实用程序来构建一些较复杂的示例。因此，我们不仅使用诸如<iostream>和<string>之类的头文件（它们包含模板，但和定义其他模板并不特别相关），而且使用<cstddef>、<utilities>、<functional>和<type_traits>等（它们确实为更复杂的模板提供了基本构成要素）。

另外，我们给出了 C++标准库提供的主要模板实用程序的参考——附录 D，其中包括所有标准类型特征的详细描述。它们通常用在复杂模板编程的核心位置。

C++11、C++14 和 C++17 标准

C++标准公布于 1998 年，随后通过 2003 年的技术勘误做了修订，即对原始标准进行了细微的更正和澄清。这个“最初的 C++标准”就是广为人知的 C++98 或 C++03。

C++11 标准是由 C++标准委员会主推的 C++第一个主要修订版，给 C++语言带来了丰富的新特性。本书介绍许多与模板相关的新特性，包括：

- 变参模板；
- 别名模板；
- 移动语义、右值引用和完美转发；
- 标准类型特征。

紧随其后，C++14 和 C++17 也都引入了一些新的语言特性，尽管这些标准引入的新特性并不像 C++11 中的那样引人注目。[①]本书描述的与模板有关的新特性包括但不限于：

- 变量模板（C++14）；
- 泛型 lambda（C++14）；
- 类模板参数推导（C++17）；
- 编译期 if（C++17）；
- 折叠表达式（C++17）。

① C++标准委员会现在的目标是大约每 3 年发布一次新标准。显然，该做法缩短了原本可以大量增加修订内容的时间，但这样可以将变更快速传播到更广泛的编程社区。所以，较大规模特性的开发周期可能涵盖多个标准。

我们甚至还介绍概念（concept）。

在编写本书时，C++11 和 C++14 标准已得到主流编译器的普遍支持，C++17 也被广泛支持。尽管如此，编译器在支持不同的语言特性方面还有很大的区别。一些编译器能编译本书中的大部分代码，但少数编译器可能无法处理部分示例。不过，我们认为这一问题很快就会得到解决，因为各方程序员都要求他们的供应商提供标准支持。

即便如此，C++语言也会随着时间的推移而不断发展。C++社区的专家（无论他们是否加入 C++标准委员会）正在讨论各种改进语言的方法，并且一些备选方案已经对模板产生了影响。第 17 章介绍了一些这方面的趋势。

反馈

我们欢迎读者的建设性意见（包括正面的和负面的）。我们努力付出，希望能推出一本读者认可的优秀图书。然而，在某个时刻，我们不得不暂停写作、审阅和润色，以便能保证“产品发布”。因此，你可能会发现一些错误、不一致的地方和可以改进的表述方式，或者遗漏了某些主题。你的反馈让我们有机会改进任何后续版本。

第 2 版致谢

写书很难，维护更难。我们花了 5 年多时间来推出本书第 2 版，它的出版离不开许多人的关心和支持。

首先，我们要感谢 C++社区和 C++标准委员会的所有人。除了承担新增语言特性和库特性的所有工作以外，他们还花了大量时间，耐心且热情地与我们解释和讨论他们的工作。

其次，我们要感谢在过去 15 年中，为本书第 1 版中的错误和可能的改进提供反馈意见的程序员。只因人数太多而无法全部列出，我们衷心感谢他们抽出宝贵时间所做的观察和思考。如果我们的回答不够及时，请接受我们的道歉。

我们还要感谢审阅本书草稿并提供宝贵意见（反馈和澄清）的每一个人。他们的工作明显提升了本书的质量，并再次证明了唯有群体智慧才能成就精品。在此，特别感谢 Steve Dewhurst、Howard Hinnant、Mikael Kilpeläinen、Dietmar Kühl、Daniel Krügler、Nevin Lieber、Andreas Neiser、Eric Niebler、Richard Smith、Andrew Sutton、Hubert Tong 和 Ville Voutilainen。

当然，我们还要感谢来自 Addison-Wesley/Pearson 的所有支持我们的人。如今，人们再也不会将对图书作者的专业支持视作理所当然，但他们依然很有耐心，会在适当的时候“碎碎念”，并且在我们需要相关知识和专业精神支持时，给予极大帮助。因此，非常感谢 Peter Gordon、Kim Boedigheimer、Greg Doench、Julie Nahil、Dana Wilson 和 Carol Lallier。

特别感谢提供出色文本系统的 LaTeX 社区和解决我们 LaTeX 问题（这几乎总是我们的错误）的 Frank Mittelbach。

David 的致谢

写作本书第 2 版花费了很长时间，当我们写作完成的时候，我要感谢身边的人，尽管受到很多分内之事困扰，但是他们还是促使本书出版。首先，我要感激我的妻子 Karina，以及我们的女儿 Alessandra 和 Cassandra，感谢她们同意我从“家庭日程安排”中抽出大量时间来完成本书，尤其是在 2016 年的生活中。我的父母一直对我的出版目标很感兴趣，并且每当我看望他们时，他们都不会忘记关心这个特别的项目。

显然，本书是一本技术图书，其内容反映了有关编程的知识和经验。然而，光有编程知识和经验，我还不足以胜任此项工作。因此，我万分感谢 Nicolai 承担了本书的管理和制作方面的工作（除了他所有的技术贡献之外）。如果本书对你有用，并且某天你碰到 Nicolai，请务必转达大家对他推动我们不断前进的谢意。我也要感谢 Douglas 多年前同意加入我们，即便这打乱了他自己的计划安排，他却仍然克服困难，坚持到底。

这些年来，C++社区的许多程序员分享了自己的见解，感谢他们。不过，我个人要特别感谢 Richard Smith，多年来，他高效解答了我邮件中所提的疑难技术问题。同样，感谢我的同事 John Spicer、Mike Miller 和 Mike Herrick，他们分享了自己的知识并创建了一个令人鼓舞的工作环境，使我们学到了很多。

Nicolai 的致谢

首先，我要感谢两位核心专家 David 和 Douglas（他们分别是应用程序开发者和库专家），我问了他们很多“愚蠢”的问题，也学到了很多东西。我现在感觉自己有点核心专家的样子了（当然，直至遇到下一个问题为止）。

其次，我要将所有其他感谢都给 Jutta Eckstein。Jutta 拥有一种奇妙的能力，可以激励和支持那些有理想、想法和目标的人。然而在 IT 行业内，只有偶尔在见她或者和她一起工作时人们才能有所体验，我很荣幸能在日常生活中受益于她。经过这些年，我期望此将永续。

Douglas 的致谢

我衷心感谢优秀的贤内助 Amy，以及我们的女儿 Molly 和 Tessa。她们的爱与相伴带给我欢乐，以及应对生活和工作中挑战的信心。我还要感谢我的父母，他们培养了我对学习的热爱，并一直鼓励我。

与 David 和 Nicolai 一起工作是件愉快的事，他们个性迥异却是最佳拍档。David 对技术写作胸中有“丘壑”，描述字斟句酌，力求表达精确而富有启发。Nicolai 经常超常发挥他出色的组织能力，让我们的合著工作有条不紊地进行，并用其独特的能力将复杂的技术讨论分而治之，使其变得更简单、更易理解且更明晰。

第 1 版致谢

本书引用了许多他人的思想、概念、解决方案和示例，在此我们感谢在过去几年里所有帮助和支持我们的个人和公司。

首先，我们感谢所有的审阅者和对我们的早期草稿提供意见的人，本书的质量很大程度上要归功于他们的付出。本书的审阅者包括 Kyle Blaney、Thomas Gschwind、Dennis Mancl、Patrick Mc Killen 和 Jan Christiaan van Winkel。特别感谢 Dietmar Kühl，他细致入微地审阅和校对了整本书，他的反馈大大提高了本书的质量。

我们还要感谢所有帮助我们在不同的编译器平台测试书中示例程序的个人和公司。特别感谢 Edison Design Group 公司的开发者，他们为我们提供了一款优秀的编译器，还给予了我们大力的支持——这为本书的编写和 C++的标准化过程都带来了很大的帮助。另外，我们还要感谢免费的 GNU 和 egcs 编译器的开发者（Jason Merrill 是特别要感谢的人）和 Microsoft（Jonathan Caves、Herb Sutter、Jason Shirk 是我们在那边的朋友），他们为我们提供了一份评估版本的 Visual C++。

总的来说，现存的许多“C++智慧”得益于在线 C++团体。其中的大多数内容都来自新闻组 comp.lang.c++.moderated 和 comp.std.c++，因此，我们特别感谢这些新闻组的管理者，正是他们的努力使所讨论的内容更加有用、更具建设性。我们还要感谢那些多年来不遗余力地为我们解释并和我们分享他们的想法的人。

Addison-Wesley 公司的团队做了一份很出色的工作。我们特别感谢 Debbie Lafferty（我们的编辑），感谢她那温和的督促、良好的建议、不倦的工作和对这本书的支持。另外，还要感谢 Tyrrell Albaugh、Bunny Ames、Melanie Buck、Jacquelyn Doucette、Chanda Leary-Coutu、Catherine Ohala 和 Marty Rabinowitz。衷心感谢 Marina Lang，正是他首先在 Addison-Wesley 公司内部提出本书的选题策划。最后，Susan Winer 的早期编辑工作也大大有助于我们后面的工作。

Nicolai 的致谢

我首先要感谢我的家人，Ulli、Lucas、Anica 和 Frederic，感谢他们对我和这本书的耐心、关怀和鼓励。

另外，我要感谢 David，他是一位非常优秀的专家，而且他的耐心格外难得（有时，我甚至会问一些比较“幼稚”的问题）。和他一起工作让我感受到极大的乐趣。

David 的致谢

首先感谢我的妻子 Karina，本书能够完成要归功于她的帮助和在生活中给我带来的一切。当写书和其他活动安排发生冲突的时候，“利用空闲时间”写书显然是不现实的。Karina 帮我安排了整个时间计划，为了挤出更多的时间来写作，她教我如何对一些活动说“不”，所有的这一切都对本书的完成提供了极大的帮助。

能够和 Nicolai 一起工作让我感到非常荣幸。除了承担部分书稿的写作之外，正是 Nicolai 的经验和专业精神，才令原先显得凌乱的草稿变成一本结构合理的图书。

John “Mr. Template” Spicer 和 Steve “Mr. Overload” Adamczyk 是我很好的朋友和同事。在我看来，他们都是核心 C++语言的权威。他们为我澄清了写作时遇到的一些令人疑惑的问题。如果你在书中找到关于 C++语言要素描述的错误，那是我的疏忽，怪我没有向他们请教。

最后，我要对下面这些支持我工作的人表达谢意，尽管他们的支持是间接的，但他们给我带来的一切同样是不可低估的。首先，感谢我的父母，正是他们的关爱和鼓励让一切有所不同。下面是一些关心我的朋友，比如询问“书进行得怎么样了”，他们的鼓励同样给予了我很大的动力，感谢 Michael Beckmann、Brett 和 Julie Beene、Jarran Carr、Simon Chang、Ho 和 Sarah Cho、Christophe De Dinechin、Ewa Deelman、Neil Eberle、Sassan Hazeghi、Vikram Kumar、Jim 和 Lindsay Long、R. J. Morgan、Mike Puritano、Ragu Raghavendra、Jim 和 Phuong Sharp、Gregg Vaughn 和 John Wiegley。

资源与支持

资源获取

本书提供如下资源：

- 程序源码；
- 本书思维导图；
- 异步社区 7 天 VIP 会员。

要获得以上资源，您可以扫描下方二维码，根据指引领取。

提交勘误

作者和编辑尽最大努力来确保书中内容的准确性，但难免会存在疏漏。欢迎您将发现的问题反馈给我们，帮助我们提升图书的质量。

当您发现错误时，请登录异步社区（https://www.epubit.com），按书名搜索，进入本书页面，点击“发表勘误”，输入勘误信息，点击“提交勘误”按钮即可（见右图）。本书的作者和编辑会对您提交的勘误进行审核，确认并接受后，您将获赠异步社区的 100 积分。积分可用于在异步社区兑换优惠券、样书或奖品。

与我们联系

我们的联系邮箱是 contact@epubit.com.cn。

如果您对本书有任何疑问或建议，请您发邮件给我们，并请在邮件标题中注明本书书名，以便我们更高效地做出反馈。

如果您有兴趣出版图书、录制教学视频，或者参与图书翻译、技术审校等工作，可以发邮件给我们。

如果您所在的学校、培训机构或企业，想批量购买本书或异步社区出版的其他图书，也可以发邮件给我们。

如果您在网上发现有针对异步社区出品图书的各种形式的盗版行为，包括对图书全部或部分内容的非授权传播，请您将怀疑有侵权行为的链接发邮件给我们。您的这一举动是对作者权益的保护，也是我们持续为您提供有价值的内容的动力之源。

关于异步社区和异步图书

“异步社区”（www.epubit.com）是由人民邮电出版社创办的IT专业图书社区，于2015年8月上线运营，致力于优质内容的出版和分享，为读者提供高品质的学习内容，为作译者提供专业的出版服务，实现作者与读者在线交流互动，以及传统出版与数字出版的融合发展。

“异步图书”是异步社区策划出版的精品IT图书的品牌，依托于人民邮电出版社在计算机图书领域30余年的发展与积淀。异步图书面向IT行业以及各行业使用IT技术的用户。

目录

第一部分　基础知识

第二部分 深入模板

第三部分 模板与设计

第一部分

基础知识

本部分介绍 C++模板的基本概念和语言特性，通过展示函数模板和类模板的例子，从讨论模板的总体目标和概念开始，接着介绍另外一些基础模板特性，比如非类型模板参数、变参模板、typename 关键字和成员模板。本部分也会讨论如何处理移动语义、如何声明模板参数，以及如何使用泛型代码实现编译期编程。本部分最后给出了一些关于术语，以及应用程序员和泛型库开发者在实践中如何使用和应用模板的一般性建议。

为什么需要模板

C++要求我们使用具体类型来声明变量、函数和大多数其他类型的实体。然而，很多代码除了类型差异以外其他完全一样。例如，对于不同的数据结构（如整型数组或字符串向量），只要所含类型可以相互比较，快速排序算法的实现在结构上看起来就是相同的。

如果你使用的编程语言不支持泛型这一特殊的语言特性，你可能只有下策可选。

（1）可以针对每种所需类型，反复实现相同行为。

（2）可以针对公共基类，比如 object 或 void*，编写通用代码。

（3）可以使用特殊预处理。

如果你使用其他编程语言，可能已经使用过以上几种或全部的方法。然而，这些方法各有缺点。

（1）如果反复实现相同的行为，那是在重复“造轮子”，会犯同样的错误，也会倾向于避开复杂但更好的算法，因为它们可能会导致更多问题。

（2）如果为公共基类编写通用代码，就失去了类型检查的好处。另外，类可能需要从特殊基类派生，这会增加代码维护的难度。

（3）如果采用特殊预处理，代码会被一些“愚蠢的文本替换机制”所取代，这些机制不考虑作用域和类型，可能会导致奇怪的语义错误。

模板没有这些缺点，是这些问题的解决方案。它们是为一种或多种尚未具化的类型编写的函数或类。使用模板时，能够显式或隐式地将类型作为实参传递。因为模板是语言特性，所以完全支持类型检查和作用域。

在当今的程序中，模板使用广泛。例如在 C++标准库中，几乎所有的代码都使用了模板。该库提供了某种具体类型的对象或数值的排序算法，来管理某种具体类型元素的数据结构（亦称容器类），以及将字符类型参数化的字符串，等等。然而这只是开始，模板还允许我们参数化行为、优化代码，以及参数化信息。这些应用将在后面的章节中介绍，让我们先从一些简单的模板开始。

第 1 章

函数模板

本章介绍函数模板，函数模板是被参数化了的函数，代表函数族。

1.1 函数模板初探

函数模板提供了可用于不同类型实参调用的函数功能，也就是说，函数模板代表的是一个函数族。函数模板形式上看起来很像普通函数，除了其中的一些元素待定外——这些元素是参数化的。为了说明这一点，让我们看一个简单示例。

1.1.1 定义模板

下面是一个返回两个数值中最大值的函数模板：

basics/max1.hpp

```
template<typename T>
T max (T a, T b)
{
  //如果 b < a 则返回 a，否则返回 b
  return b < a ? a : b;
}
```

该模板定义了一个返回两个数值中最大值的函数族，这两个数值是作为函数参数 a 和 b 传递的[①]。这些参数的类型作为模板参数 T，处于待定状态。如该例所示，模板参数必须按照如下语法形式声明：

```
template<由逗号分隔的参数列表>
```

在我们的示例中，参数列表是 typename T。请注意运算符<和>是如何使用的，我们称之为角括号，关键字 typename 是类型参数的引导字。这是到目前为止 C++程序中最典型的模板参数用法，但其他参数用法也是可行的，我们将在之后介绍（参阅第 3 章）。

这里 T 是类型参数，可以用任意标识符作为类型参数名，但习惯上用 T。类型参数可以代表任意类型，调用者调用该函数时会指定具体类型。可以使用任何类型（基本类型、类等），只要该类型提供模板使用的相关操作。在本例中，类型 T 必须支持运算符<，因为 a 和 b 使用该运算符进行比较。可能 max()的定义中不太明显，类型 T 的值也必须是可拷贝的，才能按值

① 注意，max()模板根据[*StepanovNotes*]有意返回“b < a ? a : b”而不是“a < b ? b : a”，以确保即使两个不同对象的值相等但不相同，函数也能正确执行。

返回[1]。

鉴于版本原因，也可以使用关键字 class 替代 typename 来定义类型参数。关键字 typename 在 C++98 标准演进中引入相对较晚，在那之前，关键字 class 是引导类型参数的唯一方式，而且目前依然有效。因此，模板 max()也可以等效定义如下：

```
template<class T>
T max (T a, T b)
{
    return b < a ? a : b;
}
```

从语义上说，在该语境下两者等价。因此，即使这里采用 class，模板实参也可以使用任何类型。然而，由于 class 的这种用法可能造成误导（其实不是只有类类型才可以替代 T），因此，当前语境下应该优先使用 typename。需要注意的是，和类类型声明不同，在声明类型参数的时候，不能使用关键字 struct 来替代 typename。

1.1.2 使用模板

下面的程序展示如何使用 max()函数模板：

basics/max1.cpp

```
#include"max1.hpp"
#include <iostream>
#include <string>
int main()
{
  int i = 42;
  std::cout << "max(7,i): " << ::max(7,i) << '\n';

double f1 = 3.4;
double f2 = -6.7;
std::cout << "max(f1,f2): " << ::max(f1,f2) << '\n';

std::string s1 = "mathematics";
std::string s2 = "math";
std::cout << "max(s1,s2): " << ::max(s1,s2) << '\n';
}
```

该程序内调用了 3 次 max()：一次调用的参数是两个 int 类型，一次调用的参数是两个 double 类型，还有一次调用的参数是两个 std::string 类型。每次都计算出最大值，程序输出结果如下：

```
max(7,i): 42
max(f1,f2): 3.4
max(s1,s2): mathematics
```

注意，max()模板的每次调用都加上了域限定符::，这是为了确保编译器在全局命名空间中查找 max()模板。因为标准库中还有一个 std::max()模板，所以可能会在有些情况下错误调

① 在 C++17 之前，类型 T 还必须是可拷贝的，以便能够传递实参。但是从 C++17 开始，即使拷贝和移动构造函数都无效，也可以传递临时值（右值，参阅附录 B）。

用或者导致歧义。[①]

模板不会被编译成可以处理任何类型的单一实体，而是对于使用模板的每种类型，都会生成不同实体。[②]因此，对应上述程序中 3 种类型中的每一种，max()都会编译一次。例如，第 1 次调用 max()：

```
int i = 42;
... max(7,i)...
```

使用以 int 作为模板参数 T 的函数模板，它具有调用如下代码的语义：

```
int max (int a, int b)
{
    return b < a ? a : b;
}
```

这种用具体类型替代模板参数的过程称为实例化（instantiate），结果是生成一个模板实例（instance）。[③]

请注意，使用函数模板时便能触发这样的实例化过程，不需要程序员另外请求实例化。

类似地，max()的其他调用也会为 double 和 std::string 实例化 max()模板，就好像它们是单独声明和实现的一样：

```
double max (double, double);
std::string max (std::string, std::string);
```

另外注意，如果生成的代码有效，void 就是有效的模板实参，例如：

```
template<typename T>
T foo(T*)
{
}

void* vp = nullptr;
foo(vp);                        //正确：推导为void foo(void*)
```

1.1.3 两阶段编译

试图使用类型来实例化模板，而该类型不支持模板内使用的所有操作，这将导致编译期错误。例如：

```
std::complex<float> c1, c2;     //没有提供运算符<
...
::max(c1,c2);                   //编译期错误
```

因此，模板分两个阶段“编译”。

① 例如，如果在命名空间 std 中定义一个实参类型（比如 std::string），根据 C++的查找规则，全局的 max()模板和 std 命名空间中的 max()模板都会被找到（请参阅附录 C）。

② “一个实体适配所有类型”的替代方案是可以想象的，但在实践中并未使用（在运行期效率较低）。所有的语言规则都基于这样一个原则，即为不同的模板实参生成不同的实体。

③ 在面向对象编程中，术语实例（instance）和实例化（instantiate）是在不同的上下文语境中使用的，即用于类的具体对象。然而，因为本书是关于模板的，除非另有说明，我们将这两个术语实例化用在模板“使用”上。

（1）定义期间不会实例化，可以忽略模板参数，只检查模板代码自身的正确性。这包含以下几个方面。

- 发现语法错误，比如少了分号。
- 发现使用独立于模板参数的未知名称（类型名、函数名等）。
- 检查独立于模板参数的静态断言。

（2）实例化期间会再次检查模板代码以确保所有代码的有效性。也就是说在当前阶段会复查所有依赖于模板参数的部分。

例如：

```
template<typename T>
void foo(T t)
{
  undeclared();       //如果 undeclared()未定义，编译期第一阶段就会报错
  undeclared(t);      //如果 undeclared(t)未定义，编译期第二阶段才会报错
  static_assert(sizeof(int) > 10,       //如果 sizeof(int) <= 10，总会报错
                "int too small");
  static_assert(sizeof(T) > 10,         //如果 sizeof(T) <= 10，只会在第二阶段报错
               "T too small");
}
```

事实上两次名称检查称为两阶段查找，更多详细介绍请参阅 14.3.1 节。

请注意，有些编译器不会执行第一阶段的完整检查。[①]因此，在实例化至少一次模板代码之前，可能不会看到一般性问题。

编译和链接

实践中，两阶段编译是模板处理中的一个重要问题。当使用函数模板触发其实例化的时候，编译器（在某个时间点）需要查看模板的定义。当函数声明足以用来编译其使用的模板时，就打破了普通函数编译和链接的界限。这个问题的处理方法会在第 9 章讨论，目前我们采用相对简单的方式：在头文件中实现每个模板。

1.2 模板实参推导简介

当我们以某些实参调用 max()等函数模板时，模板参数由所传递的实参来决定。如果我们传递两个 int 类型给参数类型 T，C++编译器能得出 T 必须是 int 类型的结论。

不过 T 可能只是类型的“部分”体现，例如，我们声明了使用常量引用的 max()：

```
template<typename T>
T max (T const& a, T const& b)
{
    return b < a ? a : b;
}
```

然后传递 int，由于函数参数与 int const&匹配，T 仍然推导为 int。

① 例如，Visual C++编译器在某些版本（比如 Visual Studio 2013 和 Visual Studio 2015）中允许未声明的名称，这些名称不依赖模板参数，甚至有一些语法缺陷（比如缺少分号）。

1. 类型推导中的类型转换

请注意，在类型推导过程中的自动类型转换是受限的。

- 当声明调用参数是按引用传递时，即使再细微的转换也不适用于类型推导，使用相同模板参数T声明的两个实参必须完全匹配。
- 当声明调用参数是按值传递时，仅支持退化的简单转换：忽略const和volatile限定符，引用转换为引用类型，原始数组或函数转换为相应的指针类型。对于使用相同模板参数T声明的两个实参，退化后的类型必须匹配。

例如：

```
template<typename T>
T max (T a, T b);
...
int const c = 42;
max(i, c);        //正确：T推导为int
max(c, c);        //正确：T推导为int
int& ir = i;
max(i, ir);       //正确：T推导为int
int arr[4];
foo(&i, arr);     //正确：T推导为int*
```

但是，以下是错误的：

```
max(4, 7.2);        //错误：T可以推导为int或double
std::string s;
foo("hello", s);    //错误：T可以推导为const[6]或std::string
```

处理此类错误有3种方法。

（1）强制转换实参使两者都匹配：

```
max(static_cast<double>(4), 7.2);  //正确
```

（2）显式指定（或限定）T的类型，以阻止编译器尝试进行类型推导：

```
max<double>(4, 7.2);        //正确
```

（3）指定参数可以有不同的类型。

1.3节将详细说明这些方法，7.2节和第15章将详细讨论类型推导过程中的类型转换规则。

2. 默认实参的类型推导

另外注意，类型推导对默认调用实参不起作用，例如：

```
template<typename T>
void f(T = "");
...
f(1);       //正确：T推导为int，因此调用f<int>(1)
f();        //错误：无法推导T的类型
```

为了应对这种情况，还必须为模板参数声明一个默认实参，1.4节将对此进行讨论：

```
template<typename T = std::string>
void f(T = "");
...
f();     //正确
```

1.3 多模板参数

到目前为止，我们已经看到的函数模板有两组不同的参数。

（1）模板参数，在函数模板名称前面的角括号中声明：

```
template<typename T>  //T 是模板参数
```

（2）调用参数，在函数模板名称后面的圆括号中声明：

```
T max (T a, T b)       //a 和 b 是调用参数
```

我们可以有任意多个模板参数，例如可以为两种不同类型的调用参数定义 max()模板：

```
template<typename T1, typename T2>
T1 max (T1 a, T2 b)
{
    return b < a ? a : b;
}
...
auto m = ::max(4, 7.2);     //正确，但第 1 个实参的类型定义了返回类型
```

我们可能希望能够将不同类型的参数传递给 max()模板，但如此例所示，这引发了一个问题。如果使用其中一个参数类型作为返回类型，则对应另一个参数类型的实参可能不管调用者的意图如何，也会转换为该类型。因此，返回类型取决于调用实参的顺序，66.66 和 42 的最大值将是 double 类型的 66.66，而 42 和 66.66 的最大值将是 int 类型的 66。

C++提供了多种方法来解决这个问题，如下。

- 引入第 3 个模板参数作为返回类型。
- 让编译器找出返回类型。
- 将返回类型声明为这两个参数类型的“公共类型”。

接下来讨论上述方法。

1.3.1 返回类型的模板参数

我们之前的讨论表明，模板实参推导允许我们像调用普通函数一样，以相同的语法来调用函数模板：我们不必显式指定模板参数对应的类型。

但我们也提到，可以显式指定模板参数使用的类型：

```
template<typename T>
T max (T a, T b);
...
::max<double>(4, 7.2);     //T 实例化为 double 类型
```

当模板参数和调用参数之间没有关联，且模板参数不能确定时，必须在调用时显式指定模板实参。例如可以引入第 3 个模板参数来定义函数模板的返回类型：

```
template<typename T1, typename T2, typename RT>
RT max (T1 a, T2 b);
```

但是因为模板实参推导不考虑返回类型，[①]并且 RT 没有用作函数调用参数的类型，所以不能推导 RT。[②]

因此，必须显式指定模板实参列表。例如：

```
template<typename T1, typename T2, typename RT>
RT max (T1 a, T2 b);
...
::max<int, double, double>(4, 7.2);    //正确，但是太烦琐
```

到目前为止，我们已经研究的情况是要么显式指定所有函数模板实参，要么都不显式指定。另一种方法是只显式指定第 1 个实参，并允许经推导得到其余参数。通常而言，必须指定所有实参类型，直到最后一个不能经隐式推导而确定的实参类型为止。因此，如果在我们的示例中更改模板参数的顺序，则调用者只需要指定返回类型：

```
template<typename RT, typename T1, typename T2>
RT max (T1 a, T2 b);
...
::max<double>(4, 7.2)    //正确：返回类型是 double，T1 和 T2 从实参推导出类型
```

在本例中，调用 max<double>时，显式地设定 RT 为 double 类型，但参数 T1 和 T2 则从实参分别推导为 int 和 double 类型。

可以看出，max()的这些修改版本并没有带来显著的改进。对于单模板参数的版本，如果传递的是两个不同类型的实参，就可以指定参数类型（和返回类型）。因此，保持简单并使用单模板参数版本的 max()是个好主意。（正如我们在接下来的章节讨论其他模板问题时所做的那样。）

关于实参推导过程的详细内容，请参阅第 15 章。

1.3.2 推导返回类型

如果返回类型依赖于模板参数，那么推导返回类型最简单也是最好的方法就是让编译器来查找。从 C++14 开始，这可以通过不声明任何返回类型来实现（仍然必须声明返回类型为 auto）：

basics/maxauto.hpp

```
template<typename T1, typename T2>
auto max(T1 a, T2 b)
{
  return b < a ? a : b;
}
```

事实上，在无对应的尾置返回类型（最后将由一个->符号引导）的情况下，用 auto 作为返回类型，表明实际返回类型必须能从函数体中的返回语句推导出来。当然，前提是从函数体推导返回类型必须是可行的。因此，推导返回类型的返回语句必须存在，并且多个返回语句与推导结果必须匹配。

在 C++14 之前，只有通过或多或少地将函数实现作为其声明部分，才可能让编译器推导出返回类型。在 C++11 中，我们能受益于允许我们使用调用参数（形参）的尾置返回类型语

① 推导可以看作重载解析的一部分——除类型转换运算符成员的返回类型外，这个过程也不依赖于返回类型的选择。
② 在 C++中，不能从函数调用的上下文中推导返回类型。

法。也就是说，我们可以声明返回类型来自运算符?:的返回内容：

basics/maxdecltype.hpp

```
template<typename T1, typename T2>
auto max (T1 a, T2 b) -> decltype(b < a ? a : b)
{
  return b < a ? a : b;
}
```

这里，返回类型由运算符?:的规则确定，该规则相当复杂，但通常会产生直观的预期结果（例如，如果 a 和 b 具有不同的算术类型，则会为该结果找到一个公共的算术类型）。

需要注意的是，

```
template<typename T1, typename T2>
auto max (T1 a, T2 b) -> decltype(b < a ? a : b);
```

是一个声明，因此，编译器使用运算符?:的规则在编译期间调用参数 a 和 b 来找出 max()的返回类型，实现并不要求必须匹配。实际上，在声明中使用 true 作为运算符?:的条件就足够了：

```
template<typename T1, typename T2>
auto max (T1 a, T2 b) -> decltype(true ? a : b);
```

但是在任何情况下该定义都有一个显著的缺点：返回类型可能是引用类型。因为在某些条件下 T 可能是引用类型。因此，应该返回的是 T 退化后的类型，如下所示：

basics/maxdecltypedecay.hpp

```
#include <type_traits>

template<typename T1, typename T2>
auto max(T1 a, T2 b) -> typename std::decay<decltype(true? a:b)>::type
{
  return b < a ? a : b;
}
```

这里使用了类型特征 std::decay<>，其返回结果类型为成员 type。std::decay<>在标准库<type_traits>中定义（参阅附录 D 的 D.4 节）。由于其成员 type 是一个类型，因此必须用 typename 修饰这个表达式才能访问它（参阅 5.1 节）。

请注意，auto 初始化时，其类型始终是退化之后的类型，当返回类型恰好为 auto 时这也适用于返回值。auto 作为返回类型的行为与下面的代码一样，其中 a 由 i 的退化类型（也就是 int）声明：

```
int i   = 42;
int const& ir = i;   //ir 是 i 的引用
auto a = ir;         //声明 a 为 int 类型的新对象
```

1.3.3 返回类型为公共类型

从 C++11 开始，C++标准库提供了一种指定选择“更一般类型”的方法。std::common_type<>::type 萃取作为模板实参传递的两个（或更多）不同类型的“公共类型”。例如：

basics/maxcommon.hpp

```
#include <type_traits>

template<typename T1, typename T2>
std::common_type<T1, T2> max (T1 a, T2 b)
{
  return b < a ? a : b;
}
```

同样，std::common_type<>也是一个在<type_traits>中定义的类型特征，它可以萃取一个具有作为结果类型的type成员的结构体，因此，其核心用法如下：

```
typename std::common_type<T1, T2>::type     //从 C++11 开始
```

不过从C++14开始，你可以通过在特征名称后附加_t并省略typename和::type来简化特征的用法（详见2.8节），这样返回类型定义就简化成：

```
std::common_type_t<T1, T2>                //从 C++14 开始
```

std::common_type<>的实现方式使用了一些模板编程技巧，这会在26.5.2节中讨论。在内部，它根据运算符?:的语言规则或具体类型的特化来选择结果类型。因此，::max(4,7.2)和::max(7.2,4)都会返回double类型的相同数值7.2。需要注意的是，std::common_type<>也是会退化的，详见附录D的D.5节。

1.4 默认模板实参简介

你也可以为模板参数定义默认值，这些值称为默认模板实参，并且可以用于任何类型的模板。[①]默认模板实参甚至可以引用在它之前声明的模板参数中。

例如，如果想要结合能够使用多个参数类型的方法来定义返回类型（如1.3节所讨论的），则可以为返回类型引入模板参数RT，并将两个实参的公共类型作为其默认类型。同样，我们有多种选择。

（1）可以直接使用运算符?:（operator?:），不过由于必须在调用参数a和b（形参）的声明前使用运算符?:，因此只能使用它们的类型：

basics/maxdefault1.hpp

```
#include <type_traits>

template<typename T1, typename T2,
         typename RT = std::decay_t<decltype(true ? T1() : T2())>>
RT max (T1 a, T2 b)
{
  return b < a ? a : b;
}
```

请再次注意使用std::decay_t<>来确保不能返回引用类型。[②]

需要注意的是，该实现要求我们可以调用传递类型的默认构造函数。这里还有另一种解

① 在C++11之前，由于函数模板开发中的版本问题，默认模板实参只允许在类模板中使用。

② 同样，在C++11中，必须使用typename std::decay<>::type而不是std::decay_t<>（参阅2.8节）。

决方案，使用 std::declval()，然而这会使得声明更加复杂。示例参阅 11.2.3 节。

（2）我们还可以使用 std::common_type<>类型特征来指定返回类型的默认值：

basics/maxdefault2.hpp

```
#include <type_traits>

template<typename T1, typename T2, typename RT = std::common_type_t<T1, T2>>
RT max (T1 a, T2 b)
{
  return b < a ? a : b;
}
```

请注意，std::common_type<>会进行类型退化，因此，返回类型不可能变成引用类型。

作为调用者，现在所有情况下都可以使用返回类型的默认值：

```
auto a = ::max(4, 7.2);
```

或者在其他所有实参类型之后显式指定返回类型：

```
auto b = ::max<double, int, long double>(7.2, 4);
```

然而，同样的问题是，我们必须指定全部 3 种类型，才能指定返回类型。换个思路，我们需要能够将返回类型作为第 1 个模板参数，同时依然能够从实参类型将它推导出来。原则上，可以为前导函数模板参数设置默认实参，即使后面那些参数都没有设置：

```
template<typename RT = long, typename T1, typename T2>
RT max (T1 a, T2 b)
{
  return b < a ? a : b;
}
```

例如，根据这个定义，可以调用：

```
int i;
long l;
...
max(i, l);           //返回 long 类型（返回类型的模板参数的默认实参）
max<int>(4, 42);     //显式请求返回 int 类型
```

但是这种方法只有在模板参数具有“天然的”默认值时才有意义，这里我们需要的是可以从其前面的模板参数得出该模板参数的默认实参。这在原则上是可行的，正如我们在 26.5.1 节中所讨论的，但是该技术基于类型特征，而且会让定义变得复杂。

基于所有这些原因，最好也是最简单的解决方案是像 1.3.2 节中建议的那样，让编译器来推导返回类型。

1.5 重载函数模板简介

与普通函数一样，模板也可以重载。也就是说，相同的函数名称可以具有不同的函数定义，于是当使用该名称调用函数时，C++编译器必须决定调用各种候选函数定义中的哪一个。即使不考虑模板，这个决策规则也可能让情况变得相当复杂。本节我们讨论有关模板的重载，

如果读者还不熟悉不含模板的重载的基本规则，请参阅附录 C，在那里我们对重载解析规则进行进一步细致的研究。

下面的简短程序演示了如何重载一个函数模板：

basics/max2.cpp

```
//求两个 int 类型值的最大值
int max (int a, int b)
{
  return b < a ? a : b;
}

//求两个任意类型值的最大值
template<typename T>
T max (T a, T b)
{
  return b < a ? a : b;
}

int main()
{
  ::max(7, 42);            //调用两个 int 类型实参的非模板函数
  ::max(7.0, 42.0);        //调用 max<double>()（通过实参推导）
  ::max('a', 'b');         //调用 max<char>()（通过实参推导）
  ::max<>(7, 42);          //调用 max<int>()（通过实参推导）
  ::max<double>(7, 42);    //调用 max<double>()（无实参推导）
  ::max('a', 42.7);        //调用两个 int 类型实参的非模板函数
}
```

如本例所示，一个非模板函数可以和一个与其同名且可以用相同类型实例化的函数模板共存。在所有其他因素都相同的情况下，重载解析过程优先选择非模板函数而不是从模板实例化出的函数。第 1 次函数调用就符合这个规则：

```
::max(7, 42);       //两个值都是 int 类型数值，完美匹配非模板函数
```

不过，如果模板可以生成匹配度更高的函数，就会选择这个模板。max()的第 2 次和第 3 次调用就是此规则的演示：

```
::max(7.0, 42.0);  //调用 max<double>()（通过实参推导）
::max('a', 'b');   //调用 max<char>()（通过实参推导）
```

此处模板是更佳匹配，因为无须进行从 double 或 char 到 int 的类型转换（有关重载解析规则，请参阅附录 C 的 C.2 节）。

我们也可以显式指定一个空模板实参列表，此语法表明只有模板可以解析此次调用，但所有模板参数都应该从调用实参中推导出来：

```
::max<>(7, 42);  //调用 max<int>()（通过实参推导）
```

由于模板参数推导不允许自动类型转换，而普通函数参数却是允许的，因此，最后一次调用会使用非模板函数（'a'和 42.7 都转换为 int 类型）：

```
::max('a', 42.7);  //只有非模板函数允许复杂转换
```

一个有趣的例子是重载这个求最大值的模板，以便可以只显式指定返回类型：

basics/maxdefault3.hpp

```
template<typename T1, typename T2>
auto max (T1 a, T2 b)
{
  return b < a ? a : b;
}

template<typename RT, typename T1, typename T2>
RT max (T1 a, T2 b)
{
  return b < a ? a : b;
}
```

例如，现在我们可以像下面这样调用 max()：

```
auto a = ::max(4, 7.2);                    //使用第 1 个模板
auto b = ::max<long double>(7.2, 4);       //使用第 2 个模板
```

但当用如下方法调用时：

```
auto c = ::max<int>(4, 7.2);              //错误：两个函数模板都匹配
```

两个函数模板都匹配，这通常会造成重载解析过程无从选择，并产生歧义。因此，在重载函数模板时，应该确保对于任何调用，其中只有一个与之匹配。

一个有用的例子是为指针和普通的 C-strings 重载这个求最大值的模板：

basics/max3val.cpp

```
#include <cstring>
#include <string>

//求两个任意类型值的最大值
template<typename T>
T max (T a, T b)
{
  return b < a ? a: b;
}

//求两个指针所指数值的最大值
template<typename T>
T* max (T* a, T* b)
{
  return *b < *a ? a : b;
}

//求两个 C-strings 的最大值
char const* max (char const* a, char const* b)
{
  return std::strcmp(b,a) < 0 ? a : b;
}

int main()
{
  int a = 7;
  int b = 42;
  auto m1 = ::max(a,b);         //max()求两个 int 类型值的最大值
```

```
  std::string s1 = "hey";
  std::string s2 = "you";
  auto m2 = ::max(s1,s2);     //max()求两个 std::string 类型值的最大值

  int* p1 = &b;
  int* p2 = &a;
  auto m3 = ::max(p1,p2);     //max()求两个指针所指数值的最大值

  char const* x = "hello";
  char const* y = "world";
  auto m4 = ::max(x,y);       //max()求两个 C-strings 的最大值
}
```

请注意，在max()的所有重载版本中，我们都是按值传递实参的。总的来说，重载函数模板时非必要不改动会是个好主意。如果必须改动，应该把改动限制在改变模板参数的数量或者显式指定模板参数两种情况下，否则可能产生意外影响。例如，如果实现了一个传引用的max()模板，并将其重载为实参是两个C-strings的传值模板，就不能使用3实参版本来计算3个C-strings的最大值：

basics/max3ref.cpp

```
#include <cstring>

//求两个任意类型值的最大值 (传引用)
template<typename T>
T const& max (T const& a, T const& b)
{
  return b < a ? a : b;
}

//求两个 C-strings 的最大值 (传值)
char const* max (char const* a, char const* b)
{
  return std::strcmp(b,a) < 0 ? a : b;
}

//求 3 个任意类型值的最大值 (传引用)
template<typename T>
T const& max(T const& a, T const& b, T const& c)
{
  return max (max(a,b), c);     //如果 max(a,b) 使用传值调用就会出错
}

int main ()
{
  auto m1 = ::max(7, 42, 68);  //正确

  char const* s1 = "frederic";
  char const* s2 = "anica";
  char const* s3 = "lucas";
  auto m2 = ::max(s1, s2, s3);  //运行期错误
}
```

问题在于，如果针对 3 个 C-strings 调用 max()，则语句

```
return max (max(a,b), c);
```

会产生一个运行期错误，因为对于 C-strings，max(a,b)创建了一个新的按引用返回的临时局部变量。但是该临时值在 return 语句结束后即刻失效，留给 main()函数的是一个悬空引用。遗憾的是，这个错误极为隐蔽，并不是在所有情况下都会表现出来。[①]

请注意，与此相反，main()函数中 max()的第 1 个调用不会遇到同样的问题。系统会为实参（7、42 和 68）创建 3 个临时变量，但这些临时变量是在 main()函数中创建的，生存期持续到所有语句结束。

作为繁复的重载解析规则所导致的结果，这只是代码行为可能与预期不一致的一个示例。此外，请确保在调用函数之前，函数的所有重载版本已声明。这是因为，当进行相应函数调用时，并非所有重载函数都可见的情况可能会有问题。例如，在定义 max()的 3 参数版本前，我们还没有见到特殊 int 类型的 2 参数版本的 max()声明（这里的特殊是相对已有的任意类型 2 参数版本的 max()声明来说的），这会导致调用 int 类型的 3 参数版本时将使用任意类型的 2 参数模板函数（而不是 int 类型的 2 参数普通函数）。

basics/max4.cpp

```
#include <iostream>

//求 2 个任意类型值的最大值
template<typename T>
T max (T a, T b)
{
  std::cout << "max<T>() \n";
  return b < a ? a : b;
}

//求 3 个任意类型值的最大值
template<typename T>
T max (T a, T b, T c)
{
  return max(max(a,b), c);   //使用了模板版本，而不是 int 类型的普通函数
}                            //因为下面 int 类型的函数声明来得太迟了

//求 2 个 int 类型值的最大值
int max (int a, int b)
{
  std::cout << "max(int,int) \n";
  return b < a ? a : b;
}

int main()
{
  ::max(47,11,33);        //哎呀，使用了 max<T>()而不是 max(int,int)
}
```

13.2 节会详细讨论。

① 一般来说，一致性编译器甚至不允许拒绝此代码。

1.6 难道，我们不应该……

或许，即使是简单的函数模板示例也可能引起很多问题。有 3 个可能很常见的问题值得我们在这里简单讨论一下。

1.6.1 传值还是传引用

你可能会困惑，为什么我们一般采用按值而非按引用传递实参的方式来声明函数。通常除了占用内存少的简单类型（比如基本类型或 std::string_view）外，建议所有类型按引用传递，因为这样不会产生非必要的拷贝成本。

不过针对以下几个原因，一般来说，传值通常更好。

- 语法简单。
- 编译器优化更好。
- 移动语义拷贝成本低。
- 有时完全没有拷贝或移动。

此外，传值对模板的特定影响如下。

- 模板既可以用于简单类型，也可以用于复杂类型。但是选择适用于复杂类型的方式，可能会对简单类型不利。
- 作为调用者，通常仍然可以决定使用 std::ref()和 std::cref()（参阅 7.3 节）来按引用传递实参。
- 尽管按值传递字符串字面量和原始数组总会成为问题，但按引用传递它们常常被认为是更大的问题。

第 7 章将对所有这些问题进行详细讨论。在本书中，我们将通常按值传递实参，除非某些功能只有在使用引用传递实参时才能实现。

1.6.2 为什么不使用 inline

通常，函数模板不必用 inline 来声明。与普通的非内联函数不同，我们可以在头文件中定义非内联函数模板，并在多个编译单元里包含这个头文件。

此规则的唯一例外是针对特定类型的模板全局特化，于是生成的代码不再是泛型的（定义了所有模板参数），详见 9.2 节。

从严格的语言定义角度来看，inline 只意味着函数的定义可以在程序中多次出现。然而，这也意味着给编译器一个该函数调用应该“内联展开”的暗示：在某些情况下，这样做可以生成更高效的代码，但在许多其他情况下会使代码运行效率降低。现代编译器通常更擅于在没有 inline 关键字暗示的情况下做决定，不过编译器做决定时仍会考虑是否存在 inline 关键字。

1.6.3 为什么不使用 constexpr

从 C++11 开始，可以利用关键字 constexpr 来启用在编译期使用代码计算某些数值的功能，对于很多模板来说，这是有意义的。

例如，为了能在编译期使用求最大值的函数模板，必须按如下方式声明：

basics/maxconstexpr.hpp

```
template<typename T1, typename T2>
constexpr auto max (T1 a, T2 b)
{
  return b < a? a : b;
}
```

这样就可以在编译期语境下使用这个求最大值的函数模板，比如在声明原始数组大小时：

```
int a[::max(sizeof(char), 1000u)];
```

或者声明 std::array<>的大小时：

```
std::array<std::string, ::max(sizeof(char), 1000u)> arr;
```

注意，我们将 1000 作为 unsigned int 类型传递，以避免模板中比较有符号数和无符号数时出现警告。

8.2 节将讨论其他一些使用 constexpr 的示例，但为了保持对基础知识的专注，我们通常在讨论其他模板特性时将会跳过 constexpr。

1.7 小结

- 函数模板为不同模板实参定义了一系列函数。
- 当根据模板参数将实参传递给函数参数时，函数模板会为相应的参数类型推导要实例化的模板参数。
- 可以显式限定前导模板参数的类型。
- 可以定义模板参数的默认实参。这些默认实参可引用在其之前声明的模板参数，后面跟着没有默认实参的模板参数。
- 可以重载函数模板。
- 当与其他函数模板一起重载函数模板时，应确保任何函数调用都只有其中一个模板与之匹配。
- 当重载函数模板时，更改要限制在只改变模板参数的数量或者显式指定模板参数。
- 在调用函数模板之前，确保编译器可以看到函数模板的所有重载版本。

第2章 类模板

与函数相似，类也可以用一种或多种类型参数化。容器类就是一个具有这种特性的典型例子，用于管理某种类型的元素。通过使用类模板，我们可以在元素类型未定时就创建这样的容器类。在本章中，我们使用栈作为类模板的示例。

2.1 类模板 Stack 的实现

和函数模板所做的一样，如下所示，在同一个头文件中声明和定义类 Stack<>：

basics/stack1.hpp

```
#include <vector>
#include <cassert>

template<typename T>
class Stack {
  private:
    std::vector<T> elems;        //存储元素的容器 vector

  public:
    void push(T const& elem);    //压入元素
    void pop();                  //弹出元素
    T const& top() const;        //返回栈顶元素
    bool empty() const {         //返回栈是否为空
        return elems.empty();
    }
};

template<typename T>
void Stack<T>::push (T const& elem)
{
    elems.push_back(elem);       //将传入的 elem 的副本压栈
}

template<typename T>
void Stack<T>::pop()
{
    assert(!elems.empty);
    elems.pop_back();            //弹出栈顶元素
}

template<typename T>
T const& Stack<T>::top () const
{
```

```
    assert(!elems.empty());
    return elems.back();          //返回最后栈顶元素的副本
}
```

正如所见，该类模板是通过使用 C++标准库的类模板 vector<>实现的。因此，我们无须自己来进行内存管理、拷贝构造函数和赋值运算符，从而可以把精力集中在这个类模板的接口实现上。

2.1.1 类模板的声明

类模板的声明和函数模板的声明类似：在声明之前，必须将一个或多个标识符声明为类型参数。同样地，T 通常用作标识符：

```
template<typename T>
class Stack {
...
};
```

这里同样可以使用关键字 class 替代 typename：

```
template<class T>
class Stack {
  ...
};
```

在类模板内部，T 可以像任何其他类型一样用于声明成员变量和成员函数。本例中，T 用于声明 vector 中元素的类型，也用于声明成员函数 push()的实参类型，还用于声明成员函数 top()的返回类型：

```
template<typename T>
class Stack {
  private:
    std::vector<T> elems;      //存储元素的容器 vector

  public:
    void push(T const& elem);  //压入元素
    void pop();                //弹出元素
    T const& top() const;      //返回栈顶元素
    bool empty() const {       //返回栈是否为空
        return elems.empty();
    }
};
```

这个类的类型是 Stack<T>，其中 T 是模板参数。因此，每当在声明中使用此类的类型时，除非模板实参可以推导，否则必须使用 Stack<T>。如果在类模板内使用不跟模板实参的类名，则表示该类以其模板参数类型作为其实参类型[①]（详见 13.2.3 节）。

例如，如果必须声明自己的拷贝构造函数和赋值运算符，则通常如下所示：

```
template<typename T>
class Stack {
```

① 内部 Stack 类的模板实参类型和外部 Stack 类模板的模板参数类型相同。——译者注

```
    ...
    Stack (Stack const&);               //拷贝构造函数
    Stack& operator= (Stack const&);    //赋值运算符
    ...
};
```

形式上等同于：

```
template<typename T>
class Stack {
    ...
    Stack (Stack<T> const&);                   //拷贝构造函数
    Stack<T>& operator= (Stack<T> const&);     //赋值运算符
    ...
};
```

但通常<T>表示对特殊模板参数做特殊处理，所以还是使用第 1 种形式为好。

然而在类结构体外部，需要进行如下操作：

```
template<typename T>
bool operator== (Stack<T> const& lhs, Stack<T> const& rhs);
```

请注意，在需要类名而不是类类型的地方，只能使用 Stack，在指定构造函数（而不是它们的实参）和析构函数的名称时，尤其如此。

还请注意，不同于非模板类，不能在函数或者块作用域内声明或定义类模板。通常模板只能在全局/命名空间作用域或者类声明中定义（详见 12.1 节）。

2.1.2　成员函数的实现

要定义类模板的成员函数，必须指定该成员函数是一个函数模板，还必须使用该类模板的完整类型限定符。因此，Stack<T>类型的成员函数 push()的实现如下所示：

```
template<typename T>
void Stack<T>::push (T const& elem)
{
    elems.push_back(elem);  //将传入的 elem 的副本压栈
}
```

这个例子调用了 vector 的成员函数 push_back()，它将传入的元素添加到该 vector 的末端。

注意，vector 的成员函数 pop_back()会移除末端最后一个元素，但不会返回它。该行为的原因是异常安全，实现一个返回被移除元素且绝对异常安全版本的 pop()函数是不可能的（Tom Cargill 在[*CargillExceptionSafety*]中首次讨论了这个话题，[*SutterExceptional*]中的第 10 项也对此进行讨论）。然而忽略这个风险，我们就可以实现返回刚被移除元素的成员函数 pop()。为此，我们只需使用 T 声明一个 vector 元素类型的局部变量：

```
template<typename T>
T Stack<T>::pop ()
{
    assert(!elems.empty());
    T elem = elem.back();  //保存末端元素的副本
    elems.pop_back();      //移除末端元素
    return elem;           //返回保存的元素副本
}
```

由于当 vector 为空的时候，它的成员函数 back()（返回其末端元素）和成员函数 pop_back()（移除其末端元素）会具有未定义的行为，因此，我们决定检查该栈是否为空。我们断言 vector 非空，因为如果为空，在空栈上调用 pop()成员函数是一个错误用法。这同样适用于 top()成员函数，在试图移除并不存在的顶部元素时，它返回顶部元素但不执行顶部元素的移除操作：

```
template<typename T>
T const& Stack<T>::top () const
{
    assert(!elems.empty());
    return elems.back();   //返回栈顶元素副本
}
```

当然，同任何成员函数一样，也可以在类声明中将类模板的成员函数以内联函数的形式实现。例如：

```
template<typename T>
class Stack {
    ...
    void push (T const& elem) {
        elems.push_back(elem);   //将传入的 elem 的副本压栈
    }
    ...
};
```

2.2 类模板 Stack 的使用

直到 C++17，在使用类模板的对象时必须始终显式指定模板实参。[①]以下示例演示如何使用类模板 Stack：

basics/stack1test.cpp

```
#include"stack1.hpp"
#include <iostream>
#include <string>

int main()
{
  Stack<int>          intStack;       //元素为 int 类型的栈
  Stack<std::string> stringStack;   //元素为 string 类型的栈

  //使用 int 类型的栈
  intStack.push(7);
  std::cout << intStack.top() << '\n';

  //使用 string 类型的栈
  stringStack.push("hello");
  std::cout << stringStack.top() << '\n';
  stringStack.pop();
}
```

① C++17 引入了类模板实参推导，如果模板实参可以由构造函数推导而来，则允许绕过显式指定模板实参。这将在 2.9 节讨论。

通过声明类型 Stack<int>，在类模板内可以用 int 类型实例化类型 T。因此，intStack 是一个类模板 Stack<>创建的对象，该对象使用了一个元素是 int 类型的 vector，并且对于所有调用的成员函数，都实例化出对应 int 类型的代码。类似地，通过声明和使用 Stack<std::string>，会创建一个 Stack<std::string>类的对象，该对象使用了一个元素为 std::string 类型的 vector，并且对于所有调用的成员函数，都实例化出对应 std::string 类型的代码。

请注意，只有被调用的模板（成员）函数才会实例化代码。对于类模板，成员函数只有在使用时才会实例化。这当然节省了时间和空间，并且允许只部分使用类模板，2.3 节将对此进行讨论。

本例中，默认构造函数、成员函数 push()和 top()都会为 int 和 string 类型实例化出两种类型版本，但成员函数 pop()只针对 string 类型实例化。如果一个类模板含有静态成员，对于该类模板用到的每种类型，这些静态成员只实例化一次。

可以像使用任何其他类型一样使用实例化后的类模板类型，可以用 const 或 volatile 限定符修饰它，或者基于它生成数组和引用类型，也可以将其用作 typedef 或 using 类型定义的一部分（关于类型定义的详细内容，请参阅 2.8 节），或在构建其他模板类型时将其用作类型参数。例如：

```
void foo(Stack<int> const& s)  //参数 s 是 int 类型的栈
{
  using IntStack = Stack<int>; //IntStack 是 Stack<int>的另一个名称
  Stack<int> istack[10];       //istack 是长度为 10 的 int 类型栈的数组
  IntStack istack2[10];        //istack2 也是长度为 10 的 int 类型栈的数组(类型一样)
  ...
}
```

模板实参可以是任意类型，比如 float 类型的指针，甚至 int 类型的栈：

```
Stack<float*>      floatPtrStack;      //元素类型为 float 类型指针的栈
Stack<Stack<int>> intStackStack;       //元素类型为 int 类型栈的栈
```

唯一的要求是，实现对应这个类型所调用的任何操作。

注意，在 C++11 之前，必须在两个相邻的模板角括号之间插入空格：

```
Stack<Stack<int> > intStackStack;  //所有 C++版本都算正确
```

如果不这么做，则解析成使用右移运算符>>，这样会导致语法错误：

```
Stack<Stack<int>> intStackStack;    //C++11 之前算错误
```

C++11 之前采用该方式的原因是，它可以帮助 C++编译器在第 1 次遍历时独立于代码语义来标记源代码。但由于缺少空格是一个典型的 bug，需要相应的错误信息，无论如何，越来越需要考虑代码语义，因此托 C++11 的福，通过“角括号技巧”的方式，删除了在相邻模板角括号之间放置空格的规则（详见 13.3.1 节）。

2.3 部分使用类模板

类模板通常会对其用来实例化的模板实参应用多种操作（包含构造和析构）。这可能会给我们留下这样的印象：这些模板实参必须为类模板的所有成员函数提供一切必要操作。但事实并非如此：模板实参只须提供那些必要操作（而不是可能需要用到的操作）。

假设 Stack<>类将提供一个输出整个栈内容的成员函数 printOn(),它为每个元素调用运算符<<（operator<<）：

```
template<typename T>
class Stack {
    ...
    void printOn() (std::ostream& strm) const {
      for (T const& elem : elems) {
        strm << elem << '';              //为每个元素调用 Operator<<
      }
    }
};
```

对于没有定义 operator<<的元素，仍然可以使用这个类：

```
Stack<std::pair<int, int>> ps;          //注意：std::pair<>没有定义 operator<<
ps.push({4, 5});                         //正确
ps.push({6, 7});                         //正确
std::cout << ps.top().first << '\n';    //正确
std::cout << ps.top().second << '\n';   //正确
```

只有在对如下栈调用 printOn()时，代码才会产生错误，因为它无法为这个特定的元素类型实例化 operator<<的调用：

```
ps.printOn(std::cout);                   //错误：operator<<不支持该元素类型
```

2.3.1 概念

这就提出了一个问题：我们如何知道模板实例化需要哪些操作？术语概念（concept）经常用于表示模板库中可重复使用的约束集。例如，C++标准库依赖于类似随机访问迭代器（random access iterator）和默认可构造（default constructible）等概念。

目前（即从 C++17 开始），概念或多或少只是在文档中有所表述（例如代码注释）。这可能成为一个严重问题，因为未能遵循约束条件可能会导致出现可怕的错误信息（参阅 9.4 节）。

多年来，人们也有通过一些方法和尝试来支持概念的定义和验证成为一种语言特性。然而，直到 C++17，其还未标准化。

从 C++11 开始，至少可以通过使用关键字 static_assert 和一些预定义的类型特征来检查基本约束。例如：

```
template<typename T>
class C
{
    static_assert(std::is_default_constructible<T>::value,
                  "Class C requires default-constructible elements");
    ...
};
```

即使没有这个断言，如果需要默认构造函数，编译仍然会失败。但是错误信息可能包含整个模板实例化历史记录：从实例化初始触发点直到检测到错误的实际模板定义处（参阅 9.4 节）。

不过，还有更复杂的代码需要检查。例如，类型 T 的对象各提供了一个特定的成员函数，或者这些对象之间可以使用运算符<进行比较。有关此类代码的详细示例，请参阅 19.6.3 节。

关于 C++概念的详细讨论，请参阅附录 E。

2.4 友元简介

与其通过 printOn()输出栈的内容，不如为栈实现（重载）运算符<<（operator<<）。不过，operator<<通常应该实现为非模板函数，然后以内联方式调用 printOn()。

```
template<typename T>
class Stack {
    ...
    void printOn() (std::ostream& strm) const {
      ...
    }
    friend std::ostream& operator<< (std::ostream& strm, Stack<T> const& s) {
      s.printOn(strm);
      return strm;
    }
};
```

注意，这意味着针对 Stack<>类的 operator<<并不是函数模板，而是在需要时随类模板实例化的“普通”函数。①

然而，当试图先声明友元函数再定义它时，情况会变得更复杂。事实上，我们有两个选择。

（1）可以隐式声明一个新的函数模板，它必须使用不同于类模板的模板参数，比如 U：

```
template<typename T>
class Stack {
    ...
    template<typename U>
    friend std::ostream& operator<< (std::ostream&, Stack<U> const&);
};
```

无论是继续使用 T 还是忽略模板参数声明，这两种方式都无法正常工作（内部的 T 覆盖并隐藏外部的 T，或者在命名空间的作用域内声明一个非模板函数）。

（2）将 Stack<T>的输出 operator<<前置声明为一个模板，不过，这意味着首先必须前置声明 Stack<T>：

```
template<typename T>
class Stack;
template<typename T>
std::ostream& operator<< (std::ostream&, Stack<T> const&);
```

然后，我们可以将此函数声明为友元：

```
template<typename T>
class Stack {
```

① 它是一个模板实体，参阅 12.1 节。

```
    ...
    friend std::ostream& operator<< <T> (std::ostream&, Stack<T> const&);
};
```

注意，<T>在“函数名”operator<<之后，于是，这相当于我们声明了一个非成员函数模板的特化作为友元。如果没有<T>，则相当于声明一个新的非模板函数。详见 12.5.2 节。

在任何情况下，对于未定义 operator<<的元素，仍然可以使用此类。仅在栈调用 operator<<时会导致错误：

```
Stack<std::pair<int, int>> ps;          //std::pair<>没有定义 operator<<
ps.push({4, 5});                        //正确
ps.push({6, 7});                        //正确
std::cout << ps.top().first << '\n';    //正确
std::cout << ps.top().second << '\n'    //正确
std::cout << ps << '\n';                //错误：元素类型不支持 operator<<
```

2.5 类模板的特化

可以用某些模板实参来特化类模板。类似函数模板重载（参阅 1.5 节），通过特化类模板，可以优化基于某些特定类型的实现，或者修复类模板实例化过程中某些特定类型所出现的行为缺陷。不过，如果特化类模板，还必须特化其所有成员函数。尽管可以特化类模板的单个成员函数，但一旦这么做了，就再也不能特化该成员函数所属的整个类模板实例了。

为了特化类模板，必须用前置 template<>的方式声明类，并且声明用来特化类模板的特定类型。这些类型会用作模板实参，且必须在类名后直接指定：

```
template<>
class Stack<std::string> {
  ...
};
```

对于这些特化而言，成员函数的任何定义都必须重定义为“普通”成员函数，每个出现的 T 都会替换为特化类型：

```
void Stack<std::string>::push (std::string const& elem)
{
    elems.push_back(elem);     //将传入的 elem 的副本压栈
}
```

下面是用 std::string 类型特化 Stack<>的完整示例：

basics/stack2.hpp

```
#include"stack1.hpp"
#include <deque>
#include <string>
#include <cassert>

template<>
class Stack<std::string> {
  private:
    std::deque<std::string> elems;    //存储元素的容器 deque
```

```
  public:
    void push(std::string const&);    //压入元素
    void pop();                       //弹出元素
    std::string const& top() const;   //返回栈顶元素
    bool empty() const {              //返回栈是否为空
        return elems.empty();
    }
};

void Stack<std::string>::push (std::string const& elem)
{
    elems.push_back(elem);          //将传入的 elem 的副本压栈
}

void Stack<std::string>::pop ()
{
    assert(!elems.empty());
    elems.pop_back();              //弹出栈顶元素
}

std::string const& Stack<std::string>::top () const
{
    assert(!elems.empty());
    return elems.back();           //返回栈顶元素的副本
}
```

在本例中，特化使用引用语义传递字符串实参给 push()，对这种特定类型来说这更有意义。不过，传递转发引用（完美转发）会更好，这会在 6.1 节中讨论。

另外的区别是使用 deque 而不是 vector 来管理栈中的元素。尽管在这里这么做没什么特别的好处，但证明了类模板特化的实现可能看上去和基本类模板的实现不一样。

2.6 偏特化

类模板可以部分地特化（偏特化），可以具体情况具体实现。但一些模板参数仍然必须由用户定义，例如可以定义一个指针类型的类模板 Stack<>的特化实现：

basics/stackpartspec.hpp

```
#include"stack1.hpp"

//针对指针类型的类模板 Stack<>的偏特化
template<typename T>
class Stack<T*> {
  Private:
    std::vector<T*> elems;      //存储指针类型元素的容器 vector

  public:
    void push(T*);              //压入元素
    T* pop();                   //弹出元素
    T* top() const;             //返回栈顶元素
    bool empty() const {        //返回栈是否为空
        return elems.empty();
    }
```

```
};

template<typename T>
void Stack<T*>::push (T* elem)
{
    elems.push_back(elem);     //将传入的 elem 的副本压栈
}

template<typename T>
T* Stack<T*>::pop ()
{
    assert(!elems.empty());
    T* p = elems.back();
    elems.pop_back();         //弹出栈顶元素
    return p;                 //并且返回它 （一般情况下不会这么做）
}

template<typename T>
T* Stack<T*>::top () const
{
    assert(!elems.empty());
    return elems.back();     //返回栈顶元素的副本
}
```

通过

```
template<typename T>
class Stack<T*> {
};
```

我们定义了一个类模板，仍用 T 来参数化，但是用指针来特化（Stack<T*>）。

还要注意，特化可能提供（稍微）不同的接口。例如，这里 pop()返回存储的指针，以便类模板用户调用 delete 来移除通过 new 创建的值。

```
Stack<int*> ptrStack;   //指针类型的栈（特殊实现）

ptrStack.push(new int{42});
std::cout << *ptrStack.top() << '\n';
delete ptrStack.pop();
```

多参数的偏特化

类模板也可以特化多个模板参数之间的关系，例如，对于以下类模板：

```
template<typename T1, typename T2>
class MyClass {
  ...
};
```

如下偏特化是可以的：

```
//偏特化：两个模板参数都具有相同类型
template<typename T>
class MyClass<T, T> {
  ...
};
```

```
//偏特化：第 2 个模板参数是 int 类型
template<typename T>
class MyClass<T, int> {
  ...
};

//偏特化：两个模板参数都是指针类型
template<typename T1, typename T2>
class MyClass<T1*, T2*> {
  ...
};
```

以下示例展示哪个声明会使用哪个模板：

```
MyClass<int, float> mif;      //使用 MyClass<T1, T2>
MyClass<float, float> mff;    //使用 MyClass<T, T>
MyClass<float, int> mfi;      //使用 MyClass<T, int>
MyClass<int*, float*> mp;     //使用 MyClass<T1*, T2*>
```

如果不止一个偏特化同等程度匹配某个声明，则该声明是有歧义的：

```
MyClass<int, int> m;          //错误：匹配 MyClass<T, T>和 MyClass<T, int>
MyClass<int*, int*> m;        //错误：匹配 MyClass<T, T>和 MyClass<T1*, T2*>
```

为了消除第 2 个歧义，可以提供另一个相同类型指针的偏特化：

```
template<typename T>
class MyClass<T*, T*> {
  ...
};
```

有关偏特化的细节，请参阅 16.4 节。

2.7 默认类模板实参

就像函数模板那样，也可以为类模板参数定义默认值。例如在类 Stack<>中，可以将用于管理元素的容器定义为第 2 个模板参数，并使用 std::vector<>作为默认值：

basics/stack3.hpp

```
#include <vector>
#include <cassert>

template<typename T, typename Cont = std::vector<T>>
class Stack {
  private:
    Cont elems;                 //存储元素的容器 vector

  public:
    void push(T const& elem);   //压入元素
    void pop();                 //弹出元素
    T const& top() const;       //返回栈顶元素
    bool empty() const {        //返回栈是否为空
        return elems.empty();
```

```
    }
};

template<typename T, typename Cont>
void Stack<T, Cont>::push (T const& elem)
{
    elems.push_back(elem);       //将传入的 elem 的副本压栈
}

template<typename T, typename Cont>
void Stack<T, Cont>::pop ()
{
    assert(!elems.empty());
    elems.pop_back();           //弹出栈顶元素
}

template<typename T, typename Cont>
T const& Stack<T, Cont>::top () const
{
    assert(!elems.empty());
    return elems.back();        //返回栈顶元素的副本
}
```

注意，我们现在有两个模板参数，因此，每个成员函数的定义都必须含有这两个参数：

```
template<typename T, typename Cont>
void Stack<T,Cont>::push (T const& elem)
{
  elems.push_back(elem);        //将传入的 elem 的副本压栈
}
```

你可以像之前一样使用这个栈，也就是说，如果首先传递唯一的一个实参作为元素类型，则会使用 vector 来管理该类型（Stack）的元素：

```
template<typename T, typename Cont = std::vector<T>>
class Stack {
  private:
    Cont elems;   //存储元素的容器 vector
  ...
};
```

此外，在程序中声明 Stack 对象时，可以指定元素的容器类型：

basics/stack3test.cpp

```
#include"stack3.hpp"
#include <iostream>
#include <deque>

int main()
{
  //int 类型栈
  Stack<int> intStack;

  //double 类型栈，使用 std::deque<>来管理元素
  Stack<double, std::deque<double>> dblStack;
```

```
    //使用 int 类型栈
    intStack.push(7);
    std::cout << intStack.top() << '\n';
    intStack.pop();

    //使用 double 类型栈
    dblStack.push(42.42);
    std::cout << dblStack.top() << '\n';
    dblStack.pop();
}
```

使用

```
Stack<double, std::deque<double>>
```

声明一个 double 类型的栈，其使用 std::deque<>在内部管理元素。

2.8 类型别名

通过为类模板的整个类型定义新名字，可以更加方便地使用类模板。

1. 类型定义和别名声明

为完整类型定义一个新名字的简单方法有两种。

（1）使用关键字 typedef：

```
typedef Stack<int> IntStack;      //typedef 声明
void foo (IntStack const& s);     //s 是 int 类型栈
IntStack istack[10];              //istack 是长度为 10 的 int 类型栈数组
```

我们称这种声明方式为 typedef[①]，声明结果的名字称为 typedef-name。

（2）使用关键字 using（从 C++11 开始）：

```
using IntStack = Stack <int>;     //别名声明
void foo (IntStack const& s);     //s 是 int 类型栈
IntStack istack[10];              //istack 是长度为 10 的 int 类型栈数组
```

这种声明方式由[*DosReisMarcusAliasTemplates*]引入，称为别名声明。

注意，在这两种情况下，我们都为现有类型定义了新名字，而不是新类型。因此，在使用 typedef

```
typedef Stack <int> IntStack;
```

或者使用 using

```
using IntStack = Stack <int>;
```

之后，IntStack 和 Stack<int>是同一类型的两个可互换的符号。

① 这里有意使用 typedef 而不是 type definition，关键字 typedef 最初意在表示“类型定义”（type definition）。然而，在 C++中，“类型定义”实际上意味着其他操作（例如，类和枚举类型的定义）。反而，单词 typedef 应该被认为是声明现有类型的替代名称（别名），这个操作可由关键字 typedef 来实现。

作为为现有类型定义新名字的两个可选方案的通用术语，我们使用术语类型别名声明，新名字则称为类型别名。

由于别名声明更具可读性（使用 using 时，定义的新名字总是放在=的左侧），因此，在本书接下来的内容中，我们在声明类型别名时优先使用别名声明语法。

2. 别名模板

与 typedef 不同，别名声明可以模板化，以便为一系列类型提供名字。这一称为别名模板的特性也是从 C++11 开始生效的。[①]

下面的别名模板 DequeStack 参数化元素类型 T，并扩展为一个将其元素存储在 std::deque 中的 Stack：

```
template<typename T>
using DequeStack = Stack<T, std::deque<T>>;
```

因此，类模板和别名模板都可以用作参数化的类型。但同样地，别名模板只是给现有类型起个新名字，原类型仍然可以使用。DequeStack<int>和 Stack<int, std::deque<int>>都代表相同的类型。

请注意，一般来说，模板只能在全局（global）/命名空间（namespace）作用域内或者类声明中声明和定义。

3. 成员类型的别名模板

别名模板有助于为类模板的成员类型定义快捷方式，在

```
struct C {
  typedef ... iterator;
  ...
};
```

或者

```
struct MyType {
  using iterator = ...;
  ...
};
```

之后，定义比如

```
template<typename T>
using MyTypeIterator = typename MyType<T>::iterator;
```

允许使用

```
MyTypeIterator<int> pos;
```

替代[②]

```
typename MyType<T>::iterator pos;
```

① 别名模板有时（不规范地）被称为 typedef 模板，因为它所扮演的角色与 typedef 在模板中扮演的角色相同。

② 这里的 typename 是必要的，因为成员是类型。详见 5.1 节。

4. 类型特征后缀_t

从 C++14 开始，标准库就使用这种技巧来为标准库中萃取所得类型的全部类型特征定义快捷方式。例如，为了可以写作

```
std::add_const_t<T>                //从 C++14 开始
```

而不是

```
typename std::add_const<T>::type    //从 C++11 开始
```

标准库定义

```
namespace std {
  template<typename T> using add_const_t = typename add_const<T>::type;
}
```

2.9 类模板实参推导

在 C++17 出现之前，始终必须传递所有模板参数类型给类模板（除非它们有默认值）。从 C++17 开始，放宽了总是需要显式指定模板实参的限制。如果构造函数能够推导出所有模板参数（没有默认值），则可以忽略该限制。

例如，在前面所有的示例代码中，可以在不指定模板实参的情况下调用拷贝构造函数：

```
Stack<int> intStack1;               //int 类型的栈（原书笔误，写成 strings）
Stack<int> intStack2 = intStack1;   //所有版本都正确
Stack intStack3 = intStack1;        //自 C++17 起正确
```

通过提供传递一些初始化实参的构造函数，可以支持推导栈的元素类型。例如，我们可以提供一个由单个元素初始化的栈：

```
template<typename T>
class Stack {
  private:
    std::vector<T> elems;  //存储元素的容器 vector
  public:
    Stack () = default;
    Stack (T const& elem)  //用一个元素初始化栈
      : elems({elem}) {
    }
    ...
};
```

这样就可以按如下方式声明 Stack：

```
Stack intStack = 0;          //从 C++17 开始推导为 Stack<int>
```

通过整数 0 来初始化栈，模板参数 T 则推导为 int 类型，于是实例化出一个 Stack<int>。请注意以下几点。

- 由于定义了 int 类型参数的构造函数，就必须要求默认构造函数的默认行为是可用的，因为只有在没有其他构造函数定义的情况下，默认构造函数才存在：

```
Stack() = default;
```

➢ 传递带花括号的实参 elem 给 elems，就是用只有一个实参 elem 的初始化列表来初始化 vector 类型的成员变量 elems。

```
: elems({elem})
```

对 vector 来说，没有构造函数能够直接将单个参数作为初始元素。[①]

请注意，与函数模板实参不同，类模板实参不能只进行部分推导（仅显式指定一些模板实参）。详见 15.12 节。

1. 字符串字面量的类模板实参推导

原则上，甚至可以通过字符串字面量来初始化栈：

```
Stack stringStack = "bottom";    //自 C++17 起，推导为 Stack<char const[7]>
```

但这会带来很多麻烦。通常，按引用传递模板类型 T 的实参时，参数类型不会退化。退化是一种机制的术语，该机制将原始数组类型转换为对应的原始指针类型。这意味着我们实际上初始化了这样一个 Stack：

```
Stack<char const[7]>
```

所有用到 T 的地方都会实例化为 char const[7]类型。例如，我们不能将一个不同长度的字符串压栈，因为它们的类型不同，详细讨论请参阅 7.4 节。

然而，当按值传递模板类型 T 的实参时，参数类型会退化，即该机制会将原始数组类型转换为对应的原始指针类型。也就是说，构造函数中的调用参数 T 会推导为 char const*，因此，整个类会推导为 Stack<char const*>。

出于这个原因，可能有必要将构造函数声明为按值传递实参的方式：

```
template<typename T>
class Stack {
  private:
    std::vector<T> elems;   //存储元素的容器 vector
  public:
    Stack(T elem)           //通过单个元素的传值来初始化栈
     : elems({elem}) {      //在类模板实参推导过程中产生类型退化
    }
    ...
};
```

通过这样的操作，下面的初始化工作将正常执行：

```
Stack stringStack = "bottom";    //自 C++17 起推导为 Stack<char const*>
```

不过在这种情况下，最好将临时的 elem 移动（move）到栈中，以避免不必要的拷贝：

```
template<typename T>
class Stack {
```

---

① 更糟糕的是，有一个 vector 构造函数将一个 int 类型的实参作为初始大小，因此，对于初始值为 5 的栈，当使用:elems(elem)时，vector 将得到 5 个元素的初始大小。

```
  private:
    std::vector<T> elems;  //存储元素的容器 vector
  public:
    Stack(T elem);          //通过单个元素的传值来初始化栈
     : elems({std::move(elem)}) {
    }
    ...
};
```

2. 推导指引

除了声明构造函数为传值调用方式外，还有一种不同的解决方案：由于在容器中处理原始指针可以说是很多问题的根源，因此我们应该禁用容器类自动推导原始字符指针的功能。

可以通过定义特定的推导指引，来提供附加的或者修正已有的类模板实参推导规则。例如，可以定义每当传递字符串字面量或者 C-strings 时，用 std::string 来实例化栈：

```
Stack(char const*) -> Stack<std::string>;
```

此指引必须与类定义出现在相同作用域（命名空间）内。通常，它紧跟着类的定义，符号->后面的类型称为推导指引的引导类型。

现在，声明：

```
Stack stringStack{"bottom"};       //正确：自 C++17 起推导为 Stack<std::string>
```

栈推导为 Stack<std::string>，但是下面的代码仍然不能工作：

```
Stack stringStack = "bottom";     //推导为 Stack<std::string>，但仍然无效
```

模板参数类型推导为 std::string，以便实例化出 Stack<std::string>：

```
class Stack {
  private:
    std::vector<std::string> elems;  //存储 string 类型元素的容器 vector
  public:
    Stack (std::string const& elem)  //使用单个元素初始化栈
     : elems({elem}) {
    }
    ...
};
```

但是，根据语言规则，不能通过将字符串字面量传递给期望接收 std::string 类型的构造函数来拷贝初始化（使用符号=初始化）对象。因此，必须按如下方式初始化栈：

```
Stack stringStack{"bottom"};       //推导为 Stack<std::string>且有效
```

如有疑问，则请注意，类模板实参推导的结果是可拷贝的。在将 stringStack 声明为 Stack<std::string>之后，以下初始化将声明相同的类型（因此，调用的是拷贝构造函数），而不是通过 stringStack 的元素来初始化栈：

```
Stack stack2{stringStack};       //推导为 Stack<std::string>
Stack stack3(stringStack);       //推导为 Stack<std::string>
Stack stack4 = {stringStack};    //推导为 Stack<std::string>
```

更多关于类模板实参推导的细节，请参阅 15.12 节。

2.10 模板化聚合体

聚合类（是这样的类或结构体：非用户提供、显式定义或者继承的构造函数，没有 private 或者 protected 的非静态数据成员，没有虚函数，没有 virtual、private 或者 protected 的基类）也可以是模板。例如：

```
template<typename T>
struct ValueWithComment {
  T value;
  std::string comment;
};
```

定义了一个参数化 value 类型的聚合体，仍然可以和任何其他类模板一样声明聚合体对象：

```
ValueWithComment<int> vc;
vc.value = 42;
vc.comment = "intial value";
```

从 C++17 开始，甚至可以为聚合类模板定义推导指引：

```
ValueWithComment(char const*, char const*) -> ValueWithComment<std::string>;
ValueWithComment vc2 = {"hello", "initial value"};
```

没有推导指引，ValueWithComment 将不可能初始化，因为其没有对应可进行实参推导的构造函数。

标准库的 std::array<>类也是一个聚合体，其元素类型和大小都是参数化的。C++17 标准库也给它定义了一个推导指引，我们会在 4.4.4 节中讨论它。

2.11 小结

- 类模板是使用一个或多个类型未定的参数来实现的类。
- 要使用类模板，可以将未定类型作为模板实参传递，然后用这些类型实例化（并编译）类模板。
- 对于类模板，只实例化那些会调用到的成员函数。
- 可以用某种特定类型来特化类模板。
- 可以用某种特定类型来偏特化类模板。
- 从 C++17 开始，可以从构造函数中自动推导出类模板实参。
- 可以定义聚合类的类模板。
- 如果声明为传值调用，则调用的模板参数类型会退化。
- 只能在全局/命名空间作用域内或者类声明中声明和定义模板。

第3章

非类型模板参数

对于函数模板和类模板，其模板参数不必是具体类型，也可以是普通数值。和模板使用类型参数一样，定义代码的某些细节待定，直至使用该代码时才会确定这些细节。不过，在这里待定细节不是类型而是值。在使用这种模板时，必须显式指定这个值，然后实例化生成代码。本章会以一个新版的 Stack 类模板来展示这个特性，此外，我们还给出一个非类型的函数模板参数的例子，并讨论这一特性的某些限制。

3.1 非类型的类模板参数

对比第 2 章中栈的实现示例，也可以通过使用元素个数固定的数组来实现栈，这种方法的优点是避免了无论是由开发者还是由标准容器来执行所带来的内存管理成本。然而，确定这样一个栈的最佳容量是难度极大的，容量偏小，将更可能造成栈溢出；容量偏大，将更可能造成内存浪费。一个好的解决方案是，让栈的使用者将数组的大小指定为栈元素所需的最大容量。

为此，将数组大小定义为模板参数：

basics/stacknontype.hpp

```
#include <array>
#include <cassert>

template<typename T, std::size_t Maxsize>
class Stack {
  private:
    std::array<T, Maxsize> elems;  //存放元素的数组
    std::size_t numElems;           //当前元素个数（数组大小）

  public:
    Stack();                        //构造函数
    void push(T const& elem);       //压入元素
    void pop();                     //弹出元素
    T const& top() const;           //返回栈顶元素
    bool empty() const {            //返回栈是否为空
        return numberElems == 0;
    }
    std::size_t size() const{       //返回当前元素个数
        return numElems;
    }
};

template<typename T, std::size_t Maxsize>
```

```
Stack<T, Maxsize>::Stack()
 : numElems(0)                    //初始时没有元素
{
    //不做任何事情
}

template<typename T, std::size_t Maxsize>
void Stack<T, Maxsize>::push (T const& elem)
{
    assert(numElems < Maxsize);
    elems[numElems] = elem;      //添加数组元素
    ++numElems;                  //增加数组元素个数
}

template<typename T, std::size_t Maxsize>
void Stack<T, Maxsize>::pop()
{
    assert(!elems.empty());
    --numElems;                  //减少数组元素个数
}

template<typename T, std::size_t Maxsize>
T const& Stack<T, Maxsize>::top () cosnt
{
    assert(!elems.empty());
    return elems[numElems - 1];  //返回栈顶元素
}
```

第 2 个新模板参数 Maxsize 是 int 类型的，它指定了存放栈元素的内部数组的大小：

```
template<typename T, std::size_t Maxsize>
class Stack {
  private:
    std::arrary<T, Maxsize> elems;  //存放元素的数组
    ...
};
```

此外，在 push()中用它来检查栈是否已满：

```
template<typename T, std::size_t Maxsize>
void Stack<T, Maxsize>::push (T const& elem)
{
    assert(numElems < Maxsize);
    elems[numElems] = elem;          //添加数组元素
    ++numElems;                      //增加数组元素个数
}
```

要使用这个类模板，必须同时指定元素类型和最大容量：

basics/stacknotype.cpp

```
#include"stacknotype.hpp"
#include <iostream>
#include <string>

int main()
{
  Stack<int,20>       int20Stack;        //存储 20 个 int 类型元素的栈
```

```
    Stack<int,40>        int40Stack;        //存储 40 个 int 类型元素的栈
    Stack<std::string,40>   stringStack;  //存储 40 个 string 类型元素的栈

    //操作存储 20 个 int 类型元素的栈
    int20Stack.push(7);
    std::cout << int20Stack.top() << '\n';
    int20Stack.pop();

    //操作存储 40 个 string 类型元素的栈
    stringStack.push("hello");
    std::cout << stringStack.top() << '\n';
    stringStack.pop();
}
```

请注意，每个模板都实例化出自己的类型。因此，int20Stack 和 int40Stack 是两种不同的类型，并且这两种类型之间不存在隐式或者显式的类型转换，所以两者既不能相互替换也不能相互赋值。

同样，也为模板参数指定默认实参（默认值）：

```
template<typename T = int, std::size_t Maxsize = 100>
class Stack {
  ...
};
```

然而，从优化设计的角度来看，这可能不适合本例。默认实参应该是直观上正确的值，但是，对于普通 Stack 类而言，无论是 int 类型还是最大容量 100 看上去都不直观。因此，最好在必要时同时显式指定这两个值，这样在声明期间就会始终记录这两个属性。

3.2 非类型的函数模板参数

我们也可以为函数模板定义非类型参数。例如，下面的函数模板定义了一组可以增加特定值的函数：

basics/addvalue.hpp

```
template<int Val, typename T>
T addValue (T x)
{
  return x + Val;
}
```

如果将函数或操作用作参数，则这类函数会很有用。例如，如果使用 C++标准库，可以传递该函数模板的实例化对象来为集合中的每个元素增加一个值：

```
std::transform(source.begin(), source.end(),  //源集合的起点和终点
               dest.begin(),                   //目标集合的起点
               addValue<5,int>);               //操作或函数
```

最后一个实参实例化了函数模板 addValue<>()，来使传递的 int 值增加 5。源集合 source 中的每个元素都会调用该实例化后的函数，并将结果保存到目标集合 dest 中。

注意，必须为 addValue<>()的模板参数 T 指定实参是 int 类型，因为类型推导只适用于立即调用，而 std::transform()又需要一个完整的类型来推导其第 4 个参数的类型。这里不支持先只替换或推导一些模板参数的类型，然后在合适机会，推导剩余参数。

同样，我们也可以指定模板参数类型是从前面的参数推导而来的。例如，从传递的非类型模板参数推导出返回类型：

```
template<auto Val, typename T = decltype(VaL)>
T foo();
```

或确保传递的值（非类型模板参数）的类型和传递的类型（类型模板参数）一致：

```
template<typename T, T Val = T{}>
T bar();
```

3.3 非类型模板参数的限制

请注意，非类型模板参数有一些限制，一般来说，它们只能是 int 类型常量（包括枚举常量）、指向对象/函数/成员的指针、对象或函数的左值引用，或者是 std::nullptr_t（nullptr 类型）。

浮点数或类类型的对象不能作为非类型模板参数：

```
template<double VAT>          //错误：浮点数不能作为非类型模板参数
double process (double v)
{
    return v * VAT;
}

template<std::string name>    //错误：类类型的对象不能作为非类型模板参数
class MyClass {
...
};
```

当传递对象的指针或引用作为模板实参时，该对象不能是字符串字面量、临时变量或数据成员以及其他子对象。由于 C++17 之前的每次版本更新都会不断放宽这些限制，另外适用于早期版本的限制如下。

- 在 C++11 中，对象也必须有外部链接。
- 在 C++14 中，对象也必须有外部或内部链接。

因此，下面的做法是不可行的：

```
template<char const* name>
class MyClass {
...
};

MyClass<"hello"> X;                //错误：不允许使用字符串字面量“hello”
```

不过，这里有变通之法（仍需视 C++版本而定）：

```
extern char const s03[] = "hi";    //外部链接
char const s11[] = "hi";           //内部链接

int main()
{
  MyClass<s03> m03;             //正确（所有版本）
  MyClass<s11> m11;             //从 C++11 开始正确
  static char const s17[] = "hi";  //无链接
```

```
  Message<s17> m17;              //从 C++17 开始正确
}
```

上面这 3 种情况都用"hi"初始化一个字符常量数组，接下来将这个对象用作以 char const* 类型声明的模板参数。如果该对象有外部链接（s03），则针对所有 C++版本均有效；如果它有内部链接（s11），那么对 C++11 和 C++14 来说也是有效的；对 C++17 而言，即使该对象完全无链接也是有效的。

12.3.3 节和 17.2 节将就这部分内容未来可能的变化进行讨论。

避免无效表达式

非类型模板参数的实参可以是任何编译期表达式，例如：

```
template<int I, bool B>
class C;
...
C<sizeof(int) + 4, sizeof(int) == 4> c;
```

请注意，如果在表达式中使用了运算符>（operator>），则必须将整个表达式放入圆括号内，以便让嵌套外层的符号>来终止实参列表。

```
C<42, sizeof(int) > 4> c;     //错误：第 1 个>就终止了模板实参列表
C<42, (sizeof(int) > 4)> c;   //正确
```

3.4 模板参数类型 auto

从 C++17 开始，可以定义一个非类型模板参数来普遍接受非类型参数所允许的任意类型。利用这一特性，我们可以提供一个具有固定大小的更为泛化的 Stack 类：

basics/stackauto.hpp

```
#include <array>
#include <cassert>

template<typename T, auto Maxsize>
class Stack {
  public:
    using size_type = decltype(Maxsize);
  private:
    std::arrary<T, Maxsize>elems; //存放元素的数组
    size_type numElems;           //当前元素个数
  public:
    Stack();                      //构造函数
    void push(T const& elem);     //压入元素
    void pop();                   //弹出元素
    T const& top() const;         //返回栈顶元素
    bool empty() const {          //返回栈是否为空
        return numElems == 0;
    }
    size_type size() const {      //返回当前元素个数
        return numElems;
    }
};
```

```
//构造函数
template<typename T, auto Maxsize>
Stack<T, Maxsize>::Stack ()
  : numElems(0)                        //起始元素为空
{
    //不做任何事情
}

template<typename T, auto Maxsize>
void Stack<T, Maxsize>::push (T const& elem)
{
    assert(numElems < Maxsize);
    elems[numElems] = elem;            //添加数组元素
    ++numElems;                        //增加元素个数
}

template<typename T, auto Maxsize>
void Stack<T, Maxsize>::pop ()
{
    assert(!elems,empty());
    --numElems;                         //减少元素个数
}

template<typename T, auto Maxsize>
T const& Stack<T, Maxsize>::top() const
{
    assert(!elems.empty());
    return elems[numElems - 1];         //返回栈顶元素
}
```

定义：

```
template<typename T, auto Maxsize>
class Stack {
...
};
```

通过使用占位符类型 auto，可以将 Maxsize 定义为类型待定的值，它可以是非类型模板参数所允许的任何类型。

在模板内部，既可以使用它的值：

```
std::array<T, Maxsize> elems;      //存放元素的数组
```

也可以使用它的类型：

```
using size_type = decltype(Maxsize);
```

例如，将它用作成员函数 size()的返回类型：

```
size_type size() const {          //返回当前元素个数
    return numElems;
}
```

从 C++14 开始，也可以只将 auto 用作返回类型，来让编译器推导出返回类型：

```
auto size() const {   //返回当前元素个数
    return numElems;
}
```

通过这个类的声明，元素个数的类型由使用栈时用于该元素个数的类型定义：

basics/stackauto.cpp

```
#include <iostream>
#include <string>
#include"stackauto.hpp"

int main()
{
  Stack<int, 20u>        int20Stack;     //存储 20 个 int 类型元素的栈
  Stack<std::string, 40> stringStack;   //存储 40 个 int 类型元素的栈

  //操作存储 20 个 int 类型元素的栈
  int20Stack.push(7);
  std::cout << int20Stack.top() << '\n';
  auto size1 = int20Stack1.size();

  //操作存储 40 个 int 类型元素的栈
  stringStack.push("hello");
  std::cout << stringStack.top() << '\n';
  auto size2 = stringStack.size();

  if (!std::is_same_v<decltype(size1), decltype(size2)>) {
    std::cout << "size types differ" << '\n';
  }
}
```

对于

```
Stack<int, 20u> int20Stack;           //存储 20 个 int 类型元素的栈
```

因为传入的是20u，所以内部的size类型是unsigned int类型。

对于

```
Stack<std::string, 40> stringStack;  //存储 40 个 int 类型元素的栈
```

因为传入的是40，所以内部的size类型是int类型。

两个栈中size()将具有不同的返回类型，所以执行完语句

```
auto size1 = int20Stack.size();
...
auto size2 = stringStack.size();
```

之后，size1和size2的类型是不同的。这可以通过标准类型特征std::is_same（参阅附录D的D.3.3节）和decltype来验证：

```
if (!std::is_same<decltype(size1), decltype(size2)>::value) {
  std::cout << "size types differ" << '\n';
}
```

因此，输出的结果将是：

```
size types differ
```

从C++17开始，可以通过后缀_v并省略::value来处理返回值的类型特征（详见5.6节）：

```
if (!std::is_same_v<decltype(size1), decltype(size2)>) {
```

```
  std::cout << "size types differ" << '\n';
}
```

请注意，对于非类型模板参数类型的其他约束仍然有效，特别是，在 3.3 节中讨论的关于非类型模板参数的可能类型的限制仍然适用。例如：

```
Stack<int, 3.14> std;  //错误：浮点数不能作为非类型模板参数
```

并且，因为还可以将字符串作为常量数组传递（从 C++17 开始甚至可以采用局部静态声明，参阅 3.3 节），所以下面的做法是可以的：

basics/message.cpp

```
#include <iostream>

template<auto T>     //采用任何可能的非类型参数的值（自 C++17 起）
class Message {
  public:
    void print() {
      std::cout << T << '\n';
    }
};

int main()
{
  Message<42> msg1;
  msg1.print();      //用 int 值 42 初始化，并输出该值

  static char const s[] = "hello";
  Message<s> msg2;   //用 char const[6]值“hello”初始化
  msg2.print();      //并输出该值
}
```

还要注意，甚至将 N 实例化为引用的 template<decltype(auto) N>也是可以的：

```
template<decltype(auto) N>
class C {
...
};
int i;
C<(i)> x;     //N 是 int 类型引用
```

更多内容请参阅 15.10.1 节。

3.5 小结

- 模板可以具有数值的模板参数而不只是类型的模板参数。
- 不能将浮点数或类类型对象用作非类型模板参数。对于字符串字面量、临时变量和子对象的指针或引用也有限制。
- 使用 auto 可以使模板具有泛型类型值的非类型模板参数。

第 4 章

变参模板

从 C++11 开始，模板参数可以接收数量可变的模板实参。这个特性允许在必须传递任意数量和类型的实参的地方使用模板。一个典型应用是通过类或者框架传递数量和类型都未定的参数，另一个应用是提供泛型代码处理任意数量和类型的参数。

4.1 变参模板简介

模板参数可以定义为接收无限数量的模板实参，具备这种能力的模板称为变参模板。

4.1.1 变参模板示例

例如，可以使用以下代码调用 print()，输出数量可变、类型不同的实参：

basics/varprint1.hpp

```
#include <iostream>

void print ()
{
}

template<typename T, typename... Types>
void print (T firstArg, Types... args)
{
  std::cout << firstArg << '\n';   //输出第 1 个实参
  print(args...);                  //调用 print()输出剩余实参
}
```

如果传入一个或者多个实参，就会使用这个函数模板，它通过单独指定第 1 个实参，可以在递归调用 print()处理其余实参之前，先将其输出。这些名为 args 的剩余实参是一个函数参数包：

```
void print (T firstArg, Types... args)
```

使用通过模板参数包指定的不同“类型”：

```
template<typename T, typename... Types>
```

为了结束递归，在参数包为空时调用 print()的非模板函数重载版本。

例如，如下调用：

```
std::string s("world");
print (7.5, "hello", s);
```

会输出如下结果：

```
7.5
hello
world
```

因为这个调用首先会扩展成：

```
print<double, char const*, std::string> (7.5, "hello", s);
```

其中，firstArg 的值为 7.5，因此，类型 T 为 double，并且 args 是一个变参模板实参，包含类型为 char const*的“hello”和类型为 std::string 的“world”。

在输出 firstArg 的值 7.5 后，它再次调用 print()输出剩余实参，然后扩展为：

```
print<char const*, std::string> ("hello", s);
```

其中，firstArg 的值是“hello”，因此，这里类型 T 为 char const *，并且 args 是一个包含 std::string 类型的值的变参模板实参。

在输出 firstArg 的值“hello”后，它再次调用 print()输出剩余实参，然后扩展为：

```
print<std::string> (s);
```

其中，firstArg 的值是“world”，因此，现在类型 T 为 std::string，并且 args 是一个没有值的空变参模板实参。

因此，在输出 firstArg 的值“world”之后，我们无实参调用 print()，这会导致调用 print()的非模板函数重载版本，从而结束递归。

4.1.2 变参和非变参模板的重载

请注意，也可以像下面这样实现上面的例子：

basics/varprint2.hpp

```
#include <iostream>

template<typename T>
void print (T arg)
{
  std::cout << arg << '\n';   //输出传入实参
}

template<typename T, typename... Types>
void print (T firstArg, Types... args)
{
  print(firstArg);            //调用 print()输出第 1 个实参
  print(args...);             //调用 print()输出剩余实参
}
```

也就是说，如果两个函数模板只存在尾部参数包的差别，则首选没有尾部参数包的函数模板。[①]请参阅附录 C 的 C.3.1 节，该节解释了适用于此处的更一般的重载解析规则。

4.1.3 sizeof...运算符

C++11 还为变参模板引入 sizeof 运算符的一种新形式：sizeof...。它会扩展到参数包所含的元素数量。于是，

```
template<typename T, typename... Types>
void print (T firstArg, Types... args)
{
  std::cout << sizeof... (Types) << '\n';  //输出剩余类型的数量
  std::cout << sizeof... (args) << '\n';   //输出剩余实参的数量
  ...
}
```

在第 1 个实参传递给 print()后，剩余实参数量会输出两次。如你所见，既可为模板参数包也可为函数参数包调用 sizeof...。

这可能会让我们觉得，可以跳过为结束递归而重载的无参非模板函数 print()，如果再无实参就不调用它：

```
template<typename T, typename... Types>
void print (T firstArg, Types... args)
{
  std::cout << firstArg << '\n';
  if (sizeof... (args) > 0) {     //sizeof...(args)==0 则报错
    print(args...);               //没有声明无参的 print()
  }
}
```

然而，这种方法行不通，因为通常函数模板中 if 语句的两个分支都会被实例化。是否使用实例化代码是在运行期决定的，而是否调用实例化过程是在编译期决定的。正因如此，如果为一个（最后的）实参调用 print()函数模板，print(args...)的调用语句仍会实例化为无参函数，而且如果没有提供无参函数 print()，则会报错。

需要注意的是，从 C++17 开始，可以使用编译期 if，这样通过略微不同的语法，也可以达到这里想要的效果。这将在 8.5 节中讨论。

4.2 折叠表达式

从 C++17 开始，有一种特性可以用于计算对一个参数包（带有可选的初始值）的所有实参使用二元运算符的结果。

例如，下面的函数会返回所有传入实参之和：

```
template<typename... T>
auto foldSum (T... s) {
```

① 起初，在 C++11 和 C++14 中这点是模棱两可的，后来确定了该规则（参阅[*CoreIssue1395*]），不过所有编译器对于所有 C++版本都是这样处理的。

```
  return (... + s);  //((s1 + s2) + s3)...
}
```

如果参数包为空，则上述表达式（... + s）的格式通常是错误的（除了下列情况：对于运算符&&，值为真；对于运算符||，值为假；对于逗号运算符，空参数包的对应值为 void()）。

表 4.1 列举了可能的折叠表达式。

表 4.1　　折叠表达式（从 C++17 开始）

折叠表达式	计值
(... op pack)	(((pack1 op pack2) op pack3) ... op packN)
(pack op ...)	(pack1 op (... (packN-1 op packN)))
(init op ... op pack)	(((init op pack1) op pack2) ... op packN)
(pack op ... op init)	(pack1 op (... (packN op init)))

几乎所有的二元运算符都可以用于折叠表达式（详见 12.4.6 节）。例如，可以使用折叠表达式通过运算符->*遍历二叉树的路径：

basics/foldtraverse.cpp

```
//定义二叉树结构体和遍历辅助函数
struct Node {
  int value;
  Node* left;
  Node* right;
  Node(int i=0) : value(i), left(nullptr), right(nullptr) {
  }
  ...
};
auto left = &Node::left;
auto right = &Node::right;

//使用折叠表达式来遍历二叉树
template<typename T, typename... TP>
Node* traverse (T np, TP... paths) {
  return (np ->* ... ->* paths);     //np ->* paths1 ->* paths2...
}

int main()
{
  //初始化二叉树结构体
  Node* root = new Node{0};
  root->left = new Node{1};
  root->left->right = new Node{2};
  ...
  //遍历二叉树
  Node* node = traverse(root, left, right);
  ...
}
```

这里

```
(np ->* ... ->* paths)
```

使用折叠表达式从 np 开始遍历 paths 中所有可变元素。

对于这样一个使用初始化器的折叠表达式，我们可以考虑简化变参模板以输出以上介绍的所有实参：

```
template<typename... Types>
void print (Types const&... args)
{
  (std::cout << ... << args) << '\n';
}
```

不过，请注意，这种情况下，参数包中的所有元素之间要通过空格分隔。为了解决这个问题，需要额外新增一个类模板，以确保任何实参的输出都扩展一个空格：

basics/addsapce.hpp

```
template<typename T>
class AddSpace
{
  private:
    T const& ref;                  //指向构造函数中传入实参的引用
  public:
    AddSpace(T const& r): ref(r) {
    }
    friend std::ostream& operator<< (std::ostream& os, AddSpace<T> s) {
      return os << s.ref <<'';  //输出传入实参和一个空格
    }
};

template<typename... Args>
void print (Args... args) {
  ( std::cout << ... << AddSpace(args) ) << '\n';
}
```

请注意，表达式 AddSpace(args)使用了类模板实参推导（请参阅 2.9 节）来达到相当于直接使用 AddSpace<Args>(args)的效果，它为每个传入的实参都创建一个引用该实参的 AddSpace 对象，并在输出表达式中使用时添加一个空格。

有关折叠表达式的详细信息，请参阅 12.4.6 节。

4.3 变参模板应用

变参模板在实现像 C++标准库这样的通用库时，起到重要作用。

变参模板的一个典型应用是转发可变数量的任意类型的实参。例如，我们在以下场景中使用这个特性。

➢ 传递实参给由共享指针管理的新的堆对象的构造函数：

```
//创建指向由 4.2 和 7.7 初始化的 complex<float>的共享指针
auto sp = std::make_shared<std::complex<float>>(4.2, 7.7);
```

➢ 传递实参给由库启动的线程：

```
std::thread t (foo, 42, "hello"); //在独立线程中调用 foo(42, "hello")
```

➢ 传递实参给将新元素压入 vector 容器的构造函数：

```
std::vector<Customer> v;
...
v.emplace("Tim", "Jovi", 1962);  //插入由 3 个实参初始化的 Customer
```

通常，实参是通过移动语义“完美转发”（参阅 6.1 节）的，因此，相应的声明如下：

```
namespace std {
  template<typename T, typename... Args> shared_ptr<T>
  make_shared(Args&&... args);

  class thread {
   public:
    template<typename F, typename... Args>
    explicit thread(F&& f, Args&&... args);
    ...
  };

  template<typename T, typename Allocator = allocator<T>>
  class vector {
   public:
    template<typename... Args> reference emplace_back(Args&&...args);
    ...
  };
}
```

需要注意的是，作用于普通参数的规则同样适用于变参函数模板参数。例如，如果是传值，则会拷贝实参并且类型会退化（例如，数组变成指针）；如果是传引用，则参数会引用原始实参并且类型不会退化：

```
//args 是类型退化后的副本
template<typename... Args> void foo (Args... args);
//args 是传入对象未退化的引用
template<typename... Args> void bar (Args const&... args);
```

4.4 变参类模板和变参表达式

除了上面的示例之外，参数包还可以用在其他地方，例如表达式、类模板、using 声明，甚至是推导指引。完整的目录请参阅 12.4.2 节。

4.4.1 变参表达式

变参表达式可以做的不仅仅是转发所有参数，还可以进行计算，这意味着使用参数包中的所有参数进行计算。

例如，下面的函数使参数包中的每个参数 args 都加倍，并将每个加倍后的实参传递给 print()：

```
template<typename... T>
void printDoubled (T const&... args)
{
```

```
  print (args + args...);
}
```

例如，如果调用

```
printDoubled(7.5, std::string("hello"), std::complex<float>(4,2));
```

该函数执行效果（构造函数的任何副作用除外）如下：

```
print(7.5 + 7.5,
      std::string("hello") + std::string("hello"),
      std::complex<float>(4,2) + std::complex<float>(4,2);
```

注意，如果只是想使每个实参加 1，省略号（...）不能直接跟在数字字面量后面：

```
template<typename... T>
void addOne (T const&... args)
{
  print (args + 1...);        //错误：1...是小数点过多的字面量
  print (args + 1 ...);       //正确
  print ((args + 1)...);      //正确
}
```

编译期表达式可以以相同的方式包含模板参数包，例如，下面的函数模板返回所有实参的类型是否相同：

```
template<typename T1, typename... TN>
constexpr bool isHomogeneous (T1, TN...)
{
  return (std::is_same<T1,TN>::value && ...);    //自 C++17 起
}
```

这是折叠表达式的一种应用（参阅 4.2 节），对于

```
isHomogeneous(43, -1, "hello")
```

返回值的表达式扩展为：

```
std::is_same<int,int>::value && std::is_same<int,char const*>::value
```

结果为假，而对

```
isHomogeneous("hello", " ", "world", "!")
```

来说结果则为真，因为所有传入的实参类型都被推导为 char const*（注意，实参类型会退化，因为调用实参是按值传递的）。

4.4.2 变参索引

作为一个示例，下面的函数使用变参索引列表来访问传递的第 1 个实参的相应元素：

```
template<typename C, typename... Idx>
void printElems (C const& coll, Idx... idx)
{
```

```
  print (coll[idx]...);
}
```

也就是说，当调用

```
std::vector<std::string> coll = {"good", "times", "say", "bye"};
printElems(coll,2,0,3);
```

时，相当于调用

```
print (coll[2], coll[0], coll[3]);
```

还可以将非类型模板参数声明成参数包，例如：

```
template<std::size_t... Idx, typename C>
void printIdx (C const& coll)
{
  print(coll[Idx]...);
}
```

可以调用

```
std::vector<std::string> coll = {"good", "times", "say", "bye"};
printIdx<2,0,3>(coll);
```

效果和前面的例子一样。

4.4.3 变参类模板

变参模板也可以是类模板。一个重要的例子是定义一个类，通过类中任意数量的模板参数指定相应类成员的类型：

```
template<typename... Elements>
class Tuple;

Tuple<int, std::string, char> t;  //t 可以保存整型、字符串和字符类型
```

这部分内容将在第 25 章讨论。

另一个例子是可以指定对象可能含有的类型：

```
template<typename... Types>
class Variant;

Variant<int, std::string, char> v; //v 可以保存整型、字符串或字符类型
```

这部分内容将在第 26 章讨论。

还可以定义一个类，表示索引列表的类型：

```
//任意数量索引所组成的列表的类型
template<std::size_t...>
struct Indices {
};
```

这可用于定义一个函数，该函数使用 get<>()在编译期访问给定索引，接着调用 print()输

出 std::array 或 std::tuple 中的元素：

```
template<typename T, std::size_t... Idx>
void printByIdx(T t, Indices<Idx...>)
{
  print(std::get<Idx>(t)...);
}
```

可以像下面这样使用这个模板：

```
std::array<std::string, 5> arr = {"Hello", "my", "new", "!", "World"};
printByIdx(arr, Indices<0, 4, 3>());
```

或者像下面这样：

```
auto t = std::make_tuple(12, "monkeys", 2.0);
printByIdx(t, Indices<0, 1, 2>());
```

这是迈向元编程的第一步。8.1 节和第 23 章将讨论。

4.4.4 变参推导指引

甚至推导指引（参阅 2.9 节）也适用于变参。例如，C++标准库为 std::array 定义了如下推导指引：

```
namespace std {
  template<typename T, typename... U> array(T, U...)
    -> array<enable_if_t<(is_same_v<T, U> && ...), T>, (1 + sizeof...(U))>;
}
```

比如初始化

```
std::array a{42,45,77};
```

会将指引中的 T 推导为该元素的类型，而各种 U...类型会推导为后续元素的类型。因此，元素总数是 1 + sizeof...(U)，等效声明如下：

```
std::array<int, 3> a{42,45,77};
```

对应数组第 1 个参数的表达式 std::enable_if<> 是一个折叠表达式（如同 4.4.1 节所介绍的 isHomogeneous()），可展开为：

```
is_same_v<T, U1> && is_same_v<T, U2> && is_same_v<T, U3> ...
```

如果结果非真（即并非所有元素类型都相同），则会放弃推导指引且整体推导失败。这样的话，标准库确保在推导指引成功的情况下，所有元素类型必然相同。

4.4.5 变参基类和 using 关键字

最后，考虑如下示例：

basics/varusing.cpp

```
#include <string>
```

```
#include <unordered_set>

class Customer
{
  private:
    std::string name;
  public:
    Customer(std::string const& n) : name(n) { }
    std::string getName() const { return name; }
};

struct CustomerEq {
    bool operator() (Customer const& c1, Customer const& c2) const {
      return c1.getName() == c2.getName();
    }
};

struct CustomerHash {
    std::size_t operator() (Customer const& c) const {
      return std::hash<std::string>()(c.getName());
    }
};

//为变参基类定义组合运算符 operator()
template<typename... Bases>
struct Overloader : Bases...
{
    using Bases::operator()...; //从 C++17 开始正确
};

int main()
{
  //在一个类中组合了 Customer 的哈希和比较运算
  using CustomerOP = Overloader<CustomerHash,CustomerEq>;

  std::unordered_set<Customer,CustomerHash,CustomerEq> coll1;
  std::unordered_set<Customer,CustomerOP,CustomerOP> coll2;
  ...
}
```

在这里，我们首先定义一个 Customer 类和独立函数对象来哈希和比较 Customer 对象。通过

```
template<typename... Bases>
struct Overloader : Bases...
{
    using Bases::operator()...; //从 C++17 开始正确
};
```

我们可以定义一个派生自变参基类的类，并且从每个基类引入其 operator()声明。通过

```
using CustomerOP = Overloader<CustomerHash, CustomerEq>;
```

我们使用 using 这个特性从 CustomerHash 和 CustomerEq 中派生 CustomerOP，并同时在派生类中使能两个基类的 operator()实现。

可参阅 26.4 节了解 using 这个特性的另一个应用。

4.5 小结

- 通过使用参数包，可以定义具有任意数量及类型的模板参数的模板。
- 需要使用递归（和）/或匹配的非变参函数来处理这些参数。
- 用运算符 sizeof...计算提供给参数包的实参数量。
- 变参模板的一个典型应用是转发任意数量及类型的实参。
- 通过使用折叠表达式，可以将运算符应用于参数包中的所有实参。

第5章

基本技巧

本章会进一步介绍模板的一些和实际使用相关的基本方面：包括关键字 typename 的一种用法、将成员函数和嵌套类定义为模板、模板的模板参数、零初始化，以及有关使用字符串字面量作为函数模板实参的一些细节。这些方面有时会很具技巧性，但每个经常使用 C++的程序员应该都听说过。

5.1 关键字 typename

通过在 C++标准化过程中引入关键字 typename 来说明模板内部的标识符是一种类型。考虑以下示例：

```
template<typename T>
class MyClass {
  public:
    ...
    void foo() {
      typename T::SubType* ptr;
    }
};
```

其中，第 2 个 typename 用以说明 SubType 是定义在 class T 中的一种类型。因此，ptr 是一个指向 T::SubType 类型的指针。

如果没有 typename，SubType 将被假定为非类型成员（例如，静态数据成员或枚举常量）。于是，表达式

```
T::SubType* ptr
```

将被看成 class T 的静态成员 SubType 与 ptr 的乘积。这不是一个错误，因为对 MyClass<>的某些实例化版本而言，这可能是有效代码。

通常而言，无论何时，只要依赖模板参数的名称是一种类型，就必须使用 typename。13.3.2 节对此进行详细讨论。

typename 的一个应用场景是在泛型代码中声明标准模板库（standard template library，STL）容器的迭代器。

basics/printcoll.hpp

```
#include <iostream>

//输出 STL 容器中的元素
template<typename T>
```

```
void printcoll (T const& coll)
{
    typename T::const_iterator pos;              //迭代 coll 的迭代器
    typename T::const_iterator end(coll.end());  //结束位置
    for (pos = coll.begin(); pos != end; ++ pos) {
       std::cout << *pos << '';
    }
    std::cout << '\n';
}
```

在这个函数模板中，调用参数（形参）是T类型的STL容器。为了遍历容器中的所有元素，使用了容器的迭代器类型，其在每个STL容器类中声明为const_iterator类型：

```
class stlcontainer {
 public:
  using iterator = ...;         //可读写访问的迭代器
  using const_iterator = ...;  //只读访问的迭代器
  ...
};
```

因此，要访问模板类型T的只读类型迭代器const_iterator，就必须用前导关键字typename限定修饰：

```
typename T::const_iterator pos;
```

在C++17之前，有关需要typename的更多细节请参阅13.3.2节。需要注意的是，C++20可能在许多常见情况下将不再需要typename（详见17.1节）。

5.2 零初始化

对于基础类型，比如int、double或者指针类型，并不存在以有用的默认值来初始化它们的默认构造函数。而任何未初始化的局部变量的值都是未确定的：

```
void foo ()
{
  int x;          //x 是未确定的值
  int* ptr;       //ptr 可以指向任何地址空间（并非无处所指）
}
```

现在，如果编写模板代码，并想让模板类型的变量由默认值初始化，就会遇到简单定义无法初始化内置类型的问题：

```
template<typename T>
void foo()
{
  T x;  //如果 T 是内置类型，x 是未确定的值
}
```

出于这个原因，可以显式地调用内置类型的默认构造函数，将它们初始化为0（对于bool类型则初始化为false，对于指针类型则初始化为nullprt）。因此，即使对于内置类型，也能通过编写如下代码来确保正确初始化：

```
template<typename T>
void foo()
```

```
{
  T x{};  //如果 T 是内置类型，x 是 0（或者 false）
}
```

这种初始化方式称为值初始化，这意味着要么调用本身提供的构造函数，要么用 0 来初始化对象。即使构造函数是显式的也这么做。

在 C++11 之前，确保正确初始化的语法是：

```
T x = T();    //如果 T 是内置类型，x 是 0（或者 false）
```

在 C++17 之前，只有选择用于拷贝初始化的构造函数（拷贝构造函数）为非显式的时，该语法才起作用（目前依然支持）。C++17 中的强制拷贝省略解除了这一限制，因而两种语法都可用。但如果没有可用的默认构造函数，花括号初始化符可以使用 initializer-list 构造函数①。

为确保类模板中类型参数化的成员得到初始化，可以定义使用花括号初始化符来初始化成员的默认构造函数：

```
template<typename T>
class MyClass {
  private:
    T x;
  public:
    MyClass() : x{} {   //确保 x 已经初始化，即便内置类型也是如此
    }
    ...
};
```

C++11 之前的语法：

```
  MyClass() : x() {     //确保 x 已经初始化，即便内置类型也是如此
  }
```

也依然有效。

从 C++11 开始，还可以为非静态成员提供默认初始化，因此，下面的做法也是可以的：

```
template<typename T>
class MyClass {
  private:
    T x{};              //用 0 初始化 x，除非另有指定
    ...
};
```

但请注意，默认实参不能使用该语法，例如：

```
template<typename T>
void foo(T p{}) {    //错误
    ...
}
```

我们必须这么写：

```
template<typename T>
void foo(T p = T{}) {  //正确（C++11 之前必须使用 T()）
```

① 也就是说，对于某些类型 X，带有 std::initializer_list<X>类型参数的构造函数。

```
    ...
}
```

5.3 使用this->

对于基类依赖于模板参数的类模板，使用名称 x 本身并不总是等同于 this->x，即使成员 x 是继承而来的。例如：

```
template<typename T>
class Base {
  public:
    void bar();
};

template<typename T>
class Derived : Base<T> {
  public:
    void foo() {
        bar();  //调用外部的bar()或者出现错误
    }
};
```

本例中，对于解析 foo()中的符号 bar，编译器永远不会考虑 Base 中定义的 bar()。因此，要么出错，要么调用的是另一个 bar()（比如全局的 bar()）。

我们会在 13.4.2 节详细讨论这个问题。目前，作为经验法则，我们建议始终使用 this-> 或 Base<T>::来限定修饰在基类中声明，并在某种程度上依赖于模板参数的任何符号。

5.4 处理原始数组和字符串字面量的模板

在将原始数组或字符串字面量传递给模板时，一定要小心。首先，如果模板参数声明为引用，实参类型则不会退化。也就是说，传递实参“hello”时类型会推导为 char const[6]。由于类型不同，如果传递不同长度的原始数组或字符串实参，可能会出现问题。只有当按值传递实参时，类型才会退化，因而字符串字面量推导后类型将转换为 char const*。第 7 章会对此进行详细讨论。

注意，还可以定义专门处理原始数组或字符串字面量的模板，例如：

basics/lessarray.hpp

```
template<typename T, int N, int M>
bool less (T(&a)[N], T(&b)[M])
{
    for (int i = 0; i < N && i < M; ++i)  {
        if (a[i] < b[i]) return true;
        if (b[i] < a[i]) return false;
    }
    return N < M;
}
```

这里，当调用

```
int x[] = {1, 2, 3};
```

```
int y[] = {1, 2, 3, 4, 5};
std::cout << less(x, y) << '\n';
```

实例化 less<>()后，T 为 int 类型，N 为 3，M 为 5。

也可以将该模板用于字符串字面量：

```
std::cout << less("ab", "abc") << '\n';
```

在这种情况下，实例化 less<>()后，T 为 char const 类型，N 为 3，M 为 4。

如果只想提供针对字符串字面量（和其他字符数组）的函数模板，可以按下面这样做：

basics/lessstring.hpp

```
template<int N, int M>
bool less (char const(&a)[N], char const(&b)[M])
{
    for (int i = 0; i < N && i < M; ++i) {
        if (a[i] < b[i]) return true;
        if (b[i] < a[i]) return false;
    }
    return N < M;
}
```

注意，你可以而且有时也必须重载或偏特化未知边界的数组。以下程序举例说明了数组所有可能的重载：

basics/arrays.hpp

```
#include <iostream>

template<typename T>
struct MyClass;            //主模板

template<typename T, std::size_t SZ>
struct MyClass<T[SZ]>      //已知边界数组的偏特化
{
  static void print() { std::cout << "print() for T[" << SZ << "]\n"; }
};

template<typename T, std::size_t SZ>
struct MyClass<T(&)[SZ]>  //已知边界数组引用的偏特化
{
  static void print() { std::cout << "print() for T(&)[" << SZ << "]\n"; }
};

template<typename T>
struct MyClass<T[]>        //未知边界数组的偏特化
{
  static void print() { std::cout << "print() for T[]\n"; }
};

template<typename T>
struct MyClass<T(&)[]>     //未知边界数组引用的偏特化
{
  static void print() { std::cout << "print() for T(&)[]\n"; }
};

template<typename T>
```

```
struct MyClass<T*>          //指针偏特化
{
  static void print() { std::cout << "print() for T*\n"; }
};
```

这里，类模板 MyClass<>针对各种不同类型特化：已知和未知边界的数组、已知和未知边界数组的引用和指针。在使用数组时，各种情况都可能发生：

basics/arrays.cpp

```
#include"arrays.hpp"

template<typename T1, typename T2, typename T3>
void foo(int a1[7], int a2[],       //根据语言规则划分指针类型
         int (&a3)[42],             //已知边界数组的引用
         int (&x0)[],               //未知边界数组的引用
         T1 x1,                     //传值会产生类型退化
         T2& x2, T3&& x3)           //传引用
{
  MyClass<decltype(a1)>::print();   //使用 MyClass<T*>
  MyClass<decltype(a2)>::print();   //使用 MyClass<T*>
  MyClass<decltype(a3)>::print();   //使用 MyClass<T(&)[SZ]>
  MyClass<decltype(x0)>::print();   //使用 MyClass<T(&)[]>
  MyClass<decltype(x1)>::print();   //使用 MyClass<T*>
  MyClass<decltype(x2)>::print();   //使用 MyClass<T(&)[]>
  MyClass<decltype(x3)>::print();   //使用 MyClass<T(&)[]>
}

int main()
{
  int a[42];
  MyClass<decltype(a)>::print();    //使用 MyClass<T[SZ]>

  extern int x[];                   //前置声明数组
  MyClass<decltype(x)>::print();    //使用 MyClass<T[]>

  foo(a, a, a, x, x, x, x);
}

int x[] = {0, 8, 15};               //定义前置声明数组
```

请注意，根据语言规则声明为数组（定长或变长）的调用参数（形参）实际上是指针类型。另请注意，未知边界数组的模板可以用于不完整类型，比如：

```
extern int i[];
```

并且当这个不完整类型是按引用传递的时，会变成 int(&)[]类型，也可用作模板参数。①

请参阅 19.3.1 节，了解在泛型代码中使用不同数组类型的另一个示例。

5.5 成员模板

类成员也可以是模板，这对于嵌套类和成员函数来说都是可能的。可以通过 Stack<>类模

① X(&)[]类型（对于某些任意类型的 X）的参数通过解决核心问题 393，只有在 C++17 中才变为有效。然而，许多编译器在 C++语言的早期版本中接受这样的参数。

板再次展示模板的应用及优势。一般来说，栈之间只有在类型相同的时候才能相互赋值，这意味着它们的元素具有相同类型。然而，即使定义的元素类型可以隐式转换，也不能使用任何其他类型的元素给栈赋值：

```
Stack<int> intStack1, intStack2;  //int 类型元素的栈
Stack<float> floatStack;          //float 类型元素的栈
...
intStack1 = intStack2;            //正确：具有相同类型的栈
floatStack = intStack1;           //错误：栈的类型不同
```

默认赋值运算符要求符号两侧具有相同类型，如果两个栈的元素类型不同的话，则条件不满足。

然而，如果将赋值运算符定义为模板，为元素类型定义适当的类型转换，栈之间就可以相互赋值。为了做到这点，必须按如下方式声明 Stack<>：

basics/stack5decl.hpp

```
template<typename T>
class Stack {
  private:
    std::deque<T> elems;   //存储元素的容器 deque

  public:
    void push(T const&);   //压入元素
    void pop();         //弹出元素
    T const& top() const;   //返回栈顶元素
    bool empty() const {   //返回栈是否为空
        return elems.empty();
    }

    //使用元素类型为 T2 的栈来赋值
    template<typename T2>
    Stack& operator= (Stack<T2> const&);
};
```

相比默认赋值运算符进行了以下两处更改。

（1）为另一元素类型为 T2 的栈新增一个赋值运算符声明。

（2）现在栈使用 std::deque<>作为元素的内部容器。同样，这是为了实现新赋值运算符的结果。

新赋值运算符的实现如下所示：[①]

basics/stack5assign.hpp

```
template<typename T>
 template<typename T2>
Stack<T>& Stack<T>::operator= (Stack<T2> const& op2)
{
    Stack<T2> tmp(op2);       //生成一个赋值栈的副本

    elems.clear();            //移除现存元素
    while (!tmp.empty()) {   //拷贝所有元素
        elems.push_front(tmp.top());
        tmp.pop();
```

① 这是用来演示模板特性的一个基本实现，像正确的异常处理这样的操作暂未考虑。

```
    }
    return *this;
}
```

首先我们看看定义成员模板的语法。模板参数为 T 的模板内部定义了模板参数为 T2 的内部模板：

```
template<typename T>
 template<typename T2>
...
```

在成员函数内部，可能只需要访问赋值栈 op2 的所有必要数据。但是，赋值栈和被赋值栈具有不同类型（如果使用两种不同的实参类型实例化类模板，则会得到两个不同类型的类），所以仅限于使用公共接口。于是访问元素的唯一方法是调用 top()，但是这样一来每个元素都必须成为栈顶元素。因此，必须首先创建 op2 的副本，以便通过调用 pop()从该副本获取元素。因为 top()返回的是压栈的最后一个元素，所以可能我们更喜欢使用支持在集合的另一端插入元素的容器。出于这个原因，我们使用提供了 push_front()成员函数以及可将元素添加到集合另一端的容器 std::deque<>。

要访问 op2 的所有成员，可以声明所有其他栈实例为其友元：

basics/stack6decl.hpp

```
template<typename T>
class Stack {
  private:
    std::deque<T> elems;     //存储元素的容器 deque

  public:
    void push(T const&);     //压入元素
    void pop();              //弹出元素
    T const& top() const;    //返回栈顶元素
    bool empty() const {     //返回栈是否为空
        return elems.empty();
    }

    //赋值 T2 类型元素的栈
    template<typename T2>
    Stack& operator= (Stack<T2> const&);
    //访问任何元素类型为 T2 的栈 Stack<T2>的私有成员
    template<typename> friend class Stack;
};
```

如你所见，由于没有使用模板参数的名称，因此可以省略掉名称：

```
template<typename> friend class Stack;
```

现在，可以实现下面的模板赋值运算符：

basics/stack6assign.hpp

```
template<typename T>
 template<typename T2>
Stack<T>& Stack<T>::operator= (Stack<T2> const& op2)
{
    elems.clear();                     //移除现有元素
    elems.insert(elems.begin(),        //将来自 op2 的所有元素插入头部
```

```
                    op2.elems.begin(),
                    op2.elems.end());
    return *this;
}
```

无论采用哪种实现方式，现在都可以通过这个成员模板，将 int 类型元素的栈赋值给 float 类型元素的栈：

```
Stack<int> intStack;         //int 类型元素的栈
Stack<float> floatStack;     //float 类型元素的栈
...
floatStack = intStack;       //正确：栈的类型不同
                             //但 int 类型可以转换为 float 类型
```

当然，这样的赋值操作不会改变栈及其元素的类型。赋值之后，floatStack 的元素类型依然是 float，因此，top()仍然返回 float 类型。

可能看上去这个赋值运算符会屏蔽类型检查，这样就可以用任意类型元素的栈对目标栈赋值。但事实并非如此，必要的类型检查会在源栈（副本）的元素移动至目标栈时进行：

```
elems.push_front(tmp.top());
```

例如，如果将 string 类型的栈赋值给 float 类型的栈，那么编译这行代码时将出现一条错误信息，指出 tmp.top()返回的 string 类型结果不能作为实参传递给 elems.push_front()（该信息根据编译器的不同而有所不同，但大致就是这个意思）：

```
Stack<std::string> stringStack;  //std::string 类型元素的栈
Stack<float>       floatStack;   //float 类型元素的栈
...
floatStack = stringStack;        //错误：std::string 类型不能转换为 float 类型
```

同样，可以变更实现方式来参数化内部的容器类型：

basics/stack7decl.hpp

```
template<typename T, typename Cont = std::deque<T>>
class Stack {
  private:
    Cont elems;                //元素

  public:
    void push(T const&);       //压入元素
    void pop();                //弹出元素
    T const& top() const;      //返回栈顶元素
    bool empty() const {       //返回栈是否为空
        return elems.empty();
    }

    //赋值 T2 类型元素的栈
    template<typename T2, typename Cont2>
    Stack& operator= (Stack<T2, Cont2> const&);
    //访问任何元素类型为 T2 的栈 Stack<T2>的私有成员
    template<typename, typename> friend class Stack;
};
```

此时模板赋值运算符的实现如下：

basics/stack7assign.hpp

```
template<typename T  , typename Cont>
 template<typename T2, typename Cont2>
Stack<T, Cont>&
Stack<T, Cont>::operator= (Stack<T2, Cont2> const& op2)
{
    elems.clear();                     //移除现有元素
    elems.insert(elems.begin(),        //将来自 op2 的所有元素插入头部
                 op2.elems.begin(),
                 op2.elems.end());
    return *this;
}
```

记住，对于类模板而言，只有那些调用到的成员函数才会实例化。因此，如果可以避免在不同元素类型的栈间相互赋值，甚至可以使用 vector 作为内部容器：

```
//使用 vector 作为内部容器的 int 类型元素的栈
Stack<int, std::vector<int>> vStack;
...
vStack.push(42);
vStack.push(7);
std::cout << vStack.top() << '\n';
```

由于不需要模板拷贝构造函数，因此不会出现缺少成员函数 push_front()的错误信息，程序运行正常。

关于最后一个示例的完整实现，请参阅 basics 子目录中名字以 stack7 开头的所有文件。

1. 成员函数模板的特化

成员函数模板也可以局部或全局特化，例如，对于以下类：

basics/boolstring.hpp

```
class BoolString {
  private:
    std::string value;
  public:
    BoolString (std::string const& s)
     : value(s) {
    }
    template<typename T = std::string>
    T get() const {     //取值（转换为类型 T）
      return value;
    }
};
```

可以像下面这样为成员函数模板提供一个全局特化版本：

basics/boolstringgetbool.hpp

```
//成员函数模板 BoolString::getVaule<>()的 bool 类型全局特化
template<>
inline bool BoolString::get<bool>() const {
  return value == "true" || value == "1" || value == "on";
}
```

请注意，不需要也不能够声明特化；只能定义它们。由于这是在头文件中定义的全局特化，为了避免该定义可能被不同编译单元包含而引发的重复定义错误，必须将其定义成 inline 的形式。

可以像下面这样使用该类以及它的全局特化版本：

```
std::cout << std::boolalpha;
BoolString s1("hello");
std::cout << s1.get() << '\n';         //输出 hello
std::cout << s1.get<bool>() << '\n';   //输出 false
BoolString s2("on");
std::cout << s2.get<bool>() << '\n';   //输出 true
```

2. 特殊成员函数模板

只要特殊成员函数允许拷贝或者移动对象，就可以使用成员函数模板。与上面定义的赋值运算符类似，它们也可以是构造函数。但请注意，构造函数模板或赋值运算符模板不会替换预定义的构造函数或赋值运算符，成员函数模板不算作拷贝或移动对象的特殊成员函数。在本例中，对于相同类型栈间的相互赋值，仍然调用默认赋值运算符。

这种效果有利有弊。

- 尽管提供的模板版本仅用于初始化其他类型，但是构造函数模板或者赋值运算符模板有可能会比预定义的拷贝/移动构造函数或赋值运算符更匹配。详见 6.2 节。
- “模板化”拷贝/移动构造函数不易，例如要能限制它们的存在。详见 6.4 节。

5.5.1 .template 构造

有时，在调用成员模板时，需要显式限定模板实参（指定模板实参类型）。在这种情况下，必须使用 template 关键字来确保符号<会解析为模板实参列表的起始符。考虑以下使用标准库 bitset 类型的示例：

```
template<unsigned long N>
void printBitset (std::bitset<N> const& bs) {
  std::cout << bs.template to_string<char, std::char_traits<char>,
                                     std::allocator<char>>();
}
```

对于 bitset 类型的 bs，调用了其成员函数模板 to_string()，同时显式指定字符串类型的详细信息（to_string()模板的所有模板参数）。如果不额外使用.template，编译器就不知道 to_string 后面的符号（<）实际上不是小于运算符，而是模板实参列表的起始符。请注意，只有点号（.）之前的构造（对象）依赖模板参数时，这才会是一个问题。在我们的示例中，参数 bs 依赖模板参数 N。

.template 标识符（以及类似的标识符，比如->template 和::template）应该只在模板内部使用，并且只有当位于它们之前的对象依赖模板参数时才使用。详见 13.3.3 节。

5.5.2 泛型 lambda 和成员模板

注意，C++14 引入的泛型 lambda 是成员模板的一种快捷表达式。一个计算两个任意类型实参“和”的简单lambda：

```
[] (auto x, auto y) {
  return x + y;
}
```

是下面类的默认构造对象的快捷表达式：

```
class SomeCompilerSpecificName {
  public:
    SomeCompilerSpecificName();  //只有编译器能调用的构造函数
    template<typename T1, typename T2>
    auto operator() (T1 x, T2 y) const {
      return x + y;
    }
};
```

详见15.10.6节。

5.6 变量模板

从C++14开始，变量也可以通过特定类型来参数化，称之为变量模板。[①]

例如，可以使用下面的代码来定义π的值，但仍未定义该值的类型：

```
template<typename T>
constexpr T pi{3.1415926535897932385};
```

请注意，对于所有模板而言，这个声明最好不要出现在函数内部或者块作用域内。使用变量模板时，必须指定其类型。例如，下面的代码在声明pi<>的作用域内使用了两个不同的变量：

```
std::cout << pi<double> << '\n';
std::cout << pi<float> << '\n';
```

还可以声明在不同编译单元中使用的变量模板：

```
//header.hpp
template<typename T> T val{};        //零初始化值

//编译单元1
#include"header.hpp"

int main()
{
  val<long> = 42;
  print();
}

//编译单元2
#include"header.hpp"
```

① 是的，我们对不同的事物有非常相似的术语：变量模板是作为模板的变量（这里变量是一个名词）；变参模板是用于模板参数数量可变的模板（这里的可变是一个形容词）。

```
void print()
{
  std::cout << val<long> << '\n';   //正确：输出 42
}
```

变量模板也可以有默认的模板实参：

```
template<typename T = long double>
constexpr T pi = T{3.1415926535897932385};
```

可以使用默认类型或任何其他类型：

```
std::cout << pi<> << '\n';         //输出长双精度浮点数
std::cout << pi<float> << '\n';    //输出浮点数
```

请注意，必须始终明确带上角括号，仅仅使用 pi 是错误的：

```
std::cout << pi << '\n';            //错误
```

变量模板也可以通过非类型参数参数化，非类型参数也可以用于初始化器的参数化，例如：

```
#include <iostream>
#include <array>

template<int N>
  std::array<int, N> arr{};         //包含 N 个元素的数组，零初始化

template<auto N>
  constexpr decltype(N) dval = N;   //dval 的类型取决于传递值

int main()
{
  std::cout << dval<'c'> << '\n';   //N 是值'c'的 char 类型
  arr<10>[0] = 42;                  //设置全局数组 arr 的第 1 个元素
  for (std::size_t i = 0; i < arr<10>.size(); ++i) {   //用 arr 中设置的值
    std::cout << arr<10>[i] << '\n';
  }
}
```

请注意，即使在不同的编译单元初始化或者遍历 arr，仍然使用的是全局作用域的相同变量 std::array<int,10> arr。

1. 数据成员的变量模板

变量模板的一个实际应用是定义代表类模板成员的变量。例如，如果像下面这样定义一个类模板：

```
template<typename T>
class MyClass {
  public:
    static constexpr int max = 1000;
};
```

它允许为 MyClass<>的不同特化版本定义不同的值，那么可以定义

```
template<typename T>
```

```
int myMax = MyClass<T>::max;
```

这样上层应用程序员可以只写

```
auto i = myMax<std::string>;
```

而不是

```
auto i = MyClass<std::string>::max;
```

这意味着，对于标准类，诸如

```
namespace std {
  template<typename T> class numeric_limits {
    public:
      ...
      static constexpr bool is_signed = false;
      ...
  };
}
```

可以定义

```
template<typename T>
constexpr bool isSigned = std::numeric_limits<T>::is_signed;
```

可以写为

```
isSigned<char>
```

而不是

```
std::numeric_limits<char>::is_signed
```

2. 类型特征后缀_v

自 C++17 以来，标准库使用变量模板技术来为标准库中所有的萃取所得为（布尔）值的类型特征定义快捷表达式。例如，为了能够写作

```
std::is_const_v<T>          //从 C++17 开始
```

而不是

```
std::is_const<T>::value     //从 C++11 开始
```

标准库定义

```
namespace std {
  template<typename T> constexpr bool is_const_v = is_const<T>::value;
}
```

5.7 模板的模板参数简介

如果允许模板参数自身成为类模板的话会很有用，同样我们的 Stack 类模板可以用作示例。

为了让 Stack 使用（与默认内部容器类型）不同的内部容器，上层应用程序员必须指定两次元素类型。也就是说，要指定内部容器类型，必须再次传递容器类型及其元素类型：

```
Stack<int, std::vector<int>> vStack;     //使用 vector 的 int 类型栈
```

如果使用模板的模板参数，则允许通过指定容器类型声明 Stack 类模板，而无须重新指定其元素类型：

```
Stack<int, std::vector> vStack;          //使用 vector 的 int 类型栈
```

为此，必须将第 2 个模板参数指定为模板的模板参数。原则上，如下所示：[①]

basics/stack8decl.hpp

```
template<typename T,
         template<typename Elem> class Cont = std::deque>
class Stack {
  private:
    Cont<T> elems;          //元素

  public:
    void push(T const&);    //压入元素
    void pop();             //弹出元素
    T const& top() const;   //返回栈顶元素
    bool empty() const {    //返回栈是否为空
        return elems.empty();
    }
    ...
};
```

区别在于第 2 个模板参数声明为类模板：

```
template<typename Elem> class Cont
```

默认值已从 std::deque<T>变更为 std::deque，这个参数必须是一个类模板，它由第 1 个模板参数传入的类型来实例化：

```
Cont<T> elems;
```

使用第 1 个模板参数来实例化第 2 个模板参数的做法是本例所特有的。一般来说，可以用类模板中的任何类型来实例化模板的模板参数。

通常，可以使用关键字 class 代替 typename 来声明模板参数。C++11 之前，Cont 只能用类模板的名称来代替。

```
template<typename T,
         template<class Elem> class Cont = std::deque>
class Stack {  //正确
  ...
};
```

从 C++11 开始，我们还可以用别名模板的名称替代 Cont，但直到 C++17 才做出相应更

① 在 C++17 之前，basics/stack8decl.hpp 这个版本的代码有一个问题，我们会马上解释。但是，这仅仅影响默认值 std::deque。因此，在讨论如何在 C++17 之前的版本中处理模板参数前，我们可以先用这个默认值来说明模板的模板参数的一般特性。

改，以允许使用关键字 typename 而不是 class 来声明模板的模板参数。

```
template<typename T,
         template<typename Elem> typename Cont = std::deque>
class Stack {  //在 C++17 之前是错误的
  ...
};
```

上述两个变体的含义完全相同：使用 class 而不是 typename 并不妨碍我们将别名模板指定为对应于 Cont 参数的实参。

由于未使用模板的模板参数中的模板参数（即 Elem），习惯上省略其名称（除非它提供了有用的说明信息）。

```
template<typename T,
         template<typename> class Cont = std::deque>
class Stack {
  ...
};
```

另外，必须相应地修改成员函数。于是，必须将第 2 个模板参数指定为模板的模板参数。这同样适用于成员函数的实现，例如，成员函数 push()实现如下：

```
template<typename T, template<typename> class Cont>
void Stack<T, Cont>::push (T const& elem)
{
    elems.push_back(elem);  //将传入元素 elem 的副本压栈
}
```

请注意，虽然模板的模板参数是类模板或别名模板的占位符，但没有与其对应的函数模板或变量模板的占位符。

模板的模板实参匹配

如果你尝试使用新版本的 Stack，可能会得到一个错误信息，称默认值 std::deque 不兼容模板的模板参数 Cont。该问题在于，在 C++17 之前，模板的模板实参（这里是 std::deque）必须是一个模板，其参数必须与其所要替代的模板的模板参数（这里是 Cont）的参数完全匹配（这里是 Elem），变参模板有些例外（相关内容参阅 12.3.4 节）。由于这里并未考虑模板实参的默认模板实参，因此无法通过忽略具有默认值的实参（在 C++17 中会考虑默认实参）来实现匹配。

本例在 C++17 之前版本中的问题是，标准库的 std::deque 模板有不止一个参数：第 2 个参数（它描述了分配器 allocator）具有默认值，但在 C++17 之前匹配 std::deque 和 Cont 的参数时是不考虑它的。

不过，还有一个变通之法，我们可以重写类的声明，以便满足 Cont 参数期望容器带有两个模板参数的需求：

```
template<typename T,
         template<typename Elem,
                  typename Alloc = std::allocator<Elem>>
          class Cont = std::deque>
class Stack {
  private:
```

```
    Cont<T> elems;  //元素
  ...
};
```

同样，可以省略 Alloc，因为不会用到它。

现在最终版的 Stack 类模板（包括用于在不同元素类型的栈之间相互赋值的成员模板）如下所示：

basics/stack9.hpp

```
#include <deque>
#include <cassert>
#include <memory>

template<typename T,
         template<typename Elem,
                  typename = std::allocator<Elem>>
          class Cont = std::deque>
class Stack {
  private:
    Cont<T> elems;              //元素

  public:
    void push(T const&);        //压入元素
    void pop();                 //弹出元素
    T const& top() const;       //返回栈顶元素
    bool empty() const {        //返回栈是否为空
        return elems.empty();
    }

    //赋值 T2 类型元素的栈
    template<typename T2,
             template<typename Elem2,
                      typename = std::allocator<Elem2>
                     >class Cont2>
    Stack<T, Cont>& operator= (Stack<T2, Cont2> const&);
    //访问任何元素类型为 T2 的栈 Stack<T2>的私有成员
    template<typename, template<typename, typename>class>
    friend class Stack;
};

template<typename T, template<typename, typename> class Cont>
void Stack<T, Cont>::push (T const& elem)
{
    elems.push_back(elem);        //将传入元素 elem 的副本压栈
}

template<typename T, template<typename, typename> class Cont>
void Stack<T, Cont>::pop ()
{
    assert(!elems.empty());
    elems.pop_back();             //弹出栈顶元素
}

template<typename T, template<typename, typename> class Cont>
T const& Stack<T, Cont>::top () const
{
```

```
    assert(!elems.empty());
    return elems.back();          //返回栈顶元素的副本
}

template<typename T, template<typename, typename> class Cont>
 template<typename T2, template<typename, typename> class Cont2>
Stack<T, Cont>&
Stack<T, Cont>::operator= (Stack<T2, Cont2> const& op2)
{
    elems.clear();                //移除现存元素
    elems.insert(elems.begin(),   //将来自 op2 的所有元素插入头部
                 op2.elems.begin(),
                 op2.elems.end());
    return *this;
}
```

请注意，为了访问 op2 的所有成员，可以将所有其他 Stack 类的实例都声明为友元（省略模板参数的名称）：

```
template<typename, template<typename, typename>class>
friend class Stack;
```

尽管如此，并不是所有的标准库容器模板都可以用作 Cont 参数。例如 std::array 就不可以，因为它包含一个表示数组长度的非类型模板参数，该参数和我们模板中的模板参数声明不匹配。

下面的程序用到这个最终版的全部特性：

basics/stack9test.cpp

```
#include"stack9.hpp"
#include <iostream>
#include <vector>

int main()
{
  Stack<int>   iStack;  //int 类型栈
  Stack<float> fStack;  //float 类型栈

  //使用 int 类型栈
  iStack.push(1);
  iStack.push(2);
  std::cout << "iStack.top(): " << iStack.top() << '\n';

  //使用 float 类型栈
  fStack.push(3.3);
  std::cout << "fStack.top(): " << fStack.top() << '\n';

  //不同类型的栈之间的赋值并再次使用
  fStack = iStack;
  fStack.push(4.4);
  std::cout << "fStack.top(): " << fStack.top() << '\n';

  //double 类型的栈使用 vector 作为内部容器
  Stack<double, std::vector> vStack;
  vStack.push(5.5);
  vStack.push(6.6);
```

```
  std::cout << "vStack.top(): " << vStack.top() << '\n';

  vStack = fStack;
  std::cout << "vStack: ";
  while (!vStack.empty()) {
    std::cout << vStack.top() << ' ';
    vStack.pop();
  }
  std::cout << '\n';
}
```

程序输出如下：

```
iStack.top(): 2
fStack.top(): 3.3
fStack.top(): 4.4
fStack.top(): 6.6
vStack: 4.4 2 1
```

关于模板的模板参数的进一步讨论和示例，请参阅 12.2.3 节、12.3.4 节和 19.2.2 节。

5.8 小结

- 如果要访问依赖模板参数的类型名称，必须使用前导关键字 typename 限定修饰该名称。
- 如果要访问依赖模板参数的基类成员，必须使用 this->或者其类名限定修饰该成员。
- 嵌套类和成员函数也可以是模板，一种应用是可以通过内部类型转换来实现泛型操作。
- 构造函数或者赋值运算符的模板版本不会取代预定义的构造函数或赋值运算符。
- 通过使用花括号初始化符或显式调用默认构造函数，可以确保使用默认值初始化模板的变量和成员，即使它们是用内置类型实例化的。
- 可以为原始数组提供特定模板，这些模板也可以应用于字符串字面量。
- 当传递原始数组或字符串字面量时，当且仅当参数不是引用时，在实参推导过程中会发生实参类型退化（执行数组到指针的转换）。
- 可以定义变量模板（从 C++14 开始）。
- 还可以使用类模板作为模板参数，称之为模板的模板参数。
- 模板的模板实参通常必须与模板的参数完全匹配。

第6章

移动语义和 enable_if<>

移动语义是 C++11 引入的重要特性之一。移动语义可以用来优化拷贝和赋值操作，可以将内部资源从源对象移动（“窃取”）到目标对象，而不是复制这些内容。可以这么做的前提条件是源对象不再需要其内部值或状态（因为它们将被丢弃）。

移动语义对模板设计有重要影响，在泛型代码中引入了特殊规则来支持移动语义，本章将介绍这些规则。

6.1 完美转发简介

假设想要编写转发传递实参的基本属性的泛型代码，存在以下 3 种情况。

- 可修改对象应该使用转发，以便它们仍然可修改。
- 常量对象应作为只读对象转发。
- 可移动对象（我们可以从中“窃取”资源的对象，因为它们即将过期）应该作为可移动对象转发。

在不使用模板的情况下实现这一功能，必须对以上 3 种情况都要进行编程。例如，要将调用 f()时传递的实参转发给相应的函数 g()：

basics/move1.cpp

```
#include <utility>
#include <iostream>

class X {
  ...
};

void g(X&) {
  std::cout << "g() for variable\n";
}
void g(X const&) {
  std::cout << "g() for constant\n";
}
void g(X&&) {
  std::cout << "g() for movable object\n";
}

//让 f()转发实参 val 给 g()
void f(X& val) {
  g(val);          //val 是非常量左值 => 调用 g(X&)
}
```

```
void f(X const& val) {
  g(val);          //val 是常量左值 => 调用 g(X const&)
}
void f(X&& val) {
  g(std::move(val));  //val 是非常量左值 => 需要使用 std::move()来调用 g(X&&)
}

int main()
{
  X v;              //创建变量
  X const c;        //创建常量

  f(v);             //针对非常量对象的 f()调用 f(X&) => 调用 g(X&)
  f(c);             //针对常量对象的 f()调用 f(X const&) => 调用 g(X const&)
  f(X());           //针对临时对象的 f()调用 f(X&&) => 调用 g(X&&)
  f(std::move(v));  //针对可移动变量的 f()调用 f(X&&) => 调用 g(X&&)
}
```

这里，我们看到 f()将其实参转发给 g()的 3 种不同实现：

```
void f(X& val) {
  g(val);                //val 是非常量左值 => 调用 g(X&)
}
void f(X const& val) {
  g(val);                //val 是常量左值 => 调用 g(X const&)
}
void f(X&& val) {
  g(std::move(val));     //val 是非常量左值 => 需要使用 std::move()来调用 g(X&&)
}
```

请注意，可移动对象的相关代码（通过一个右值引用）与其他代码不同：它需要用 std::move()来处理其实参，基于编程语言规则，它是不传递实参的移动语义的。[①]尽管第 3 个 f()中的 val 声明为右值引用，但当用作表达式时，它的值的类别仍然是一个非常量的左值（参阅附录 B），并且与第 1 个 f()中的 val 行为相同。也就是说，如果不使用 move()的话，第 3 个 f()将调用非常量左值的 g(X&)，而不是 g(X&&)。

如果我们想在泛型代码中统一 3 种情况，就有一个问题：

```
template<typename T>
void f(T val) {
  g(val);
}
```

这个模板只适用于前两种情况，但对第 3 种传递可移动对象的情况无能为力。

为此，C++11 引入了完美转发参数的特殊规则。实现这一目标的惯用代码模式如下：

```
template<typename T>
void f(T&& val) {
  g(std::forward<T>(val));   //完美转发 val 给 g()
}
```

① 移动语义不是自动传递的这一事实是有意并且重要的，如果不这样，我们第 1 次在函数中使用可移动对象时，它的值就会丢失。

请注意，std::move()没有模板参数，且传递实参的移动语义也无须任何“触发”条件（无条件移动实参），而 std::forward<>()会根据传递的模板实参来决定是否“转发”其潜在的移动语义。

不要以为模板参数 T 的 T&&的行为和具体类型 X 的 X&&的行为类似。它们适用于不同的规则！虽然语法看上去完全相同。

- 具体类型 X 的 X&&声明了一个右值引用参数。它只能绑定到一个可移动对象（一个纯右值 prvalue，比如临时对象，或一个将亡值 xvalue，比如用 std::move()传递的对象，详见附录 B）上。它总是可变的，而且总是可以“窃取”对象的值。[①]
- 模板参数 T 的 T&&声明了一个转发引用（亦称万能引用）。[②]它可以绑定到可变的、不可变的（即 const）或可移动的对象上。在函数定义中，参数是可变的、不可变的或者可以从中“窃取”内部资源的值的引用。

注意，T 必须确实是模板参数的名字，而仅仅依靠模板参数是不够的。对于模板参数 T，比如 typename T::iterator&&只声明一个右值引用，而不是一个转发引用。

因此，可以完美转发实参的完整程序会像下面这样：

basics/move2.cpp

```
#include <utility>
#include <iostream>

class X {
  ...
};

void g (X&) {
  std::cout << "g() for variable\n";
}
void g(X const&) {
  std::cout << "g() for constant\n";
}
void g(X&&) {
  std::cout << "g() for movable object\n";
}

//让 f()完美转发实参 val 给 g()
template<typename T>
void f(T&& val) {
  g(std::forward<T>(val));   //调用合适的 g()来传递任何类型的实参 val
}

int main()
{
  X v;                  //创建变量
  X const c;            //创建常量
```

① 像 X const&&这样的类型是有效的，但在实践中没有提供通用的语义，因为“窃取”可移动对象的内部资源表示需要修改该对象。不过，它可以用来强制只传递临时对象或被 std::move()标记的对象，而不能修改它们。

② universal reference（万能引用）是 Scott Meyers 创造的一个通用术语，它可能导致“左值引用”或“右值引用”。因为“universal”太过通用，所以 C++17 标准中引入了术语 forwarding reference（转发引用），使用这种引用的主要原因是转发对象。请注意，它不会自动转发。该术语并没有描述它是什么，而是描述它的典型用途。

```
    f(v);                //针对变量的 f()调用 f(X&) => 调用 g(X&)
    f(c);                //针对常量的 f()调用 f(X const&) => 调用 g(X const&)
    f(X());              //针对临时变量的 f()调用 f(X&&) => 调用 g(X&&)
    f(std::move(v));     //针对可移动变量的 f()调用 f(X&&) => 调用 g(X&&)
}
```

当然，完美转发也可以用于变参模板（参阅 4.3 节的一些示例）。有关完美转发的详细信息请参阅 15.6.3 节。

6.2 特殊成员函数模板

特殊成员函数也可以是（成员函数）模板，包括构造函数，但这可能会导致意想不到的结果。

考虑下面的例子：

basics/specialmemtmpl1.cpp

```
#include <utility>
#include <string>
#include <iostream>

class Person
{
  private:
    std::string name;
  public:
    //传递初始化成员 name 的构造函数
    explicit Person(std::string const& n) : name(n) {
        std::cout << "copying string-CONSTR for'" << name << "'\n";
    }
    explicit Person(std::string&& n) : name(std::move(n)) {
        std::cout << "moving string-CONSTR for'" << name << "'\n";
    }
    //拷贝和移动构造函数
    Person (Person const& p) : name(p.name) {
        std::cout << "COPY-CONSTR Person'" << name << "'\n";
    }
    Person (Person&& p) : name(std::move(p.name)) {
        std::cout << "MOVE-CONSTR Person'" << name << "'\n";
    }
};

int main()
{
  std::string s = "sname";
  Person p1(s);                //用字符串对象初始化 => 调用拷贝字符串的构造函数
  Person p2("tmp");            //用字符串字面量初始化 => 调用移动字符串的构造函数
  Person p3(p1);               //拷贝 Person 对象 => 调用拷贝构造函数
  Person p4(std::move(p1));    //移动 Person 对象 => 调用移动构造函数
}
```

这里，Person 类有一个 string 类型的 name 成员和几个初始化构造函数。为了支持移动语义，我们重载了接收 std::string 参数的构造函数。

➢ 我们为调用者仍然需要的字符串对象提供了一个版本，其 name 成员由其传递实参的副本初始化：

```
Person(std::string const& n) : name(n) {
    std::cout << "copying string-CONSTR for'" << name << "'\n";
}
```

➢ 我们为可移动的字符串对象提供了一个版本，调用 std::move()从中“窃取”值来初始化 name 成员：

```
Person(std::string&& n) : name(std::move(n)) {
    std::cout << "moving string-CONSTR for'" << name << "'\n";
}
```

正如预期的那样，传递使用中的字符串对象（左值）会调用前一个版本；对于可移动对象（右值），则会调用后一个版本：

```
std::string s = "sname";
Person p1(s);              //用字符串对象初始化 => 调用拷贝字符串的构造函数
Person p2("tmp");          //用字符串字面量初始化 => 调用移动字符串的构造函数
```

除了这些构造函数之外，该示例还提供了拷贝和移动构造函数的具体实现。现在来查看 Person 对象作为一个整体是何时被拷贝/移动的：

```
Person p3(p1);             //拷贝 Person 对象 => 调用拷贝构造函数
Person p4(std::move(p1));  //移动 Person 对象 => 调用移动构造函数
```

现在我们用一个泛型构造函数来替换两个字符串构造函数，它将传入的实参完美转发给成员 name：

basics/specialmemtmpl2.hpp

```
#include <utility>
#include <string>
#include <iostream>

class Person
{
  private:
    std::string name;
  public:
    //传入实参初始化成员 name 的泛型构造函数
    template<typename STR>
    explicit Person(STR&& n) : name(std::forward<STR>(n)) {
        std::cout << "TMPL-CONSTR for'" << name << "'\n";
    }

    //拷贝和移动构造函数
    Person (Person const& p) : name(p.name) {
        std::cout << "COPY-CONSTR Person'" << name << "'\n";
    }
    Person (Person&& p) : name(std::move(p.name)) {
        std::cout << "MOVE-CONSTR Person'" << name << "'\n";
    }
};
```

和预期一致，传入字符串的初始化构造工作正常：

```
std::string s = "sname";
Person p1(s);            //用字符串对象初始化 => 调用构造函数模板
Person p2("tmp");        //用字符串字面量初始化 => 调用构造函数模板
```

请注意，在这种情况下，p2 的构造不会创建临时字符串：参数 STR 推导为 char const[4] 类型，因为将 std::forward<STR>应用于构造函数的指针参数并没有太大的意义，所以 name 成员将由一个以 null 结尾的字符串构造。

当试图调用拷贝构造函数时，会出现错误：

```
Person p3(p1);              //错误
```

通过可移动对象来初始化新的 Person 对象则仍然可以正常工作：

```
Person p4(std::move(p1));  //正确：移动 Person => 调用移动构造函数
```

注意，拷贝 Person 的常量对象也没有问题：

```
Person const p2c("ctmp");  //用字符串字面量来初始化常量对象
Person p3c(p2c);           //正确：拷贝 Person 的常量对象 => 调用拷贝构造函数
```

问题是，根据 C++重载解析规则（参阅 16.2.4 节），对于非常量左值的 Person 对象 p，成员模板

```
template<typename STR>
Person(STR&& n)
```

比（通常预定义的）拷贝构造函数更匹配：

```
Person (Person const& p)
```

STR 只要替换为 Person&即可，而对于拷贝构造函数来说，则还需转换为 const。

可以考虑通过额外提供一个非常量的拷贝构造函数来解决这个问题：

```
Person(Person& p)
```

但是，这只是部分解决问题的方案，因为对于派生类对象，成员模板仍然更为匹配。在传递的实参是一个 Person 对象或者一个可以转换成 Person 对象的表达式的情况下，真正需要的是禁用成员模板。这可以通过使用 std::enable_if<>来实现，详情请参考 6.3 节。

6.3 通过 std::enable_if<>禁用模板

从 C++11 开始，C++标准库提供了一个辅助模板 std::enable_if<>，用以在某些编译期条件下忽略函数模板。

例如，如果函数模板 foo<>()定义如下：

```
template<typename T>
typename std::enable_if<(sizeof(T) > 4)>::type
foo() {
}
```

如果 sizeof(T) > 4 为 false，则忽略 foo<>()的定义；[①]如果 sizeof(T) > 4 为 true，那么函数模板实例会展开成

```
void foo() {
}
```

也就是说，std::enable_if<>是一种类型特征，会对作为其（第 1 个）模板实参传入的、给定的编译期表达式求值，其行为如下。

- 如果表达式的结果为 true，则其类型成员 type 返回一个类型：如果没有传递第 2 个模板实参，则类型为 void，否则，该类型是第 2 个模板实参的类型。
- 如果表达式的结果为 false，则其成员类型是未定义的。由于名为 SFINAE（替换失败不是错误）的模板特性（这会稍后介绍，参阅 8.4 节），其具有忽略带有 std::enable_if<>表达式的函数模板的效果。

因为自 C++14 以来，所有类型特征的萃取所得都是类型，所以有相应的别名模板 std::enable_if_t<>，其允许略过 typename 和::type（详见 2.8 节）。因此，从 C++14 开始可以写为

```
template<typename T>
std::enable_if_t<(sizeof(T) > 4)>
foo() {
}
```

将第 2 个实参传递给 enable_if<>或 enable_if_t<>：

```
template<typename T>
std::enable_if_t<(sizeof(T) > 4), T>
foo() {
  return T();
}
```

如果表达式的结果为 true，则 enable_if<>构造函数将扩展到第 2 个实参。因此，如果 MyType 是传递或者推导为 T 的具体类型，且其 size 大于 4，则其等效于

```
MyType foo();
```

请注意，在声明中使用 enable_if<>表达式的做法相当拙劣。为此，使用 std::enable_if<>的常用方法是使用带有默认值的附加函数模板实参：

```
template<typename T,
         typename = std::enable_if_t<(sizeof(T) > 4)>>
void foo() {
}
```

如果 sizeof(T) > 4，它会展开成

```
template<typename T,
         typename = void>
void foo() {
}
```

① 不要忘记将条件放在括号中，否则条件中的>将终结模板实参列表。

如果你觉得这仍然不够优雅，并且想使需求/约束更加明确，可以使用别名模板为其定义自己的名字：[①]

```
template<typename T>
using EnableIfSizeGreater4 = std::enable_if_t<(sizeof(T) > 4)>;

template<typename T,
         typename = EnableIfSizeGreater4<T>>
void foo() {
}
```

有关如何实现 std::enable_if<>的讨论，请参阅 20.3 节。

6.4 使用 enable_if<>

我们可以使用 enable_if<>来解决 6.2 节中提出的构造函数模板的问题。

我们必须解决的问题是，如果传递的实参 STR 的类型不正确（即不是 std::string 或者类型不可转换为 std::string）[②]，就禁用构造函数模板的声明：

```
template<typename STR>
Person(STR&& n);
```

为此，我们使用另一个标准类型特征——std::is_convertible<FROM, TO>。对 C++17 来说，相应的声明如下所示：

```
template<typename STR,
         typename = std::enable_if_t<
                      std::is_convertible_v<STR, std::string>>>
Person(STR&& n);
```

如果 STR 类型可以转换为 std::string 类型，则整个声明将扩展为

```
template<typename STR,
         typename = void>
Person(STR&& n);
```

否则忽略整个函数模板。[③]

同样，我们可以通过使用别名模板为限制条件定义自己的名字：

```
template<typename T>
using EnableIfString = std::enable_if_t<
                         std::is_convertible_v<T, std::string>>;
...
template<typename STR, typename = EnableIfString<STR>>
Person(STR&& n);
```

---

① 感谢 Stephen C. Dewhurst 指出这一点。

② 原书此处逻辑正好相反。——译者注

③ 如果想知道为什么我们不反向检查 STR 是否“不可转换为 Person”，请注意，我们正在定义一个函数，它可能允许将字符串转换为 Person。因此，构造函数必须知道它是否可使能，而这取决于它是否可转换，但这又会取决于它是否可使能，如此循环依赖下去。切勿在影响 enable_if<>使用条件的地方使用 enable_if<>，这可能会导致出现编译器无法检测到的错误。

因此，完整的类 Person 应该如下所示：

basics/specialmemtmpl3.hpp

```
#include <utility>
#include <string>
#include <iostream>
#include <type_traits>

template<typename T>
using EnableIfString = std::enable_if_t<
                          std::is_convertible_v<T, std::string>>;

class Person
{
  private:
    std::string name;
  public:
    //传递初始化 name 的泛型构造函数
    template<typename STR, typename = EnableIfString<STR>>
    explicit Person(STR&& n)
     : name(std::forward<STR>(n)) {
        std::cout << "TMPL-CONSTR for'" << name << "'\n";
    }

    //拷贝和移动构造函数
    Person(Person const& p) : name(p.name) {
        std::cout << "COPY-CONSTR Person'" << name << "'\n";
    }
    Person(Person&& p) : name(std::move(p.name)) {
        std::cout << "MOVE-CONSTR Person'" << name << "'\n";
    }
};
```

现在，所有的调用表现都符合预期：

basics/specialmemtmpl3.cpp

```
#include"specialmemtmpl3.hpp"

int main()
{
  std::string s = "sname";
  Person p1(s);              //用字符串对象初始化 => 调用构造函数模板
  Person p2("tmp");          //用字符串字面量初始化 => 调用构造函数模板
  Person p3(p1);             //正确 => 调用拷贝构造函数
  Person p4(std::move(p1));  //正确 => 调用移动构造函数
}
```

请注意，在 C++14 中，由于没有为萃取所得为数值的类型特征定义_v 版本，因此必须声明如下的别名模板：

```
template<typename T>
using EnableIfString = std::enable_if_t<
                          std::is_convertible<T, std::string>::value>;
```

而在 C++11 中，正如所写的，由于没有为萃取所得为类型的类型特征定义_t 版本，因此必须声明如下的特殊成员模板：

```
template<typename T>
using EnableIfString
  = typename std::enable_if<std::is_convertible<T,std::string>::value
                           >::type;
```

但现在这些（复杂语法）都隐藏在 EnableIfString<>的定义中。

需要注意的是，有一种替代方法来使用 std::is_convertible<>，因为它要求类型是可隐式转换的。通过使用 std::is_constructible<>，还允许将显式转换用于初始化。不过，这种情况下的实参顺序正好相反：

```
template<typename T>
using EnableIfString = std::enable_If_t<
                         std::is_constructible_v<std::string, T>>;
```

有关 std::is_constructible<>的详细信息，请参阅附录 D 的 D.3.2 节；有关 std::is_convertible<>的详细信息，请参阅附录 D 的 D.3.3 节；关于 enable_if<>在变参模板中应用的细节和示例，请参阅附录 D 的 D.6 节。

禁用特殊成员函数

请注意，一般来说我们不能使用 enable_if<>来禁用预定义的拷贝/移动构造函数和（或）赋值运算符。原因是成员函数模板从不算作特殊成员函数，于是某些情况下会被忽略，例如，需要拷贝构造函数时。因此，即使如此声明：

```
class C{
  public:
    template<typename T>
    C (T const&) {
        std::cout << "tmpl copy constructor\n";
    }
    ...
};
```

当需要 C 的副本时，仍然会使用预定义的拷贝构造函数：

```
C x;
C y{x};  //仍然使用预定义的拷贝构造函数（而不是成员模板）
```

（这里确实没有办法使用成员模板，因为无法指定或推导其模板参数 T。）

删除预定义的拷贝构造函数也不是办法，因为尝试拷贝 C 会导致错误。

不过，有一个复杂的解决方案：[①]可以为 const volatile 实参声明一个拷贝构造函数并将其标记为“deleted”（即用= delete 来定义它）。这样做可以防止隐式声明另一个拷贝构造函数。有了该方案，我们可以定义一个构造函数模板，对于 nonvolatile 类型，其优先级将比（标记为 deleted）的拷贝构造函数更高：

```
class C
{
  public:
    ...
    //用户自定义标记为 deleted 的预定义拷贝构造函数（通过转换为 volatile 以实现更佳匹配）
```

① 感谢 Peter Dimov 提出了这一方案。

```
    C(C const volatile&) = delete;

    //实现更匹配的拷贝构造函数模板
    template<typename T>
    C(T const&) {
      std::cout << "tmpl copy constructor\n";
      }
      ...
};
```

现在即使对于“常规”拷贝，也会使用构造函数模板：

```
C x;
C y{x};  //使用成员模板
```

可以在这样的构造函数模板中应用 enable_if<>来追加限制。例如，如果模板参数是整型，要禁止类模板 C<>的拷贝对象的能力，可以实现如下：

```
template<typename T>
class C
{
  public:
    ...
    //用户自定义标记为deleted的预定义拷贝构造函数（通过转换为volatile以实现更佳匹配）
    C(C const volatile&) = delete;

    //如果T不是整型，提供更匹配的拷贝构造函数模板
    template<typename U,
             typename = std::enable_if_t<!std::is_integral<U>::value>>
    C (C<U> const&) {
        ...
    }
    ...
};
```

6.5 使用概念简化 enable_if<>表达式

即使在使用别名模板时，enable_if<>语法也是相当笨拙的，因为它使用了一种变通之法：为了获得所需的效果，添加了额外的模板参数，并且“滥用”该参数来满足特定需求以使得函数模板完全可用。这样的代码很难阅读，也使函数模板的其余代码不易理解。

原则上，我们只需一个可以在某种程度上为函数指定需求/约束的语言特性，如果不满足该需求/约束，就会导致忽略此函数。

这是期待已久的语言特性概念（concept）的一个应用，它允许我们用自己的简单语法为模板指定需求/约束。遗憾的是，尽管讨论了很久，但概念仍然没有被纳入 C++17 标准。不过，一些编译器为该特性提供了试验性的支持，并且概念很可能将在 C++17 之后的下一代标准中得到支持。

按照概念的使用建议，我们只需编写如下代码：

```
template<typename STR>
requires std::is_convertible_v<STR, std::string>
```

```
Person(STR&& n) : name(std::forward<STR>(n)) {
    ...
}
```

我们甚至可以将需求指定为一个通用概念

```
template<typename T>
concept ConvertibleToString = std::is_convertible_v<T, std::string>;
```

并将此概念表述为一个需求：

```
template<typename STR>
requires ConvertibleToString<STR>
Person(STR&& n) : name(std::forward<STR>(n)) {
    ...
}
```

这也可以表述如下：

```
template<ConvertibleToString STR>
Person(STR&& n) : name(std::forward<STR>(n)) {
    ...
}
```

C++概念的详细讨论请参阅附录 E。

6.6 小结

- 在模板中，可以通过将参数声明为转发引用（万能引用，使用由模板参数名称后跟&&构成的类型进行声明），并在转发调用中使用 std::forward<>()，来“完美”地转发它们。
- 当将完美转发用于成员函数模板时，对于拷贝和移动对象来说，它们可能比预定义的特殊成员函数更匹配。
- 通过使用 std::enable_if<>，可以在编译条件为 false 时禁用函数模板（一旦该条件成立，就会忽略这个模板）。
- 通过使用 std::enable_if<>，能够避免当可为单一实参调用的构造函数模板或赋值构造函数模板比隐式生成的特殊成员函数更加匹配时所出现的问题。
- 可以通过删除 const volatile 类型参数的预定义特殊成员函数（并结合应用 enable_if<>），来将特殊成员函数模板化。
- 概念将允许我们使用更直观的语法来指定对函数模板的需求（或约束）。

第 7 章

传值还是传引用

从一开始，C++就提供了传值调用和传引用调用两种传参方式，但决定选用哪一种并不总是那么容易：通常复杂对象传引用调用成本更低但也更复杂。C++11 在原先两种方式的基础上增加了移动语义，这意味着现在我们可能通过不同的方式来传引用。[①]

- X const&（常量左值引用）：参数引用传递对象，但不能修改它。
- X&（非常量左值引用）：参数引用传递对象，并能修改它。
- X&&（右值引用）：参数通过移动语义引用传递对象，这意味着可以修改或“窃取”值。

决定如何用已知的具体类型来声明参数已经够复杂了。在模板中，类型是未知的，因此很难决定哪种传递方式是适合的。

尽管如此，在 1.6.1 节中，我们确实建议在函数模板中用传值的方式来传参，除非有充分的理由，比如以下情况。

- 无法拷贝。[②]
- 参数用于返回数据。
- 模板保留原始实参的所有属性，只是转发参数到其他地方。
- 性能可获得明显提升。

本章将讨论在模板中声明参数的不同方法，说明通常建议传值的原因，并为选择传引用的理由提供论据。本章还将讨论在处理字符串字面量和其他原始数组时遇到的棘手问题。

阅读本章时，熟悉值类别（左值、右值、纯右值、将亡值等）相关的术语是很有帮助的，附录 B 将对此进行解释。

7.1 传值

当按值传递实参时，原则上必须拷贝每个参数。因此，每个参数都成为传递实参的一份副本。对于类，通过拷贝创建的对象通常由拷贝构造函数初始化。

调用拷贝构造函数的成本可能会很高。不过，即使是传值也有各种方法可用以避免高昂的拷贝成本：事实上，编译器可能会优化掉拷贝对象的拷贝操作，并且通过使用移动语义，甚至可以让复杂对象的传递成本变得很低。

例如，让我们看一个简单的按值传参的函数模板的实现过程：

```
template<typename T>
void printV (T arg) {
```

① 常量右值引用 X const&&也是可能的，但它没有确定的语义。

② 注意，从 C++17 开始，即使没有可用的拷贝或移动构造函数，也可以按值传递临时实体（右值，请参阅附录 B 的 B.2.1 节）。因此，自 C++17 起附加的限制是无法拷贝左值的。

```
  ...
}
```

当以整数调用这个函数模板时，实例化结果的代码为

```
void printV (int arg) {
  ...
}
```

参数 arg 成为任意传递实参的一份副本，无论它是对象、字面量或一个函数的返回值。如果定义一个 std::string 对象并为其调用函数模板：

```
std::string s = "hi";
printV(s);
```

模板参数 T 被实例化为 std::string，因此，我们得到：

```
void printV (std::string arg)
{
  ...
}
```

同样地，在传递字符串时，arg 变成 s 的副本。这次拷贝是通过 string 类的拷贝构造函数完成的，可能是成本很高的操作。因为原则上，这个拷贝操作会创建一个完整或“深层”的副本，以便副本在内部为自身分配内存来保存值。[①]

然而并不总是调用潜在的拷贝构造函数，考虑以下情况：

```
std::string returnString();
std::string s = "hi";
printV(s);                  //拷贝构造函数
printV(std::string("hi"));  //拷贝操作通常被优化掉（如果未被优化，则调用移动构造函数）
printV(returnString());     //拷贝操作通常被优化掉（如果未被优化，则调用移动构造函数）
printV(std::move(s));       //移动构造函数
```

在第 1 次调用中，我们传递一个左值，这意味着使用了拷贝构造函数。但是，在第 2 次和第 3 次调用中，当以纯右值（动态创建或由另一个函数返回的临时对象，参阅附录 B）直接调用函数模板时，编译器通常会优化实参传递，因此，根本不会调用拷贝构造函数。请注意，从 C++17 开始，这种优化是必需的。在 C++17 之前，编译器即使不优化掉拷贝操作，至少必须尝试使用移动语义，这通常会使得拷贝成本较低。在最后一次调用中，当传递将亡值（一个使用 std::move()的现存非常量对象）时，我们通过（给编译器）发送不再需要 s 的值的信号来强制调用移动构造函数。

因此，调用声明按值传参的 printV()的实现，通常只在传递左值（我们在函数调用之前创建的对象，并且通常之后仍会用到它，因为我们没有使用 std::move()来传递它）时成本才高。遗憾的是，这是很常见的情况。一个原因是早先创建一些对象，稍后（经过一些修改）将它们传递给其他函数，这是很常见的做法。

① string 类的实现本身可能有一些使拷贝成本更低的优化。一种是小字符串优化（small string optimization，SSO），只要数值不是太长，就直接在对象内部使用部分内存来保存该值，而不必分配内存。另一种是写时拷贝优化，只要不修改源或副本，就可以使用与源相同的内存创建副本。然而，写时拷贝优化在多线程代码中有明显的缺点。因此，从 C++11 开始，就禁用了标准字符串的写时拷贝优化。

传值导致类型退化

传值还有一个必须提到的特性：当按值传递实参给形参时，类型会退化。这意味着原始数组转换为指针，并且像 const 和 volatile 这样的限定符会被移除（就像用该值来初始化一个用 auto 声明的对象一样）：[①]

```
template<typename T>
void printV (T arg) {
  ...
}

std::string const c = "hi";
printV(c);      //由于 c 退化，因此 arg 的类型是 std::string

printV("hi");   //由于退化为指针，因此 arg 的类型是 char const*

int arr[4];
printV(arr);    //由于退化为指针，因此 arg 的类型是 char const*
```

当传递字符串字面量“hi”时，其类型 char const[3]退化为 char const*，这是 T 的推导类型。模板实例化如下：

```
void printV(char const* arg)
{
  ...
}
```

这种行为源自 C 语言，既有优点也有缺点。它通常可以简化对传递字符串字面量的处理，但缺点是在 printV()内部无法区分传递的是单个元素的指针还是原始数组。因此，我们将在 7.4 节讨论如何处理字符串字面量和其他原始数组。

7.2 传引用

现在我们对比传值讨论一下传引用。在所有情况下，传引用都不会创建副本（因为形参只是传入实参的引用），而且传递的实参类型永远不会退化。然而，有时是不能传引用的，而且即使可以传引用，在某些情况下，作为推导结果的参数类型也可能会带来问题。

7.2.1 传递常量引用

当传递非临时对象时，为了避免创建任何（不必要的）副本，可以使用常量引用。例如：

```
template<typename T>
void printR (T const& arg) {
  ...
}
```

① 术语 decay（退化）来自 C，也适用于从函数到函数指针的类型转换（参阅 11.1.1 节）。

通过此声明，传递对象永远不会创建副本（无论拷贝成本是低或是高）：

```
std::string returnString();
std::string s = "hi";
printR(s);                    //不拷贝
printR(std::string("hi"));    //不拷贝
printR(returnString());       //不拷贝
printR(std::move(s));         //不拷贝
```

即使对 int 类型也是传引用的，这有点适得其反，但应该影响不大。

因此，

```
int i = 42;
printR(i);   //传引用而不是仅拷贝 i
```

导致 printR()实例化为：

```
void printR(int const& arg) {
  ...
}
```

在底层，按引用传递实参是通过传递实参的地址来实现的。地址编码紧凑，因此，这对于将地址从调用者传送到被调用者本身来说很有帮助。但是，当编译调用者的代码时，传递地址可能会给编译器带来不确定性：被调用者会如何处理这个地址？理论上，被调用者可以更改通过该地址“可访问”的所有值。这意味着，编译器必须假设它可能缓存的所有值（通常存储在设备寄存器中）在调用之后都是无效的，而重新加载所有值的代价很高。你或许会想我们可以传递常量引用：难道编译器不能由此推导出不可能发生任何更改吗？遗憾的是，事实上确实不能，因为调用者可以通过自己的非常量引用来修改这个被引用的对象。[①]

不过对于内联函数来说情况会好些：如果编译器可以展开内联调用，那么它可以将调用者和被调用者放在一起推理，并且在许多情况下“看到”该地址除了传递底层原始数值外没有任何其他用途。函数模板常常很短，因此很可能会被选中进行内联展开。但是，如果模板封装了更复杂的算法，就不太可能会进行内联展开了。

传引用不会导致类型退化

当按引用传递实参时，其类型不会退化。也就是说原始数组不会转换为指针，并且也不会移除诸如 const 和 volatile 之类的限定符。不过，由于调用参数声明为 T const&，模板参数 T 本身不会推导为 const 类型。例如：

```
template<typename T>
void printR (T const& arg) {
  ...
}

std::string const c = "hi";
printR(C);      //T 推导为 std::string，arg 为 std::string const&

printR("hi");   //T 推导为 char[3]，arg 为 char const(&)[3]
```

---

① 使用 const_cast 是修改引用对象的一种更明确的方法。

```
int arr[4];
printR(arr);    //T 推导为 int[4]，arg 为 int const(&)[4]
```

因此，printR()中用类型 T 声明的本地对象不是常量。

7.2.2 传递非常量引用

当希望通过传递实参来返回（其修改后的）变量值时（即当想使用 out 或 inout 参数时），必须使用非常量引用（除非你更喜欢通过指针传递实参）。同样，这意味着在传递参数时，不会创建任何副本。被调用函数模板的参数直接就是所传实参。

考虑以下情况：

```
template<typename T>
void outR (T& arg) {
  ...
}
```

请注意，通常不允许对临时对象（纯右值）或者使用 std::move()传递的现存对象（将亡值）调用 outR()：

```
std::string returnString();
std::string s = "hi";
outR(s);                      //正确：T 推导为 std::string，arg 为 std::string&
outR(std::string("hi"));   //错误：不允许传递临时对象（纯右值）
outR(returnString());       //错误：不允许传递临时对象（纯右值）
our(std::move(s));          //错误：不允许传递将亡值
```

可以传递非常量类型的原始数组，其类型也不会退化：

```
int arr[4];
outR(arr);              //正确：T 推导为 int[4]，实参为 int(&)[4]
```

于是可以修改其中的元素，比如处理数组的大小。例如：

```
template<typename T>
void outR (T& arg) {
  if (std::is_array<T>::value) {
    std::cout << "got array of" << std::extent<T>::value << "elems\n";
  }
  ...
}
```

然而，在这里模板情况有点复杂。如果传递常量实参，类型推导可能导致 arg 变成一个常量引用的声明。也就是说，这时突然允许传递一个右值，但模板期望的类型却是一个左值：

```
std::string const c = "hi";
outR(c);                       //正确：T 推导为 std::string const
outR(returnConstString());  //正确：若 returnConstString()返回常量字符串则推导结果相同
outR(std::move(c));          //正确：T 推导为 std::string const①
outR("hi");                    //正确：T 推导为 char const[3]
```

① 传递 std::move(c)时，std::move()首先将 c 转换为 std::string const&&，这样做的效果是 T 推导为 std::string const。

当然，在这种情况下，任何尝试修改函数模板内传递实参的行为都是错误的。在调用的表达式自身中传递常量对象是可能的，但是当函数被完全实例化（这可能发生在接下来的编译过程中）时，任何修改该对象的尝试都将触发错误（这可能发生在调用模板内的深层代码逻辑中，具体详情请参阅 9.4 节）。

如果想禁止传递常量对象给非常量引用，可以执行以下操作。

➢ 使用静态断言来触发编译期错误：

```
template<typename T>
void outR (T& arg) {
  static_assert(!std::is_const<T>::value,
                "out parameter of foo<T>(T&) is const");
  ...
}
```

➢ 通过使用 std::enable_if<>（参阅 6.3 节）来禁用此情况下的模板：

```
template<typename T,
         typename = std::enable_if_t<!std::is_const<T>::value>>
void outR (T& arg) {
  ...
}
```

或者，一旦概念得到支持，可以通过使用概念来禁用此模板（参阅 6.5 节和附录 E）：

```
template<typename T>
requires !std::is_const_v<T>
void outR (T& arg) {
  ...
}
```

7.2.3 传递转发引用

使用转发引用的一个原因是其能够完美转发参数（参阅 6.1 节）。但请记住，当使用转发引用时，其定义为一个模板参数的右值引用，适用于特殊规则。考虑以下代码：

```
template<typename T>
void passR (T&& arg) {     //arg 声明为转发引用
  ...
}
```

可以将任意类型参数传递给转发引用，而且像普通传引用一样不会创建任何副本：

```
std::string s = "hi";
passR(s);                  //正确：T 推导为 std::string&（arg 的类型也一样）
passR(std::string("hi"));  //正确：T 推导为 std::string，arg 为 std::string&&
passR(returnString());     //正确：T 推导为 std::string，arg 为 std::string&&
passR(std::move(s));       //正确：T 推导为 std::string，arg 为 std::string&&
passR(arr);                //正确：T 推导为 int(&)[4]（arg 的类型也一样）
```

然而，类型推导的特殊规则可能会导致意料之外的结果：

```
std::string const c = "hi";
passR(c);                  //正确：T 推导为 std::string const&
```

```
passR("hi");              //正确：T推导为char const(&)[3]（arg的类型也一样）
int arr[4];
passR(arr);               //正确：T推导为int (&)[4]（arg的类型也一样）
```

在以上每种情况下，都可以在passR()内部，从参数arg的类型“得知”我们传递的是一个右值（使用移动语义）还是一个常量/非常量的左值。这是唯一通过传递一个实参就可区分以上所有这三种情况下不同行为的方法。

这给人的印象是，将参数声明为转发引用几乎是完美的。但是要小心，天下没有免费的午餐。

例如，这是唯一可以将模板参数T隐式推导为引用类型的情况。因此，使用T声明一个未初始化的本地对象可能会出错：

```
template<typename T>
void passR(T&& arg) {   //arg是转发引用
  T x;                  //对于传递左值，x是引用，需要初始化
  ...
}

foo(42);                //正确：T推导为int类型
int i;
foo(i);                 //错误：T推导为int&类型，这使得passR()中x的声明无效
```

请参阅15.6.2节，了解关于如何处理这种情况的更多细节。

7.3　使用std::ref()和std::cref()

从C++11开始，调用者可以自行决定对于函数模板实参是传值还是传引用。当模板声明为按值获取实参时，调用者可以使用在头文件<functional>中声明的std::ref()和std::cref()来按引用传递实参。例如：

```
template<typename T>
void print (T arg) {
  ...
}

std::string s = "hello";
printT(s);               //s按值传递（原书笔误，写成按引用传递）
print(std::cref(s));     //s“模拟按引用”传递
```

然而，请注意，std::cref()并不会改变模板内部处理参数的方式。而是它使用了一个技巧：通过一个行为类似引用的对象来包装传递的实参 s。实际上，它创建了一个 std::reference_wrapper<>类型的对象，该对象引用了原始实参，并将这个对象以值的形式传递给函数模板。这个包装器或多或少支持一种操作：将隐式类型转换回原始类型，生成原始实参对象。[1]因此，只要对于传递对象存在有效操作（符），就可以改用引用包装器。例如：

basics/cref.cpp

```
#include <functional>     //包含std::cref()声明
#include <string>
#include <iostream>
```

① 还可对引用包装器调用get()，并将其用作函数对象。

```
void printString(std::string const& s)
{
  std::cout << s << '\n';
}

template<typename T>
void print(T arg)
{
  printString(arg);       //可能将 arg 转换回 std::string
}

int main()
{
  std::string s = "hello";
  printT(s);               //输出按值传递的 s
  printT(std::cref(s));   //输出“模拟按引用”传递的 s
}
```

最后一个调用将 std::reference_wrapper<string const>类型的对象按值传递给参数 arg，然后继续传递 arg，并因此在调用函数 printString()时，将其转换回底层原始类型 std::string。

请注意，编译器必须知道隐式转换回原始类型是必要的（才会进行隐式转换）。正因如此，std::ref()和 std::cref()通常只有在通过泛型代码传递对象时才能正常工作。例如，直接尝试输出所传递的泛型类型 T 的对象将失败，因为 std::reference_wrapper<>没有定义输出运算符（operator<<）：

```
template<typename T>
void printV(T arg) {
  std::cout << arg << '\n';
}
...
std::string s = "hello";
printV(s);          //正确
printV(std::cref(s));  //错误：引用包装器没有定义（重载）operator<<
```

同样，由于无法将引用包装器与 char const*或者 std::string 进行比较，运行下面的程序也会失败：

```
template<typename T1, typename T2>
bool isless(T1 arg1, T2 arg2)
{
   return arg1 < arg2;
}
...
std::string s = "hello";
if(isless(std::cref(s), "world")) ...               //错误
if(isless(std::cref(s), std::string("world"))) ...  //错误
```

即使让 arg1 和 arg2 具有相同的公共类型 T，也没什么帮助：

```
template<typename T>
bool isless(T arg1, T arg2)
{
   return arg1 < arg2;
}
```

因为编译器在尝试推导 arg1 和 arg2 的参数 T 类型时会遇到类型冲突。

因此，类 std::reference_wrapper<>的作用是让我们使用引用，可以拷贝它并按值传递给函数模板，也可以在类中使用它，例如，让其持有容器中对象的引用。但是最终还是需要将其转换回底层原始类型。

7.4 处理字符串字面量和原始数组

到目前为止，我们已经看到将字符串字面量和原始数组用作模板参数（传值和传引用）时的不同效果。

- 传值的参数类型会退化，因而它们变成指向元素且与之类型匹配的指针。
- 由于任何形式传引用的参数类型都不会退化，因此实参成为仍指向数组的引用。

两种方式各有好坏。一方面，当数组退化为指针时，就无法区分是在处理指向元素的指针还是传入的数组。另一方面，当处理的参数可能是传入的字符串字面量时，没有类型退化也会成为一个问题，因为不同长度的字符串字面量具有不同的类型。例如：

```
template<typename T>
void foo (T const& arg1, T const& arg2)
{
  ...
}
foo("hi", "guy");  //错误
```

在这里，之所以 foo("hi", "guy")无法通过编译，是因为"hi"的类型为 char const[3]，而"guy"的类型为 char const[4]，但是函数模板要求它们具有相同的类型 T。只有当两个字符串字面量的长度相同时，这段代码才能编译通过。正因如此，强烈建议在测试用例中使用长度不同的字符串字面量。

如果声明函数模板 foo()为按值传递实参，该调用就可能通过编译：

```
template<typename T>
void foo (T arg1, T arg2)
{
  ...
}

foo("hi", "guy");         //编译通过，但是……
```

但是，这并不意味着所有的问题都解决了。情况可能变得更糟，编译期的问题可能已经变成运行期的问题。考虑下面的代码，其中我们使用运算符==（operator==）来比较传入的实参：

```
template<typename T>
void foo (T arg1, T arg2)
{
  if (arg1 == arg2) {     //比较传入数组的地址
    ...
  }
}

foo("hi", "guy");         //编译通过，但是……
```

如上所述，读者必须知道，应该将传递的字符指针解释为字符串。但无论如何，情况可

能就是这样，因为模板还必须处理来自类型早已退化的字符串字面量的实参（例如，来自另一个按值调用的函数或者对用 auto 声明的对象赋值）。

尽管如此，退化在许多情况下也是有帮助的，特别是在检查两个对象（都作为实参传递，或者一个作为实参传递，并用它给另一个赋值）是否具有或者可转换为同样类型时，一个典型用法是完美转发。但如果想使用完美转发，必须将参数声明为转发引用。在这些情况下，可以使用类型特征 std::decay<>()来显式退化实参类型。有关具体示例，请参阅 7.6 节的 std::make_pair()例子。

请注意，其他类型特征有时也会发生隐式类型退化，比如会萃取两个传递实参的公共类型的 std::common_type<>（请参阅 1.3.3 节和附录 D 的 D.5 节）。

7.4.1　字符串字面量和原始数组的特殊实现

有时可能必须根据传递的是指针还是数组来区分不同的实现方式，当然这要求传入的数组尚未退化。

要区分这些情况，必须检查传入的是否是数组。基本上有两种选择。

➢ 可以声明模板参数，使其仅对数组有效（只能接收数组作为参数）：

```
template<typename T, std::size_t L1, std::size_t L2>
void foo(T (&arg1)[L1], T (&arg2)[L2])
{
  T* pa = arg1;     //arg1 退化
  T* pb = arg2;     //arg2 退化
  if (compareArrays(pa, L1, pb, L2)) {
    ...
  }
}
```

其中，arg1 和 arg2 必须是具有相同元素类型 T，但长度 L1 和 L2 不同的原始数组。请注意，可能需要多种实现来支持各种形式的原始数组（参阅 5.4 节）。

➢ 可以使用类型特征来检查是否传递了数组（或指针）：

```
template<typename T,
         typename = std::enable_if_t<std::is_array_v<T>>>
void foo (T&& arg1, T&& arg2)
{
  ...
}
```

由于这些特殊实现的方式太过复杂，往往以不同方式处理数组的最佳方法，仅仅就是简单使用不同的函数名。当然更好的方法是确保模板调用者使用 std::vector 或者 std::array 来传递参数。但只要字符串字面量还是原始数组，就必须始终单独考虑它们。

7.5　处理返回值

对于返回值来说，也可以决定是按值返回还是按引用返回。然而因为引用的对象已经失控，返回引用可能是问题的根源。不过在以下情况中，返回引用是常见的编程惯例。

- 返回容器或者字符串中的元素（例如，通过 operator[]或 front()）。
- 允许写访问类成员。
- 为链式调用返回对象（用于流操作的 operator<<和 operator>>，以及通常类对象的赋值运算符 operator=）。

此外，通过返回常量引用来给予成员只读访问权限也是很常见的。

请注意，如果使用不当，所有这些情况都可能会带来麻烦。例如：

```
std::string* s = new std::string("whatever");
auto& c = (*s)[0];
delete s;
std::cout << c;        //运行期错误
```

在这里，我们获得了一个对字符串中元素的引用，但是当使用该引用时，其底层原始字符串已不存在（即我们创建了一个悬挂引用），这会导致未定义的行为。这个例子人为设计的痕迹很重（有经验的程序员可能马上就会注意到这个问题），但事情很容易变得不那么显而易见，例如：

```
auto s = std::make_shared<std::string>("whatever");
auto& c = (*s)[0];
s.reset();
std::cout << c;        //运行期错误
```

因此，我们应该确保函数模板按值返回结果。但正如本章所述，使用模板参数 T 作为返回类型并不能保证它不是引用，因为 T 可能有时会被隐式推导为引用：

```
template<typename T>
T retR(T&& p)          //p 是转发引用
{
  return T {...};      //当按左值传递时返回引用
}
```

即使 T 是从传值调用推导出的模板参数，当显式地将模板参数指定为引用类型时，它也可能成为引用类型：

```
template<typename T>
T retV(T p)            //注意：T 可能变成引用
{
  return T{...};       //如果 T 是引用则返回引用
}

int x;
retV<int&>(x);
```

安全起见，有两种选择。

- 使用类型特征 std::remove_reference<>（参阅附录 D 的 D.4 节）将类型 T 转换为非引用类型：

```
template<typename T>
typename std::remove_reference<T>::type retV(T p)
{
  return T{...};  //总是按值返回
}
```

譬如 std::decay<>（参阅附录 D 的 D.4 节）这样的类型特征，在这里可能也有用，因为它们也会隐式移除引用。

- 通过仅声明返回类型为 auto（从 C++14 开始，参阅 1.3.2 节），让编译器来推导返回类型。因为 auto 总会导致类型退化：

```
template<typename T>
auto retV(T p)      //通过编译器推导的按值返回类型
{
  return T{...};   //总是按值返回
}
```

7.6 推荐的模板参数声明方法

正如我们在前几节中了解到的，声明模板参数的传参方法极为不同[①]。

- 将参数声明为**按值**传递。
  这种方法很简单，它会使字符串字面量和原始数组类型退化，但对于大型对象而言性能不佳。调用者仍然可以决定使用 std::cref()和 std::ref()来传引用，但必须确认引用对象是否有效。
- 将参数声明为**按引用**传递。
  这种方法经常能为一些大型对象提供较好的性能，尤其是在做以下传递时。
  - 传递现存对象（左值）给左值引用。
  - 传递临时对象（纯右值）或可移动对象（将亡值）给右值引用。
  - 或以上两者都传递给转发引用。

因为在所有这些情况下实参类型都不会退化，所以在传递字符串字面量和其他原始数组时可能需要特别小心。针对转发引用，还必须注意，使用这种方法时，模板参数可能会隐式推导为引用类型。

1. 一般性建议

考虑到以上可选方法，对于函数模板我们的建议如下。

- 默认情况下，将参数声明为**按值传递**。这种方法比较简单，即使是字符串字面量通常也可以正常工作。对于小型实参、临时对象或可移动对象来说性能很好。当传递现存的大型对象（左值）时，调用者有时可以使用 std::ref()和 std::cref()来避免高昂的拷贝成本。
- 如果有充分的理由，则采用其他方法。
  - 如果需要 out 或 inout 参数（该参数返回一个新对象或允许修改调用者的实参），就按非常量引用来传递实参（除非你更喜欢传递指针）。然而，需要按照 7.2.2 节所讨论的来考虑禁止意外接收 const 对象。
  - 如果模板是用来**转发**实参的，就使用完美转发。也就是将参数声明为转发引用并在合适的地方使用 std::forward<>()。考虑使用 std::decay<>或者 std::common_type<>，使得对不同的字符串字面量和原始数组类型的处理方式一致。
  - 如果**性能**是关键，而且预计实参拷贝成本很高，就使用常量引用。当然，如果无论如何还是需要本地副本，那么这条建议不适用。

---

① 也可以直译为“依赖于模板参数的参数声明方法迥异”。——译者注

➢ 如果读者更了解程序的情况，可以不遵循这些建议。但请不要凭直觉来臆断性能，如果“以身犯险”，即使专家也会“马失前蹄”。而是：请实际测试！

2. 不要过度泛化

值得注意的是，在实践中，函数模板常常并不是适用于任意实参类型的，而是有所限制。例如，可能知道只会传递某些类型的 vector。在这种情况下，最好不要将函数模板声明得过于泛化（因为正如所讨论的那样，可能会出现令人意外的副作用），而应该使用以下方式声明：

```
template<typename T>
void printVector (std::vector<T> const& v)
{
  ...
}
```

之所以在 printVector()中通过这样声明参数 v，可以确定传入的 T 不会变为引用，是因为 vector 不能将引用作为其元素类型。另外，十分明显，按值传递 vector 的成本几乎总是会变得高昂，因为 std::vector<>的拷贝构造函数创建了 vector 元素的副本。正因如此，声明这样一个按值传递的 vector 类型的参数可能永远不会有用。如果我们将参数 v 仅声明为类型 T 本身，则传值和传引用之间的关系就变得不那么明显了。

3. 以 std::make_pair<>()为例

std::make_pair<>()是一个很好的演示确定参数传递机制陷阱的例子。它是 C++标准库中一个便利的函数模板，其使用类型推导来创建 std::pair<>对象。它的声明随着 C++标准的不同版本而改变。

➢ 在第 1 版 C++标准 C++98 中，make_pair<>()在 std 命名空间内声明，采用传引用的方式以避免不必要的拷贝：

```
template<typename T1, typename T2>
pair<T1, T2> make_pair (T1 const& a, T2 const& b)
{
  return pair<T1,T2>(a,b);
}
```

然而，当 std::pair<>()中用的是一对不同大小的字符串字面量或者原始数组时，这几乎会立刻导致严重问题。[①]

➢ 因此，在 C++03 中，该函数模板的定义改为使用按值传递参数的方式：

```
template<typename T1, typename T2>
pair<T1,T2> make_pair (T1 a, T2 b)
{
  return pair<T1,T2>(a,b);
}
```

正如读者可以在问题解决方案的基本原理中看到的，“与其他两个建议相比，这似乎是对标准库的一个非常小的改动，并且该解决方案的优势足以抵消其带来的任何效率影响”。

① 详见 C++库问题 181[*LibIssue181*]。

➢ 但是，在 C++11 中，由于 make_pair<>()必须支持移动语义，因此实参必须变为转发引用。出于这个原因，其定义又大致为下面的形式：

```
template<typename T1, typename T2>
constexpr pair<typename decay<T1>::type, typename decay<T2>::type>
make_pair (T1&& a, T2&& b)
{
   return pair<typename decay<T1>::type,
               typename decay<T2>::type> (forward<T1>(a),
                                          forward<T2>(b));
}
```

完整的实现甚至更复杂：为了支持 std::ref()和 std::cref()，该函数还会将 std::reference_wrapper 的实例展开为真正的引用。

目前 C++标准库在许多地方都通过类似方法完美地转发传递的实参，而且经常结合使用 std::decay<>。

7.7 小结

➢ 使用不同长度的字符串字面量来测试模板。
➢ 传值的话模板参数的类型会退化，传引用则不会。
➢ 类型特征 std::decay<>允许手动退化按引用传递的模板参数类型。
➢ 在某些情况下，当函数模板声明为传值时，可以使用 std::cref()和 std::ref()来间接模拟传引用。
➢ 传值简单但可能不会带来最佳性能。
➢ 除非有充分理由，否则函数模板的参数按值传递。
➢ 确保返回值通常按值传递（这可能意味着模板参数不能直接指定为返回类型）。
➢ 当性能很重要时，始终要实际测试。不要依赖直觉：它可能是错的。

第 8 章

编译期编程

C++一直以来都包含一些在编译期计算数值的简单方法。模板则极大地提高了这方面的可能性，而语言进一步的演化更是不断丰富了这个“工具箱”。

简单情况下，读者可以决定是否使用某个模板，或者在多个模板间做选择。但只要获得所有必要的输入，编译器甚至可以在编译期计算控制流的结果。

事实上，C++支持编译期编程的多个特性。

- 从 C++98 之前的版本开始，模板就提供了编译期计算的功能，包括使用循环和执行路径选择（然而，有些人认为这是对模板特性的“滥用”，因为它所用到的语法不够直观等）。
- 通过偏特化，可以在编译期，根据特定的限制或需求，在不同的类模板实现之间进行选择。
- 利用 SFINAE 原则，可以根据不同类型或不同限制，在不同函数模板实现之间进行选择。
- 在 C++11 和 C++14 中，constexpr 特性使用“直观的”执行路径选择和从 C++14 开始支持的大多数语句类型（包括 for 循环、switch 语句等），使得编译期计算得到越来越好的支持。
- C++17 引入了甚至可以在模板之外使用的“编译期 if”，通过它可以根据编译期的条件或限制来弃用某些语句。

本章将介绍这些特性，并特别关注模板的作用及其应用场景。

8.1 模板元编程

模板是在编译期实例化的（与动态语言截然不同，动态语言是在运行期处理泛型的）。事实证明 C++模板的一些特性可以结合实例化过程，进而从 C++语言自身产生一种原始递归的“编程语言”。[①]正因如此，模板可以用来“计算一个程序的结果”。第 23 章将介绍元编程的演化全史和所有特性。这里先通过一个简短的示例来说明可行性。

以下代码可在编译期求得一个给定的数字是否为质数：

basics/isprime.hpp

```
template<unsigned p, unsigned d>     //p 为待查数字，d 为当前除数
struct DoIsPrime {
  static constexpr bool value = (p%d != 0) && DoIsPrime<p, d-1>::value;
};

template<unsigned p>                 //如果除数为 2 则停止递归
```

① 事实上，Erwin Unruh 通过在编译期给出一个计算质数的程序首次发现了这一点，详见 23.7 节。

```
struct DoIsPrime<p, 2> {
  static constexpr bool value = (p % 2 != 0);
};

template<unsigned p>            //主模板
struct IsPrime {
  //除数从 p/2 起开始递归
  static constexpr bool value = DoIsPrime<p, p/2>::value;
};

//特殊情况（避免模板实例化陷入无限递归）
template<>
struct IsPrime<0> {static constexpr bool value = false;};
template<>
struct IsPrime<1> {static constexpr bool value = false;};
template<>
struct IsPrime<2> {static constexpr bool value = true;};
template<>
struct IsPrime<3> {static constexpr bool value = true;};
```

IsPrime<>模板将传入的模板参数 p 是否为质数的结果保存在其成员 value 中。为了实现这点，它实例化了 DoIsPrime<>模板，而该模板会递归扩展为一个表达式，检查被除数 p 除以介于 p/2 和 2 之间的每个除数 d 之后是否有余数。

例如，表达式：

```
IsPrime<9>::value
```

展开为：

```
DoIsPrime<9,4>::value
```

继续展开为：

```
9%4 != 0 && DoIsPrime<9,3>::value
```

继续展开为：

```
9%4 != 0 && 9%3 != 0 && DoIsPrime<9,2>::value
```

继续展开为：

```
9%4 != 0 && 9%3 != 0 && 9%2 != 0
```

由于 9%3 等于 0，计算结果为 false。

正如这一连串实例化过程所展示的：

- 我们使用 DoIsPrime<>的递归展开来遍历介于 p/2 和 2 之间的所有除数，以查找出这些除数中是否存在任何可以整除（即没有余数）给定的整数 p 的除数；
- 将 d 等于 2 时的 DoIsPrime<>的偏特化版本作为终止递归的条件。

请注意，这些操作都是在编译期完成的。也就是说，

```
IsPrime<9>::vaule
```

在编译期就扩展为 false。

这个模板语法可以说是笨拙的，但是与此类似的代码从 C++98（以及更早的版本）开始就已经出现，并且已经证明对很多库来说都是有用的。[①]

详见第 23 章。

8.2 使用 constexpr 计算

C++11 引入了一个名为 constexpr 的新特性，极大简化了各种形式的编译期计算。特别是给定适当的输入，constexpr 函数就可以在编译期完成相应的计算。不过在 C++11 中，constexpr 函数引入了严格的限制（例如，每个 constexpr 函数定义基本限定只能包含一条 return 语句），但随着 C++14 的发布，这些限制大多已被移除。当然，成功计算一个 constexpr 函数仍然需要所有计算步骤在编译期都是可行和有效的：目前堆内存分配和抛出异常之类不在支持之列。

在 C++11 中，测试一个数是否为质数的示例可以实现如下：

basics/isprime11.hpp

```
constexpr bool
doIsPrime (unsigned p, unsigned d)                //p 为被测数，d 为当前除数
{
  return d!=2 ? (p%d != 0) && doIsPrime(p, d-1)  //检测 p 并递减除数 d
              : (p%2 != 0);                       //如果除数为 2 则终止递归
}

constexpr bool isPrime (unsigned p)
{
  return p < 4 ? !(p < 2)                         //处理特殊情况
               : doIsPrime(p, p/2);               //除数从 p/2 开始递归
}
```

由于只能有一条 return 语句的限制，我们只好使用条件运算符作为选择机制，并且仍然需要递归来遍历元素。不过只涉及普通 C++函数代码的简单语法，使它比依赖模板实例化的第 1 个版本更易理解。

在 C++14 中，constexpr 函数可以利用常规 C++代码中可用的大多数控制结构。因此，现在不必编写笨拙的模板代码或略显晦涩的单行代码，而只需使用简单的 for 循环：

basics/isprime14.hpp

```
constexpr bool isPrime (unsigned int p)
{
  for (unsigned int d = 2; d <= p/2; ++d) {
    if (p % d = 0) {
      return false;     //找到没有余数的除数
    }
  }
  return p > 1;         //未找到没有余数的除数
}
```

在 C++11 和 C++14 版本中实现 constexpr bool isPrime()，我们都可以仅调用

① 在 C++11 之前，通常将数值成员声明为枚举常量而不是静态数据成员，以避免需要对静态数据成员进行类外定义（详见 23.6 节）。例如：

```
enum { value = (p%d != 0) && DoIsPrime<p, d-1>::value };
```

```
isPrime(9)
```

来得出 9 是否为质数。注意，这可以在编译期执行，但不一定必须这样做。在需要编译期数值(例如,数组长度或非类型模板实参)的上下文中,编译器将尝试在编译期对调用的 constexpr 函数求值，如果不可行则报错（因为最终必须生成一个常量）。在其他上下文中，编译器不一定会在编译期尝试求值，[1]但是如果求值失败，也不会报错，而是将调用推迟到运行期执行。

例如：

```
constexpr bool b1 = isPrime(9);  //在编译期求值
```

将在编译期求值，下面的情况同样如此：

```
const bool b2 = isPrime(9);     //如果在全局或命名空间作用域则在编译期求值
```

假如 b2 定义在全局或命名空间作用域，则会在编译期求值。而如果定义在块作用域，编译器可以决定是在编译期还是在运行期求值。[2]例如，以下也属于这种情况：

```
bool fiftySevenIsPrime() {
  return isPrime(57);         //在编译期或运行期求值
}
```

编译器不一定会在编译期对调用的 isPrime()函数求值。

另外：

```
int x;
...
std::cout << isPrime(x);      //运行期求值
```

将生成在运行期计算 x 是否为质数的代码。

8.3　偏特化的执行路径选择

一个诸如 isPrime()这类编译期测试的有趣应用是，使用偏特化在编译期选择不同的模板实现方案。

例如，我们可以根据模板实参是否为质数来选择不同的实现：

```
//Helper 主模板
template<int SZ, bool = isPrime(SZ)>
struct Helper;

//如果 SZ 不是质数时的实现
template<int SZ>
struct Helper<SZ, false>
{
  ...
};
```

① 在 2017 年编写本书时，编译器似乎确实尝试过在编译期求值（即使在没有严格必要的情况下）。

② 理论上，即便使用 constexpr，编译器也可以决定在运行期计算 b2 的初始值，编译器只需检查是否可以在编译期进行计算。

```
//如果 SZ 是质数时的实现
template<int SZ>
struct Helper<SZ, true>
{
  ...
};

template<typename T, std::size_t SZ>
long foo (std::array<T, SZ> const& coll)
{
  Helper<SZ> h;     //实现取决于数组的大小是否为质数
  ...
}
```

其中，根据 std::array<>实参是否为质数，来使用类模板 Helper<>的两种不同实现。这种偏特化广泛适用于根据调用实参属性来选择不同函数模板实现的场景。

在上面的例子中，我们对两种可能的选择实现了两种偏特化版本。其实，我们也可以将主模板用于其中一种可选（默认）情况，并将偏特化版本用于任一其他特殊情况：

```
//Helper 主模板（在无合适的偏特化版本时使用）
template<int SZ, bool = isPrime(SZ)>
struct Helper
{
  ...
};

//SZ 为质数的偏特化实现
template<int SZ>
struct Helper<SZ, true>
{
  ...
};
```

因为函数模板不支持偏特化，所以必须使用其他机制，基于某些约束条件来改变函数实现。我们的选择包括以下选项：

- 使用带有静态函数的类；
- 使用 6.3 节介绍的 std::enable_if<>；
- 使用 8.4 节将要介绍的 SFINAE 特性；
- 使用从 C++17 开始可用的编译期 if 特性，这部分内容将在 8.5 节中介绍。

第 20 章介绍基于限制条件选择函数模板实现的技术。

8.4 SFINAE

在 C++中，重载函数以支持各种实参类型是很常见的。当编译器看到对重载函数的调用时，它必须分别考虑每个候选函数，评估调用实参并挑出最匹配的那一个（有关此过程的详细信息，请参阅附录 C）。

在调用的候选函数集包含函数模板的情况下，编译器首先必须决定应该为该候选函数模板使用哪些模板实参，其次在函数参数列表及其返回类型中替换这些实参，最后评估其匹配度（就像普通函数一样）。然而，替换过程可能会出现问题：替换产生的代码可能没有意义。

语言规则不认定这种无意义的替换会导致错误，而仅仅忽略有这种替换问题的候选函数。

我们称这一原则为 SFINAE（发音类似于 sfee-nay），是“substitution failure is not an error”（替换失败并不是错误）的缩写。

注意，这里描述的替换过程不同于按需实例化过程（参阅 2.2 节）：即使对那些有可能但不需要真正实例化的模板也会进行替换（因此，编译器可以评估是否确实不需要它们）。它只会替换直接出现在函数声明中的代码（而不是函数体）。

考虑以下示例：

basics/len1.hpp

```
//原始数组中的元素个数
template<typename T, unsigned N>
std::size_t len (T(&)[N])
{
  return N;
}

//具有 size_type 成员类型的元素个数
template<typename T>
typename T::size_type len (T const& t)
{
  return t.size();
}
```

这里，我们定义了两个均带有一个泛型实参的函数模板 len()。[①]

（1）第 1 个函数模板声明参数类型为 T(&)[N]，这意味着该参数必须是一个长度为 N 的 T 类型元素数组。

（2）第 2 个函数模板仅声明参数类型为 T，除返回类型应是 T::size_type 外，它对参数没有任何其他约束，这要求传入的实参类型具有一个相应的 size_type 成员。

当传递原始数组或字符串字面量时，只有那个为原始数组定义的函数模板才能匹配：

```
int a[10];
std::cout << len(a);       //正确：只有数组版本的 len()才匹配
std::cout << len("tmp");   //正确：只有数组版本的 len()才匹配
```

根据函数签名，第 2 个函数模板当（分别）用 int[10]和 char const[4]替换 T 时也匹配，但是这些替换会导致在处理返回类型 T::size_type 时的潜在错误。因此，这些调用将忽略第 2 个模板。

传递 std::vector<>时，只有第 2 个函数模板匹配：

```
std::vector<int> v;
std::cout << len(v);   //正确：只有具有 size_type 成员类型的 len()版本才匹配
```

传递原始指针时，两个模板都不匹配（但不会失败和报错）。因此，编译器将“抱怨”找不到匹配的 len()函数：

```
int* p;
std::cout << len(p);   //错误：找不到匹配的 len()函数
```

请注意，这与传递具有 size_type 成员但没有 size()成员函数的类型的对象不同。例如，

① 之所以这里不命名这个函数为 size()，是因为避免与 C++标准库的命名产生冲突。从 C++17 开始，定义的标准函数模板是 std::size()。

和传递 std::allocator<>的情况一样：

```
std::allocator<int> x;
std::cout << len(x);  //错误：找到匹配的 len() 函数，但不能调用 size() 成员函数
```

当传递这种类型的对象时，编译器会查找并匹配到第 2 个函数模板。因此，这次导致的不是找不到匹配的 len()函数的错误，而是编译期错误，即对于 std::allocator<int>而言 size()是无效调用。这次不会忽略第 2 个函数模板。

当替换某个候选函数的返回类型没有意义时忽略该函数，会导致编译器选择另一个参数匹配度较低的候选函数。例如：

basics/len2.hpp

```
//原始数组中的元素个数
template<typename T, unsigned N>
std::size_t len (T(&)[N])
{
  return N;
}

//具有 size_type 成员类型的元素个数
template<typename T>
typename T::size_type len (T const& t)
{
  return t.size();
}

//其他类型的后备函数
std::size_t len (...)
{
  return 0;
}
```

这里，我们还提供了一个通用的 len()函数，它总是匹配所有调用，但在重载解析中匹配度最低（通过省略号...匹配）。具体请参阅附录 C 的 C.2 节。

所以，对于原始数组和 vector，我们都有两个函数能匹配，其中特定匹配（数组版本）是更佳的匹配。对于指针，由于只有后备函数能匹配，因此编译器不再“抱怨”这个 len()调用找不到匹配的函数。[①]但对于 allocator 的调用，虽然第 2 个和第 3 个函数模板均匹配，但第 2 个函数模板的匹配度更高。因此，这仍然会导致编译器报没有可调用的 size()成员函数的错误：

```
int a[10];
std::cout << len(a);       //正确：数组版本的 len() 是最佳匹配
std::cout << len("tmp");   //正确：数组版本的 len() 是最佳匹配

std::vector<int>v;
std::cout << len(v);       //正确：具有 size_type 成员类型的 len() 版本是最佳匹配

int* p;
std::cout << len(p);       //正确：只有后备 len() 才匹配
```

① 在实践中，这样的后备函数通常会提供更有用的默认值、抛出异常或包含静态断言以产生有用的错误信息。

```
std::allocator<int> x;
std::cout << len(x);      //错误：第 2 个 len()是最佳匹配，
                          //但无法调用 x 的 size()函数
```

有关 SFINAE 的详细信息，请参阅 15.7 节；同时有关 SFINAE 的一些应用，请参阅 19.4 节。

SFINAE 和重载解析

随着时间的推移，SFINAE 原则在模板设计者中变得非常重要和流行，以至于这个缩写已经变成一个动词。如果我们想表达在某些约束条件下，通过 SFINAE 原则使模板代码生成无效代码，从而确保忽略这些约束条件下的函数模板，那么我们称为“我们 SFINAE 掉了一个函数模板”。并且无论何时你在 C++标准中读到函数模板“不应参与重载解析过程，除非……”，都意味着在某些情况下，使用 SFINAE 原则“SFINAE 掉”那个函数模板。

例如，类 std::thread 声明了一个构造函数：

```
namespace std{
  class thread {
    public:
      ...
      template<typename F, typename... Args>
      explicit thread(F&& f, Args&&... args);
      ...
  };
}
```

并备注如下。

备注：如果 decay_t<F>与 std::thread 类型相同，则此构造函数不应参与重载解析。

这意味着，如果使用 std::thread 作为第 1 个也是唯一一个实参调用构造函数模板，则会忽略这个构造函数模板。原因是像这样的成员模板有时可能比任何预定义的拷贝或移动构造函数更匹配相关调用（详见 6.2 节和 16.2.4 节）。当调用 std::thread 对象时，通过 SFINAE 掉该构造函数模板，可以确保在用一个 std::thread 对象来构造另一个 std::thread 对象时，始终使用预定义的拷贝或移动构造函数。[①]

运用该技术逐个禁用相关模板非常不方便，幸运的是，标准库提供了更容易禁用模板的工具。其中较著名的是 6.3 节介绍的 std::enable_if<>，它允许我们仅通过包含禁用条件的代码来替换类型以禁用模板。

因此，std::thread 的实际声明通常如下所示：

```
namespace std {
  class thread {
    public:
      ...
      template<typename F, typename... Args,
               typename = std::enable_if_t<!std::is_same_v<std::decay_t<F>,
                                                             thread>>>
      explicit thread(F&& f, Args&&... args);
    ...
  };
}
```

① 删除类 thread 的拷贝构造函数，这也确保了禁止拷贝。

有关如何使用偏特化和 SFINAE 来实现 std::enable_if<>的详细信息，请参阅 20.3 节。

8.4.1 通过 decltype 来 SFINAE 掉表达式

对于某些限制条件，要找到并设计正确的表达式来 SFINAE 掉函数模板并不总是那么容易的。

例如，假设我们想要在函数模板 len()的实参类型有 size_type 成员、但无 size()成员函数的情况下，确保能忽略掉它。如果在函数声明中没有对 size()成员函数必须存在的任何形式的要求，就会选择该函数模板，并且其最终的实例化将导致错误：

```
template<typename T>
typename T::size_type len (T const& t)
{
  return t.size();
}

std::allocator<int> x;
std::cout << len(x) << '\n';  //错误：选择了 len()，但实参 x 没有 size()成员函数
```

处理这种情况有一个常用模式或者说习惯用法。

- 通过尾置返回类型语法（函数名前用 auto 修饰，并在函数名后跟->，再加末尾的返回类型）来指定返回类型。
- 使用 decltype 和逗号运算符来定义返回类型。
- 将所有必须成立的表达式放置于逗号运算符开头（表达式转换为 void 类型，以防逗号运算符重载）。
- 在逗号运算符末尾定义一个实际返回类型（类型为返回类型）的对象。

例如：

```
template<typename T>
auto len (T const& t) -> decltype((void)(t.size()), T::size_type())
{
  return t.size();
}
```

这里返回类型定义为

```
decltype((void)(t.size)(), T::size_type())
```

由于 decltype 构造的操作数是以逗号分隔的表达式列表，因此，最后一个表达式 T::size_type()生成所需返回类型的值（decltype 将其转换为返回类型）。（最后一个）逗号之前的表达式是必须成立的，在本例中就是 t.size()。将表达式强制转换为 void，是为了避免由于用户自定义重载该表达式对应类型的逗号运算符而带来的问题。

请注意，decltype 的实参是一个未求值的操作数。这意味着可以在不调用构造函数的情况下创建“虚对象”，这会在 11.2.3 节讨论。

8.5 编译期 if 简介

偏特化、SFINAE 和 std::enable_if<>允许我们在整体上启用或禁用模板。C++17 进一步引

入编译期 if 语句，它允许基于编译期条件启用或禁用特定语句。通过 if constexpr(...)语法，编译器使用编译期表达式来决定是使用 then 的部分还是 else 的部分（如果有的话）。

作为第 1 个例子，考虑 4.1.1 节中介绍的变参函数模板 print()，它用递归方式输出其实参（任意类型）。constexpr if 特性允许我们在本地决定是否继续递归，而不用单独提供一个函数来结束递归：①

```
template<typename T, typename... Types>
void print (T const& firstArg, Types const&... args)
{
  std::cout << firstArg << '\n';
  if constexpr(sizeof...(args) > 0) {
    print(args...);  //只有在 sizeof...(args)>0 时代码才有效（从 C++17 开始）
  }
}
```

其中，如果调用时只传递一个实参给 print()，args 就变成一个空的参数包，于是 sizeof...(args)变为 0。因此，print()递归调用的语句就会被丢弃，其代码不会实例化，从而不再需要一个对应的函数来结束递归。

代码没有实例化这一事实意味着只会执行第一阶段编译（定义期），即语法正确性检查和不依赖模板参数的名称检查（参阅 1.1.3 节）。例如：

```
template<typename T>
void foo(T t)
{
  if constexpr(std::is_integral_v<T>) {
    if (t > 0) {
      foo(t - 1);  //正确
    }
  }
  else {
    undeclared(t);     //如未声明且未丢弃则报错（即 T 为非整型时）
    undeclared();      //如未声明则报错 （即使会丢弃）
    static_assert(false, "no integral");     //始终断言（即使会丢弃）
    static_assert(!std::is_integral_v<T>, "no integral");     //正确
  }
}
```

注意，if constexpr 不仅可以用在模板中，而且可以用在其他任何函数中。只需要一个能够生成布尔值的编译期表达式即可。例如：

```
int main()
{
  if constexpr(std::numeric_limits<char>::is_signed) {
    foo(42);                  //正确
  }
  else {
    undeclared(42);                          //如 undeclared()未声明则报错
    static_assert(false, "unsigned");     //始终断言（即使会丢弃）
    static_assert(!std::numeric_limits<char>::is_signed,
                  "char is unsigned");    //正确
  }
}
```

① 尽管代码读取 if constexpr，但该特性被称为 constexpr if，因为它是 if 的“constexpr”形式（出于历史原因）。

利用这一特性，例如，我们可以使用 8.2 节介绍的编译期函数 isPrime()，在给定的数组的长度不是质数时执行一些附加代码：

```
template<typename T, std::size_t SZ>
void foo (std::array<T,SZ> const& coll)
{
  if constexpr(!isPrime(SZ)) {
    ...     //如果传入数组的长度不是质数，则附加特殊处理
  }
  ...
}
```

更多细节请参阅 14.6 节。

8.6 小结

- 模板提供了在编译期进行计算的能力（使用递归进行迭代和使用偏特化或运算符?:来做选择）。
- 通过 constexpr 函数，能将大多数编译期计算替换为编译期上下文中可调用的“普通函数”。
- 通过偏特化，我们可以基于某些编译期约束条件在不同的类模板实现之间进行选择。
- 模板仅在需要时使用，对函数模板声明进行替换不会产生无效代码，这个原则称为 SFINAE（替换失败并不是错误）。
- SFINAE 可以用来只为某些类型和（或）约束条件提供函数模板。
- 从 C++17 开始，编译期 if 允许我们根据编译期条件来使能或者丢弃语句（甚至可用于非模板中）。

第 9 章

在实践中使用模板

模板代码和普通代码有些不同，从某种意义来说，模板介于宏和普通（非模板）声明之间。尽管这种说法可能过于简单化，但它不仅会影响我们使用模板来编写算法和数据结构的方式，而且会影响我们日常对包含模板的程序的逻辑分析和表达。

在本章中我们将解决一些实际问题，而不必深究问题背后的技术细节，其中许多细节会在第 14 章中探讨。为了使得讨论简单，假设我们的 C++编译系统是由传统的编译器和链接器组成的（未采用此结构的 C++编译系统很少见）。

9.1 包含模型简介

组织模板源代码的方法有多种，本节将介绍较流行的方法——包含模型。

9.1.1 链接器错误

大多数 C 和 C++程序员会按如下方式组织自己的非模板代码。

- 类和其他类型全部放在头文件中，通常这类文件的扩展名为.hpp（或者.h、.H、.hh、.hxx）。
- 对于全局（非内联）变量和（非内联）函数，只将声明放在头文件中，定义则放在一个会编译为其自身编译单元的文件中。通常这类 CPP 文件的扩展名为.cpp（或者.C、.c、.cc 或.cxx）。

这样做很有用：既可以很容易地在整个程序中获得所需类型定义，又避免链接过程中由于变量和函数的重复定义导致的错误。

考虑到这些惯例的影响，下面这个小程序展示了初级模板程序员所抱怨的一个常见错误。与“普通代码”一样，在头文件中声明模板：

basics/myfirst.hpp

```
#ifndef MYFIRST_HPP
#define MYFIRST_HPP

//模板声明
template<typename T>
void printTypeof (T const&);

#endif  //MYFIRST_HPP
```

printTypeof()是一个简单辅助函数的声明，用于输出某些类型信息。函数的实现放在 CPP 文件中：

basics/myfirst.cpp

```
#include <iostream>
#include <typeinfo>
#include"myfirst.hpp"

//模板实现/定义
template<typename T>
void printTypeof (T const& x)
{
    std::cout << typeid(x).name() << '\n';
}
```

该示例通过运算符 typeid 输出一个描述传递给它的表达式类型的字符串。该运算符返回一个静态类型 std::type_info 的左值——它提供了一个显示某些表达式类型的成员函数 name()。C++标准实际上并没有规定 name()必须返回一些有意义的结果，但在设计良好的 C++实现中，读者应该得到一个能很好地描述传递给 typeid 的表达式类型的字符串。①

最后，我们在另一个 CPP 文件中使用该模板，其中包含我们的模板声明：

basics/myfirstmain.cpp

```
#include"myfirst.hpp"

//使用模板
int main()
{
    double ice = 3.0;
    printTypeof(ice);   //以 double 类型实参调用函数模板
}
```

C++编译器很可能顺利编译这个程序，但链接器可能会报错，提示函数 printTypeof()未定义。

报错的原因是函数模板 printTypeof()的定义尚未实例化。为了实例化模板，编译器必须知道应该实例化哪个定义，以及针对哪些模板实参进行实例化。遗憾的是，在前面的示例中，这两条信息位于分别独立编译的文件中。因此，当编译器看到 printTypeof()的调用时，却找不到针对 double 类型实参实例化的函数定义。它只是假设在别处提供了这样一个定义，并创建了对该定义的引用（供链接器解析）。另外，当编译器处理文件 myfirst.cpp 时，还没有迹象表明，此刻必须针对特定实参来实例化它所包含的模板定义。

9.1.2 头文件中的模板

9.1.1 节中报错问题的常见解决方案是使用与宏或内联函数相同的方法：在声明模板的头文件中包含模板的定义。

也就是说，我们不再提供 myfirst.cpp 文件，而是重写 myfirst.hpp，使其包含所有的模板声明和模板定义：

basics/myfirst2.hpp

```
#ifndef MYFIRST_HPP
#define MYFIRST_HPP
```

① 在某些实现中，这个字符串会被符号修改（mangled，使用实参类型和作用域修饰的名称编写代码，以将该名称与其他名称区分开），但是可以使用去符号修饰器 demangler 将其转换为可读的文本。

```
#include <iostream>
#include <typeinfo>

//模板声明
template<typename T>
void printTypeof (T const&);

//模板实现/定义
template<typename T>
void printTypeof (T const& x)
{
    std::cout << typeid(x).name() << '\n';
}

#endif  //MYFIRST_HPP
```

这种组织模板的方法称为包含模型。有了这种方法后，读者会发现我们的程序可以正确地编译、链接和执行了。

在这一点上我们可以多加观察。值得注意的是，这种方法大大增加了包含头文件 myfirst.hpp 的成本。在本例中，该成本不是由模板定义自身大小所造成的，事实上是由还必须包含我们模板定义所用到的头文件造成的——本例中是<iostream>和<typeinfo>。你可能会发现这相当于数万行代码，因为像<iostream>这样的头文件包含许多自己的模板定义。

这是一个很实际的问题，因为它大大增加了编译器编译复杂程序所需的时间。因此，我们将研究一些可能的方法来解决这个问题，包括预编译头文件（请参阅 9.3 节）和使用模板显式实例化（请参阅 14.5 节）。

尽管存在编译时长的问题，但在更好的机制可用前，我们强烈建议读者尽可能遵循这个包含模型来组织模板代码。在 2017 年编写本书时，一种机制正在酝酿中——模块（这会在 17.11 节中介绍）。它是一种语言机制，可以让程序员能够更合理地组织代码，使得编译器可以分别编译所有声明，然后在需要时高效地、有选择地导入已处理的声明。

关于包含模型，另一个更不易察觉的问题是非内联函数模板相比内联函数和宏有一个重要区别：它们不会在调用处展开，而是当它们实例化时创建一个函数的新副本。因为这是一个自动化过程，编译器最终可能会在两个不同的文件中创建两个副本，当某些链接器发现同一函数的两个不同定义时会报错。理论上这不是我们需要关心的：C++编译系统应该解决这个问题。实际上，大多数时候事情都很顺利，我们根本不需要处理这个问题。但是对于创建自己代码库的大型项目，问题偶尔会出现。第 14 章中的实例化方案讨论和对 C++编译系统（编译器）附带文档的仔细研究应该有助于解决这个问题。

最后，需要指出的是，在我们的示例中，适用于普通函数模板的内容也适用于类模板的成员函数和静态数据成员，以及成员函数模板。

9.2 模板和 inline

声明内联函数是提高程序运行期性能的常用手段。inline 限定符是为了给编译器实现一个提示，即优先在调用处用函数体来做内联替换，而不是通常的函数调用机制。

然而编译器具体实现时可能会忽略该提示。因此，inline 唯一可以保证的结果是允许函数定义在程序中多次出现（因为它通常处于被多处包含的头文件中）。

和内联函数类似，也可以在多个编译单元中定义函数模板。这通常是通过将定义放在由多个 CPP 文件包含的头文件中来实现的。

但这并不意味着函数模板会默认使用内联替换。优先于通常的函数调用机制，是否以及何时在调用处进行函数模板体的内联替换，完全取决于编译器。令人惊讶的是，编译器通常比程序员更善于评估内联替换能否提升净性能。因此，关于 inline 的精确策略因编译器而异，甚至取决于为特定编译选择的选项。

尽管如此，通过适当的性能监测工具，程序员有可能比编译器掌握更准确的信息，因而希望由自己而不是编译器来决定是否进行内联替换（例如，在为手机或特定输入的特定平台软件等进行调优时）。有时这只能通过 noinline 或 always_inline 等编译器的特定属性才能做到。

需要指出的是，函数模板的全局特化在这方面与普通函数表现相似：它们的定义只能出现一次，除非它们定义为 inline（参阅 16.3 节）。有关这个主题更广泛的描述请参阅附录 A。

9.3 预编译头文件

即使没有模板，由于 C++头文件也会变得非常庞大，因此需要很长的编译时间。模板的出现“火上浇油”，在许多情况下，遭到焦急等待的程序员的强烈抱怨，这驱使编译器供应商实现通常称为预编译头文件（precompiled header，PCH）的方案。此方案不在 C++标准的规定范围内，具体实现方式取决于供应商的选择。尽管我们没有讨论如何创建和使用预编译头文件的细节，这些都留给具有此特性的各种 C++编译系统的文档来介绍，但了解它如何工作还是有用的。

当编译器编译一个文件时，它会从文件开头一直编译到最后。当编译器处理文件中的每个符号（可能来自被包含的文件）时，它会调整其内部状态，比如在符号表中添加新条目，以便以后可以查找它们。在此过程中，编译器还可以在目标文件中生成代码。

预编译头文件方案依赖于一个事实，即代码能以这样一种方式来组织：许多文件都以相同的几行代码作为开始。为了便于讨论，让我们假设要编译的每个文件都以相同的 N 行代码开头。我们可以编译这 N 行代码，并将此时编译器的完整状态保存在一个预编译头文件中。然后，对于程序中的每个文件，我们可以重新加载保存的状态并在第 N+1 行开始编译。此时值得注意的是，重新加载保存的状态是一个比实际编译前 N 行代码要快几个数量级的操作。然而，首次保存此状态的成本通常比只编译 N 行代码要高，时间成本增幅在 20%和 200%之间。

有效利用预编译头文件的关键是，确保（尽可能多的）文件以最大数量的公共代码行作为开头。实际上，这意味着这些文件必须以相同的#include 指示符（包含相同的头文件）开始，这（如前所述）消耗了大量的编译时间。因此，注意保持包含头文件顺序的一致性，对预编译来说是非常有利的。例如，对于以下两个文件：

```
#include <iostream>
#include <vector>
#include <list>
...
```

和

```
#include <list>
#include <vector>
...
```

应禁用预编译头文件，因为两者的源文件没有共同的初始状态（头文件的顺序不一致）。

一些程序员认为，包含（#include）一些额外非必要的头文件，比创造机会利用预编译头文件来加速文件编译更好。这一决定可以极大简化包含策略管理。例如，创建一个包含所有标准头文件的、名为 std.hpp 的头文件通常比较简单：[①]

```
#include <iostream>
#include <string>
#incldue <vector>
#include <deque>
#include <list>
...
```

接着可以预编译这个文件，每个使用标准库的程序文件只需像下面这样开始就可以：

```
#include "std.hpp"
...
```

通常这需要花点时间来编译，但对于有足够内存的系统来说，相比几乎任何单个未预编译的标准头文件，预编译头文件的方案会显著加快处理速度。由于标准头文件极少发生更改，因此，以这种方式使用它们就特别方便，只需编译一次 std.hpp 头文件。否则，预编译头文件通常会作为项目依赖配置的一部分，例如，它们会根据主流 make 工具或者集成开发环境（integrated development environment，IDE）的项目构建工具的需要进行升级。

管理预编译头文件的一个妙招是创建它们的层级架构，从最广泛使用和最稳定的头文件（例如我们的 std.hpp）开始，到那些预期不会一直改变，因而仍然值得预编译的头文件。然而，如果头文件正处于频繁变动的开发阶段，那么为它们创建预编译头文件所花的时间会超过重用它们而节省的时间。这种方法的一个关键理念是，弱稳定层级的头文件可以通过重用为强稳定层级创建的预编译头文件来提高预编译效率。例如，假设除了 std.hpp（我们已经预编译）之外，我们还定义了一个 core.hpp 头文件，其中包含特定于我们项目的附加功能，但仍然实现了一定的稳定性：

```
#include "std.hpp"
#include "core_data.hpp"
#include "core_algos.hpp"
...
```

由于此文件以#include"std.hpp"开头，因此编译器可以加载关联的预编译头文件，并继续编译下一行，而无须重新编译所有标准头文件。当完全处理此文件后，就会生成一个新的预编译头文件。应用程序可以接着使用#include"core.hpp"来快速访问大量功能，这是因为编译器可以加载后面新生成的预编译头文件。

9.4 破译大篇错误信息

一般的编译错误信息通常是非常简洁并直击要害的。例如，当编译器报“class X has no

① 理论上，标准头文件实际上不需要对应物理文件。然而在实践中，它们确实如此，而且文件非常大。

member 'fun'" 时，找出代码中的错误通常不太难（例如，我们可能把 run 输错成 fun）。模板则不然。接下来我们看一些例子。

1. 简单类型不匹配

考虑下面使用 C++标准库的相对简单的示例（仅列出部分代码）：

basics/errornovel1.cpp

```
#include <string>
#include <map>
#include <algorithm>

int main()
{
  std::map<std::string, double> coll;
  ...
  //在 coll 中查找第 1 个非空字符串
  auto pos = std::find_if (coll.begin(), coll.end(),
                           [] (std::string const& s) {
                             return s != "";
                           });
}
```

它含有一个相当小的错误：在用于查找集合的第 1 个匹配字符串的 lambda 函数中，我们的查找对象是给定的字符串。然而 map 中的元素是键/值对类型，因此，我们期望传入 lambda 函数的元素应该也是 std::pair<std::string const, double>类型。

主流版本的 GNU C++编译器会报如下错误：

```
1 In file included from /cygdrive/p/gcc/gcc61-include/bits/stl_algobase.h:71:0
2                  from /cygdrive/p/gcc/gcc61-include/bits/char_traits.h:39
3                  from /cygdrive/p/gcc/gcc61-include/string:40,
4                  from errornovel1.cpp:1:
5  /cygdrive/p/gcc/gcc61-include/bits/predefined_ops.h: In instantiation of 'bool
   __gnu_cxx::__ops::_Iter_pred<_Predicate>::operator()(_Iterator) [with _
   Iterator = std::_Rb_tree_iterator<std::pair<const std::__cxx11::basic_string
   <char>, double> >;_Predicate = main()::<lambda(const string&)>]':
6  /cygdrive/p/gcc/gcc61-include/bits/stl_algo.h:104:42: required from '_
   InputIterator std::__find_if(_InputIterator, _InputIterator, _Predicate, std
   ::input_iterator_tag)[with _InputIterator = std::_Rb_tree_iterator<std::pair
   <const std::__cxx11::basic_string<char>, double> >; _Predicate = __gnu_cxx::
   __ops::_Iter_pred<main()::<lambda(const string&)> >]'
7  /cygdrive/p/gcc/gcc61-include/bits/stl_algo.h:161:23: required from '_Iterator
   std::__find_if(_Iterator, _Iterator, _Predicate) [with _Iterator = std:: _Rb_tree_
   iterator<std::pair<const std:: __cxx11::basic_string<char>, double> >; _Predicate =
   __gnu_cxx:: __ops:: _Iter_pred<main()::<lambda(const string&)> >]'
8  /cygdrive/p/gcc/gcc61-include/bits/stl_algo.h:3824:28: required from '_IIter
   std::find_if(_IIter, _IIter, _Predicate) [with _IIter = std::_Rb_tree_iterator
   <std::pair<const std::__cxx11::basic_string<char>, double> >; _Predicate =
   main()::<lambda(const string&)>]'
9 errornovel1.cpp:13:29: required from here
10 /cygdrive/p/gcc/gcc61-include/bits/predefined_ops.h:234:11: error: no match
   for call to '(main()::<lambda(const string&)>) (std::pair<const std::__cxx11::
   basic_string<char>, double>&)'
11 { return bool(_M_pred(*__it)); }
12          ^~~~~~~~~~~~~~~~~~~~
```

```
13 /cygdrive/p/gcc/gcc61-include/bits/predefined_ops.h:234:11: note: candidate:
   bool (*)(const string&) {aka bool (*)(const std::__cxx11::basic_string<char>
   &)} <conversion>
14 /cygdrive/p/gcc/gcc61-include/bits/predefined_ops.h:234:11: note: candidate
   expects 2 arguments, 2 provided
15 errornovel1.cpp:11:52: note: candidate: main()::<lambda(const string&)>
16                                    [] (std::string const& s) {
17                                    ^
18 errornovel1.cpp:11:52: note: no known conversion for argument 1 from 'std::pair<const
   std::__cxx11::basic_string<char>, double>' to 'const string& {aka const std::
   __cxx11::basic_string<char>&}'
```

类似的信息乍看起来更像是小说而不是诊断调试信息，也会“实力劝退”模板的新用户。然而通过一些实践，读者应该能应对这样的信息了，至少能相对容易地定位错误。

这条错误信息第一部分的意思是，内部 predefined_ops.h 头文件深处定义的一个函数模板在实例化过程中发生错误，该头文件通过各种其他头文件包含到 errornovel1.cpp 中。从第 5 行开始的几行信息中，编译器报告哪些模板用哪些实参实例化了。在本例中，所有错误都是从 errornovel1.cpp 的第 13 行语句开始的，即：

```
auto pos = std::find_if (coll.begin(), coll.end(),
                         [](std::string const& s)) {
                           return s != "";
                         });
```

这导致 stl_algo.h 头文件第 115 行的 find_if 模板实例化，其中的代码

```
_IIter std::find_if(_IIter, _IIter, _Predicate)
```

会使用以下实参实例化

```
_IIter = std::_Rb_tree_iterator<std::pair<const std::__cxx11::basic_sring<char>,
                                            double> >
_Predicate = main()::<lambda(const string&)>
```

编译器报告了所有这些错误，以备当我们确实不期望所有这些模板都被实例化时，它可以帮助我们查明引起实例化的事件链。

然而，在我们的示例中，我们愿意相信所有类型的模板都需要实例化，并且只是想知道为什么模板实例化过程不起作用。这条信息出现在调试信息的最后一部分，它提到“调用不匹配”，这意味着因为实参和形参类型不匹配，函数调用不能解析。它列出了调用对象

```
(main()::<lambda(const string&)>) (std::pair<const std::__cxx11::basic_string<char>,
                                            double>&)
```

以及引起该调用的代码：

```
{return bool(_M_pred(*__it));}
```

此外，紧随其后，包含“note: candidate:”的行解释，errornovel1.cpp 第 11 行中定义为 lambda[](std::string const& s)的单一候选类型需要一个 const string&类型的参数，并连同解释了这个候选类型不合适的原因：

```
no known conversion for argument 1
from 'std::pair<const std::__cxx11::basic_string<char>, double>'
```

```
to 'const string& {aka const std::__cxx11::basic_string<char>&}'
```

它描述了我们的问题。

毫无疑问，错误信息可以提示得更多。由于真正的问题可能发生在实例化过程之前，因此名称可能只需使用 std::string，而不必使用像 std::__cxx11::basic_string<char>这样的完全展开的模板实例化名称。然而，在某些情况下，诊断调试中的所有信息确实有用。因此，其他编译器提供类似的信息不足为奇（尽管有些编译器使用前面提到的结构化技术）。

例如，Visual C++编译器的输出信息如下：

```
1  c:\tools_root\cl\inc\algorithm(166): error C2664: 'bool main::<lambda_
   b863c1c7cd07048816 f454330789acb4>::operator ()(const std::string &)
   const': cannot convert argument 1 from 'std::pair<const _Kty,_Ty>' to 'const
   std::string &'
2      with
3      [
4        _Kty=std::string,
5        _Ty=double
6      ]
7  c:\tools_root\cl\inc\algorithm(166): note: Reason: cannot convert from 'std:
   :pair<const_Kty,_Ty>' to 'const std::string'
8     with
9     [
10       _Kty=std::string,
11       _Ty=double
12     ]
13 c:\tools_root\cl\inc\algorithm(166): note: No user-defined-conversion operator
   available that can perform this conversion, or the operator cannot be called
14 c:\tools_root\cl\inc\algorithm(177): note: see reference to function template
   instantiation '_InIt std::_Find_if_unchecked<std::_Tree_unchecked_iterator
   <_Mytree>,_Pr>(_InIt,_InIt,_Pr &)' being compiled
15     with
16     [
17       _InIt=std::_Tree_unchecked_iterator<std::_Tree_val<
      std::_Tree_simple_types<std::pair<const std::string,double>>>>,
18       _Mytree=std::_Tree_val<std::_Tree_simple_types<std::pair<const
      std::string,double>>>,
19       _Pr=main::<lambda_b863c1c7cd07048816f454330789acb4>
20     ]
21 main.cpp(13): note: see reference to function template instantiation '_InIt
   std::find_if<std::_Tree_iterator<std::_Tree_val<std::_Tree_simple_types<std:
   :pair <const _Kty,_Ty>>>>,main::<lambda_b863c1c7cd07048816f454330789acb4>>
   (_InIt,_InIt,_Pr)' being compiled
22     with
23     [
24       _InIt=std::_Tree_iterator<std::_Tree_val<std::_Tree_simple_types
      <std::pair<const std::string,double>>>>,
25       _Kty=std::string,
26       _Ty=double,
27       _Pr=main::<lambda_b863c1c7cd07048816f454330789acb4>
28     ]
```

在这里，我们再次为实例化链提供了信息。该信息告诉我们，在代码中的哪个位置通过哪些实参实例化了什么模板，并且我们看到了两次。

```
cannot convert from 'std::pair<const _Kty,_Ty>' to 'const std::string'
    with
    [
        _Kty=std::string,
        _Ty=double
    ]
```

2. 某些编译器缺少 const

遗憾的是，有时泛型代码只会在某些编译器上出现问题，考虑以下示例：

basics/errornovel2.cpp

```
#include <string>
#include <unordered_set>

class Customer
{
  private:
    std::string name;
  public:
    Customer (std::string const& n)
      : name() {
    }
    std::string getName() const {
      return name;
    }
};

int main()
{
  //提供我们自己的哈希函数
  struct MyCustomerHash {
    //注意，缺少 const 只是 g++和 Clang 的错误之一
    std::size_t operator() (Customer const& c) {
      return std::hash<std::string>() (c.getName());
    }
  };

  //并将其用于用户的哈希表
  std::unordered_set<Customer, MycustomerHash> coll;
  ...
}
```

在 Visual Studio 2013 或 2015 中，这段代码的编译符合预期。然而，使用 g++或 Clang 时，此代码会导致严重错误。例如，在 g++ 6.1 上，第 1 条错误信息如下：

```
1 In file included from /cygdrive/p/gcc/gcc61-include/bits/hashtable.h:35:0,
2            from /cygdrive/p/gcc/gcc61-include/unordered_set:47,
3            from errornovel2.cpp:2:
4 /cygdrive/p/gcc/gcc61-include/bits/hashtable_policy.h: In instantiation of
    'struct std::__detail::__is_noexcept_hash<Customer, main()::MyCustomerHash>':
5 /cygdrive/p/gcc/gcc61-include/type_traits:143:12: required from
  'struct std::__and_<std::__is_fast_hash<main()::MyCustomerHash>,
  std::__detail::__is_noexcept_hash<Customer,main()::MyCustomerHash> >'
6 /cygdrive/p/gcc/gcc61-include/type_traits:154:38: required from
  'struct std::__not_<std::__and_<std::__is_fast_hash<main()::MyCustomerHash>,
```

```
  std::__detail::__is_noexcept_hash<Customer, main()::MyCustomerHash> > >'
7 /cygdrive/p/gcc/gcc61-include/bits/unordered_set.h:95:63: required from
  'class std::unordered_set<Customer, main()::MyCustomerHash>'
8 errornovel2.cpp:28:47: required from here
9 /cygdrive/p/gcc/gcc61-include/bits/hashtable_policy.h:85:34: error: no match
  for call to'(const main()::MyCustomerHash) (const Customer&)'
10   noexcept(declval<const _Hash&>()(declval<const _Key&>()))>
11            ~~~~~~~~~~~~~~~~~~~~~~~^~~~~~~~~~~~~~~~~~~~~~~
12 errornovel2.cpp:22:17: note: candidate: std::size_t
   main()::MyCustomerHash::operator()(const Customer&) <near match>
13     std::size_t operator() (const Customer& c) {
14                 ~~~~~~~~
15 errornovel2.cpp:22:17: note: passing 'const main()::MyCustomerHash*' as 'this'
    argument discards qualifiers
```

紧接着是20多条其他错误信息：

```
16 In file included from /cygdrive/p/gcc/gcc61-include/bits/move.h:57:0,
17           from /cygdrive/p/gcc/gcc61-include/bits/stl_pair.h:59,
18           from /cygdrive/p/gcc/gcc61-include/bits/stl_algobase.h:64,
19           from /cygdrive/p/gcc/gcc61-include/bits/char_traits.h:39,
20           from /cygdrive/p/gcc/gcc61-include/string:40,
21           from errornovel2.cpp:1:
22 /cygdrive/p/gcc/gcc61-include/type_traits: In instantiation of
    'struct std::__not_<std::__and_<std::__is_fast_hash<main()::MyCustomerHash>,
     std::__detail::__is_noexcept_hash<Customer, main()::MyCustomerHash> > >':
23 /cygdrive/p/gcc/gcc61-include/bits/unordered_set.h:95:63: required from
   'class std::unordered_set<Customer, main()::MyCustomerHash>'
24 errornovel2.cpp:28:47: required from here
25 /cygdrive/p/gcc/gcc61-include/type_traits:154:38: error: 'value' is not a member
    of 'std::__and_<std::__is_fast_hash<main()::MyCustomerHash>,
    std::__detail::__is_noexcept_hash<Customer, main()::MyCustomerHash> >'
26     : public integral_constant<bool, !_Pp::value>
27                                       ~~~
28 In file included from /cygdrive/p/gcc/gcc61-include/unordered_set:48:0,
29           from errornovel2.cpp:2:
30 /cygdrive/p/gcc/gcc61-include/bits/unordered_set.h: In instantiation of
    'class std::unordered_set<Customer, main()::MyCustomerHash>':
31 errornovel2.cpp:28:47: required from here
32 /cygdrive/p/gcc/gcc61-include/bits/unordered_set.h:95:63: error: 'value' is not
    a member of 'std::__not_<std::__and_<std::__is_fast_hash
    <main()::MyCustomerHash>, std::__detail::__is_noexcept_hash<Customer,
    main()::MyCustomerHash> > >'
33     typedef __uset_hashtable<_Value, _Hash, _Pred, _Alloc> _Hashtable;
34                                                            ~~~~~~~~~
35 /cygdrive/p/gcc/gcc61-include/bits/unordered_set.h:102:45: error: 'value' is not
   a member of 'std::__not_<std::__and_<std::__is_fast_hash<main()::MyCustomerHash>,
   std::__detail::__is_noexcept_hash<Customer, main()::MyCustomerHash> > >'
36     typedef typename _Hashtable::key_type key_type;
37                                  ~~~~~~~~
...
```

同样，这段错误信息很难读懂（甚至找到每条信息的开头和结尾也是件麻烦事）。其实质是在头文件 hashtable_policy.h 深层实例化 std::unordered_set<>时所需的

```
std::unordered_set<Customer, MyCustomerHash> coll;
```

没有匹配下面的调用

```
const main()::MyCustmerHash (const Customer&)
```

在下面的实例化中

```
noexcept(declval<const _Hash&>()(declval<const _Key&>()))>
                       ~~~~~~~~~~~~~~~~~~~~~~^~~~~~~~~~~~~~~~~~~~~~~
```

（declval<const _Hash&>()是一个 main()::MyCustomerHash 类型的表达式），一个可能“近似匹配”的候选者是

```
std::size_t main()::MyCustomerHash::operator()(const Customer&)
```

它声明为

```
std::size_t operator() (const Customer& c) {
            ~~~~~~~~
```

并且最后一条说明了这个问题：

```
passing'const main()::MyCustomerHash*'as'this'argument discards qualifiers
```

读者能看出问题出在哪里吗？std::unordered_set 类模板的这种实现要求哈希对象的函数调用运算符是一个 const 成员函数（另请参阅 11.1.1 节）。如果不是这样的，算法内部深处就会出错。

所有其他错误信息都是从第 1 条错误信息级联而来的，并且当将 const 限定符简单地添加到哈希函数运算符时，所有错误就会消失：

```
std::size_t operator() (const Customer& c) const {
  ...
}
```

Clang 3.9 在第 1 条错误信息末尾给出稍好一些的提示，即哈希仿函数的运算符 operator() 没有标记为 const：

```
...
errornovel2.cpp:28:47: note: in instantiation of template class
'std::unordered_set<Customer, MyCustomerHash, std::equal_to<Customer>,
 std::allocator<Customer> >' requested here
 std::unordered_set<Customer,MyCustomerHash> coll;
                         ^
errornovel2.cpp:22:17: note: candidate function not viable: 'this' argument has type
'const MyCustomerHash', but method is not marked const
    std::size_t operator() (const Customer& c) {
                ^
```

注意，这里的 Clang 中的错误信息提到默认模板参数，比如 std::allocator<Customer>，而 GCC 中的错误信息则会忽略它们。

如你所见，将多个编译器用于测试代码常常是很有帮助的。这种方式不仅可以帮助你编写可移植性更好的代码，而且当一个编译器产生特别难以理解的错误信息时，另一个编译器可能会提供深入解析。

9.5 后记

将源代码以头文件和 CPP 文件的形式来组织，是在实践中遵守单一定义规则（one-definition rule，ODR）的体现。附录 A 广泛讨论这个规则。

包含模型是一个实用方案，这在很大程度上是由 C++编译器的现有实践所决定的（现代 C++编译器实现也大多采用这种方案）。然而，最初的 C++实现有所不同：模板定义的包含是隐式的，这就造成头文件和 CPP 文件分离的错觉（有关这个原始模型，详见第 14 章）。

第 1 个 C++标准（C++98）通过导出模板为模板编译的分离模型提供了明确支持。分离模型允许在头文件中声明标记为 export 的模板，而它们相应的定义则放在 CPP 文件中，这与非模板代码的声明和定义非常相似。不同于包含模型，分离模型是不基于任何既有实现的理论模型，并且其实现本身远比 C++标准委员会预期的要复杂。C++标准委员会花了 5 年多时间才发布第 1 个实现（2002 年 5 月），此后几年也没有出现其他实现方式。为了更好地保持 C++标准与现有实践的一致性，C++标准委员会从 C++11 开始移除了导出模板。有兴趣了解更多关于分离模型的细节（和陷阱）的读者，建议阅读本书第 1 版的 6.3 节和 10.3 节（[*Vandevoorde Josuttis Templates1st*]）。

有时我们会很容易设想如何扩展预编译头文件的概念，以便为单次编译加载多个头文件。原则上，这将允许用更细粒度的方法进行预编译。其中的障碍主要在于预处理器：一个头文件中的宏可以完全改变后续头文件的含义。然而，一旦文件经预编译后，宏处理也就完成了，并且这时再尝试将预编译头文件以补丁形式打到其他头文件产生的预处理结果中是不实际的。在不远的将来，有望将一种称为模块的新语言特性（参阅 17.11 节）添加到 C++标准中来解决这个问题（宏定义不能泄露到模块接口）。

9.6 小结

- 包含模型是一种组织模板代码的方法，第 14 章讨论备选方案。
- 当在类或结构体之外的头文件中定义函数模板时，只有全局特化版本才需要使用内联。
- 为了充分利用预编译头文件的好处，要确保包含头文件的顺序相同。
- 调试模板相关代码会很有挑战性。

第 10 章

模板基本术语

到目前为止，我们已经介绍了 C++模板的基本概念。在深入介绍细节之前，我们看一下常用的术语。这很有必要，因为在 C++社区里（甚至在早期的 C++标准中），有时会找不到相关术语的准确定义。

10.1 是“类模板”还是“模板类”

C++中，结构体、类和联合统称为类类型（class type）。如果没有额外的限定，纯文本类型中的“类”一词意味着包含由关键字 class 或者 struct[1]引入的类类型。需要注意的是，“类类型”包括联合，但是“类”却不包括。

关于该如何称呼一个带有模板的类存在一些困惑。

- 术语类模板表示类是一个模板，即类模板是一族类的参数化描述。
- 术语模板类则可以：
  - 作为类模板的同义词；
  - 指代模板生成的类；
  - 指代名称为模板 id（模板名和紧跟其后的模板参数的组合，参数用<和>指定，即模板名 +<模板参数>）的类。

第 2 个和第 3 个含义之间的区别很小，而且对于正文的后续讨论也不重要。

由于这一不确定性，因此本书使用模板类。

同样地，本书使用函数模板、成员模板、成员函数模板和变量模板，但不使用模板函数、模板成员、模板成员函数和模板变量。

10.2 替换、实例化和特化

当处理包含模板的源代码时，C++编译器必须要多次用具体的模板实参（template argument）替换模板中定义的模板形参（template parameter）。有时候，这种替换是试探性的：编译器可能需要对替换的有效性进行验证（请参阅 8.4 节和 15.7 节）。

用具体的模板实参替换模板形参的过程称为模板实例化（template instantiation），该过程从模板中创建了常规类（regular class）、类型别名（type alias）、函数、成员函数或者

[1] C++中，类和结构体的唯一区别在于类的默认访问权限是 private，而结构体的默认访问权限是 public。然而，对于使用 C++新特性的类型，本书更喜欢使用类（class），而对于可以用作“简单旧数据”（plain old data，POD）的常规 C 风格的数据结构，则使用结构体（struct）。

变量的定义。

令人意外的是，关于通过模板参数的替换创建声明（不是定义）的过程，目前还没有任何标准或者共识。有人使用短语部分实例化（partial instantiation）或者声明实例化（instantiation of a declaration），但做法并不统一。可能一个更直观的术语是非完全实例化（incomplete instantiation），在类模板中，非完全实例化将生成一个非完整类。

通过实例化或者非完全实例化产生的实体（比如，类、函数、成员函数或者变量）通常称为特化（specialization）。

然而在C++中，实例化的过程并不是产生特化的唯一方式。另外一些方式允许程序员显式地指定一个声明——该声明绑定了模板参数的特别替换。正如2.5节中所介绍的，这一类特化以前缀template<>开始：

```
template<typename T1, typename T2>     //主类模板
class MyClass {
  ...
};

template<>                             //显式特化
class MyClass<std::string,float> {
  ...
};
```

严格来说，这称为显式特化（explicit specialization，相对于实例化或者生成特化）。

正如2.6节介绍的，带有模板参数的特化称为偏特化（partial specialization）：

```
template<typename T>              //偏特化
class MyClass<T,T> {
  ...
};

template<typename T>              //偏特化
class MyClass<bool,T> {
  ...
};
```

当讨论（显式或者偏）特化时，通用模板也称为主模板（primary template）。

10.3 声明和定义

到目前为止，本书已多次使用声明（declaration）和定义（definition）。然而，这些术语在C++标准中有着相当精确的含义，同时，这也是本书使用的含义。

声明是C++中的一种构造方式，它在C++的作用域中引入或重新引入一个名称。本节介绍总是包含该名称的部分分类，但是不需要提供详细信息即可进行有效声明。比如：

```
class C;            //声明类C
void f(int p);      //声明函数f()，参数为p
extern int v;       //声明变量v
```

请注意，在C++中，尽管宏定义（macro definition）和goto标签都有“名称”，但是它们并不是声明。

当声明的构造细节已知，或者对于变量来说，必须要分配存储空间时，声明就变成了定义。对于类类型的定义来说，意味着必须提供花括号{}中包含的主体。对于函数定义来说，意味着必须提供花括号{}中包含的函数主体（通常情况下），或者函数必须被指定为=default[①]或者=delete。对于变量来说，初始化或者 extern 修饰符的缺失将使得声明变成定义。下面是一些补充前面未定义的声明的示例：

```
class C {};            //定义（包含声明）类 C

void f(int p) {        //定义（包含声明）函数 f()
  std::cout << p << '\n';
}

extern int v = 1;  //extern 修饰的变量 v 的初始化是定义

int w;                 //没有 extern 修饰的全局变量声明依然是定义
```

作为扩展，如果类模板或者函数模板的声明中包含主体，那么该声明被称为定义。因此，

```
template<typename T>
void func (T);
```

是声明而不是定义，而

```
template<typename T>
class S {};
```

实际上是定义。

10.3.1　完整类型和非完整类型

类型可以是完整的或者非完整的——这是一个与声明和定义之间的区别密切相关的概念。一些语言结构需要完整类型，而其他语言结构需要非完整类型。

非完整类型包含以下情况。

- 类类型被声明却没有被定义。
- 没有指定边界的数组类型。
- 带有非完整元素类型的数组类型。
- void。
- 类型未定义或者枚举值未定义的枚举类型。
- const 和（或）volatile 修饰的上述任意类型。

其余类型都是完整类型。比如：

```
class C;                //C 是非完整类型
C const* cp;            //cp 是非完整类型的指针
extern C elems[10];     //elems 包含非完整类型
extern int arr[];       //arr 包含非完整类型
...
class C { };            //C 是完整类型（因此 cp 和 elems 不再指涉非完整类型）
```

① 默认函数是特殊的成员函数，编译器将为其赋予默认实现，例如默认的拷贝构造函数。

```
int arr[10];            //arr 现在包含完整类型
```

关于如何处理模板中的非完整类型，请参阅 11.5 节。

10.4　单一定义规则

C++语言对实体的重复定义做出了约束。这些约束总的来说就是单一定义规则（ODR）。规则的细节有些许复杂，并且涵盖的内容较多。本书后续章节会针对各个应用场景下产生的结果进行描述，读者可以在附录 A 中找到关于 ODR 的完整介绍。目前，只要记住以下 ODR 基础知识就够了。

- 在整个程序中，普通（比如非模板）非内联函数和成员函数，以及（非内联）全局变量和静态数据成员只被定义一次。①
- 在每个编译单元（translation unit）中，类类型（包括结构体和联合）、模板（包括偏特化，但不包括全局特化）、内联函数和变量最多只被定义一次，并且不同编译单元间的这些定义都是相同的。

编译单元是对源文件预处理后得到的结果。也就是说，它包括由文件包含命令#inlcude 引入的头文件的内容和宏扩展后生成的内容。

在本书的后续章节，可链接实体指的是任意一种对链接器可见的实体，同时也包括从模板生成的实体，如函数或成员函数、全局变量或静态数据成员。

10.5　模板实参和模板形参

考虑如下的类模板：

```
template<typename T, int N>
class ArrayInClass {
  public:
    T array[N];
};
```

对比一个类似的普通类：

```
class DoubleArrayInClass {
  public:
   double array[10];
};
```

如果我们把参数 T 和 N 分别换成 double 和 10，后者就会变得和前者等价。在 C++中，这个替换的名称表示为：

```
ArrayInClass<double,10>
```

注意，模板名称后面的角括号里的是模板实参（template argument）。

① 从 C++17 开始，全局变量、静态变量和数据成员可以被定义为内联的。新标准移除了它们只能在一个编译单元被定义的约束。

不管这些实参是否依赖于模板形参，模板名称和后面角括号里的模板实参的组合被称为模板 id。

模板 id 的用法和非模板类的用法非常相似。比如：

```
int main()
{
  ArrayInClass<double,10> ad;
  ad.array[0] = 1.0;
}
```

区分模板形参和模板实参非常重要。简而言之，可以认为“形参是由实参初始化的”[1]。更准确的说法如下。

- 模板形参是在模板声明或定义中出现在关键字 template 后面的角括号中的名称（示例中的 T 和 N）。
- 模板实参是用来代替模板形参的项（示例中的 double 和 10）。不同于模板形参，模板实参不只是“名称”。

当指出模板的模板 id 时，用模板实参替换模板形参的方式是显式的，但很多情况下，替换是隐式的（比如，用默认值替换模板形参的情况）。

一个基本原则是，任意的模板实参必须可以在编译期（compile time）确定其数量或值。后续读者会清楚，该原则为模板实体的运行期成本（run-time cost）方面带来了巨大的收益。因为模板形参最终会被编译期的值（compile-time value）所替换，所以它们可以用来形成编译期表达式（compile-time expression）。这在模板 ArrayInClass 中被用来确定成员数组 array 的大小。数组的大小必须是常量表达式（constant-expression），模板形参 N 也是如此。

可以进一步推敲：因为模板形参是编译期的实体，所以它们可以用来创建有效的模板实参。示例如下：

```
template<typename T>
class Dozen {
  public:
    ArrayInClass<T,12> contents;
};
```

注意，在这个示例中 T 既是模板形参，也是模板实参。因此，可以使用一种机制基于简单模板来构建更复杂的模板。当然，这与允许组装类型和函数的机制相比，没有本质上的区别。

10.6 小结

- 对于那些模板的类、函数和变量，我们称之为类模板、函数模板和变量模板。
- 模板实例化是通过用模板实参替换模板形参，从而创建常规的类或函数的过程。最终产生的实体是特化的结果。
- 类型可以是完整的或非完整的。
- 根据单一定义规则（ODR），在整个程序中，普通非内联函数、成员函数、全局变量和静态数据成员只能被定义一次。

① 在学术界，argument 有时被称为实参（actual parameter），而 parameter 被称为形参（formal parameter）。

第 11 章

泛型库

到目前为止，我们关于模板的讨论主要集中在特定的特性、功能和约束上，以及考虑到的即时任务和应用程序（作为应用程序开发者会遇到的那些事）上。然而，模板在开发泛型库和框架方面非常高效。在这种情况下，我们的设计必须考虑到潜在的用途，而这些用途通常是不受限制的。虽然本书的所有内容都适用于这种设计，但在编写可移植组件时，还是需要考虑一般性问题，使得这些组件可以用于未知类型。

上述问题虽然不够全面，但也总结了前面内容中介绍的一些特性以及附加特性，并指涉了一些本书后续即将介绍的特性。

11.1 可调用对象

许多库都包含接口，客户端代码将“可调用”（callable）的实体传递给这些接口。示例包括一个必须在另一个线程中执行的操作、一个描述了如何将哈希值存储到哈希表的函数、一个描述了集合中元素排序方式的对象和一个提供了默认参数值的泛型包装器。标准库在这里也不例外：定义了许多接收这种可调用实体的组件。

这里的上下文涉及一个术语——回调（callback）。传统上，这个术语是为作为函数调用参数传递的实体所保留的（与模板实参相反），我们延续了这一做法。比如，sort 函数可能包括一个回调参数的“排序准则”，通过调用该参数决定是否按照要求的排序方式将一个元素置于另一个元素前。

C++的一些类型适用于回调，因为它们既可以作为函数的调用实参被传入，也可以按照 f(. . .)的形式直接被调用。

- 指涉函数类型的指针。
- 带有重载运算符()〔有时称为仿函数（functor）〕的类类型，包括 lambda 表达式。
- 带有转换函数的类类型，该转换函数返回一个指涉函数的指针或函数引用。这些类型称为函数对象类型（function object type），这样的类型的值称为函数对象（function object）。

C++标准库引入了更广泛的可调用类型（callable type）的概念，既可以是函数对象类型，也可以是指涉成员的指针。方便起见，可调用类型的对象被称为可调用对象（callable object）。

泛型代码通常能够接收任意类型的可调用对象，而模板使其成为可能。

11.1.1 函数对象的支持

接下来看一下标准库中的 for_each()的算法是如何实现的（为了避免命名冲突，这里使用自定义的名称“foreach”，为了简单，也将不返回任何值）：

basics/foreach.hpp

```
template<typename Iter, typename Callable>
void foreach (Iter current, Iter end, Callable op)
{
  while (current != end) {   //只要循环没有到达 end
  op(*current);              //对当前元素调用传入的函数对象
  ++current;                 //移步至下一个元素
  }
}
```

下面的示例演示了将上述模板应用于不同函数对象的情况：

basics/foreach.cpp

```
#include <iostream>
#include <vector>
#include "foreach.hpp"

//调用的函数
void func(int i)
{
  std::cout << "func() called for: " << i << '\n' ;
}

//函数对象类型（可以作为函数的对象）
class FuncObj {
  public:
    void operator() (int i) const {        //注意：常量成员函数
      std::cout << "FuncObj::op() called for: " << i << '\n' ;
    }
};

int main()
{
  std::vector<int> primes = { 2, 3, 5, 7, 11, 13, 17, 19 };
  foreach(primes.begin(), primes.end(), //范围
          func);                           //作为可调用对象的函数（退化为指针）

  foreach(primes.begin(), primes.end(), //范围
          &func);                          //函数指针作为可调用对象

  foreach(primes.begin(), primes.end(), //范围
          FuncObj());                      //函数对象作为可调用对象

  foreach(primes.begin(), primes.end(), //范围
          [] (int i) {                     //lambda 表达式作为可调用对象
            std::cout << "lambda called for: " << i << '\n' ;
          });
}
```

详细回顾一下示例中的各种情形。

- 当把函数名称作为函数参数传入时，真正传入的并不是函数本身，而是指涉函数的指针或者引用。同数组一样（请参阅 7.4 节），按值传递时，函数参数退化（decay）为指针。对于类型为模板形参的参数，将推导成指涉函数类型的指针。

同数组一样，按引用传递的函数不会发生退化。但是，实际上函数类型不能使用 const 修饰符约束。如果将 foreach()中的最后一个参数的类型声明为 Callable const&，const 修饰符将会被忽略。（总体来说，主流 C++代码中很少使用函数引用。）

- 第 2 个示例中，通过传入函数名称的地址，显式地使用了函数指针。这与第 1 个示例中的调用方式等价（第 1 个示例中的函数名称隐式退化为指针），但相对更清晰一些。
- 当传入仿函数时，传入的是类类型对象作为可调用对象。通常调用类类型相当于调用其 operator()。因此，以下调用

  ```
  op(*current);
  ```

  通常会转换为

  ```
  op.operator()(*current); //调用 op 的函数 operator()，参数为*current
  ```

  注意，当定义 operator()时，通常应该将其定义为常量成员函数。否则，当框架或库期望调用不会改变传入对象的状态时，可能会出现细微的错误消息（详细信息，请参阅 9.4 节）。

  类类型也可以隐式转换为指涉代理调用函数（surrogate call function）的指针或者引用（请参阅附录 C 的 C.3.5 节的讨论）。在这种情况下，如下调用

  ```
  op(*current);
  ```

  通常会转换为

  ```
  (op.operator F())(*current);
  ```

  其中，F 是由类类型对象转化成的指涉函数的指针类型或者指涉函数的引用类型。这很不寻常。
- lambda 表达式生成仿函数〔也称为闭包（closure）〕，这种情况与仿函数的情况相似。不过，lambda 表达式引入仿函数的方式更为简便，因此，从 C++11 开始，它们在 C++代码中很常见。

有意思的是，以[]开始的 lambda 表达式（没有捕获）会生成一个向函数指针转换的运算符，但是，却从来不会被当作代理调用函数，这是因为其匹配的情况总是比常规闭包的 operator()要差。

11.1.2　处理成员函数及额外的参数

在前面例子中没有使用过的一个实体是成员函数。这是因为调用一个非静态成员函数通常需要指定一个对象，使用像 object.memfunc(. . .)或 ptr->memfunc(. . .)这样的语法调用该对象，但这并不符合 function-object(. . .)的调用模式。

幸运的是，从 C++17 开始，C++标准库提供了一个实用工具 std::invoke()，该工具能方便地统一这种情况与常规函数的调用语法，从而可以使用同一种方式调用任意可调用对象。下面代码使用 std::invoke()实现 foreach()模板。

basics/foreachinvoke.hpp

```
#include <utility>
#include <functional>
```

```
template<typename Iter, typename Callable, typename... Args>
void foreach (Iter current, Iter end, Callable op, Args const&... args)
{
  while (current != end) {     //只要循环没有到达 end
    std::invoke(op,            //调用可调用对象和
                args...,       //任意额外的参数
                *current);     //与当前的元素
    ++current;
  }
}
```

这里除了可调用参数外，还接收了任意数量的附加参数。接着，foreach()模板调用std::invoke()，参数为指定调用对象、附加指定的参数和当前元素的引用。std::invoke()按照如下方式处理相关参数。

- 如果可调用对象是一个指涉成员函数的指针，它使用第 1 个附加参数作为 this 对象，剩余的所有附加参数作为参数传递给可调用对象。
- 否则，所有附加参数作为参数传递给可调用对象。

注意，不能在这里对可调用对象或附加参数使用完美转发（perfect forwarding）：第 1 次调用可能会“窃取”它们的值，导致在后续迭代中调用 op 时发生意外行为。

有了这个实现，就可以继续编译上述最初的 foreach()的调用。现在，还可以传递附加参数给可调用对象，并且可调用对象可以是一个成员函数。下面的客户端代码说明了这一点：

basics/foreachinvoke.cpp

```
#include <iostream>
#include <vector>
#include <string>
#include "foreachinvoke.hpp"

//带有一个将被调用的成员函数的类
class MyClass {
  public:
    void memfunc(int i) const {
    std::cout << "MyClass::memfunc() called for: " << i << '\n';
  }
};

int main()
{
  std::vector<int> primes = { 2, 3, 5, 7, 11, 13, 17, 19 };

  //传入 lambda 表达式作为可调用对象和附加参数
  foreach(primes.begin(), primes.end(),          //lambda 表达式的第 2 个参数的元素
          [](std::string const& prefix, int i) { //调用 lambda 表达式
            std::cout << prefix << i << '\n';
          },
          "- value: ");                          //lambda 表达式的第 1 个参数

  //为作为参数传入的 primes 的每个元素调用 obj.memfunc()
  MyClass obj;
  foreach(primes.begin(), primes.end(),          //作为参数的元素
          &MyClass::memfunc,                     //调用的成员函数
          obj);                                  //调用函数 memfunc()的对象 obj
}
```

第 1 次调用 foreach()时，将第 4 个参数（字符串字面量“-value:”）传递给 lambda 表达式作为第 1 个参数,并且将 vector 中的当前元素与 lambda 表达式中的第 2 个参数绑定。第 2 次调用 foreach()时，将成员函数 memfunc()作为第 3 个参数传入，该函数作为传入的第 4 个参数被 obj 调用。

关于可调用对象是否可以被 std::invoke()类型特征萃取，请参阅附录 D 的 D.3.1 节。

11.1.3 封装函数调用

std::invoke()的一个常见的应用是封装单个函数调用，比如，记录相关调用、测算持续时间或者准备上下文环境（如启动一个新线程）。现在，可以通过完美转发可调用对象和所有其他传入的参数来支持移动语义（move semantics），示例如下：

basics/invoke.hpp

```
#include <utility>     //为调用 std::invoke()
#include <functional> //为调用 std::forward()

template<typename Callable, typename... Args>
decltype(auto) call(Callable&& op, Args&&... args)
{
  return std::invoke(std::forward<Callable>(op),    //传入的可调用对象带有
                     std::forward<Args>(args)...); //任意附加参数
}
```

另一件有意思的事是如何处理被调用函数的返回值——可以通过完美转发返回给调用者。为了能够支持返回引用类型（如 std::ostream&），必须使用 decltype(auto)而不是 auto：

```
template<typename Callable, typename... Args>
decltype(auto) call(Callable&& op, Args&&... args)
```

decltype(auto)（从 C++14 开始可用）是一个占位符类型（placeholder type），它可以根据关联表达式的类型（如初始化器、返回值或模板实参）来确定变量的类型、返回类型或模板实参。相关详细信息，请参阅 15.10.3 节。

如果你想将 std::invoke()的返回值临时存储在变量中，以便在执行其他操作之后返回该变量（如为处理返回值或记录调用的结束），则必须将临时变量的类型声明为 decltype(auto)：

```
decltype(auto) ret{std::invoke(std::forward<Callable>(op),
                               std::forward<Args>(args)...)};
...
return ret;
```

注意，使用 auto&&来声明 ret 是不正确的。作为引用，auto&&延长了返回值的生命周期，直到作用域结束（请参阅 11.3 节），但不会超出该函数调用者的 return 语句。

然而，使用 decltype(auto)也存在一个问题：如果调用对象返回 void 类型，则将 ret 初始化为 decltype(auto)是不可以的，因为 void 是非完整类型。但有以下几种选择。

- 在当前行语句前声明一个对象，并在其析构函数中实现期望的行为。比如[①]：

```
struct cleanup {
  ~cleanup() {
  ... //返回时执行的代码
```

① 感谢 Daniel Krügler 指正。

```
  }
} dummy;
return std::invoke(std::forward<Callable>(op),
                   std::forward<Args>(args)...);
```

➢ 实现 void 和非 void 的不同情况：

basics/invokeret.hpp

```
#include <utility>      //为调用 std::invoke()
#include <functional>   //为调用 std::forward()
#include <type_traits> //为调用 std::is_same<> 和 invoke_result<>

template<typename Callable, typename... Args>
decltype(auto) call(Callable&& op, Args&&... args)
{
  if constexpr(std::is_same_v<std::invoke_result_t<Callable, Args...>,
                             void>) {
    //返回类型是 void
    std::invoke(std::forward<Callable>(op),
                std::forward<Args>(args)...);
    ...
    return;
  }
  else {
    //返回类型不是 void
    decltype(auto) ret{std::invoke(std::forward<Callable>(op),
                                   std::forward<Args>(args)...)};
    ...
    return ret;
  }
}
```

对于

```
if constexpr(std::is_same_v<std::invoke_result_t<Callable, Args...>, void>)
```

我们可以通过在编译期调用可调用对象和 Args...来测试返回类型是否为 void。关于 std::invoke_result<>[1]的详细信息，请参阅附录 D 的 D.3.1 节。

未来的 C++版本中可能会避免对 void 的特殊处理（请参阅 17.7 节）。

11.2 实现泛型库的其他工具

std::invoke()是由 C++标准库提供的、用于实现泛型库的众多有用工具中的一个。接下来，本书将会介绍其他一些重要的工具。

11.2.1 类型特征

标准库提供了各种称为类型特征的实用工具。该实用工具允许开发者计算和修改类型。这样，

① 从 C++17 起，std::invoke_result<> 可用。从 C++11 开始，可以调用 typename std::result_of<Callable(Args...)>::type 获得返回类型。

就能在各种情况下支持泛型代码必须适配其实例化的类型的功能或对其做出反应。示例如下：

```
#include <type_traits>

template<typename T>
class C
{
  //确保 T 不是 void 类型（忽略 const 或 volatile）
  static_assert(!std::is_same_v<std::remove_cv_t<T>,void>,
                "invalid instantiation of class C for void type");
 public:
  template<typename V>
  void f(V&& v) {
    if constexpr(std::is_reference_v<T>) {
    ... //特殊代码，如果 T 是引用类型
    }
    if constexpr(std::is_convertible_v<std::decay_t<V>,T>) {
      ... //特殊代码，如果 V 可以转换成 T
    }
    if constexpr(std::has_virtual_destructor_v<V>) {
      ... //特殊代码，如果 V 包含虚析构函数（virtual destructor）
    }
  }
};
```

正如示例所演示的，通过检查某些条件，可以在模板的不同实现中进行选择。这里可以使用编译期的 if 特性，该特性从 C++17 开始可用（请参阅 8.5 节），也可以使用 std::enable_if<>、偏特化或者 SFINAE 来启用或禁用帮助模板（更多详细信息，请参阅第 8 章）。

但是，请注意，使用类型特征时必须非常小心：代码的实际行为与（天真的）开发者的设想可能天差地别。示例如下：

```
std::remove_const_t<int const&>        //返回 int const&
```

这里，因为引用不是常量（虽然无法修改它），所以此调用没有生效，并且返回传入的类型。

因此，移除引用和 const 的顺序很重要：

```
std::remove_const_t<std::remove_reference_t<int const&>> //int
std::remove_reference_t<std::remove_const_t<int const&>> //int const
```

可以如下直接调用：

```
std::decay_t<int const&>               //返回 int
```

但也可以将原始数组和函数转换为相应的指针类型。

当然，一些类型特征的情况是有要求的。不满足这些要求将会导致未定义的行为（undefined behavior）[①]。示例如下：

```
make_unsigned_t<int>                   //unsigned int
make_unsigned_t<int const&>            //未定义的行为（希望是错误）
```

① 制定 C++17 时曾有人提议，对于违反类型特征先决条件的情况，必须总是产生编译期错误。但是，因为一些类型特征有过度约束的要求（比如总是需要完整类型），所以这个更改被推迟了。

有时，结果可能会让人感到意外。示例如下：

```
add_rvalue_reference_t<int>          //int&&
add_rvalue_reference_t<int const>    //int const&&
add_rvalue_reference_t<int const&>   //int const& （左值引用保持不变）
```

此处可能认为 add_rvalue_reference 总是返回右值引用（rvalue reference），但是 C++中的引用折叠规则（reference collapsing rule，请参阅 15.6.1 节）使得左值引用和右值引用的组合最终生成左值引用。

另一个示例如下：

```
is_copy_assignable_v<int>       //返回 true（通常，可以使用一个 int 类型的数据给另一个 int
                                //类型的数据赋值）
is_assignable_v<int,int>        //返回 false（无法调用 42 = 42）
```

is_copy_assignable 通常只会检查是否可以将一个 int 类型的数据赋值给另一个 int 类型的数据（检查左值的相关操作）。而 is_assignable（请参阅附录 B）则会考虑值类别（value category），检查能否将一个纯右值（prvalue）赋值给另外一个纯右值。也就是说，第 1 个表达式等同于

```
is_assignable_v<int&,int&>      //返回 true
```

出于同样原因：

```
is_swappable_v<int>              //返回 true（假设左值）
is_swappable_v<int&,int&>        //返回 true（等同于前一个检查）
is_swappable_with_v<int,int>     //返回 false（考虑值类别）
```

综上，请格外注意类型特征的精确定义。本书附录 D 将详细介绍相关规则和定义。

11.2.2 std::addressof()

std::addressof<>()函数模板返回一个对象或函数的实际地址。即使一个对象重载了运算符&，也可以工作。尽管后者比较少见，但也可能发生（比如在智能指针中）。因此，如果需要获取任意类型对象的地址，建议使用 addressof()：

```
template<typename T>
void f (T&& x)
{
  auto p = &x;                    //可能因为重载运算符&而失败
  auto q = std::addressof(x);     //即使重载运算符&，也可以工作
  ...
}
```

11.2.3 std::declval()

std::declval<>()函数模板可以用作特定类型对象的引用的占位符。因为该函数模板没有定义，所以不能被调用（也不能创建对象）。因此，该函数模板只能用于未评估的操作数（unevaluated operand），比如 decltype 和 sizeof 构造的操作数。也因此，其可以在不创建对象的情况下，假设有相应类型的可用对象。

比如在下面的示例中，根据传入的模板形参 T1 和 T2 推导出默认的返回类型 RT：

basics/maxdefaultdeclval.hpp

```
#include <utility>

template<typename T1, typename T2,
         typename RT = std::decay_t<decltype(true ? std::declval<T1>()
                                                  : std::declval<T2>())>>
RT max (T1 a, T2 b)
{
  return b < a ? a : b;
}
```

为了避免在表达式中调用运算符?:来初始化 RT，必须调用 T1 和 T2 的（默认）构造函数，于是使用了 std::declval()，这样就可以在不创建对应类型的对象的情况下只“使用”T1 和 T2 的构造函数。不过，该方式只在 decltype 的未评估的上下文中才可行。

不要忘了使用 std::decay<>的类型特征来确保默认的返回类型不是引用，因为 std::declval() 本身返回的是右值引用。否则，类似 max(1,2)这样的调用将得到 int&&[①]的返回类型。相关详细信息，请参阅 19.3.4 节。

11.3 完美转发临时变量

正如 6.1 节介绍的那样，可以使用转发引用（forwarding reference）和 std::forward<>来完美转发泛型参数：

```
template<typename T>
void f (T&& t)                //t 是转发引用
{
  g(std::forward<T>(t));   //为函数 g()完美转发而传入的参数 t
}
```

但有些时候，泛型代码需要完美转发一些并不是通过参数传入的数据。在这种情况下，可以使用 auto&&来创建一个可以被转发的变量。比如，假设依次调用函数 get()和 set()时，需要将 get()的返回值完美转发给 set()：

```
template<typename T>
void foo(T x)
{
  set(get(x));
}
```

假设以后需要更新代码，以便对 get()生成的中间值执行某些操作。为此，可以将 get()的返回值保存在一个声明为 auto&&的变量中：

```
template<typename T>
void foo(T x)
{
  auto&& val = get(x);
  ...
  //将 get()的返回值完美转发给 set()
```

① 感谢 Dietmar Kühl 指正。

```
  set(std::forward<decltype(val)>(val));
}
```

这样可以避免对中间值执行多余拷贝。

11.4 作为模板参数的引用

虽然并不常见，但是模板参数确实可以是引用。示例如下：

basics/tmplparamref.cpp

```
#include <iostream>

template<typename T>
void tmplParamIsReference(T) {
  std::cout << "T is reference: " << std::is_reference_v<T> << '\n';
}

int main()
{
  std::cout << std::boolalpha;
  int i;
  int& r = i;
  tmplParamIsReference(i);            //false
  tmplParamIsReference(r);            //false
  tmplParamIsReference<int&>(i);      //true
  tmplParamIsReference<int&>(r);      //true
}
```

即使传递给 tmplParamIsReference()的参数是一个引用变量，模板形参 T 依然会被推导为被引用的类型（因为对引用变量 v 来说，表达式 v 的类型是被引用的类型；表达式的类型永远不可能是引用类型）。但是，可以通过显式指定 T 的类型来将其强制转换为引用类型：

```
tmplParamIsReference<int&>(r);
tmplParamIsReference<int&>(i);
```

这样做可以从根本上改变模板的行为（很可能在模板设计时没有考虑到这种可能性），从而引发错误或者不可预知的行为。考虑如下示例：

basics/referror1.cpp

```
template<typename T, T Z = T{}>
class RefMem {
  private:
    T zero;
  public:
    RefMem() : zero{Z} {
    }
};

int null = 0;

int main()
{
    RefMem<int> rm1, rm2;
```

```
    rm1 = rm2;              //正确

    RefMem<int&> rm3;       //错误：N的无效默认值
    RefMem<int&, 0> rm4;    //错误：N的无效默认值

    extern int null;
    RefMem<int&,null> rm5, rm6;
    rm5 = rm6;              //错误:由于是引用成员，删除运算符=
}
```

这里有一个带有模板参数类型T的成员的类，该类使用一个默认值为0的非类型模板形参Z进行初始化。使用int类型实例化该类会获得预期行为。但是，当试图使用引用来实例化它时，事情就变得棘手了。

- 默认初始化不再工作。
- 不能传入0作为int类型的初始化器。
- 可能最让人意外的是，因为带有非静态引用成员的类删除了默认赋值运算符，所以赋值运算符失效。

另外，使用引用类型作为非类型模板参数的方式是很棘手的，而且可能很危险。考虑如下示例：

basics/referror2.cpp

```
#include <vector>
#include <iostream>

template<typename T, int& SZ>      //注意：SZ是引用类型
class Arr {
  private:
    std::vector<T> elems;
  public:
    Arr() : elems(SZ) {            //使用SZ作为初始vector的大小
    }
    void print() const {
      for (int i=0; i<SZ; ++i) {   //循环遍历elems中的SZ个元素
        std::cout << elems[i] << ' ';
      }
    }
};

int size = 10;

int main()
{
  Arr<int&,size> y; //编译期错误根植于类std::vector<>的代码深处

  Arr<int,size> x;  //初始化带有10个元素的vector
  x.print();        //正确
  size += 100;      //修改Arr<>中SZ的值
  x.print();        //运行期错误：非法内存访问——循环遍历120个元素
}
```

其中，试图将Arr中的元素实例化为引用类型会引发类std::vector<>代码深处的错误，因为其元素不能被实例化为引用类型。

错误通常会导致9.4节中介绍的错误信息，编译器提供了整个模板实例化的过程：从模

板开始实例化的地方一直到模板实际定义中检测到错误的地方。

可能更糟的是，将引用用于参数 size 所导致的运行期错误：此行为允许在容器不知情的情况下改变容器中保存的 size 值（比如 size 值可能因此变得非法）。因此，任何使用 size 的操作（比如 print()成员函数）很可能会导致未定义的行为（导致程序崩溃，甚至更糟）：

```
int size = 10;
...
Arr<int,size> x;    //初始化带有 10 个元素的 vector
size += 100;        //修改 Arr<>中 SZ 的值
x.print();          //运行期错误：非法内存访问——循环遍历 120 个元素
```

注意，将模板参数 SZ 修改为类型 int const&不会报同样的错误，这是因为 size 本身是可修改的。

虽然这个例子有点牵强附会，但是在更复杂的情况下，确实会出现这样的问题。同样地，在 C++17 中可以推导出非类型形参，示例如下：

```
template<typename T, decltype(auto) SZ>
class Arr;
```

由于使用 decltype(auto)可以很容易地得到引用类型，因此在这一类的上下文（默认使用 auto）中应该尽量避免使用 auto。相关详细信息，请参阅 15.10.3 节。

出于这个原因，C++标准库有时会有令人惊讶的规范和约束，具体如下。

- 尽管模板参数被实例化为引用类型，但为了能正常使用赋值运算符，相比使用默认行为，类 std::pair<> 和 std::tuple<>很好地实现了赋值运算符。示例如下：

```
namespace std {
  template<typename T1, typename T2>
  struct pair {
    T1 first;
    T2 second;
    ...
    //默认拷贝/移动构造函数正常（参数是引用类型）
    pair(pair const&) = default;
    pair(pair&&) = default;
    ...
    //但是必须将赋值运算符（参数是引用类型）定义为可用
    pair& operator=(pair const& p);
    pair& operator=(pair&& p) noexcept(...);
    ...
  };
}
```

- 由于可能存在的副作用的复杂性，在 C++17 标准库中，使用引用类型来实例化类模板 std::optional<>和 std::variant<>一直是非正式的（至少在 C++17 中是这样的）。

为了禁止使用引用类型进行实例化，一个简单的 static_assert 就够了：

```
template<typename T>
class optional
{
  static_assert(!std::is_reference<T>::value,
                "Invalid instantiation of optional<T> for references");
```

```
   ...
};
```

一般来说，引用类型与其他类型不太一样，并且遵循一些特有的语言规则。比如，这会影响调用参数的声明（请参阅第 7 章）和类型特征的定义（请参阅 19.6.1 节）。

11.5 推迟估算

在实现模板时，有时会出现这样的问题：代码是否可以处理非完整类型（请参阅 10.3.1 节）。考虑以下类模板：

```
template<typename T>
class Cont {
  private:
    T* elems;
  public:
    ...
};
```

到目前为止，这个类模板可以用于非完整类型。这很有用，比如，对于拥有引用其自身类型的元素的类：

```
struct Node
{
   std::string value;
   Cont<Node> next;     //仅当 Cont 接收非完整类型时有效
};
```

然而，如果使用了某些类型特征，可能再也不能将其用于处理非完整类型。示例如下：

```
template<typename T>
class Cont {
  private:
    T* elems;
  public:
    ...
    typename std::conditional<std::is_move_constructible<T>::value,
                              T&&,
                              T&
                             >::type
    foo();
};
```

这里，使用类型特征 std::conditional（请参阅附录 D 的 D.5 节）来决定成员函数 foo()的返回类型是 T&&还是 T&。这个决定取决于模板参数的类型 T 是否支持移动语义。

问题是类型特征 std::is_move_constructible 要求参数是完整类型的（并且不是 void 类型或未知边界的数组，请参阅附录 D 的 D.3.2 节）。因此，如果使用 foo()的声明，struct node 的声明将会失败[①]。

① 如果 std::is_move_constructible 的参数不是非完整类型，并不是所有的编译器都会产生错误。这是允许的，因为对于此类错误，不需要诊断。因此，这至少是一个可移植性问题。

可以通过使用成员模板替换 foo()来解决这个问题，这样就可以将 std::is_move_constructible 的计算推迟到 foo()的实例化阶段：

```
template<typename T>
class Cont {
  private:
    T* elems;
  public:
    template<typename D = T>
    typename std::conditional<std::is_move_constructible<D>::value,
                              T&&,
                              T&
                             >::type
    foo();
};
```

现在，类型特征取决于模板参数 D（默认为 T），编译器必须等待 foo()被调用为具体类型（比如 Node）后，再对类型特征部分进行计算（那时 Node 是一个完整类型，其只在被定义时是非完整类型）。

11.6 关于泛型库的思考

下面列出了一些在实现泛型库时需要记住的事情（注意，其中一些可能会在本书后续介绍）。

- 使用转发引用来转发模板中的值（请参阅 6.1 节）。如果这些值不依赖于模板参数，请使用 auto&&（请参阅 11.3 节）。
- 当参数被声明为转发引用时，模板参数在传递左值时应具有引用类型（请参阅 15.6.2 节）。
- 当需要依赖模板参数的对象的地址时，请使用 std::addressof()，以避免绑定具有重载运算符&的类型时出现意外（请参阅 11.2.2 节）。
- 对于成员函数模板，请确保预定义的拷贝/移动构造函数或赋值运算符要比其本身匹配得更好（请参阅 6.4 节）。
- 当模板参数可能是字符串字面值，并且不通过值传递时，考虑使用 std::decay<>（请参阅 7.4 节和附录 D 的 D.4 节）。
- 当根据模板参数使用参数 out 或 inout 时，请准备好处理可能指定常量模板参数的情况（请参阅 7.2.2 节）。
- 准备好处理引用类型的模板参数带来的副作用（详细信息请参阅 11.4 节和 19.6.1 节的示例）。尤其是，希望能够确保返回的不是引用类型（请参阅 7.5 节）。
- 准备好处理非完整类型，以支持递归数据结构等（请参阅 11.5 节）。
- 重载所有的数组类型，而不仅仅是 T[SZ]（请参阅 5.4 节）。

11.7 小结

- 模板允许将函数、函数指针、函数对象、仿函数和 lambda 表达式作为可调用对象进行传递。
- 使用定义带有重载 operator()的类时，应将其声明为 const（除非调用改变其状态）。

- 使用 std::invoke()，可以实现处理所有可调用对象的代码（包括成员函数）。
- 使用 decltype(auto)可以完美转发返回值。
- 类型特征是用于检查类型的属性和功能的类型函数。
- 当需要模板中对象的地址时，请使用 std::addressof()。
- 使用 std::declval()在未求值的表达式中创建特定类型的值。
- 如果对象的类型不依赖于模板参数，在泛型代码中，可以使用 auto&&完美转发该对象。
- 准备好处理引用类型的模板参数带来的副作用。
- 使用模板来延迟表达式的求值（比如在类模板中使用非完整类型）。

第二部分

深入模板

本书的第一部分介绍了大多数关于 C++模板基础的语言概念，这足以帮助读者应对日常 C++编码工作中可能出现的大多数问题。本书的第二部分将提供一份参考，可以回答读者在利用该语言规范以实现某些高级软件效果时出现的更不寻常的问题。如果需要，读者可以在第 1 次阅读本书时跳过这一部分，并根据后续章节的参考资料查看特定的主题。

本书的目标是概念清晰和完整，但同时保持讨论简明扼要。为此，本书的示例都很简短，还有些“做作”，但这也确保了不会从当前的主题中偏离，从而转向不相关的主题。

此外，本书还将研究 C++中模板语言特性未来可能发生的变化和扩展。

这一部分讨论的主题包括：

- 基本模板声明的问题；
- 模板中名称的含义；
- C++模板实例化的机制；
- 模板实参推导规则；
- 特化和重载；
- 未来的可能性。

第 12 章

深入模板基础

本章将深入回顾本书第一部分介绍的一些基础知识：模板的声明、模板形参的约束、模板实参的约束等。

12.1 参数化的声明

C++目前支持 4 种基本模板：类模板、函数模板、变量模板和别名模板。这些模板中的每一种都可以出现在命名空间作用域（namespace scope）中，也可以出现在类作用域（class scope）中。在类作用域中，它们是嵌套类模板、成员函数模板、静态数据成员模板和成员别名模板。这些模板的声明与常规类、函数、变量和类型别名（或其他的类成员）非常相似，区别在于是否通过参数化子句（parameterization clause）的形式引入：

```
template<parameters here>
```

注意，C++17 引入了一个结构，它是由参数化子句引入的——推导指引(deduction guide)，请参阅 2.9 节和 15.12.1 节。在本书中我们不会称它为模板（比如，它没有被实例化），但是从语法的选择上会让人联想起函数模板。

第 13 章将重新讨论实际的模板参数声明。首先，一些示例将会用于介绍这 4 种模板。它们可以出现在命名空间作用域（全局或某个命名空间作用域）中，示例如下：

details/definitions1.hpp

```
template<typename T>          //类模板的命名空间
class Data {
  public:
    static constexpr bool copyable = true;
    ...
};

template<typename T>          //函数模板的命名空间
void log (T x) {
    ...
}

template<typename T>          //变量模板的命名空间（从 C++14 开始）
T zero = 0;

template<typename T>          //变量模板的命名空间（从 C++14 开始）
bool dataCopyable = Data<T>::copyable;

template<typename T>          //别名模板的命名空间
```

```
using DataList = Data<T*>;
```

注意，在本例中，静态数据成员 Data<T>::copyable 不是变量模板，尽管它是通过类模板数据的参数化来间接参数化的。但是，变量模板是可以出现在类作用域中的（下一个示例将会介绍），在这种情况下，它是一个静态数据成员模板。

以下示例演示了定义在父类中，并作为类成员的 4 种模板：

details/definitions2.hpp

```
class Collection {
  public:
    template<typename T>      //类内部成员类模板的定义
    class Node {
        ...
    };

    template<typename T>      //类内部（隐式内联）
    T* alloc() {              //成员函数模板的定义
        ...
    }

    template<typename T>      //成员变量模板（从 C++14 开始）
     static T zero = 0;

    template<typename T>      //成员别名模板
     using NodePtr = Node<T>*;
};
```

注意，在 C++17 中，变量（包括静态数据成员）和变量模板可以是“内联的”，这意味着它们的定义可以在不同编译单元之间重复。这对于变量模板来说是冗余的，变量模板总是可以在多个编译单元中定义。然而，与成员函数不同的是，在变量模板的封闭类中定义的静态数据成员不会内联：在所有情况下都必须指定关键字 inline。

以下代码演示了如何在类外定义成员模板。该模板是非别名模板：

details/definitions3.hpp

```
template<typename T>            //类模板的命名空间
class List {
  public:
    List() = default;           //因为已定义构造函数模板

    template<typename U>        //另一个成员类模板
     class Handle;              //无定义（仅声明）

    template<typename U>        //成员函数模板
     List (List<U> const&);     //（构造函数）

    template<typename U>        //成员变量模板（从 C++14 开始）
     static U zero;
};

template<typename T>            //类外部成员类模板的定义
 template<typename U>
class List<T>::Handle {
    ...
};
```

```
template<typename T>          //类外部成员函数模板的定义
 template<typename T2>
List<T>::List (List<T2> const& b)
{
    ...
}

template<typename T>          //类外部静态数据成员模板的定义
 template<typename U>
U List<T>::zero = 0;
```

定义在类外部的成员模板可能需要多个 template<...>参数化子句：用于每个外部的类模板以及成员模板本身。子句从最外层的类模板开始列出。

注意，构造函数模板（一种特殊的成员函数模板）禁止隐式声明默认构造函数（只有当其他构造函数没有声明时，才会隐式声明）。添加一个默认声明如下：

```
List() = default;
```

确保 List 的实例可以使用隐式声明的构造函数的语义进行默认构造。

1. 联合模板

联合模板（union template）也是可行的（可以将它看作一种类模板）。

```
template<typename T>
union AllocChunk {
    T object;
    unsigned char bytes[sizeof(T)];
};
```

2. 默认调用实参

函数模板的声明和普通函数的声明一样，有默认的调用实参。

```
template<typename T>
void report_top (Stack<T> const&, int number = 10);

template<typename T>
void fill (Array<T>&, T const& = T{});  //对于内置类型，T{}为空
```

后者的声明表明，默认的调用实参依赖于模板形参。也可以将其定义如下（在 C++11 之前，这是唯一可行的方法，请参阅 5.2 节）：

```
template<typename T>
void fill (Array<T>&, T const& = T()); //对于内置类型，T()为空
```

当调用函数 fill()时，如果提供第 2 个函数调用参数，则不会实例化默认实参。这可以确保当不能实例化默认调用实参为特定类型 T 时，不会产生错误。示例如下：

```
class Value {
  public:
    explicit Value(int); //无默认构造函数
};
```

```
void init (Array<Value>& array)
{
    Value zero(0);

    fill(array, zero); //正确：不会调用默认构造函数
    fill(array);       //错误：未定义默认构造函数（Value 在默认调用实参初始化时被使用）
}
```

3. 类模板中的非模板成员

除了在类内部声明 4 种基本类型的模板之外，还可以通过成为类模板的一部分来参数化普通类中的成员。它们偶尔（错误地）被视为成员模板。尽管可以被参数化，但这样的定义并不是第一级（first-class）的模板。它们的参数完全由所隶属的模板决定。示例如下：

```
template<int I>
class CupBoard
{
    class Shelf;                   //类模板中的普通类
    void open();                   //类模板中的普通函数
    enum Wood : unsigned char;     //类模板中的普通枚举类型
    static double totalWeight;     //类模板中的普通静态数据成员
};
```

相关的定义仅为父类模板指定一个参数化子句，但没有为成员本身指定，因为它不是一个模板（也就是说，没有参数化子句与最后一个出现在::之后的名称相关联）：

```
template<int I>          //类模板中普通类的定义
class CupBoard<I>::Shelf {
    ...
};

template<int I>          //类模板中普通函数的定义
void CupBoard<I>::open()
{
    ...
}

template<int I>          //类模板中普通枚举类型的定义
enum CupBoard<I>::Wood {
    Maple, Cherry, Oak
};

template<int I>          //类模板中普通静态数据成员的定义
double CupBoard<I>::totalWeight = 0.0;
```

从 C++17 开始，可以使用 inline 关键字在类模板内初始化静态成员 totalWeight：

```
template<int I>
class CupBoard
    ...
    inline static double totalWeight = 0.0;
};
```

尽管这种参数化定义的实体通常称为模板（template），但这个术语并不完全适用于它们。

针对这些实体，建议使用术语 temploid。从 C++17 开始，C++标准定义了模板实体（template entity）的概念，其中包括模板和 temploid，以及在模板实体中递归地定义或创建任何实体的方法，比如，类模板中定义的友元函数（请参阅 2.4 节）或者模板中出现的 lambda 表达式中的闭包类型。到目前为止，无论是 temploid 还是模板实体都没有得到程序员广泛认同，但它们可能是将来精确交流 C++模板的不错术语。

12.1.1 虚成员函数

成员函数模板不能被声明为虚函数。施加这个约束是因为虚函数调用机制的普遍实现会使用一个固定大小的表，其中每个条目对应一个虚函数入口。然而，成员函数模板的实例个数在整个程序被编译之前是不固定的。因此，支持虚成员函数模板需要在 C++编译器和链接器中支持一种全新的机制。

相反，类模板中的普通成员可以是虚函数，因为当类被实例化后，它们的个数是固定的：

```
template<typename T>
class Dynamic {
  public:
    virtual ~Dynamic();  //正确：一个 Dynamic<T>的实例对应一个析构函数

    template<typename T2>
    virtual void copy (T2 const&);
                          //错误：在给定 Dynamic<T>的实例的情况下 copy()的实例数目未知
};
```

12.1.2 模板的链接

每个模板都必须有一个名称，并且在其隶属的作用域下，该名称必须是唯一的，除了函数模板可以被重载（请参阅第 16 章）之外。需要特别注意的是，类模板不能与其他类型的实体共享同一个名称，这一点与类类型是不同的：

```
int C;
...
class C;     //正确：类名称和非类的名称位于不同的“名称空间”

int X;
...
template<typename T>
class X;     //错误：名称与变量 X 冲突
struct S;
...
template<typename T>
class S;     //错误：名称与结构体 S 冲突
```

模板名称是需要链接的，但不能使用 C 语言的链接方式。非标准链接可能具有依赖于相关实现的含义（但是，无从知晓哪个编译器的实现支持模板的非标准链接）：

```
extern "C++" template<typename T>
void normal();               //默认情况：链接规范可以省略不写
```

```
extern "C" template<typename T>
void invalid();              //错误：模板不能使用 C 语言的链接方式

extern "Java" template<typename T>
void javaLink();             //非标准的，但某些编译器将来可能支持与
                             //Java 语言泛型兼容的链接
```

模板通常具有外部链接。唯一的例外是带有 static 修饰符的命名空间作用域的函数模板、匿名命名空间（unnamed namespace）中的直接或间接成员（具有内部链接）的模板，以及匿名类（unnamed class）中的成员模板（无链接）。示例如下：

```
template<typename T>        //作为一个声明，引用位于其他文件中具有相同名称（和作用域）的实体
void external();            //即外部链接

template<typename T>        //与其他文件中具有相同名称的模板没有关系
static void internal();     //即非外部链接

template<typename T>        //之前声明的再次声明
static void internal();

namespace {
  template<typename>        //同样，与其他文件中具有相同名称的模板没有关系
  void otherInternal();     //即使在匿名命名空间中出现类似的模板
}                           //即非外部链接

namespace {
  template<typename>        //之前声明的再次声明
  void otherInternal();
}

struct {
  template<typename T> void f(T) {} //没有链接：不能重复声明
} x;
```

注意，最后一个成员模板没有链接，由于没有办法在类外部提供定义，因此它必须在未命名的类中定义。

目前模板不能在函数作用域或局部类作用域中声明，但是泛型 lambda 表达式（请参阅 15.10.6 节）具有包含成员函数模板的关联闭包类型（associated closure type），可以出现在局部类作用域中，这实际上意味着一种局部的成员函数模板。

模板实例的链接就是模板的链接。比如，根据上面声明的模板 internal()实例化的函数 internal<void>()将具有内部链接。在使用变量模板的情况下，这将会产生一个有趣的结果。示例如下：

```
template<typename T> T zero = T{};
```

zero 的所有实例化都具有外部链接，甚至包括 zero<int const>。但这可能会违反直觉，比如

```
int const zero_int = int{};
```

具有内部链接，因为声明为 const 类型。类似地，模板的所有实例化

```
template<typename T> int const max_volume = 11;
```

具有外部链接，尽管所有这些实例化同样具有 int const 类型。

12.1.3 主模板

模板的普通声明用于声明主模板。这类模板的声明不需要在模板名称后的角括号中添加模板实参：

```
template<typename T> class Box;                  //正确：主模板
template<typename T> class Box<T>;               //错误：没有特化

template<typename T> void translate(T);          //正确：主模板
template<typename T> void translate<T>(T);       //错误：函数不允许

template<typename T> constexpr T zero = T{};     //正确：主模板
template<typename T> constexpr T zero<T> = T{}; //错误：没有特化
```

非主模板在声明类或变量模板的偏特化时出现，这些将在第 16 章中讨论。函数模板必须始终是主模板（请参阅 17.3 节中关于未来可能的语言变化的讨论）。

12.2 模板参数

基本类型的模板参数有如下 3 种：

- 类型参数（目前比较常见）；
- 非类型参数；
- 模板的模板参数。

这些基本类型的模板参数都可以作为模板参数包的基础（请参阅 12.2.4 节）。

模板参数是在模板声明的介绍性参数化子句中声明的。[①]这样的声明不一定要命名为：

```
template<typename, int>
class X;          //X<> 被类型和整型参数化
```

当然，如果后续在模板中指涉该参数，则需要参数名。还要注意的是，可以在后面的形参声明中（但不能在其之前）指涉该模板形参的名称：

```
template<typename T,                   //在第 2 个参数和第 3 个参数的声明中
         T Root,                       //都使用第 1 个参数 T
         template<T> class Buf>
class Structure;
```

12.2.1 类型参数

类型参数通过关键字 typename 或关键字 class 引入：两者完全等价。[②]关键字后必须是一个简单的标识符，该标识符后的逗号（,）表示下一个参数声明的开始，后面闭合的角括号（>）

① C++14 标准中有一个异常，因为 C++14 中的泛型 lambda 表达式是隐式的模板类型参数，请参阅 15.10.6 节。

② 关键字 class 并不意味着替换参数应该是类类型，它可以是任何的可访问类型。

表示参数化子句的结束，或使用等号（=）来表示一个默认模板实参的开始。

在模板声明中，类型参数的作用类似于类型别名（请参阅 2.8 节）。比如，当 T 是模板参数时，即使用类类型替换 T，也不能使用形式为 class T 的修饰名称：

```
template<typename Allocator>
class List {
    class Allocator* allocptr;      //错误：使用了“Allocator* allocptr”
    friend class Allocator;         //错误：使用了“friend class Allocator”
    ...
};
```

12.2.2 非类型参数

非类型模板参数标识的是在编译期或链接期确定的常量值。[1]这样的参数的类型（换句话说，这些常量值的类型）必须是下面的一种：

- 整型或枚举类型；
- 指针类型[2]；
- 指涉成员的指针类型；
- 左值引用类型（指涉对象和指涉函数的引用都是允许的）；
- std::nullptr_t;
- 包含 auto 或者 decltype(auto)的类型（仅从 C++17 开始，请参阅 15.10.1 节）。

所有其他类型目前都被排除在外（虽然将来可能会添加浮点类型，请参阅 17.2 节）。

也许你会惊讶，在某些情况下，非类型模板参数的声明也可以用关键字 typename 作为前缀：

```
template<typename T,                          //类型参数
         typename T::Allocator* Allocator>   //非类型参数
class List;
```

或者用关键字 class 作为前缀：

```
template<class X*>                           //指针类型的非类型参数
class Y;
```

这两种情况很容易区分：第 1 种情况 typename 后面跟着一个简单的标识符，然后是一小组标识符（“=”表示默认实参，“,”表示后面跟着另一个模板形参，或者以>结束模板形参列表）。5.1 节和 13.3.2 节解释在第 1 个非类型形参中使用关键字 typename 的必要性。

函数类型和数组类型也可以指定为非类型参数，但要把它们隐式地转换为退化后所对应的指针类型：

```
template<int buf[5]> class Lexer;        //buf 是真正的 int*类型
template<int* buf> class Lexer;          //正确：再次声明

template<int fun()> struct FuncWrap;     //fun()有指涉函数类型的指针
```

① 模板的模板参数不表示类型，但是也不同于非类型参数。这种奇怪的现象由来已久：模板的模板参数是在类型参数和非类型参数之后添加到 C++语言中的。

② 编写本书时，仅允许使用“指向对象的指针”和“指向函数的指针”的类型，其中不包括类似 void *的类型。但是，所有的编译器似乎也都接受 void *。

```
template<int (*)()> struct FuncWrap;     //正确：再次声明
```

非类型模板参数的声明与变量声明相似，但不能有 static、mutable 等非类型修饰符；可以有限定符 const 和 volatile。但如果这样的限定符出现在参数类型的最外层，则会被编译器忽略：

```
template<int const length> class Buffer;  //限定符 const 在这里不起作用
template<int length> class Buffer;        //与上面的声明效果等同
```

最后，非引用的非类型参数在表达式中使用时始终是纯右值[1]。它们不能被取址，也不能被赋值。另外，左值引用类型的非类型参数可用于表示左值：

```
template<int& Counter>
struct LocalIncrement {
  LocalIncrement() { Counter = Counter + 1; }    //正确：指涉一个整数
  ~LocalIncrement() { Counter = Counter - 1; }
};
```

不允许使用右值引用。

12.2.3 模板的模板参数

模板的模板参数是类模板或别名模板的占位符。其声明很像类模板，但不能使用关键字 struct 和 union：

```
template<template<typename X> class C>     //正确
void f(C<int>* p);

template<template<typename X> struct C>    //错误：此处结构体非法
void f(C<int>* p);

template<template<typename X> union C>     //错误：此处联合非法
void f(C<int>* p);
```

C++17 允许使用 typename 替代 class：这种改变是由于模板的模板参数不仅可以被类模板替代，也可以被别名模板（它实例化为任意类型）替代。因此，在 C++17 中，上面的示例可以改写为

```
template<template<typename X> typename C>     //正确（从 C++17 开始）
void f(C<int>* p);
```

在模板的模板参数的声明范围内，使用模板的模板参数就像使用类模板或别名模板一样。

模板的模板参数的形参可以有默认的实参。当没有指定模板的模板参数的相应的形参时，将应用这些默认的实参：

```
template<template<typename T,
                  typename A = MyAllocator> class Container>
class Adaptation {
    Container<int> storage; //隐式等价于 Container<int,MyAllocator>
```

① 有关值类别（如右值和左值）的讨论，请参阅附录 B。

```
    ...
};
```

T 和 A 是模板的模板参数 Container 的模板参数的名称。这些名称只能在自身其他参数的声明中使用。如下假设的模板示例说明了这一点：

```
template<template<typename T, T*> class Buf>  //正确
class Lexer {
    static T* storage;                        //错误：在这里不能使用模板的模板参数
    ...
};
```

然而，通常不会将模板参数的名称（如上面示例中的 T）用在其他模板参数的声明中，因此，不会命名该参数。比如，前面演示的模板 Adaptation 可以这样声明：

```
template<template<typename,
                  typename = MyAllocator> class Container>
class Adaptation {
    Container<int> storage;   //隐式等价于 Container<int,MyAllocator>
    ...
};
```

12.2.4 模板参数包

从 C++11 开始，任何类型的模板参数都可以转换为模板参数包（template parameter pack），方法是在模板参数的名称之前引入省略号（...），或者如果模板参数是未命名的，则在模板参数名称出现的地方引入省略号：

```
template<typename... Types>  //声明名称为 Types 的模板参数包
class Tuple;
```

模板参数包的行为类似于其基础模板参数，其中一个关键区别是：普通模板形参只能匹配一个模板参数，但模板参数包可以匹配任意数量的模板参数。这意味着上面声明的元组（Tuple）类模板可以接收任意数量（可能是不同的）类型作为模板参数：

```
using IntTuple = Tuple<int>;                  //正确：1 个模板参数
using IntCharTuple = Tuple<int, char>;        //正确：2 个模板参数
using IntTriple = Tuple<int, int, int>;       //正确：3 个模板参数
using EmptyTuple = Tuple<>;                   //正确：0 个模板参数
```

类似地，非类型模板参数包和模板的模板参数包可以分别接收任意数量的非类型模板参数或模板的模板参数：

```
template<typename T, unsigned... Dimensions>
class MultiArray;        //正确：声明非类型模板参数包

using TransformMatrix = MultiArray<double, 3, 3>;  //正确：3 × 3 矩阵

template<typename T, template<typename,typename>... Containers>
void testContainers();  //正确：声明模板的模板参数包
```

示例 MultiArray 要求所有非类型模板参数的类型都是 unsigned。C++17 提供了推导非类

型参数的可能性，这在一定程度上可以绕过这个限制（详情请参阅 15.10.1 节）。

主类模板、变量模板和别名模板最多有一个模板参数包，而且如果存在，模板参数包必须作为最后一个模板参数。函数模板有一个较弱的限制：允许多个模板参数包。前提是模板参数包后面的每个模板参数都具有默认值（请参阅 12.2.5 节）或都可以被推导（请参阅 15 章）：

```
template<typename... Types, typename Last>
class LastType;          //错误：模板参数包不是最后一个模板参数

template<typename... TestTypes, typename T>
void runTests(T value);  //正确：模板参数包后紧跟着可推导的模板参数

template<unsigned...> struct Tensor;
template<unsigned... Dims1, unsigned... Dims2>
  auto compose(Tensor<Dims1...>, Tensor<Dims2...>);
                         //正确：Tensor 的各个维度都可以被推导
```

最后一个示例是一个函数的声明，该函数具有可推导的返回类型（C++14 的特性）。详情请参阅 15.10.1 节。

类模板和变量模板（请参阅第 16 章）的偏特化的声明可以具有多个模板参数包，这与对应的主模板不同。这是因为偏特化是通过推导过程选择的，该推导过程与函数模板所用的推导过程几乎相同。

```
template<typename...> Typelist;
template<typename X, typename Y> struct Zip;
template<typename... Xs, typename... Ys>
  struct Zip<Typelist<Xs...>, Typelist<Ys...>>;
        //正确：偏特化通过推导决定 Xs 和 Ys 的替换
```

类型参数包不能在其参数化子句中展开，这也许并不令人惊讶。示例如下：

```
template<typename... Ts, Ts... vals> struct StaticValues {};
            //错误：Ts 不能在其参数列表中展开
```

然而，嵌套模板可以实现类似的效果：

```
template<typename... Ts> struct ArgList {
  template<Ts... vals> struct Vals {};
};
ArgList<int, char, char>::Vals<3, 'x', 'y'> tada;
```

包含模板参数包的模板称为变参模板，因为其接收可变数量的模板参数。关于变参模板的使用，请参阅第 4 章和 12.4 节。

12.2.5 默认模板实参

任何非模板参数包的模板参数都可以设置默认实参，尽管必须与相应的参数类型匹配（比如，类型参数不能有非类型的默认实参）。因为参数的名称直到默认实参之后才出现在作用域内，所以默认实参不能依赖于自身的参数。但是，默认实参可以依赖于之前声明的参数：

```
template<typename T, typename Allocator = allocator<T>>
class List;
```

对于类模板、变量模板或别名模板的模板参数，只有在之后的参数也提供了默认实参时，才能具有默认模板实参。（默认函数调用参数存在类似的约束。）后面参数的默认值通常在同一个模板声明中提供，但也可以在前面的模板声明中提供。下面的示例说明了这一点：

```
template<typename T1, typename T2, typename T3,
         typename T4 = char, typename T5 = char>
class Quintuple;     //正确

template<typename T1, typename T2, typename T3 = char,
         typename T4, typename T5>
class Quintuple;     //正确：T4 和 T5 已经具有默认实参

template<typename T1 = char, typename T2, typename T3,
         typename T4, typename T5>
class Quintuple;     //错误：T1 不具有默认实参
                     //因为 T2 没有默认实参
```

对于函数模板的模板参数，默认模板实参不要求之后的模板参数也具有默认模板实参[1]：

```
template<typename R = void, typename T>
R* addressof(T& value);    //正确：如果没有显式指定，R 的类型是 void
```

默认的模板实参不能重复声明：

```
template<typename T = void>
class Value;

template<typename T = void>
class Value;  //错误：重复声明的默认实参
```

许多上下文不允许使用默认模板实参。

- 偏特化：

```
template<typename T>
class C;
...
template<typename T = int>
class C<T*>; //错误
```

- 参数包：

```
template<typename... Ts = int> struct X;       //错误
```

- 类模板成员的类外定义：

```
template<typename T> struct X
{
  T f();
};

template<typename T = int> T X<T>::f() {       //错误
  ...
}
```

① 对于之后的模板参数的模板实参，可以通过模板参数推导来确定，具体细节请参阅第 15 章。

➢ 友元类模板的声明：

```
struct S {
  template<typename = void> friend struct F;
};
```

➢ 友元函数模板的声明（除非它是一个定义，并且没有在编译单元的其他地方声明）：

```
struct S {
 template<typename = void> friend void f();     //错误：非定义
 template<typename = void> friend void g() {    //目前正确
 }
};
template<typename> void g();  //错误：g()在定义时被赋予了默认的模板实参
                              //这里没有其他声明
```

12.3 模板实参

模板实参是指在实例化模板时用来替换模板形参的值。可以使用下面几种不同的机制来确定这些值。

➢ 显式模板实参：紧跟在模板名称后面，由角括号标识。所组成的整个实体称为模板 id。
➢ 注入式类名：对于具有模板参数 P1、P2 等的类模板 X，在其作用域内，模板的名称（即 X）等价于模板 id X<P1, P2, . . .>。具体细节请参阅 13.2.3 节。
➢ 默认模板实参：如果提供默认的模板实参，则可以在模板的实例中省略显式的模板实参。然而，对于类模板或别名模板，即使所有模板参数都具有默认值，也必须提供角括号（角括号内可能为空）。
➢ 实参推导：对于不是显式指定的函数模板实参，可以在函数的调用语句中，根据函数调用实参的类型推导出函数模板实参。第 15 章将描述推导的细节。实际上，实参推导还可以在其他一些情况下出现。另外，如果可以推断出所有的模板实参，则不需要在函数模板的名称后指定角括号。C++17 引入了从变量声明的初始化程序或函数表示法类型转换来推导类模板实参的方式，相关讨论请参阅 15.12 节。

12.3.1 函数模板实参

对于函数模板实参，可以显式指定，也可以借助模板的使用方式进行推导，或者作为默认的模板实参来提供。比如:

details/max.cpp

```
template<typename T>
T max (T a, T b)
{
  return b < a ? a : b;
}

int main()
{
```

```
  ::max<double>(1.0, -3.0);  //显式指定模板实参
  ::max(1.0, -3.0);          //模板实参被隐式推导为double类型
  ::max<int>(1.0, 3.0);      //由于显式的<int>禁止被推导，因此返回int类型结果
}
```

然而，某些模板实参永远无法被推导出来，因为对应的模板形参没有出现在函数模板形参列表中，或者出于其他原因（请参阅15.2节）。相应的形参通常放在函数模板形参列表的开头，以便可以显式地指定它们，同时允许推断其他实参。比如：

details/implicit.cpp

```
template<typename DstT, typename SrcT>
DstT implicit_cast (SrcT const& x)  //SrcT可以被推导，但是DstT却不行
{
  return x;
}

int main()
{
  double value = implicit_cast<double>(-1);
}
```

如果调换本例中模板参数的顺序（换句话说，如果模板写成 template<typename SrcT, typename DstT>），那么调用 implicit_cast()时，就必须显式地指定两个模板实参。

此外，这些参数不能放在模板参数包之后或偏特化中，因为没有办法显式地指定或推导它们。

```
template<typename ... Ts, int N>
void f(double (&)[N+1], Ts ... ps);  //无效的声明，因为N无法被指定或者推导
```

因为函数模板可以被重载，所以对于函数模板而言，显式提供所有参数可能并不足以标识单个函数：在某些情况下，可以标识由许多函数组成的函数集合。下面的示例清楚地说明了这一点：

```
template<typename Func, typename T>
void apply (Func funcPtr, T x)
{
    funcPtr(x);
}

template<typename T> void single(T);

template<typename T> void multi(T);
template<typename T> void multi(T*);

int main()
{
    apply(&single<int>, 3);  //正确
    apply(&multi<int>, 7);   //错误：multi<int>不唯一
}
```

在这个示例中，第1次调用apply()是正确的，因为表达式&single<int>的类型是明确的。因此，很容易推导出Func参数的模板实参值。但是，在第2次调用中，&multi<int>可以是两个不同类型中的任何一个，在这种情况下无法推导出Func。

此外，在函数模板中，替换模板实参可能会试图构造无效的 C++类型或表达式。考虑下面的重载函数模板（RT1 和 RT2 是未指定的类型）：

```
template<typename T> RT1 test(typename T::X const*);
template<typename T> RT2 test(...);
```

表达式 test<int>对于第 1 个函数模板毫无意义，因为 int 类型中没有成员类型 X。但是，第 2 个函数模板就没有这样的问题。因此，表达式&test<int>能够标识唯一的函数地址。将 int 替换到第 1 个函数模板失败的事实并不会使表达式无效。SFINAE 的原则是使函数模板的重载变得实用的重要因素，相关讨论请参阅 8.4 节和 15.7 节。

12.3.2 类型实参

模板的类型实参是用来指定模板类型参数的“值”。通常而言，任何类型（包括 void、函数类型、引用类型等）都可以作为模板实参，但前提是对模板参数进行替换之后必须产生有效的构造：

```
template<typename T>
void clear (T p)
{
    *p = 0;      //要求一元运算符*可以用于类型 T
}

int main()
{
    int a;
    clear(a);   //错误：int 类型不支持一元运算符
}
```

12.3.3 非类型模板实参

非类型模板实参是用来替换非类型参数的值。非类型模板实参必须符合以下条件之一。

- 具有一个右值类型的非类型模板实参。
- 一个编译期整数（或枚举）类型的常量值。这只有在对应参数的类型与值的类型匹配，或者值可以隐式转换为该类型而无须窄化类型转换的前提下，才可以被接受。比如，可以为 int 类型的参数提供 char 类型的值，但对于整数 500，将其转换为 8 位 char 类型的参数是非法的。
- 前面有一元运算符&（即取地址）的外部变量或函数的名称。对于函数和数组变量，运算符&可以省略。这类模板实参可以匹配指针类型的非类型参数。C++17 放宽了这一约束，允许任何生成指针的常量表达式，生成的指针指涉函数或变量。
- 对于引用类型的非类型参数，前面没有前置运算符&的实参是可取的。同样，C++17 也放宽了约束，允许函数或变量使用任何常量表达式广义左值（const-expression glvalue）。
- 一个指涉成员的指针常量（pointer-to-member constant）。换句话说，对于形式为&C::m 的表达式，其中 C 是类类型，而 m 是非静态成员（数据或函数），它只匹配类型为成员指针的非类型参数。同样，在 C++17 中，实际的语法形式不再受到限制：对于匹配的指涉成员的指针常量，对其任意的常量表达式求值是允许的。

➢ 对于指针或指涉成员类型的指针的非类型参数，空指针常量是有效实参。

对于整数类型的非类型参数（可能是最常见的非类型参数），考虑了对参数类型的隐式转换。C++11 中 constexpr 转换函数的引入意味着转换前的实参可以具有类类型。

在 C++17 之前，将实参与指针或引用类型的形参匹配时，不用考虑用户定义的转换（user-defined conversion，实参的构造函数和转换运算符）和从派生类到基类的转换，即使在其他情况下它们是有效的隐式转换。但使实参更 const 和（或）更 volatile 的隐式转换却是可以的。

下面是一些有效的非类型模板实参的示例：

```
template<typename T, T nontypeParam>
class C;

C<int, 33>* c1;           //整数类型

int a;
C<int*, &a>* c2;          //外部变量的地址

void f();
void f(int);
C<void (*)(int), f>* c3; //函数名称：在这个示例中，重载解析
                          //会选择 f(int)，f()前面的运算符&隐式省略

template<typename T> void templ_func();
C<void(), &templ_func<double>>* c4;  //函数模板的实例是函数

struct X {
    static bool b;
    int n;
    constexpr operator int() const { return 42; }
};

C<bool&, X::b>* c5;        //静态类成员是可取的变量和函数名称

C<int X::*, &X::n>* c6;    //指涉成员的指针常量

C<long, X{}>* c7;          //正确：X 首先通过 constexpr 转换函数转换为 int 类型
                           //然后通过标准整数转换为 long 类型
```

模板实参的普遍约束是：在程序构建期，编译器或链接器必须能够确定实参的值。如果要等到程序运行期才能够确定实参的值（比如局部变量的地址），就不符合模板在程序构建期实例化的概念了。

尽管如此，可能令人惊讶的是，有些常量值目前仍是无效的：

➢ 浮点数；

➢ 字符串字面量（string literal）。

在 C++11 之前，空指针常量也不可取。

字符串字面量的问题之一是：两个相同的字面量可以存储在两个不同的地址中。一种适用（但很麻烦）的方法是在常量字符串上实例化模板时，引入一个额外的变量来保存字符串：

```
template<char const* str>
class Message {
```

```
  ...
};

extern char const hello[] = "Hello World!";
char const hello11[] = "Hello World!";

void foo()
{
  static char const hello17[] = "Hello World!";
  Message<hello> msg03;      //正确（所有版本）
  Message<hello11> msg11;    //正确（从 C++11 开始）
  Message<hello17> msg17;    //正确（从 C++17 开始）
}
```

声明为引用或指针的非类型模板参数可以成为常量表达式（constant expression），要求是：在所有的 C++版本中都具有外部链接，从 C++11 开始具有内部链接或从 C++17 开始具有任意链接。

关于这一领域未来可能的变化的讨论，请参阅 17.2 节。

以下是其他一些（不那么令人惊讶的）非法的示例：

```
template<typename T, T nontypeParam>
class C;

struct Base {
    int i;
} base;

struct Derived : public Base {
} derived;

C<Base*, &derived>* err1; //错误：这里不考虑派生类到基类的类型转换

C<int&, base.i>* err2;    //错误：成员访问运算符（.）后面的变量不会被当作变量

int a[10];
C<int*, &a[0]>* err3;     //错误：数组元素的地址不可取
```

12.3.4 模板的模板实参

模板的模板实参通常必须是类模板或别名模板，其参数与所要替换的模板的参数必须精确匹配。在 C++17 之前，模板的模板实参的默认模板参数是被忽略的（但是，如果模板的模板参数具有默认参数，则在模板实例化时会将其考虑在内）。C++17 放宽了匹配规则的限制，仅要求模板的模板参数至少与相应模板的模板实参一样特化（请参阅 16.2.2 节）。

这使得下面的示例在 C++17 之前是非法的：

```
#include <list>
    //声明于 std 的命名空间中
    //template<typename T, typename Allocator = allocator<T>>
    //class list;

template<typename T1, typename T2,
```

```
        template<typename> class Cont>  //Cont 期望的是只有一个参数的模板
class Rel {
    ...
};

Rel<int, double, std::list> rel;     //错误（C++17 之前）：std::list 具有多个模板参数
```

此示例中的问题是：标准库中的 std::list 模板具有多个参数。第 2 个参数〔称为内存分配器（allocator）〕具有一个默认值，但在 C++17 之前，当匹配 std :: list 与 Container 参数时，不会考虑这个默认值。

变参模板的模板参数是上述 C++17 之前的“精确匹配”规则的一个例外，它提供了一个针对此限制的解决方案：可以对模板的模板实参进行更常规的匹配。模板的模板参数包可以在模板的模板实参中匹配 0 个或多个相同类型的模板参数：

```
#include <list>

template<typename T1, typename T2,
        template<typename... > class Cont>  //Cont 期望任意数量的类型参数
class Rel {
    ...
};

Rel<int, double, std::list> rel; //正确：std::list 具有两个模板参数，但可以与一个实参一起使用
```

模板参数包只能匹配相同类型的模板参数。比如，下面的类模板可以用仅具有模板类型参数的任何类模板或别名模板实例化，因为作为 TT 传递的模板类型参数包可以匹配 0 个或多个模板类型参数：

```
#include <list>
#include <map>
  //声明于 std 的命名空间中
  //template<typename Key, typename T,
  //         typename Compare = less<Key>,
  //         typename Allocator = allocator<pair<Key const, T>>>
  //class map;
#include <array>
    //声明于 std 的命名空间中
  //template<typename T, size_t N>
  //class array;

template<template<typename... > class TT>
class AlmostAnyTmpl {
};

AlmostAnyTmpl<std::vector> withVector;  //两个类型参数
AlmostAnyTmpl<std::map> withMap;        //4 个类型参数
AlmostAnyTmpl<std::array> withArray;    //错误：模板类型参数包不匹配非类型模板参数
```

在 C++17 之前，只能使用关键字 class 声明模板的模板参数，但这并不表示只有使用关键字 class 声明的类模板才可以作为替换参数。实际上，对于模板的模板参数，结构体模板、联合模板和别名模板（从 C++11 开始引入的别名模板）都是有效的参数。这类似于下面的结果：任何类型都可以成为使用 class 关键字声明的模板类型参数的实参。

12.3.5 实参的等价性

当参数的值一对一相同时，则两组模板参数是等价的。对于类型实参，类型别名无关紧要：最终比较的是类型别名声明的原类型。对于整型的非类型模板实参，比较的是其参数的值，至于这些值是如何表达的，则无关紧要。下面的示例说明了这一点：

```
template<typename T, int I>
class Mix;

using Int = int;

Mix<int, 3*3>* p1;
Mix<Int, 4+5>* p2;  //p2 和 p1 的类型是相同的
```

从该示例可以清楚地看出，无须模板定义即可建立模板参数列表的等价性。

但是，在依赖模板的上下文中，模板参数的值并不总是确定的，并且等价规则也变得更加复杂。考虑以下示例：

```
template<int N> struct I {};

template<int M, int N> void f(I<M+N>);  //#1
template<int N, int M> void f(I<N+M>);  //#2

template<int M, int N> void f(I<N+M>);  //#3 错误
```

仔细研究声明 # 1 和 # 2，注意到，由于通过将 M 和 N 分别重命名为 N 和 M，将会获得相同的声明，因此，两者是等价的，并且声明了相同的函数模板 f。这两个声明中的表达式 M + N 和 N + M 被认为是等价的。

但是，声明 # 3 略有不同：操作数的顺序是相反的。这使得 # 3 中的表达式 N + M 不等于其他两个表达式中的任何一个。但是，由于该表达式将为所涉及的模板参数的任何值产生相同的结果，因此，这些表达式在功能上是等价的。模板以不同的方式声明是错误的，仅因为这些声明包含功能上等价的表达式，但实际上并不等价。然而，编译器无须诊断此类错误。这是因为在某些编译器内部，表示 N + 1 + 1 的方式与 N + 2 的完全相同。该标准没有强制采用特定的实现方法，两者中的任何一种都可以，并要求程序员在此方面要加倍小心。

另外，从函数模板生成（即模板实例化）的函数一定不会等价于普通函数，即使可能具有相同的类型和名称。针对类成员，可以引申出两点结论。

- 从成员函数模板生成的函数永远不会覆盖虚函数（进一步说明成员函数模板不能是一个虚函数）。
- 从构造函数模板生成的构造函数一定不会是拷贝构造函数或移动构造函数[①]。类似地，从赋值运算符模板生成的赋值运算符也一定不会是拷贝赋值运算符或移动赋值运算符（但是，这不太容易出现问题，因为拷贝赋值运算符或移动赋值运算符的隐式调用并不太常见）。

① 然而，构造函数模板可以是默认构造函数。

这样的结果让人喜忧参半。相关详情请参阅 6.2 节和 6.4 节。

12.4　变参模板

变参模板（4.1 节介绍的）是至少包含一个模板参数包的模板（请参阅 12.2.4 节）。[①]当可以将模板的行为泛化为任意数量的参数时，变参模板非常有用。12.2.4 节中介绍的元组（Tuple）类模板就是这样一种类型，因为元组可以具有任意数量的元素，所有的元素都以相同的方式处理。假设一个简单的 print()函数接收任意数量的参数，并按顺序显示每个参数。

当为变参模板确定模板实参时，对于变参模板中的每个模板参数包，将匹配一个由 0 个或多个模板实参组成的序列。该模板实参序列称为实参包（argument pack）。下面的示例说明，根据提供给元组的模板参数，模板参数包 Types 是如何匹配不同的实参包的：

```
template<typename... Types>
class Tuple {
  //提供对 Types 中类型列表的操作
};

int main() {
  Tuple<> t0;            //Types 包含空的列表
  Tuple<int> t1;         //Types 包含 int 类型
  Tuple<int, float> t2;  //Types 包含 int 类型和 float 类型
}
```

因为模板参数包代表了一组模板实参，而不是单个模板实参，所以必须在相同语言构造的上下文中，将其应用于实参包中的所有参数。sizeof ...就是这样的一种构造，用于计算实参包中的参数数量：

```
template<typename... Types>
class Tuple {
  public:
    static constexpr std::size_t length = sizeof...(Types);
};

int a1[Tuple<int>::length];                //包含一个整数类型的数组
int a3[Tuple<short, int, long>::length];   //包含 3 个整数类型的数组
```

12.4.1　包扩展

sizeof...表达式是包扩展的一个示例。包扩展是将实参包扩展为单独的参数的构造。虽然 sizeof...执行此扩展只是为了计算单独的参数数量，但对于其他形式的实参包（那些出现在 C++ 期望列表中的），也可以将其扩展为这个列表中的多个元素。包扩展由列表中元素右侧的省略号（...）标识。下面是一个简单的示例，其中创建了一个新的类模板 MyTuple，该模板继承自元组，并传递了它的实参：

```
template<typename... Types>
```

① 变参（variadic）一词借鉴于 C 语言的变参函数，该函数接收可变数量的自变量。变参模板也从 C 语言中借鉴了省略号，用来表示 0 个或多个参数，并打算在某些应用中作为 C 语言的变参函数类型的安全替代。

```
class MyTuple : public Tuple<Types...> {
//仅为MyTuple提供的额外操作
};

MyTuple<int, float> t2;      //继承自Tuple< int, float>
```

模板参数 Types...是一个扩展包，它生成一个模板参数序列，其中每个参数都用于替换 Types 中的参数包。如示例所示，类型 MyTuple 的实例化将模板类型参数包 Types 替换为参数包 int、float。由于当这发生在扩展包 Types...中时，可以得到一个 int 的模板参数和一个 float 的模板参数，因此 MyTuple 继承自 Tuple。

理解包扩展的直观方法是将其视为一种语法扩展，其中模板参数包被替换为恰好数量的（非包）模板参数，并且包扩展被写成单独的参数，每个非包模板参数一次。例如，如果 MyTuple 在两个参数上进行扩展，它将如下所示：

```
template<typename T1, typename T2> class MyTuple : public Tuple<T1, T2> {
};
```

和 3 个参数：

```
template<typename T1, typename T2, typename T3> class MyTuple : public Tuple<T1,
T2, T3> {
};
```

然而，请注意，不能直接通过名称访问参数包中的各个元素，因为在可变参数模板中未定义诸如 T1、T2 等名称。如果需要这些类型，唯一能做的就是将它们（递归地）传递给另一个类或函数。

每个参数包扩展都有一个模式，这个模式是在参数包中的每个参数上重复的类型或表达式，通常位于表示扩展的省略号之前。前面的示例只有简单的模式——参数包的名称，但模式可以是任意复杂的。例如，可以定义一个新类型 PtrTuple，它派生自一个指向其参数类型的指针的元组：

```
template<typename... Types>
class MyTuple : public Tuple<Types*...> {
  //仅为MyTuple提供的额外操作
};

MyTuple<int, float> t3;  //继承自Tuple<int, float>
```

上面示例中包扩展 Types *...的模式是 Types *。重复替换会为这个模式产生一系列模板类型参数，所有参数都指涉已替换为 Types 的实参包中类型的指针。在包扩展的语法解释下，以下是将 PtrTuple 扩展为 3 个参数后的形式：

```
template<typename T1, typename T2, typename T3>
class PtrTuple : public Tuple<T1*, T2*, T3*> {
  //仅为PtrTuple提供的额外操作
};
```

12.4.2 包扩展的时机

到目前为止，演示的示例着重于使用包扩展来产生一系列模板参数。实际上，由于 C 语言在语法中提供逗号分隔列表，因此包扩展基本上可以在 C 语言的任何位置使用，具体如下。

- 在基类列表中。
- 在构造函数的基类初始化列表中。
- 在调用参数列表中（模式是参数表达式）。
- 在初始化列表中（比如，用花括号标识的初始化列表中）。
- 在类、函数或别名模板的模板参数列表中。
- 在函数可以抛出的异常列表中（在 C++11 和 C++14 中不推荐使用，在 C++17 中不允许）。
- 在属性中，如果属性本身支持包扩展（尽管 C++标准中没有这样的属性）。
- 当指定声明的对齐方式时。
- 当指定 lambda 表达式的捕获列表时。
- 在函数类型的参数列表中。
- 使用声明时（从 C++17 开始，请参阅 4.4.5 节）。

前面提到的 sizeof...其实是一种不会产生列表的包扩展机制。C++17 还添加了折叠表达式（fold expression），这是另一种不会产生逗号分隔列表的机制（请参阅 12.4.6 节）。

其中，一些包扩展的上下文仅仅是出于完整性考虑而包含在内的，因此，本节将只关注那些在实践中可能有用的包扩展的上下文。由于所有环境中的包扩展都遵循相同的原则和语法，因此，如果需要更深奥的包扩展上下文，应该能够从这里给出的示例中推导出。

基类列表中的包扩展可以扩展为若干个直接基类。这种扩展对于通过混入（mixin）聚合外部提供的数据和功能很有用。Mixins 是旨在“混合到”类层次结构中以提供新行为的类。比如，下面的 Point 类在几种不同的上下文中使用包扩展来允许任意的 Mixins：[①]

```
template<typename... Mixins>
class Point : public Mixins... {                    //基类包扩展
  double x, y, z;
public:
  Point() : Mixins()... { }                         //基类初始化包扩展

  template<typename Visitor>
  void visitMixins(Visitor visitor) {
    visitor(static_cast<Mixins&>(*this)...); //调用参数包扩展
  }
};

struct Color { char red, green, blue; };
struct Label { std::string name; };
Point<Color, Label> p;                             //继承自 Color 和 Lable
```

Point 类使用包扩展来获取提供的每个 Mixins，并将其扩展为公共基类。 然后，Point 的默认构造函数在基类初始化列表中应用包扩展，通过混入机制对引入的每个基类进行值初始化。

成员函数模板 visitMixins 最为有趣，因为它将包扩展的结果作为调用的参数。通过将* this 强制转换为每种 Mixins 的类型，包扩展会生成调用参数，这些调用参数引用与 Mixins 对应的每个基类。实际上，为 visitMixins 编写一个访问者，它就可以使用任意数量的函数调用参数，这将在 12.4.3 节中介绍。

包扩展还可以在模板参数列表中使用，以创建非类型模板参数包或类型模板参数包。

```
template<typename... Ts>
```

① 关于 Mixins 更详细的讨论，请参阅 21.3 节。

```
struct Values {
  template<Ts... Vs>
  struct Holder {
  };
};

int i;
Values<char, int, int*>::Holder<'a', 17, &i> valueHolder;
```

注意，一旦指定了 Values <...>的类型参数，Values <...> :: Holder 的非类型参数列表将具有固定的长度；因此，参数包 Vs 不是变长参数包。

Values 是一个非类型模板参数包，每个实际的模板实参可以具有不同的类型，由为模板类型参数包 types 提供的类型指定。注意，Values 声明中的省略号起着双重作用，既将模板参数声明为模板参数包，又将该模板参数包的类型声明为包扩展。尽管这样的模板参数包在实践中很少见，但同样的原则适用于更为通用的上下文：函数参数。

12.4.3 函数参数包

函数参数包（function parameter pack），是匹配 0 个或多个函数调用参数的函数参数。与模板参数包一样，在函数参数名称之前（或代替参数的地方）使用省略号（...）来引入函数参数包，并且与模板参数包一样，必须通过包扩展方式扩展函数参数包。模板参数包和函数参数包统称为参数包（parameter pack）。

与模板参数包不同，函数参数包必须通过包扩展方式来扩展，因此，其声明的类型必须包含至少一个参数包。下面的示例引入了一个新的 Point 构造函数，该构造函数从提供的构造函数参数中拷贝初始化（copy-initializer）每一个 Mixins：

```
template<typename... Mixins>
class Point : public Mixins...
{
  double x, y, z;
 public:
  //省略了默认构造函数、访问者函数等
  Point(Mixins... mixins)    //mixins 是函数参数包
    : Mixins(mixins)... { } //通过提供的 mixins 值初始化每个基类
};
struct Color { char red, green, blue; };
struct Label { std::string name; };
Point<Color, Label> p({0x7F, 0, 0x7F}, {"center"});
```

函数模板的函数参数包可能依赖于在该模板中声明的模板参数包，这允许函数模板接收任意数量的调用参数而不会丢失类型信息：

```
template<typename... Types>
void print(Types... values);

int main
{
  std::string welcome("Welcome to ");
  print(welcome, "C++ ", 2011, '\n'); //调用 print<std::string, char const*,
}                                     //                     int, char>
```

当使用一些实参调用函数模板 print()时，实参的类型将被放置在实参包中，以代替模板类型的参数包 Types，而实际的实参值将放置在实参包中，以代替函数参数包的值。通过调用确定实参的过程的详细描述，请参阅第 15 章。现在，只要注意到 Types 中的第 *i* 个类型是 Values 中第 *i* 个值的类型就足够了，并且这两个参数包均可用在函数模板 print()的函数体中。

print()的实现使用了递归模板的实例化，这是模板元编程的技术，本书在 8.1 节和第 23 章中介绍。

对于在参数列表末尾出现的未命名函数参数包，它与 C 风格的“可变”参数之间存在语法上的歧义。比如：

```
template<typename T> void c_style(int, T...);
template<typename... T> void pack(int, T...);
```

在第 1 种情况下，“T...”构造被视为“T, ...”：类型为 T 的未命名参数，后跟 C 语言风格的可变参数。在第 2 种情况下，“T...”构造被视为函数参数包，因为 T 是有效的扩展模式。可以通过在省略号前添加逗号（以确保将省略号视为 C 语言风格的“可变”参数）或在省略号后面加标识符（使其成为命名函数参数包）来消除歧义。注意，在泛型 lambda 表达式中，如果紧随其后的类型（没有中间逗号）包含 auto，则尾随的省略号将被视为表示参数包。

12.4.4 多重和嵌套包扩展

包扩展的模式的复杂度是任意的，并且它可以包含多个不同的参数包。当实例化包含多个参数包的包扩展时，所有参数包的长度必须相同。通过将每个参数包的第 1 个参数代入模式中，然后是每个参数包的第 2 个参数，以此类推，按照元素的方式形成类型或值的结果序列。比如，下面的函数会在所有参数转发给函数对象 f 之前先拷贝它们：

```
template<typename F, typename... Types>
void forwardCopy(F f, Types const&... values) {
  f(Types(values)...);
}
```

调用参数包扩展将两个参数包命名为 Types 和 values。当实例化此模板时，Types 和 values 的参数包按元素扩展，将产生一系列对象构造，该构造通过强制转换为 Types 中的第 *i* 个类型，构造了 values 中的第 *i* 个值的副本。在包扩展的语法解释下，3 个参数的 forwardCopy 看起来应该是这样的：

```
template<typename F, typename T1, typename T2, typename T3>
void forwardCopy(F f, T1 const& v1, T2 const& v2, T3 const& v3) {
  f(T1(v1), T2(v2), T3(v3));
}
```

包扩展本身也可以是嵌套的。在这种情况下，每次出现的参数包都会由最近的封闭包扩展（并且只能由该包扩展）。以下示例说明了涉及 3 个不同参数包的嵌套包扩展：

```
template<typename... OuterTypes>
class Nested {
  template<typename... InnerTypes>
  void f(InnerTypes const&... innerValues) {
```

```
      g(OuterTypes(InnerTypes(innerValues)...)...);
    }
};
```

在 g()的调用中，模式为 InnerTypes(innerValues)的包扩展是最内层的包扩展，它扩展了 InnerTypes 和 innerValues，并生成了一系列函数调用参数，用于初始化由 OuterTypes 表示的对象。外层包扩展的模式包括内层包扩展，这为函数 g()产生了一组调用参数，这些调用参数是根据内层包扩展产生的函数调用参数序列化 OuterTypes 中的每个类型而创建的。在这个包扩展的语法解释下，OuterTypes 有两个参数，而 InnerTypes 和 innerValues 都有 3 个参数，这使嵌套变得更加明显：

```
template<typename O1, typename O2>
class Nested {
  template<typename I1, typename I2, typename I3>
  void f(I1 const& iv1, I2 const& iv2, I3 const& iv3) {
  g(O1(I1(iv1), I2(iv2), I3(iv3)),
    O2(I1(iv1), I2(iv2), I3(iv3)),
    O3(I1(iv1), I2(iv2), I3(iv3)));
  }
};
```

多重和嵌套包扩展是功能强大的工具，详情请参阅 26.2 节。

12.4.5 零长度包扩展

包扩展的语法解释是一个有用的工具，可以帮助使用者理解变参模板的实例在不同数量的参数下的行为。但是，在存在零长度参数包的情况下，语法解释会失败。为了说明这一点，请参阅 12.4.2 节中的 Point 类模板，在语法上用零参数来替换：

```
template<>
class Point : {
  Point() : { }
};
```

上面代码的格式不正确，因为模板参数列表现在是空的，空的基类和基类初始化列表都用一个冒号来标识。

包扩展实际上是语义构造，并且任何大小的参数包的替换都不会影响包扩展（或其封装的变参模板）的解析方式。但是，当包扩展为空列表时，该程序的行为（语义上）就像该列表不存在一样。Point <>的实例化止于没有基类，并且其默认构造函数没有基类初始化，但格式正确。即使零长度包扩展的语法解释是定义明确（但不同）的代码，该语义规则仍然成立。比如：

```
template<typename T, typename... Types>
void g(Types... values) {
  T v(values...);
}
```

变参函数模板 g()创建了一个值 v，该值从给定的值序列中直接初始化。如果这个值序列是空的，则 v 的声明在语法上看起来像函数声明 T v()。但是，由于替换为包扩展是语义上的，不会影响解析产生的实体类型，因此，v 可以使用零参数初始化，即值初始化[①]。

12.4.6 折叠表达式

在编程中，重复模式是对一系列值的折叠操作。比如，函数 fn()的右折叠（right fold）序列为 x[1], x[2] ,⋯, x[n-1], x[n], 该序列是由表达式 fn(x [1], fn(x [2], fn(⋯, fn(x [n-1], x [n])⋯))),产生的。

在探索一种新的语言特性时，C++标准委员会遇到了一种特殊的情况，即处理应用于包扩展的逻辑二进制运算符（比如&&或||）的构造。如果没有额外的功能，可能会编写以下代码来实现运算符&&：

```
bool and_all() { return true; }
template<typename T>
  bool and_all(T cond) { return cond; }
template<typename T, typename... Ts>
  bool and_all(T cond, Ts... conds) {
    return cond && and_all(conds...);
  }
```

C++17 新增了一个功能，即折叠表达式（详情请参阅 4.2 节）。它适用于除了.、->和[]以外的所有二元运算符。

给定一个未扩展的表达式模式包和一个非模式表达式的值，C++17 允许为任何这样的运算符 op 编写代码，比如：

```
(pack op ... op value)
```

是对于右折叠的运算符〔称为二元右折叠（binary right fold）〕，或者比如：

```
(value op ... op pack)
```

是对于左折叠的运算符〔称为二元左折叠（binary left fold）〕。注意，这里需要圆括号。相关的基本示例请参阅 4.2 节。

折叠操作适用于序列，该序列是通过扩展包，将值添加为序列的最后一个元素（对于右折叠）或作为序列的第 1 个元素（对于左折叠）而产生的。

引入此功能后，下面的代码：

```
template<typename... T> bool g() {
  return and_all(trait<T>()...);
}
```

（上面定义的 and_all）可以改写为：

```
template<typename... T> bool g() {
  return (trait<T>() && ... && true);
}
```

正如期望的那样，折叠表达式就是包扩展。注意，如果包是空的，折叠表达式的类型仍

① 类模板的成员和类模板中的嵌套类也有类似的限制：如果已声明的成员类型不是函数类型，但经由实例化后，该成员类型是函数类型，那么程序错误，因为该成员的语义解释已从数据成员变更为成员函数。

可以通过非包操作数（上述形式的值）确定。

但是，此特性的设计者还希望有一个可以省略 value 操作数的选项。因此，C++17 提供了另外两种形式：一元右折叠（unary right fold）

```
(pack op ...)
```

和一元左折叠（unary left fold）

```
(... op pack)
```

同样，圆括号也是必需的。显然，这给空扩展带来了问题：如何确定其类型和值？答案是，一元折叠的空扩展通常是错误的，但有以下 3 种例外情况。

- 空的&&的一元折叠的扩展会产生值 true。
- 空的||的一元折叠的扩展会产生值 false。
- 空的逗号运算符（,）的一元折叠的扩展会产生一个空的（void）表达式。

注意，如果以某种不寻常的方式重载这些特殊运算符中的一个，将会产生意外的结果。比如：

```
struct BooleanSymbol {
  ...
};
BooleanSymbol operator||(BooleanSymbol, BooleanSymbol);

template<typename... BTs> void symbolic(BTs... ps) {
  BooleanSymbol result = (ps || ...);
  ...
}
```

假设使用从 BooleanSymbol 派生的类型来调用符号类型。对于所有扩展，结果将产生一个 BooleanSymbol 的值，而对于空扩展，结果将产生一个 bool 值。[①]因此，通常会尽量不使用一元折叠表达式，并建议改用二元折叠表达式（显式指定空扩展的值）。

12.5 友元

友元声明的基本思想很简单：赋予某个类或函数访问友元声明所属类的权限。但是，由于以下两个事实，事情变得有些复杂。

（1）友元的声明可能是实体的唯一声明。

（2）友元函数的声明可以是定义。

12.5.1 类模板的友元类

友元类的声明不能是类定义，因此很少会出现问题。在模板的上下文中，友元类声明的唯一新变化是能够将一个特定的类模板的实例命名为友元：

① 因为这 3 个特殊运算符的重载是不常见的，所以幸运的是这个问题很少出现（但很微妙）。折叠表达式的最初的建议是，包含对于更常见的运算符（如+和*）的空扩展值，但这可能会引起更严重的问题。

```
template<typename T>
class Node;

template<typename T>
class Tree {
    friend class Node<T>;
    ...
};
```

注意，当类模板的实例声明为其他类或类模板的友元时，类模板必须是可见的。然而，对于普通类，则没有这样的要求：

```
template<typename T>
class Tree {
    friend class Factory;     //正确：即使是 Factory 的首次声明
    friend class Node<T>;     //如果 Node 在此不可见，则该语句是错误的
};
```

详情请参阅 13.2.2 节。

5.5 节介绍了一个应用程序，该程序将其他类模板的实例声明为友元：

```
template<typename T>
class Stack {
  public:
    ...
    //赋值 T2 类型元素的栈
    template<typename T2>
    Stack<T>& operator= (Stack<T2> const&);
    //访问任何元素类型为 T2 的栈 Stack<T2>的私有成员
    template<typename> friend class Stack;
    ...
};
```

C++11 新增了使模板参数成为友元的语法：

```
template<typename T>
class Wrap {
  friend T;
  ...
};
```

这对于任何类型 T 都有效，但如果 T 实际上不是类类型，则可以将其忽略。[①]

12.5.2 类模板的友元函数

如果可以确保友元函数的名称后面是一对角括号，那么可以将函数模板的实例声明为友元。角括号里可以包含模板实参，但如果可以推导出这些实参，则角括号里可以为空：

```
template<typename T1, typename T2>
void combine(T1, T2);

class Mixer {
    friend void combine<>(int&, int&);
```

① 这是 C++11 首次新增的扩展，感谢 William M.“ Mike” Miller 的提议。

```
                        //正确: T1 = int&, T2 = int&
    friend void combine<int, int>(int, int);
                        //正确: T1 = int, T2 = int
    friend void combine<char>(char, int);
                        //正确: T1 = char, T2 = int
    friend void combine<char>(char&, int);
                        //错误: 不能匹配 combine()模板
    friend void combine<>(long, long) { ... }
                        //错误: 友元声明不允许出现定义!
};
```

注意，由于无法定义模板的实例（最多可以定义特化），因此，命名实例的友元声明不能是定义。

如果友元函数的名称后面没有一对角括号，则有两种可能性。

（1）如果名称不是受限的（换句话说，不包含域运算符::），则该友元函数一定不能引用模板实例。如果在友元声明的地方，没有匹配的非模板函数是可见的，则友元声明是该函数的第1个声明，该声明可以是定义。

（2）如果名称是受限的（换句话说，包含域运算符::），则该友元函数必须引用先前声明的函数或函数模板。匹配过程中，匹配函数优于匹配函数模板。但是，这样的友元声明不能是定义。

以下示例可能有助于阐明各种可能性：

```
void multiply(void*);      //普通函数

template<typename T>
void multiply(T);          //函数模板

class Comrades {
    friend void multiply(int) { }
                        //定义一个新函数::multiply(int)

    friend void ::multiply(void*);
                        //指涉上述的普通函数，而不会指涉 multiply(void*)的实例

      friend void ::multiply(int);
                        //指涉模板的实例

      friend void ::multiply<double*>(double*);
                        //受限名称还可以具有一对角括号，但模板在此必须是可见的

      friend void ::error() { }
                        //错误：受限的友元不能是一个定义
};
```

前面的示例中，在普通类中声明了友元函数。同样的规则也适用于在类模板中声明它们，唯一的区别是，可以使用模板参数来标识友元函数：

```
template<typename T>
class Node {
    Node<T>* allocate();
    ...
};
```

```
template<typename T>
class List {
    friend Node<T>* Node<T>::allocate();
    ...
};
```

友元函数也可以在类模板中定义，在这种情况下，它只在实际使用时才实例化。这通常要求友元函数以自身的类型使用类模板本身，这使得表达类模板上的函数变得更容易，就好像它们在命名空间中是可见的一样：

```
template<typename T>
class Creator {
  friend void feed(Creator<T>) {   //每个 T 实例化一个不同的函数::feed()
    ...
  }
};

int main()
{
  Creator<void> one;
  feed(one);                       //实例化::feed(Creator<void>)
  Creator<double> two;
  feed(two);                       //实例化::feed(Creator<double>)
}
```

在这个示例中，Creator 的每个实例都会生成一个不同的函数。注意，即使这些函数是作为模板实例化的一部分生成的，但这些函数本身仍然是普通函数，而不是模板的实例。但是，它们被认为是模板实体（请参阅 12.1 节），并且它们的定义仅在使用时才会实例化。还要注意，因为这些函数的主体是在类定义中定义的，所以它们是隐式内联的。因此，在两个不同的编译单元中可以生成相同的函数。关于此主题的更多信息，请参阅 13.2.2 节和 21.2.1 节。

12.5.3 友元模板

通常，当声明作为函数或类模板实例的友元时，可以准确地表示哪个实体是友元。有时，需要让模板的所有实例都是类的友元。这就需要一个友元模板，示例如下：

```
class Manager {
    template<typename T>
      friend class Task;

    template<typename T>
      friend void Schedule<T>::dispatch(Task<T>*);

    template<typename T>
      friend int ticket() {
      return ++Manager::counter;
    }
    static int counter;
};
```

和普通的友元声明一样，只有在友元模板声明的是一个非受限的函数名称，并且后面紧跟角括号的情况下，该友元模板声明才可以是定义。

友元模板只能声明主模板和主模板的成员。当完成这些声明之后，任何与主模板相关的偏特化和显式特化，都会被自动视为友元。

12.6 后记

自 20 世纪 80 年代末 C++模板的概念提出以来，C++模板的整体概念和语法就一直保持相对稳定。类模板和函数模板、类型参数和非类型参数等概念都属于模板最初功能的一部分。

然而，基于最初的设计也进行了一些重要补充，这些补充主要是由 C++标准库的需求所驱动的。成员模板很可能是这些新增特性中最重要的一个补充。奇怪的是，经过 C++标准委员会的正式投票，只是允许把成员函数模板加入标准中。但由于编辑监督，成员类模板机缘巧合地成为标准的一部分。

友元模板、默认模板参数和模板的模板参数是在 C++98 标准化之后出现的。声明模板的模板参数的能力有时称为更高层次的泛化。最初是为了支持 C++标准库中的某个分配器模型才引入模板的模板参数的，但后来这个分配器模型被一个不需要依赖模板的模板参数的分配器模型取代了。后来，由于模板的模板参数的规范一直不够完整，几乎就要把它从 C++语言中删除了，直到 1998 年 C++标准的标准化过程的后期，这份规范才算比较完整。最终，C++标准委员会中的大多数成员投票赞成保留它，它的规范才得以更加完整。

别名模板是 C++11 标准的一部分。别名模板可以用于轻松编写仅与现有类模板拼写不同的模板，从而满足与经常需要的“typedef 模板”功能相同的需求。使别名模板成为标准的提案（N2258）是由 Gabriel Dos Reis 和 Bjarne Stroustrup 编写的；Mat Marcus 还为该提案的一些早期草案做出贡献。Gaby 还为 C++14（N3651）制定了变量模板提案的细节。最初，该提案原本只打算支持 constexpr 变量，但是在标准草案通过后，这一限制已被取消了。

变参模板是由 C++11 标准库和 Boost 库（请参阅[*Boost*]）的需求所驱动的，其中 C++模板库正使用越来越高级（且复杂）的技术来提供接收任意数量的模板参数的模板。Doug Gregor、Jaakko Järvi、Gary Powell、Jens Maurer 和 Jason Merrill 提供了 C++标准（N2242）的初始规范。在开发规范时，Doug 还开发了变参模板的最初实现（在 GNU 的 GCC 中），这极大地提高了开发者在标准库中使用该特性的能力。

折叠表达式是 Andrew Sutton 和 Richard Smith 的工作成果：它通过两位作者的论文 N4191 被添加到 C++17 中。

第 13 章

模板中的名称

在大多数程序设计语言中，名称是一个很基本的概念。借助名称，程序员可以引用先前构造的实体。当 C++编译器遇到一个名称时，它必须通过“查找”该名称来确认所引用的实体。从实现者的角度来看，C++从这方面来讲是一门有难度的编程语言。考虑一下 C++语句 x * y，如果 x 和 y 是变量的名称，那么这个语句代表一个乘积，但如果 x 是一个类型的名称，那么这个语句会将 y 声明为指涉类型为 x 的实体的指针。

这个小例子说明了 C++（像 C 一样）是上下文相关的编程语言（context-sensitive language）：如果不了解更广泛上下文，就始终无法理解其构造。但是，这与模板有什么关系呢？模板是必须处理多个更广泛上下文（出现模板的上下文、实例化模板的上下文、与模板实参相关联的上下文）的构造。因此，在 C++中必须非常小心地处理“名称”，这点并不令人感到惊讶。

13.1 名称的分类

C++通过多种多样的方式来对名称进行分类。为了帮助读者处理众多的术语，本书提供了表 13.1，其中描述了这些分类。

表 13.1 名称的分类

分类	说明和要点
标识符（identifier）	名称仅由字母、下画线（_）和数字不间断地组合而成。不能以数字开头，并且某些标识符是保留字，不能在程序中引入它们（另外，一条原则是，请避免使用下画线和两个连续的双下画线开头）。字母的概念具有更广泛的外延，包括特殊的通用字符名称（universal character name，UCN），UCN 采用非字符的编码格式来存储信息
运算符函数 id（operator-function-id）	关键字 operator 后跟运算符的符号，比如，operator new 和 operator []
转换函数 id（conversion-function-id）	用于表示用户定义的隐式转换运算符，比如 operator int&，也可以被混淆为 operator int bitand
字面量运算符 id（literal-operator-id）	用于表示用户定义的字面量运算符，比如，运算符“”_km，将在编写像 100_km 这样的字面量时使用（在 C++11 中引入）
模板 id（template-id）	模板的名称，后紧跟由一对角括号标识的模板参数，比如，List <T,int,0>。模板 id 也可以是运算符函数 id 或字面量运算符 id，后面紧跟由一对角括号标识的模板参数。比如，operator + <X <int >>

续表

分类	说明和要点
非受限 id（unqualified-id）	广义上的标识符，可以是以上的任何一种（包括标识符、运算符函数 id、转换函数 id、字面量运算符 id 或模板 id）或析构函数的名称（比如，~Data 或~List < T,T,N>）
受限 id（qualified-id）	使用类、枚举类型或命名空间的名称对非受限 id 进行限定，也可以只使用全局作用域解析运算符进行限定。注意，这样的名称本身也可以是多次受限的。比如，:: X、S :: x、Array <T> :: y 和:: N :: A <T> :: z
受限名称（qualified name）	在标准中没有定义这个术语，但可以使用它来指涉经过受限查找的名称。具体来说，这是一个受限 id 或在前面显式使用成员访问运算符（即. 或->）的非受限 id。示例如下：S :: x、this-> f 和 p-> A :: m。然而，虽然在某些上下文中，class_mem 隐式等价于 this-> class_mem，但是单独一个 class_mem（即前面没有->等）就是一个受限名称，也就是说受限名称的成员访问运算符必须是显式给出的
非受限名称（unqualified name）	除受限名称之外的非受限 id。这不是一个标准术语，而是调用非受限查找（unqualified lookup）时引用的名称
名称（name）	受限名称或非受限名称
依赖型名称（dependent name）	以某种方式依赖于模板参数的名称。通常，显式包含模板参数的受限名称或非受限名称都是依赖型名称。此外，对于一个用成员访问运算符（即.或->）限定的受限名称，如果访问运算符左侧的表达式类型是泛型类型（type-dependent），则该受限名称也是依赖型名称。这个概念将在 13.3.6 节中讨论。特别是，当 this-> b 中的 b 出现在模板中时，它通常是一个依赖型名称。最后，依赖参数的名称查找（相关的介绍，请参阅 13.2 节），比如，在调用形式为 ident(x,y) 的函数中使用 ident，或在表达式 x+y 中使用+，是依赖型名称，当且仅当任何参数表达式是泛型类型
非依赖型名称（nondependent name）	根据上面的描述，即不属于依赖型名称的名称

熟悉表 13.1 中的这些概念对于理解 C++模板大有裨益，但没必要牢记每个术语的确切含义。

幸运的是，通过熟悉下面两个主要的命名概念，就可以深入理解大多数 C++模板问题。

（1）如果一个名称使用作用域运算符（即::）或成员访问运算符（即.或->）来表示所属的作用域，那么该名称为受限名称（qualified name）。比如，this-> count 就是一个受限名称，但 count 不是（即使 count 实际上指涉的是一个类成员）。

（2）如果一个名称以某种方式依赖于模板参数，那么它就是依赖型名称（dependent name）。比如，如果 T 是一个模板参数，那么 std :: vector <T> :: iterator 通常是一个依赖型名称；但如果 T 是一个已知的类型别名（比如，using T = int 中的 T），那么 std :: vector <T> :: iterator 就不是一个依赖型名称。

13.2 名称查找

C++中的名称查找涉及许多细节，本书只讨论其中一些主要概念。只有在涉及下面两种情况时才会给出名称查找的相关细节：（1）通常情况下，查询机制符合人的直觉；（2）C++标准（以某种方式）覆盖了那些错误的示例。

受限名称的名称查找是在受限作用域内部进行的，该受限作用域由限定的构造决定。如果该作用域是一个类，那么查找范围可以包括其基类，而不用考虑它实际的封闭作用域。下面的示例说明了这些基本原则：

```
int x;

class B {
  public:
    int i;
};

class D : public B {
};

void f(D* pd)
{
    pd->i = 3; //查找 B::i
    D::x = 2;  //错误：在封闭作用域内找不到::x
}
```

非受限名称的名称查找则与此相反，通常在连续封闭作用域中查找（但在某个类内部的成员函数定义中，会先查找类及其基类的作用域，然后才查找其他封闭作用域），而这种查找方式也称为普通查找（ordinary lookup）。下面这个简单示例说明了普通查找的一些基本概念：

```
extern int count;                  //#1

int lookup_example(int count)      //#2
{
    if (count < 0) {
        int count = 1;             //#3
        lookup_example(count);     //非受限 count 指涉#3
    }
    return count + ::count;      //第 1 个（非受限）count 指涉#2
}                                //第 2 个（非受限）count 指涉#1
```

对于非受限名称的查找，新增了一种查找机制——除了普通查找之外——就是说非受限名称有时还可能需要依赖于参数的查找（argument-dependent lookup，ADL）[①]。在进一步介绍 ADL 的细节之前，可以通过 max()模板来了解一下这种机制的动机：

```
template<typename T>
```

① 在 C++98/C++03 中，ADL 也被称为 Koenig 查找（或扩展的 Koenig 查找），这是根据 Andrew Koenig 的名字来命名的，因为是他首先提出了这种查找机制。

```
T max (T a, T b)
{
    return b < a ? a : b;
}
```

现在假定需要将这个模板应用到另一个命名空间中定义的类型:

```
namespace BigMath {
    class BigNumber {
        ...
    };
    bool operator < (BigNumber const&, BigNumber const&);
    ...
}

using BigMath::BigNumber;

void g (BigNumber const& a, BigNumber const& b)
{
    ...
    BigNumber x = ::max(a, b);
    ...
}
```

问题是max()模板并不知道BigMath的命名空间,因此,普通查找也找不到适用于BigNumber类型值的运算符<。如果没有某些特殊的规则,这种限制将会大大减少模板在C++命名空间中的应用。ADL正是这个特殊规则,也是解除这种限制的关键。

13.2.1 依赖于参数的查找

ADL主要应用于非受限名称。在函数调用或运算符调用中,这些名称看起来就像是非成员函数。如果普通查找发现下面的名称,则不会使用ADL:

- 成员函数的名称;
- 变量的名称;
- 类型的名称;
- 块作用域中声明的函数名称。

如果把被调用函数的名称(如max)用圆括号标识,也不会使用ADL。

如果名称后面是用圆括号标识的实参表达式列表,那么ADL将继续在与调用实参类型"关联"的命名空间和类中查找这个名称。稍后将给出关联命名空间(associated namespace)和关联类(associated class)的精确定义,但从直观上来看,它们可以被认为是与给定类型直接相关的所有命名空间和类。比如,如果某一类型是一个指向类X的指针,那么它的关联类和关联命名空间将包括X和X所属的任何命名空间或类。

对于给定类型,由关联命名空间和关联类所组成的集合的精确定义可以通过以下规则确定。

- 对于内置(基本)类型,该集合是空集。
- 对于指针和数组类型,该集合是所引用类型的关联命名空间和关联类。
- 对于枚举类型,关联命名空间是指枚举声明所在的命名空间。
- 对于类成员,外部类是关联类。

- 对于类类型（包括联合类型），关联类的集合包括该类型本身、封闭（外部）类、任何直接和间接基类等。关联命名空间的集合是关联类声明所在的命名空间。如果这个类是一个类模板的实例，那么集合包括模板类型实参的类型、声明模板的模板参数所在的类和命名空间等。
- 对于函数类型，该集合包括所有参数的类型以及返回类型的关联命名空间和关联类。
- 对于类 X 的成员指针类型，除了成员相关的关联命名空间和关联类之外，该集合还包括与 X 相关的关联命名空间和关联类。（如果是指涉成员函数的类型，则参数和返回类型也可以包括在该集合之内。）

ADL 会在所有关联命名空间中查找该名称，就好像依次地直接使用这些命名空间进行限定一样。唯一的例外情况是 using 指令将会被忽略。下面的示例说明了这一点：

details/adl.cpp

```
#include <iostream>

namespace X {
    template<typename T> void f(T);
}

namespace N {
    using namespace X;
    enum E { e1 };
    void f(E) {
        std::cout << "N::f(N::E) called\n";
    }
}

void f(int)
{
    std::cout << "::f(int) called\n";
}

int main()
{
    ::f(N::e1);     //受限函数名称：不会使用 ADL
    f(N::e1);       //普通查找将找到::f()，ADL 将找到 N::f()，
}                   //将会调用后者
```

注意，在本例中，当执行 ADL 时，命名空间 N 中的 using 指令被忽略了。因此，在 main() 函数内部的调用中，肯定不会调用 X::f()。

13.2.2 依赖于参数的友元声明的查找

类中的友元函数声明可以是该友元函数的首次声明。这种情况下，对于包含这个友元函数的类，假设这个友元函数是在该类所属的最近命名空间作用域（可能是全局作用域）中声明的。但是，这样的友元声明在该作用域中是不直接可见的。示例如下：

```
template<typename T>
class C {
    ...
    friend void f();
```

```
    friend void f(C<T> const&);
    ...
};

void g (C<int>* p)
{
    f();     //f()在这里可见吗
    f(*p);   //f(C<int> const&)在这里可见吗
}
```

如果友元声明在外部的命名空间中可见，那么实例化一个类模板可能使普通函数的声明可见。这将导致令人惊讶的行为：调用函数 f()将导致编译错误，除非类 C 的实例化发生在程序运行的前期！

另外，仅在友元声明中声明（和定义）函数可能会很有用（相关行为的技术请参阅 21.2.1 节）。当它们的友元类位于 ADL 所考虑的关联类之中时，可以找到这样一个函数。

重新考虑上面的示例。调用 f()没有关联类或命名空间，因为它没有任何参数：示例中它是一个无效的调用。但是，f(*p)确实具有关联类 C<int>（因为*p 的类型是 C<int>），并且全局命名空间也相关联（因为这是声明*p 类型的命名空间）。因此，只要在调用之前完全实例化 C<int>，就可以找到第 2 个友元函数（即 f）的声明。为了确保这一点，假设对于涉及关联类中友元查找的调用，实际上会导致该（关联）类被实例化（如果还没有实例化的话）。[1]

依赖于参数的查找来查找友元声明和定义的功能有时被称为友元名称注入（friend name injection）。然而，这个术语有些误导性，因为它实际上是准标准 C++特性的名称，该特性确实将友元声明的名称注入封闭的作用域中，使它们对普通的名称查找可见。在上面的示例中，这意味着两个调用的格式都是正确的。本章的后记将进一步详细介绍友元名称注入的历史。

13.2.3 注入的类名称

如果在类本身的作用域中注入该类的名称，则可以将该名称称为注入的类名称。它可以作为该类作用域中的一个非受限名称被访问。（但是，不能将其作为受限名称进行访问，因为在这里并没有使用该名称来表示构造函数。）示例如下：

details/inject.cpp

```
#include <iostream>

int C;

class C {
  private:
    int i[2];
  public:
    static int f() {
        return sizeof(C);
    }
};

int f()
```

① 虽然这是编写 C++标准的人的明确意图，但在标准中并没有明确说明。

```
{
    return sizeof(C);
}

int main()
{
   std::cout << "C::f() = " << C::f() << ','
             << " ::f() = " << ::f() << '\n';
}
```

从运行结果可以知道：成员函数 C::f()返回类型 C 的大小，而函数::f()返回变量 C 的大小（即 int 类型对象的大小）。

类模板也可以具有注入的类名称。然而，它们和普通的注入的类名称相比有些区别：它们的后面可以紧跟着模板实参（在这种情况下，它们也被称为注入的类模板名称），但是，如果它们后面没有跟着模板实参，则表示类，如果上下文需要类型，那么它们代表的就是用参数来代表类的实参（或者，对于偏特化，还可以用特化实参代表对应的模板实参）；或者上下文需要模板，则为模板。这就说明了以下情况：

```
template<template<typename> class TT> class X {
};

template<typename T> class C {
   C* a;         //正确：等价于 C<T>* a;
   C<void>& b; //正确
   X<C> c;       //正确：后面没有模板参数列表的 C 表示模板 C
   X<::C> d;     //正确：::C 不是注入的类名称，因此，总是表示模板
};
```

注意，使用非受限名称来引用注入的类名称时，如果这些非受限名称的后面没有紧跟模板实参列表，那么是不会被作为模板名称的。为了解决这个问题，可以在查找的模板名称前加上作用域限定符（::），使得模板名称被强制找到。

变参模板的注入的类名称有一个额外的缺点：对于被注入的类名称，如果该名称是通过将变参模板的模板参数作为模板实参直接形成的，那么被注入的类名称将包含未扩展的模板参数包（有关包扩展的详细信息，请参阅 12.4.1 节）。因此，当为变参模板创建注入的类名称时，与模板参数包相对应的模板实参是一个包扩展，其模式是模板参数包：

```
template<int I, typename... T> class V {
   V* a;           //正确：等价于 V<I, T...>* a;
   V<0, void> b; //正确
};
```

13.2.4 当前的实例化

类或类模板的注入的类名称实际上是所定义类型的别名。对于非模板类，这个特性是显而易见的，因为类本身是在作用域内具有该名称的唯一类型。但是，在类模板或类模板的嵌套类中，每个模板的实例化都会产生不同的类型。这个特性在这样的上下文中特别有趣，因为这意味着注入的类名称引用了类模板的相同实例化，而不是该类模板的其他特化（对于类模板的嵌套类也是如此）。

在类模板中，注入的类名称或与任何封闭类或类模板注入的类名称（包括通过类型别名的声明进行查找）等价的任何类型都被称为指涉当前的实例化（current instantiation）。依赖于模板参数的类型，即依赖类型（dependent type），但不指涉当前的实例化的类型称为指涉未知的特化（unknown specialization），该特化可以从相同的类模板或一些完全不同的类模板中实例化。以下示例说明了两者的区别：

```
template<typename T> class Node {
  using Type = T;
  Node* next;            //Node 指涉当前的实例化
  Node<Type>* previous;  //Node<Type>指涉当前的实例化
  Node<T*>* parent;      //Node<T*>指涉未知的特化
};
```

存在嵌套类和类模板的情况下，识别类型是否指涉当前的实例化可能会造成混淆。封闭（enclosing）类和类模板（或与它们等价的类型）的注入的类名称指涉当前的实例化，而其他嵌套类或类模板的名称则没有：

```
template<typename T> class C {
  using Type = T;

  struct I {
    C* c;                //C 指涉当前的实例化
    C<Type>* c2;         //C<Type> 指涉当前的实例化
    I* i;                //I 指涉当前的实例化
  };
  struct J {
    C* c;                //C 指涉当前的实例化
    C<Type>* c2;         //C<Type>指涉当前的实例化
    I* i;                //I 指涉未知的特化，因为 I 不包含 J

    J* j;                //J 指涉当前的实例化
  };
};
```

当类型指涉当前的实例化时，对于该实例化类的内容，可以确保它从当前定义的类模板或其嵌套类中实例化。在解析模板时，这会对名称查找造成影响（这是 13.3 节讨论的主题），但利用它发现了一种“戏剧化”的方法，用来确定类模板定义中的类型 X 是指涉当前的实例化，还是指涉未知的特化：如果其他程序员编写了一个显式特化（第 16 章将会详细描述），使 X 指涉这个特化，那么最终 X 将指涉未知的特化。比如，在上面的示例中，对于类型 C<int>::J 的实例化：C<T>::J 用来实例化具体类型的定义（因为这是正在实例化的类型）。此外，由于显式特化不能特化模板或模板的成员，如果不特化所有封闭类模板或成员，C<int>将从封闭类的定义中实例化。因此，J 中 J 和 C<int>（类型为 int）的引用指涉当前的实例化。另外，可以为 C<int>::I 编写一个显式特化，示例如下：

```
template<> struct C<int>::I {
  //特化的定义
};
```

本例中，C<int>::I 的特化提供了一个与 C<T>::J 完全不同的定义，因此，C<T>::J 定义中的 I 指涉的是一个未知的特化。

13.3 解析模板

对于大多数编程语言，编译器的两个基本活动是符号标记（tokenization）[①]（也称为扫描或查找）和解析。标记的过程是将源代码作为字符串序列读入，然后根据该序列生成一系列标记。比如，当看到字符序列 int* p = 0;时，扫描器将会生成标记描述：关键字 int、符号/运算符*、标识符 p、符号/运算符=、整型文字 0 和符号/运算符;。

接下来，解析器会递归地减少标记，或者把前面已经找到的模式结合成更高层次的构造，从而在标记序列中不断对应已知模式。比如，标记 0 是一个有效表达式，*和后面的标识符 p 的组合也是一个有效的声明，而这个声明和后面的“=”、再后面的表达式“0”组成了一个更长且有效的初始化声明（init-declarator）。最后，int 关键字是一个已知的类型名。因此，当它后面跟着初始化声明*p = 0 时，实际将得到 p 的初始化声明。

13.3.1 非模板中的上下文相关性

正如我们可能已经知道或预期的那样，扫描要比解析更容易。幸运的是，解析已经是一门理论发展得相当成熟的学科，大多数语言都可以使用相关理论进行解析。然而，解析理论主要面向上下文无关的语言（context-free language）。值得注意的是，C++是上下文敏感的。为了处理这个问题，C++编译器会使用一张符号表把扫描器和解析器结合起来。当解析某个声明的时候，这个声明会将添加到符号表中。当扫描器找到一个标识符时，它会在符号表中进行查找，如果发现该标识符是一个类型，就会注释所获得的标记（标识符）。

比如，如果 C++编译器看到：

```
x*
```

那么扫描器会去查找 x。如果发现 x 是一个类型，那么解析器接下来会看到：

```
identifier, type, x
symbol, *
```

并且可以得出结论：这里开始了一个声明。但是，在上述的查找过程中，如果发现 x 不是一个类型，解析器就会从扫描器处获得以下标记：

```
identifier, nontype, x
symbol, *
```

因此，这个构造就会被有效地解析为一个乘积。这些原则的细节取决于编译器的具体实现策略，但大体差不多就是这样。

C++对上下文敏感的另一个示例如下所示：

```
X<1>(0)
```

如果 X 是类模板的名称，那么前面的表达式将会把整数 0 强制转换为（从该模板生成的）

① 根据编译原理，tokenization 一词在本书中意指“扫描”或“词法分析”（lexing），对应的名词是“扫描器”。——译者注

X<1>类型。如果 X 不是模板，那么该表达式等价于：

```
(X<1)>0
```

换句话说，X 与 1 进行比较，然后把比较的结果（true 或 false，在本例中隐式转换为 1 或 0）再与 0 进行比较。虽然这类 C++代码很少使用，但这类代码实际上是有效的（对 C 语言也是有效的）。因此，C++解析器会先查找出现在<前面的名称，只有在该名称是模板名称时，才会把<视为左角括号，其他情况下，都会把<视为普通的小于号。

令人遗憾的是，这种形式的上下文敏感性是由选择角括号来界定模板参数列表所造成的。下面是另一个这样的示例：

```
template<bool B>
class Invert {
  public:
    static bool const result = !B;
};

void g()
{
    bool test = Invert<(1>0)>::result;
}
```

如果省略了 Invert<(1>0)>中的圆括号，那么第 1 个大于号（>）会被误认为模板参数列表的结束标记。这将使这行代码无效，因为编译器会将该代码等价地看作((Invert<1>))0>::result[1]。

角括号给扫描器带来的问题还不止这些。比如，下面的示例：

```
List<List<int>> a;
                //右角括号之间没有空格
```

两个大于号（>）会组合成右移标记>>，因此不会被扫描器视为两个单独的标记。这要归因于所谓的最大吞入（maximum munch）的扫描原则：C++实现应该让一个标记具有尽可能多的连续字符。[2]

正如 2.2 节中提到的，从 C++11 开始，C++标准专门指出了这种情况：嵌套的模板 id 由封闭的右移标记>>封闭（在解析器中，右移标记相当于两个单独的右角括号，表示立刻关闭两个模板 id）。[3]有趣的是，这种变化默默地改变了某些（人为设计的）程序的含义。示例如下：

names/anglebrackethack.cpp

```
#include <iostream>

template<int I> struct X {
  static int const c = 2;
};

template<> struct X<0> {
```

---

① 注意，这里使用双重圆括号是为了避免将 (Invert<1>)0 解析成一个强制类型转换操作，但这也是造成句法歧义的另一个原因。

②引入了特定的异常，以解决本节中描述的标记问题。

③ C++98 和 C++03 标准都不支持这种“角括号技巧”（angle bracket hack）。但是，在两个连续的角括号之间插入一个空格，这对于模板新手来说是一个常见的障碍，因此，C++标准委员会决定在 C++11 标准中加入这个技巧。

```
  typedef int c;
};

template<typename T> struct Y {
  static int const c = 3;
};

static int const c = 4;

int main()
{
  std::cout << (Y<X<1> >::c >::c>::c) << ' ';
  std::cout << (Y<X< 1>>::c >::c>::c) << '\n';
}
```

这是一个有效的 C++98 程序，输出为 0 3。它也是一个有效的 C++11 程序，但是角括号技巧使得两个圆括号内的表达式等价，并且输出为 0 0。[1]

由于存在有向图<:作为源字符[（在某些传统键盘上不可用）的替代形式，因此存在类似的问题。示例如下：

```
template<typename T> struct G {};
struct S;
G<::S> gs;                    //从 C++11 开始可用，但是之前版本会报错
```

在 C++11 之前，最后一行代码等价于 G[:S> gs;，这显然是无效的。另一个“词汇技巧”（lexical hack）被引入来解决这个问题：当编译器看到字符<::的后面不是紧跟着:或>时，前面的一对字符<:不会被当作与[等价的有向图符号（digraph token）[2]。这个“有向图技巧”（digraph hack）会使得之前有效（人为设计）的程序失效[3]：

```
#define F(X) X ## :

int a[] = { 1, 2, 3 }, i = 1;
int n = a F(<::)i];           //C++98/C++03 可用，但 C++11 不支持
```

要理解这一点，请注意，有向图技巧适用于预处理标记（preprocessing token），这是预处理器可接收的标记类型（在预处理完成后，它们可能不会被接收），并且会在宏扩展完成之前决定它们。考虑到这一点，C++98/C++03 在宏调用 F(<::)中，将会无条件地将<:转换为[，并且 n 的定义将扩展为：

```
int n = a [ :: i];
```

这样做很好。但是，C++11 不执行有向图的转换，因为在宏扩展之前，序列<::后面没有跟:或>，而是跟着)。如果没有有向图的转换，连接运算符##必须尝试将::和:连接到一个新的预处理标记中，但这是行不通的，因为:::不是一个有效的连接标记。该标准会导致这种未定义的行为，从而允许编译器做出任何操作。某些编译器可以诊断这个问题，而另一些编译器则不能，只会将两个预处理标记分开，但这是一个语法错误，因为它会导致 n 的定义扩展为：

① 对于提供 C++98 或 C++03 模式的某些编译器，会在这些模式中保持 C++11 的行为，因此，即使在正式编译 C++98/C++03 代码时，也会显示 0 0。

② 因此，这是前面讨论的最大吞入原则的一个例外。

③ 感谢 Richard Smith 的不吝指正。

```
int n = a < :: : i];
```

13.3.2 依赖类型的名称

模板中名称存在的主要问题是：这些名称不能被有效地确定。特别是，一个模板不能查找另一个模板内部，因为另一个模板的内容可能因为显式特化而变得无效。如下示例说明了这一点：

```
template<typename T>
class Trap {
  public:
    enum { x };            //#1 这里 x 不是一个类型
};

template<typename T>
class Victim {
  public:
    int y;
    void poof() {
        Trap<T>::x * y;  //#2 这里是一个声明还是一个乘积
    }
};

template<>
class Trap<void> {         //恶意的特化
  public:
    using x = int;         //#3 这里 x 是一个类型
};

void boom(Victim<void>& bomb)
{
    bomb.poof();
}
```

当编译器解析到#2 处时，它必须确定它所看到的是一个声明还是一个乘积。而这个结果取决于依赖的受限名称 Trap<T>::x 是否是一个类型名称。编译器这时会查找模板 Trap，并且能找到这个模板；根据#1 处，Trap<T>::x 并不是一个类型，从而让编译器相信#2 处是一个乘积。然而，在 T 是 void 的情况下，源代码通过覆盖泛型 Trap <T>::x，让它变成一个类型，这完全违背了前面的这种想法。本例中，Trap<T>::x 实际上是 int 类型。

在本例中，类型 Trap<T>是一种依赖类型，依赖于模板参数 T。此外，Trap<T>是指一个未知的特化（详情请参阅 13.2.4 节），这意味着编译器不能安全地查找模板来确定内部名称 Trap<T>::x 是否为一个类型。如果::前面的类型指涉了当前的实例化（比如，使用 Victim<T>::y），那么编译器可以查看模板的定义，以便确定没有其他特化可以干预。因此，当::前面的类型指涉当前的实例化时，对于模板中的受限名称的查找，它的行为与非依赖类型的受限名称的查找行为非常相似。

然而，正如示例中展示的那样，对未知的特化进行名称查找仍然是一个问题。C++语言通过下面的规定来解决这个问题。通常，依赖的受限名称不代表一个类型，除非该名称紧跟在 typename 关键字后面。对于类型名称，如果在替换模板参数后，发现名称不是类型的名称，那么程序是无效的，C++编译器会在实例化过程中报错。注意，typename 的这种用法不同于表示模板的类型参数。与类型参数不同，不能将 typename 等价地替换为 class。

当名称满足以下所有条件时，就需要在该名称前添加 typename 前缀。①

- 名称是受限的，而不是跟在::后面形成一个更加受限的名称。
- 名称不是详细类型说明符（elaborated-type-specifier）的一部分（比如，以关键字 class、struct、union、enum 等开头的类型名称）。
- 名称不在用于指定基类继承的列表中，也不在引入构造函数的成员初始化列表中。②
- 名称依赖于模板参数。
- 名称是未知的特化的成员（member of an unknown specialization），这意味着由受限符命名的类型指涉一个未知的特化。

此外，除非至少前 2 个条件成立，否则不允许使用 typename 前缀。为了说明这一点，考虑下面这个错误的示例：③

```
template<typename1 T>
struct S : typename2 X<T>::Base {
    S() : typename3 X<T>::Base(typename4 X<T>::Base(0)) {
    }
    typename5 X<T> f() {
        typename6 X<T>::C * p;  //声明指针 p
        X<T>::D * q;            //乘积
    }
    typename7 X<int>::C * s;

    using Type = T;
    using OtherType = typename8 S<T>::Type;
};
```

在上面的示例中，每次出现的 typename（无论是否正确）都使用索引编号，这样有利于下面的引用。typename1 表示一个模板参数，因此并不适用于前面的条件。

在前面的条件中，typename2 和 typename3 不满足第 2 个条件。在这两个上下文中，基类的名称不能以 typename 开头。但是，typename4 是必需的。在这里，基类的名称不能用于表示初始化或派生的对象，该名称是表达式的一部分，用于从其参数 0 构造一个临时的表达式 X<T>::Base（也可以是某种强制类型转换）。typename5 是被禁止的，因为它后面的 X<T>不是一个受限名称。对于 typename6，如果是期望声明一个指针，那么这个 typename 就是必需的。下一行省略了 typename 关键字，因此，编译器将其解析为乘法。typename7 是可选的，因为它符合前 2 个条件，但不符合后 2 个条件。最后，typename8 也是可选的，因为它指涉当前实例的成员（因此不满足最后一个条件）。

确定是否需要 typename 前缀的最后一个条件有时可能很难评估，因为它取决于确定类型是指涉当前的实例化，还是未知的特化的规则。在这种情况下，最安全的做法是简单地添加 typename 关键字，以表明希望后面的受限名称是类型。对于 typename 关键字，即使它是可选的关键字，也可以提供其意图的说明。

---

① 注意，在大多数情况下，C++20 可能不再需要 typename（详情请参阅 17.1 节）。

② 从语法上讲，在这些上下文中只允许使用类型名称，因此，总是假定使用受限名称来命名类型。

③ 改编自[*VandevoordeSolutions*]，只提供一次并且在以后的 C++代码中都可以使用，才表示真正实现了代码重用性。

13.3.3 依赖模板的名称

当依赖模板的名称时，会出现与 13.3.2 节中非常相似的问题。通常，C++编译器需要将模板名称后面的<作为模板参数列表的开始，否则，它只会作为小于运算符。与类型名称一样，除非程序员使用 template 关键字提供额外的信息，否则编译器必须假定依赖型名称不指涉模板：

```
template<typename T>
class Shell {
  public:
    template<int N>
    class In {
      public:
        template<int M>
        class Deep {
            public:
            virtual void f();
        };
    };
};

template<typename T, int N>
class Weird {
  public:
    void case1 (
            typename Shell<T>::template In<N>::template Deep<N>* p) {
        p->template Deep<N>::f();  //禁止虚函数调用
    }

    void case2 (
            typename Shell<T>::template In<N>::template Deep<N>& p) {
        p.template Deep<N>::f();   //禁止虚函数调用
    }
};
```

这个多少有点复杂的示例展示了何时需要在限定符（::、->和.，用于限定名称）的后面使用关键字 template。更明确的说法是：如果限定符前面的名称（或者表达式）的类型要依赖于某个模板参数，并且紧接在限定符后面的是一个模板 id（即一个后面带有由角括号标识的参数列表的模板名称），就应该使用 typename。比如，在下面的表达式中：

```
p.template Deep<N>::f()
```

p 的类型依赖于模板参数 T。然而，C++编译器并不会查找 Deep 来判断它是否是模板；因此，必须通过插入 template 前缀来显式指定 Deep 是一个模板的名称。如果没有这个前缀，p.Deep<N>::f()将会被解析为((p.Deep)<N)>f()。注意，在一个受限名称的内部，可能需要多次使用 template 关键字，因为限定符本身可能还会受限于外部的依赖型限定符（可以从前面的示例 case1 和 case2 中的参数看出这一点）。

如果在这些情况下省略了 template 关键字，那么左角括号和右角括号将被解析为小于号和大于号。与 typename 关键字一样，即使不是严格需要 template 前缀，也可以安全地添加 template 前缀，以表明下面的名称是一个模板 id。

13.3.4 using 声明中的依赖型名称

using 声明可以从两个位置（即命名空间和类）引入名称。如果引入位置是命名空间，将不会涉及上下文中相关的问题，因为不存在命名空间模板（namespace template）之类的东西。实际上，从类中引入名称的 using 声明的功能有限，只能将名称从基类引入派生类。这种 using 声明的行为类似于从派生类访问基类的符号链接或快捷方式。因此，可以让派生类的成员访问 using 声明的名称，就像它是派生类中声明的成员一样。下面用一个简短的非模板示例来说明这个问题：

```
class BX {
  public:
    void f(int);
    void f(char const*);
    void g();
};

class DX : private BX {
  public:
    using BX::f;
};
```

上面的 using 声明将基类 BX 中的名称 f 引入派生类 DX 中。在本例中，名称 f 与两个不同的声明相关联，因此，这里强调的是一种处理名称的机制，并不关注这个名称是否是单个声明。注意，using 声明的这种单独用法可以让原本不可访问的成员现在变成可访问的。从本例中可以看出，基类 BX（及其成员）对派生类 DX 来说是私有的（因为私有继承），除非派生类 DX 在公共接口中引入了函数 BX::f，否则派生类 DX 的用户不可以访问函数 BX::f。

现在，当 using 声明从依赖类中引入名称时，可能会出现问题。虽然 using 声明知道引入了名称，但不知道这个名称究竟是一个类型的名称、模板的名称，还是一个其他的名称：

```
template<typename T>
class BXT {
  public:
    using Mystery = T;
    template<typename U>
    struct Magic;
};

template<typename T>
class DXTT : private BXT<T> {
  public:
    using typename BXT<T>::Mystery;
    Mystery* p;    //如果上面不使用 typename，这将会是一个语法错误
};
```

同样，如果希望使用 using 声明引入的依赖型名称是一个类型，则必须通过插入 typename 关键字来显式地说明。奇怪的是，C++标准中没有提供一种类似的机制，来将这些依赖型名称标记为一个模板。下面的代码片段充分说明了这个问题：

```
template<typename T>
class DXTM : private BXT<T> {
  public:
```

```
    using BXT<T>::template Magic; //错误：非标准的
    Magic<T>* plink;              //语法错误：Magic 并不是一个已知的模板
};
```

C++标准委员会并不打算解决这个问题。但是，C++11 中的别名模板确实提供了部分解决方案：

```
template<typename T>
class DXTM : private BXT<T> {
  public:
    template<typename U>
    using Magic = typename BXT<T>::template Magic<T>; //别名模板
    Magic<T>* plink;                                  //正确
};
```

这个方法虽然有点笨拙，但是对于类模板，它达到了预期的效果。遗憾的是，对于函数模板（可能不太常见），问题依然没有得到解决。

13.3.5 ADL 和显式模板实参

考虑如下示例：

```
namespace N {
    class X {
       ...
    };

    template<int I> void select(X*);
}

void g (N::X* xp)
{
    select<3>(xp);  //错误：不是 ADL
}
```

在这个示例中，调用 select<3>(xp)的时候，可能会期望通过 ADL 找到模板 select()。然而，事实并非如此，因为编译器在确定<3>是一个模板实参列表之前，无法断定 xp 是一个函数调用参数。此外，编译器在发现 select()是一个模板之前，无法断定<3>是一个模板实参列表。这种“先有鸡还是先有蛋”的问题是无法解决的，因此，编译器只能将上面的表达式解析为(select<3)>(xp)，但这不是所期望的结果，也没有任何意义。

这个示例给人的印象是，模板 id 禁用了 ADL，但事实并非如此。可以通过引入一个名为 select 的函数模板来修复这些代码，这个函数模板在调用时可见：

```
template<typename T> void select();
```

尽管它对调用 select<3>(xp)没有任何意义，但是这个函数模板的存在确保 select<3>被解析为模板 id。然后，ADL 找到函数模板 N::select，最终调用成功。

13.3.6 依赖型表达式

和名称一样，表达式本身也可以依赖于模板参数。依赖于模板参数的表达式，在不同的实例化之间表现不同（比如，选择不同的重载函数，或产生不同的类型或常数值）。相反，不依赖于模板参数的表达式，在所有实例化中都将提供相同的行为。

表达式可以有几种不同的方式依赖于模板参数。依赖型表达式中最常见的是类型依赖的表达式（type-dependent expression），其中表达式本身的类型可以从一个实例化到下一个实例化（比如，一个指涉函数参数的表达式，其类型是模板参数的类型）：

```
template<typename T> void typeDependent1(T x)
{
  x;        //类型依赖的表达式，x 的类型可以是任意的
}
```

对于具有类型依赖的子表达式，其表达式本身通常也是类型依赖的（比如，调用函数 f() 时传入参数 x）：

```
template<typename T> void typeDependent2(T x)
{
  f(x);     //类型依赖的表达式，因为参数 x 是类型依赖的
}
```

注意，其中 f(x)的类型从一个实例化到下一个实例化时可能会有所不同，因为 f 可能被解析为一个模板，它的类型取决于参数类型，并且因为两阶段查找（相关讨论请参阅 14.3.1 节）可能会在不同的实例化中找到名称同为 f 的完全不同的函数。

并非所有涉及模板参数的表达式都是类型依赖的。比如，涉及模板参数的表达式，可以在从一个实例化到下一个实例化时产生不同的常量值。这样的表达式称为值依赖的表达式（value-dependent expression），其中最简单的是那些引用非依赖类型的非类型模板参数。比如：

```
template<int N> void valueDependent1()
{
  N;        //表达式是值依赖的，而不是类型依赖的，因为 N 具有固定的类型，但是有不同的常量值
}
```

与类型依赖的表达式一样，如果一个表达式由其他值依赖的表达式组成，那么它通常也是值依赖的，因此，N + N 或 f(N)也是值依赖的表达式。

有趣的是，由于某些操作（如 sizeof）具有已知的结果类型，因此它们可以将类型依赖的操作数转换为值依赖的表达式。示例如下：

```
template<typename T> void valueDependent2(T x)
{
  sizeof(x);    //表达式是值依赖的，而不是类型依赖的
}
```

sizeof 的操作总是产生一个 std::size_t 类型的值，无论输入的是什么，所以 sizeof 表达式不依赖于类型，尽管如此，在本例中，它的子表达式是类型依赖的。但是，返回的结果常量值会随着实例化的不同而不同，因此，sizeof(x)是一个值依赖的表达式。

如果将 sizeof 应用于值依赖的表达式，结果会怎样？

```
template<typename T> void maybeDependent(T const& x)
{
  sizeof(sizeof(x));
}
```

如上所述，这里的内部 sizeof 表达式是值依赖的。尽管最内层的表达式(x)是类型依赖的，但是，外部的 sizeof 表达式总是计算 std::size_t 的大小，所以它的类型和常量值在模板的所有实例化中都是一致的。任何涉及模板参数的表达式都是实例化依赖的表达式（instantiation-dependent expression）[①]，即使它的类型和常量值在有效的实例化中都是不变的。但是，实例化依赖的表达式可能会在实例化时无效。比如，使用非完整的类类型实例化 maybeDependent() 将会触发错误，因为 sizeof 不能应用于这种类型。

类型依赖、值依赖和实例化依赖可以被看作一系列越来越具有包容性的表达式分类。任何类型依赖的表达式也被认为是值依赖的，因为如果表达式的类型随着实例化的不同而不同，那么它的常量值自然会随着实例化的不同而不同。类似地，对于类型或值因实例化的不同而不同的表达式，它以某种方式依赖于模板参数，因此，类型依赖的表达式和值依赖的表达式都是实例化依赖的。这种包含关系如图 13.1 所示。

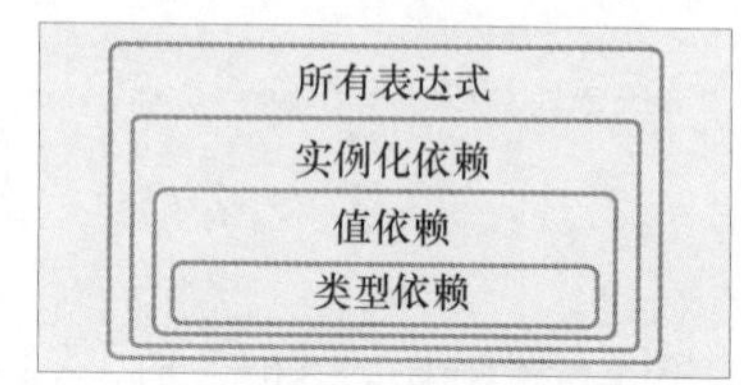

图 13.1　类型依赖、值依赖和实例化依赖相关表达式之间的包含关系

从最内层的上下文（类型依赖的表达式）到最外层的上下文，模板的更多行为是在解析时确定的，因此，不能因实例化的不同而不同。比如，考虑函数 f (x)的调用：如果 x 是泛型类型，f 是类型依赖的，那么 f 是一个受限于两阶段查找的名称（详情请参阅 14.3.1 节）；如果 x 是值依赖的，而不是类型依赖的，那么 f 将是一个非依赖型名称，这个名称的查找结果在模板解析的时候就可以完全确定。

13.3.7　编译器错误

当模板的所有实例化都产生错误时，C++编译器允许（但不是必需的）在解析模板时诊断错误。通过扩展 13.3.6 节中 f(x)的示例，我们来进一步探讨这个问题：

```
void f() { }

template<int x> void nondependentCall()
{
  f(x);        //x 是值依赖的，因此 f 是非依赖型名称
               //这个调用不会成功
}
```

这里，调用 f(x)将会在每个实例化中产生错误，因为 f 是一个非依赖型名称，并且唯一可见的 f 不接收参数。C++编译器在解析模板时可能会产生错误，或者可能会等到第 1 个模板实例化时才会产生错误：即使在这个简单的示例中，常见的编译器的行为也是不同的。使用依赖于实例化，但不依赖于值的表达式来构造下面类似的示例：

```
template<int N> void instantiationDependentBound()
{
  constexpr int x = sizeof(N);
  constexpr int y = sizeof(N) + 1;
```

① C++标准中使用类型依赖的表达式和值依赖的表达式这两个术语来描述模板的语义，它们对模板实例化的几个方面都会有影响（详情请参阅第 14 章）。另外，实例化依赖的表达式这个术语主要被 C++编译器的作者使用。而本书对实例化相关表达式的定义来自 Itanium C++ ABI [*ItaniumABI*]，它为许多不同 C++编译器之间的二进制的互操作性提供了基础。

```
  int array[x - y];    //在所有实例化中，数组的大小是负值
}
```

13.4　继承和类模板

类模板可以继承或被继承。出于许多目的，模板和非模板之间没有明显的区别。但是，当从“依赖型名称指涉的基类”派生类模板时，这两者存在一个重要而微妙的区别。首先来看一个非依赖型基类的简单示例。

13.4.1　非依赖型基类

在一个类模板中，非依赖型基类是具有完整类型的类，并且不需要知道模板的参数就可以完全确定类型。也就是说，这个基类的名称是用非依赖型名称来表示的。比如：

```
template<typename X>
class Base {
  public:
    int basefield;
    using T = int;
};

class D1: public Base<Base<void>> {       //实际上不是模板
  public:
    void f() { basefield = 3; }            //对继承的成员的常规访问
};

template<typename T>
class D2 : public Base<double> {    //非依赖型基类
  public:
    void f() { basefield = 7; }     //对继承的成员的常规访问
    T strange;                      //T 的类型是 Base<double>::T，而不是模板参数
};
```

模板中的非依赖型基类的行为与普通非模板类中的基类的行为非常相似，但有一个稍微令人感到遗憾的意外：当在模板的派生类中查找非受限名称时，会先查找非依赖型基类，再查找模板参数列表。这意味着在前面的示例中，类模板 D2 的成员 strange 的类型总是具有 Base<double>::T 中对应的类型 T（即 int 类型）。比如，下面的函数在 C++中是无效的（假设已经声明了上面的代码）：

```
void g (D2<int*>& d2, int* p)
{
    d2.strange = p;     //错误：类型不匹配
}
```

这是违反直觉的查找，并且要求派生模板的作者知道它所派生的非依赖型基类中的这些名称（即使这种派生是间接的，或者这些名称是私有的）。最好将模板的参数放置在它们“模板化”的实体的作用域中。

13.4.2 依赖型基类

在前面的示例中，基类是完全确定的。基类并不依赖于模板参数。这意味着一旦看到模板的定义，C++编译器就可以在这些基类中查找非依赖型名称。另一种方法（C++标准并不允许）是将查找这些名称的时间延迟，直到模板实例化完成。但这种替代方法的缺点是，它会将因为符号缺失产生的任何错误消息延迟到实例化的时候出现。因此，C++标准规定：一旦遇到出现在模板中的非依赖型名称，就立即查找它。有了这个概念之后，考虑下面的这个示例：

```
template<typename T>
class DD : public Base<T> {        //依赖型基类
  public:
    void f() { basefield = 0; }  //#1 问题
};


template<>  //显式特化
class Base<bool> {
  public:
    enum { basefield = 42 };     //#2 棘手
};

void g (DD<bool>& d)
{
    d.f();                       //#3 糟糕
}
```

在#1 处，如果可以找到对非依赖型名称 basefield 的指涉，必须马上对它进行查找。假设在模板 Base 中找到这个名称，并根据 Base 类的声明将它绑定为 int 类型的变量。但是，在这之后，使用显式特化覆盖了 Base 的泛型定义。碰巧的是，这种特化改变了已定义的成员 basefield 的含义！因此，在#3 处实例化 DD::f 的定义时，会发现过早地在#1 处绑定非依赖型名称。然而，根据#2 处对 DD<bool>的特殊指定，basefield 应该是一个不可修改的常量，因此编译器将会在#3 处发出一个错误消息。

为了避免这个问题，C++标准规定：非依赖型名称不会在依赖型基类[①]中进行查找（但一旦遇到它们，仍然会马上进行查找）。因此，标准 C++编译器会在#1 处给出一个诊断。为了纠正这里的代码，只需要使 basefield 也成为依赖型名称即可，因为依赖型名称只有在实例化时才会进行查找；并且在实例化时，基类的特化必须是已知的。比如，在#3 处，编译器知道 DD<bool>的基类是 Base<bool>，并且 Base<bool>已经被程序员显式特化了。在这种情况下，使 basefield 成为一个依赖型名称的首选方案如下：

```
//修改（方案 1）
template<typename T>
class DD1 : public Base<T> {
  public:
    void f() { this->basefield = 0; }  //查找被推迟
```

① 这属于两阶段查找（two-phase lookup）规则的作用范围，它会进行两个阶段的查找（看到模板定义的时候，会进行第一阶段查找；当实例化模板的时候，会进行第二阶段查找。详情请参阅 14.3.1 节）。

```
};
```

另一种可选的方案（方案 2）是使用受限名称来引入依赖性：

```
//修改（方案 2）
template<typename T>
class DD2 : public Base<T> {
  public:
    void f() { Base<T>::basefield = 0; }
};
```

当使用这个解决方案时，必须格外小心，因为如果将非受限的非依赖型名称用于虚函数调用，那么这种引入依赖性的限定将会禁止虚函数的调用，并且程序的含义也会发生改变。尽管如此，在某些情况下，当方案 1 不适用时，可以使用方案 2：

```
template<typename T>
class B {
  public:
    enum E { e1 = 6, e2 = 28, e3 = 496 };
    virtual void zero(E e = e1);
    virtual void one(E&);
};

template<typename T>
class D : public B<T> {
  public:
    void f() {
        typename D<T>::E e;   //this->E 是无效的语法
        this->zero();         //D<T>::zero()会禁止虚函数的调用
        one(e);               //因为 one 的实参是依赖型的，所以它是一个依赖型名称
    }
};
```

注意在这个示例中是如何使用 D<T>::E 来代替 B<T>::E 的。在这种情况下，两者都是有效的。但是，在多重继承的情况下，我们可能不知道是哪个基类提供了所需的成员（在这种情况下，使用派生类进行限定工作），或者多个基类可能声明相同的名称（在这种情况下，为了消除歧义，可能需要使用一个特定的基类名称）。

注意，调用 one(e)中的名称 one 依赖于模板形参，因为这个调用的显式实参（即 e）的类型（即 D<T>::E）是依赖于模板形参的。如果将依赖于模板形参的类型隐式用作默认实参的类型，那么将不属于（如 one）这种情况，因为编译器要等到决定查找的时候，才会确认默认实参是否是依赖型的，这会导致先有鸡还是先有蛋的问题。为了避免细微的差错出现，本书倾向于在所有允许使用 this->前缀的地方使用 this->前缀，这同样适用于非模板的代码。

如果发现重复的限定会使代码变得混乱，可以在派生类的依赖型基类中只引入依赖型基类中的名称一次：

```
//修改（方案 3）
template<typename T>
class DD3 : public Base<T> {
  public:
    using Base<T>::basefield;      //#1 依赖型名称现在位于该作用域中
    void f() { basefield = 0; }    //#2 正确
};
```

#2 处的查找是成功的，因为可以找到#1 处的 using 声明。但是，using 声明是直到实例化时才确定的，这也是期望的目标。这个方案有一些微妙的约束。比如，如果派生自多个基类，那么程序员就必须准确地选择一个包含所期望的成员的基类。

在当前实例化中搜索受限名称时，C++标准指定查找时：首先在当前实例化和所有非依赖型基类中进行搜索，类似于对该名称执行非受限查找的方式。如果可以找到任何名称，那么受限名称将指涉当前实例化的成员，而不是依赖型名称；[①]如果没有找到这样的名称，并且类具有任何依赖型基类，那么受限名称将指涉未知特化的成员。示例如下：

```
class NonDep {
  public:
    using Type = int;
};

template<typename T>
class Dep {
  public:
    using OtherType = T;
};

template<typename T>
class DepBase : public NonDep, public Dep<T> {
  public:
    void f() {
      typename DepBase<T>::Type t;     //找到 NonDep::Type
                                       //typename 关键字是可选的
      typename DepBase<T>::OtherType* ot; //什么也没找到
                                          //DepBase<T>::OtherType 是未知特化的成员
    }
};
```

13.5 后记

第 1 个真正解析模板定义的编译器是由一家名为 Taligent 的公司在 20 世纪 90 年代中期开发的。在这之前（甚至在此之后的几年中），大多数编译器仍然将模板视为一系列要在（解析后面的）实例化阶段才被处理的标记。因此，除了进行少量的解析查找，以便找到模板结束的位置以外，编译器不会对模板进行其他任何解析。在编写本书时，Microsoft Visual C++编译器仍然以这种方式工作。Edison Design Group（EDG）公司的编译器前端使用了一种混合技术，将模板内部视为一系列带注释的标记，但泛型解析需要在特定的模式下来验证语法（EDG 公司的产品模拟多个其他编译器的行为。特别是，它可以高度模拟 Microsoft 公司的编译器的行为）。

Bill Gibbons 是 Taligent 公司在 C++标准委员会的代表，他极力主张让模板可以清晰、无二义性地进行解析。直到 Taligent 公司的编译器被惠普（HP）公司收购以及完成第 1 个完整的编译器版本之后，Taligent 公司的努力才真正产品化，并成为一个真正可以编译模板的 C++编译器。和其他具有竞争优势的产品一样，这个 C++编译器很快就由于高质量的诊断而迅速得到业界的认可。模板诊断并不会总是延迟到实例化的事实也要归功于这个编译器。

在模板早期开发过程中，Tom Pennello（Metaware 公司的一位解析专家）就注意到一些

① 但是，在实例化模板时，仍然会重复查找，如果在该上下文中产生不同的结果，则程序是不正确的。

与角括号相关的问题。Stroustrup 也在[*StroustrupDnE*]中评论了这个问题，他认为人们更喜欢阅读角括号，而不是圆括号。然而，除了角括号和圆括号以外，还存在其他的一些可能性。Penello 在 1991 年的 C++标准大会（在达拉斯举行）上特别地提议使用花括号（如 Listf{::Xg}）。[①]然而，在那时，这个问题的扩展程度是比较有限的，因为嵌套在其他模板中的模板〔也称为成员模板（member template）〕是无效的，因此基本上不会涉及 13.3.3 节中讨论的话题。最后，C++标准委员会拒绝了这个替换角括号的提案。

非依赖型名称和依赖型基类的名称查找规则（相关讨论请参阅 13.4.2 节）是 C++标准委员会在 1993 年引入的。1994 年初，Bjarne Stroustrup 的[*StroustrupDnE*]首次给出了这些规则。然而，这些规则的第 1 个普遍可用的实现直到 1997 年初才出现，当时惠普公司将它引入 C++编译器中，这是这些规则的首次实现。于是，那时出现了大量的派生自依赖型基类的类模板的代码。但是，事实上，当惠普工程师开始测试这个实现时，他们发现大多数以特殊方式使用模板的程序都不能通过编译。[②]尤其是，所有使用了 STL 的实现在成百上千个地方违反了原则。[③]为了使这个转变过程对客户来说更加容易，对应那些假定非依赖型名称可以在依赖型基类中进行查找的相关代码，惠普公司“软化”了相关的诊断信息：对于位于类模板作用域中的非依赖型名称，如果按照标准的规则不能找到该名称，C++就会在依赖型基类中进行查找。如果仍然没有找到该名称，则会发出错误信息，表示编译失败。但是，如果在依赖型基类中找到该名称，那么将会给出警告，并对该名称进行标记，且将其视为依赖型名称，以便在实例化时再次尝试查找。

在查找过程中，查找规则“非依赖型基类中的名称会隐藏同名的模板形参”显然是一个疏忽，但是修改这个规则的提案没有得到 C++标准委员会的支持。在任何情况下，应该尽量避免在非依赖型基类中使用与模板形参名称相同的名称。良好的命名规范有助于解决这类问题。

友元名称的注入被认为是有害的，因为它使得程序的有效性对实例化的顺序更加敏感。Bill Gibbons（他当时正在研究 Taligent 公司的编译器）是解决这个问题的最有力的支持者之一，因为实例化顺序依赖性的消除可以支持新的且有趣的 C++开发环境（据传 Taligent 公司的编译器就是在这个环境中工作的）。然而，Barton-Nackman 的技巧（请参阅 21.2.1 节）需要一种特定的友元名称注入，正是这种特殊的技术，使得它以基于 ADL 当前（弱化）的形式仍然保留在语言中。

Andrew Koenig 首次提出了 ADL（这就是 ADL 有时被称为 Koenig 查找的原因），但在当时，仅将 ADL 用于运算符函数的查找。最初的动机主要是从美观和简单性出发：因为使用外部命名空间来显式地限定运算符名称的方式看起来很笨拙（比如，对于 a+b，可能需要编写 N::operator+(a, b)），而且必须为每个运算符都使用 using 声明，这样也可能会使得代码难以控制，所以决定运算符应该在与参数相关的命名空间中查找。后来，ADL 扩展到普通函数名，使之能够适应某些种类的友元名称的注入、支持模板和模板实例化的两阶段查找模型（详情请参阅第 14 章）。于是，扩展后的广义的 ADL 规则也称为扩展的 Koenig 查找（extended Koenig lookup）。

通过论文 N1757，David Vandevoorde 将角括号技巧的规范添加到 C++11 中。他还通过核心问题 1104 的决议添加了有向图技巧，以达到美国对 C++11 标准草案的审查要求。

---

① 花括号也不是完全没有问题的。具体来说，特化的类模板的语法需要进行重要的调整。

② 幸运的是，在发布新功能之前就发现了这个问题。

③ 具有讽刺意味的是，这些实现中的第一个实现也是由惠普公司开发的。

第 14 章

实例化

模板实例化是一个过程，它根据泛型的模板定义生成（具体的）类型、函数和变量。[1]在C++中，虽然模板实例化是一个很基础的概念，但多少有一些复杂。这种复杂性的主要原因在于：对于模板生成的实体，它们的定义已经不再局限于源代码中的单个位置。事实上，模板本身的位置、使用模板的位置以及定义模板实参的位置都会对这个（产生自模板的）实体的含义产生一定的影响。

本章将阐述如何组织源代码以正确地使用模板。另外，本章还将讨论大多数主流 C++编译器在处理模板实例化时的各种方法。尽管所有这些方法在语义上应该是等价的，但是充分理解编译器实例化策略的基本原理是大有裨益的。而且，在构建现实软件的过程中，每种机制都有它的独特之处，这些机制同时影响着 C++标准的最终规范。

14.1 按需实例化

当 C++编译器遇到模板特化时，它会利用所给的实参替换对应的模板参数，从而产生该模板的特化。[2]这个过程是自动进行的，并不需要用户代码（或者不需要模板定义）来引导。而且，这种按需实例化特性也使得 C++模板与其他早期编译语言（如 Ada 或 Eiffel，其中一些语言需要显式的实例化指令，而另一些则使用运行期分派机制来完全避免实例化进程）的相似功能大相径庭。另外，按需实例化有时也被称为隐式实例化或者自动实例化。

按需实例化意味着：编译器通常需要访问模板和某些模板成员的完整定义（即只有声明是不够的）。考虑下面这段短小的源代码：

```
template<typename T> class C;   //#1 这里只有声明

C<int>* p = 0;                  //#2 正确：并不需要 C<int>的定义


template<typename T>
class C {
  public:
    void f();                   //#3 成员声明
};                              //#4 类模板定义结束
void g (C<int>& c)              //#5 只使用类模板的声明
{
   c.f();                       //#6 使用了类模板的定义
}                               //在这个编译单元将需要使用 C::f()的定义
```

① “实例化”这个术语有时也用于指代“根据类型创建一个对象”。但是，在本书中，它指的都是模板实例化。

② 通常，“特化”术语用于指代一个实体，这个实体是模板的一个特殊实现（参阅第 10 章）。但是，它并不涉及第 16 章中描述的显式特化的机制。

```
template<typename T>
void C<T>::f()                    //由于#6 处的调用，这里需要定义模板 C<T>::f()
{
}
```

在#1 处，只有模板的声明是可见的，而不是定义，也就是说模板的定义此时还不是可见的〔这种声明有时也被称为前置声明（forward declaration）〕。与普通类一样，如果声明的是一个指涉某种类型的指针或引用（如#2 处的声明那样），那么在声明的作用域内，不需要这个类模板的定义是可见的。比如，函数 g()的参数的类型就不需要模板 C 的完整定义。然而，如果一个组件需要知道模板特化后的大小，或者访问该特化的成员，那么整个类模板的定义对它必须是可见的，这也正是#6 处必须看到类模板定义的原因。如果这个类模板的定义不可见，那么编译器将无法验证该成员是否存在，且是否可访问（即不是私有的，也不是受保护的）。此外，还需要定义成员函数，因为#6 处的调用需要 C<int>::f()定义存在。

下面是另一个需要进行（上面的）类模板实例化的表达式，因为编译器需要知道 C<void>的大小：

```
C<void>* p = new C<void>;
```

在这个示例中，实例化是必不可少的，因为只有实例化之后，编译器才能够确定 C<void>的大小，从而知道需要给 new 表达式分配多少存储空间。对于上面这个特殊的模板，可能会认为：使用任何类型实参 X 替换参数 T 都不会影响模板（特化）的大小，因为在任何情况下，C<X>都是一个空类。而且，不需要编译器通过分析模板定义来避免实例化（实际上所有编译器都会执行实例化）。另外在本例中，为了确定 C<void>是否具有可访问的默认构造函数，并且 C<void>没有声明私有的 operator new 或者 operator delete，都需要编译器进行实例化。

在源代码中，访问类模板的成员的需求并不总是显式可见的。比如，C++重载解析规则要求：如果候选函数的参数是类类型，那么该类型所对应的类就必须是可见的。

```
template<typename T>
class C {
  public:
    C(int);                     //具有单个参数的构造函数
};                              //可以被用于隐式的类型转换

void candidate(C<double>);     //#1
void candidate(int) { }        //#2

int main()
{
    candidate(42);              //前面的两个函数声明都可以被调用
}
```

调用 candidate(42)将会采用#2 处的重载声明。但是，编译器仍然可以实例化#1 处的声明，来检查产生的实例能否成为调用的一个可行的候选项（本例中实例化可能发生，因为单参数的构造函数可以将 42 隐式地转换为一个 C<double>类型的右值）。请注意，如果编译器在不使用实例的情况下解析这个调用（即调用#2 处的声明），则允许（但不是必须）执行这个实例化（本例也是如此，因为在精确匹配的过程中不会选择进行隐式转换）。注意，C<double>的实例化可能会触发一个令人惊讶的错误。

14.2 延迟实例化

到目前为止，本书给出的示例所阐述的一些约束和使用非模板类时的约束相比，并没有本质的区别。比如，非模板类的许多用法会要求一个类类型的定义是完整的（详情请参阅10.3.1节）。类似地，对于模板来说，编译器可以根据类模板的定义，生成这个完整的定义。

现在出现了一个相关的问题：模板的实例化程度是怎么样的呢？对于这个问题，一个含糊的回答是：只对确实需要的部分进行实例化。换句话说，编译器延迟模板的实例化。接下来，我们不妨一起来研究一下“延迟”在这里的具体含义。

14.2.1 部分和完全实例化

正如我们所看到的那样，编译器有时不需要替换类或函数模板的完整定义。示例如下：

```
template<typename T> T f (T p) { return 2*p; }
decltype(f(2)) x = 2;
```

在这个示例中，decltype(f(2))表示的类型不需要函数模板f()的完全实例化。因此，编译器只允许替换f()的声明，而不允许替换它的“函数体”。这个过程称为部分实例化（partial instantiation）。

类似地，如果只是指涉类模板的一个实例，并且该实例不需要是一个完整类型，则编译器不应该对这个类模板的实例执行完全实例化。考虑如下示例：

```
template<typename T> class Q {
  using Type = typename T::Type;
};

Q<int>* p = 0;        //正确：Q<int>的主体不会被替换
```

在本例中，Q<int>的完全实例化将会触发一个错误，因为当T为int类型时，T::Type没有任何意义。但是因为在这个示例中Q<int>不需要是完整的，所以没有执行完全实例化，并且代码没有问题（尽管可疑）。

变量模板也有“完全”和“部分”实例化的区别。下面的示例阐明了这一点：

```
template<typename T> T v = T::default_value();
decltype(v<int>) s; //正确：v<int>的初始化器没有被实例化
```

v<int>的完全实例化可能会引发错误，但如果只需要变量模板实例的类型，就不需要完全实例化v<int>。

有趣的是，别名模板不存在这种区别。

在C++中，当谈到模板实例化时，如果没有具体说明是完全实例化还是部分实例化，则倾向于使用前者。也就是说，默认情况下的实例化是完全实例化。

14.2.2 实例化组件

当隐式（完全）实例化类模板时，也实例化了该类模板的每个成员的声明，但并没有实例化相应的定义（也就是说，类模板的成员被部分实例化）。但也存在一些例外的情况：首先，如果类模板包含一个匿名的联合，那么该联合定义的成员也被实例化了。[①]有一个异常情况发生在虚函数身上。作为实例化类模板的结果，虚函数定义可能已被实例化，但也可能还没有被实例化。实际上，许多实现将会实例化（虚函数）这个定义，这是因为对于实现虚函数调用机制的内部结构，要求虚函数作为实际可链接的实体存在。

当实例化模板的时候，默认的函数调用参数需要分开考虑。准确来说，只有这个被调用的函数（或成员函数）确实使用了默认实参，才会实例化该实参。另外，如果函数使用显式的实参覆盖默认实参，就不会实例化默认实参。

类似地，除非需要，否则异常规范和默认成员初始化器不会被实例化。

接下来通过一些示例来阐明这些原则：

details/lazy1.hpp

```
template<typename T>
class Safe {
};

template<int N>
class Danger {
    int arr[N];                     //正确，如果 N<=0 的话，将会失败
};

template<typename T, int N>
class Tricky {
  public:
    void noBodyHere(Safe<T> = 3); //正确，如果使用默认值，将会导致错误
    void inclass() {
        Danger<N> noBoomYet;       //正确，当 N<=0 时使用 inclass()，将会导致错误
    }
    struct Nested {
        Danger<N> pfew;            //正确，Nested 与 N<=0 一起使用时，将会导致错误
    };
    union {                        //由于匿名的联合
        Danger<N> anonymous;       //正确，当 Tricky 用 N<=0 实例化时，将会导致错误
        int align;
    };
    void unsafe(T (*p)[N]);        //正确，当 Tricky 用 N<=0 实例化时，将会导致错误
    void error() {
        Danger<-1> boom;           //总是报错（并非所有的编译器都能检测出）
    }
};
```

标准的 C++编译器通常会编译这段模板的定义，目的是检查语法约束和一般的语义约束。然而，当检查涉及模板参数的约束时，它会“处于最理想的情况”。比如，成员 Danger::arr 中的参数 N 可以是 0 或负数（这是无效的），但假设的情况并非如此。[②]因此，对于 inclass()、结构体 Nested 和匿名的联合，它们的定义都不是问题。

出于同样的原因，如果 N 是一个没有被替换的模板参数，那么声明 unsafe 成员（T (*p)[N]）

① 匿名的联合在这方面总是很特别：可以将它的成员视为外部类的成员。匿名的联合主要是一种结构，它表示某些类成员共享存储空间。

② 由于某些编译器，比如 GCC，允许长度为 0 的数组作为扩展，因此，即使 N 最终为 0，也可能接受这段代码。

也不是问题。

成员 noBodyHere()声明中的默认实参规范（= 3）是可疑的，因为模板 Safe<>不能使用整数来初始化，但这里的编译器会假定，Safe<T>的泛型定义实际上并不需要默认实参，或者 Safe<T>将会被特化（详情请参阅第 16 章），以启用整数值初始化。但是，即使模板没有实例化，成员函数 error()的定义也是错误的，因为使用 Danger<-1>需要完整定义 Danger<-1>类，而生成该类会尝试定义一个大小为负数的数组。有趣的是，虽然标准明确指出这段代码是无效的，但它也允许编译器在模板实例没有实际使用时，不去诊断错误。也就是说，由于 Tricky<T,N>::error()没有用于任何具体的 T 和 N，因此编译器不需要在这种情况下诊断错误。比如，在编写本书时，GCC 和 Visual C++还不会去诊断此类错误。

现在来分析一下，在添加以下定义时会发生什么：

```
Tricky<int, -1> inst;
```

这会导致编译器（完全）实例化 Tricky<int, -1>，方法是在模板 Tricky<>的定义中，使用 int 来代替 T，使用-1 来代替 N。并不是所有的成员定义都需要，但是默认构造函数和析构函数（在本例中都是隐式声明的）肯定会被调用，因此它们的定义必须以某种方式可用（上面的示例就是这种情况，因为它们是隐式生成的）。正如上面所阐述的，Tricky<int, -1>的成员被部分实例化（即它们的声明被替换）：这个过程可能会导致错误。比如，unsafe(T (*p)[N])的声明创建了一个元素为负数的数组类型，这是错误的。类似地，匿名成员现在会触发一个错误，这是因为类型 Danger<-1>无法完成。相比之下，成员 inclass()和结构体 Nested 的定义还没有实例化，因此它们对完整类型 Danger<-1>（如前所述，其中包含前面讨论的无效的数组定义）的需求并不会触发错误。

正如前面所阐述的，在实例化模板时，实际上还应该提供虚成员的定义。否则，链接时可能会发生错误。比如：

details/lazy2.cpp

```
template<typename T>
class VirtualClass {
  public:
    virtual ~VirtualClass() {}
    virtual T vmem();  //如果在没有定义的情况下实例化，可能会发生错误
};

int main()
{
  VirtualClass<int> inst;
}
```

最后，对运算符->进行说明。示例如下：

```
template<typename T>
class C {
  public:
    T operator-> ();
};
```

通常，运算符->必须返回一个指针类型或其他适用的类类型作为结果。这表明 C<int>的完成会触发一个错误，因为它为运算符->声明了 int 类型的返回类型。然而，由于某些自然的

类模板的定义会触发这些类型的定义，[1]语言规则则更加灵活。对于用户定义的运算符->，如果该运算符实际上是由重载决议选择的，只需要返回另一个运算符->（比如内置运算符）所适用的类型。即使在模板外部也是如此（尽管在这些上下文中，放松的行为也并不是那么有用）。因此，这里的声明不会触发任何错误，即使 int 类型被替换为返回类型。

14.3 C++的实例化模型

模板实例化的过程是：根据相应的模板实体，适当地替换模板参数，从而获取普通类型、函数或变量的过程。这听起来可能相当简单，但在实际应用中仍然需要遵循许多规则。

14.3.1 两阶段查找

我们从第 13 章了解到，在对模板进行解析的时候，编译器并不能解析依赖型名称。于是，编译器会在实例化时再次查找这些依赖型名称。另外，对于非依赖型名称，编译器在首次看到模板的时候就进行查找，以便在第 1 次看到模板时，可以诊断出许多错误。于是，就有了两阶段查找[2]的概念：第一阶段发生在模板的解析阶段，第二阶段发生在模板的实例化阶段。

在第一阶段解析模板时，使用普通查找规则（ordinary lookup rule）和（如果适用）ADL 规则查找非依赖型名称。另外，非受限的依赖型名称（之所以说它们是依赖型的，是因为它们看起来就像一个带有依赖型参数的函数调用中的函数名称）也使用普通查找规则进行查找，但它查找的结果是不完整的（即查找还没有结束），直到另一个查询在第二阶段（模板实例化时），还会再次执行查找。

第二阶段发生在模板实例化时，也称此时发生实例化的位置为实例化点（point of instantiation，POI）。受限的依赖型名称就是在此阶段进行查找的（查找的目的：通过使用模板实参替换模板参数，以获取特定的实例化体）。另外，对于第一阶段的非受限的依赖型名称，也会在此阶段再次执行 ADL。

对于非受限的依赖型名称，使用初始的普通查找（虽然不是完全查找）来确定该名称是否为模板。考虑以下示例：

```
namespace N {
  template<typename> void g() {}
  enum E { e };
}

template<typename> void f() {}

template<typename T> void h(T P) {
  f<int>(p); //#1
  g<int>(p); //#2 错误
}

int main() {
```

① 典型的示例是智能指针（smart pointer）模板（如标准库的 std::unique_ptr<T>）。

② 除了两阶段查找（two-phase lookup）之外，还使用了两阶段名称查找（two-phase name lookup）等术语。

```
  h(N::e);    //调用模板 h 时使用 T = N::E
}
```

在#1 处，当看到名字 f 后面跟着<时，编译器必须判断<是角括号还是小于号。这取决于编译器是否知道 f 是模板的名称。在本例中，普通查找会找到 f 的声明，它确实是一个模板，因此使用角括号解析成功。

但是，#2 处会产生一个错误，因为使用普通查找没有找到模板 g，所以<被认为是小于号，但在本例中这是一个语法错误。如果能解决这个问题，最终会在为 T = N::E 实例化 h 时，使用 ADL 找到模板 N::g（因为 N 是与 E 相关联的命名空间），但是在成功解析 h 的泛型定义之前，还无法做到这一点。

14.3.2 实例化点

从上面的介绍可以知道，在模板用户代码中，C++编译器必须可以在某些位置上访问模板实体的声明或定义。于是，当某些代码的构造指涉了模板的特化，需要实例化相应模板的定义时，就会在源代码中创建一个 POI。POI 指的是源代码中的一个位置，在该位置会插入替换后的模板实例。示例如下：

```
class MyInt {
  public:
    MyInt(int i);
};

MyInt operator - (MyInt const&);

bool operator > (MyInt const&, MyInt const&);

using Int = MyInt;

template<typename T>
void f(T i)
{
    if (i>0) {
        g(-i);
    }
}
//#1
void g(Int)
{
    //#2
    f<Int>(42);  //调用点
    //#3
}
//#4
```

当 C++编译器看到调用 f<Int>(42)时，它知道需要用 MyInt 替换 T 以实例化模板 f，即创建一个 POI。#2 处和#3 处是临近调用点的两个地方，但它们不能作为 POI，因为 C++不允许把::f<Int>(Int)的定义插在这里。另外，#1 处和#4 处之间的本质区别在于：在#4 处，函数 g(Int)是可见的，因此在#4 处依赖模板的调用 g(-i)可以被解析；然而，如果#1 处作为 POI，那么调用 g(-i)将不能被解析，因为 g(Int)在#1 处是不可见的。幸运的是，对于指涉函数模板特化的引用，C++把它的 POI 定义在“包含这个引用的定义或声明之后的最近的命名空间作用域”中。在本例中，POI 定义在#4 处。

读者可能会想知道为什么在这个示例中使用的是 MyInt 类型，而不是直接使用简单的 int 类型。这主要是因为：在 POI 上执行的第 2 次查找（指 g(-i)）只使用了 ADL。而基本类型 int 并没有关联的命名空间，因此，如果使用 int 类型，就不会发生 POI 查找，也就不能找到函数 g。所以，如果用 int 类型替换类型别名的声明：

```
using Int = int;
```

前面的示例将不再编译。下面的示例遇到了类似的问题：

```
template<typename T>
void f1(T x)
{
    g1(x);    //#1
}
void g1(int)
{
}

int main()
{
    f1(7);    //错误：g1 没找到
}
//#2 f1<int>(int)的 POI
```

在 main()函数外部的#2 处，调用 f1(7)为 f1<int>(int)创建了一个 POI。在这个实例化过程中，关键问题是查找函数 g1。当第 1 次遇到模板 f1 的定义时，非受限名称 g1 是依赖型的，这是因为它是一个具有依赖型参数的函数调用中的函数名称（参数 x 的类型取决于模板参数 T）。因此，在#1 处使用普通查找规则查找 g1；然而，g1 在这里是不可见的。在#2 处（即 POI），在关联的命名空间和类中再次查找该函数，但唯一的参数类型是 int，并且它没有关联的命名空间和类。因此，尽管在 POI 中可以通过普通查找规则查找 g1，但实际上 g1 永远找不到。

变量模板的 POI 的处理类似于函数模板的 POI 的处理。[①]

对于类模板特化，情况就不同了，如以下示例所示：

```
template<typename T>
class S {
  public:
    T m;
};
//#1
unsigned long h()
{
    //#2
    return (unsigned long)sizeof(S<int>);
    //#3
}
//#4
```

① 令人惊讶的是，在编写本书时，C++标准中并没有明确规定这一点。但是，预计这不会成为一个有争议的问题。

同样，函数作用域中的#2 处和#3 处不能是 POI，因为命名空间作用域中类 S<int>的定义不能出现在那里（模板通常不能出现在函数作用域中[①]）。如果遵循函数模板实例的规则，POI 将位于#4 处，但是表达式 sizeof(S<int>)是无效的，因为在到达#4 处之前无法确定 S<int>的大小。因此，指涉生成的类实例的 POI 定义为：紧邻在最近的命名空间作用域的声明或定义之前的位置，它包含对该实例的指涉。在本例中，该 POI 位于#1 处。

实际上，当模板实例化时，可能会出现额外实例化的需要。考虑下面一个简短的示例：

```
template<typename T>
class S {
  public:
    using I = int;
};

//#1
template<typename T>
void f()
{
    S<char>::I var1 = 41;
    typename S<T>::I var2 = 42;
}
int main()
{
    f<double>();
}
//#2: #2a, #2b
```

根据前面的讨论，已经确定了 f<double>()的 POI 在#2 处。但在本例中，函数模板 f()也指涉类特化 S<char>，因此其 POI 位于#1 处；因为它也指涉了 S<T>，并且 S<T>是依赖型的，所以不能在这里实例化它。但是，如果在#2 处实例化了 f<double>()，那么还需要实例化 S<double>的定义。对于类实体和非类实体，这种次级（或传递）POI 的定义略有不同。对于函数模板，这种次级 POI 与主 POI（即 f<double>）的位置完全相同。对于类实体，次级 POI 的位置在主 POI 之前（最近的封闭命名空间作用域中）。在本例中，这意味着 f<double>()的 POI 可以位于#2b 处，在它之前（#2a 处）是 S<double>的次级 POI。请注意，S<double>和 S<char>的 POI 是不同的。

一个编译单元通常会包含同一个实例的多个 POI。对于类模板实例而言，在每个编译单元中，只有第 1 个 POI 被保留，而其他的 POI（其实它们并不会被认为是真正的 POI）则会被忽略。对于函数和变量模板的实例，会保留所有的 POI。然而，在上面的任何一种情况下，ODR 都要求，保留的任何一个 POI 处所出现的实例化都是等价的，但 C++编译器既不需要验证这种约束，也没有要求诊断是否违反这种约束。这就允许 C++编译器可以选择一个非类型的 POI 来执行所需要的实例化，而不必担心另一个 POI 可能导致不同的实例化。

实际上，大多数编译器会延迟非内联函数模板的实例化，直到编译单元的末尾处，才进行真正的实例化。但一些实例化不能延迟，包括需要使用实例化来确定推导的返回类型的情况（详情请参阅 15.10.1 节和 15.10.4 节），以及在函数是 constexpr 的情况下，必须通过求值来产生一个常量的结果。某些编译器是在第 1 次潜在的内联即时调用时进行内联函数的实例

① 泛型 lambda 表达式的调用运算符是这个结果的一个例外。

化的。[1]这有效地将相应模板特化的 POI 移动到编译单元的末尾，而这正是 C++标准所允许的可替换 POI。

14.3.3 包含模型

当遇到 POI 的时候，（编译器要求）必须以某种方式访问相应模板的定义。对于类特化而言，这意味着：在编译单元中，类模板的定义必须在它的 POI 之前就已经是可见的。对于函数模板和变量模板（以及类模板中的成员函数和静态数据成员）的 POI 而言，这也是需要的。通常，模板的定义会被放入一个头文件中，然后在需要该定义的时候，把这个头文件通过 #include 引入这个编译单元中，即使它们是非类型模板，也是如此。这个模板定义的源模型称为包含模型（inclusion model），它是目前 C++标准中支持的唯一的模板自动源模型。[2]

尽管包含模型鼓励程序员将所有的模板定义都放在头文件中，以便它们可以满足可能出现的任何 POI，但也可以使用显式实例化声明（explicit instantiation declaration）和显式实例化定义（explicit instantiation definition）来显式管理实例化（详情请参阅 14.5 节）。但是这样做在逻辑上并不简单，大多数时候，程序员会更倾向于依赖自动实例化的机制。使用自动模式实现的一个挑战是：处理跨编译单元的函数或变量模板（或类模板实例中的相同的成员函数或静态数据成员）中相同特化的 POI 的可能性。接下来将讨论解决这个问题的方案。

14.4 实现方案

本节将回顾几种主流的 C++编译器对包含模型的一些支持方式的实现。所有的这些实现主要依赖于两个经典组件：编译器（compiler）和链接器（linker）。编译器将源代码编译为目标文件，其中包含带有符号注释的机器码（用于交叉引用其他目标文件和程序库）。链接器组合目标文件，并且解析目标文件中所包含的符号交叉引用，最后创建可执行的程序或程序库。在接下来的内容中，假设存在这样一个模型，尽管它完全有可能（但并不流行）使用其他方式实现了 C++。比如，可能会想象一个 C++解释器。

当在多个编译单元中使用类模板特化时，编译器将会在每个编译单元中都重复类模板的实例化过程。这通常不会产生什么问题，因为类定义并不会直接生成低层次的代码。这些类定义也只是在 C++实现内部使用，用于验证和解释各种其他的表达式和声明。在这方面，在多个编译单元中包含同一个类定义的多个实例化体和在多个编译单元中多次包含同一个类定义（通常通过包含头文件来实现），两者之间并没有本质上的区别。

但是，如果实例化的是一个（非内联的）函数模板，情况可能会有所不同。如果提供了一个普通非内联函数的多个定义，就会违反 ODR。比如，假设编译并链接了下面这个包含两个文件的程序：

---

① 在现代编译器中，调用时的内联通常主要由编译器中的一个与语言无关的组件处理，专门用于优化（“后端”或“中间端”）。然而，C++早期设计的“前端”（C++编译器中 C++的特定部分）也可以进行内联展开调用，这是因为在考虑内联展开调用时，较旧的后端过于保守。

② 最初的 C++98 标准中也提供了一个分离模型（separation model）。但它一直没有流行起来，于是在 C++11 标准发布之前被删除了。

```
//文件：a.cpp
int main()
{
}

//文件：b.cpp
int main()
{
}
```

C++编译器可以单独编译每个模块而不会出现任何问题，因为它们实际上都是有效的C++编译单元。然而，如果试图链接这两个文件的话，那么链接器很可能会“抱怨”，因为重复的定义是不允许的。

相反，考虑下面的模板示例：

```
//文件：t.hpp
//公共头文件（包含模型）
template<typename T>
class S {
  public:
    void f();
};

template<typename T>
void S::f()    //成员定义
{
}

void helper(S<int>*);

//文件：a.cpp
#include "t.hpp"

void helper(S<int>* s)
{
    s->f();       //#1 S::f 的第 1 个 POI
}

//文件：b.cpp
#include "t.hpp"

int main()
{
    S<int> s;
    helper(&s);
    s.f();       //#2 S::f 的第 2 个 POI
}
```

如果链接器以“对待普通函数或成员函数”的方式来对待类模板的实例化成员函数，那么编译器需要确保只在两处 POI 中的一处生成代码：只在#1 处或者#2 处，但不会在两处都产生 POI。为了实现这一点，编译器必须将某些特定的信息从一个编译单元转移到另一个编译单元。显然，在引入 C++模板之前，并不会要求 C++编译器这样做。因此，在接下来的内容中，将会讨论：在众多的 C++实现中，使用最广泛的 3 种解决方案。

请注意，同样的问题也会出现在由模板实例化产生的所有可链接实体中。这些可链接实体包括：实例化后的函数模板、实例化后的成员函数模板、实例化后的静态数据成员，以及实例化后的变量模板。

14.4.1 贪婪实例化

第 1 个使贪婪实例化流行起来的 C++编译器是由 Borland 公司生产的。到目前为止，贪婪实例化已经发展成为各种 C++系统中最广泛使用的技术。

贪婪实例化假设链接器知道：特定的实体（特别是可链接的模板实例化体），实际上可以在多个目标文件和程序库中以副本的形式多次出现。于是，编译器通常会使用某种特殊的方式对这些实体进行标记。当链接器找到多个实例时，它会保留其中一个实例，而丢弃其他所有的实例。以上就是贪婪实例化的主要处理方法。

从理论上讲，贪婪实例化具有下面几个严重的缺点。

- 编译器可能会在生成和优化 *N* 个实例化体上浪费时间，因为最后只有其中一个实例化体会被保留。
- 链接器通常不会检查两个实例是否相同，因为在生成的代码中，同一个模板特化的多个实例之间可能会出现一些细微的差异。事实上，这些细微的差异并不会导致链接器失败（这些差异可能是由实例化时，编译器状态的微小差异造成的）。然而，对这些细微差异视而不见，却常常会导致链接器察觉不到更多（本质上）的差异。比如，针对同一个实例，可能会出现两种不同的实例化体：一个实例是用严格的浮点数规则编译的，而另一个实例是用宽松的、高性能的浮点数规则编译的。[①]
- 与其他的解决方案相比，所有目标文件的大小总和可能比要替换的文件大得多，因为相同的代码可能会重复生成多次。

实际上，这些缺点看起来似乎并没有造成严重的问题。或许这是因为与其他候选方案相比，贪婪实例化具有一个很大的优势：它保留了传统的源-对象之间的依赖关系。尤其是，一个编译单元只生成一个目标文件，并且在相应的源文件（它包括实例化后的定义）中，每个目标文件都包含针对所有可链接定义的代码，而且这些代码是已经编译过的代码。另一个重要的优势是，所有函数模板的实例都是内联的候选对象，并且无须求助于昂贵的“链接期”优化机制（实际上，函数模板实例通常是受益于内联的小函数）。其他实例化机制专门处理内联函数模板实例，以确保它们可以内联展开。然而，贪婪实例化甚至允许非内联函数模板实例被内联扩展。

最后，值得注意的是，允许可链接实体重复定义的链接器机制，通常也用于处理重复溢出的内联函数（spilled inlined function）[②]和虚函数调度表（virtual function dispatch table）[③]。如果这个链接器机制不可用，则通常可以发出这些具有内部链接的项目，但代价是生成更多的代码。因为内联函数只有一个地址的需求，这使得人们很难以符合标准的方式实现该替代方案。

---

① 然而，目前的系统已经发展到可以检测到某些其他的差异。比如，它们可能报告一个实例化是否具有相关的调试信息，而另一个实例化却没有。

② 当编译器无法“内联”函数（使用 inline 关键字标记）的每一次调用时，将会在目标文件中发出该函数的一个单独副本。这可能会发生在多个目标文件中。

③ 通常，虚函数的调用是通过一个指向函数的指针表作为间接调用来实现的。详情请参阅 [*LippmanObjMod*]，以便深入研究 C++实现方面。

14.4.2 查询实例化

在 20 世纪 90 年代中期，一个名为 Sun Microsystems[1]的公司发布了一个 C++编译器的重新实现（4.0 版），它提供了一个全新而有趣的实例化问题的解决方案，其被称为查询实例化（queried instantiation）。从概念上来说，查询实例化非常简单和优雅，但按时间顺序排序的话，它是本书回顾的最新的类实例化方案。这个方案需要维护一个数据库，程序中所有编译单元的编译都会共享这个数据库。该数据库会跟踪一些信息，比如，哪些特化已实例化完成、特化需要依赖于哪些源代码等，然后把生成的特化本身与这些信息一起存储在数据库中。当遇到可链接实体的 POI 时，会根据具体的上下文环境，从下面 3 个操作中选出一个适当的操作。

- 不存在所需要的特化。在这种情况下，将会进行实例化，然后将生成的特化放入数据库中。
- 存在所需要的特化，但是已经过期。因为在该特化生成之后，源代码发生了改变。这样会再次进行实例化，并用产生的特化替换之前存储在数据库中的特化。
- 如果最新的特化已经存储在数据库中，就不需要进行实例化了。

虽然从概念上来说，这个方案很简单，然而实际上并非如此，这个方案往往会带来一些实现方面的挑战。

- 根据源代码的状态，正确维护数据库内容之间的依赖关系并非小事。对于上面阐述的 3 种操作，虽然将第 3 种情况误认为第 2 种情况来处理不会产生错误，但是这样做会大大增加编译器的工作量（从而会增加整个构建时间）。
- 基于这种方案，并行编译多个源文件是很常见的。因此，如果需要获得具有工业强度的实现，就需要在数据库中提供适当的并行控制。

尽管存在这些挑战，但该方案依然可以相当有效地实施。此外，不存在明显的、可以阻止该方案扩展的缺点。其他的贪婪实例化的解决方案则可能会导致大量无意义的工作。

遗憾的是，数据库的使用也可能会给程序员带来一些问题。大多数问题的根源在于：对于继承自大多数 C 编译器的传统编译模型，现在它们已经不再适用，因为一个编译单元已经不再产生一个独立的目标文件。比如，假设希望链接最终的程序，那么这个链接操作不仅需要每个目标文件（与各个编译单元相关联）的内容，还需要存储在数据库中的目标文件。类似地，如果需要创建一个二进制的程序库，那么需要确保创建该程序库的工具（通常是链接器或归档库存储器）能够获取数据库的内容。从更广泛的意义上来说，任何操作目标文件的工具都可能需要获取数据库的内容。如果不在数据库中存储实例化体，而是将导致实例化的目标代码都放到目标文件中，那么可以减少（或避免）大多数的问题。

另外，程序库还给出了另一个挑战。显然，许多生成的实例化体可能打包放在一个程序库中。于是，当把程序库添加到另一个项目后，该项目的数据库应该能够知道当前可用的实例化体。否则，如果项目无视程序库中已经存在的实例化体，而是在 POI 处创建自身的实例化体，那么可能会出现重复的实例化体。针对这种情况，一种可行的策略是效仿支持贪婪实例化的链接器技术：让链接器知道所有生成的特化，并且清除重复（多余）的特化（尽管如此，这里特化重复出现的次数应该会比贪婪实例化中的少得多）。最后，其他各种对源、目标

① Sun Microsystems 公司后来被 Oracle 公司收购。

文件和程序库等进行组织的方式，通常可能会带来一些令人沮丧的问题，比如找不到实例化体，因为包含所需实例化体的目标代码可能并没有链接到最终的可执行程序中。

最终的结果是，查询实例化在市场上根本无法生存，以至于 Sun Microsystems 公司的编译器现在仍在使用贪婪实例化。

14.4.3 迭代实例化

第 1 个支持 C++模板的编译器是 Cfront 3.0，它是 Bjarne Stroustrup 为开发 C++语言而编写的编译器的直接后代。[①]Cfront 的一个不灵活的约束是：必须具有很高的跨平台移植性。这意味着：在多个目标平台中，它都使用 C 语言作为跨平台的共同目标表示；使用了局部的目标链接器。这意味着链接器察觉不到模板的存在。实际上，由于 Cfront 以普通的 C 函数的形式来分发模板的实例化体，因此它必须避免重复实例化体的问题。虽然 Cfront 的原模型与标准的包含模型不同，但它的实例化策略可以适应包含模型。因此，直到现在，Cfront 仍然被认为是迭代实例化的第 1 个具体实现。可以这样描述 Cfront 的迭代。

（1）不实例化任何所需的可链接的特化，直接编译源代码。

（2）使用预链接器（prelinker）链接目标文件。

（3）预链接器调用链接器，并且解析它的错误消息，从而确认是否有任何错误消息是缺少某个实例化体的结果。如果缺少的话，预链接器会调用编译器，来编译包含所需模板定义的源代码，然后（可选地）生成缺少的实例化体。

（4）重复步骤（3），直到不再生成新的定义。

在步骤（3）中，这种迭代的要求基于这样的事实：在实例化一个可链接实体的过程中，可能会需要另一个尚未实例化的此类实体进行实例化；所有的迭代都已经完成后，链接器才能成功地构建一个完整的程序。

另外，原始的 Cfront 方案存在一些严重的缺陷。

- 要完成一次完整的链接，所需要的时间不仅包括预链接器的运行时间，而且包括每次所需的重新编译和重新链接的时间。某些使用 Cfront 系统的用户会抱怨：“链接的时间往往需要几天，而同样的工作，如果采用其他候选解决方案，则一个小时就足够了”。
- 诊断信息（错误、警告）延迟到链接时间出现。当链接变得昂贵时，开发人员往往必须等待数小时才能找到模板定义中的错误，这尤其痛苦。
- 需要进行特别的处理，来记住包含特殊定义的源代码的位置。Cfront（在某些情况下）会使用中央存储库，它不得不克服查询实例化方案中针对中央数据库的一些困难。另外，原始的 Cfront 实现并不支持并行编译。

因为有这些缺点，后来 EDG 公司的实现和惠普公司的 C++编译器[②]都改进了迭代原则，消除了最初 Cfront 实现的一些缺陷。在实际中，这些实现工作都做得非常好，而且，通常“从头开始”构建不仅比其他方案更耗时，而且后续的构建时间竞争也是相当激烈的。虽然如此，

① 请不要被短语“直接后代”所误导，认为 Cfront 只是一个学术原型：Cfront 曾被广泛用于工业环境，并且许多具有商业性质的 C++编译器所提供的许多特性也源于 Cfront。Cfront 的 3.0 版本发布于 1991 年，但这个版本有很多错误。于是很快就有了 3.0.1 版本，它使得模板可以顺利地通过编译。

② 惠普公司的 C++编译器主要借鉴了一家名为 Taligent 的公司〔该公司后来被国际商业机器（IBM）公司兼并〕的技术。惠普公司还将贪婪实例化添加到 C++编译器中，并将其作为默认机制。

使用迭代实例化的C++编译器还是相对较少的。

14.5 显式实例化

为模板特化显式地创建 POI 是可行的。而获得这种特化的构造称为显式实例化指令（explicit instantiation directive）。从语法上讲，它由 template 关键字和后面需要实例化的特化声明组成。示例如下：

```
template<typename T>
void f(T)
{
}

//4 个有效的显式实例化体
template void f<int>(int);
template void f<>(float);
template void f(long);
template void f(char);
```

注意，上面的每个实例化指令都是有效的。模板实参可以被推导出来（详情请参阅第 15 章）。

类模板的成员也可以使用这种方式来显式实例化：

```
template<typename T>
class S {
  public:
    void f() {
    }
};

template void S<int>::f();

template class S<void>;
```

另外，通过显式实例化类模板特化本身，也就显式实例化了类模板特化的所有成员。因为这些显式实例化指令确保了命名模板特化（或其成员）的定义，所以上面的显式实例化指令应该更准确地称为显式实例化定义（explicit instantiation definition）。显式实例化的模板特化不应该显式特化，反之亦然，因为这意味着两个定义可能会不同（从而违反了 ODR）。

14.5.1 手动实例化

实际上，许多 C++程序员已经意识到，自动模板实例化会对构建时间产生严重的负面影响。对于实现贪婪实例化的编译器来说尤其如此（详情请参阅 14.4.1 节），因为相同的模板特化可以在许多不同的编译单元中进行实例化和优化。

一种缩短构建时间的技术就是：在某一个位置手动实例化特定的模板特化，并且禁止在所有其他编译单元中进行模板的实例化。为了确保这种禁止，一种可移植方法是除了这个显式实例化所在的编译单元之外，其他的编译单元都不提供模板的定义。[①]示例如下：

① 在 C++98 和 C++03 标准中，这是在其他编译单元中禁止实例化的唯一可移植方法。

```
//编译单元 1
template<typename T> void f();  //没有定义：禁止在这个编译单元进行实例化

void g()
{
    f<int>();
}

//编译单元 2
template<typename T> void f()
{
  //具体实现
}

template void f<int>();         //手动实例化

void g();

int main()
{
    g();
}
```

在第 1 个编译单元中，函数模板 f<int>的定义对编译器不可见，所以编译器不会（不能）产生 f<int>的实例化。第 2 个编译单元通过显式实例化定义提供了 f<int>的定义，如果没有这个定义，程序将无法完成链接。

手动实例化有一个明显的缺点：必须仔细跟踪要实例化的实体。对于大型项目来说，这很快就会成为一个严重的负担，因此，并不推荐手动实例化。作者曾在几个最初低估了这个负担的项目中工作，随着项目代码的成熟，无不开始后悔最初采用手动实例化的决定。

但是，手动实例化也有一些优点，因为实例化可以根据程序的需要进行调优。显然，这样做可以节省巨大头文件带来的成本，就像在多个编译单元中使用相同参数重复实例化相同模板的成本一样。另外，模板定义的源代码可以被隐藏，但是这样用户程序就不能创建其他的实例化。

通过将模板定义放置到第 3 个源文件（通常扩展名为.tpp）中，可以减轻手动实例化的负担。对于函数 f，它可以被分解为：

```
//f.hpp
template<typename T> void f(); //没有定义：禁止进行实例化

//t.hpp
#include "f.hpp"
template<typename T> void f() //定义
{
  //具体实现
}

//f.cpp
#include "f.tpp"
```

```
template void f<int>();        //手动实例化
```

这种结构提供了一些灵活性。可以通过只包含 f.hpp 来获得 f 的声明，而不用自动实例化。可以根据需要将显式实例化手动添加到 f.cpp 中。或者，如果手动实例化变得过于繁重，还可以通过包含 f.tpp 来启用自动实例化。

14.5.2 显式实例化声明

更有针对性的消除冗余自动实例化的方法是使用显式实例化声明（explicit instantiation declaration），这是一个以 extern 关键字作为前缀的显式实例化指令。显式实例化声明通常会禁止已命名模板特化的自动实例化，因为它声明了已命名模板特化将在程序中的某个地方定义（通过显式实例化定义）。这里说通常，是因为存在很多例外。

- 内联函数仍然可以被实例化，以便内联展开它们（但不会生成单独的目标代码）。
- 具有可推导的 auto 或 decltype(auto)类型的变量和具有可推导的返回类型的函数仍然可以实例化，以便确定它们的类型。
- 变量的值可以作为常量表达式使用，它们仍然可以被实例化，以便将它们的值用于计算。
- 引用类型的变量仍然可以被实例化，以便解析它们所指涉的实体。
- 类模板和别名模板仍然可以被实例化，以便检查它们的结果类型。

通过使用显式实例化声明，可以在头文件（t.hpp）中提供 f 的模板定义，然后禁止常用特化的自动实例化，示例如下：

```
//t.hpp
template<typename T> void f()
{
}

extern template void f<int>();     //已声明但没有定义
extern template void f<float>();   //已声明但没有定义

//t.cpp
template void f<int>();            //定义
template void f<float>();          //定义
```

每个显式实例化声明必须与相应的显式实例化定义相匹配，该定义必须遵循显式实例化声明。省略该定义将会导致链接器错误。

当某些特化在多个不同的编译单元中使用时，显式实例化声明可以用于缩短编译或链接时间。手动实例化在每次需要新的特化时，都需要手动更新显式实例化定义列表，而显式实例化声明可以在任何时候作为优化方法引入。然而，显式实例化在编译期的好处可能不如手动实例化的那么显著，因为可能会发生一些冗余的自动实例化[①]，并且将模板定义仍然作为头文件的一部分进行解析。

① 这个优化问题中一个有趣的地方是：确定哪些特化适合显式实例化声明。实际上，底层的实用工具（比如常见的 UNIX 工具 nm）在确定由哪些自动实例化进入组成程序的目标文件时可能会很有用。

14.6 编译期的 if 语句

正如 8.5 节中所介绍的，C++17 添加了一种新的语句类型：编译期 if（在编写模板时非常有用）。但是，编译期 if 在实例化过程中引入了一个新的问题。

下面的示例说明了它的基本操作：

```
template<typename T> bool f(T p) {
  if constexpr (sizeof(T) <= sizeof(long long)) {
    return p>0;
  } else {
    return p.compare(0) > 0;
  }
}

bool g(int n) {
  return f(n);    //正确
}
```

编译期 if 是一个 if 语句，其中 if 关键字后面紧跟着 constexpr 关键字（如本例所示）。后面带括号的条件中必须有一个常量布尔值（隐式的 bool 转换也包括在内）。因此，编译器知道将选择哪个分支，另一个分支称为丢弃分支（discarded branch）。特别有意思的是，在模板（包括泛型 lambda 表达式）实例化期间，丢弃分支不会被实例化。这对于示例的有效性来说是很有必要的：如果使用 T = int 来实例化 f(T)，那么意味着将会丢弃 else 分支。如果 else 分支没有被丢弃，那么它将会被实例化，并且表达式 p.compare(0)会报错（当 p 是一个简单的整数时，它是无效的）。

在 C++17 及其 constexpr if 语句出现之前，为了避免此类错误，需要显式的模板特化或重载（详情请参阅第 16 章），以实现类似的效果。

上面的示例，在 C++14 中的实现如下：

```
template<bool b> struct Dispatch {    //仅当 b 为 false 时被实例化
  static bool f(T p) {                //（由于下一个特化为 true）
    return p.compare(0) > 0;
  }
};

template<> struct Dispatch<true> {
  static bool f(T p) {
    return p > 0;
  }
};

template<typename T> bool f(T p) {
  return Dispatch<sizeof(T) <= sizeof(long long)>::f(p);
}

bool g(int n) {
  return f(n);  //正确
}
```

显然，constexpr if的方法更加清楚、简洁地表达了意图。然而，它需要实现细化实例化单元：在此之前，函数定义总是作为一个整体进行实例化的，而现在必须能够禁止它们的一部分实例化。

constexpr if的另一个非常方便的用法是：处理函数参数包所需的递归。接下来将会概括介绍8.5节中说明过的例子：

```
template<typename Head, typename... Remainder>
void f(Head&& h, Remainder&&... r) {
  doSomething(std::forward<Head>(h));
  if constexpr (sizeof...(r) != 0) {
    //递归地处理剩下的部分（完全转发参数）
    f(std::forward<Remainder>(r)...);
  }
}
```

如果没有constexpr if语句，那么需要对f()模板进行额外的重载，以确保递归能够正常终止。

即使在非模板的上下文中，constexpr if语句也有一些特别的效果：

```
void h();
void g() {
  if constexpr (sizeof(int) == 1) {
    h();
  }
}
```

在大多数平台上，g()中的条件为false，所以会丢弃对h()的调用。因此，根本不需要定义h()（当然，除非它在其他地方使用）。如果在这个示例中省略了constexpr关键字，那么缺少h()的定义通常会在链接期引发错误。[①]

14.7 标准库

C++标准库中包含许多模板，这些模板通常只与少数基本类型一起使用。比如，std::basic_string类模板通常与char类型（因为std::string是std::basic_string<char>的类型别名）或wchar_t类型一起使用，尽管也可以用其他类似字符的类型来实例化它。因此，标准库的实现通常会为这些常见的情况引入显式实例化声明。示例如下：

```
namespace std {
  template<typename charT, typename traits = char_traits<charT>,
           typename Allocator = allocator<charT>>
  class basic_string {
    ...
  };
  extern template class basic_string<char>;
  extern template class basic_string<wchar_t>;
}
```

实现标准库的源文件将包含相应的显式实例化定义，以便这些通用实现可以在标准库的

① 然而，编译器优化可能会掩盖错误。如果要确保不出现问题，那么请使用constexpr if。

所有用户之间共享。类似的显式实例化通常存在于各种流类中，比如 basic_iostream、basic_istream 等。

14.8 后记

本章阐述了两个虽然有关联，但完全不同的问题：C++模板的编译模型（compilation model）和各种 C++模板的多种实例化机制（instantiation mechanism）。

在程序编译过程的多个阶段中，编译模型决定了模板的含义。尤其是，当实例化模板的时候，编译模型决定了模板中各种构造的含义。当然，名称查找是编译模型必不可少的组成部分。

C++标准仅支持单个编译模型，即包含模型。然而，C++98 和 C++03 标准也支持模板编译的分离模型，它允许模板的定义使用与实例不同的编译单元来编写。这些导出模板（exported template）只被 EDG 公司执行过一次。[①]他们的实施工作确定了：实现 C++模板的分离模型比预期的要困难得多，耗时也长得多；由于模型的复杂性，分离模型假定的好处（比如缩短编译时间）并没有实现。随着 C++11 标准的制定工作接近尾声，很明显的是，其他编译器的实现者并不打算支持这个特性，于是 C++标准委员会投票决定从该语言中删除导出模板这个特性。对分离模型的细节感兴趣的读者可以参考本书的第 1 版（[*VandevoordeJosuttisTemplates1st*]），其中详细描述了导出模板的行为。

实例化机制是一种外部机制，它促使 C++的实现可以正确地创建实例化体。另外，链接器和其他软件构建工具的要求可能会对这些机制强加一些限制。虽然实例化机制因实现的不同而不同（每个实现都有其优缺点），但它们通常不会对 C++中的日常编程产生重大影响。

在 C++11 完成后不久，Walter Bright、Herb Sutter 和 Andrei Alexandrescu 提出了一个“静态 if”特性，功能与 constexpr if 相似（论文 N3329）。然而，这是一个更通用的特性，甚至可以出现在函数的定义之外（Walter Bright 是 D 编程语言的主要设计者和实现者，D 语言也有类似的特性）。示例如下：

```
template<unsigned long N>
struct Fact {
  static if (N <= 1) {
    constexpr unsigned long value = 1;
  } else {
    constexpr unsigned long value = N*Fact<N-1>::value;
  }
};
```

注意在这个示例中类作用域声明是如何成为条件声明的。然而，这个强大的功能是有争议的，C++标准委员会的一些成员担心它可能会被滥用，而另一些成员则不喜欢这个提案的某些方面的技术（比如，花括号没有引入任何作用域，并且根本没有被解析丢弃的分支）。

几年后，Ville Voutilainen 提出了一项提案（P0128），这项提案基本上就是后来的 constexpr if 语句的锥形。它经历了一些小的设计迭代（设计暂定关键字 static_if 和 constexpr_if），并在 Jens Maurer 的帮助下，Ville 最终将这项提案引入 C++语言（论文 P0292r2）。

① 具有讽刺意味的是，当该特性被添加到原始标准的工作文件中时，EDG 公司是该特性最强烈的反对者。

第 15 章

模板实参推导

在每个函数模板的调用中，如果都显式地指定模板实参（比如，concat<std::string, int>(s, 3)），那么很快就会产生很烦琐的代码。幸运的是，借助于功能强大的模板实参推导（template argument deduction）过程，C++编译器通常可以自动确定这些模板所需要的实参。

本章将详细解释模板实参的推导过程。和 C++中的其他知识一样，许多规则通常会产生一个直观的结果，模板实参推导过程也不例外。然而，深刻理解本章的内容，将有助于以后避免更多的意外情况。

虽然模板实参推导最初是为了简化函数模板的调用而研发的，但后来它也可用于其他的一些用途，包括从初始化器中确定变量的类型。

15.1 推导的过程

针对函数调用，基本推导过程会对“调用实参的类型”和“函数模板的相应参数化类型（即 T）”进行比较，然后针对要被推导的一个或多个参数，分别推导出正确的替换实参。需要记住：每个实参-参数对的分析都是相互独立的。因此，如果最后得出的结论不同，那么推导过程将会失败。考虑下面的示例：

```
template<typename T>
T max (T a, T b)
{
    return b < a ? a : b;
}

auto g = max(1, 1.0);
```

在上面的示例中，由于第 1 个调用实参的类型是 int，因此最初的 max()模板的参数 T 被暂时地推导为 int 类型。然而，由于第 2 个调用实参的类型为 double，因此根据第 2 个实参，T 应该被推导成 double，这就和前面的结论（int 类型）相冲突。注意，这里说的是推导过程失败，而不代表这个程序是无效的。实际上，如果存在另一个名为 max 的模板，这个推导过程就可能会成功（和普通函数一样，函数模板也可以重载，详情请参阅 1.5 节和第 16 章）。

即使所有被推导的模板参数都可以一致性确定（即不发生矛盾），推导过程也可能会失败。这种情况就是：在函数声明中，进行替换的模板实参可能会导致无效的构造。示例如下：

```
template<typename T>
typename T::ElementT at (T a, int i)
{
    return a[i];
```

```
}

void f (int* p)
{
    int x = at(p, 7);
}
```

在这里，T 被推导为 int*（因为只有一个参数类型与 T 有关，所以不会发生前面的分析冲突）。然而，在返回类型 T::ElementT 中，用 int*来替换 T 之后，显然会导致一个无效的 C++构造，从而使这个推导过程失败。[①]

本章接下来仍然需要研究如何进行实参-参数的匹配。进行描述的概念包括根据匹配类型 A（来自实参的类型）和参数化类型 P（来自参数的声明）。如果被声明的参数是一个引用声明（即 T&），那么 P 是所引用的类型（即 T），而 A 仍然是实参的类型。否则，P 是所声明的参数类型，而 A 则是通过将数组或函数类型退化[②]为对应的指针类型而从实参类型获得的，还会忽略高层次的 const 和 volatile 限定符。示例如下：

```
template<typename T> void f(T);  //参数化类型 P 就是 T
template<typename T> void g(T&); //参数化类型 P 仍然是 T

double arr[20];
int const seven = 7;

f(arr);      //非引用参数：T 是 double*类型
g(arr);      //引用参数：T 是 double[20]类型
f(seven);    //非引用参数：T 是 int 类型
g(seven);    //引用参数：T 是 int const 类型
f(7);        //非引用参数：T 是 int 类型
g(7);        //引用参数：T 是 int 类型。错误：不能把 7 传递给 int&类型的参数
```

对于调用 f(arr)，arr 的数组类型将会退化为 double*类型，这也是推导 T 所获得的类型。在 f(seven)中，const 限定符被忽略，因此 T 被推导为 int 类型。相比之下，调用 g(arr)则会将 T 推导成类型 double[20]（没有发生退化）。类似地，g(seven)具有一个 int const 类型的左值实参，因为在匹配引用参数的时候，不会删除 const 和 volatile 限定符，所以 T 被推导为 int const 类型。另外，g(7)可能会把 T 推导为 int 类型（因为非类型的右值表达式不可能具有 const 或 volatile 限定的类型），但是，这个调用将会失败，因为实参 7 不能传递给 int&类型的参数。

当参数是字符串字面量时，绑定到引用参数的实参不会发生退化，这确实让人感到意外。重新考虑下面使用引用声明的 max()模板的示例：

```
template<typename T>
T const& max(T const& a, T const& b);
```

对于表达式 max("Apple", "Pie")，可以期望 T 被推导为 char const*类型。但是，“Apple”的类型是 char const[6]，而“Pie”的类型是 char const[4]，而且没有数组到指针的退化发生（因为要推导的参数是引用参数）。因此，为了推导成功，T 必须同时是 char[6]和 char[4]类型。当然，这显然是不可能的，因此，这一定会报错。关于如何处理这种情况的讨论，请

① 在这种情况下，推导失败将带来一个错误。但是，这个错误属于 SFINAE 原则（详情请参阅 8.4 节）范围之内，也就是说，如果有其他函数推导成功，那么这段代码仍然是有效的。

② 退化是一个术语，指的是从函数和数组类型到指针类型的隐式类型转换。

参阅 7.4 节。

15.2 推导的上下文

对于比 T 复杂很多的参数化类型，也可以与给定的实参进行匹配。下面是一些比较基础的示例：

```
template<typename T>
void f1(T*);

template<typename E, int N>
void f2(E(&)[N]);

template<typename T1, typename T2, typename T3>
void f3(T1 (T2::*)(T3*));

class S {
  public:
    void f(double*);
};

void g (int*** ppp)
{
    bool b[42];
    f1(ppp);      //将 T 推导为 int**类型
    f2(b);        //将 T 推导为 bool 类型，N 为 42
    f3(&S::f);    //推导 T1 为 void、T2 为 S 和 T3 为 double 类型
}
```

复杂的类型声明都是由更基本的构造〔比如指针、引用、数组和函数声明子（declarator）、成员声明子、模板 id 等〕组建的。匹配过程从最顶层的构造开始，然后不断递归各个组成元素（即子构造）。可以认为：大多数的类型声明构造都可以使用这种方式进行匹配，这些构造也被称为推导的上下文（deduced context）。然而，某些构造就不能作为推导的上下文，如下。

- 受限的类型名。比如，类型名 Q<T>::X 不能被用来作为推导模板的参数 T。
- 除了非类型参数之外，模板参数还包含其他成分的非类型表达式。比如，类似 S<I+1>这样的类型名不能用于推导 I。另外，T 也不能通过匹配 int(&)等类型的参数来推导。

具有这些约束是很正常的，因为通常而言，尽管有时候会很容易忽略受限类型的名称，但推导过程并不是唯一的（甚至不一定是有限的）。并且，一个不能推导的上下文不会自动表明：所对应的程序就是错误的，甚至正在分析的参数也不能参与类型推导。为了说明这一点，考虑下面更复杂的示例：

details/fppm.cpp

```
template<int N>
class X {
  public:
    using I = int;
    void f(int) {
```

```
    }
};

template<int N>
void fppm(void (X<N>::*p)(typename X<N>::I));

int main()
{
    fppm(&X<33>::f);    //N 推导为 33
}
```

在函数模板 fppm()中，子构造 X<N>::I 是一个不可推导的上下文。但是，具有成员指针类型（即 X<N>::*p）的成员类型组件 X<N>是一个可以推导的上下文。于是，根据这个可以推导的上下文获得参数 N，然后把 N 插入不可推导的上下文 X<N>::I 中，就能获得一个和实参&X<33>::f 匹配的类型。因此，基于这个实参-参数对的推导是成功的。

相反，如果参数类型完全依赖于推导的上下文，那么也可能会导致推导的矛盾。比如，假设适当声明了类模板 X 和 Y：

```
template<typename T>
void f(X<Y<T>, Y<T>>);

void g()
{
    f(X<Y<int>, Y<int>>());    //正确
    f(X<Y<int>, Y<char>>());   //错误：推导失败
}
```

这里的问题在于：针对参数 T，函数模板 f()的第 2 个调用推导出了两个不同的实参，而这显然是无效的。（在上面的两个函数调用中，函数调用的实参都是一个临时对象，这个临时对象是通过调用类模板 X 的默认构造函数创建的。）

15.3 特殊的推导情况

存在两种特殊的推导情况，其中用于推导的实参-参数对（A 和 P）并不是来自函数调用的实参和函数模板的参数。第 1 种情况出现在取函数模板的地址的时候。在本例中，P 是函数模板声明的参数化类型（即下面的 f 的类型），而 A 是被赋值（或初始化）的指针（即下面的 pf）所代表的函数类型。示例如下：

```
template<typename T>
void f(T, T);

void (*pf)(char, char) = &f;
```

在这个示例中，P 就是 void(T, T)，而 A 是 void(char, char)。用 char 替换 T，这个推导是成功的。另外，pf 被初始化为特化 f<char>的地址。

类似地，函数类型也可用于 P 和 A，适用于如下一些特殊的情况：

- 确定重载函数模板之间的部分顺序；
- 将显式特化与函数模板相匹配；

- 将显式实例化与模板相匹配；
- 将友元函数模板特化与模板相匹配；
- 将 placement operator delete（或 placement operator delete[]）与相应的 placement operator new（或 placement operator new[]）的模板相匹配。

其中一些情况，以及对类模板偏特化的模板实参推导的使用，将在第 16 章中进一步展开介绍。

转换函数模板还存在第 2 种特殊情况。比如：

```
class S {
  public:
    template<typename T> operator T&();
};
```

在本例中，实参-参数对涉及试图进行转型的实参和转型运算符的返回类型。下面的代码清楚地说明了这一情况：

```
void f(int (&)[20]);

void g(S s)
{
    f(s);
}
```

本例中，试图将 S 转型为 int (&)[20]。因此，类型 A 为 int[20]，而类型 P 为 T。推导成功，T 被替换为 int[20]。

最后，对于 auto 占位符类型的推导，还需要进行一些特殊的处理。这将在 15.10.4 节中讨论。

15.4 初始化列表

当函数调用的参数是一个初始化列表时，该参数没有特定的类型，因为通常不会从给定的实参-参数对（A 和 P）进行推导（因为 A 并不存在）。示例如下：

```
#include <initializer_list>

template<typename T> void f(T p);

int main() {
  f({1, 2, 3});    //错误：无法从花括号列表中推导出 T
}
```

但是，参数类型 P 在移除引用以及顶层 const 和 volatile 限定符后，对于某些具有可推导模式的类型 P′，其等价于 std:: initializer_list<P′>，通过将 P′与初始化列表中每个元素的类型进行比较，只有当所有元素具有相同的类型时，才算推导成功：

deduce/initlist.cpp

```
#include <initializer_list>

template<typename T> void f(std::initializer_list<T>);

int main()
```

```
{
  f({2, 3, 5, 7, 9});                     //正确：T 被推导为 int 类型
  f({'a', 'e', 'i', 'o', 'u', 42});  //错误：T 被推导为 char 类型和 int 类型
}
```

同样地，如果参数类型 P 是数组类型的指涉，这个数组里的元素类型为 P′，并且某些 P′类型具有可推导的模式，那么通过比较 P′与初始化列表中的每个元素的类型进行推导，仅当所有元素具有相同的类型时，才算推导成功。此外，如果绑定具有可推导模式（即只是命名一个非类型模板参数），那么该绑定将被推导为列表中元素的数量。

15.5　参数包

推导过程将每个实参与每个参数进行匹配，以确定模板实参的值。然而，当对变参模板执行模板实参推导时，参数和实参之间 1∶1 的关系不再成立，因为参数包可以匹配多个参数。在这种情况下，相同的参数包（P）与多个参数（A）匹配，并且每次匹配都会为 P 中的任何模板参数包产生额外的值：

```
template<typename First, typename... Rest>
void f(First first, Rest... rest);

void g(int i, double j, int* k)
{
    f(i, j, k);  //将 First 推导为 int 类型，将 Rest 推导为{double, int*}
}
```

本例中，第 1 个函数参数的推导很简单，因为它不涉及任何参数包。第 2 个函数参数 rest 是一个函数参数包，它的类型是一个包扩展（Rest...），模式是类型 Rest：这个模式充当 P，与第 2 个和第 3 个调用参数的类型 A 进行比较。当与第 1 个这样的 A（double 类型）比较时，模板参数包 Rest 中的第 1 个值被推导为 double 类型。类似地，当与第 2 个 A（int*类型）比较时，模板参数包 Rest 中的第 2 个值被推导为 int*类型。因此，推导决定了模板参数包 Rest 的值为序列{double, int*}，并且将该推导的结果和第 1 个函数参数的推导结果替换为函数类型 void(int, double, int*)，该类型与调用点的参数类型相匹配。

因为函数参数包的推导使用扩展模式进行比较，所以模式的复杂度可以是任意的，并且可以从每个实参类型中确定多个模板参数和参数包的值。考虑下面函数 h1()和 h2()的推导行为：

```
template<typename T, typename U> class pair { };

template<typename T, typename... Rest>
  void h1(pair<T, Rest> const&...);
template<typename... Ts, typename... Rest>
  void h2(pair<Ts, Rest> const&...);

void foo(pair<int, float> pif, pair<int, double> pid,
         pair<double, double> pdd)
{
  h1(pif, pid);   //正确：将 T 推导为 int 类型，将 Rest 推导为{float, double}
  h2(pif, pid);   //正确：将 Ts 推导为{int, int}，将 Rest 推导为{float, double}
```

```
  h1(pif, pdd);    //错误：根据第 1 个实参将 T 推导为 int 类型，根据第 2 个实参将 Rest 推导为
                   //double 类型
  h2(pif, pdd);    //正确：将 Ts 推导为{int, double},将 Rest 推导为{float, double}
}
```

对于 h1()和 h2()而言，P 是一个引用类型，它被调整为引用的非限定版本（分别是 pair<T, Rest>或 pair<Ts, Rest>），用于对每个参数类型进行推导。因为所有的形参和实参都是类模板 pair 的特化，所以需要对模板实参进行比较。对于 h1()，第 1 个模板实参（T）不是一个参数包，因此它的值是针对每个实参独立推导出来的。如果推导的结果不同（比如，第 2 次调用 h1()时），那么推导将会失败。对于 h1()和 h2() (Rest)中的第 2 个 pair 模板实参，以及 h2() (Ts) 中的第 1 个 pair 实参来说，可以通过推导来确定 A 中每个实参类型的模板参数包的连续值。

参数包的推导不限于函数参数包，其中实参-参数对来自调用的实参。实际上，只要包扩展位于函数参数列表或模板实参列表的末尾，就可以使用这个推论进行推导。[1]比如，考虑简单元组（Tuple）类型上的两个相似的操作：

```
template<typename... Types> class Tuple { };

template<typename... Types>
bool f1(Tuple<Types...>, Tuple<Types...>);

template<typename... Types1, typename... Types2>
bool f2(Tuple<Types1...>, Tuple<Types2...>);

void bar(Tuple<short, int, long> sv,
         Tuple<unsigned short, unsigned, unsigned long> uv)
{
  f1(sv, sv); //正确：Types 被推导为{short, int, long}
  f2(sv, sv);//正确：Types1 被推导为{short, int, long},
             //Types2 被推导为{short, int, long}

  f1(sv, uv);//错误：根据第 1 个实参，Types 被推导为{short, int, long},
             //但是根据第 2 个实参，Types 被推导为{unsigned short, unsigned, unsigned long}
  f2(sv, uv);//正确：Types1 被推导为{short, int, long},
             //Types2 被推导为{unsigned short, unsigned, unsigned long}
}
```

在 f1()和 f2()中，通过比较嵌入元组类型中的包扩展模式（比如，h1()的类型）和元组类型提供的每个模板参数推导调用参数，推导出相应模板参数包的连续值。函数 f1()在两个函数的参数中，使用相同的模板参数包类型，确保只有当两个函数调用的实参具有与它们的类型相同的元组特化时，推导才会成功。另外，在函数 f2()的每个参数中，可以对元组类型使用不同的参数包，因此函数调用实参的类型不同（只要两者都是元组的特化）。

15.5.1 字面量运算符模板

字面量运算符模板以一种独特的方式确定其参数。以下示例说明了这一点：

```
template<char...> int operator "" _B7();    //#1
...
int a = 121_B7;                             //#2
```

① 如果包扩展发生在函数参数列表或模板实参列表的其他任何地方，则这个包扩展被认为是一个非推导的上下文。

这个示例中，#2 处的初始化式包含一个自定义的字面值，它被转换为对带有模板实参列表<'1','2','1'> 的#2 处字面量运算符模板的调用。因此，这个字面量运算符的实现如下所示：

```
template<char... cs>
int operator"" _B7()
{
  std::array<char,sizeof...(cs)> chars{cs...}; //初始化传递的 char 类型数组
  for (char c : chars) {                        //并使用它（在这里输出）
    std::cout << "'" << c << "' ";
  }
  std::cout << '\n';
  return ...;
}
```

121.5_B7 将会输出："1" "2" "1" "." "5"。

注意，这个技术只支持数值字面量，这些字面量即使没有后缀也必须是有效的。示例如下：

```
auto b = 01.3_B7;      //正确：推导为 <'0', '1', '.', '3'>
auto c = 0xFF00_B7;    //正确：推导为 <'0', 'x', 'F', 'F', '0', '0'>
auto d = 0815_B7;      //错误：8 不是有效的八进制字面量
auto e = hello_B7;     //错误：表示符 hello_B7 没有定义
auto f = "hello"_B7;   //错误：与字面量运算符_B7 不匹配
```

关于该功能在编译时计算整数字面量的应用，请参阅 25.6 节。

15.6 右值引用

C++11 引入右值引用的概念来支持新的技术，右值引用技术包括移动语义和完美转发。本节将描述右值引用和推导之间的交互。

15.6.1 引用折叠规则

不允许程序员直接声明"引用的引用"，示例如下：

```
int const& r = 42;
int const& & ref2ref = i;  //错误：引用的引用是无效的
```

但是，通过替换模板参数、类型别名或 decltype 结构体的方式来组合类型，这是允许的。比如：

```
using RI = int&;
int i = 42;
RI r = i;
R const& rr = r;          //正确：rr 具有类型 int&
```

通过这种组合产生类型的规则称为引用折叠（reference collapsing）规则。[①]首先，任何应用于内部引用之上的const或volatile限定符将会被简单地丢弃（即只有内部引用之下的限定符才会被保留）。然后根据下列引用折叠规则将两个引用简化为单个引用。总体来说，就是如果其中一个引用是左值引用，那么结果的类型也是左值引用；否则，结果的类型就是右值引用。

内部引用		外部引用		产生的引用
&	+	&	→	&
&	+	&&	→	&
&&	+	&	→	&
&&	+	&&	→	&&

另一个展示这些规则实际应用的示例如下：

```
using RCI = int const&;
RCI volatile&& r = 42; //正确：r 具有类型 int const&
using RRI = int&&;
RRI const&& rr = 42;   //正确：rr 具有类型 int&&
```

在这里，volatile限定符应用于引用类型RCI（int const&的别名）之上，因此被丢弃。然后将右值引用应用于该类型，但由于其基础类型是左值引用，并且在引用折叠规则中左值引用优先级较高，因此整体类型仍然是 int const&（或 RCI，这是等价的别名）。类似地，RRI的const限定符被丢弃，并且在生成的右值引用类型上应用右值引用，最后产生的结果为一个右值引用类型（它能够绑定像42这样的右值）。

15.6.2 转发引用

正如6.1节所介绍的那样，当函数形参是转发引用（forwarding reference，对该函数模板的模板参数的右值引用）时，模板实参推导采用的是一种特殊的方式。因为在这种情况下，模板参数推导不仅要考虑函数调用参数的类型，还要考虑该参数是左值还是右值。在实参是左值的情况下，由模板实参推导确定的类型是对实参类型的左值引用，引用折叠规则（见上文）则可以确保被替换的参数将会是左值引用。否则，模板参数推导出的类型仅仅只是实参类型（而不是引用类型），而被替换的参数则是该类型的右值引用。比如：

```
template<typename T> void f(T&& p);  //p 是转发引用类型

void g()
{
  int i;
  int const j = 0;
  f(i);   //实参是左值；T 被推导为 int&,
          //则参数 p 具有类型 int&
  f(j);   //实参是左值；T 被推导为 int const&,
          //则参数 p 具有类型 int const&
  f(2);   //实参是右值；T 被推导为 int,
          //则参数 p 具有类型 int&&
}
```

① 当人们注意到标准pair类模板不能与引用类型一起工作时，才将引用折叠引入C++03标准中。C++11标准通过合并右值引用规则进一步扩展了引用。

在 f(i)的调用过程中，模板参数 T 被推导为 int&，因为表达式 i 是 int 类型的左值。将 int& 替换为参数类型 T&&需要使用引用折叠规则，根据规则 & + && → &，得到的结果是：产生的参数类型是 int&，该参数非常适合接收 int 类型的左值。相反，在 f(2)的调用过程中，实参 2 是一个右值，因此模板参数被推导为该右值的类型（即 int 类型）。如果函数参数是 int&&，那么结果函数参数不需要使用引用折叠规则（同样，这是一个适合于其实参的参数）。

将 T 推导为引用类型会对模板的实例化产生一些有趣的影响。比如，声明为 T 类型的局部变量在左值实例化后将具有引用类型，因此需要一个初始化程序：

```
template<typename T> void f(T&&) //p 是转发引用类型
{
  T x; //对于传入的左值，x 是引用类型
  ...
}
```

这意味着在上面的函数 f()的定义中，需要注意如何使用类型 T，否则函数模板本身将不能正确使用左值参数。为了处理这种情况，类型特征 std::remove_reference 经常被用来确保 x 不是引用类型：

```
template<typename T> void f(T&&) //p 是转发引用类型
{
  std::remove_reference_t<T> x;  //x 永远不是引用类型
  ...
}
```

15.6.3 完美转发

对于右值引用，特殊的推导规则和引用折叠规则的结合使得编写一个带有形参的函数模板成为可能，该函数模板的参数几乎可以接收任何实参①，并能够捕获其“显著”的属性（实参的类型以及它是左值还是右值）。然后，函数模板可以将实参“转发”给另一个函数，示例如下：

```
class C {
  ...
};

void g(C&);
void g(C const&);
void g(C&&);

template<typename T>
void forwardToG(T&& x)
{
  g(static_cast<T&&>(x));      //将 x 转发给 g()
}

void foo()
{
  C v;
  C const c;
```

① 位域是一个例外。

```
  forwardToG(v);                //最终会调用 g(C&)
  forwardToG(c);                //最终会调用 g(C const&)
  forwardToG(C());              //最终会调用 g(C&&)
  forwardToG(std::move(v));     //最终会调用 g(C&&)
}
```

上面演示的技术称为完美转发（perfect forwarding），因为通过 forwardToG()间接调用 g()的结果将与直接调用 g()的结果相同：没有生成额外的副本，并且将会选择与 g()相同的重载。

在 forwardToG()函数中使用 static_cast 时需要一些额外的解释。在 forwardToG()的每个实例化中，x 要么具有左值引用类型，要么具有右值引用类型。无论如何，x 将指涉所指向类型的左值。[①]static_cast 将 x 转换为其原始类型和左值（或右值）。类型 T&&要么折叠为一个左值引用类型（如果原始参数是左值，那么 T 将被推导为左值引用），要么折叠为一个右值引用类型（如果原始参数是右值），因此，static_cast 的结果具有相同的类型和左值，或者将右值作为原始参数，从而实现完美转发。

正如 6.1 节中所介绍的那样，C++标准库在头文件<utility>中提供了一个函数模板 std::forward<>()，它用来替换 static_cast 以实现完美转发。相比上面演示的不透明的 static_cast 结构，使用这个实用程序模板更好地说明了程序员的意图，并避免了遗漏一个&之类的错误。也就是说，上面的示例可以写得更清楚，如下所示：

```
#include <utility>

template<typename T> void forwardToG(T&& x)
{
  g(std::forward<T>(x));          //将 x 转发给 g()
}
```

变参模板的完美转发

完美转发与变参模板结合得很好，允许函数模板接收任意数量的函数调用参数，并将它们逐个转发到另一个函数：

```
template<typename... Ts> void forwardToG(Ts&&... xs)
{
  g(std::forward<Ts>(xs)...);  //将所有的 xs 转发给 g()
}
```

forwardToG()调用中的实参将能够（独立地）推导出参数包 Ts 中的连续值（详情请参阅 15.5 节），以便捕获每个实参的类型和左值（或右值）。对于 g()调用中的包扩展（详情请参阅 12.4.1 节），将使用上面介绍的完美转发技术来转发这些参数。

尽管有这样的名字（“完美转发”），但实际上，完美转发并不是“完美”的，因为它并没有捕获表达式中所有有趣的属性。比如，它并不区分左值是否是位域左值，也不捕获表达式具有的特定的常量值。而后者通常会导致问题，特别是在处理空指针常量时。空指针常量是一个整数类型的值，其计算结果为常量值 0。因为表达式的常量值不会被完美转发捕获，所以下面的示例中，重载解析对于直接调用 g()和转发调用 g()的行为是不一样的：

---

① 将右值引用类型的参数作为左值处理是一种安全特性，因为任何具有名称（如参数）的东西都可以很容易地在函数中被多次引用。如果这些引用中的每一个都可以隐式地作为右值进行处理，那么它的值就可以在程序员不知道的情况下被销毁。因此，必须显式地声明何时应将命名实体视为右值。为此，C++标准库函数 std::move()将任何值都视为右值（更准确地说，是 xvalue，详情请参阅附录 B）。

```
void g(int*);
void g(...);

template<typename T> void forwardToG(T&& x)
{
  g(std::forward<T>(x));     //将 x 转发给 g()
}

void foo()
{
  g(0);                      //调用 g(int*)
  forwardToG(0);             //最终会调用 g(...)
}
```

这也是使用 nullptr（C++11 中引入），而不是空指针常量的另一个原因：

```
g(nullptr);                  //调用 g(int*)
forwardToG(nullptr);         //最终会调用 g(int*)
```

本书所有完美转发的例子都集中在转发函数参数，同时保持它们的精确类型，并且无论该精确类型是左值还是右值，都将保持。将调用的返回值转发给另一个函数时会出现同样的问题，而该函数具有完全相同的类型和值类别（value category，附录 B 中将讨论泛化的左值和右值）。C++11 引入的 decltype 工具（详情请参阅 15.10.2 节）允许使用这种冗长的习语：

```
template<typename... Ts>
auto forwardToG(Ts&&... xs) -> decltype(g(std::forward<Ts>(xs)...))
{
  return g(std::forward<Ts>(xs)...);   //将所有的 xs 转发给 g()
}
```

注意，return 语句中的表达式被逐字拷贝到 decltype 类型中，以便计算返回的表达式的确切类型。此外，还使用了后置返回类型（trailing return type）的特性（即函数名称前的 auto 占位符类型和表示返回类型的->），以便函数参数包 xs 在 decltype 类型的范围之内。这个转发函数“完美地”将所有参数转发给 g()，然后“完美地”将其结果转发回调用者。

C++14 引入了额外的特性来进一步简化这种情况：

```
template<typename... Ts>
decltype(auto) forwardToG(Ts&&... xs)
{
  return g(std::forward<Ts>(xs)...);  //将所有的 xs 转发给 g()
}
```

使用 decltype(auto)作为返回类型表明：编译器应该从函数的定义中推导出返回类型（详情请参阅 15.10.1 节和 15.10.3 节）。

15.6.4　推导的意外情况

右值引用的特殊推导规则的结果对完美转发非常有用。但是，可能会让人感到意外的是，函数模板通常会泛化函数签名中的类型，但是不会影响它准许的实参类型（左值或右值）。考虑下面的这个示例：

```
void int_lvalues(int&);                          //接收 int 类型的左值
template<typename T> void lvalues(T&);    //接收任意类型的左值

void int_rvalues(int&&);                         //接收 int 类型的右值
template<typename T> void anything(T&&); //意外：接收任意类型的左值和右值
```

对于那些简单地将 int_rvalues 这样的具体函数抽象为它的等价模板的程序员而言，可能会对函数模板可以接收任意类型的左值感到惊讶。幸运的是，只有当函数参数是使用“模板-参数&&”（template-parameter &&）的形式编写的（作为函数模板的一部分），并且命名的模板参数是由该函数模板声明的时，这种推导行为才适用。因此，这个推导规则不适用于以下情况：

```
template<typename T>
class X
{
  public:
    X(X&&);                                      //X 不是模板参数
    X(T&&);                                      //这个构造函数不是函数模板

    template<typename Other> X(X<U>&&);  //X<U>不是模板参数
    template<typename U> X(U, T&&);      //T 是外部定义的模板参数
};
```

尽管这个模板推导规则的行为令人惊讶，但实际上，这种行为导致问题的情况并不常见。当它发生时，可以结合使用 SFINAE（详情请参阅 8.4 节和 15.7 节）和类型特征来将模板限制为右值，如 std::enable_if<>（详情请参阅 6.3 节和 20.3 节）：

```
template<typename T>
  typename std::enable_if<!std::is_lvalue_reference<T>::value>::type
  rvalues(T&&);  //接收任意类型的右值
```

15.7 SFINAE

SFINAE（替换失败不是错误）原则（请参阅 8.4 节）是模板参数推导非常重要的一个方面，它可以防止不相关的函数模板在重载解析过程中产生错误。[1]

比如，考虑一对函数模板，它们用于提取容器或数组的起始迭代器：

```
template<typename T, unsigned N>
T* begin(T (&array)[N])
{
  return array;
}

template<typename Container>
typename Container::iterator begin(Container& c)
{
  return c.begin();
}
```

① SFINAE 也适用于类模板偏特化的替换。详情请参阅 16.4 节。

```
int main()
{
  std::vector<int> v;
  int a[10];

  ::begin(v);  //正确：只有容器的 begin()匹配，因为第 1 次推导失败
  ::begin(a);  //正确：只有数组的 begin()匹配，因为第 2 次替换失败
}
```

第 1 次调用 begin()时，其中的实参是 std::vector<int>类型，尝试对两个 begin()函数模板进行模板实参的推导。

- 数组 begin()的模板实参推导失败，因为 std::vector 不是一个数组，所以它会被忽略。
- 容器 begin()的模板实参推导成功，容器推导为 std::vector<int>，从而实例化并调用函数模板。

第 2 次调用 begin()时，其中的实参是一个数组，但这也会导致部分失败。

- 数组 begin()推导成功，T 被推导为 int 类型，N 被推导为 10。
- 对容器 begin()的推导决定了 Container 应该替换为 int[10]。虽然通常这种替换是正确的，但产生的返回类型 Container::iterator 却是无效的，因为数组类型中没有名为 iterator 的嵌套类型。在任何其他的上下文中，尝试访问不存在的嵌套类型将会导致即时编译期错误。在模板实参的替换过程中，SFINAE 将这些错误转化为推导失败，并将函数模板从候选匹配列表中删除。因此，第 2 个 begin()的候选函数将会被忽略，并调用第 1 个 begin()函数模板的特化。

15.7.1 即时上下文

SFINAE 用于防止试图形成无效的类型或表达式，包括函数模板替换的即时上下文（immediate context），这是由于二义性或违反访问控制而导致的错误。通过定义不在上下文中的内容，可以更容易地定义函数模板替换的即时上下文。[①]具体来说，在用于推导的函数模板的替换期间，实例化过程中发生的任何事情都不属于该函数模板所替换的即时上下文。具体包括如下事情：

- 类模板的定义（即它的主体和基类列表）；
- 函数模板的定义（主体，如果是构造函数，那么是它的构造函数初始化器）；
- 变量模板的初始化式；
- 默认参数；
- 默认的成员初始化器；
- 异常规范。

替换过程所触发的特殊成员函数的任何隐式定义都不属于替换的即时上下文，而其他一切则都属于该即时上下文。

因此，如果替换函数模板声明的模板参数需要实例化类模板的主体，因为该类的一个成员正在被指涉，那么实例化过程中的错误并不会出现在函数模板替换的即时上下文中，所以这是一个真正的错误（即使另一个函数模板匹配时没有错误）。示例如下：

---

① 即时上下文包括许多内容，比如各种查找、别名模板替换、重载解析等。可以说，这个术语有点不够准确，因为它包含的一些活动与被取代的函数模板没有紧密联系。

```
template<typename T>
class Array {
  public:
    using iterator = T*;
};

template<typename T>
void f(Array<T>::iterator first, Array<T>::iterator last);

template<typename T>
void f(T*, T*);

int main()
{
  f<int&>(0, 0); //错误：在第 1 个函数模板中将 T 替换为 int&
}                //当实例化 Array<int&>时，编译器报错
```

这个示例与前面示例的主要区别在于故障发生的位置。在前面的示例中，当形成类型 typename Container::iterator 时失败，该类型位于替换函数模板 begin()的即时上下文中。在本例中，失败发生在 Array<int&>的实例化中，虽然它是在函数模板的上下文中触发的，但实际上却发生在类模板 Array 的上下文中。因此，SFINAE 原则在这里并不适用，编译器将会产生一个错误。

下面是一个 C++14 的示例（依赖于推导的返回类型，详情请参阅 15.10.1 节），它在函数模板定义的实例化过程中产生了一个错误：

```
template<typename T> auto f(T p) {
  return p->m;
}

int f(...);

template<typename T> auto g(T p) -> decltype(f(p));

int main()
{
  g(42);
}
```

调用 g(42)将 T 推导为 int 类型。在 g()的声明中进行这种替换需要：确定 f(p)的类型（p 现在已知为 int 类型），从而确定 f()的返回类型。f()有两个候选项，其中，非模板候选项是匹配的，但不是很好，因为它与省略号参数相匹配。遗憾的是，候选模板有一个推导的返回类型，因此必须实例化它的定义来确定其返回类型。但这个实例化失败了，原因是当 p 为 int 类型时，p->m 无效，并且由于失败发生在替换的即时上下文范围之外（因为它在函数定义之后的实例化中），这个失败将产生一个错误。因此，如果返回类型可以很容易地显式指定，那么建议避免推导返回类型。

SFINAE 最初旨在消除由于函数模板重载的意外匹配而导致的错误，就像容器的 begin()示例一样。但是，检测无效表达式或类型的功能支持出色的编译期技术，它可以用于确定特定语法是否有效。这些技术将在 19.4 节中进行讨论。

关于如何使类型特征对 SFINAE 友好，以避免由于即时上下文造成的问题，请参阅 19.4.4 节。

15.8 推导的限制

模板实参推导是一个强大的特性，通过它无须在大多数函数模板调用中显式指定模板实参，并同时启用函数模板重载（详情请参阅 1.5 节）和类模板偏特化（详情请参阅 16.4 节）。

但是，程序员在使用模板实参推导时可能会遇到一些限制，本节将主要讨论这些限制。

15.8.1 可行的实参转换

通常，模板实参推导试图找到函数模板参数的替换，使得参数化类型 P 与类型 A 相同。然而，如果这是不可能的，那么当 P 在可推导的上下文中包含一个模板参数时，下面的这些差异是可以容忍的。

- 如果原始参数是使用引用声明符声明的，那么替换的 P 类型可能比 A 类型更符合 const/volatile 限定。
- 如果 A 类型是指针或指涉成员的指针类型，那么可以通过限定转换〔换句话说，添加 const 和（或）volatile 限定符的转换〕转换为替换的 P 类型。
- 除非对转换运算符模板进行推导，否则替换的 P 类型可以是 A 类型的基类类型，或是指涉类类型的基类类型的指针，而 A 是一个指针类型。示例如下：

```
template<typename T>
class B {
};

template<typename T>
class D : public B<T> {
};

template<typename T> void f(B<T>*);

void g(D<long> dl)
{
    f(&dl);      //推导成功，将 T 替换为 long
}
```

如果 P 在推导的上下文中不包含模板参数，那么所有的隐式转换都是允许的。示例如下：

```
template<typename T> int f(T, typename T::X);

struct V {
  V();
  struct X {
    X(double);
  };
} v;
int r = f(v, 7.0);   //正确：第 1 个参数将 T 推导为 int,
                     //这导致第 2 个参数的类型为 V::X，而它可以由一个 double 类型的值进行构造
```

只有在不可能进行精确匹配的情况下，才考虑降低匹配的要求。尽管如此，只有在找到了一个替换方式，使得 A 类型与即将被替换的 P 类型匹配时，才算推导成功。

注意，这些规则的作用域非常有限，并且忽略了（比如）可以应用于函数参数，使得调用成功的各种转换。比如，考虑下面对函数模板 max()的调用，详情请参阅 15.1 节：

```
std::string maxWithHello(std::string s)
{
  return ::max(s, "hello");
}
```

上面的示例中，第 1 个实参的模板实参推导中，将 T 推导为 std::string，而第 2 个实参的模板实参推导中，则将 T 推导为 char[6]，因此模板实参推导失败，因为两个参数都使用相同的模板参数。这种失败可能会让人感到意外，因为字符串字面量“hello”可以隐式转换为 std::string，并且下面的调用将会成功：

```
::max<std::string>(s, "hello")
```

也许更令人惊讶的是，当两个参数具有从公共基类派生的不同类类型时，编译器在推导过程中，不会将该公共基类作为推导类型的候选类。关于这个问题和可能的解决方案的讨论，请参阅 1.2 节。

15.8.2 类模板实参

在 C++17 之前，模板实参推导只适用于函数模板和成员函数模板。特别地，类模板的实参并不是从其构造函数之一所调用的实参推导出来的。示例如下：

```
template<typename T>
class S {
  public:
    S(T b) : a(b) {
    }
  private:
    T a;
};
S x(12); //错误（C++17 之前）：类模板参数 T 不是从构造函数所调用的实参 12 推导出来的
```

这个限制在 C++17 中被解除了（详情请参阅 15.12 节）。

15.8.3 默认调用实参

默认的函数调用实参可以在函数模板中指定，就像在普通函数中一样：

```
template<typename T>
void init (T* loc, T const& val = T())
{
    *loc = val;
}
```

实际上，正如这个示例所示，默认函数调用实参可以依赖于模板形参。这样一个依赖的默认实参只有在没有提供显式实参的情况下才会被实例化，这个原则使得下面的示例有效：

```
class S {
  public:
    S(int, int);
};

S s(0, 0);

int main()
{
  init(&s, S(7, 42)); //T()对于 T = S 是无效的，但是默认调用实参 T()不需要实例化，
                      //这是因为给出了显式参数
}
```

即使默认调用实参不是依赖的，它也不能用于推导模板实参。这意味着下面的代码在 C++中是无效的：

```
template<typename T>
void f (T x = 42)
{ }

int main()
{
    f<int>(); //正确：T = int
    f();      //错误：不能从默认调用实参中推导出 T
}
```

15.8.4 异常规范

与默认调用实参一样，异常规范只在需要时实例化。这意味着它们不参与模板实参的推导。示例如下：

```
template<typename T>
void f(T, int) noexcept(nonexistent(T())); //#1

template<typename T>
void f(T, ...);  //#2（C 风格的变参函数）

void test(int i)
{
  f(i, i);       //错误：选择#1，但是表达式 nonexistent(T())是语法错误的
}
```

#1 处的函数中的 noexcept 规范试图调用一个不存在的函数。通常，函数模板声明中这样的错误将会直接导致模板实参推导失败（SFINAE），可以通过调用#2 处的函数 f(i, i)来成功匹配，但该函数在其他方面的匹配程度较低（从重载解析的角度来看，带有省略号参数的匹配是最糟糕的，详情请参阅附录 C）。但是，因为异常规范不参与模板实参推导，所以重载解析选择了#1 处，当 noexcept 规范后来被实例化时，程序就会变成格式错误的。

同样的规则也适用于列出了潜在异常类型的异常规范：

```
template<typename T>
void g(T, int) throw(typename T::Nonexistent); //#1
```

```
template<typename T>
void g(T, ...);                                    //#2

void test(int i)
{
  g(i, i);    //错误：选择#1，但类型 T::Nonexistent 是语法错误的
}
```

但是，这些“动态”异常规范从 C++11 开始已经被弃用，并在 C++17 中被移除。

15.9 显式函数模板参数

当无法推导出函数模板实参时，可以在函数模板名称之后显式地指定它。示例如下：

```
template<typename T> T default_value()
{
  return T{};
}

int main()
{
  return default_value<int>();
}
```

对于可推导的模板参数也可以这样做：

```
template<typename T> void compute(T p)
{
  ...
}

int main()
{
  compute<double>(2);
}
```

一旦显式地指定了模板实参，它对应的参数就不再需要进行推导。但是，这反过来又允许对函数的调用参数进行转换，而这在推导调用中则是不可能的。在上面的示例中，表达式 compute<double>(2)调用中的实参 2 将会隐式转换为 double 类型。

可以显式地指定一些模板实参，同时推导其他参数。但是，显式指定的实参总是从左到右与模板参数进行匹配。所以，应该首先指定不能推导出的参数（或可能显式指定的参数）。示例如下：

```
template<typename Out, typename In>
Out convert(In p)
{
  ...
}
int main() {
  auto x = convert<double>(42); //参数 p 的类型被推导出来，但是显式指定了返回类型
}
```

有时，指定一个空的模板实参列表是有用的，这样可以确保所选的函数是一个模板实例，同时仍然使用推导来确定模板实参：

```
int f(int);                   //#1
template<typename T> T f(T); //#2

int main() {
  auto x = f(42);            //调用#1
  auto y = f<>(42);          //调用#2
}
```

在这个示例中，f(42)选择了非模板函数，因为如果其他条件都相同，重载解析更倾向于使用普通函数而不是函数模板。但是，对于 f<>(42)而言，模板实参列表的存在排除了非模板函数（即使没有实际指定模板实参）。

在友元函数声明的上下文中，显式模板实参列表的存在有一个有趣的效果。考虑以下示例：

```
void f();
template<typename> void f();
namespace N {
  class C {
      friend int f();    //正确
      friend int f<>(); //错误：返回类型冲突
  };
}
```

当使用普通标识符命名友元函数时，该函数只在最近的封闭范围内进行查找，如果在该范围内没有找到，就会在该范围内声明一个新的实体（但除非通过 ADL，否则该实体仍是“不可见的”；详情请参阅 13.2.2 节）。这就是上面第 1 个友元函数声明时出现的情况：在命名空间 N 中没有声明 f，因此 new N::f()是被“不可见”声明的。

但是，当命名的友元标识符后面跟着模板实参列表时，模板必须通过普通查找才可见，并且普通查找将向上移动可能需要的任意数量的作用域。因此，上面的第 2 个声明将找到全局函数模板 f()，但编译器会因为返回类型不匹配而报错（因为这里没有执行 ADL，所以前面的友元函数声明创建的声明将会被忽略）。

使用 SFINAE 原则替换显式指定的模板实参：如果替换导致该替换的直接上下文中出现错误，函数模板将会被丢弃，但其他模板可能仍然会替换成功。示例如下：

```
template<typename T> typename T::EType f(); //#1
template<typename T> T f();                 //#2

int main() {
  auto x = f<int*>();
}
```

在这个示例中，使用 int*替换候选#1 中的 T 会导致替换失败，但在候选#2 中则会替换成功，因此，这就是被选中的候选者。实际上，如果替换后只剩下一个候选函数，那么带有显式模板实参的函数模板名称的行为与普通函数名称的行为非常相似，包括在许多上下文中退化为指涉函数类型的指针。也就是说，将上面的 main()替换为

```
int main() {
```

```
  auto x = f<int*>;          //正确：x是指涉函数的指针
}
```

会产生一个有效的编译单元。但是，下面的示例：

```
template<typename T> void f(T);
template<typename T> void f(T, T);

int main() {
  auto x = f<int*>;          //错误：这里有两个可能的f<int*>
}
```

无效，因为在这种情况下，f<int*>不可以用于标识单个函数。

变参函数模板也可以与显式模板实参一起使用：

```
template<typename ... Ts> void f(Ts ... ps);

int main() {
  f<double, double, int>(1, 2, 3);  //正确：1和2都可以转换为double类型
}
```

有趣的是，一个实参包可以部分通过显式指定，部分通过推导得出：

```
template<typename ... Ts> void f(Ts ... ps);

int main() {
  f<double, int>(1, 2, 3);    //正确：模板实参是<double, int, int>
}
```

15.10 基于初始化器和表达式的推导

C++11 提供了声明一个变量的功能，该变量的类型是从其初始化器中推导出来的。它还提供了一种机制来表示命名实体（变量或函数）或表达式的类型。事实证明，这些工具非常方便，C++14 和 C++17 在这个主题上添加了其他的变体。

15.10.1 auto 类型的规范

auto 类型说明符可以用在很多地方（主要是命名空间作用域和局部作用域），以便从变量的初始化器中推导出变量的类型。在这种情况下，auto 称为占位符类型（placeholder type，对于另一种占位符类型 decltype(auto)，稍后将在 15.10.2 节中介绍）。示例如下：

```
template<typename Container>
void useContainer(Container const& container)
{
  auto pos = container.begin();
  while (pos != container.end()) {
    auto& element = *pos++;
    ... //对元素进行操作
  }
}
```

在上面的示例中，auto 的两种使用方式满足了编写冗长且可能很复杂的类型的需要，即

容器的迭代器类型和迭代器的值类型：

```
typename Container::const_iterator pos = container.begin();
...
typename std::iterator_traits<typename Container::iterator>::reference
   element = *pos++;
```

auto 的推导与模板实参推导具有相同的机制。类型说明符 auto 被一个虚构的模板类型参数 T 所取代，然后进行推导，这个过程类似于将 auto 类型的变量当作一个函数形参，而其初始化器就是相应的函数实参。第 1 个 auto 的示例对应下面的情况：

```
template<typename T> void deducePos(T pos);
deducePos(container.begin());
```

其中，T 为 auto 推导的类型。这样做的直接后果之一就是：auto 类型的变量永远不会是引用类型。在第 2 个 auto 的示例中使用 auto&说明了如何生成对推导出来的类型的引用。其推导相当于下面的函数模板和调用：

```
template<typename T> deduceElement(T& element);
deduceElement(*pos++);
```

在这里，元素总是引用类型，并且它的初始化器不能产生临时变量。

也可以将 auto 与右值引用组合起来，但这样做会使它的表现类似于转发引用，因为推导模型

```
auto&& fr = ...;
```

基于函数模板：

```
template<typename t> void f(T&& fr);  //auto 被模板参数 T 所替换
```

这也解释了下面的示例：

```
int x;
auto&& rr = 42;  //正确：右值引用绑定到一个右值（auto = int）
auto&& lr = x;   //同样正确：auto = int&，并且引用折叠规则使得 lr 成为左值引用
```

这种技术在泛型代码中常用于绑定函数的结果或者值类别（左值与右值）未知的运算符调用，并且无须对其结果进行拷贝。比如，在基于范围的 for 循环中声明迭代值通常是首选的方法：

```
template<typename Container> void g(Container c) {
  for (auto&& x: c) {
    ...
  }
}
```

在这个示例中，容器的迭代接口的签名是未知的，但是通过使用 auto&&，我们可以确信所遍历的值没有发生额外的拷贝。如果希望完美转发绑定值，那么可以像往常一样，对变量调用 std::forward<T>()。这实现了一种“延迟”的完美转发。相关示例请参阅 11.3 节。

除了引用之外，还可以结合 auto 类型说明符来创建 const 变量、指针、成员指针等，但 auto 必须是声明中的“主要”类型说明符，它不能嵌套在模板参数或类型说明符后面的部分

声明符中。下面的示例演示了各种可能：

```
template<typename T> struct X { T const m; };
auto const N = 400u;                    //正确：unsigned int 类型的常量
auto* gp = (void*)nullptr;              //正确：gp 类型为 void*
auto const S::*pm = &X<int>::m;         //正确：pm 的类型为 int const X<int>::*
X<auto> xa = X<int>();                  //错误：模板实参中的 auto
int const auto::*pm2 = &X<int>::m;     //错误：auto 是声明符的一部分
```

仅从技术角度无法解释为什么 C++不支持最后一个示例中的情况。原因之一是 C++标准委员会认为，其额外的实现成本和潜在的滥用都超过可能带来的好处。

为了避免程序员和编译器产生混淆，C++11（以及后续更高版本的标准）不再允许将 auto 作为“存储类说明符”：

```
int g() {
  auto int r = 24;  //在 C++03 中有效，但在 C++11 中却是无效的
  return r;
}
```

auto 这种旧的用法（从 C 中继承而来）总是显得多余。大多数编译器通常可以消除这种用法与其作为占位符的新用法之间的歧义（即使没有必要这样做），并提供从旧的 C++代码到新的 C++代码的转换途径。但是，auto 的旧用法在实践中确实非常少见。

1. 推导返回的类型

C++14 添加了另一种可推导的 auto 占位符类型：函数返回类型。示例如下：

```
auto f() { return 42; }
```

本例定义了一个返回类型为 int（42 的类型）的函数。这也可以使用后置返回类型的语法来表示：

```
auto f() -> auto { return 42; }
```

在后一种情况中，第 1 个 auto 声明后置返回类型，第 2 个 auto 是要推导的占位符类型。但是，并没有什么理由来支持这种更冗长的语法。

默认情况下，lambda 表达式同样存在相同的机制：如果没有显式指定返回类型，那么 lambda 表达式的返回类型将被推导为 auto。[①]

```
auto lm = [] (int x) { return f(x); };
            //等价于[] (int x) -> auto { return f(x); };
```

函数可以与它们的定义分开声明。对于推导出返回类型的函数来说，也是如此：

```
auto f();  //前置声明
auto f() { return 42; }
```

但是在这种情况下，前置声明的用途非常有限，因为定义必须在使用函数的任何地方都可

① 虽然大体上是 C++14 引入了推导的返回类型，但 C++11 的 lambda 表达式已经可以使用它们，只是在规范中没有使用与推导相关的措辞。在 C++14 中，该规范已更新为使用通用的自动推导机制（从程序员的角度来看，这并没有本质区别）。

见。可能会令人惊讶的是，提供带有“已解析”返回类型的前置声明是无效的。示例如下：

```
int known();
auto known() { return 42; }  //错误：不兼容的返回类型
```

在大多数情况下，由于风格的偏好，在前置声明的函数中使用推导返回类型的功能，只适用于将成员函数的定义转移到类定义之外的情况：

```
struct S {
  auto f(); //定义将遵循类定义
};
auto S::f() { return 42; }
```

2. 可推导的非类型参数

在 C++17 之前，必须使用特定的类型来声明非类型模板实参。但是，该类型可以是模板参数的类型。示例如下：

```
template<typename T, T V> struct S;
S<int, 42>* ps;
```

在本例中，必须指定非类型模板实参的类型（即除了指定 42 之外，还需要指定 int），这可能会很无趣。因此，C++17 中增加了声明非类型模板参数的功能，这些非类型模板参数的实际类型是从对应的模板实参中推导出来的。它们的声明如下：

```
template<auto V> struct S;
```

这使得

```
S<42>* ps;
```

其中，S<42>的 V 类型被推导为 int 类型，因为 42 是 int 类型的。如果改用 S<42u>，V 的类型将被推导为 unsigned int 类型。

注意，非类型模板参数类型的一般约束仍然有效。示例如下：

```
S<3.14>* pd; //错误：浮点型的非类型模板实参
```

对于具有这种可推导的非类型参数的模板定义，通常还需要表示相应实参的实际类型。使用 decltype 构造可以很容易做到这一点（请参阅 15.10.2 节）。示例如下：

```
template<auto V> struct Value {
  using ArgType = decltype(V);
};
```

auto 非类型模板参数也可以用于参数化类成员的模板。示例如下：

```
template<typename> struct PMClassT;
template<typename C, typename M> struct PMClassT<M C::*> {
  using Type = C;
};
template<typename PM> using PMClass = typename PMClassT<PM>::Type;

template<auto PMD> struct CounterHandle {
  PMClass<decltype(PMD)>& c;
```

```
  CounterHandle(PMClass<decltype(PMD)>& c): c(c) {
  }
  void incr() {
    ++(c.*PMD);
  }
};

struct S {
  int i;
};

int main() {
  S s{41};
  CounterHandle<&S::i> h(s);
  h.incr(); //递增 s.i
}
```

本例使用了辅助类模板 PMClassT，从一个指涉成员的指针类型中检索其“父”类的类型，并且使用了类模板的偏特化[①]（详情请参阅 16.4 节）。如果要使用 auto 模板参数，只需指定指涉成员的指针常量&S::i，将它作为模板实参。在 C++17 之前，还必须指定一个指针成员类型。也就是说，类似于

```
OldCounterHandle<int S::*, &S::i>
```

这不但笨拙，而且显得多余。

如你所料，该特性也可用于非类型参数包：

```
template<auto... VS> struct Values {
};
Values<1, 2, 3> beginning;
Values<1, 'x', nullptr> triplet;
```

三元组的示例表明，包中的每个非类型参数元素都可以推导为不同的类型。这与多个变量声明符的情况不同（详情请参阅 15.10.4 节），不要求所有的推导都是等价的。

如果我们想要强制使用非类型模板参数的同构包，也是可能的：

```
template<auto V1, decltype(V1)... VRest> struct HomogeneousValues {
};
```

但是，在这种特殊情况下，模板实参列表不能为空。

有关使用 auto 作为模板参数类型的完整示例，请参阅 3.4 节。

15.10.2 使用 decltype 表示一个表达式的类型

虽然通过 auto 可以避免写出变量类型，但想要使用该变量的类型并不容易。decltype 关键字解决了这个问题：它允许程序员表示一个表达式或声明的精确类型。但是，程序员应该注意 decltype 产生的细微差别，这取决于传入的实参是一个声明的实体还是一个表达式：

---

① 同样的技术也可以用于提取关联的成员类型，而不是下面的方式：

```
using Type = C; use using Type = M;
```

- 如果e是一个实体（如变量、函数、枚举常量或数据成员）的名称或类成员访问的名称，decltype(e)将生成该实体或指定的类成员声明的类型（declared type）。因此，decltype可以用来检查变量的类型。

当需要与现已声明的类型精确匹配时，这会很有用。比如，考虑下面的变量y1和变量y2：

```
auto x = ...;
auto y1 = x + 1;
decltype(x) y2 = x + 1;
```

根据x的初始化器，y1可能具有与x相同的类型，也可能不具有：这取决于+的行为。如果x被推导为int类型，那么y1也是int类型的。如果x被推导为char类型，那么y1将会是int类型的，因为char类型值与1（根据定义，1是一个int类型值）的和是int类型值。在y2的类型中使用decltype(x)可以确保它始终具有与x相同的类型。

- 否则，如果e是任何其他表达式，那么decltype(e)会生成一个反映该表达式的类型和值类别的类型，示例如下。

如果e是T类型的左值（lvalue），那么decltype(e)将会生成T&。

如果e是T类型的消亡值（xvalue），那么decltype(e)将会生成T&&。

如果e是T类型的纯右值（prvalue），那么decltype(e)将会生成T。

有关值类别的详细讨论，请参阅附录B。

这种差异可以通过下面的例子来阐明：

```
void g (std::string&& s)
{
  //检查s的类型
  std::is_lvalue_reference<decltype(s)>::value;      //false
  std::is_rvalue_reference<decltype(s)>::value;      //true（s声明）
  std::is_same<decltype(s),std::string&>::value;     //false
  std::is_same<decltype(s),std::string&&>::value;    //true

  std::is_lvalue_reference<decltype((s))>::value;    //true（s是左值）
  std::is_rvalue_reference<decltype((s))>::value;    //false
  std::is_same<decltype((s)),std::string&>::value;   //true（T&表示左值）
  std::is_same<decltype((s)),std::string&&>::value;  //false
}
```

在前4个表达式中，decltype被用于变量s：

```
decltype(s)     //由s指定的实体e的声明类型
```

这意味着decltype产生了s声明的类型：std::string&&。在后4个表达式中，decltype构造的操作数不仅仅是一个名称，这是因为在任何情况下，表达式都是圆括号中的名称。在这种情况下，类型将反映(s)的值类别：

```
decltype((s))     //检查(s)的值类别
```

表达式按名称指涉变量，因此是左值：[①]根据上面的规则，这意味着decltype(s)是对

① 正如在其他地方所提到的，将右值引用类型的参数作为左值，而不是消亡值，这种做法是一种安全特性，因为任何具有名称的东西（如参数）都可以很容易地在函数中被多次引用。如果它是一个消亡值，那么它的第1次使用可能会导致它的值被"移走"，从而在以后每次的使用中出现令人惊讶的行为。详情请参阅6.1节和15.6.3节。

std::string 的普通（即左值）引用（因为(s)的类型是 std::string）。这也是 C++中为数不多的将表达式用圆括号标识，改变程序的含义，但又不影响运算符结合性的地方之一。

decltype 计算任意表达式 e 的类型这一事实在很多地方都很有用。具体来说，decltype(e)保留了关于表达式的足够信息，以便可以描述“完美”返回表达式 e 本身的函数的返回类型：decltype 计算该表达式的类型，但它也将表达式的值类别传播给函数的调用者。比如，考虑一个简单的转发函数 g()，它返回函数 f()的调用结果：

```
??? f();

decltype(f()) g()
{
  return f();
}
```

g()的返回类型取决于 f()的返回类型。如果 f()要返回 int&，那么 g()的返回类型的计算将首先确定表达式 f()具有 int 类型。这个表达式是一个左值，因为 f()返回一个左值引用，所以 g()声明的返回类型变成 int&。类似地，如果 f()的返回类型是右值引用类型，那么调用 f()将是一个消亡值，并且 decltype 将生成一个与 f()返回的类型完全匹配的右值引用类型。本质上，这种形式的 decltype 可以获取任意表达式的主要特征（类型和值类别），并以一种能够完美转发返回值的方式对它们进行编码。

当生成值的 auto 推导行不通时，decltype 也可以很有用。比如，假设已知一个未知迭代器类型的变量 pos，并且想要创建一个变量元素，该变量元素指涉 pos 所存储的元素，可以使用如下方式：

```
auto element = *pos;
```

但是，这会造成元素的拷贝。如果改为以下方式：

```
auto& element = *pos;
```

则总是会收到对该元素的指涉，但如果迭代器的 operator*返回一个值，那么程序将会失败。[①]为了解决这个问题，可以使用 decltype，以保留迭代器 operator*的值特性或引用特性：

```
decltype(*pos) element = *pos;
```

这将在迭代器支持时使用指涉，并在迭代器不支持时拷贝该值。它的主要缺点是需要将初始化器表达式写入两次：一次在 decltype 中（在那里它不会被求值），另一次作为真正的初始化器。C++14 通过引入 decltype(auto)构造来解决这个问题。相关细节，本书将在 15.10.3 节进行讨论。

15.10.3 decltype(auto)

C++14 增加了一个结合了 auto 和 decltype 的特性：decltype(auto)。和 auto 类型说明符一样，它是一个占位符类型，变量、返回类型或模板实参的类型均由相关表达式（初始化器、返回值或模板实参）的类型来确定。但是，与 auto 不同的是，它使用模板实参推导规则来确定感兴趣的类型，实际类型则通过直接对表达式应用 decltype 构造来确定。下面的示例阐明

① 当在 auto 的介绍性示例中使用后一种形式时，本书隐式地假设迭代器产生了对某些底层存储的指涉。虽然这通常适用于容器迭代器（除了 vector<bool>之外的标准容器都需要），但并非适用于所有的迭代器。

了这一点：

```
int i = 42;                  //i 具有 int 类型
int const& ref = i;          //ref 具有 int const& 类型，并且指涉 i

auto x = ref;                //x 具有 int 类型，并且是一个新的独立对象

decltype(auto) y = ref;      //y 具有 int const&类型，并且同样指涉 i
```

y 的类型是通过将 decltype 应用到初始化器表达式（即这里的 ref）来获得的，类型是 int const&。自动类型推导的规则将产生 int 类型。

另一个示例显示了当索引 std::vector（产生左值）时的区别：

```
std::vector<int> v = { 42 };
auto x = v[0];                //x 表示一个 int 类型的新对象
decltype(auto) y = v[0];      //y 是一个引用（类型是 int&）
```

这巧妙地解决了前面示例中的冗余问题：

```
decltype(*pos) element = *pos;
```

现在可以将其改写为：

```
decltype(auto) element = *pos;
```

返回类型通常也很方便。考虑下面的示例：

```
template<typename C> class Adapt
{
  C container;
  ...
  decltype(auto) operator[] (std::size_t idx) {
  return container[idx];
  }
};
```

如果 container[idx]产生一个左值，并且希望将这个左值传递给调用者（调用者可能希望获取它的地址或者修改它），那么需要一个左值引用类型，而这正是 decltype(auto)所需要解析的。如果改为生成纯右值，那么引用类型将会导致悬空引用。幸运的是，在这种情况下，decltype(auto)将会生成对象类型（而不是引用类型）。

与 auto 不同，decltype(auto)不允许说明符或声明符运算符修改其类型。示例如下：

```
decltype(auto)* p = (void*)nullptr;     //无效
int const N = 100;
decltype(auto) const NN = N*N;          //无效
```

需要注意的是，初始化器中的圆括号可能很重要（因为它们对于 decltype 构造很重要，详情请参阅 6.1 节）：

```
int x;
decltype(auto) z = x;     //int 类型的对象
decltype(auto) r = (x);   //int&类型的引用
```

这尤其意味着圆括号会对 return 语句的有效性产生严重影响：

```
int g();
...
decltype(auto) f() {
  int r = g();
  return (r);         //运行期错误：返回临时对象的引用
}
```

从 C++17 开始，decltype(auto)也可以用于推导非类型参数（详情请参阅 15.10.1 节）。下面的示例阐明了这一点：

```
template<decltype(auto) Val> class S
{
  ...
};
constexpr int c = 42;
extern int v = 42;
S<c> sc;    //#1 生成 S<42>
S<(v)> sv;  //#2 生成 S<(int&)v>
```

在#1 处，c 周围没有圆括号，这导致可推导参数的类型是 c 自身的类型（即 int 类型）。因为 c 是值为 42 的常量表达式，所以这等价于 S<42>。在#2 处，圆括号将导致 decltype(auto)成为一个引用类型 int&，它可以绑定到 int 类型的全局变量 v。因此，通过这个声明，类模板依赖于对 v 的引用，并且 v 值的任何改变都可能会影响到类 S 的行为，详情请参阅 11.4 节（另外，没有圆括号的 S<v>将是一个错误，因为 decltype(v)是 int 类型的，所以需要一个 int 类型的常量参数。但是，v 并没有指定一个 int 类型的常量）。

注意，这两种情况的性质有些不同。因此，虽然这类非类型模板参数可能会引起意外，但是人们并没有预料到它们会被广泛使用。

最后，关于在函数模板中使用推导的非类型参数的注解如下：

```
template<auto N> struct S {};
template<auto N> int f(S<N> p);
S<42> x;
int r = f(x);
```

在这个示例中，函数模板 f<>()的参数 N 的类型是从 S 的非类型参数的类型推导出来的。这是可能的，因为在 X<...>这样的表达式中，X 是一个类模板，并且是一个可推导的上下文。但是，也有许多模式不能使用这样的方式：

```
template<auto V> int f(decltype(V) p);
int r1 = deduce<42>(42);  //正确
int r2 = deduce(42);      //错误：decltype(V)是不可推导的上下文
```

在这种情况下，decltype(V)是一个不可推导的上下文：没有唯一的 V 值来匹配参数 42（比如，decltype(7)将会产生与 decltype(42)相同的类型）。因此，必须显式地指定非类型模板参数才能调用 decltype()函数。

15.10.4 auto 推导的特殊情况

对于原本简单的 auto 推导规则，也有一些特殊情况。一种情况是当变量的初始化器是初始化列表时，函数调用的相应推导将会失败，因为不能从初始化列表的实参中推导出模板类型参数：

```
template<typename T>
void deduceT (T);
...
deduceT({ 2, 3, 4});    //错误
deduceT({ 1 });         //错误
```

但是，如果函数有一个更具体的参数，如下所示：

```
template<typename T>
void deduceInitList(std::initializer_list<T>);
...
deduceInitList({ 2, 3, 5, 7 });    //正确：T 被推导为 int 类型
```

那么将推导成功。拷贝初始化（即使用=初始化）一个带有初始化列表的 auto 变量，因此根据更具体的参数定义：

```
auto primes = { 2, 3, 5, 7 };    //primes 是 std::initializer_list<int>
deduceT(primes);                 //T 推导为 std::initializer_list<int>
```

在 C++17 之前，auto 变量的相应直接初始化(即没有=)也是以这种方式处理的，但 C++17 对此进行了更改，以便更好地匹配大多数程序员所期望的行为：

```
auto oops { 0, 8, 15 };    //C++17 中是错误的
auto val { 2 };            //正确：val 具有 int 类型（C++17 中）
```

在 C++17 之前，两个初始化都是有效的，并且 oops 和 val 的初始化类型都为 initializer_list <int>。

有趣的是，对于具有推导占位符类型的函数，返回使用花括号的初始化列表则是无效的：

```
auto subtleError() {
  return { 1, 2, 3 };    //错误
}
```

这是因为函数作用域中的初始化列表是一个指向底层的数组对象（具有列表中指定的元素值），该对象在函数返回时过期。因此，这实际上是允许构造悬空的引用。

当多个变量声明共享同一个 auto 时，会出现另外一种特殊情况，示例如下：

```
auto first = container.begin(), last = container.end();
```

在这种情况下，每个声明都可以独立进行推导。换句话说，首先有一个创建的模板类型参数 T1，然后有一个创建的模板类型参数 T2。只有当两个推导都成功，并且 T1 和 T2 的推导类型都相同时，声明的语法才是正确的。这可以产生如下一些有趣的情况：[①]

```
char c;
auto *cp = &c, d = c;    //正确
auto e = c, f = c+1;     //错误：推导不匹配 char 类型与 int 类型
```

在这个示例中，使用共享的 auto 说明符声明了两对变量。cp 和 d 声明的类型是 auto 推

① 这个示例没有使用常见的风格，即将*紧邻 auto 放置，因为它可能会误使读者认为声明了两个指针。另外，在单个声明中同时声明多个实体时，这些声明的不透明性是语法上保守的一个很好的理由。

导出的 char 类型，因此这是有效的代码。但是，由于计算 c+1 时类型变为 int 类型，e 和 f 的声明会推导出 char 类型和 int 类型，这种不一致性会导致错误。

对于推导的返回类型的占位符，还可能出现类似的特殊情况。考虑下面的示例：

```
auto f(bool b) {
  if (b) {
    return 42.0;        //推导返回 double 类型
  } else {
    return 0;           //错误：推导冲突
  }
}
```

在这种情况下，每个返回语句都是独立推导的，但是如果推导的类型不同，则程序无效。如果返回的表达式递归地调用该函数，就不能进行推导，除非之前的推导已经确定了返回类型，否则程序无效。这意味着以下的代码是无效的：

```
auto f(int n)
{
  if (n > 1) {
    return n*f(n-1);     //错误：f(n-1)的类型未知
  } else {
    return 1;
  }
}
```

但是下面的代码是有效的：

```
auto f(int n)
{
  if (n <= 1) {
    return 1;            //返回类型推导为 int
  } else {
    return n*f(n-1);     //正确：f(n-1)的类型是 int，n*f(n-1)的类型也是 int
  }
}
```

推导的返回类型有另一种特殊情况，即在推导的变量类型或推导的非类型参数类型中没有对应的类型：

```
auto f1() { }              //正确：返回类型为 void
auto f2() { return; }      //正确：返回类型为 void
```

f1()和 f2()都是有效的，并且返回类型为 void。但是，如果返回类型模式不能匹配 void，那么这样的代码就是无效的：

```
auto* f3() {}              //错误：auto*不能推导为 void
```

如你所料，任何使用推导的返回类型的函数模板都需要立即实例化，以确定其返回类型。然而，当涉及 SFINAE 时，这会产生一个令人惊讶的结果（详细描述请参阅 8.4 节和 15.7 节）。考虑以下示例：

deduce/resulttypetmpl.cpp

```
template<typename T, typename U>
auto addA(T t, U u) -> decltype(t+u)
{
```

```
  return t + u;
}

void addA(...);

template<typename T, typename U>
auto addB(T t, U u) -> decltype(auto)
{
  return t + u;
}

void addB(...);

struct X {
};

using AddResultA = decltype(addA(X(), X())); //正确：AddResultA类型为void
using AddResultB = decltype(addB(X(), X())); //错误：addB<X>的实例化是语法错误的
```

在本例中，对 addB()使用 decltype(auto)而不是 decltype(t+u)会在重载解析过程中导致错误：addB()模板的函数体必须完全实例化，以确定返回类型。这个实例化不在 addB()调用的直接上下文中（详情请参阅 15.7.1 节），因此不属于 SFINAE 过滤器，但会导致一个完全的错误。因此，重要的是要记住，推导的返回类型（deduced return type）并不只是复杂的显式返回类型的简写，应该谨慎使用它们（即要理解不应在依赖于 SFINAE 属性的其他函数模板的签名中调用它们）。

15.10.5 结构化绑定

C++17 添加了一个称为结构化绑定（structured binding）的新特性。①通过一个小例子可以很容易地理解这个特性：

```
struct MaybeInt { bool valid; int value; };
MaybeInt g();
auto const&& [b, N] = g();  //将b和N绑定到g()的结果中的成员
```

对 g()的调用产生一个值（在本例中是 MaybeInt 类型的简单类聚合），该值可以分解为“元素”（在本例中是 MaybeInt 的数据成员）。该调用的值产生时，就好像方括号中的标识符列表[b, N]被一个不同的变量名称替换一样。如果该名称为 e，则该初始化等价于：

```
auto const&& e = g();
```

然后，方括号中的标识符列表被绑定到 e 的元素上。因此，可以把[b, N]看作 e 部分的引入名称（绑定的一些细节将在下面进行讨论）。

从语法上讲，结构化绑定必须总是具有 auto 类型，可选择使用 const、volatile 限定符、&、&&声明符运算符进行扩展（但不是使用*指针声明符或其他声明符进行构造）。它后面是一个包含至少一个标识符的括号列表（让人想起 lambda 表达式的“捕获”列表）。接着必须有一

① 术语“结构化绑定”在最初提案中被作为特性使用，最终成为 C++语言的正式规范。但是，简单来说，后来该语言规范使用“分解声明”（decomposition declaration）这个术语作为替换。

个初始化器。

可以用于初始化结构化绑定的实体有 3 种，分别对应 3 种情况。

第 1 种情况是简单类类型（就像上面的示例一样）。对于这种情况，所有的非静态数据成员都必须是公共的（要么全部直接在类本身中，要么都在同一个、明确的公共基类中，并且将不设计匿名联合）。在这种情况下，方括号中的标识符的数量必须等于成员的数量，并且在结构化绑定的范围内，使用这些标识符中的一个相当于使用 e 所表示的对象的相应成员〔具有所有关联的属性，比如，如果对应的成员是位域（bit field），则不能获取它的地址〕。

第 2 种情况对应于数组。示例如下：

```
int main() {
  double pt[3];
  auto& [x, y, z] = pt;
  x = 3.0; y = 4.0; z = 0.0;
  plot(pt);
}
```

不出所料，方括号中的初始化器只是未命名数组变量中相应元素的简写。数组中元素的数量必须等于方括号中的初始化器的数量。

下面是另一个示例：

```
auto f() -> int(&)[2];  //f() 返回对 int 数组的引用

auto [ x, y ] = f();    //#1
auto& [ r, s ] = f();   //#2
```

#1 处很特殊，通常情况下，前面描述的实体 e 将从下面的代码中推导出来：

```
auto e = f();
```

但是，这将会推导出指涉数组的退化指针，而这在执行数组的结构化绑定时是不会发生的。e 被推导为一个数组类型的变量，对应于初始化器的类型。然后从初始化器中逐个地将元素拷贝到数组：这对于内置数组来说，是一个不同寻常的概念。[①]最后，x 和 y 分别为表达式 e[0]和 e[1]的别名。

#2 处不涉及数组拷贝，并且遵循 auto 的常见推导规则。因此，假设 e 的声明如下：

```
auto& e = f();
```

它产生对数组的指涉，而 x 和 y 再次分别成为表达式 e[0]和 e[1]的别名（它们是直接指向调用 f()产生的数组元素的左值）。

最后，第 3 种情况允许类似 std::tuple 的类使用 get<>()，并通过基于模板的协议分解其中的元素。假设 E 为表达式（e）的类型，其中 e 的声明如上。因为 E 是表达式的类型，所以它永远不可能是引用类型。如果表达式 std::tuple_size<E>::value 是一个有效的整型常量表达式，它的值必须等于方括号内的标识符数量（并且协议开始生效，优先于第 1 种情况，但不是对应数组的第 2 种情况）。使用 n0、n1、n2 等来表示方括号内的标识符。如果 e 具有任何名为 get 的成员，那么它的行为就好像这些标识符被声明为

```
std::tuple_element<i, E>::type& ni = e.get<i>();
```

① 另外两个拷贝内置数组的地方是 lambda 捕获和生成的拷贝构造函数。

如果 e 被推导出具有引用类型，或者

```
std::tuple_element<i, E>::type&& ni = e.get<i>();
```

如果 e 没有成员 get，那么将由相应的声明来代替

```
std::tuple_element<i, E>::type& ni = get<i>(e);
```

或者

```
std::tuple_element<i, E>::type&& ni = get<i>(e);
```

在这里，get 只在关联的类和命名空间中进行查找。（在所有情况下，get 被假定为一个模板，因此，其后的<是一个角括号）。std::tuple、std::pair 和 std::array 模板都实现了这个协议。比如，下面的代码是正确的：

```
#include <tuple>

std::tuple<bool, int> bi{true, 42};
auto [b, i] = bi;
int r = i;              //初始化 r 为 42
```

添加 std::tuple_size、std::tuple_element 和函数模板或成员函数模板 get<>()的特化并不困难，但是，这将会使得这个协议适用于任意类或枚举类型。比如：

```
#include <utility>

enum M {};

template<> class std::tuple_size<M> {
  public:
    static unsigned const value = 2; //将 M 映射到一对值
};
template<> class std::tuple_element<0, M> {
  public:
    using type = int;                //第 1 个值的类型为 int
};

template<> class std::tuple_element<1, M> {
  public:
    using type = double;             //第 2 个值的类型为 double
};

template<int> auto get(M);
template<> auto get<0>(M) { return 42; }
template<> auto get<1>(M) { return 7.0; }

auto [i, d] = M();                   //类似于：int&& i = 42;double&& d = 7.0;
```

注意，只需要包含<utility>，就可以使用两个类似于元组的访问帮助函数 std::tuple_size<> 和 std::tuple_element<>。

此外，请注意，上面的第 3 种情况（使用类似元组的协议），其对方括号内的初始化器进行了实际初始化，并且绑定的是实际的引用变量，它们不仅仅是另一个表达式的别名（这与使用简单类类型和数组的前两种情况不同）。这很有趣，因为引用初始化还可能会出错，比如，

它可能会抛出一个异常，而这个异常现在是无法避免的。尽管如此，C++标准委员会还是讨论了不将标识符与初始化的引用相关联的可能性，并且在以后每次使用标识符时，都需要计算 get<>()表达式。这将允许结构化绑定在访问第 2 个值之前必须测试第 1 个值的类型（比如，基于 std::optional）。

15.10.6 泛型 lambda 表达式

lambda 表达式已迅速成为最受欢迎的 C++11 的特性之一，部分原因是其语法简洁，极大地简化了 C++标准库和许多其他现代 C++程序库中函数式构造的使用。但是在模板本身中，由于需要说明参数和返回结果的类型，因此 lambda 表达式可能变得相当冗长。比如，考虑一个函数模板，它从一个序列中找到第 1 个负数：

```
template<typename Iter>
Iter findNegative(Iter first, Iter last)
{
  return std::find_if(first, last,
                      [] (typename std::iterator_traits<Iter>::value_type
                          value) {
                        return value < 0;
                      });
}
```

在这个函数模板中，lambda 表达式最复杂的部分（到目前为止）是它的参数类型。C++14 引入了“泛型”lambda 表达式的概念，其中一个或多个参数的类型可以使用 auto 进行推导，而不用专门编写它们：

```
template<typename Iter>
Iter findNegative(Iter first, Iter last)
{
  return std::find_if(first, last,
                      [] (auto value) {
                        return value < 0;
                      });
}
```

lambda 表达式参数中的 auto 的处理方式与带有初始化器的变量的类型的 auto 处理方式相似：它将会被新创建的模板类型参数 T 替换。但是，与变量的情况不同的是，推导不会立即执行，因为在创建 lambda 表达式时，该参数还是未知的。如果 lambda 表达式本身变成泛型（假如还不是泛型的话），并且新创建的模板类型参数被添加到模板参数列表中。那么，上面的 lambda 表达式可以使用任何参数类型进行调用，只要该参数类型支持< 0 的操作，这个操作的结果可转换为 bool 类型。比如，这个 lambda 表达式可以用 int 或 float 类型的数据进行调用。

想要知道泛型 lambda 表达式意味着什么，首先需要考虑非泛型的 lambda 表达式的实现模型。下面是一个 lambda 表达式的示例：

```
[] (int i) {
  return i < 0;
}
```

C++编译器使用这个 lambda 表达式新建一个特定于这个 lambda 表达式的类，然后生成这个新建类的实例。这个实例称为闭包（closure）或闭包对象（closure object），类称为闭包类型（closure type）。闭包类型有一个函数调用运算符，因此闭包实质上是一个函数对象。[①]对于这个 lambda 表达式，它的闭包类型如下所示（简单起见，此处省略了从指针到函数值的转换函数）：

```
class SomeCompilerSpecificNameX
{
  public:
    SomeCompilerSpecificNameX();    //只能被编译器调用
    bool operator() (int i) const
    {
      return i < 0;
    }
};
```

如果检查 lambda 表达式的类类别，那么 std::is_class<>的结果将返回 true（详情请参阅附录 D 的 D.2.1 节）。

因此，一个 lambda 表达式会产生一个类（闭包类型）的对象。示例如下：

```
foo(...,
    [] (int i) {
      return i < 0;
});
```

上面的 lambda 表达式创建一个特定于编译器的类 SomeCompilerSpecificNameX 的内部对象（即闭包）：

```
foo(...,
    SomeCompilerSpecificNameX{});    //传入一个闭包类型的对象
```

如果 lambda 表达式需要捕获局部变量：

```
int x, y;
...
[x,y](int i) {
  return i > x && i < y;
}
```

这些捕获将被建模为相关类类型的初始化成员：

```
class SomeCompilerSpecificNameY {
  private
    int _x, _y;
  public:
    SomeCompilerSpecificNameY(int x, int y)  //只能被编译器调用
      : _x(x), _y(y) {
    }
    bool operator() (int i) const {
      return i > _x && i < _y;
```

① lambda 表达式的这个编译模型实际上用于 C++语言的规范中，这使得它既方便又准确地描述了语义。捕获的变量成为数据成员，非捕获的 lambda 表达式到函数指针的转换被建模为类中的转换函数，等等。因为 lambda 表达式是函数对象，所以无论何时定义函数对象的规则，这些规则都同样适用于 lambda 表达式。

```
    }
};
```

对于泛型 lambda 表达式，函数调用运算符将成为成员函数模板，因此，一个简单的泛型 lambda 表达式如下所示：

```
[] (auto i) {
  return i < 0;
}
```

上面这个泛型 lambda 表达式被转换成下面的虚构的类（同样忽略转换函数，在泛型 lambda 表达式的情况下，转换函数成为一个转换函数模板）：

```
class SomeCompilerSpecificNameZ
{
  public:
    SomeCompilerSpecificNameZ();   //只能被编译器调用
    template<typename T>

    auto operator() (T i) const
    {
      return i < 0;
    }
};
```

成员函数模板在闭包调用时被实例化，闭包通常不在 lambda 表达式出现的地方。示例如下：

```
#include <iostream>

template<typename F, typename... Ts> void invoke (F f, Ts... ps)
{
   f(ps...);
}

int main()
{
  invoke([](auto x, auto y) {
            std::cout << x+y << '\n'
         },
         21, 21);
}
```

在上面这个示例中，lambda 表达式出现在 main()中，并创建了一个关联的闭包。但是，这个闭包的调用运算符并没有被实例化。invoke()函数模板使用闭包类型作为第 1 个参数类型；使用 int 类型（21 的类型）作为第 2 个和第 3 个参数类型进行实例化。接着使用闭包的副本（它仍然是与原始 lambda 表达式相关联的闭包）调用 invoke()的实例化，并且实例化闭包中的 operator()模板以满足实例化的调用 f(ps...)。

15.11 别名模板

别名模板（详情请参阅 2.8 节）对于推导来说是“不可见的”。这意味着，只要出现一些带有模板实参的别名模板，这个别名的定义（即=右边的类型）就会被实参替换，这个结果模式就是用来进行推导的。比如，模板实参的推导在下面的 3 个调用中正确执行：

deduce/aliastemplate.cpp

```
template<typename T, typename Cont>
class Stack;

template<typename T>
using DequeStack = Stack<T, std::deque<T>>;

template<typename T, typename Cont>
void f1(Stack<T, Cont>);

template<typename T>
void f2(DequeStack<T>);

template<typename T>
void f3(Stack<T, std::deque<T>>);  //等价于 f2

void test(DequeStack<int> intStack)
{
  f1(intStack);    //正确：T 推导为 int，Cont 推导为 std::deque<int>
  f2(intStack);    //正确：T 推导为 int
  f3(intStack);    //正确：T 推导为 int
}
```

第 1 个调用（f1()）中，在 intStack 类型中使用了别名模板 DequeStack，但是这对推导没有任何影响：指定的类型 DequeStack<int>将作为 Stack<int, std::deque<int>>的替换类型。第 2 个和第 3 个调用具有相同的推导行为，因为 f2()中的 DequeStack<T>和 f3()中的替代形式 Stack<T, std::deque<T>>是等价的。对于模板实参推导而言，别名模板是不可见的：它们可以用来澄清和简化代码，但对推导的操作方式并没有影响。

注意，这是可能的，因为别名模板不能特化（关于模板特化的详细信息，请参阅第 16 章）。假设下面的情况是可能的：

```
template<typename T> using A = T;
template<> using A<int> = void;   //错误，但假设这是可能的情况……
```

这样就不能将 A<T>与 void 类型进行匹配，并得出 T 必须是 void 的结论，因为 A<int>和 A<void>都等价于 void。但是，这并不能保证每次使用别名都可以根据别名的定义进行扩展，这使得它在推导时是不可见的。

15.12 类模板参数推导

C++17 引入了一种新的推导方式：从变量声明的初始化程序或函数表示法类型转换指定的实参中推导出类类型的模板参数。示例如下：

```
template<typename T1, typename T2, typename T3 = T2>
class C
{
  public:
```

```
    //包含 0、1、2 或 3 个实参的构造函数
    C (T1 x = T1{}, T2 y = T2{}, T3 z = T3{});
    ...
};

C c1(22, 44.3, "hi");    //正确（C++17）: T1 的类型是 int，T2 的类型是 double，T3 的类型
                         //是 char const*
C c2(22, 44.3);          //正确（C++17）: T1 的类型是 int，T2 和 T3 的类型是 double
C c3("hi", "guy");       //正确（C++17）: T1、T2 和 T3 的类型是 char const*
C c4;                    //错误：T1 和 T2 的类型是未定义的
C c5("hi");              //错误：T2 的类型是未定义的
```

注意，所有的参数都必须由推导过程或默认实参来确定。不可能通过显式地指定其中几个实参，就推导出其他参数。示例如下：

```
C<string> c10("hi","my", 42);     //错误：只显式指定了 T1，不能推导出 T2
C<> c11(22, 44.3, 42);            //错误：既没有显式指定 T1，也没有显式指定 T2
C<string,string> c12("hi","my");  //正确：推导出 T1 和 T2，T3 取默认的值
```

15.12.1 推导指引

首先考虑在前面（详情请参阅 15.8.2 节）介绍过的示例的基础上进行小的修改：

```
template<typename T>
class S {
  private:
    T a;
  public:
    S(T b) : a(b) {
    }
};

template<typename T> S(T) -> S<T>; //推导指引

S x{12};          //正确（从 C++17 开始），等价于：S<int> x{12};
S y(12);          //正确（从 C++17 开始），等价于：S<int> y(12);
auto z = S{12};   //正确（从 C++17 开始），等价于：auto z = S<int>{12};
```

需要特别注意的是，新增的一个类似模板的结构称为推导指引（deduction guide）。它看起来有点像函数模板，但它在语法上与函数模板有以下几个不同之处。

- 看起来像后置返回类型的部分不能写成传统的返回类型。本书把它指定的类型（示例中是 S<T>）称为引导类型（guided type）。
- 没有前置的 auto 关键字来表示后置返回类型。
- 推导指引的“名称”必须是之前在同一作用域中声明的类模板的非受限名称。
- 推导指引的引导类型必须为模板 id，它的模板名称与推导指引的名称对应。
- 可以使用显式说明符进行声明。

在声明 S x{12};中，说明符 S 称为占位符类类型（placeholder class type）。[1]当使用这样

---

① 注意，占位符类型（placeholder type）和占位符类类型（placeholder class type）之间的区别：占位符类型是 auto 或 decltype(auto)，可以解析为任何类型；占位符类类型是模板名称，只能解析为指定模板的实例的类类型。

的占位符时，被声明的变量的名称必须紧跟其后，且必须跟在初始化器之后。因此，下面的代码将会无效：

```
S* p = &x;  //错误：语法上不允许
```

使用示例中编写的指引，声明 S x{12};通过将与类 S 关联的推导指引作为重载集，并使用初始化器尝试对该重载集进行重载解析，进而推导变量的类型。在这种情况下，这个集合中只有一个指引，它成功地推导出 T 为 int 类型，指引的引导类型为 S<int>。①因此，选择该引导类型作为声明的类型。

注意，如果类模板名称后面有多个声明符，并且需要进行推导，那么每个声明符的初始化器都必须生成相同的类型。比如，使用上面的声明：

```
S s1(1), s2(2.0);  //错误：将 S 推导为 S<int>和 S<double>
```

这类似于 C++11 中推导占位符类型 auto 时的约束。

在前面的示例中，声明的推导指引和类 S 中声明的构造函数 S(T b)之间有一个隐式的连接。但是，这样的连接是不需要的，这意味着推导指引可以与聚合类模板一起使用：

```
template<typename T>
struct A
{
  T val;
};

template<typename T> A(T) -> A<T>;  //推导指引
```

如果没有推导指引，那么必须要（即使在 C++17 中）指定显式的模板实参：

```
A<int> a1{42};      //正确
A<int> a2(42);      //错误：非聚合初始化
A<int> a3 = {42};   //正确
A a4 = 42;          //错误：无法推导的类型
```

但是根据上面的指引，可以这样编写代码：

```
A a4 = { 42 };  //正确
```

然而，在这种情况下一个微妙之处是：初始化器仍然必须是一个有效的聚合初始化器。也就是说，它必须使用以花括号标识的初始化列表。因此，不可以使用以下替代方案：

```
A a5(42);   //错误：非聚合初始化
A a6 = 42;  //错误：非聚合初始化
```

15.12.2 隐式推导指引

通常，类模板中的每个构造函数都需要推导指引。这使得类模板参数推导的设计者设置了一个隐式的推导机制。这相当于为主类模板②的每个构造函数和构造函数模板引入了一个隐式推导指引（implicit deduction guide），具体如下。

---

① 与普通函数模板推导一样，如果替换引导类型推导出的参数失败，那么可以使用 SFINAE。但是在这个简单的示例中，情况并非如此。

② 第 16 章将介绍如何用各种方式“特化”类模板。这样的特化不参与类模板参数的推导。

➢ 隐式推导指引的模板参数列表由类模板的模板参数组成，对于构造函数模板，模板参数列表由构造函数模板的模板参数组成。构造函数模板的模板参数可以保留任何默认实参。
➢ 隐式推导指引中的“类函数”参数是从构造函数或构造函数模板中拷贝而来的。
➢ 隐式推导指引的引导类型是带有实参的模板名称，而实参是取自类模板的模板参数。

接下来，将隐式推导指引应用到之前介绍过的简单类模板上：

```
template<typename T>
class S {
  private:
    T a;
  public:
    S(T b) : a(b) {
    }
};
```

模板参数列表是 typename T，类函数参数列表变成(T b)，而引导类型是 S<T>。因此，可以得到一个与之前编写的用户声明的指引等价的指引：要达到想要的效果，实际上并不需要这个指引！也就是说，只使用最初编写的简单类模板（没有推导指引），就可以有效地编写 S x{12};，并且它的预期结果是 x 的类型为 S<int>。

遗憾的是，推导指引并不完美，它存在一个歧义。再次考虑以下简单的类模板 S 和初始化代码：

```
S x{12};  //x 的类型为 S<int>
S y{s1};
S z(s1);
```

这里，已经知道 x 的类型是 S<int>，但是 y 和 z 的类型应该是什么呢？直观地想到的两种类型是 S<S<int>>和 S<int>。C++标准委员会最终决定在这两种情况下，类型都应该是 S<int>，这存在一些争议。为什么会有争议？考虑下面的一个向量类型的与上面相似的示例：

```
std::vector v{1, 2, 3};   //类型是 vector<int>，毫不意外
std::vector w2{v, v};     //类型是 vector<vector<int>>
std::vector w1{v};        //类型是 vector<int>
```

换句话说，具有一个元素的花括号初始化器与具有多个元素的花括号初始化器的推导结果是一样的。通常情况下，一个元素的结果就是我们最终想要的，但不一致之处确实有些微妙。然而，在泛型代码中，很容易会忽略其中的微妙之处：

```
template<typename T, typename... Ts>
auto f(T p, Ts... ps) {
  std::vector v{p, ps...};  //类型取决于参数包的长度
  ...
}
```

这里很容易忽略的是，如果推导出的 T 是一个向量类型，那么 v 的类型将会完全不同，而这取决于 ps 是空的参数包还是非空的参数包。

对于添加隐式模板指引而言，其本身并非没有争议。反对该特性的主要争论点在于：该特性会自动向现有程序库添加接口。要理解这一点，再次考虑上面的简单类模板 S。自从 C++

引入模板以来，它的定义一直是有效的。但是，假设类模板 S 的作者扩展了库，从而使得 S 的定义更加复杂：

```
template<typename T>
struct ValueArg {
  using Type = T;
};

template<typename T>
class S {
  private:
    T a;
  public:
    using ArgType = typename ValueArg<T>::Type;
    S(ArgType b) : a(b) {
    }
};
```

在 C++17 之前，像这样的转换（很常见）并不会影响现有的代码。然而，在 C++17 中，它们禁用了隐式推导指引。为了说明这一点，接下来先编写一个推导指引，这个推导指引与上面介绍的隐式推导指引构建过程所产生的推导指引相对应：模板参数列表和引导类型都没有改变，只是类函数的参数现在写成 ArgType 的形式，即 typename ValueArg<T>:: type。

```
template<typename> S(typename ValueArg<T>::Type) -> S<T>;
```

回顾 15.2 节，像 ValueArg<T>::这样的受限名称并不是推导的上下文。因此，这种形式的推导指引是没有用的，并且不能解析像 S x{12};这样的声明。换句话说，执行这种转换的程序库作者很可能会破坏 C++17 中的用户代码。

在这种情况下，程序库作者会怎么做呢？建议是：仔细考虑对于每个构造函数，是否希望在程序库的剩余生命周期中，将其作为隐式推导指引的来源。如果答案是否，则使用类似 typename ValueArg<X>:: type 的形式，替换 X 类型的可推导构造函数参数的每个实例。遗憾的是，没有更简单的方法可以“替换”隐式推导指引。

15.12.3 其他

1. 注入的类名

考虑下面的示例：

```
template<typename T> struct X {
  template<typename Iter> X(Iter b, Iter e);
  template<typename Iter> auto f(Iter b, Iter e) {
     return X(b, e);    //这是什么
  }
};
```

这段代码在 C++14 中是有效的：X(b, e)中的 X 是注入的类名称（injected class name），在这个上下文中，它等价于 X<T>（详情请参阅 13.2.3 节）。但是，类模板实参推导的规则会使得 X 等价于 X<Iter>。

然而，为了保持向后兼容性，如果模板的名称是注入的类名称，则禁用类模板的实参推导。

2. 转发引用

考虑下面的另一个示例：

```
template<typename T> struct Y {
  Y(T const&);
  Y(T&&);
};
void g(std::string s) {
  Y y = s;
}
```

显然，这里的意图是通过与拷贝构造函数相关联的隐式推导指引，将 T 推导为 std::string。但是，将隐式推导指引写成显式声明的指引着实让人感到意外：

```
template<typename T> Y(T const&) -> Y<T>;    //#1
template<typename T> Y(T&&) -> Y<T>;         //#2
```

回顾一下 15.6 节，T&&在模板实参推导过程中表现得很特别：作为转发引用，如果对应的调用实参是左值，那么 T 将会被推导为引用类型。在上面的示例中，推导过程中的参数是表达式 s，它是一个左值。#1 处的隐式推导指引推导出 T 为 std::string，但需要将参数从 std::string 调整为 std::string const。但是，#2 处的指引通常会将 T 推导为一个引用类型 std::string&，并产生一个相同类型的参数（因为引用折叠规则），这将会是一个更好的匹配，因为在类型调整的过程中，不需要添加 const 限定符。

但是，这一结果将相当令人惊讶，并可能会导致实例化错误（当类模板参数在不允许引用类型的上下文中使用时），或者更糟糕的是，产生行为不当的实例化（比如，产生悬空引用）。

因此，C++标准委员会决定，如果 T 最初是类模板参数（而不是构造函数模板参数；针对其他情况，特殊的推导规则仍然存在），那么上面的示例推导出的 T 为 std::string，正如预期的那样。

3. explicit 关键字

可以使用关键字 explicit 来声明推导指引。然后只考虑直接初始化的情况，而不考虑拷贝初始化的情况。示例如下：

```
template<typename T, typename U> struct Z {
  Z(T const&);
  Z(T&&);
};

template<typename T> Z(T const&) -> Z<T, T&>;       //#1
template<typename T> explicit Z(T&&) -> Z<T, T>;    //#2

Z z1 = 1;    //只考虑#1 处，等价于：Z<int, int&> z1 = 1;
Z z2{2};     //更倾向于#2 处，等价于：Z<int, int> z2{2};
```

注意 z1 是如何拷贝初始化的，不考虑#2 处的推导指引，因为它是显式声明的。

4. 拷贝构造和初始化列表

考虑下面的类模板：

```
template<typename ... Ts> struct Tuple {
  Tuple(Ts...);
  Tuple(Tuple<Ts...> const&);
};
```

为了能够理解隐式推导指引的作用，这里把它们写成显式的声明：

```
template<typename... Ts> Tuple(Ts...) -> Tuple<Ts...>;
template<typename... Ts> Tuple(Tuple<Ts...> const&) -> Tuple<Ts...>;
```

现在考虑以下示例：

```
auto x = Tuple{1,2};
```

这里显然选择第 1 个指引，于是选择第 1 个构造函数：因此，x 是一个 Tuple<int, int>。接下来将继续演示一些示例，这些示例使用了提示拷贝 x 的语法：

```
Tuple a = x;
Tuple b(x);
```

对于 a 和 b，两个指引都匹配。第 1 个指引选择的类型为 Tuple<tuple<int, int>>，而与拷贝构造函数相关的指引则生成 Tuple<int, int>。所幸的是，第 2 个指引更匹配，因此 a 和 b 都是通过 x 拷贝构造的。

现在，考虑一些使用花括号初始化列表的示例：

```
Tuple c{x, x};
Tuple d{x};
```

其中，第 1 个示例（x）只能匹配第 1 个指引，因此生成 Tuple<Tuple<int, int>,Tuple<int, int>>。这完全是直觉，并不令人惊讶。这意味着第 2 个示例应该推导出 d 的类型为 Tuple<Tuple<int>>，它被视为一个拷贝构造（即首选第 2 个隐式推导指引）。函数表示法的类型转换也会出现这种情况：

```
auto e = Tuple{x};
```

在这个示例中，e 被推导为类型 Tuple<int, int>，而不是类型 Tuple<Tuple<int>>。

5. 指引仅用于推导

推导指引不是函数模板：它们仅用于推导模板参数，而不是“调用”。这意味着通过引用传递实参和通过值传递实参之间的区别对于指引声明并不重要。示例如下：

```
template<typename T> struct X {
  ...
};

template<typename T> struct Y {
  Y(X<T> const&);
  Y(X<T>&&);
};
```

```
template<typename T> Y(X<T>) -> Y<T>;
```

注意，推导指引与 Y 的两个构造函数并不完全对应。但是，这并不重要，因为该指引只适用于推导。给定一个类型为 X<TT>（左值或右值）的值 xtt，它将选择推导出来的类型为 Y<TT>。然后，初始化将对 Y<TT>的构造函数执行重载解析，以决定调用哪一个构造函数（这取决于 xtt 是左值还是右值）。

15.13 后记

函数模板的模板实参推导是最初 C++设计的一部分。实际上，显式模板实参提供的替代方法，直到许多年后才成为 C++的一部分。

SFINAE 是在本书第 1 版中引入的一个术语，它很快在整个 C++编程社区中变得非常流行。但是，在 C++98 中，SFINAE 并不像现在这样强大：它只适用于有限的类型操作，而不涉及任何表达式或访问控制。随着越来越多的模板技术开始依赖于 SFINAE（详情请参阅 19.4 节），对 SFINAE 条件进行概括的需求变得明显起来。在 C++11 中，Steve Adamczyk 和 John Spicer 共同开发了实现这一目标的措辞（通过论文 N2634）。尽管标准中的措辞变化相对较小，但在一些编译器中实现的工作量却很大。

auto 类型说明符和 decltype 构造最早是 C++03 中添加的特性，最终成为 C++11 的特性。这些特性的开发是由 Bjarne Stroustrup 和 Jaakko Järvi 领导的（详情请参阅他们关于 auto 类型说明符的论文 N1607 和关于 decltype 的论文 N2343）。

Stroustrup 在他最初的 C++实现（即 Cfront）中考虑了 auto 语法。当这个特性被添加到 C++11 时，auto 作为存储说明符（继承自 C 语言）的原始含义被保留了下来，并且消歧规则决定了应该如何解释 auto 关键字。当 EDG 公司的 C++前端技术实现了这一特性时，David Vandevoorde 发现这一特性（通过论文 N2337）很可能会给 C++11 程序员带来惊喜。在审查了这一特性之后，C++标准委员会决定通过论文 N2546（由 David Vandevoorde 和 Jens Maurer 发表）完全放弃 auto 的传统用法（在 C++03 程序中任何使用 auto 的地方，它都可以被忽略）。这是一个不同寻常的先例，即从语言中直接删除一个特性，而不是首先弃用它。然而，后来事实也证明这是一个正确的决定。

GNU 的 GCC 编译器接受与 decltype 特性相似的扩展 typeof，程序员发现它在模板编程中很有用。遗憾的是，它是在 C 语言环境下开发的一个特性，并不完全适合 C++。因此，C++标准委员会不能像现在这样合并它，并且也不能修改它，因为这会破坏依赖 GCC 行为的现有代码。这就是 decltype 没有拼写为 typeof 的原因。Jason Merrill 和其他人提出了强有力的论点，他们认为使用不同的运算符会更好，考虑到当前 decltype(x)和 decltype((x))之间的细微差别，但是他们没有足够的理由来变更最终的规范。

C++17 中，使用 auto 声明非类型模板参数的特性主要是由 Mike Spertus 在 James Touton、David Vandevoorde 和其他许多人的帮助下开发的。该特性的规范变更记录在 P0127R2 中。有趣的是，我们并不清楚使用 decltype(auto)替换 auto 的原因，也许语言的这一部分是有意为之的（显然 C++标准委员会没有讨论它，它也并不属于规范）。

Mike Spertus 还推动了 C++17 中类模板实参推导（class template argument deduction）的发展，Richard Smith 和 Faisal Vali 也贡献了重要的技术思想（包括推导指引的思想）。论文

P0091R3 的规范最终通过，成为下一个语言标准的工作文件。

结构化绑定主要是由 Herb Sutter 推动的，他与 Gabriel Dos Reis 和 Bjarne Stroustrup 共同撰写了论文 P0144R1，并在文中提出了这个特性。C++标准委员会通过讨论该特性进行了多次调整，包括使用括号来分隔分解标识符等。最后，Jens Maurer 将该论文转化为标准的最终规范（P0217R3）。

第 16 章

特化与重载

到目前为止，我们已经研究了 C++模板如何允许一个泛型定义扩展成相关的类族、函数族或变量族。虽然这是一种很强大的机制，但在一些情形下，对于特定模板参数进行替换，这种泛型操作不是最佳选择。

和其他主流的编程语言相比，C++在支持泛型编程方面是独特的，因为它通过更多的特化机制具备了许多透明替换泛型定义的特性。在本章中，我们将学习两种与纯粹的泛型机制显著不同的 C++语言机制：模板特化和函数模板的重载。

16.1 当“泛型代码”不是特别适用的时候

考虑下面的示例：

```
template<typename T>
class Array {
  private:
    T* data;
    ...
  public:
    Array(Array<T> const&);
    Array<T>& operator= (Array<T> const&);

    void exchangeWith (Array<T>* b) {
        T* tmp = data;
        data = b->data;
        b->data = tmp;
    }

    T& operator[] (std::size_t k) {
        return data[k];
    }
    ...
};

template<typename T> inline
void exchange (T* a, T* b)
{
    T tmp(*a);
    *a = *b;
    *b = tmp;
}
```

对于简单类型，exchange()的泛型实现运行得很好。然而，相比较给定结构的定制实现，对于需要昂贵拷贝操作的类型来说，从机器运行的周期和内存的使用上讲，这种类型的泛型实现可能要昂贵得多。在我们的示例中，该泛型实现需要调用 Array<T>的一次拷贝构造函数和两次拷贝赋值运算符。对于大型的数据结构，这些拷贝操作通常会涉及相当大的内存。然而，我们通常可以通过交换内部数据指针来替换 exchange()的功能，就像在成员函数 exchangeWith()中实现的一样。

16.1.1 透明自定义

在前面的示例中，成员函数 exchangeWith()提供了一个替代泛型 exchange()函数的有效方法。但是，要使用一个新函数，可能会有不便之处，请看以下几个方面。

（1）Array 类的用户需记住一个额外的接口，并且在适当的情况下，必须谨慎使用这个接口。

（2）泛型算法通常不能区分各种可能性。例如：

```
template<typename T>
void genericAlgorithm(T* x, T* y)
{
  ...
  exchange(x, y); //我们该如何选择合适的算法
  ...
}
```

基于这些考虑，C++模板提供了透明自定义函数模板和类模板的一些方法。对于函数模板的透明自定义，可以通过重载机制来实现。例如，我们可以编写 quickExchange()函数模板的重载集，如下：

```
template<typename T>
void quickExchange(T* a, T* b) //#1
{
    T tmp(*a);
    *a = *b;
    *b = tmp;
}

template<typename T>
void quickExchange(Array<T>* a, Array<T>* b) //#2
{
    a->exchangeWith(b);
}

void demo(Array<int>* p1, Array<int>* p2)
{
    int x=42, y=-7;
    quickExchange(&x, &y); //使用 #1
    quickExchange(p1, p2); //使用 #2
}
```

quickExchange()的首次调用有两个类型为 int*的实参，因此当用 int 替换 T 时，在#1 处声明的第 1 个模板的演绎成功。因此，应该调用哪个函数，是毫无疑问的。第 2 个调用可以与两个模板互相匹配：在第 1 个模板中用 Array<int>替换 T，在第 2 个模板中用 int

替换 T 时，可以获得调用 quickExchange(p1,p2)的两个可行函数。此外，这两种替换都可以使函数的参数类型与调用处的实参类型精确匹配。通常，这将会使该调用产生二义性，但是 C++语言认为第 2 个模板比第 1 个模板更特殊（我们将在后面讨论）。在其他条件均相同的情况下，重载解析规则会优先选择使用更特殊的模板，因此该调用选择#2 处的模板。

16.1.2 语义的透明性

如 16.1.1 节所述，重载的使用对于获得实例化过程的透明自定义是非常有用的，但是我们应该知道，这种“透明性”在很大程度上依赖于实现的细节。为了说明这一点，请考虑我们的 quickExchange()解决方案。尽管泛型算法和为 Array<T>类型自定义的算法最终都会交换指针所指向的值，但这两种算法所带来的边缘效应却大不相同。通过比较结构对象交换和 Array<T>对象交换的代码，可以很好地说明这一点：

```
struct S {
    int x;
} s1, s2;

void distinguish (Array<int> a1, Array<int> a2)
{
    int* p = &a1[0];
    int* q = &s1.x;
    a1[0] = s1.x = 1;
    a2[0] = s2.x = 2;
    quickExchange(&a1, &a2); //调用之后仍然为*p == 1
    quickExchange(&s1, &s2); //调用以后*q == 2
}
```

这个示例显示，在调用 quickExchange()后，第 1 个 Array 的指针 p 将成为第 2 个 Array 的指针。然而，即使在交换操作执行之后，指向 non-Array（即 struct）s1 的指针仍然指向 s1：只是指针指向的值发生了交换。这种差别非常显著，可能会让实现模板的客户端感到疑惑。前缀 quick 有助于人们注意到这是一种实现所需操作的快捷方式。但是，原始的泛型 exchange()模板还可以对 Array<T>进行进一步的优化：

```
template<typename T>
void exchange (Array<T>* a, Array<T>* b)
{
    T* p = &(*a)[0];
    T* q = &(*b)[0];
    for (std::size_t k = a->size(); k-- != 0; ) {
        exchange(p++, q++);
    }
}
```

与泛型代码相比，这个版本的优点在于：并不需要大量的临时 Array<T>对象。我们可以以递归方式调用 exchange()模板，因此即使对于诸如 Array<Array<char>>类型的参数，也可以获得优化的性能。需要注意的是，更特殊的模板版本没有声明为 inline，因为它自身会执行很多操作，而原来的泛型实现是内联的，因为它只执行很少的操作（每个操作的执行成本都是很昂贵的）。

16.2 重载函数模板

在 16.1 节中，我们看到两个同名的函数模板可以同时存在，它们还可以被实例化，从而具有相同的参数类型。下面是另一个简单的示例：

details/funcoverload1.hpp

```
template<typename T>
int f(T)
{
    return 1;
}

template<typename T>
int f(T*)
{
    return 2;
}
```

在第 1 个模板中用 int*替换 T 得到的函数与在第 2 个模板中用 int 替换 T 得到的函数的参数类型（和返回类型）相同。这些模板不仅可以同时存在，而且它们各自的实例化体也可以同时存在，即使这些实例化体具有相同的参数类型和返回类型。

下面演示如何使用显式模板实参语法（假设存在前面的模板声明）来调用这两个生成的函数：

details/funcoverload1.cpp

```
#include <iostream>
#include "funcoverload1.hpp"

int main()
{
    std::cout << f<int*>((int*)nullptr); //调用 f<T>(T)
    std::cout << f<int>((int*)nullptr);  //调用 f<T>(T*)
}
```

程序输出如下：

```
12
```

为了说明这一点，我们详细地分析第 1 个调用 f<int*>((int*)nullptr)。语法 f<int*>()表示我们希望用 int*来替换模板 f()的第 1 个模板参数，而且不依赖于模板实参演绎。这个例子有两个模板 f()，因此所生成的重载集包含两个函数：f<int*>(int*)（根据第 1 个模板生成）和 f<int*>(int**)（根据第 2 个模板生成）。由于调用实参(int*)nullptr 的类型为 int*，它只和根据第 1 个模板生成的函数匹配，因此 f<int*>(int*)就是最终被调用的函数。

另外，对于第 2 个调用，生成的重载集包含 f<int>(int)（根据第 1 个模板生成）和 f<int>(int*)（根据第 2 个模板生成），因此第 2 个调用只和根据第 2 个模板生成的函数匹配。

16.2.1 签名

如果两个函数有不同的签名，那么它们可以在一个程序中同时存在。我们对函数签名的定义如下。[①]

- 函数的非受限名称（或产生自函数模板的这类名称）。
- 该名称的类作用域或命名空间作用域。如果该函数名称具有内部链接，则作用域为该名称声明所在的编译单元。
- 函数的 const、volatile 或 const volatile 限定符（如果它是一个具有这类限定符的成员函数）。
- 函数的&或&&限定符（如果它是一个具有这类限定符的成员函数）。
- 函数参数的类型（如果这个函数是由函数模板生成的，那么指的是模板参数被替换之前的类型）。
- 如果这个函数是由函数模板生成的，那么包括它的返回类型。
- 如果这个函数是由函数模板生成的，那么包括它的模板参数和模板实参。

这就意味着，从原则上说，以下的模板及它们的实例化体可以在同一个程序中同时存在：

```
template<typename T1, typename T2>
void f1(T1, T2);

template<typename T1, typename T2>
void f1(T2, T1);

template<typename T>
long f2(T);

template<typename T>
char f2(T);
```

但是，当它们在同一个作用域内声明时，可能不能使用某些模板，因为实例化过程会产生重载二义性。例如，在声明上述两个模板时调用 f2(42)显然会产生二义性。另一个示例如下：

```
#include <iostream>

template<typename T1, typename T2>
void f1(T1, T2)
{
    std::cout << "f1(T1, T2)\n";
}

template<typename T1, typename T2>
void f1(T2, T1)
{
    std::cout << "f1(T2, T1)\n";
}

//到目前为止都是正确的
int main()
{
    f1<char, char>('a', 'b'); //错误:产生二义性
}
```

① 这个定义和给定的 C++标准中的定义是不同的，但它们的结论是等价的。

这里，函数

```
f1<T1 = char, T2 = char>(T1, T2)
```

可以与以下函数同时存在

```
f1<T1 = char, T2 = char>(T2, T1)
```

但是，重载解析规则将不知道应该选择哪一个函数。只有这两个模板出现在不同的编译单元时，它们的实例化体才可以在同一个程序中同时存在（例如，链接器不应该“抱怨”存在重复的定义，因为实例化体的签名是不同的）：

```
//编译单元 1
#include <iostream>

template<typename T1, typename T2>
void f1(T1, T2)
{
    std::cout << "f1(T1, T2)\n";
}

void g()
{
    f1<char, char>('a', 'b');
}

//编译单元 2
#include <iostream>

template<typename T1, typename T2>
void f1(T2, T1)
{
    std::cout << "f1(T2, T1)\n";
}

extern void g(); //定义见编译单元 1

int main()
{
    f1<char, char>('a', 'b');
    g();
}
```

此程序有效，并产生以下输出：

```
f1(T2, T1)
f1(T1, T2)
```

16.2.2 重载的函数模板的局部排序

重新考虑我们前面的示例：我们发现，用给定的模板实参列表（<int*>和<int>）进行替换之后，将按照重载解析规则最终选择一个最佳的函数并进行调用：

```
std::cout << f<int*>((int*)nullptr); //调用 f<T>(T)
```

```
std::cout << f<int>((int*)nullptr);  //调用 f<T>(T*)
```

但是，即使在没有提供显式模板实参的情况下，也会选择一个函数。在这种情况下，就是模板实参演绎发挥作用的时候了。我们通过稍微修改上一个示例中的 main()函数来讨论这种机制：

details/funcoverload2.cpp

```
#include <iostream>

template<typename T>
int f(T)
{
    return 1;
}

template<typename T>
int f(T*)
{
    return 2;
}

int main()
{
    std::cout << f(0);               //调用 f<T>(T)
    std::cout << f(nullptr);         //调用 f<T>(T)
    std::cout << f((int*)nullptr); //调用 f<T>(T*)
}
```

考虑第 1 个调用 f(0)：实参的类型是 int，如果用 int 替换 T，就能和第 1 个模板的参数类型匹配。然而，第 2 个模板的参数类型始终是一个指针，因此，经过演绎之后，只有产生自第 1 个模板的实例才是该调用的候选函数。在这种情况下，重载解析规则没有发挥作用。

这同样适用于第 2 个调用 f(nullptr)：参数类型是 std::nullptr_t，它同样只匹配第 1 个模板。

第 3 个调用 f((int*)nullptr)就显得有趣：两个模板的实参演绎都是成功的，生成函数 f<int*>(int*)和 f<int>(int*)。从传统的重载解析规则来看，这两个函数都是使用 int*实参的最佳调用函数，这也就意味着该调用是存在二义性的（见附录 C）。然而，在这种情况下，一个额外的重载解析规则开始发挥作用：选择产生自更特殊的模板的函数。在这里，第 2 个模板被认为是更加特殊的模板，因此示例的输出是

```
112
```

16.2.3 正式的排序规则

在上一个示例中，第 2 个模板比第 1 个模板更为特殊，这可以很直观地看出，因为第 1 个模板可以适用于任何类型的实参，而第 2 个模板只适用于指针类型的实参。然而，其他的示例看起来并不一定那么直观。在下面的内容中，我们将说明一个精确的过程：在参与重载集的函数模板中，其中一个是否比另一个更加特殊。请注意，这只是局部的排序规则：对于给定的两个模板，有可能没有哪一个比另一个更加特殊。如果重载解析必须在两个这样的模板之间进行选择，那么将无法做出任何决定，也就是说程序存在二义性错误。

假设我们要比较两个同名的函数模板，这对于给定的函数调用看起来似乎是可行的。重载解析规则明确如下内容。

- 默认实参包含的函数调用参数和未使用的省略号参数，在后面的内容中将不再考虑。
- 然后，我们通过替换每个模板参数来虚构两个不同的实参类型（或转换函数模板的返回类型）列表，如下所示。
  - 用唯一的类型替换每个模板类型参数。
  - 用唯一的类模板替换每个模板参数。
  - 用适当类型的唯一值替换每个非类型模板参数（在此上下文中创建的类型、模板和值，不同于程序员在其他上下文中使用的或编译器在其他上下文中合成的任何其他类型、模板和值）。
- 如果第 2 个模板可以成功对第 1 个综合参数类型列表进行模板实参演绎，并且能够精确匹配，但反之则不然，则第 1 个模板比第 2 个模板更加特殊。与此相反，如果第 1 个模板可以成功对第 2 个综合参数类型列表进行模板实参演绎，并且能够精确匹配，但反之则不然，则第 2 个模板比第 1 个模板更加特殊。否则的话（要么都没有演绎成功，要么两者都演绎成功），我们认为这两个模板之间没有排序关系。

我们通过将上述规则应用于上一个示例中的两个模板来具体说明。根据这两个模板，我们通过替换前面描述的模板参数来虚构两个实参类型列表：(A1)和(A2*)（其中 A1 和 A2 是唯一的虚构类型）。显然，通过用 A2*代替 T，第 1 个模板对第 2 个实参类型列表的演绎是成功的。但是，无法使第 2 个模板的 T*与第 1 个实参类型列表中的非指针类型 A1 进行匹配。因此，我们可以正式得出结论，第 2 个模板比第 1 个模板更加特殊。

考虑一个涉及多个函数参数的更加复杂的示例：

```
template<typename T>
void t(T*, T const* = nullptr, ...);

template<typename T>
void t(T const*, T*, T* = nullptr);

void example(int* p)
{
    t(p, p);
}
```

首先，由于实际调用没有使用第 1 个模板的省略号参数和第 2 个模板的最后一个具有默认值的参数，因此在局部排序中不会考虑这些参数。注意，之所以没有使用第 1 个模板的默认参数，是因为对相应的参数进行了排序。

综合参数类型列表是(A1*,A1 const*)和(A2 const*,A2*)。与第 2 个模板相比，(A1*,A1 const*)的模板实参演绎可以成功地进行，用 A1 const 替换 T 就可以了，但是所获得的匹配并不精确，因为当用类型(A1*,A1 const*)的实参来调用 T<A1 const>(A1 const*,A1 const*,A1 const*=0)时，需要调整限定符。类似地，通过从实参类型列表(A2 const*,A2*)中演绎第 1 个模板的模板参数，也不能获得精确匹配。因此，这两个模板之间没有排序关系，调用也是存在二义性的。

正式的排序规则通常能直观产生函数模板的选择。然而，也有该规则产生不直观选择的例子。因此，将来有可能修改某些规则，从而使其适用于这些例子。

16.2.4　模板和非模板

函数模板可以和非模板函数重载。在其他条件相同的时候，实际的函数调用将会优先选择非模板函数。以下示例说明了这一点：

details/nontmpl1.cpp

```
#include <string>
#include <iostream>

template<typename T>
std::string f(T)
{
    return "Template";
}

std::string f(int&)
{
    return "Nontemplate";
}

int main()
{
    int x = 7;
    std::cout << f(x) << '\n'; //输出: Nontemplate
}
```

输出如下：

```
Nontemplate
```

但是，当常量和引用限定符不同时，重载解析规则的优先级可能会改变。

例如：

details/nontmpl2.cpp

```
#include <string>
#include <iostream>

template<typename T>
std::string f(T&)
{
    return "Template";
}

std::string f(int const&)
{
    return "Nontemplate";
}

int main()
{
    int x = 7;
    std::cout << f(x) << '\n'; //输出: Template
    int const c = 7;
```

```
    std::cout << f(c) << '\n'; //输出: Nontemplate
}
```

程序输出如下：

```
Template
Nontemplate
```

现在，当传递非常量 int 类型时，函数模板 f<>(T&)是更好的匹配。原因是，对于 int 类型，实例化的 f<>(int&)是比 f(int const&)更好的匹配。因此，这两者的区别不仅仅在于函数是不是产生自模板。在这种情况下，重载解析规则一般是适用的（见附录 C 的 C.2 节）。只有对 int const 调用 f()，两个签名才具有相同的 int const&类型，此时优先选择非模板函数。

因此，最好将成员函数模板声明为

```
template<typename T>
std::string f(T const&)
{
    return "Template";
}
```

然而，当定义的成员函数接收了与拷贝或移动构造函数相同的实参时，很容易发生意外，并会产生令人惊讶的结果。例如：

details/tmplconstr.cpp

```
#include <string>
#include <iostream>

class C {
  public:
    C() = default;
    C (C const&) {
      std::cout << "copy constructor\n";
    }
    C (C&&) {
      std::cout << "move constructor\n";
    }
    template<typename T>
    C (T&&) {
      std::cout << "template constructor\n";
    }
};

int main()
{
    C x;
    C x2{x};             //输出: template constructor
    C x3{std::move(x)}; //输出: move constructor
    C const c;
    C x4{c};             //输出: copy constructor
    C x5{std::move(c)}; //输出: template constructor
}
```

程序输出如下：

```
template constructor
move constructor
copy constructor
template constructor
```

因此，成员函数模板比拷贝构造函数更适用于拷贝 C。对于 std::move(c)，它产生的类型是 C const&&（一种可能的类型，但通常是没有意义的语义），成员函数模板也比移动构造函数更匹配。

出于这个原因，当这些成员函数模板可能隐藏拷贝或移动构造函数时，通常必须部分禁用它们。6.4 节对此进行了说明。

16.2.5 变参函数模板

变参函数模板在局部排序过程中需要特殊处理，因为参数包的演绎（见 15.5 节）将单个参数与多个实参相匹配。此行为为函数模板排序引入了几个有趣的情况，如下例所示：

details/variadicoverload.cpp

```
#include <iostream>

template<typename T>
int f(T*)
{
  return 1;
}

template<typename... Ts>
int f(Ts...)
{
  return 2;
}

template<typename... Ts>
int f(Ts*...)
{
  return 3;
}

int main()
{
  std::cout << f(0, 0.0);                          //调用 f<>(Ts...)
  std::cout << f((int*)nullptr, (double*)nullptr); //调用 f<>(Ts*...)
  std::cout << f((int*)nullptr);                   //调用 f<>(T*)
}
```

我们稍后将讨论，这个示例的输出是

```
231
```

在第 1 个调用 f(0, 0.0)中，将考虑每个名为 f 的函数模板。对于第 1 个函数模板 f(T*)，由于无法演绎模板形参 T，并且该非变参函数模板的函数实参的个数多于形参的个数，因此演绎失败。第 2 个函数模板 f(Ts...)是变参的：在这种情况下，演绎将函数参数包（Ts）的模式与两个参数的类型（分别是 int 和 double）进行比较，将 Ts 演绎成序列(int,double)。对于第 3 个函数模板 f(Ts*...)，演绎将函数参数包 Ts*的模式与每个参数类型进行比较。此演绎失败（无法推导 Ts）。只剩下第 2 个函数模板可行，这不需要函数模板排序。

第 2 个调用 f((int*)nullptr, (double*)nullptr)更有趣：由于函数实参的个数多于形参的个数，因此第 1 个函数模板演绎失败，但是第 2 个和第 3 个模板演绎成功。我们可以显式编写，结果调用如下：

```
f<int*,double*>((int*)nullptr, (double*)nullptr) //对于第 2 个模板
```

以及

```
f<int,double>((int*)nullptr, (double*)nullptr) //对于第 3 个模板
```

然后，局部排序考虑第 2 个和第 3 个模板，这两个模板都是变参模板，如下所示：当将 16.2.3 节中描述的正式的排序规则应用于变参模板时，每个模板参数包都被一个单独的组合类型、类模板或值所取代。例如，这意味着第 2 个和第 3 个函数模板的综合实参类型分别是 A1 和 A2*，其中 A1 和 A2 是唯一的组合类型。通过用单个元素序列(A2*)替换参数包 Ts，第 2 个模板与第 3 个模板的实参类型列表的演绎是可以成功的。然而，无法使第 3 个模板的参数包的模式 Ts*与非指针类型 A1 匹配，因此，第 3 个函数模板（接收指针实参）被认为比第 2 个函数模板（接收任何实参）更加特殊。

第 3 个调用 f((int*)nullptr)引入了一个新的方式：所有 3 个函数模板的演绎都可以成功，需要局部排序来比较非变参模板和变参模板。为了说明该方式，我们比较第 1 个和第 3 个函数模板。在这里，综合参数类型是 A1*和 A2*，其中 A1 和 A2 是唯一的组合类型。根据第 3 个模板的综合参数列表演绎第 1 个模板通常会成功，方法是用 A2 代替 T。在另一个方向上，通过用单个元素序列(A1)代替参数包 Ts，根据第 1 个模板的合成参数列表演绎第 3 个模板，也是成功的。第 1 个模板和第 3 个模板之间的局部排序通常会产生二义性。但是，特殊规则禁止最初来自函数参数包（例如，第 3 个模板的参数包 Ts*...）的参数与非参数包（第 1 个模板的参数 T*）的参数匹配。因此，第 1 个模板对第 3 个模板的综合实参列表的模板演绎失败，并且第 1 个模板被认为比第 3 个模板更加特殊。这个特殊规则有效地考虑了非变参模板（具有固定数量的参数）比变参模板（具有可变数量的参数）更加特殊。

上述规则同样适用于在函数签名的类型中的包扩展。例如，我们可以将上一个示例中每个函数模板的实参和参数包装到一个变参类模板元组中，以获得一个不涉及函数参数包的类似示例：

details/tupleoverload.cpp

```
#include <iostream>

template<typename... Ts> class Tuple
{
};

template<typename T>
int f(Tuple<T*>)
{
  return 1;
}
```

```
template<typename... Ts>
int f(Tuple<Ts...>)
{
  return 2;
}

template<typename... Ts>
int f(Tuple<Ts*...>)
{
  return 3;
}

int main()
{
  std::cout << f(Tuple<int, double>());    //调用 f<>(Tuple<Ts...>)
  std::cout << f(Tuple<int*, double*>()); //调用 f<>(Tuple<Ts*...>)
  std::cout << f(Tuple<int*>());           //调用 f<>(Tuple<T*>)
}
```

函数模板排序将模板实参中的包扩展考虑为元组，类似于前面示例中的函数参数包，从而得到相同的输出：

```
231
```

16.3 显式特化

利用对函数模板进行重载的功能，结合局部排序规则来选择最佳匹配的函数模板，允许我们向泛型实现中添加更特殊的模板，以透明地获得效率更高的代码。然而，类模板和变量模板是不能被重载的。因此，我们选择了另一种机制来实现类模板的透明自定义：显式特化。C++标准中显式特化是指一种我们也称之为全局特化的语言特性。它为模板提供了一个实现，模板参数被完全替换：没有模板参数被保留。类模板、函数模板和变量模板可以完全专用化。[①]

事实上，类模板的成员的定义也可以在类定义（包括成员函数、嵌入类、静态数据成员和成员枚举类型）之外。

在接下来的内容中，我们将阐述偏特化。这类似于全局特化，但不是完全替换模板参数，而是在模板的替代实现中保留一些参数化。全局特化和偏特化在源代码中都是“显式”的，这就是我们在讨论中避免使用显式特化这个术语的原因。全局或偏特化都没有引入全新的模板或模板实例。然而，它们为原来在泛型（或非特化）模板中隐式声明的实例提供了另一种定义。这是一个相对比较重要的现象，也是特化与重载模板的一个关键区别。

16.3.1 全局的类模板特化

全局特化是由 3 个标记——template、< 和 >组成的序列。[②]此外，类名称声明后面的内

① 别名模板是唯一不能通过全局特化或偏特化来特化的模板类型。为了使别名模板的使用对模板实参演绎过程透明化（参阅 15.11 节），这个约束是有必要的。

② 声明全局的函数模板特化也需要相同的前缀。C++语言的早期设计并不包括这个前缀，但是添加成员模板时，要求加入额外的语法，为的是区分一些复杂的特化情况。

容是要进行特化的模板实参。下面的示例说明了这一点：

```
template<typename T>
class S {
  public:
    void info() {
        std::cout << "generic (S<T>::info())\n";
    }
};

template<>
class S<void> {
  public:
    void msg() {
        std::cout << "fully specialized (S<void>::msg())\n";
    }
};
```

请注意，全局特化的实现不需要和泛型定义有任何关联：这允许我们拥有不同名称（info和msg）的成员函数。全局特化完全由类模板的名称决定。

指定的模板实参列表必须和模板参数列表一一对应。例如，为模板类型参数指定非类型值是非法的。但是，如果模板参数具有默认模板实参，那么模板实参就是可选的：

```
template<typename T>
class Types {
  public:
    using I = int;
};

template<typename T, typename U = typename Types<T>::I>
class S;                        //#1

template<>
class S<void> {                 //#2
  public:
    void f();
};

template<> class S<char, char>; //#3

template<> class S<char, 0>;    //错误：0 不能代替 U

int main()
{
    S<int>*        pi;  //正确：使用 #1，不需要定义
    S<int>         e1;  //错误：使用 #1，但没有可用的定义
    S<void>*       pv;  //正确：使用 #2
    S<void,int>    sv;  //正确：使用 #2，定义可用
    S<void,char>   e2;  //错误：使用 #1，但没有可用的定义
    S<char,char>   e3;  //错误：使用 #3，但没有可用的定义
}

template<>
class S<char, char> { //#3 的定义
};
```

如本例所示，（模板）全局特化的声明并不一定必须是定义。但是，当全局特化声明后，泛型定义将不再用于给定的模板实参集。因此，如果需要该特化的定义，但在这之前并没有提供这个定义，那么程序将出错。对于类模板特化来说，“前置声明”类型有时会很有用，因为这样就可以构造相互依赖的类型。全局特化声明与普通类声明是类似的（它并不是模板声明），唯一的区别在于语法和该特化的声明必须匹配前面的模板声明。因为全局特化声明并不是模板声明，所以可以使用普通的类外成员定义语法，来定义全局类模板特化的成员（换句话说，不能指定 template<>前缀）：

```
template<typename T>
class S;

template<> class S<char**> {
  public:
    void print() const;
};

//以下的定义不能使用 template<>前缀
void S<char**>::print() const
{
    std::cout << "pointer to pointer to char\n";
}
```

一个更复杂的示例可能会帮助你进一步理解这一概念：

```
template<typename T>
class Outside {
  public:
    template<typename U>
    class Inside {
    };
};

template<>
class Outside<void> {
    //以下的嵌套类和前面定义的泛型模板之间没有特殊的联系
    template<typename U>
    class Inside {
      private:
        static int count;
    };
};
//以下的定义不能使用 template<>前缀
template<typename U>
int Outside<void>::Inside<U>::count = 1;
```

全局特化是对泛型模板某个实例化体的替换。如果程序中同时存在模板的显式版本和生成的版本，那么该程序将是无效的。如果试图在一个文件中同时使用这两个版本，这通常会被编译器捕获：

```
template<typename T>
class Invalid {
};
```

```
Invalid<double> x1; //产生一个 Invalid<double>实例化体

template<>
class Invalid<double>; //错误: Invalid<double>已经被实例化
```

遗憾的是，如果这些用法出现在不同的编译单元中，那么问题很难被发现。下面这个 C++ 示例，包含两个源文件和许多实现上的编译及链接操作，但它是无效的，甚至是危险的：

```
//编译单元 1
template<typename T>
class Danger {
  public:
    enum { max = 10 };
};

char buffer[Danger<void>::max]; //使用泛型值

extern void clear(char*);

int main()
{
    clear(buffer);
}

//编译单元 2
template<typename T>
class Danger;

template<>
class Danger<void> {
  public:
    enum { max = 100 };
};

void clear(char* buf)
{
    //数组绑定不匹配
    for (int k = 0; k<Danger<void>::max; ++ k) {
        buf[k] = '\0';
    }
}
```

虽然这个示例设计得较为简短，但是它说明了：必须注意确保特化的声明对泛型模板的所有用户都是可见的。实际上，这意味着：特化的声明通常应该在其头文件中的模板声明之后。当泛型实现来自外部资源时（因此不应修改相应的头文件），这种做法不一定很适用，但我们可以创建一个包含泛型模板的头文件，然后对该特化进行声明，以避免这些难以发现的错误，这可能是很有必要的。我们发现，一般来说，最好避免外部资源的模板的特化，除非它明确是为此目的而设计的。

16.3.2 全局的函数模板特化

（显式的）全局的函数模板特化背后的语法和原理和全局的类模板特化背后的语法和原理

大致是相同的，只是函数模板特化引入了重载和实参演绎的概念。

如果可以通过实参演绎（使用声明中给出的实参类型作为参数类型）和局部排序来确定要特化的模板，则全局特化声明可以省略显式的模板实参。例如：

```
template<typename T>
int f(T)               //#1
{
    return 1;
}

template<typename T>
int f(T*)              //#2
{
    return 2;
}

template<> int f(int) //正确：#1 的特化
{
    return 3;
}

template<> int f(int*) //正确：#2 的特化
{
    return 4;
}
```

全局的函数模板特化不能包含默认实参值。然而，对于特化的模板所指定的任何默认实参，其仍然适用于显式特化版本：

```
template<typename T>
int f(T, T x = 42)
{
    return x;
}

template<> int f(int, int = 35) //错误
{
    return 0;
}
```

这是因为全局特化提供了一个替代定义，而不是一个替代声明。在调用函数模板时，调用完全是基于函数模板的。

全局特化声明在许多方面都类似于普通声明（或者更确切地说，是普通声明的再次声明）。特别是，它不声明模板，因此，对于非内联的全局的函数模板特化而言，它的定义只能在程序中出现一次。但是，我们仍然必须确保：模板后面有一个全局特化的声明，以避免试图使用由模板生成的函数。因此，通常将模板 g()的声明和全局特化的声明放在两个文件中，如下所示。

➢ 接口文件包含基本模板和偏特化的定义，但仅声明全局特化：

```
#ifndef TEMPLATE_G_HPP
#define TEMPLATE_G_HPP

//模板定义应放在头文件中
template<typename T>
```

```
int g(T, T x = 42)
{
    return x;
}

//特化声明禁止模板进行实例化；此处不应显示定义，为避免出现重复定义错误，不应在此处定义
template<> int g(int, int y);

#endif //TEMPLATE_G_HPP
```

➢ 相应的实现文件定义为全局特化：

```
#include "template_g.hpp"

template<> int g(int, int y)
{
    return y/2;
}
```

或者，该特化声明为内联函数，在这种情况下，它的定义就可以（而且应该）放在头文件中。

16.3.3 全局的变量模板特化

变量模板也可以全局特化，语法如下：

```
template<typename T> constexpr std::size_t SZ = sizeof(T);
template<> constexpr std::size_t SZ<void> = 0;
```

显然，特化可提供一个不同于模板生成值的初始值。有趣的是，变量模板特化不需要具有与被特化的模板匹配的类型：

```
template<typename T> typename T::iterator null_iterator;
template<> BitIterator null_iterator<std::bitset<100>>;
                    //BitIterator 与 T::iterator 不匹配，这很好
```

16.3.4 全局的成员特化

除了成员模板，类模板的普通静态数据成员和成员函数也可以被全局特化。语法要求给每个封闭类模板加上 template<>前缀。如果要对成员模板进行特化，则还必须加上 template<>，以表示它是一个特化。为了说明这一点的含义，我们假设有以下声明：

```
template<typename T>
class Outer {                   //#1
  public:
    template<typename U>
    class Inner {               //#2
      private:
        static int count;       //#3
    };
    static int code;            //#4
    void print() const {        //#5
```

```
        std::cout << "generic";
    }
};

template<typename T>
int Outer<T>::code = 6;              //#6

template<typename T> template<typename U>
int Outer<T>::Inner<U>::count = 7; //#7

template<>
class Outer<bool> {                  //#8
  public:
    template<typename U>
    class Inner {                    //#9
      private:
        static int count;            //#10
    };
    void print() const {             //#11
    }
};
```

在泛型模板 Outer（#1 处）中，#4 处的代码和#5 处的 print()成员函数都包含一个封闭的类模板，因此需要一个 template<>前缀说明，即用一个模板实参集来进行全局特化：

```
template<>
int Outer<void>::code = 12;

template<>
void Outer<void>::print() const
{
    std::cout << "Outer<void>";
}
```

对于类 Outer<void>，其定义在#4 和#5 处的泛型定义上使用，但是，类 Outer<void>的其他成员仍然源自#1 处的模板。注意，在这些声明之后，不能再次提供 Outer<void>的显式特化。

与全局的函数模板特化一样，我们需要一种方法来声明类模板普通成员的特化，而且可以不指定定义（以防止有多处定义）。尽管对类的函数和静态数据成员来说，非定义的类外声明在 C++中是不允许的，但对类模板的特化成员来说，这种声明是合理的。前面的定义可以这样声明：

```
template<>
int Outer<void>::code;

template<>
void Outer<void>::print() const;
```

细心的读者可能会发现，Outer<void>::code 的全局特化的非定义声明，看起来和使用默认构造函数初始化的定义是等同的。事实上也确实如此，但这种声明总是被解释为非定义声明。对于只能使用默认构造函数初始化的类型，对静态数据成员进行全局特化，则必须使用初始化列表语法。鉴于以下情况：

```
class DefaultInitOnly {
  public:
    DefaultInitOnly() = default;
    DefaultInitOnly(DefaultInitOnly const&) = delete;
};

template<typename T>
class Statics {
  private:
    static T sm;
};
```

声明如下：

```
template<>
DefaultInitOnly Statics<DefaultInitOnly>::sm;
```

以下是调用默认构造函数的定义：

```
template<>
DefaultInitOnly Statics<DefaultInitOnly>::sm{};
```

在 C++11 之前，这样的定义是不允许的。因此，默认初始化不可用于这类特化。通常，使用拷贝默认值的初始化器：

```
template<>
DefaultInitOnly Statics<DefaultInitOnly>::sm = DefaultInitOnly();
```

遗憾的是，对于我们的示例，这也是不允许的，因为拷贝构造函数已被删除。然而，C++17 引入了强制拷贝删除规则，使得这种方案是有效的，因为不再涉及拷贝构造函数调用。

对于成员模板 Outer<T>::Inner，也可以对特定的模板实参进行特化，而并不会影响 Outer<T>的特定实例化体的其他成员，为此我们特化了成员模板。同样，由于存在一个封闭模板，因此我们需要添加一个 template<>前缀。这会产生如下代码：

```
template<>
  template<typename X>
  class Outer<wchar_t>::Inner {
    public:
      static long count; //成员类型已改变
  };

template<>
  template<typename X>
  long Outer<wchar_t>::Inner<X>::count;
```

模板 Outer<T>::Inner 也可以被全局特化，但只能针对 Outer<T>的给定实例。我们现在需要添加两个 template<>前缀，一个针对封闭类，另一个针对全局特化的（内部）模板：

```
template<>
  template<>
  class Outer<char>::Inner<wchar_t> {
   public:
     enum { count = 1 };
  };
```

```
//以下是不合法的 C++语法：template<>不能位于模板参数列表的后面
template<typename X>
template<> class Outer<X>::Inner<void>; //错误
```

我们将这种特化与 Outer<bool>的成员模板的特化进行比较。由于 Outer<bool>已经被全局特化，因此不存在封闭模板，这里我们只需要一个 template<>前缀：

```
template<>
class Outer<bool>::Inner<wchar_t> {
  public:
    enum { count = 2 };
};
```

16.4 类模板偏特化

全局模板特化通常都是很有用的，但有时我们更希望类模板或变量模板特化成一个模板实参族，而不仅仅是特化为一个具体的模板实参集。例如，假设我们有一个实现链表的类模板：

```
template<typename T>
class List { //#1
  public:
  ...
  void append(T const&);
  inline std::size_t length() const;
  ...
};
```

一个使用这个模板的大项目，可能会基于多种类型来实例化其成员。对于没有进行内联展开的成员函数（例如，List<T>::append()），这可能会使目标代码的大小显著增加。然而，我们可能从一个低层次的实现知道，List<int*>::append()和 List<void*>::append()的代码是完全相同的。换句话说，我们希望指定所有的指针 List 共享同一个实现。尽管不能用 C++来获得该实现，但是我们可以通过指定所有的指针 List 都应该实例化自不同的模板定义，来近似地获得这种实现：

```
template<typename T>
class List<T*> { //#2
  private:
    List<void*> impl;
    ...
  public:
    ...
    inline void append(T* p) {
        impl.append(p);
    }
    inline std::size_t length() const {
        return impl.length();
    }
    ...
};
```

在此情况中，#1 处的原始模板称为基本模板，而后一个定义称为偏特化（因为该模板定义必须使用的模板实参只被局部指定）。表示偏特化的语法是：模板参数列表声明（template<...>）加类模板名称显式指定的模板实参列表（在我们的示例中是<T*>）。

我们的代码还存在一个问题，即 List<void*>会递归地包含相同类型 List<void*>的成员。为了打破这个递归，我们可以在偏特化前面先提供一个全局特化：

```
template<>
class List<void*> { //#3
    ...
    void append (void* p);
    inline std::size_t length() const;
    ...
};
```

这是因为匹配的全局特化会优于偏特化。于是，指针 List 的所有成员函数都被转交（通过易于内联的函数）到 List<void*>的实现。这是一种应对代码膨胀的缺点（这个缺点使 C++ 模板经常备受指责）的有效方法。

偏特化声明的参数和实参列表存在如下约束。

- 偏特化的实参必须和基本模板的相应参数在种类（类型、非类型或模板）上相匹配。
- 偏特化的参数列表不能有默认实参，但可以使用基本模板的默认实参。
- 偏特化的非类型模板实参应该是非依赖型值，或普通的非类型模板参数。它们不能是更复杂的依赖型表达式，例如 2*N（其中，N 是模板参数）。
- 偏特化的模板实参列表不应和基本模板的参数列表相同（不考虑重新命名）。
- 假如其中一个模板实参是包扩展的，那么它必须位于模板参数列表的末尾。

以下示例说明了这些约束：

```
template<typename T, int I = 3>
class S;            //基本模板

template<typename T>
class S<int, T>;    //错误：参数种类不匹配

template<typename T = int>
class S<T, 10>;     //错误：没有默认实参

template<int I>
class S<int, I*2>; //错误：没有非类型的表达式

template<typename U, int K>
class S<U, K>;      //错误：和基本模板没有显著差异

template<typename... Ts>
class Tuple;

template<typename Tail, typename... Ts>
class Tuple<Ts..., Tail>;          //错误：包扩展不在末尾

template<typename Tail, typename... Ts>
class Tuple<Tuple<Ts...>, Tail>; //正确：包扩展在嵌套的模板实参列表的末尾
```

每个偏特化和每个全局特化都会和基本模板产生关联。当使用模板时，基本模板总是被

查找，但实参会和相关特化的实参进行匹配（使用模板参数演绎，如第 15 章所述），然后确定模板实现。与函数模板实参演绎一样，SFINAE 原则也适用于此。假如在尝试匹配偏特化时形成了一个无效的构造，则该特化将被静默丢弃，并且检查另一个候选者是否可用。如果未找到匹配的特化，则会选择基本模板。如果找到多个匹配的特化，则选择最特殊的一个特化（从重载函数模板定义的意义上）；如果没有找到最特殊的一个特化，那么程序将会存在二义性错误。

最后，我们应该指出，类模板偏特化的参数个数，完全有可能比基本模板的参数个数更多或更少。我们再次考虑，在#1 处声明的泛型模板 List。我们已经讨论了如何在这种情况下优化指针 List 的实现，但是我们希望对特定的成员指针类型也可以这样做。以下代码就针对指向成员指针的指针类型来实现这种优化：

```
//任何指向 void*的成员指针类型的偏特化
template<typename C>
class List<void* C::*> { //#4
  public:
    using ElementType = void* C::*;
    ...
    void append(ElementType pm);
    inline std::size_t length() const;
    ...
};

//对于任何指向成员指针的指针类型的偏特化，除了
//指向 void*的成员指针类型，这在前面已经处理了
//（请注意，这个偏特化有两个模板参数，而基本模板只有一个参数）
//这种特化使用了前一种方法来实现期望的优化
template<typename T, typename C>
class List<T* C::*> { //#5
  private:
    List<void* C::*> impl;
    ...
  public:
    using ElementType = T* C::*;
    ...
    inline void append(ElementType pm) {
        impl.append((void* C::*)pm);
    }
    inline std::size_t length() const {
        return impl.length();
    }
    ...
};
```

除了我们观察的模板参数数量之外，请注意，在#4 处定义的公共实现（所有其他的实现都由#5 处的声明转交到这个公共实现）本身也是一个偏特化（对于简单的指针示例，这是一个全局特化）。显然，#4 处的特化要比#5 处的特化更加特殊，因此，也就不会出现二义性问题。

此外，显式编写的模板实参的数量，甚至可能和基本模板中的模板参数的数量不同。这既可以用默认模板实参实现，也可以通过更有用的变参模板来实现：

```
template<typename... Elements>
```

```
class Tuple; //基本模板

template<typename T1>
class Tuple<T>; //一元元组

template<typename T1, typename T2, typename... Rest>
class Tuple<T1, T2, Rest...>; //包含两个或多个元素的元组
```

16.5 变量模板偏特化

当变量模板被添加到 C++11 标准（草案）中时，人们忽略了变量模板规范中的几个问题，并且这些问题的某些部分还没有得到正式解决。然而，实际的实现通常允许处理这些问题。

针对这些问题，最令人惊讶的是，C++11 标准提到变量模板偏特化的功能，但没有描述它们是如何声明的或它们的含义。因此，下面是基于 C++的实现（允许这样的偏特化），而不是 C++标准。

正如我们所期望的那样，变量模板偏特化的语法类似于全局变量模板特化的语法，只是 template<>被实际的模板声明头替换，并且变量模板名称后面的模板参数列表必须依赖于模板参数。例如：

```
template<typename T> constexpr std::size_t SZ = sizeof(T);

template<typename T> constexpr std::size_t SZ<T&> = sizeof(void*);
```

与变量模板的全局特化一样，变量模板偏特化不要求偏特化的类型与基本模板的类型相匹配：

```
template<typename T> typename T::iterator null_iterator;

template<typename T, std::size_t N> T* null_iterator<T[N]> = null_ptr;
                //T*与 T::iterator 不匹配，这没问题
```

变量模板偏特化指定的模板实参类型的规则与类模板特化指定的规则相同。类似地，为给定的具体模板实参列表选择特化的规则也是相同的。

16.6 后记

全局特化从一开始就是 C++模板机制的一部分，函数模板重载和类模板偏特化后来才出现。惠普公司的 C++编译器是第 1 个实现函数模板重载的编译器，EDG 公司的 C++前端技术是第 1 个实现了类模板偏特化的技术。本章描述的局部排序规则最初是由 Steve Adamczyk 和 John Spicer（他们都工作于 EDG 公司）实现的。

模板特化可以避免出现无限递归的模板定义，这个功能（例如 16.4 节中给出的 List<T*>示例）早已为人所知。然而，Erwin Unruh 可能是第 1 个发现这种功能可以带来有趣的模板元编程的人。使用模板实例化机制可在编译时执行重要的计算。我们将在第 23 章讨论这个话题。

你可能会困惑为什么只有类模板和变量模板可以被偏特化。这主要是由历史原因造成的。

可能也可以为函数模板定义相同的机制（参阅第 17 章）。从某些方面来讲，重载函数模板的效果与偏特化的效果是类似的，但也存在一些细微的差别。这些差别主要与遇到调用时只需要查找基本模板有关；而特化是只有在确定使用哪个实现之后才考虑。当查找重载函数模板时，必须将所有重载函数模板放入重载集中，它们可能来自不同的命名空间或类。这在一定程度上增加了无意重载某个模板的可能性。

可以想象，存在一种可以对类模板和变量模板进行重载的形式。示例如下：

```
//无效的类模板重载
template<typename T1, typename T2> class Pair;
template<int N1, int N2> class Pair;
```

然而，我们似乎并不迫切需要这样一种实现形式。

第 17 章

未来方向

C++模板于 1988 年首次被提出，并通过 C++98、C++11、C++14 和 C++17 标准得到持续发展。可以认为，在 C++98 标准之后，模板增加了许多相关的语言特性。

本书第 1 版给出了一些扩展，在 C++98 标准之后我们就可以看到这些扩展，其中一些已得到实现。

- 角括号技巧：C++11 取消了在两个相连的右角括号之间添加一个空格的约束。
- 默认函数模板实参：C++11 允许函数模板具有默认模板实参。
- typedef 模板：C++11 引入别名模板，typedef 模板与其非常相似。
- typeof 运算符：C++11 引入了 decltype 运算符，其与 typeof 运算符也是很相似的（但是，它们使用不同的令牌（token）来避免与现有的无法满足 C++程序员社区需求的扩展发生冲突）。
- 静态属性：本书第 1 版期望各编译器可以直接支持类型特征。尽管接口是使用标准库来表示的（然后使用编译器扩展来实现许多特性），但这已经得到实现。
- 客户端的实例化诊断：新关键字 static_assert 实现了本书第 1 版中 std::instantiation_error 所描述的思想。
- List 参数：成为 C++11 中所说的参数包。
- 布局控制：C++11 的 alignof 和 alignas 涵盖了本书第 1 版中所描述的需求。与此同时，C++17 标准库添加了 std::variant 模板来支持有区别的联合（union）。
- 初始化器的演绎：C++17 添加了类模板实参演绎，来解决相同的问题。
- 函数表达式：C++11 的 lambda 表达式正好提供了这个功能（和本书第 1 版所述的语法略有不同）。

本书第 1 版中其他假想的方向还没有得到开发和实现，但它们并没有被遗忘，因此我们在第 2 版中保留对它们的介绍。与此同时，其他的扩展方向正在产生，我们也提出了一些参考。

17.1 宽松的 typename 规则

本书第 1 版提到，未来可能对 typename 的使用设立两种宽松规则（参阅 13.3.2 节）：在以前不允许的地方允许使用 typename；使 typename 变成可选项，这样编译器可以相对容易地推断出，一个依赖型限定符的限定符名称必须命名一个类型。前者已实现（在 C++11 中，typename 可以在很多地方多次使用），但后者还没有实现。

然而，最近出现了新的调用，使 typename 在许多常见的上下文中变成可选的，在这些上下文中对类型说明符的期望是明确的。

- 在命名空间和类的作用域内，函数和成员函数声明的参数类型和返回类型。类似地，还有函数、成员函数模板、出现在任意作用域中的 lambda 表达式。

- 变量、变量模板、静态数据成员声明的类型。同样，变量模板列表也是如此。
- 在别名或别名模板声明中=后紧跟的类型。
- 模板参数类型的默认实参。
- 角括号中的类型，如 static_cast、const_cast、dynamic_cast、reinterpret_cast 和 construct。
- 在新表达式中命名的类型。

尽管这是一个相对“临时”的清单，但事实证明，这种语言变化将允许在已使用 typename 的大多数实例中对其进行去除，从而使得代码更紧凑、可读性更好。

17.2 广义非类型模板参数

在对非类型模板实参的限制中，最令初学者和高级模板编程者惊讶的可能是，无法提供字符串文本作为模板实参。

下面的示例看起来似乎很直观：

```
template<char const* msg>
class Diagnoser {
  public:
    void print();
};

int main()
{
    Diagnoser<"Surprise!">().print();
}
```

然而，上述示例存在一些潜在的问题。在 C++标准中，当且仅当 Diagnoser 的两个实例类型具有相同的实参时，我们说它们是相同的。在本例中，实参是一个指针值，换句话说，是一个地址。但是，对于两个位于不同源位置且值相等的字符串文本，并不要求它们有相同的地址。因此，我们可能会发现自己处于一种两难的局面，即 Diagnoser<"X"> 和 Diagnoser<"X">实际上是两种不同且不兼容的类型！（注意，"X"的类型是 char const[2]，但当作为模板实参传递时，其类型会退化为 char const*。）

正是出于这些（和相关的）考虑，C++标准禁止字符串文本作为模板的实参。尽管如此，有些实现确实提供了用于扩展的工具。它们通过在模板实例的内部表示中使用实际的字符串文本来实现这一点。虽然这显然是可行的，但一些 C++语言评论员却认为，一个可以被字符串文本替代的非类型模板参数应该和一个可以被地址替换的模板参数不同。一种可能情况是在字符的参数包中捕获字符串文本。例如：

```
template<char... msg>
class Diagnoser {
  public:
    void print();
};

int main()
{
    //实例化 Diagnoser<'S','u','r','p','r','i','s','e','!'>
```

```
    Diagnoser<"Surprise!">().print();
}
```

在这个问题上，我们还应该注意到另一个技术问题。考虑以下模板声明，我们假设以下内容已被扩展，即允许在本例中接收字符串作为模板实参：

```
template<char const* str>
class Bracket {
  public:
    static char const* address();
    static char const* bytes();
};

template<char const* str>
char const* Bracket<str>::address()
{
    return str;
}

template<char const* str>
char const* Bracket<str>::bytes()
{
    return str;
}
```

在前面的代码中，两个成员函数除了函数名称不同之外，其他内容都是相同的，这种情况并不少见。想象一下，我们将使用一个过程来实例化 Bracket<"X">，该过程非常类似于宏扩展。在这种情况下，如果两个成员函数以不同的编译单元实例化，它们可能返回不同的值。有趣的是，一些已实现这些扩展的 C++编译器的测试结果表明，确实存在这些现象。

一个相关的问题是，编译器是否提供将浮点文本（和简单的常量浮点表达式）作为模板实参的能力。例如：

```
template<double Ratio>
class Converter {
  public:
    static double convert (double val) {
        return val*Ratio;
    }
};

using InchToMeter = Converter<0.0254>;
```

这也是由一些 C++实现提供的，并且不存在太大的技术挑战（与字符串文本实参的情况不同）。

C++11 引入了文本类类型的概念：类类型可以在编译期计算出常量值（包括通过 constexpr 函数进行非常规计算）。一旦某个类类型可用，很快就需要将其用于非类型模板参数。然而，类似于前面的字符串文本参数的问题又出现了。特别是，如果两个类类型的值“相等”，这不是一件小事，因为类类型的值通常由 operator==函数定义决定。这个“相等”决定了两个实例化是否相等，但实际上，链接器必须通过对比残缺的名称来检查“等价性”。可供选择的一种解决方法是：把明确的文本类标记为具有微小的相等标准，这等同于对类的标量成员进行两两比较。只有具有这样一个微小的相等标准的类类型，才允许成为 nontype 模板参数类型。

17.3 函数模板的偏特化

在第16章中，我们讨论了类模板是如何偏特化的，而函数模板只能被重载。这两种机制是有些不同的。

偏特化不会引入一个新的模板：它是原来模板（基本模板）的扩展。在查找类模板时，刚开始时只考虑基本模板。如果在选择一个基本模板后，发现该模板有一个与实例化模板匹配的模板参数模式的偏特化，那么它的定义（也就是它的实体）将被实例化，而不是基本模板的定义将被实例化（全局模板特化的工作方式也是如此）。

重载函数模板是一个完全独立的模板。当选择要实例化哪一个模板时，所有重载的模板都会被一起考虑，重载解析规则会尝试选择一个最佳的模板。起初，这似乎是一个适当的匹配，但实际中仍有许多约束。

- 可以特化类的成员模板，而无须改变该类的定义。然而，若要添加一个重载成员，确实需要改变类的定义。在许多情况下，这不一定可行，因为我们可能没有改变的权利。而且，现今的C++标准不允许我们向std命名空间添加新的模板，但它确实允许我们从std命名空间中特化某个模板。
- 要重载函数模板，它们的函数参数必须具备实质性的差异。考虑一个函数模板 R convert(T const&)，其中R和T是模板参数。我们可能希望将此模板特化为R=void，但这并不能使用重载来实现。
- 合法的非重载函数的代码，在函数重载后可能就不再合法。具体地说，给定两个函数模板f(T)和g(T)(其中T是模板参数)，只有在f没有重载的情况下，表达式g(&f<int>)才是有效且合法的（否则，无法确定选择了哪一个f）。
- 友元声明是指特定的函数模板或特定函数模板的实例化。函数模板的重载版本，不会自动具有赋予原始模板的那些权限。

总之，以上给出了一个令人信服的论据，以支持函数模板的偏特化。

偏特化函数模板的自然语法是类模板表示法的一般化：

```
template<typename T>
T const& max (T const&, T const&);          //基本模板

template<typename T>
T* const& max <T*>(T* const&, T* const&); //偏特化
```

一些语言设计者对这种偏特化和函数模板重载的交互使用表示担心。例如：

```
template<typename T>
void add (T& x, int i);    //一个基本模板

template<typename T1, typename T2>
void add (T1 a, T2 b);    //另一个（重载的）基本模板

template<typename T>
void add<T*> (T*&, int); //哪一个基本模板会进行特化
```

我们希望这种情况将被视为错误的，以便不会对特性的使用产生大的影响。

在C++11的标准化过程中，C++标准委员会简要地讨论了这种扩展，但在最后可采纳的

建议相对较少。不过，这种扩展仍会被提及，因为它可以巧妙地解决一些常见的编程问题。也许，在以后的 C++标准版本中，它将再次出现。

17.4　命名模板实参简介

21.4 节将描述一种技术，它可以提供一个非默认的模板实参给一个指定参数，而对于其他有默认值的模板参数，则不必指定模板实参。虽然这种技术很有趣，但很明显需要做大量的工作才能获得相对简单的实现。因此，提供一种语言机制用于命名模板实参成了一种自然而然的想法。

此时，我们应该注意到：在早期的 C++标准中，Roland Hartinger 提出了一个类似的扩展（有时，也叫关键字实参，参阅[*StroustrupDnE*]的 6.5.1 节）。尽管该扩展在技术上是可行的，但是出于许多原因，该扩展最终没有被纳入 C++标准。在这一点上，还不能认定命名模板实参会被纳入 C++标准中，但是相关话题仍出现在 C++标准委员会的讨论中。

然而，为了完整性，我们提出一个讨论过的语法：

```
template<typename T,
         typename Move = defaultMove<T>,
         typename Copy = defaultCopy<T>,
         typename Swap = defaultSwap<T>,
         typename Init = defaultInit<T>,
         typename Kill = defaultKill<T>>
class Mutator {
   ...
};

void test(MatrixList ml)
{
   mySort (ml, Mutator <Matrix, .Swap = matrixSwap>);
}
```

在这里，实参名称的前面是用于指示按名称引用的模板实参。这个语法和 C 语言的 1999 年标准中引入的“指定初始值”语法相似：

```
struct Rectangle { int top, left, width, height; };
struct Rectangle r = { .width = 10, .height = 10, .top = 0, .left = 0 };
```

当然，命名模板实参的引入意味着：一个模板的模板参数名称现在是该模板的公共接口的一部分，它是不能随意更改的。这可以通过更明确的 opt-in 语法来解决，例如：

```
template<typename T,
         Move: typename M = defaultMove<T>,
         Copy: typename C = defaultCopy<T>,
         Swap: typename S = defaultSwap<T>,
         Init: typename I = defaultInit<T>,
         Kill: typename K = defaultKill<T>>
class Mutator {
  ...
};

void test(MatrixList ml)
```

```
{
   mySort (ml, Mutator <Matrix, .Swap = matrixSwap>);
}
```

17.5 重载类模板

我们完全可以想象，类模板根据其模板参数可以重载。例如，假设生成一系列包含动态长度的数组和固定长度的数组的数组模板，请看示例：

```
template<typename T>
class Array {
   //动态长度的数组
   ...
};

template<typename T, unsigned Size>
class Array {
   //固定长度的数组
   ...
};
```

重载并不局限于模板参数的个数，参数类型也可以改变：

```
template<typename T1, typename T2>
class Pair {
   //一对字段
   ...
};

template<int I1, int I2>
class Pair {
   //一对静态整型值
   ...
};
```

虽然语言设计者已经非正式地讨论过重载类模板，但它仍然还没有被正式提交给C++标准委员会。

17.6 中间包扩展的演绎

只有包扩展发生在参数或实参列表的末尾，包扩展的模板实参演绎才会起作用。这意味着，从一个列表中提取第1个元素是相当简单的：

```
template<typename... Types>
struct Front;

template<typename FrontT, typename... Types>
struct Front<FrontT, Types...> {
  using Type = FrontT;
};
```

但不能轻易地提取列表的最后一个元素，这是因为偏特化的约束。偏特化的阐述参阅 16.4 节。

```
template<typename... Types>
struct Back;

template<typename BackT, typename... Types>
struct Back<Types..., BackT> { //错误：包扩展不在模板实参列表的末尾
  using Type = BackT;
};
```

对于变参函数模板而言，其模板实参演绎也受到类似的约束。关于包扩展和偏特化的模板实参演绎的规则将放宽，以允许包扩展发生在模板实参列表中的任何位置，这似乎是合理的，而且可以使得此类操作更加简单。此外，在同一参数列表中演绎过程允许多个包扩展也是可能的，尽管这种可能性较小：

```
template<typename... Types> class Tuple {
};

template<typename T, typename... Types>
struct Split;

template<typename T, typename... Before, typename... After>
struct Split<T, Before..., T, After...> {
  using before = Tuple<Before...>;
  using after = Tuple<After...>;
};
```

允许多个包扩展会引入额外的复杂度。例如，Split 的分离是发生在 T 第 1 次出现时、最后一次出现时，还是介于两者之间呢？在编译器被允许放弃之前，演绎会变得多么错综复杂？

17.7 void 的规则化

在利用模板编程时，规则性是一个优点：如果单个构造可以覆盖所有情况，那么模板会更简单。我们的程序存在一个有些不规则的因素——类型。例如，考虑以下示例：

```
auto&& r = f(); //f()返回 void 时出错
```

这适用于 f()返回的除了 void 之外的其他任何类型。使用 decltype(auto)时，也会出现相同的问题：

```
decltype(auto) r = f(); //f()返回 void 时出错
```

void 不是唯一的不规则类型：在某些方面，函数类型和引用类型也经常会出现一些异常。然而，事实证明：void 使得模板变得更复杂；对于 void 的异常，很难找到深层次的原因。例如，参阅 11.1.3 节的示例，说明了为什么“完美”的 std::invoke()实现会变得复杂。

我们可以断定，void 是一个普通类型，它具有一个唯一值（例如，对于 nullptr 的 std::nullptr_t）。出于向后兼容的目的，我们仍然需要为函数声明保留特殊的用法，例如：

```
void g(void); //和 void g()相同
```

然后，在其他大多数方式中，void 会成为一个完整的值类型。于是，我们可以声明 void

变量和引用，例如：

```
void v = void{};
void&& rrv = f();
```

更重要的是，对于 void 这种情形，很多模板将不再需要特化。

17.8 模板的类型检查

很大程度上，由于编译器无法在本地检查模板定义的正确与否，因此增加了使用模板编程的复杂度。对模板的大多数检查发生在模板实例化期间，即模板定义和模板实例化交叉的时候。此时，很难定位是哪方的问题：是判定模板定义有错，因为它错误地使用了模板实参；还是判定模板使用者有错，因为给定的模板实参不符合模板的要求。以下示例说明了这个问题，即用一个典型的编译器产生的诊断信息进行阐述：

```
template<typename T>
T max(T a, T b)
{
  return b < a ? a : b;  //错误：无法为运算符类型'X'和'X'匹配到运算符 operator <
}

struct X {
};
bool operator> (X, X);

int main()
{
  X a, b;
  X m = max(a, b); //注意：在函数模板特化的实例化中，此处是 max<X>
}
```

注意，在函数模板 max()的定义中，检测到一个错误（缺少 operator<）。这有可能是一个真正的错误，也许 max()应该使用 operator>。然而，编译器还提供了一个解释，其中指出了导致 max<X>实例化的位置，这可能确实是一个真正的错误，max()被指出也许需要一个 operator<？如果无法回答以上问题，将会导致一个“与众不同的错误”，即从实例化的初始问题到检测到错误的实际模板定义，编译器提供了整个模板实例化过程。然后，程序员期望确定哪些模板定义（或者模板的原始用法）事实上是存在错误的。

模板的类型检查意在描述模板自身的要求，从而在编译失败时，编译器能判断究竟是模板的定义错误，还是模板的使用错误。对应的解决方案是，使用一种术语，将模板要求定义为模板签名的一部分：

```
template<typename T> requires LessThanComparable<T>
T max(T a, T b)
{
  return b < a ? a : b;
}

struct X { };
```

```
bool operator> (X, X);

int main()
{
  X a, b;
  X m = max(a, b); //错误：X不符合 LessThanComparable 条件
}
```

通过模板参数 T 的要求描述，可以使编译器确保函数模板 max()只使用用户希望提供的对 T 的操作（在本例中，LessThanComparable 说明了 operator<的需要）。此外，在使用模板时，编译器可以检查：给定的模板实参是否提供了所有必需的信息，让 max()函数模板能正常工作。通过对类型检查问题的识别，编译器可以更容易地诊断问题。

在上面的例子中，LessThanComparable 这一概念代表编译器进行类型检查的一种约束（在更普遍的情况下包含一个类型集）。也就是说，使用不同方式来设计概念。

C++11 标准精心设计并实现了很强大的概念，这些概念用于检查模板的实例化和定义。在上面的例子中，前者（模板的实例化）意味着：通过对 X 不满足 LessThanComparable 约束的诊断和解释，可以提前捕获 main()中的一个错误。后者（模板的定义）意味着：在处理 max()函数模板时，编译器检查是否使用 LessThanComparable 允许的操作（若违反这个约束，则会发出诊断信息）。出于各种实际考虑（例如，仍存在许多小的规范问题，它们的解决方案威胁到了一个已过时的 C++标准），C++11 最终建议从标准规范中移除这些内容。

在 C++11 最终发布之后，C++标准委员会提出并开发了一个新的提案（先称之为 concepts lite）。其目的不是基于模板增加约束来检查模板正确性。实际上，它只聚焦于实例化。因此，如果示例中 max()是使用 operator > 运算符实现的，那么实例化是正确的。但是，main()中仍会有错误，因为 X 并不满足 LessThanComparable 约束。一个新概念在 TS（TS 表示技术规范）中被实现并被指定，称为 TS 概念的 C++扩展。[①]目前，该技术规范的基本元素已被纳入下一个标准（即 C++20）草案。附录 E 涵盖本书出版时该草案规定的语言特性。

17.9 反射元编程

在编程环境中，反射是指一种以编程方式识别语言特性的能力（例如，回答诸如这些问题：一个类型是整型吗？一个类类型包含哪些非静态数据成员？）。元编程是“编程程序”中的一门艺术，通常它相当于以编程方式生成新代码。因此，反射元编程是一种代码的自动合成技术，它可以自适应程序的现有属性（通常是类型）。

本书第三部分中，我们将研究：模板是如何实现一些简单形式的反射和元编程（在某种意义上，模板实例化是元编程的一种形式，因为它会引起新代码的合成）技术的。然而，对于反射机制，在 C++17 中模板的能力还是很弱小的（例如，它不可能回答这样的问题：一个类类型是否包含非静态数据成员？），而元编程通常以各种方式带来诸多问题（尤其是，语法变得臃肿，性能变得低效）。

由于认识到反射在这一领域的潜力，C++标准委员会创办了一个研究小组（SG7），该小组将对反射进行更深入的探索和研究。之后，该小组的章程还囊括了元编程。下面给出了一个示例：

① 例如，见文件 N4641 中 TS 在 2017 年年初的版本。

```
template<typename T> void report(T p) {
  constexpr {
    std::meta::info infoT = reflexpr(T);
    for (std::meta::info : std::meta::data_members(infoT)) {
      -> {
            std::cout  << (: std::meta::name(info) :)
                       << ": " << p.(.info.) << '\n';
      }
    }
  }
  //此处注入代码
}
```

这个示例展示了许多新的事物。首先，constexpr{...}代码段在编译期强制执行其中的语句，但如果它出现在模板中，就只在实例化模板时执行。其次，reflexpr()生成一个不透明类型std::meta::info的表达式，它是一个句柄，以显示有关其实参（本例中，它用于替换T类型）的信息。标准元函数库允许查询这些元信息。其中的一个标准元函数 std::meta::data_members()，生成一组 std::meta::info 对象，用于指向非静态数据成员。所以，上面的 for 循环实际上是 p 的非静态数据成员的循环。

元编程的核心能力是，在不同作用域内“注入”代码。在开始 constexpr 计算的语句或声明之后，代码段->{...} 插入语句或声明。在本例中是指在 constexpr{...}代码段之后。被注入的代码段可以包含某些将被计算值替换的模式。在这个示例中，(:…:)生成一个字符串文本（表达式 std::meta::name(info)生成一个类似字符串的对象，表示对象中数据成员的非受限名称，在本例中由 info 表示）。类似地，表达式 (.info.)生成一个标识符，用于表示命名 info 的实体。同时，元编程还提出了诸如产生类型、模板实参列表等模式。

一切就绪后，对一个类型而言，函数模板 report()会进行实例化：

```
struct X {
  int x;
  std::string s;
};
```

会产生一个类似的函数：

```
template<> void report(X const& p) {
  std::cout << "x" << ": " << "p.x" << '\n';
  std::cout << "s" << ": " << "p.s" << '\n';
}
```

也就是说，这个函数模板自动生成一个函数，用于输出一个类类型的非静态数据成员值。

这些类功能用于许多的应用程序。尽管它们最终很可能加到C++语言里，但无法明确会在何时加入。也就是说，在编写本书时人们已经有了一些此类功能的实验实现。（就在本书出版前，SG7 基本达成一致，即通过使用 constexpr 计算和类似 std::meta::info 的值类型，以对反射元编程进行处理。然而，对于上面介绍的注入机制，SG7 并未达成一致，因此很可能会采用另一种形式。）

17.10 包管理工具

C++11 引入了参数包，但它通常需要一种递归模板实例化技术来处理。回顾 14.6 节的代码：

```
template<typename Head, typename... Remainder>
void f(Head&& h, Remainder&&... r) {
  doSomething(h);
  if constexpr (sizeof...(r) != 0) {
    //递归地处理剩余部分（完美地转发实参）
    f(r...);
  }
}
```

通过使用 C++17 编译期 if（参阅 8.5 节），这个示例会更简单，但它仍然使用递归实例化技术，编译成本可能有点高。

C++标准委员会的几项提案尝试在某种程度上对包管理技术进行简化。有一个提案是：引入一个符号，用于从包中选取一个特定的元素。尤其是，对于包 P，建议使用 P.[N]代表 P 的第 N+1 个元素。类似地，也有人提议使用包“切片”（如使用 P.[b, e]）。

审查这些提案时，很明显，包管理和前面讨论的反射元编程的概念，有一定的相互作用。目前尚不知 C++语言是否会引入特殊的包选择机制，或者提供满足这一需求的元编程工具。

17.11 模块

一个即将推出的重要扩展是模块。虽然它只和模板相关，但在这里还是值得一提的，因为模板库将是最大的受益者之一。

目前，模板库的接口是在头文件中指定的，在编译单元中是#included 的文本形式。这种方法有几个缺陷，其中最令人厌倦的两个缺陷：一是接口文本的含义可能会意外地被先前包含的代码（例如宏）修改；二是每次快速重新处理这些文本会占用构建时间。

模块是一种语言特性，它允许将模板库接口编译成编译器特定的格式，然后将这些接口“导入”编译单元中，而不需要进行宏扩展，或因意外出现额外声明而修改代码的含义。另外，编译器只需要加载已编译模块的一部分，即与客户端代码相关的部分，因此极大地简化了编译过程。

模块定义可能是这样的：

```
module MyLib;

void helper() {
  ...
}
export inline void libFunc() {
  ...
  helper();
  ...
}
```

这个模块输出一个 libFunc()函数，可以在如下的客户端代码中使用：

```
import MyLib;
int main() {
  libFunc();
}
```

注意，libFunc()对客户端代码是可见的，但 helper()是不可见的，即使编译好的模板文件里可能包含进行内联的 helper()信息。

在 C++中添加模块显得很顺利，C++标准委员会表示将在 C++17 之后对其进行集成。然而，对于模块的发展，令人担忧的是，如何从头文件的环境过渡到模块的环境。一些工具已经在某种程度上支持这一点（例如，能够包含头文件，而不使其内容成为模块的一部分），其他的特性（如从模块导出宏的能力）仍在讨论中。

对于模板库，模块显得特别有用，因为模板总是在头文件中全部定义好。甚至，包括基本标准的<vector>等头文件，也可以处理成千上万行 C++代码（即使该头文件只有少量的声明被引用）。其他受欢迎的模板库的数量将会提高一个数量级。尤其是在大型的、复杂的代码库中模块能够降低编译成本，这会是 C++程序员感兴趣的方向。

第三部分

模板与设计

程序通常是使用设计模式构造的，这些设计模式相对较好地映射到对应语言所提供的机制上。由于模板引入了一种全新的语言机制，我们发现模板需要新的设计技术就不足为奇了。我们将在本部分探讨这些技术。请注意，有一部分技术已被C++标准库所覆盖或使用。

和更传统的语言构造相比，模板的不同之处是：它允许我们在代码中对类型和常量进行参数化。当模板与偏特化和递归实例化相结合时，它将产生惊人的语言威力。

我们的阐述不仅要列出各种有用的设计技术，还要传达启发这些设计技术的原则，以便创造新的技术。因此，后续章节将展示大量的设计技巧，包括：

- 高级多态调度；
- 特征的泛型程序设计；
- 重载和继承的处理；
- 元编程；
- 异构结构与算法；
- 表达式模板。

我们还将提供一些注释来帮助调试模板。

第 18 章

模板的多态

多态（polymorphism）是一种可以将不同的特定行为与单个泛型符号相关联的能力。①多态也是面向对象编程范例的一块基石，C++主要通过类继承和虚函数来支持多态。因为这两个机制（至少一部分）是在运行期处理的，所以我们讨论动多态（dynamic polymorphism）。平时讨论的多态指的就是动多态。然而，模板也可以将不同的特定行为与单个泛型符号相关联，但是这种关联通常在编译期处理，我们称之为静多态（static polymorphism）。在本章中，我们将回顾这两种形式的多态，并讨论每种多态适用于哪种情况。

注意，在本章介绍和讨论一些设计问题之后，第 22 章将讨论一些处理多态的方法。

18.1 动多态

在 C++历史上，开始人们只是通过使用继承和虚函数来支持多态。②在这种情况下，多态设计的思想在于：识别相关对象类型中的一组公共功能，并将它们声明为公共基类中的虚函数接口。

这种设计思想的典型示例是一个应用程序：它管理一些几何对象，并允许这些图形以某种方式（例如，在屏幕上）呈现。在这个应用程序中，我们可以识别一个抽象基类（abstract base class，ABC）GeoObj，它声明了适用于所有几何对象的公共操作和属性。然后，每个特定几何对象的具体类都派生自 GeoObj（见图 18.1）。

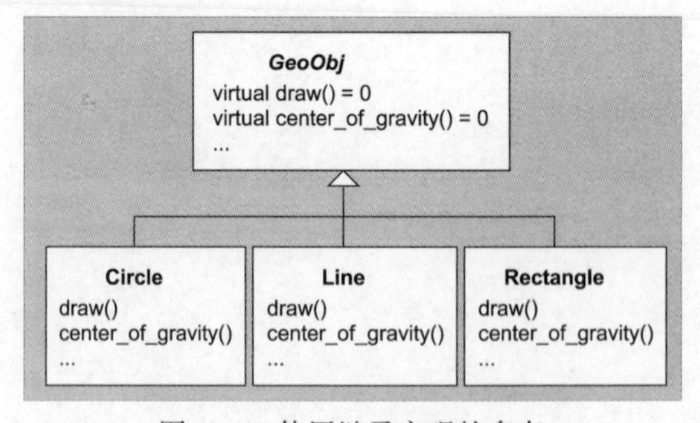

图 18.1　使用继承实现的多态

poly/dynahier.hpp

```
#include "coord.hpp"

//针对几何对象的公共抽象基类 GeoObj
```

① 从字面上讲，多态是指具有多种形式或形状的情况（源自希腊语 polymorphos）。

② 严格说，宏也可以看作静多态的早期形式。然而，现在它不被考虑了，因为它通常与其他语言机制存在正交性。

```
class GeoObj {
  public:
    //画出几何对象
    virtual void draw() const = 0;
    //返回几何对象的重心
    virtual Coord center_of_gravity() const = 0;
    ...
    virtual ~GeoObj() = default;
};

//具体的几何对象类Circle
//派生自GeoObj
class Circle : public GeoObj {
  public:
    virtual void draw() const override;
    virtual Coord center_of_gravity() const override;
    ...
};

//具体的几何对象类Line
//派生自GeoObj
class Line : public GeoObj {
  public:
    virtual void draw() const override;
    virtual Coord center_of_gravity() const override;
    ...
};
...
```

生成具体的对象之后，客户端代码通过对公共抽象基类的引用或指针来操作这些对象，并且能够通过这些引用或指针来实现虚函数的调度机制。通过指向基类子对象的指针或引用调用虚成员函数，将可以调用所引用的特定（“最派生的”）具体对象的相应成员。

在我们的示例中，具体的代码可以如下所示：

poly/dynapoly.cpp

```
#include "dynahier.hpp"
#include <vector>

//画出任意几何对象
void myDraw (GeoObj const& obj)
{
    obj.draw(); //根据对象的类型调用draw()
}

//计算两个几何对象的重心之间的距离
Coord distance (GeoObj const& x1, GeoObj const& x2)
{
    Coord c = x1.center_of_gravity() - x2.center_of_gravity();
    return c.abs(); //以绝对值形式返回坐标
}

//绘制属于异类集合的几何对象
void drawElems (std::vector<GeoObj*> const& elems)
{
    for (std::size_type i=0; i<elems.size(); ++ i) {
```

```
        elems[i]->draw();      //根据元素类型调用 draw()
    }
}

int main()
{
    Line l;
    Circle c, c1, c2;

    myDraw(l);                 //myDraw(GeoObj&) => Line::draw()
    myDraw(c);                 //myDraw(GeoObj&) => Circle::draw()

    distance(c1,c2);           //distance(GeoObj&,GeoObj&)
    distance(l,c);             //distance(GeoObj&,GeoObj&)

    std::vector<GeoObj*> coll; //元素类型互异的集合
    coll.push_back(&l);        //插入一条直线
    coll.push_back(&c);        //插入一个圆
    drawElems(coll);           //画出不同种类的几何对象
}
```

主要的多态接口元素是函数 draw()和 center_of_gravity()，两者都是虚拟的成员函数。我们的示例演示了它们在函数 myDraw()、distance()和 drawElems()中的用法。后面的函数使用公共抽象基类 GeoObj 表示对象的类型。使用这种方法的结果是，在编译时通常不知道必须调用哪个版本的 draw()或 center_of_gravity()。但是，在运行期，将访问调用虚函数的对象的完整动态类型以调度这两个函数调用。[①]因此，将根据几何对象的实际类型执行相应的操作：如果为 Line 对象调用 myDraw()，则表达式 obj.draw()将调用 Line::draw()；对于 Circle 对象，则调用函数 Circle::draw()；类似地，使用 distance()，将调用适合实参对象的成员函数 center_of_gravity()。

动态多态最引人注目的特性可能是处理异类对象集合的能力。drawElems()说明了这个概念：

```
elems[i]->draw()
```

简单表达式会根据迭代的元素的动态类型，而调用不同的成员函数。

18.2 静多态

模板也可以用来实现多态。但是，它们不依赖于基类中包含公共行为的因素。但是，有一种公共性是隐式的——应用程序的不同“形状（即类型）”必须支持使用公共语法的操作（即相关函数必须具有相同的名称）。具体类别是相互独立定义的（见图 18.2）。当模板被具体类实例化时，多态的能力就可以得到体现。

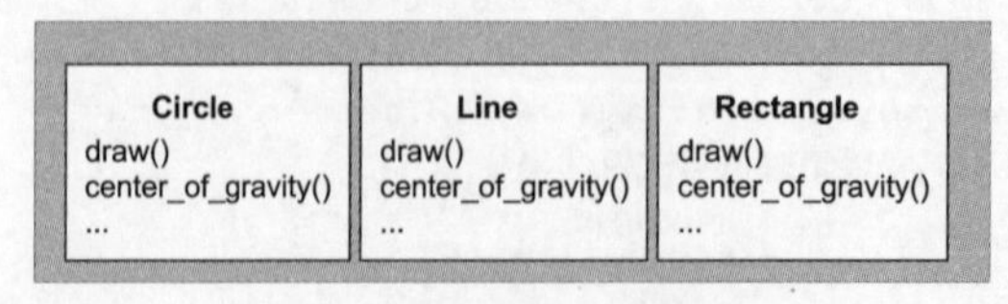

图 18.2　通过模板实现的多态

① 也就是说，多态基类的子对象的编码包含一些（大部分是隐藏的）数据，这些数据支持这种运行期调度。

例如，前面示例中的 myDraw()函数：

```
void myDraw (GeoObj const& obj) //GeoObj 是一个抽象基类
{
    obj.draw();
}
```

大概可以被改写为：

```
template<typename GeoObj>
void myDraw (GeoObj const& obj) //GeoObj 是模板参数
{
    obj.draw();
}
```

比较 myDraw()的两个实现，我们可以得出这样的结论：两个实现主要的区别是 GeoObj 被指定为模板参数，而不是抽象基类。然而，两个实现在背后还有更根本的区别。例如，使用动多态，我们在运行期只有 myDraw()函数，而使用模板则有不同的函数，例如 myDraw<Line>()和 myDraw<Circle>()。

我们可以尝试使用静多态重新改写 18.1 节的完整示例。首先，我们没有构造几何对象类的体系，而是创建了几个单独的几何对象类：

poly/statichier.hpp

```
#include "coord.hpp"

//具体的几何对象类 Circle 并不派生自任何其他的类
class Circle {
  public:
    void draw() const;
    Coord center_of_gravity() const;
    ...
};

//具体的几何对象类 Line 并不派生自任何其他的类
class Line {
  public:
    void draw() const;
    Coord center_of_gravity() const;
    ...
};
...
```

现在，这些类的应用程序看起来如下所示：

poly/staticpoly.cpp

```
#include "statichier.hpp"
#include <vector>

//画出任意几何对象
template<typename GeoObj>
void myDraw (GeoObj const& obj)
{
    obj.draw(); //根据对象的类型调用 draw()
}

//计算两个几何对象的重心之间的距离
```

```
template<typename GeoObj1, typename GeoObj2>
Coord distance (GeoObj1 const& x1, GeoObj2 const& x2)
{
    Coord c = x1.center_of_gravity() - x2.center_of_gravity();
    return c.abs(); //返回坐标的绝对值
}

//画出属于异类集合的几何对象
template<typename GeoObj>
void drawElems (std::vector<GeoObj> const& elems)
{
    for (unsigned i=0; i<elems.size(); ++ i) {
        elems[i].draw(); //根据元素的类型调用相应的 draw()
    }
}

int main()
{
    Line l;
    Circle c, c1, c2;

    myDraw(l);        //myDraw<Line>(GeoObj&) => Line::draw()
    myDraw(c);        //myDraw<Circle>(GeoObj&) => Circle::draw()

    distance(c1,c2); //distance<Circle,Circle>(GeoObj1&,GeoObj2&)
    distance(l,c);   //distance<Line,Circle>(GeoObj1&,GeoObj2&)

    //std::vector<GeoObj*> coll;    //错误：异类集合在这里是不允许的
    std::vector<Line> coll;         //正确：同类集合在这里是允许的
    coll.push_back(l);              //插入一条直线
    drawElems(coll);                //画出所有直线
}
```

与 myDraw()一样，GeoObj 不能再用作 distance()的具体参数类型。我们提供了两个模板参数 GeoObj1 和 GeoObj2，这使得距离计算函数可以接收几何对象类型的不同组合：

```
distance(l,c); //distance<Line,Circle>(GeoObj1&,GeoObj2&)
```

但是，异类集合不能再被透明地处理。这就是静多态的静态特性所施加的约束：所有的类型都必须在编译期确定。我们可以很容易地为不同的几何对象类型引入不同的集合。我们不再要求集合仅限于指针，从而能够在性能和类型安全方面有一些显著的优势。

18.3 动多态与静多态

本节对动多态与静多态进行分类和比较。

1. 术语

动多态和静多态为不同的 C++编程习语提供支持。①

① 有关多态术语的详细讨论，可以参考[*CzarneckiEiseneckerGenProg*]的 6.5 节至 6.7 节。

- 通过继承实现的多态是绑定的和动态的。
  - 绑定：意味着参与多态行为的类型的接口是由公共基类的设计预先确定的（这个概念的其他术语是侵入的和插入的）。
  - 动态：意味着接口的绑定是在运行期（动态地）完成的。
- 通过模板实现的多态是非绑定的和静态的。
  - 非绑定：意味着参与多态行为的类型的接口不是预先确定的（这个概念的其他术语是非侵入的和非插入的）。
  - 静态：意味着接口的绑定是在编译期（静态地）完成的。

因此，严格地说，在 C++标准中，动多态和静多态分别是绑定动多态和非绑定静多态的简称。在其他语言中，还存在其他组合（例如，Smalltalk 提供了非绑定的动多态）。然而，在 C++的上下文中，动多态和静多态是很简洁的概念，并不会引起混淆。

2. 优点和缺点

C++中的动多态表现出以下优点。

- 优雅地处理异类集合。
- 可执行代码的大小可能更小（因为只需要一个多态函数，而必须生成不同的模板实例来处理不同的类型）。
- 代码可以完全编译，因此，不必发布任何实现源代码（分发模板库通常需要分发模板实现的源代码）。

C++中的静多态具有下列优点。

- 内置类型的集合很容易实现。更一般地说，接口公共性不需要通过公共基类来实现。
- 生成的代码效率更高（因为事先不需要通过指针进行间接调用，而且可以更频繁地内联非虚函数）。
- 如果应用程序只执行了部分接口，那么仍然可以使用只提供部分接口的具体类型。

静多态通常被认为比动多态更安全，因为所有绑定都是在编译期检查的。例如，向模板实例化的容器中插入错误类型的对象几乎不会有危险。但是，在期望指向公共基类的指针的容器中，这些指针有可能会指向不同类型的完整对象。

在实践中，当不同的语义隐藏在看起来相同的接口后面时，模板实例化也会引起一些问题。例如，当关联运算符+的模板被实例化为与该运算符不关联的类型时，可能会出现一些问题。在实践中，这种语义不匹配在基于继承的层次结构中很少会出现，可能是因为接口规范已被更明确地指定了。

3. 结合这两种多态

当然，我们可以把这两种多态结合起来。例如，我们可以从公共基类中派生不同类型的几何对象，以便能够处理几何对象的异类集合。另外，我们仍然可以使用模板为某种几何对象编写代码。

在第 21 章中，我们将进一步阐述继承和模板的组合。我们将看到如何对成员函数的虚拟性进行参数化，以及如何使用基于继承的奇妙递归模板模式（curiously recurring template pattern，CRTP）为静多态提供额外的灵活性。

18.4 使用概念

反对模板静多态的一个理由是，接口的绑定是通过实例化相应的模板来完成的。这意味着没有公共接口（类）可供程序设计。只要所有实例化的代码都有效，模板的任何用法都可以实现。否则，可能会产生让人难以理解的错误消息，甚至出现有效但非预期的行为。

为此，C++语言设计者一直致力于为模板参数显式提供检查接口的功能。这样的接口通常被称为C++中的概念（concept）。它表示一组约束，模板实参必须满足这些约束才可以成功实例化模板。

尽管C++标准委员会在这方面做了很多年的工作，但是概念仍然不是C++17标准中的一部分，[①]然而，概念可能是C++17之后下一个标准的一部分。

概念可以理解为静多态的一种“接口”。在我们的示例中，这可能如下所示：

poly/conceptsreq.hpp

```
#include "coord.hpp"

template<typename T>
concept GeoObj = requires(T x) {
  { x.draw() } -> void;
  { x.center_of_gravity() } -> Coord;
  ...
};
```

在这里，我们使用关键字concept来定义GeoObj概念，它将一个类型约束为具有适当结果类型的可调用成员draw()和center_of_gravity()。

现在，我们可以重写一些示例模板，以包含requires子句，该子句使用GeoObj概念约束模板参数：

poly/conceptspoly.hpp

```
#include "conceptsreq.hpp"
#include <vector>

//画出任意几何对象
template<typename T>
requires GeoObj<T>
void myDraw (T const& obj)
{
    obj.draw(); //根据对象类型调用 draw()
}

//计算两个几何对象的重心之间的距离
template<typename T1, typename T2>
requires GeoObj<T1> && GeoObj<T2>
Coord distance (T1 const& x1, T2 const& x2)
{
    Coord c = x1.center_of_gravity() - x2.center_of_gravity();
```

① 例如，GCC7提供了-fconcepts选项。

```
    return c.abs();          //返回坐标的绝对值
}

//画出几何对象的同类集合
template<typename T>
requires GeoObj<T>
void drawElems (std::vector<T> const& elems)
{
    for (std::size_type i=0; i<elems.size(); ++ i) {
        elems[i].draw();    //根据元素的类型调用
    }
}
```

对于可以参与（静）多态行为的类型，这种方法仍然是没有侵入性的：

```
//具体的几何对象类 Circle 并不派生自任何类或任何实现接口
class Circle {
  public:
    void draw() const;
    Coord center_of_gravity() const;
    ...
};
```

也就是说，这些类型仍然是在没有任何特定基类或需求子句的情况下定义的，并且，仍然可以是基本数据类型或来自独立框架的类型。

附录 E 中包括 C++概念更详细的讨论，因为它是下一个 C++标准的期望内容。

18.5 新形式的设计模式

C++中的静多态为实现经典设计模式提供了新的方法。以桥接模式（bridge pattern）为例，它在许多 C++程序设计中起着重要作用。使用桥接模式的一个目标是在同一接口的不同实现之间切换。

根据[*DesignPatternsGoF*]，这通常是通过使用接口类来完成的，该接口类嵌入一个指针来提供实际的实现，并通过该指针对所有调用进行授权（见图 18.3）。

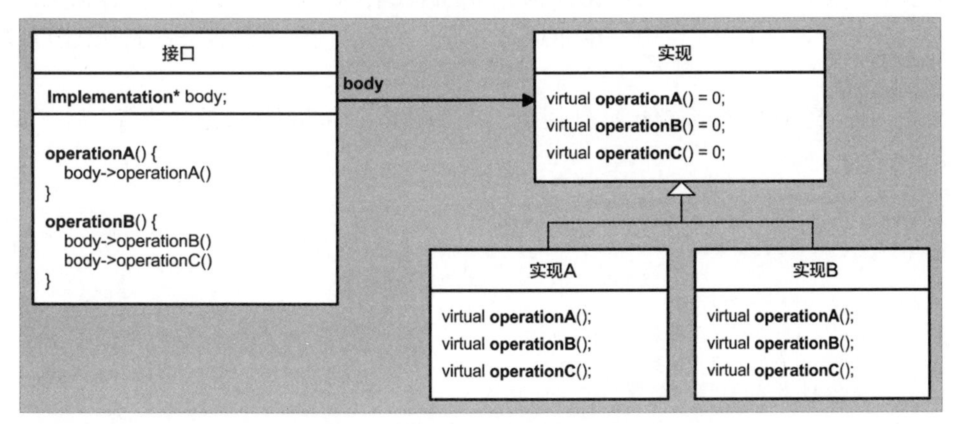

图 18.3 使用继承实现的桥接模式

然而，如果实现的类型在编译期是已知的，那么我们将利用模板的强大功能（见图 18.4），这将带来更高的类型安全性（部分原因是可以避免使用指针转换）和更好的性能。

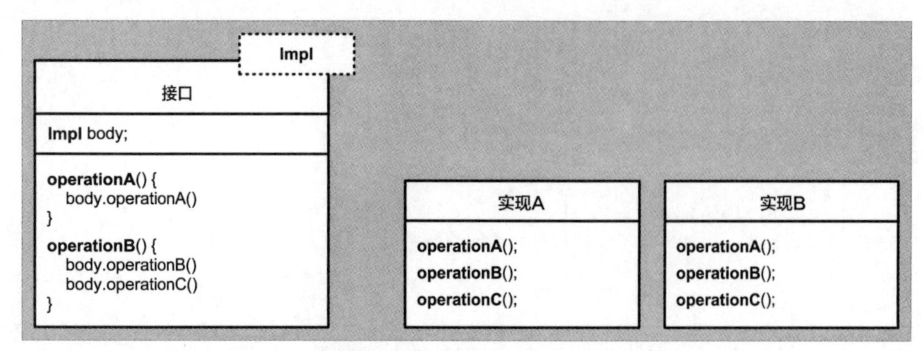

图 18.4 使用模板实现的桥接模式

18.6 泛型程序设计

静多态引出了泛型程序设计的概念。然而，泛型程序设计并没有统一的定义（正如面向对象编程也没有统一的定义）。[*CzarneckiEiseneckerGenProg*]将泛型程序设计定义为从使用泛型参数程序设计到寻找高效算法的最抽象表示。该书总结如下：泛型程序设计是计算机科学的一个分支学科，它研究如何找到高效算法、数据结构和其他软件概念的抽象表示，以及它们的系统化组织方式……泛型程序设计侧重于表示一组相关的领域概念。

在 C++的上下文中，泛型程序设计有时被定义为运用模板的程序设计（而面向对象的程序设计被认为是运用虚函数的程序设计）。在这个意义上，C++模板的使用都可以被看作泛型程序设计的一个实例。然而，开发人员通常认为泛型程序设计有一个额外的基本要素：在一个框架中，模板的设计是为了获得多种有用的组合。

到目前为止，对这一领域最重要的贡献是标准模板库（STL），该库后来被采纳并引入 C++标准库中。STL 也是一个框架，它为对象集合的许多线性数据结构（称为容器）提供了许多有用的操作，我们称之为算法。算法和容器都是模板。然而，关键是算法，而不是容器的成员函数。这些算法是以泛型的方式编写的，因此它们可以被任何容器（和线性的元素集合）使用。为此，STL 的设计者引入了迭代器的抽象概念，可以为任何类型的线性集合提供迭代器。本质上，容器在针对特定集合方面的操作已经被分解到迭代器的功能上了。

因此，我们可以实现诸如计算序列中最大值的操作，而不需要知道这些值存储在该序列中的细节：

```
template<typename Iterator>
Iterator max_element (Iterator beg, //指向容器的起始位置
                      Iterator end) //指向容器的结束位置
{
    //只使用某些迭代器操作来遍历所有元素
    //以查找具有最大值的元素
    //并返回其作为迭代器的位置
    ...
}
```

并不是通过每个线性容器提供所有的操作（如 max_element()），容器只需提供一个迭代器类型来遍历它包含的值序列，并提供成员函数来创建这类迭代器：

```
namespace std {
    template<typename T, ...>
    class vector {
      public:
        using const_iterator = ...;       //为常量 vector 特定于实现的迭代器类型
        ...
        const_iterator begin() const;     //表示容器开始位置的迭代器
        const_iterator end() const;       //表示容器结束位置的迭代器
        ...
    };

    template<typename T, ...>
    class list {
      public:
        using const_iterator = ...;       //为常量 List 特定于实现的迭代器类型
        ...
        const_iterator begin() const;     //表示容器开始位置的迭代器
        const_iterator end() const;       //表示容器结束位置的迭代器
        ...
    };
}
```

现在，我们可以通过调用泛型的 max_element()操作来找到任何集合的最大值，该操作以集合的开头和结尾作为参数（省略了对空集合的特殊处理）：

poly/printmax.cpp

```
#include <vector>
#include <list>
#include <algorithm>
#include <iostream>
#include "MyClass.hpp"

template<typename T>
void printMax (T const& coll)
{
    //计算最大值的位置
    auto pos = std::max_element(coll.begin(),coll.end());

    //输出 coll 的最大值（如果有的话）
    if (pos != coll.end()) {
        std::cout << *pos << '\n';
    }
    else {
        std::cout << "empty" << '\n';
    }
}

int main()
{
    std::vector<MyClass> c1;
    std::list<MyClass>   c2;
    ...
    printMax(c1);
```

```
    printMax(c2);
}
```

STL 通过这些迭代器的操作进行参数化，可以避免操作定义在数量上的膨胀。我们没有对每个容器执行每个操作，而是只需要执行一次算法，这样就可以对每个容器使用该算法。泛型程序设计的“glue”是由容器提供并由算法使用的迭代器。这是因为迭代器有一个特定的接口，该接口由容器提供并由算法使用。此接口通常称为概念，它表示模板必须满足的一组约束以适应此框架（即 STL）。此外，这一概念还可用于其他操作和数据结构。

读者是否还记得，我们之前在 18.4 节中描述了一个概念语言特性（在附录 E 中有更详细的描述），实际上，该语言特性正好映射到这里的概念上。事实上，在这种情况下，术语概念首先是由 STL 的设计者引入的，目的是将他们的工作形式化。此后不久，他们开始尝试使这些概念明确在模板中。

即将推出的语言特性将帮助我们指定并仔细检查迭代器的需求（因为迭代器有不同的类别，比如前向迭代器和双向迭代器，所以会提及多个相应的概念，具体见附录 E 的 E.3.1 节）。然而，在目前的 C++中，概念大多隐含在通用库的规范（特别是 C++库标准）中。幸运的是，一些特性和技术（例如，static_assert 和 SFINAE）确实允许一些自动检查。

原则上，类似 STL 的方法和功能可以通过动多态实现。然而，在实践中，它的用途是很受限制的，因为与迭代器概念相比，虚函数的调用机制将会是一种重量级的实现方式。添加基于虚函数的接口层，很可能会使我们的操作效率降低一个数量级（或更多）。

泛型程序设计之所以实用，是因为它依赖于在编译期解析接口的静多态。另外，在编译时满足接口的要求也要求新的设计原则，这些原则在许多方面不同于面向对象的设计原则。本书的剩余部分将对许多最重要的泛型程序设计原则进行阐述。此外，附录 E 将通过描述对概念的直接语言支持，深入探讨作为开发范例的泛型程序设计。

18.7 后记

容器类型是将模板引入 C++编程语言的主要动力。在模板之前，多态体系是一种流行的容器实现方法。一个典型的例子是 National Institutes of Health Class Library（NIHCL），其在很大程度上实现了 Smalltalk 的容器类层次体系（见图 18.5）。

类似于 C++标准库，NIHCL 支持多种容器和迭代器。但是，NIHCL 实现遵循 Smalltalk 风格的动多态，即 Iterator 使用抽象基类 Collection 对不同类型的集合进行操作：

```
Bag c1;
Set c2;
...
Iterator i1(c1);
Iterator i2(c2);
...
```

遗憾的是，在运行时间和内存使用方面，这种方法的使用代价很高。运行时间通常要比使用 C++标准库中等效代码的多，因为大多数操作最终需要虚函数调用（而在 C++标准库中，许多操作都是内联的，并且迭代器和容器接口中没有涉及虚函数）。此外，由于（与 Smalltalk 不同）接口是有绑定的，因此必须将内置类型包装在更大的多态类（此类包装器由 NIHCL 提供）中，而这又会导致存储空间占用量的急剧增加。

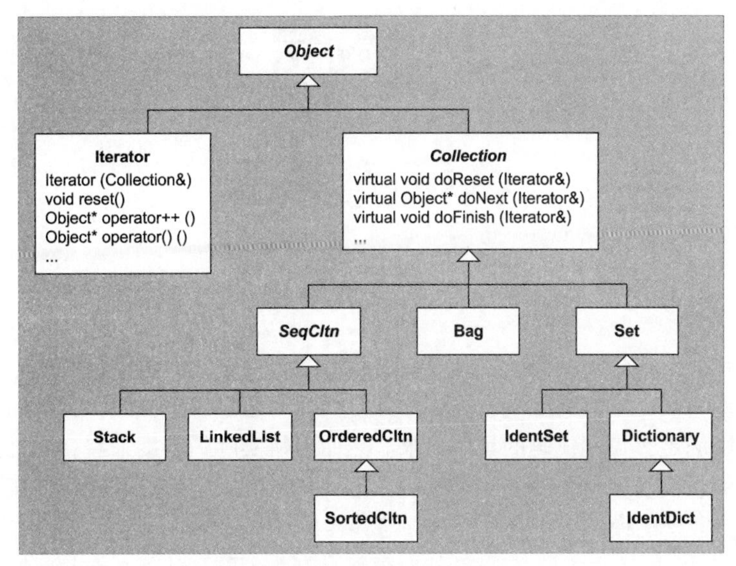

图 18.5 容器类层次体系

即使在今天相对成熟的“模板时代”，许多项目仍然会在处理多态性的方法上做出次优化的选择。显然，在许多情况下，动多态是正确的选择，异类迭代就是一个例子。然而，同样地，许多程序任务都是使用模板自然而高效地完成的，同类容器就是一个例子。

静多态很适用于编写基本的计算结构。而动多态需要选择公共基类，意味着动多态通常必须做出特定于某一领域的选择。因此，C++标准库的 STL 部分从不包含多态容器，这是不足为奇的，但是它包含一组使用静多态的容器和迭代器（参阅 18.6 节）。

中大型规模的 C++程序通常需要处理本章中讨论的两种多态。在某些情况下，甚至有必要将它们紧密地结合起来。在许多情况下，根据我们的讨论，最佳设计的选择是明确的，但是花一些时间考虑长期的、潜在的演变，往往是有所收获的。

第 19 章

特征的实现

C++模板允许我们对各种类型的类和函数进行参数化。我们可能会期望引入尽可能多的模板参数，从而可以自定义类型或者算法的方方面面。通过这种方式，我们的模板化组件可以被实例化，以满足客户端代码的具体需求。然而，从实际的角度来看，为最大程度地参数化而引入太多的模板参数是不可取的。必须在客户端代码中指定所有相应的实参也是非常麻烦的，而且每个额外的模板参数都会使组件与其客户端之间的关系更复杂。

幸运的是，我们将引入的大多数额外参数都具有合理的默认值。在某些情况下，额外参数是完全由几个主参数决定的，在后面我们将会看到这些额外参数可以被完全忽略。其他参数可以给定默认值，这些默认值取决于主参数，并且可以满足大多数情况下的要求，而且也能改写默认值（对于特殊的应用程序）。然而，其他参数与主参数无关：在某种意义上，它们本身就是主参数，只是存在默认值，这些默认值都能够符合要求。

特征（trait）和特征模板是 C++程序设计机制，它极大地方便了对工业级模板设计中所出现的额外参数的管理。在本章中，我们将展示特征被证明有用的一些情况，并阐述让你能够独立编写健壮而强大的程序的技术。

本书所呈现的大多数特征在 C++标准库中是以某种形式提供的。然而，清晰起见，我们经常提供简化的实现，而忽略工业级实现（如标准库的实现）中的一些细节。出于这个原因，我们也使用我们自己的命名方案，不管怎样，它可以很容易映射到标准特征。

19.1 一个实例：累加一个序列

计算一个序列的值的总和是一项相当普通的计算任务。然而，这个看似简单的任务，为我们提供了一个优秀的实例——用于介绍 policy 类和特征的各个层次的用途。

19.1.1 固定特征

首先，假设要计算总和的值存储在一个数组中，我们得到一个指向要累加的第 1 个元素的指针，以及一个要累加的最后一个元素的后一位的指针。因为本书是关于模板的，所以我们希望编写一个适用于多种类型的模板来完成这个累加操作。现在，请看一个简单的示例，如下[①]：

traits/accum1.hpp

```
#ifndef ACCUM_HPP
#define ACCUM_HPP
```

① 简单起见，本节中的大多数示例都使用普通指针。显然，工业级接口可能更趋向于使用 C++标准库约束的迭代器参数（参阅[*JoutTutsStdLb*]）。稍后我们将重新讨论示例的这一方面。

```
template<typename T>
T accum (T const* beg, T const* end)
{
    T total{}; //假设这实际上生成一个值 0
    while (beg != end) {
        total += *beg;
        ++beg;
    }
    return total;
}

#endif //ACCUM_HPP
```

这里，唯一稍微复杂的决定是：如何创建一个类型正确的值 0，以便开始求和操作。我们在这里使用初始化值（用{...}表示），如 5.2 节所介绍的。这意味着本地对象 total，要么由其默认构造函数初始化，要么由 0 初始化（这意味着，指针为 nullptr，布尔值为 false）。

要引出我们的第 1 个特征模板，请考虑使用 accum()的以下代码：

traits/accum1.cpp

```
#include "accum1.hpp"
#include <iostream>

int main()
{
    //生成一个含有 5 个整数值的数组
    int num[] = { 1, 2, 3, 4, 5 };

    //输出平均值
    std::cout << "the average value of the integer values is "
              << accum(num, num+5) / 5
              << '\n';

    //创建字符值数组
    char name[] = "templates";
    int length = sizeof(name)-1;

    //试图输出平均的字符值
    std::cout << "the average value of the characters in \""
              << name << "\" is "
              << accum(name, name+length) / length
              << '\n';
}
```

在程序的前半部分，我们使用 accum()对 5 个整数值求和：

```
int num[] = { 1, 2, 3, 4, 5 };
...
accum(num, num+5)
```

然后，通过将得到的总和除以数组中值的个数，就可以得到平均整数值。

程序的后半部分，尝试对字符串 templates 的所有字母执行相同的操作（前提是从 a 到 z 的字符在实际字符集中形成一个连续的序列，这在 ASCII 中是正确的；但是在 EBCDIC 中就未必了)。[①]假设结果应该在 a 和 z 之间。在当前的大多数平台中，这些值是由 ASCII 值决定的：a 的整数值为 97，z 的整数值为 122。因此，我们可能期望结果介于 97 和 122 之间。然而，在我们的平台上，程序的输出如下：

```
the average value of the integer values is 3
the average value of the characters in "templates" is -5
```

这里的问题是，我们的模板是为 char 类型实例化的，结果证明，对于相对较小的值的求和来说，这个范围太小了。很明显，我们可以通过引入一个额外的模板参数 AccT 来解决这个问题，该参数描述用于变量 total 的类型（也是返回类型）。然而，这会给模板的所有用户带来额外负担：他们必须在模板的每次调用中指定一个额外类型。因此，在本节的示例中，我们可能不得不编写以下代码：

```
accum<int>(name,name+5)
```

这不是一个过度的约束，但我们也可以完全避免额外负担。

关于这个额外参数的其他方法是：在为其调用 accum()的每个类型 T 和用于保存累计值的类型之间创建关联。这种关联可以被认为是类型 T 的一个特征，因此，计算和的类型有时被称为 T 的特征。于是，我们可以利用关联为一个模板的特化编写代码：

traits/accumtraits2.hpp

```
template<typename T>
struct AccumulationTraits;

template<>
struct AccumulationTraits<char> {
    using AccT = int;
};

template<>
struct AccumulationTraits<short> {
    using AccT = int;
};

template<>
struct AccumulationTraits<int> {
    using AccT = long;
};

template<>
struct AccumulationTraits<unsigned int> {
    using AccT = unsigned long;
};

template<>
struct AccumulationTraits<float> {
    using AccT = double;
};
```

模板 AccumulationTraits 被称为特征模板，因为它持有其参数类型的特征（一般来说，可

① EBCDIC 是 extended binary-coded decimal interchange code 的缩写，是一种广泛用于大型 IBM 计算机的 IBM 字符集。

能有多个特征和多个参数）。我们选择不提供此模板的泛型定义，因为当我们不知道类型是什么时，没有很好的方法来选择一个好的类型作为求和的类型。然而，可以提出这样一个论点：T 本身通常是这种类型的一个很好的候选类型（尽管在我们前面的示例中，情况显然不是这样的）。

考虑到这一点，我们可以重写 accum()模板，如下：[①]

traits/accum2.hpp

```
#ifndef ACCUM_HPP
#define ACCUM_HPP

#include "accumtraits2.hpp"

template<typename T>
auto accum (T const* beg, T const* end)
{
    //返回值的类型是元素类型的特征
    using AccT = typename AccumulationTraits<T>::AccT;

    AccT total{}; //假设这里实际上生成了一个值 0
    while (beg != end) {
        total += *beg;
        ++beg;
    }
    return total;
}

#endif //ACCUM_HPP
```

这个程序的输出完全符合我们的期望：

```
the average value of the integer values is 3
the average value of the characters in "templates" is 108
```

总的来说，考虑到上面的程序增加了一个非常有用的机制来定制我们的算法，这些变化是非常显著的。此外，如果新的类型要使用 accum()，则只需声明 AccumulationTraits 模板的一个额外的显式特化，即可将适当的 AccT 与之关联。我们注意到，任何类型都可以和 AccT 进行关联：基本类型、在其他程序库中声明的类型等。

19.1.2　值特征

到目前为止，我们已经看到特征表示与给定主类型相关的额外类型信息。在本节中，我们将阐述这些额外的信息并不局限于类型。常量和其他类型的值也可以与类型相关联。

我们最初的 accum()模板使用默认构造函数的返回值来初始化结果变量，希望这个返回值是一个类似于 0 的值：

```
AccT total{}; //假设这里实际上生成了一个值 0
...
return total;
```

① 在 C++11 中，必须声明返回类型，如 AccT 类型。

显然，我们不能保证上面的代码会返回一个符合条件的值来开始求和循环。类型 AccT 甚至不一定有默认构造函数。

在此，特征可以解决这个问题。可以将一个新的特征添加到 AccumulationTraits 中，例如：

traits/accumtraits3.hpp

```
template<typename T>
struct AccumulationTraits;

template<>
struct AccumulationTraits<char> {
    using AccT = int;
    static AccT const zero = 0;
};

template<>
struct AccumulationTraits<short> {
    using AccT = int;
    static AccT const zero = 0;
};

template<>
struct AccumulationTraits<int> {
    using AccT = long;
    static AccT const zero = 0;
};
...
```

在本例中，我们的新特征提供了一个元素 0 作为常量——常量可以在编译期进行计算。因此，accum()修改如下：

traits/accum3.hpp

```
#ifndef ACCUM_HPP
#define ACCUM_HPP

#include "accumtraits3.hpp"

template<typename T>
auto accum (T const* beg, T const* end)
{
  //返回类型是元素类型的特征
  using AccT = typename AccumulationTraits<T>::AccT;
  AccT total = AccumulationTraits<T>::zero; //按特征值初始化 total
  while (beg != end) {
    total += *beg;
    ++beg;
  }
  return total;
}

#endif //ACCUM_HPP
```

在这段代码中，累加变量（total）的初始化是很简单的：

```
AccT total = AccumulationTraits<T>::zero;
```

此实现方式的一个缺点是，C++仅允许用整型或枚举类型来初始化静态数据成员变量。

constexpr 静态数据成员就更不能使用了，因为只允许浮点类型和其他文本类型，如下：

```
template<>
struct AccumulationTraits<float> {
    using Acct = float;
    static constexpr float zero = 0.0f;
};
```

然而，const 和 constexpr 都不允许以这种方式初始化非文本类型。例如，用户自定义的任意精度的 BigInt 类型可能不是文本类型，因为通常它必须在堆上分配空间，这会阻止它成为文本类型，或者仅仅因为所需的构造函数不是 constexpr，所以它不是文本类型。下面的特化就是一个错误，例如：

```
class BigInt {
  BigInt(long long);
  ...
};
...
template<>
struct AccumulationTraits<BigInt> {
    using AccT = BigInt;
    static constexpr BigInt zero = BigInt{0}; //错误：不是文本类型
};
```

简单的选择是不在类中定义值特征，例如：

```
template<>
struct AccumulationTraits<BigInt> {
    using AccT = BigInt;
    static BigInt const zero; //仅声明
};
```

然后，在源文件中进行初始化，看起来如下所示：

```
BigInt const AccumulationTraits<BigInt>::zero = BigInt{0};
```

尽管可以正常运行，但代码显得较为冗长（代码必须在两个位置添加），而且效率可能比较低，这是由于编译器通常并不知道其他文件中的定义。

在 C++17 中，可以使用内联变量（inline variable）来解决这个问题，例如：

```
template<>
struct AccumulationTraits<BigInt> {
    using AccT = BigInt;
    inline static BigInt const zero = BigInt{0}; //正确：在 C++17 中
};
```

在 C++17 之前的另一种选择是通过内联成员函数来获取不总是产生整数值的值特征。同样，如果这样的函数返回的是文本类型，则可以将其声明为 constexpr。[①]

例如，我们可以将 AccumulationTraits 改写成如下：

---

① 大多数现代 C++编译器都可以“看清”简单内联函数的调用。此外，constexpr 的使用使得在表达式必须是常量的上下文中（例如，在模板实参中）使用值特征成为可能。

traits/accumtraits4.hpp

```
template<typename T>
struct AccumulationTraits;

template<>
struct AccumulationTraits<char> {
    using AccT = int;
    static constexpr AccT zero() {
        return 0;
    }
};

template<>
struct AccumulationTraits<short> {
    using AccT = int;
    static constexpr AccT zero() {
        return 0;
    }
};

template<>
struct AccumulationTraits<int> {
    using AccT = long;
    static constexpr AccT zero() {
        return 0;
    }
};

template<>
struct AccumulationTraits<unsigned int> {
    using AccT = unsigned long;
    static constexpr AccT zero() {
        return 0;
    }
};

template<>
struct AccumulationTraits<float> {
    using AccT = double;
    static constexpr AccT zero() {
        return 0;
    }
};
...
```

然后，将这些特征扩展到我们自己的类型中，例如：

traits/accumtraits4bigint.hpp

```
template<>
struct AccumulationTraits<BigInt> {
    using AccT = BigInt;
    static BigInt zero() {
        return BigInt{0};
    }
};
```

对于应用程序代码来说，唯一的区别是使用了函数调用的语法（而不是对静态数据成员的更简洁的访问）：

```
AccT total = AccumulationTraits<T>::zero(); //使用特征函数初始化 total
```

很明显，特征不仅仅是额外的类型。在我们的示例中，特征可以是一种机制，用于提供 accum()所需的、有关调用它的元素类型的所有必要信息。特征概念的关键部分在于：特征为泛型计算提供了一条配置具体元素（主要是类型）的途径。

19.1.3 参数化特征

在前面的内容中，在 accum()中使用的特征被称为固定特征，因为一旦定义了分离的特征，就不能在算法中更改它。在某些情况下，这种更改是需要的。例如，我们可能偶然发现，可以对一组 float 类型的值安全地执行求和操作，并存储结果到同一类型的一个变量里，这样做可以提高我们的处理效率。

我们可以通过特征本身添加一个模板参数 AT 来解决此问题，该模板参数具有由特征模板确定的默认值：

traits/accum5.hpp

```
#ifndef ACCUM_HPP
#define ACCUM_HPP

#include "accumtraits4.hpp"

template<typename T, typename AT = AccumulationTraits<T>>
auto accum (T const* beg, T const* end)
{
    typename AT::AccT total = AT::zero();
    while (beg != end) {
        total += *beg;
        ++beg;
    }
    return total;
}

#endif //ACCUM_HPP
```

通过这种方式，许多用户可以忽略额外的模板实参，但是那些有更特殊需求的用户可以指定一种替代预设求和类型的方法。通常来说，大多数使用这个模板的用户都不必显式地提供第 2 个模板实参，因为该模板可以为第 1 个实参演绎的每个类型配置适当的默认值。

19.2 特征、policy 及 policy 类

到目前为止，我们把累积（accumulation）等同于求和（summation）。然而，还可以有其他类型的累积。例如，我们可以对序列中的给定值进行求积。或者，如果值是字符串，可以对它们进行连接。即使是在一个序列中找到最大值，也可以将其表示为一个累积问题。在所

有这些情况中，accum()中唯一需要改变的操作是 total += *beg。这种操作可以称为累积过程中的一种 policy。

下面是一个示例，说明如何在 accum()函数模板中引入一个 policy：

traits/accum6.hpp

```
#ifndef ACCUM_HPP
#define ACCUM_HPP

#include "accumtraits4.hpp"
#include "sumpolicy1.hpp"

template<typename T,
         typename Policy = SumPolicy,
         typename Traits = AccumulationTraits<T>>
auto accum (T const* beg, T const* end)
{
    using AccT = typename Traits::AccT;
    AccT total = Traits::zero();
    while (beg != end) {
        Policy::accumulate(total, *beg);
        ++beg;
    }
    return total;
}

#endif //ACCUM_HPP
```

在这个版本的 accum()中，SumPolicy 是一个 policy 类，也就是说，一个类通过约定的接口为一个算法实现一个或多个 policy。[1]SumPolicy 可以改写成这样，如下：

traits/sumpolicy1.hpp

```
#ifndef SUMPOLICY_HPP
#define SUMPOLICY_HPP

class SumPolicy {
  public:
    template<typename T1, typename T2>
    static void accumulate (T1& total, T2 const& value) {
        total += value;
    }
};

#endif //SUMPOLICY_HPP
```

通过给累积值指定不同的 policy，我们可以进行不同的计算。例如，考虑以下程序，该程序旨在计算出一些值的乘积：

traits/accum6.cpp

```
#include "accum6.hpp"
#include <iostream>

class MultPolicy {
  public:
```

① 我们可以将其概括为一个 policy 参数——它可以是一个类（如前所述）或指向函数的指针。

```
    template<typename T1, typename T2>
    static void accumulate (T1& total, T2 const& value) {
        total *= value;
    }
};

int main()
{
    //生成一个含有5个整数值的数组
    int num[] = { 1, 2, 3, 4, 5 };

    //输出所有值的乘积
    std::cout << "the product of the integer values is "
              << accum<int,MultPolicy>(num, num+5)
              << '\n';
}
```

然而，这个程序的输出却出乎我们的意料：

```
the product of the integer values is 0
```

这里的问题是由于我们对初始值选择不当引起的：虽然0对求和很有效，但对乘法来说，0却是一个错误的初始值（初始值为0时，乘法的结果为0）。这说明了不同的特征和policy可能会相互作用，强调了细心对模板设计的重要性。

在这种情况下，我们可以认识到累积循环的初始化是累积policy的一部分。此policy可以使用zero()的特征，也可以不使用。事实上，还存在其他的解决方案：不是所有的问题都必须由特征和policy来解决。例如，C++标准库std::accumulate()函数将初始值作为（函数调用的）第3个实参。

19.2.1 特征和policy的区别

可能存在一个合理的例子可以阐明这样一个事实，即policy只是特征的一个特例或者说特征只用于实现policy。

New Shorter Oxford English Dictionary（参阅[*NewShorterOED*]）中对特征和policy的定义如下。

- **特征**：用来刻画一个事物的与众不同的特性。
- **policy**：为了某种有益或有利的目的而采用的一系列动作。

基于上述定义，我们倾向于将policy类这个概念的使用表示为对某种操作的类的编码，这些操作在很大程度上同任何其他的模板参数（与之组合）都是正交的。这与Andrei Alexandrescu在他的*Modern C++ Design*中的声明是一致的（参阅[*AlexandrescuDesign*]的第8页）：[①]

policy与特征有很多共同点，不同的是，特征更注重类型，而policy更注重行为。

引入特征技术的Nathan Myers提出了下面这个更开放的定义（参阅[*MyersTraits*]）：

特征类：是一种用来代替模板参数的类。作为一个类，它可以是有用的类型，也可以是常量；作为一个模板，它提供了一条实现“额外层次间接性”的途径，而正是这种“额外层次间接性”解决了大量的软件问题。

一般来说，我们倾向于使用下面的（并不是非常准确的）定义。

① Alexandrescu一直是policy类的主要倡导者，他开发了一套丰富的基于policy的技术。

- 特征表示模板参数的一些额外的自然属性。
- policy 表示泛型函数和泛型类的一些可配置行为（通常具有被经常使用的默认值）。

为了进一步阐述这两个概念之间可能存在的区别，我们列出了以下关于特征的观点。

- 特征可以是固定特征（fixed trait，即不用通过模板参数进行传递的特征）。
- 特征参数通常有非常自然的默认值（它很少被改写，或者根本不能被改写）。
- 特征参数往往与一个或多个主参数密切相关。
- 特征大多是对类型和常量进行组合，而不是成员函数。
- 特征通常都是用特征模板实现的。

对于 policy 类，我们发现了以下事实。

- 如果 policy 类不作为模板参数传递，那么 policy 类几乎不起作用。
- policy 参数并不需要有默认值，并且通常是显式指定的（尽管许多泛型组件配置了常用的默认 policy）。
- policy 参数主要与一个模板的其他参数正交。
- policy 一般都包含成员函数。
- policy 既可以用普通类实现，也可以用类模板实现。

显然，这两个概念之间有一条模糊的界线。例如，C++标准库的字符 trait 还定义了诸如比较、移动和查找字符的函数行为。通过替换这些特征，我们可以定义区分字母大小写的字符串类（见[*JosuttisStdLib*]的 13.2.15 节），同时保留原来的字符类型。因此，尽管它们被称为特征，但它们有一些与 policy 相关的属性。

19.2.2 成员模板和模板的模板参数

为了实现一个累积 policy，第 1 种方法是选择将 SumPolicy 和 MultPolicy 实现为具有成员模板的普通类。第 2 种方法是使用类模板设计 policy 类接口，然后将这个 policy 类接口用作模板实参（参阅 5.7 节和 12.2.3 节）。我们可以将 SumPolicy 改写为一个模板，例如：

traits/sumpolicy2.hpp

```
#ifndef SUMPOLICY_HPP
#define SUMPOLICY_HPP

template<typename T1, typename T2>
class SumPolicy {
  public:
    static void accumulate (T1& total, T2 const& value) {
        total += value;
    }
};

#endif //SUMPOLICY_HPP
```

然后，可以修改 accum()的接口以使用模板的模板参数，例如：

traits/accum7.hpp

```
#ifndef ACCUM_HPP
#define ACCUM_HPP

#include "accumtraits4.hpp"
```

```
#include "sumpolicy2.hpp"

template<typename T,
         template<typename,typename> class Policy = SumPolicy,
         typename Traits = AccumulationTraits<T>>
auto accum (T const* beg, T const* end)
{
    using AccT = typename Traits::AccT;
    AccT total = Traits::zero();
    while (beg != end) {
        Policy<AccT,T>::accumulate(total, *beg);
        ++beg;
    }
    return total;
}

#endif //ACCUM_HPP
```

这种同样的转换也可以应用于特征参数（该话题的其他变体也可能存在，例如，与其显式地将AccT类型传递给policy类型，不如只传递上面的累积特征，并让policy通过特征参数确定其返回结果的类型）。

通过模板的模板参数访问policy类的主要优点是：使policy类更容易携带一些状态信息（即静态数据成员），其类型取决于模板参数（在第1种方法中，静态数据成员需嵌入成员类模板中）。

然而，使用模板的模板参数的方法的一个缺点是，policy类现在必须被写成模板，模板参数的确切个数由我们的接口定义。这会使特征本身的表达比简单的非模板类更冗长，更不自然。

19.2.3 组合多个policy和（或）特征

正如上述示例所表明的，特征和policy并不能完全代替多个模板参数。然而，特征和policy确实把模板参数的个数减少到可以控制的范围内。那么，一个有趣的问题是：如何对这么多的参数进行排序？

一个简单的策略是：根据已选择并可能用于递增的参数的默认值对各个参数进行排序。通常，这意味着特征参数将位于policy参数的后面，因为后者在客户端代码中更经常被重写（细心的读者可能已经注意到：在上面的示例中，我们用到这一策略）。

如果希望为代码增加更大的复杂度，就存在一种候选方法，它本质上允许我们以任何顺序指定非默认实参。详情请参阅21.4节。

19.2.4 运用普通的迭代器进行累积

在结束对特征和policy的介绍之前，我们先来看看accum()的一个版本，它增加了处理普通迭代器（而不仅仅是指针）的功能，这正如工业级泛型组件所期望的那样。有趣的是，这仍然允许我们用指针调用accum()，因为C++标准库提供了迭代器特征（特征无处不在！）。因此，我们可以将accum()的初期版本定义如下（先不考虑后面的改进）：[1]

① 在C++11中，必须声明返回类型为VT。

traits/accum0.hpp

```
#ifndef ACCUM_HPP
#define ACCUM_HPP

#include <iterator>

template<typename Iter>
auto accum (Iter start, Iter end)
{
    using VT = typename std::iterator_traits<Iter>::value_type;

    VT total{}; //假设这里实际上生成了一个值 0
    while (start != end) {
        total += *start;
        ++start;
    }
    return total;
}

#endif //ACCUM_HPP
```

std::iterator_traits 结构封装了迭代器的所有相关属性。由于存在一个指针的偏特化，这些特征可以方便地与任何普通指针类型一起使用。以下展示了标准库实现提供此支持的方式：

```
namespace std {
  template<typename T>
  struct iterator_traits<T*> {
    using difference_type   = ptrdiff_t;
    using value_type        = T;
    using pointer           = T*;
    using reference         = T&;
    using iterator_category = random_access_iterator_tag ;
  };
}
```

然而，并没有迭代器引用的值的和的类型，因此，我们仍然需要设计自己的AccumulationTraits。

19.3 类型函数

最初的特征示例说明：可以对依赖于某些类型的行为进行定义。在传统意义上，在C和C++中，我们可以定义更准确的称为值函数（value function）的函数：它们将一些值作为参数，并返回另一个值。通过模板，我们还可以定义类型函数（type function）：将某些类型作为实参，并生成一个类型或常量的函数。

sizeof 是一个非常有用的、内置的类型函数，它返回一个描述给定类型实参的大小（以字节为单位）的常量。类模板也可以用作类型函数。类型函数的参数可以是模板参数，而结果是抽取出来的成员类型或成员常量。例如，可以为 sizeof 运算符赋予以下接口：

traits/sizeof.cpp

```
#include <cstddef>
#include <iostream>
```

```
template<typename T>
struct TypeSize {
    static std::size_t const value = sizeof(T);
};

int main()
{
    std::cout << "TypeSize<int>::value = "
              << TypeSize<int>::value << '\n';
}
```

这似乎不是很有用，因为我们有内置的 sizeof 运算符，但是请注意 TypeSize<T>是一个类型，因此它可以作为类模板实参本身进行传递。或者，TypeSize 是一个模板，可以作为模板实参传递。

在接下来的内容中，我们将开发几个更普遍的类型函数，而且它们都可以作为特征类。

19.3.1 元素类型

假设我们有许多容器模板，比如 std::vector<>和 std::list<>，以及内置数组。我们需要一个类型函数，给定一个容器类型，它生成元素类型。这可以通过偏特化来实现：

traits/elementtype.hpp

```
#include <vector>
#include <list>

template<typename T>
struct ElementT;                       //基本模板

template<typename T>
struct ElementT<std::vector<T>> {  //对于 std::vector<>的偏特化
    using Type = T;
};

template<typename T>
struct ElementT<std::list<T>> {    //对于 std::list<>的偏特化
    using Type = T;
};
...

template<typename T, std::size_t N>
struct ElementT<T[N]> {  //已知大小的数组的偏特化
    using Type = T;
};

template<typename T>
struct ElementT<T[]> {   //未知大小的数组的偏特化
    using Type = T;
};
...
```

请注意，我们应该为所有可能的数组类型提供偏特化（详细信息参阅 5.4 节）。

我们可以使用如下的类型函数：

traits/elementtype.cpp

```
#include "elementtype.hpp"
#include <vector>
#include <iostream>
#include <typeinfo>

template<typename T>
void printElementType (T const& c)
{
    std::cout << "Container of "
              << typeid(typename ElementT<T>::Type).name()
              << " elements.\n";
}

int main()
{
    std::vector<bool> s;
    printElementType(s);
    int arr[42];
    printElementType(arr);
}
```

偏特化的使用允许我们实现类型函数，而不需要容器类型知道它。但是，在许多情况下，类型函数是与适用的类型一起设计的，并且可以简化实现。例如，如果容器类型定义了成员类型 value_type（与标准容器一样），我们可以编写以下代码：

```
template<typename C>
struct ElementT {
    using Type = typename C::value_type;
};
```

这可以是默认实现，并且不排除没有定义适当成员类型 value_type 的容器类型的特化。尽管如此，通常还是建议为类模板类型参数提供成员类型定义，以便在泛型代码中更容易访问它们（就像标准容器模板一样）。下面简要介绍了这个思路：

```
template<typename T1, typename T2, ...>
class X {
  public:
    using ... = T1;
    using ... = T2;
    ...
};
```

一个类型函数如何发挥作用？它允许我们根据容器类型参数化模板，而不需要元素类型和其他特性的参数。例如：

```
template<typename T, typename C>
T sumOfElements (C const& c);
```

它需要用 sumOfElements<int>(list)这样的语法来显式指定元素类型，我们可以声明

```
template<typename C>
```

```
typename ElementT<C>::Type sumOfElements (C const& c);
```

其中元素类型由类型函数确定。

观察这些特征是如何作为现有类型的扩展实现的，也就是说，我们甚至可以为基本类型和封闭库的类型定义类型函数。

在这种情况下，ElementT 类型称为特征类，因为它用于访问给定容器类型 C 的一个特征（通常，在这样的一个类中可以收集多个特征）。因此，特征类不局限于描述容器参数的特性，而是描述任何类型的“基本参数”。

方便起见，我们可以为类型函数创建别名模板。例如，我们可以引入

```
template<typename T>
using ElementType = typename ElementT<T>::Type;
```

这使得我们可以进一步简化上述 sumOfElements 的声明

```
template<typename C>
ElementType<C> sumOfElements (C const& c);
```

19.3.2 转换特征

除了提供对基本参数类型特定方面的访问之外，特征还可以对类型执行转换，例如删除或添加引用、const 和 volatile 限定符等。

1. 删除引用

例如，我们可以实现 RemoveReferenceT 特征，将引用类型转换为它们的底层对象或函数类型，而只保留非引用类型：

traits/removereference.hpp

```
template<typename T>
struct RemoveReferenceT {
  using Type = T;
};

template<typename T>
struct RemoveReferenceT<T&> {
  using Type = T;
};

template<typename T>
struct RemoveReferenceT<T&&> {
  using Type = T;
};
```

同样，一个方便的别名模板可以使它的用法更简单：

```
template<typename T>
using RemoveReference = typename RemoveReference<T>::Type;
```

当使用一个有时会产生引用类型的构造派生出一个类型的时候，从一个类型中删除引用通常很有用，例如针对诸如 T&&类型的函数参数的特殊演绎规则（在 15.6 节中有介绍）。

C++标准库提供了相应的类型 std::remove_reference<>的特征，将在附录 D 的 D.4 节中具体描述。

2. 添加引用

类似地，我们可以采用现有类型并从中产生一个左值或右值引用（以及常用且方便的别名模板）：

traits/addreference.hpp

```
template<typename T>
struct AddLValueReferenceT {
  using Type = T&;
};

template<typename T>
using AddLValueReference = typename AddLValueReferenceT<T>::Type;

template<typename T>
struct AddRValueReferenceT {
  using Type = T&&;
};

template<typename T>
using AddRValueReference = typename AddRValueReferenceT<T>::Type;
```

在这里，引用折叠规则（参阅 15.6 节）也是适用的。例如，调用 AddLValueReference<int&&>生成 int& 类型（因此不需要通过偏特化手动实现它们）。

如果我们将 AddLValueReferenceT 和 AddRValueReferenceT 保留原样，并且不引入它们的特化，那么这个合适的别名模板实际上可以简化为：

```
template<typename T>
using AddLValueReferenceT = T&;

template<typename T>
using AddRValueReferenceT = T&&;
```

别名模板可以在不实例化类模板的情况下实例化（因此是一个较“轻”的过程）。但是，这是有风险的，因为我们很可能希望将这些模板特化以用于特殊情况。例如，如上所述，我们不能将 void 用作这些模板的模板实参。一些明确的特化可以解决这个问题：

```
template<>
struct AddLValueReferenceT<void> {
  using Type = void;
};

template<>
struct AddLValueReferenceT<void const> {
  using Type = void const;
};

template<>
struct AddLValueReferenceT<void volatile> {
  using Type = void volatile;
```

```
};

template<>
struct AddLValueReferenceT<void const volatile> {
  using Type = void const volatile;
};
```

AddRValueReferenceT 也是如此。

这个例子中，就必须根据类模板来指定方便的别名模板，以确保能获得特化（因为别名模板不能特化）。

C++标准库提供了相应的类型特征，即 std::add_lvalue_reference<>和 std::add_rvalue_reference<>，这将在附录 D 的 D.4 节中描述。标准模板包括 void 类型的特化。

3. 删除限定符

转换特征可以分解或引入任何类型的复合类型，而不仅仅是引用。例如，我们可以删除 const 限定符（如果存在）：

traits/removeconst.hpp

```
template<typename T>
struct RemoveConstT {
  using Type = T;
};

template<typename T>
struct RemoveConstT<T const> {
  using Type = T;
};

template<typename T>
using RemoveConst = typename RemoveConstT<T>::Type;
```

此外，可以组合转换特征，例如，创建一个去除 const 和 volatile 的 RemoveCVT 特征：

traits/removecv.hpp

```
#include "removeconst.hpp"
#include "removevolatile.hpp"

template<typename T>
struct RemoveCVT : RemoveConstT<typename RemoveVolatileT<T>::Type> {
};

template<typename T>
using RemoveCV = typename RemoveCVT<T>::Type;
```

关于 RemoveCVT 的定义，有两点需要注意。首先，它同时使用 RemoveConstT 和相关的 RemoveVolatileT，先删除 volatile（如果存在），再将这个结果类型传递给 RemoveConstT。[①]其次，它使用元函数转发从 RemoveConstT 继承 Type 成员，而不是声明与 RemoveConstT 特化相同的 Type 成员。这里，元函数转发只被用来减少 RemoveCVT 定义中的输入个数。然而，当没有为所有输入定义元函数时，元函数转发技术也是非常有用的，这一技术将在 19.4 节中

① 移除限定符的顺序不存在语义影响：我们可以先移除 volatile，再移除 const。

进一步讨论。

这个方便的别名模板 RemoveCV 可以简化成：

```
template<typename T>
using RemoveCV = RemoveConst<RemoveVolatile<T>>;
```

同样，只有在 RemoveCVT 没有特化的情况下，这才可以正常执行。和 AddLValueReference 和 AddRValueReference 的情况不同，我们无法想到进行这种特化的任何原因。

C++标准库还提供了相应的类型特征：std::remove_volatile<>、std::remove_const<>和 std::remove_cv<>，这将在附录 D 的 D.4 节中描述。

4. 退化

为了结束我们对转换特征的讨论，我们开发了一个特征，它在按值向实参传递参数时模仿类型转换。它派生自 C，这意味着参数退化（将数组类型转换为指针，将函数类型转换为指向函数类型的指针，请参阅 7.4 节和 11.1.1 节），并删除任何顶层 const、volatile 或引用限定符（因为解析函数调用时，将会忽略参数类型上的顶层类型限定符）。

这个传递值的效果可以在下面的程序中看到，该程序输出编译器退化一个指定类型后生成的实际参数类型：

traits/passbyvalue.cpp

```
#include <iostream>
#include <typeinfo>
#include <type_traits>

template<typename T>
void f(T)
{
}

template<typename A>
void printParameterType(void (*)(A))
{
  std::cout << "Parameter type: " << typeid(A).name() << '\n';
  std::cout << "- is int:       " << std::is_same<A,int>::value << '\n';
  std::cout << "- is const:     " << std::is_const<A>::value << '\n';
  std::cout << "- is pointer: " << std::is_pointer<A>::value << '\n';
}

int main()
{
  printParameterType(&f<int>);
  printParameterType(&f<int const>);
  printParameterType(&f<int[7]>);
  printParameterType(&f<int(int)>);
}
```

在这个程序的输出中，int 参数保持不变，但 int const、int[7]和 int(int)参数分别退化为 int、int*和 int(*)(int)。

我们可以实现一个特征，它产生按值传递的相同类型转换。为了匹配 C++标准库的

std::decay 特征，我们称之为 DecayT。[1]它的实现结合了前面介绍的几种技术。首先，对于我们定义的非数组、非函数的情况，它只是删除任何 const 和 volatile 限定符：

```
template<typename T>
struct DecayT : RemoveCVT<T> {
};
```

接下来，我们处理数组指针的退化，这要求我们使用偏特化来识别任意数组类型（带或不带界限）：

```
template<typename T>
struct DecayT<T[]> {
  using Type = T*;
};

template<typename T, std::size_t N>
struct DecayT<T[N]> {
  using Type = T*;
};
```

最后，我们处理函数指针的退化，它必须匹配任何函数类型，而不管返回类型或参数类型的个数。为此，我们采用变参模板：

```
template<typename R, typename... Args>
struct DecayT<R(Args...)> {
  using Type = R (*)(Args...);
};

template<typename R, typename... Args>
struct DecayT<R(Args..., ...)> {
  using Type = R (*)(Args..., ...);
};
```

注意，第 2 个偏特化匹配任意使用 C 风格的可变的函数类型。[2]同时，还有基本 DecayT 模板及其 4 个偏特化的实现的参数类型将退化，示例如下：

traits/decay.cpp

```
#include <iostream>
#include <typeinfo>
#include <type_traits>
#include "decay.hpp"

template<typename T>
void printDecayedType()
{
  using A = typename DecayT<T>::Type;

  std::cout << "Parameter type: " << typeid(A).name() << '\n';
```

① 使用术语退化可能会有点儿令人混淆，因为在 C 中，它只意味着从数组/函数类型到指针类型的转换，而在这里，它还包括删除顶层 const/volatile 限定符。

② 严格地说，第 2 个省略号之前的逗号是可选的，这里提供是为了清楚。由于省略号是可选的，第 1 个偏特化中的函数类型实际上在语法上是存在二义性的：它可以被解析为 R(Args, ...)（C 风格的可变参数）或 R(Args... name)（参数包）。选择第 2 种解析是因为 Args 是未展开的参数包。我们可以在需要其他解析的（罕见的）情况下显式添加逗号。

```
  std::cout << "- is int: " << std::is_same<A,int>::value << '\n';
  std::cout << "- is const: " << std::is_const<A>::value << '\n';
  std::cout << "- is pointer: " << std::is_pointer<A>::value << '\n';
}

int main()
{
  printDecayedType<int>();
  printDecayedType<int const>();
  printDecayedType<int[7]>();
  printDecayedType<int(int)>();
}
```

像往常一样，我们可以提供一个方便的别名模板：

```
template typename T>
using Decay = typename DecayT<T>::Type;
```

正如上面所写的，C++标准库也提供了相应的类型特征，即 std::decay<>，这将在附录 D 的 D.4 节中进行描述。

19.3.3 谓词特征

到目前为止，我们已经研究和开发了单一类型的类型函数：给定一个类型，提供其他相关的类型或常量。但是，一般来说，我们可以开发依赖于多个实参的类型函数。这也导致了一种特殊形式的类型特征——谓词特征（产生一个布尔值的类型函数）。

1. IsSameT

IsSameT 特征决定两种类型是否相等：

traits/issame0.hpp

```
template<typename T1, typename T2>
struct IsSameT {
    static constexpr bool value = false;
};

template<typename T>
struct IsSameT<T, T> {
    static constexpr bool value = true;
};
```

在这里，基本模板定义了两种作为模板实参传递的不同类型。因此，成员 value 为 false。但是，若使用了偏特化，当我们面临两个传递的类型相同的特殊情况时，成员 value 变成 true。

例如，使用以下表达式检查传递的模板参数是否为整型：

```
if (IsSameT<T, int>::value) ...
```

对于产生常量值的特征，我们不能提供别名模板，但我们可以提供 constexpr 变量模板来完成相同的任务：

```
template<typename T1, typename T2>
constexpr bool isSame = IsSameT<T1, T2>::value;
```

19.4　基于 SFINAE 的特征

SFINAE 原则（参阅 8.4 节和 15.7 节）将模板实参演绎过程中形成无效类型和表达式时出现的潜在错误（这将导致程序格式错误）转化为简单的演绎失败，从而允许重载解析选择不同的候选者。虽然 SFINAE 最初的目的是避免函数模板重载的虚假错误，但它还支持显著的编译期技术，可以确定特定类型或表达式是否有效。这允许我们编写一些特征，例如，确定一个类型是否有一个特定的成员、支持一个特定的操作或者是一个类。

基于 SFINAE 的特征的两种主要实现方法是 SFINAE 函数重载和偏特化。

19.4.1　SFINAE 函数重载

第 1 种实现基于 SFINAE 的特征的方法是使用 SFINAE 函数重载——确定一个类型是否默认可构造，以便可以创建没有任何初始化值的对象。也就是说，对于一个给定类型 T，诸如 T()等表达式是必须有效的。

一个基本实现的示例如下：

traits/isdefaultconstructible1.hpp

```
#include "issame.hpp"

template<typename T>
struct IsDefaultConstructibleT {
  private:
    //test()尝试替换作为 U 传递的 T 的默认构造函数调用
    template<typename U, typename = decltype(U())>
      static char test(void*);
    //test()回退
    template<typename>
      static long test(...);
  public:
    static constexpr bool value
      = IsSameT<decltype(test<T>(nullptr)), char>::value;
};
```

实现带有函数重载的基于 SFINAE 的特征的常用方法是声明两个 test()重载函数模板，它们有不同的返回类型：

```
template<...> static char test(void*);
template<...> static long test(...);
```

第 1 个重载函数模板被设计为仅在请求的检查成功时进行匹配（我们将在下面讨论如何实现这一点）。第 2 个重载函数模板是回退：[①]它总是匹配这个函数调用，但是因为它匹配了“with ellipsis”（即可变参数），所以任何其他匹配都是首选的（参阅附录 C 的 C.2 节）。

我们的返回值取决于选择重载哪个 test()成员：

① 回退声明有时可以是普通成员函数声明，而不是成员函数模板声明。

```
    static constexpr bool value
      = IsSameT<decltype(test<...>(nullptr)), char>::value;
```

如果选择返回类型为 char 的第 1 个 test()成员，则值将被初始化为 isSame<char,char>，结果是 true。否则，值将被初始化为 isSame<long,char>，结果是 false。

现在，必须处理想要测试的特定属性。目标是使第 1 个 test()重载在且仅在我们要检查的条件适用时有效。在本例中，我们想确定是否可以默认构造传递类型 T 的对象。为了实现这一点，我们将 T 作为 U 传递，并为 test()的第 1 个声明提供第 2 个未命名（伪）模板实参，该参数通过一个当且仅当转换有效时才有效的构造器来进行初始化。在本例中，我们使用的表达式(U())只有在存在隐式或显式默认构造函数时才有效。表达式由 decltype 标识，成为初始化一个类型参数的有效表达式。

我们无法演绎第 2 个模板参数，因为没有传递相应的实参。我们不会为它提供显式的模板实参，因此，它将被替换。如果替换失败，根据 SFINAE，test()的声明将被丢弃，以便只有回滚声明匹配。

因此，我们可以使用以下特征：

```
IsDefaultConstructibleT<int>::value //生成 true

struct S {
  S() = delete;
};
IsDefaultConstructibleT<S>::value  //生成 false
```

注意，我们不能在第 1 个 test()中直接使用模板参数 T：

```
template<typename T>
struct IsDefaultConstructibleT {
  private:
    //错误：test()直接使用 T
    template<typename, typename = decltype(T())>
      static char test(void*);
    //test()回退
    template<typename>
      static long test(...);
  public:
    static constexpr bool value
      = IsSameT<decltype(test<T>(nullptr)), char>::value;
};
```

这将不起作用，因为对于任何 T，所有的成员函数都会被替换，所以对于一个不可默认构造的类型，代码编译将失败，而不是忽略第 1 个 test()重载。通过将类模板参数 T 传递给函数模板参数 U，将为第 2 个 test()重载产生一个特定的 SFINAE 环境。

1. 基于 SFINAE 的特征的替代实现策略

在 1998 年第 1 个 C++标准发布之前，基于 SFINAE 的特征就可能已经实现了。[①]该方法

① 然而，SFINAE 原则在那时受到了更大的限制：当模板实参的替换导致错误的类型构造（例如，T::X，其中 T 是 int 类型）时，SFINAE 将按预期工作，但是如果它导致了无效的表达式（例如 sizeof(f())，其中 f()返回 void），则 SFINAE 不会启动，并且立即发出一个错误信息。

的关键在于声明两个重载函数模板，返回不同的返回类型：

```
template<...> static char test(void*);
template<...> static long test(...);
```

但是，最初发布的技术[1]使用返回类型的大小来确定选择哪个重载（使用 0 和 enum，因为 nullptr 和 constexpr 不可用）：

```
enum { value = sizeof(test<...>(0)) == 1 };
```

在某些平台上，可能会出现 sizeof(char)==sizeof(long)。例如，在数字信号处理器（digital signal processor，DSP）或老式 Cray 机器上，所有完整的基本类型可以具有相同的大小。根据定义 sizeof(char)等于 1，在这些机器上 sizeof(long)和 sizeof(long long)也等于 1。

考虑到这一点，我们希望确保 test()函数的返回类型在所有平台上都具有不同的大小。例如，定义如下：

```
using Size1T = char;
using Size2T = struct { char a[2]; };
```

或者

```
using Size1T = char(&)[1];
using Size2T = char(&)[2];
```

我们可以定义用于测试的 test()重载，如下所示：

```
template<...> static Size1T test(void*); //检查 test()
template<...> static Size2T test(...);   //回退
```

在这里，我们要么返回 Size1T，它是一个大小为 1 的单一字符，要么返回一个由两个字符组成的数组（结构），在所有平台上它的大小至少为 2。

使用这些方法之一的代码仍然比较常见。

需要注意的是，传递给 func()的调用实参的类型并不重要，重要的是传递的实参的类型与预期的类型匹配。例如，还可以传递一个值为 42 的整型参数：

```
template<...> static Size1T test(int); //检查 test()
template<...> static Size2T test(...); //回退
...
enum { value = sizeof(test<...>(42)) == 1 };
```

2. 使基于 SFINAE 的特征成为谓词特征

如 19.3.3 节所述，返回布尔值的谓词特征应返回从 std::true_type 或 std::false_type 派生的值。这样，我们还可以解决在某些平台上 sizeof(char)==sizeof(long)的问题。

为此，我们需要一个 IsDefaultConstructibleT 的间接定义。特征本身应该派生自 helper 类的 Type，这将生成必要的基类。幸运的是，我们可以简单地提供相应的基类作为 test()重载的返回类型：

```
template<...> static std::true_type  test(void*); //检查 test()
template<...> static std::false_type test(...);   //回退
```

[1] 本书第 1 版也许是第 1 本提到这项技术的图书。

这样，基类的Type成员可以简单地声明如下：

```
using Type = decltype(test<FROM>(nullptr));
```

并且，不再需要IsSameT这个特征。

因此，IsDefaultConstructibleT的完全改进实现如下所示：

traits/isdefaultconstructible2.hpp

```
#include <type_traits>

template<typename T>
struct IsDefaultConstructibleHelper {
  private:
    //test()尝试替换作为U传递的T的默认构造函数调用
    template<typename U, typename = decltype(U())>
      static std::true_type test(void*);
    //test()回退
    template<typename>
      static std::false_type test(...);
  public:
    using Type = decltype(test<T>(nullptr));
};
template<typename T>
struct IsDefaultConstructibleT : IsDefaultConstructibleHelper<T>::Type {
};
```

现在，若第1个test()函数模板有效，则它是首选重载，因此IsDefaultConstructibleHelper::Type成员是由其返回类型std::true_type初始化的。因此，IsConvertibleT<...>是从std::true_type派生的。

若第1个test()函数模板无效，它将因为SFINAE而被禁用，IsDefaultConstructibleHelper::Type是由test()回退的返回类型初始化的，即std::false_type。因此，IsConvertibleT<...>派生自std::false_type。

19.4.2 SFINAE偏特化

第2种实现基于SFINAE的特征的方法是使用偏特化。同样，可以用一个示例来确定类型T是否为默认可构造的：

traits/isdefaultconstructible3.hpp

```
#include "issame.hpp"
#include <type_traits> //定义了true_type和false_type

//helper要忽略任意数量的模板参数
template<typename...> using VoidT = void;

//基本模板
template<typename, typename = VoidT<>>
struct IsDefaultConstructibleT : std::false_type
{
};
```

```
//偏特化(可能会被 SFINAE 取消)
template<typename T>
struct IsDefaultConstructibleT<T, VoidT<decltype(T())>> : std::true_type
{
};
```

与上面谓词特征的 IsDefaultConstructibleT 的改进版本一样，我们定义了从 std::false_type 派生的普遍情况，因为默认情况下一个类型是没有成员 size_type 的。

这里有趣的是第 2 个模板实参，它被默认为一个 helper VoidT 类型。这能够提供使用任意数量的编译期的类型构造的偏特化。

在这种情况下，我们只需要一个构造：

```
decltype(T())
```

再次检查 T 的默认构造函数是否有效。如果对于一个特定的 T，构造是无效的，那么 SFINAE 会导致整个偏特化被丢弃，并会回退到基本模板。否则，偏特化是有效的和首选的。

在 C++17 中，C++标准库引入了一种 std::void_t<>的类型特征，对应这里介绍的类型 VoidT。在 C++17 之前，采用上面的定义方式来定义它，甚至在命名空间 std 中定义它，可能会有所帮助，如下：[①]

```
#include <type_traits>

#ifndef __cpp_lib_void_t
namespace std {
  template<typename...> using void_t = void;
}
#endif
```

从 C++14 开始，C++标准委员会建议：编译器和标准库通过定义一致的特征宏来说明自己执行标准的哪些部分。这不是 C++标准一致性的要求，但是，编译器和标准库的实现者通常会采纳该建议，以帮助他们的用户。[②]建议通过宏__cpp_lib_void_t 来说明库实现 std::void_t，因此上面的代码是以它为条件的。

显然，这种定义类型特征的方法，看起来比第 1 种重载函数模板的方法更简洁。但是它需要能够在一个模板参数的声明中表达条件。通过带有函数重载的类模板，我们能够使用额外的 helper 函数或 helper 类型。

19.4.3 为 SFINAE 使用泛型 lambda 表达式

无论我们使用哪种技术，都需要一些样例代码来定义特征：重载和调用两个 test()成员函数，或实现多个偏特化。接下来，我们将展示如何在 C++17 中通过指定在泛型 lambda 表达式中检查的条件，来使样例代码最小化。[③]

① 在 std 命名空间中定义的 void_t 在形式上是无效的：不允许用户代码向 std 命名空间中添加声明。在实践中，当前的编译器没有强制执行该约束，也没有意外的行为（标准指出这样做会导致未定义的行为，这将可能导致异常发生）。

② 在编写本书时，微软 Visual C++在某些实现上是令人遗憾的。

③ 针对本节中涉及和阐述的技术，对 Louis Dionne 表示感谢。

首先，我们介绍一个由两个嵌套的泛型 lambda 表达式构造的工具，例如：

traits/isvalid.hpp

```
#include <utility>

//helper：对于 F f 和 Args... args，检查 f(args...)的有效性

template<typename F, typename... Args,
         typename = decltype(std::declval<F>()(std::declval<Args&&>()...))>
std::true_type isValidImpl(void*);

//如果 helper 被 SFINAE 取消，则回退
template<typename F, typename... Args>
std::false_type isValidImpl(...);

//定义一个 lambda，它接收 lambda f，并返回用 args 调用 f 是否有效
inline constexpr
auto isValid = [](auto f) {
                 return [](auto&&... args) {
                          return decltype(isValidImpl<decltype(f),
                                                      decltype(args)&&...
                                                     >(nullptr)){};
                        };
               };

//helper 模板将类型表示为一个值
template<typename T>
struct TypeT {
    using Type = T;
};

//helper 将类型包装为值
template<typename T>
constexpr auto type = TypeT<T>{};

//helper 在未计算的上下文中展开包装类型
template<typename T>
T valueT(TypeT<T>); //不需要定义
```

我们从 isValid 的定义开始：它是一个 constexpr 变量，其类型是 lambda 的闭包类型。声明必须使用一个占位符类型（在我们的代码中是 auto），因为 C++没有直接表达闭包类型的方法。在 C++17 之前，lambda 表达式不能出现在常量表达式（constant-expression）中，这就是为什么该代码仅在 C++17 中有效。因为 isValid 是一个闭包类型，所以它可以被调用，但是它返回的项本身是一个 lambda 闭包类型的对象，它由 lambda 表达式生成。

在深入研究内部 lambda 表达式的细节之前，先检查 isValid 的一个典型用法：

```
constexpr auto isDefaultConstructible
  = isValid([](auto x) -> decltype((void)decltype(valueT(x))()) {
            });
```

我们已经知道 isDefaultConstructible 具有一个 lambda 闭包类型，正如其名称所示，它是一个函数对象，它检查类型的特征是否是默认可构造的（我们将在下面的内容中说明原因）。换句话说，isValid 是一个特征工厂：一个从实参中生成特征检查对象的组件。

helper 变量模板类型允许我们将类型表示为值。通过这种方式获得的值 x，可以通过 decltype(valueT(x))转换回原始类型[①]，这正是在上面传递给 isValid 的 lambda 中所做的。如果提取的类型不是默认可构造的，decltype(valueT(x))()将是无效的，我们将得到一个编译器错误，或者一个相关的声明将被“SFINAE 取消”（借助于 isValid 定义的细节，我们将实现后者）。

isDefaultConstructible 可以按如下方式使用：

```
isDefaultConstructible(type<int>)  //true （int 是默认可构造的）
isDefaultConstructible(type<int&>) //false （引用不是默认可构造的）
```

要查看所有部分是如何协同工作的，请考虑 isValid 内部的 lambda 表达式与 isValid 的参数 f 同时提供的内容，该参数绑定到 isDefaultConstructible 定义中指定的泛型 lambda 实参的情况。通过在 isValid 的定义中执行替换，可以得到等价的结果，见以下示例：[②]

```
constexpr auto isDefaultConstructible
  = [](auto&&... args) {
      return decltype(
               isValidImpl<
                    decltype([](auto x)
                                  -> decltype((void)decltype(valueT(x))())),
                    decltype(args)&&...
               >(nullptr)){};
      };
```

如果回顾一下上面 isValidImpl()的第 1 个声明，可以注意到它包含一个表单的默认模板实参：

```
decltype(std::declval<F>()(std::declval<Args&&>()...))>
```

它尝试调用其第 1 个模板实参类型的值，该参数是 isDefaultConstructible 定义中 lambda 的闭包类型，实参类型(decltype(args)&&...)的值传递给 isDefaultConstructible。由于 lambda 中只有一个参数 x，args 必须只扩展到一个实参，在上面的 static_assert 示例中，该实参的类型为 TypeT<int>或 TypeT<int&>。在 TypeT<int&>的情况下，decltype(valueT(x))是 int&，这使得 decltype(valueT(x))()是无效的，因此在 isValidImpl()的第 1 个声明中替换默认模板实参将会失败，并被 SFINAE 取消。现在只剩下第 2 个声明（否则将是一个较小的匹配），它会生成一个 false_type 值。总体来说，当传递 type<int&>时，isDefaultConstructible 会生成 false_type。如果传递了 type<int>，则替换不会失败，并选择 isValidImpl()的第 1 个声明，从而生成一个 true_type 值。

回想一下，为了让 SFINAE 工作，替换必须发生在被替换模板的直接上下文中。在本例中，替换的模板是 isValidImpl 的第 1 个声明和传递给 isValid 的泛型 lambda 表达式的 call 运算符。因此，要测试的构造必须出现在 lambda 的返回类型中，而不是它的主体中！

isDefaultConstructible 特征与以前的特征的实现稍有不同，因为它需要函数风格的调用，而不是指定模板实参。这可以说是一种更易于阅读的表示法，但也可以使用先前的风格：

```
template<typename T>
using IsDefaultConstructibleT
 = decltype(isDefaultConstructible(std::declval<T>()));
```

---

① 这对非常简单的 helper 模板来说是一项基本技术，它是诸如 Boost.Hana 等高级库的核心！

② 由于编译器技术问题，lambda 表达式不能直接出现在 decltype 运算符中，因此该代码在 C++中是无效的，但其含义是明确的。

但是，由于这是一个传统的模板声明，因此，它只能出现在命名空间作用域中，而可以想象，isDefaultConstructible 的定义是在块的作用域中引入的。

到目前为止，这项技术似乎并没有引起人们的注意，因为实现中涉及的表达式和使用风格都比以前的技术要更为复杂。然而，一旦 isValid 就位并被理解，许多特征就可以通过一个声明来实现。例如，对一个名为 first 的成员的访问权限的测试，是相当“干净”的（完整示例请参阅 19.6.4 节）：

```
constexpr auto hasFirst
  = isValid([](auto x) -> decltype((void)valueT(x).first) {
            });
```

19.4.4 SFINAE 友好的特征

一般来说，一个类型特征应该能够解决一个特定的查询问题，而不会导致程序的格式不合规。基于 SFINAE 的特征通过在 SFINAE 环境中小心地捕捉潜在的问题来解决这个问题，将那些可能出现的错误转化为负面结果。

然而，迄今为止呈现的一些特征（如 19.3.4 节中描述的 PlusResultT 特征）在错误出现时表现不佳。回想一下该节中 PlusResultT 的定义：

traits/plus2.hpp

```
#include <utility>

template<typename T1, typename T2>
struct PlusResultT {
  using Type = decltype(std::declval<T1>() + std::declval<T2>());
};

template<typename T1, typename T2>
using PlusResult = typename PlusResultT<T1, T2>::Type;
```

在这个定义中，+ 被用于不受 SFINAE 保护的上下文中。因此，如果程序尝试为没有合适的 + 运算符的类型计算 PlusResultT，则对 PlusResultT 本身的求值将导致程序格式错误。就像下面的代码尝试声明不相关类型 A 和 B 的数组相加的返回类型那样：[①]

```
template<typename T>
class Array {
  ...
};

//对于不同元素类型的数组声明 +
template<typename T1, typename T2>
Array<typename PlusResultT<T1, T2>::Type>
operator+ (Array<T1> const&, Array<T2> const&);
```

显然，如果没有为数组元素定义相应的运算符 + ，那么在这里使用 PlusResultT<>将导致一个错误：

① 简单起见，返回值仅使用 PlusResultT<T1,T2>::Type。实际上，还应该使用 RemoveReferenceT<>和 RemoveCVT<>计算返回类型，以避免返回引用。

```
class A {
};
class B {
};

void addAB(Array<A> arrayA, Array<B> arrayB) {
  auto sum = arrayA + arrayB; //错误: PlusResultT<A, B>的实例化失败
  ...
}
```

实际问题不在于这种失败发生在存在明显格式错误的代码中（无法将 A 数组添加到 B 数组中），而在于发生在运算符 + 的模板实参演绎过程中，深入 PlusResultT<A,B>实例化中。

这将会有一个显著的结果：这意味着即使添加特定的重载来添加 A 和 B 数组，程序也可能编译失败。因为如果另一个重载会更好的话，C++无法指定函数模板中的类型是否实际上是实例化的：

```
//对于不同元素类型的数组，声明泛型 +
template<typename T1, typename T2>
Array<typename PlusResultT<T1, T2>::Type>
operator+ (Array<T1> const&, Array<T2> const&);

//对于组合类型，重载 +
Array<A> operator+(Array<A> const& arrayA, Array<B> const& arrayB);

void addAB(Array<A> const& arrayA, Array<B> const& arrayB) {
  auto sum = arrayA + arrayB; //错误？: 取决于编译器是否初始化 PlusResultT<A,B>
  ...
}
```

如果编译器可以确定运算符+的第 2 个声明是更好的匹配，而不需要对运算符 + 的第 1 个（模板）声明执行演绎和替换，那么编译器才能编译该代码。

然而，在演绎和替换函数模板候选者时，在类模板定义的实例化过程中发生的任何事情，都不是该函数模板替换的直接上下文的一部分，并且 SFINAE 不能避免在那里形成无效类型或表达式。最终，不只是丢弃函数模板候选者，还会立即发出一个错误，因为我们尝试在 PlusResultT<>中为类型 A 和 B 的两个元素调用 operator +:

```
template<typename T1, typename T2>
struct PlusResultT {
  using Type = decltype(std::declval<T1>() + std::declval<T2>());
};
```

为了解决这个问题，我们必须使 PlusResultT 变成 SFINAE 友好的，这意味着即使 decltype 表达式格式不正确，也要给它一个合适的定义，从而使它更有弹性。

按照前面章节中讨论的 HasLessT 示例，我们定义一个 HasPlusT 特征，它允许我们检测给定类型是否有合适的 + 操作：

traits/hasplus.hpp

```
#include <utility>      //对于 declval
#include <type_traits> //对于 true_type、false_type 和 void_t

//基本模板
```

```
template<typename, typename, typename = std::void_t<>>
struct HasPlusT : std::false_type
{
};

//偏特化(可能会被 SFINAE 取消)
template<typename T1, typename T2>
struct HasPlusT<T1, T2, std::void_t<decltype(std::declval<T1>()
                                               + std::declval<T2>())>>

 : std::true_type
{
};
```

如果它生成的结果为 ture，那么 PlusResultT 可以使用现有的实现。否则，PlusResultT 需要一个安全默认值。对于一组模板实参没有任何有意义结果的特征，最好的默认值是根本不提供任何成员 Type。这样，如果将特征用在 SFINAE 上下文中，比如上面的 operator+模板的返回类型，由于缺少成员 Type，模板实参演绎将失败，这正是 operator+模板所期望的行为。

以下 PlusResultT 的实现提供了此行为，例如：

traits/plus3.hpp

```
#include "hasplus.hpp"

template<typename T1, typename T2, bool = HasPlusT<T1, T2>::value>
struct PlusResultT { //基本模板：当 HasPlusT 生成 true 时使用
  using Type = decltype(std::declval<T1>() + std::declval<T2>());
};

template<typename T1, typename T2>
struct PlusResultT<T1, T2, false> { //否则使用偏特化
};
```

在这个版本的 PlusResultT 中，我们添加了一个带有默认实参的模板参数，它确定前两个参数是否支持加法，这是由上面的 HasPlusT 特征确定的。然后，针对该额外参数的 false 值进行 PlusResultT 的偏特化，并且偏特化定义是没有成员的，从而避免了我们前面讨论的问题。对于支持加法的情况，默认实参的计算结果为 true，并使用 Type 成员的现有定义选择基本模板。因此，我们履行了 PlusResultT 提供结果类型的“契约”，前提是事实上 + 操作格式是符合标准的（请注意，添加的模板参数不应具有显式模板实参）。

再次考虑添加 Array<A>和 Array<B>：在最新的 PlusResultT 模板实现中，PlusResultT<A,B>的实例化将没有 Type 成员，因为 A 和 B 的值是不可添加的。因此，数组 operator+模板的结果类型是无效的，SFINAE 将不考虑函数模板。因此，SFINAE 将选择特定于 Array<A>和 Array<B>的重载运算符 + 。

作为一个常见的设计原则，如果给定合理的模板实参作为输入，一个特征模板在实例化时不应该失败。通常的方法是执行两次相应的检查：

- 一次检查操作是否有效；
- 一次计算结果。

我们已经在 PlusResultT 中看到了这一点，在这里我们调用 HasPlusT<>来确定 PlusResultImpl<>

中 operator + 的调用是否有效。

我们将这一原则应用于 ElementT，如 19.3.1 节所介绍的：它从一个容器类型生成一个元素类型。同样，由于依赖于具有成员类型 value_type 的（容器）类型，因此基本模板应仅在容器类型具有诸如 value_type 等成员时尝试定义成员 Type：

```
template<typename C, bool = HasMemberT_value_type<C>::value>
struct ElementT {
  using Type = typename C::value_type;
};

template<typename C>
struct ElementT<C, false> {
};
```

SFINAE 友好的特征的第 3 个示例在 19.7.2 节中，其中 IsNothrowMoveConstructibleT 必须首先检查一个移动构造函数是否存在，再检查它是否用 noexcept 声明。

19.5 IsConvertibleT

细节很重要。因此，实际上，基于 SFINAE 的特征的常见实现方法可能会变得更复杂。我们通过定义一个特征来说明这一点。该特征可以确定一个给定类型是否可以转换为另一个给定类型。例如，如果我们期望的某个基类或其派生类之一。IsConvertibleT 特征决定我们是否可以把传递的第 1 个类型转换为传递的第 2 个类型：

traits/isconvertible.hpp

```
#include <type_traits> //对于 true_type 和 false_type
#include <utility>     //对于 declval

template<typename FROM, typename TO>
struct IsConvertibleHelper {
  private:
    //test()尝试调用作为 F 传递的 FROM 的 helper 对象 aux(TO)
    static void aux(TO);
    template<typename F, typename T,
             typename = decltype(aux(std::declval<F>()))>
      static std::true_type test(void*);
    //test()回退
    template<typename, typename>
      static std::false_type test(...);
  public:
    using Type = decltype(test<FROM>(nullptr));
};

template<typename FROM, typename TO>
struct IsConvertibleT : IsConvertibleHelper<FROM, TO>::Type {
};

template<typename FROM, typename TO>
using IsConvertible = typename IsConvertibleT<FROM, TO>::Type;
```

```
template<typename FROM, typename TO>
constexpr bool isConvertible = IsConvertibleT<FROM, TO>::value;
```

在这里，我们使用函数重载的方法，具体参阅19.4.1节。也就是说，在helper类中，我们声明了两个名为test()的重载函数模板，它们的返回类型不同，并为随特征产生的基类声明了一个Type成员：

```
template<...> static std::true_type test(void*);
template<...> static std::false_type test(...);
...
using Type = decltype(test<FROM>(nullptr));
...
template<typename FROM, typename TO>
struct IsConvertibleT : IsConvertibleHelper<FROM, TO>::Type {
};
```

通常，第1个test()重载被设计为仅在请求的检查成功时匹配，而第2个重载是回退操作。因此，目标是使第1个test()重载在且仅在类型由FROM转换为TO时有效。为了实现这一点，我们再次给出了test()的第1个声明，即使用一个构造初始化的伪（未命名）模板参数。当且仅当转换有效时，该构造才有效。因为无法演绎此模板参数，所以我们将不为其提供显式的模板实参。因此，它将会被替换，如果替换失败，test()的声明将被丢弃。

请注意，下述的操作不会起作用：

```
static void aux(TO);
template<typename = decltype(aux(std::declval<FROM>()))>
  static char test(void*);
```

这里，在解析这个成员函数模板时，FROM和TO是完全确定的，因此转换无效的一对类型（例如，double*和int*）将在调用test()之前（因此，在任何SFINAE上下文之外）立即引发一个错误。

因此，我们引入F作为一个特定的成员函数模板参数：

```
static void aux(TO);
template<typename F, typename = decltype(aux(std::declval<F>()))>
  static char test(void*);
```

并且，提供了FROM类型作为显式模板实参，该实参出现在值初始化时对test()的调用中：

```
static constexpr bool value
  = isSame<decltype(test<FROM>(nullptr)), char>;
```

注意，19.3.4节介绍的std::declval可以在不调用任何构造函数的情况下生成值。如果该值可转换为TO，则对aux()的调用是有效的，并且匹配test()的声明。否则，将发生SFINAE错误，并且只能匹配回退声明。

因此，我们可以使用以下特征：

```
IsConvertibleT<int, int>::value                //结果为true
IsConvertibleT<int, std::string>::value        //结果为false
IsConvertibleT<char const*, std::string>::value //结果为true
IsConvertibleT<std::string, char const*>::value //结果为false
```

应对特殊情况

IsConvertibleT 还不能很好地处理下面 3 种情况。

- 转换到数组类型，应该总是产生 false。但是，在我们的代码中，aux()声明中 TO 类型的参数只会退化为指针类型，因此对某些 FROM 类型会产生 true。
- 转换到函数类型，应该总是产生 false。但是，与数组的情况一样，我们的实现只是将它们视为退化类型。
- 转换为（使用 const 或 volatile 限定符的）void 类型，应该产生 true。遗憾的是，上面的实现甚至没有成功地实例化 TO（当 TO 是 void 类型的情况），因为参数类型不能有 void 类型（并且 aux()是用这样的参数声明的）。

对于所有这些情况，我们需要额外的偏特化。然而，为 const 和 volatile 限定符的每一个可能的组合添加这样的特化，很快就会让操作变得很难。我们可以向 helper 类模板中添加一个额外的模板参数，如下所示：

```
template<typename FROM, typename TO, bool = IsVoidT<TO>::value
                                            || IsArrayT<TO>::value
                                            || IsFunctionT<TO>::value>
struct IsConvertibleHelper {
  using Type = std::integral_constant<bool,
                                      IsVoidT<TO>::value
                                      && IsVoidT<FROM>::value>;
};

template<typename FROM, typename TO>
struct IsConvertibleHelper<FROM,TO,false> {
  ... //这是 IsConvertibleHelper 以前的实现代码
};
```

额外的布尔模板参数可以确保在所有这些特殊情况下，使用基本的 helper 特征的实现。如果我们将额外的模板参数转换为数组或函数（因为 IsVoidT<TO>为 false），或者 FROM 为 void，TO 不为 void，则会产生 false_type，但是对于两个 void 类型，也会产生 false_type。所有其他情况都会为第 3 个参数生成一个实参 false，因此会选择与我们已经讨论过的实现相对应的偏特化。

关于如何实现 IsArrayT 的讨论，请参阅 19.8.2 节；关于如何实现 IsFunctionT 的讨论，请参阅 19.8.3 节。

C++标准库提供了对应 std::is_convertible<>的类型特征，详情请参阅附录 D 的 D.3.3 节。

19.6 检测成员

针对基于 SFINAE 的特征的另一个尝试涉及创建一个特征（或者更确切地说，一组特征），它可以确定一个给定类型 T 是否有一个名称为 X 的成员（一个类型或一个非类型成员）。

19.6.1 检测成员类型

让我们首先定义一个特征，它可以确定给定的类型 T 是否具有成员类型 size_type：

traits/hassizetype.hpp

```
#include <type_traits> //true_type 和 false_type 的定义

//忽略任意个数的模板参数的 helper
template<typename...> using VoidT = void;

//基本模板
template<typename, typename = VoidT<>>
struct HasSizeTypeT : std::false_type
{
};

//偏特化(可能会被 SFINAE 取消)
template<typename T>
struct HasSizeTypeT<T, VoidT<typename T::size_type>> : std::true_type
{
};
```

在这里，我们使用 19.4.2 节中介绍的方法来定义偏特化。

对于谓词特征，我们通常定义从 std::false_type 派生的一般情况，因为默认情况下一个类型没有成员类型 size_type。

在这种情况下，我们只需要一个构造：

```
typename T::size_type
```

当且仅当类型 T 具有成员类型 size_type 时，此构造才有效，这正是我们尝试确定的。如果对于一个特定的 T，构造是无效的（即类型 T 没有成员类型 size_type），SFINAE 会导致偏特化被丢弃，我们会回退到基本模板。否则，偏特化是有效的并且是首选的。

我们可以使用以下特征：

```
std::cout << HasSizeTypeT<int>::value; //false

struct CX {
  using size_type = std::size_t;
};
std::cout << HasSizeType<CX>::value; //true
```

注意，如果成员类型 size_type 是私有的，HasSizeTypeT 将产生 false，这是因为特征模板对其实参类型没有特殊访问权限，typename T::size_type 是无效的（即触发 SFINAE）。换句话说，特征测试是否有一个可访问的成员类型 size_type。

1. 处理引用类型

作为开发人员，我们在认知范围内的“边缘”领域中，可能会有惊喜的发现。对于 HasSizeTypeT 这样的特征模板，引用类型可能会出现有意思的现象。

例如，以下示例可以很好地工作：

```
struct CXR {
  using size_type = char&;                //注意：类型 size_type 是一个引用类型
};
std::cout << HasSizeTypeT<CXR>::value;  //正确：输出 true
```

以下示例的结果是错误的：

```
std::cout << HasSizeTypeT<CX&>::value;  //输出 false
std::cout << HasSizeTypeT<CXR&>::value; //输出 false
```

这可能令人惊讶。从本质上看，引用类型本身没有成员，但是每当我们使用引用时，得到的表达式都具有基本类型，因此，在这种情况下，最好考虑基本类型。在这里，可以通过在 HasSizeTypeT 的偏特化中使用早期的 RemoveReference 特征来实现对引用的处理：

```
template<typename T>
struct HasSizeTypeT<T, VoidT<RemoveReference<T>::size_type>>
  : std::true_type {
};
```

2. 插入式类名

同样值得注意的是，我们检测成员类型的特征技术也会为插入式类名生成 true 值（参阅 13.2.3 节）。例如：

```
struct size_type {
};

struct Sizeable : size_type {
};

static_assert(HasSizeTypeT<Sizeable>::value,
              "Compiler bug: Injected class name missing");
```

后一个静态断言成功，因为 size_type 将自己的名称作为成员类型引入，并且该名称是继承的。如果它不成功，我们就会在编译器中发现一个编译错误。

19.6.2 检测任意的成员类型

定义 HasSizeTypeT 这样的特征，会引发一个问题：如何参数化特征，以便能够检测“任意”成员类型名称。

遗憾的是，这目前只能通过宏来实现，因为还没有语言机制来表述“潜在”名称。[①]目前，在不使用宏的情况下，最接近的方法是使用泛型 lambda，如 19.6.4 节所示。

下面的宏将起作用：

traits/hastype.hpp

```
#include <type_traits> //对于 true_type、false_type 和 void_t

#define DEFINE_HAS_TYPE(MemType)                                       \
  template<typename, typename = std::void_t<>>                         \
  struct HasTypeT_##MemType                                            \
   : std::false_type { };                                              \
  template<typename T>                                                 \
  struct HasTypeT_##MemType<T, std::void_t<typename T::MemType>>       \
   : std::true_type { } //; 有意跳过
```

① 编写本书时，C++标准委员会正在探索：允许程序以探索的方式来反射各种应用程序的实体（如类类型及其成员）。详情请参阅 17.9 节。

每次使用 DEFINE_HAS_TYPE(MemberType)都会定义一个新的 HasTypeT_MemberType 的特征。例如，可以使用它来检测一个类型是具有 value_type 还是 char_type 的成员类型，如下所示：

traits/hastype.cpp

```
#include "hastype.hpp"

#include <iostream>
#include <vector>

DEFINE_HAS_TYPE(value_type);
DEFINE_HAS_TYPE(char_type);

int main()
{
  std::cout << "int::value_type: "
            << HasTypeT_value_type<int>::value << '\n';
  std::cout << "std::vector<int>::value_type: "
            << HasTypeT_value_type<std::vector<int>>::value << '\n';
  std::cout << "std::iostream::value_type: "
            << HasTypeT_value_type<std::iostream>::value << '\n';
  std::cout << "std::iostream::char_type: "
            << HasTypeT_char_type<std::iostream>::value << '\n';
}
```

19.6.3 检测 nontype 成员

我们也可以修改特征来检测数据成员和（单个）成员函数：

traits/hasmember.hpp

```
#include <type_traits> //对于 true_type、false_type 和 void_t

#define DEFINE_HAS_MEMBER(Member)                                    \
  template<typename, typename = std::void_t<>>                       \
  struct HasMemberT_##Member                                         \
   : std::false_type { };                                            \
  template<typename T>                                               \
  struct HasMemberT_##Member<T, std::void_t<decltype(&T::Member)>>   \
   : std::true_type { } //; 有意跳过
```

在这里，当&T::Member 无效时，我们使用 SFINAE 禁用偏特化。要使该构造有效，必须满足以下条件：

- 成员必须明确地标识 T 的成员名称（例如，它不能是重载成员函数名，也不能是相同名称的多个继承成员的名称）；
- 成员必须可以访问；
- 成员必须是非类型、非枚举成员（否则前缀&将无效）；
- 如果 T::Member 是静态数据成员，则其类型不能提供使&T::Member 无效（例如，使其不可访问）的运算符&。

我们可以使用以下模板：

traits/hasmember.cpp

```
#include "hasmember.hpp"

#include <iostream>
#include <vector>
#include <utility>

DEFINE_HAS_MEMBER(size);
DEFINE_HAS_MEMBER(first);

int main()
{
  std::cout << "int::size: "
            << HasMemberT_size<int>::value << '\n';
  std::cout << "std::vector<int>::size: "
            << HasMemberT_size<std::vector<int>>::value << '\n';
  std::cout << "std::pair<int,int>::first: "
            << HasMemberT_first<std::pair<int,int>>::value << '\n';
}
```

修改偏特化以排除&T::Member不是指向成员类型的指针（相当于排除静态数据成员）的情况并不困难。类似地，可以排除指向成员函数的指针，或者要求它将特征限制为数据成员或成员函数。

1. 检测成员函数

注意，HasMember特征只检查是否存在具有相应名称的单个成员。如果存在两个成员，这个特征也会失败，如在我们检查重载的成员函数的时候，可能会发生这种情况。例如：

```
DEFINE_HAS_MEMBER(begin);
std::cout << HasMemberT_begin<std::vector<int>>::value; //false
```

然而，如8.4.1节所述，SFINAE原则可以防止在函数模板声明中创建无效类型和表达式的尝试，从而允许上述重载技术扩展到测试任意表达式的格式是否是符合语法的。

也就是说，我们可以简单地检查是否可以以特定的方式调用我们感兴趣的函数，并且即使函数重载也可以成功调用。与19.5节中的IsConvertibleT特征一样，技巧是构造表达式，检查是否可以在decltype表达式中调用begin()，将其作为附加函数模板参数的默认值：

traits/hasbegin.hpp

```
#include <utility>      //对于 declval
#include <type_traits> //对于 true_type、false_type 和 void_t

//基本模板
template<typename, typename = std::void_t<>>
struct HasBeginT : std::false_type {
};

//偏特化(可能会被 SFINAE 取消)
template<typename T>
struct HasBeginT<T, std::void_t<decltype(std::declval<T>().begin())>>
 : std::true_type {
};
```

这里，我们使用：

```
decltype(std::declval<T>().begin())
```

为了测试给定 T 类型的值/对象（使用 std::declval 以避免需要任何构造函数），调用成员 begin()是有效的。[①]

2. 检测其他表达式

我们可以将上述技术用于其他类型的表达式，甚至可以组合多个表达式。例如，对于给定类型 T1 和 T2，我们可以测试是否为这些类型的值定义了合适的 < 运算符：

traits/hasless.hpp

```
#include <utility>      //对于 declval
#include <type_traits> //对于 true_type、false_type 和 void_t

//基本模板
template<typename, typename, typename = std::void_t<>>
struct HasLessT : std::false_type
{
};

//偏特化(可能会被 SFINAE 取消)
template<typename T1, typename T2>
struct HasLessT<T1, T2, std::void_t<decltype(std::declval<T1>()
                                          < std::declval<T2>())>>
  : std::true_type
{
};
```

一如既往，挑战在于为要检查的条件定义一个有效的表达式，并使用 decltype 将其放置在 SFINAE 上下文中，如果表达式无效，它将导致到基本模板的回退：

```
decltype(std::declval<T1>() < std::declval<T2>())
```

以这种方式检测有效表达式的特征相当健壮：只有当表达式格式正确时，它们才会返回 true；当<运算符不明确、被删除或不可访问时，它们会返回 false。[②]

我们可以使用以下特征：

```
HasLessT<int, char>::value                                    //输出 true
HasLessT<std::string, std::string>::value                     //输出 true
HasLessT<std::string, int>::value                             //输出 false
HasLessT<std::string, char*>::value                           //输出 true
HasLessT<std::complex<double>, std::complex<double>>::value //输出 false
```

正如 2.3.1 节所介绍的，我们可以使用这个特征来要求模板参数 T 支持运算符 < ：

① 不同于其他上下文中的调用表达式，decltype 调用表达式不需要非引用、非 void 返回类型来完成。使用 decltype(std::declval<T>().begin(), 0)确实增加了调用的返回类型是正确的这一要求，因为返回值不再是 decltype 操作数的结果。

② 在 C++11 扩展 SFINAE 来覆盖任意无效表达式之前，检测特定表达式的有效性的技术主要集中在为被测试的函数（例如<）引入新的重载（具有充分许可签名和一个异常大小的返回类型作为回退的情况）。这种方法容易产生二义性，并由于违反访问权限的约束而产生错误。

```
template<typename T>
class C
{
    static_assert(HasLessT<T>::value,
                  "Class C requires comparable elements");
    ...
};
```

注意，由于std..void_t的性质，我们可以在一个特征中组合多个约束：

traits/hasvarious.hpp

```
#include <utility>      //对于 declval
#include <type_traits> //对于 true_type、false_type 和 void_t

//基本模板
template<typename, typename = std::void_t<>>
struct HasVariousT : std::false_type
{
};

//偏特化(可能会被 SFINAE 取消)
template<typename T>
struct HasVariousT<T, std::void_t<decltype(std::declval<T>().begin()),
                                  typename T::difference_type,
                                  typename T::iterator>>
 : std::true_type
{
};
```

检测特定语法有效性的特征非常强大，它允许一个模板根据特定操作的存在或不存在自定义其行为。这些特征将再次被用作SFINAE友好的特征定义的一部分（参阅19.4.4节）和基于类型属性的重载辅助（参阅第20章）。

19.6.4 使用泛型lambda检测成员

19.4.3节中介绍的名为isValid的lambda表达式提供了一种更紧凑的技术来定义检查成员的特征，有助于避免使用宏来处理任意名称的成员。

下面的示例说明如何定义特征用于检查：是否存在一个数据成员或一个类型成员，例如first或size_type；是否为两个不同类型的对象定义了运算符<。

traits/isvalid1.cpp

```
#include "isvalid.hpp"
#include<iostream>
#include<string>
#include<utility>

int main()
{
  using namespace std;
  cout << boolalpha;

  //定义以检查数据成员 first
  constexpr auto hasFirst
```

```
  = isValid([](auto x) -> decltype((void)valueT(x).first) {
            });

cout << "hasFirst: " << hasFirst(type<pair<int,int>>) << '\n'; //true

//定义以检查类型成员 size_type
constexpr auto hasSizeType
  = isValid([](auto x) -> typename decltype(valueT(x))::size_type {
            });

struct CX {
  using size_type = std::size_t;
};
cout << "hasSizeType: " << hasSizeType(type<CX>) << '\n'; //true

if constexpr(!hasSizeType(type<int>)) {
  cout << "int has no size_type\n";
  ...
}

//定义以检查 <
constexpr auto hasLess
  = isValid([](auto x, auto y) -> decltype(valueT(x) < valueT(y)) {
            });

cout << hasLess(42, type<char>) << '\n';                //输出 true
cout << hasLess(type<string>, type<string>) << '\n';    //输出 true
cout << hasLess(type<string>, type<int>) << '\n';       //输出 false
cout << hasLess(type<string>, "hello") << '\n';         //输出 true
}
```

再次注意，hasSizeType 使用 std::decay 从传递的 x 中删除引用，这是因为我们无法从引用中访问类型成员。如果跳过这个操作，由于使用了 isValidImpl<>()的第 2 个重载，因此，特征总是生成 false。

为了能够使用泛型语法，将类型作为模板参数，我们可以再次定义额外的 helper。例如：

traits/isvalid2.cpp

```
#include "isvalid.hpp"
#include<iostream>
#include<string>
#include<utility>

constexpr auto hasFirst
  = isValid([](auto&& x) -> decltype((void)&x.first) {
            });

template<typename T>
using HasFirstT = decltype(hasFirst(std::declval<T>()));

constexpr auto hasSizeType
  = isValid([](auto&& x)
            -> typename std::decay_t<decltype(x)>::size_type {
           });

template<typename T>
using HasSizeTypeT = decltype(hasSizeType(std::declval<T>()));
```

```
constexpr auto hasLess
  = isValid([](auto&& x, auto&& y) -> decltype(x < y) {
            });

template<typename T1, typename T2>
using HasLessT = decltype(hasLess(std::declval<T1>(), std::declval<T2>()));

int main()
{
  using namespace std;

  cout << "first: " << HasFirstT<pair<int,int>>::value << '\n';     //true

  struct CX {
    using size_type = std::size_t;
  };

  cout << "size_type: " << HasSizeTypeT<CX>::value << '\n';        //true
  cout << "size_type: " << HasSizeTypeT<int>::value << '\n';       //false

  cout << HasLessT<int, char>::value << '\n';                      //true
  cout << HasLessT<string, string>::value << '\n';                 //true
  cout << HasLessT<string, int>::value << '\n';                    //false
  cout << HasLessT<string, char*>::value << '\n';                  //true
}
```

现在，

```
template<typename T>
using HasFirstT = decltype(hasFirst(std::declval<T>()));
```

允许我们调用：

```
HasFirstT<std::pair<int,int>>::value
```

针对两个 int 类型参数的 pair，根据上述内容的判断，这将调用 hasFirst。

19.7 其他特征技术

本节介绍和讨论一些定义特征的其他技术。

19.7.1 if-then-else

在前面内容中，PlusResultT 特征的最终定义有一个完全不同的实现，这取决于另一个类型特征 HasPlusT 的结果。我们可以用一个特殊的类型模板 IfThenElse 来描述 if-then-else 行为，IfThenElse 接收一个布尔非类型模板参数来选择两个类型参数之一：

traits/ifthenelse.hpp

```
#ifndef IFTHENELSE_HPP
#define IFTHENELSE_HPP
```

```
//基本模板：默认情况下产生第 2 个实参并依赖于产生第 3 个实参的偏特化
//假设 COND 为 false
template<bool COND, typename TrueType, typename FalseType>
struct IfThenElseT {
    using Type = TrueType;
};

//偏特化：错误产生第 3 个实参
template<typename TrueType, typename FalseType>
struct IfThenElseT<false, TrueType, FalseType> {
    using Type = FalseType;
};

template<bool COND, typename TrueType, typename FalseType>
using IfThenElse = typename IfThenElseT<COND, TrueType, FalseType>::Type;
#endif //IFTHENELSE_HPP
```

下面的示例通过定义一个类型函数来演示此模板的应用程序，该函数确定给定值的最小整数类型：

traits/smallestint.hpp

```
#include <limits>
#include "ifthenelse.hpp"

template<auto N>
struct SmallestIntT {
  using Type =
    typename IfThenElseT<N <= std::numeric_limits<char>::max(), char,
     typename IfThenElseT<N <= std::numeric_limits<short>::max(), short,
      typename IfThenElseT<N <= std::numeric_limits<int>::max(), int,
       typename IfThenElseT<N <= std::numeric_limits<long>::max(), long,
        typename IfThenElseT<N <= std::numeric_limits<long long>::max(),
                                    long long, //分支
                                    void       //回滚
                                   >::Type
                                  >::Type
                                 >::Type
                                >::Type
                               >::Type;
};
```

注意，与普通 C++的 if-then-else 语句不同，由于这里的 if-then-else 语句在选择之前对“then”和“else”分支的模板实参进行预测，因此两个分支都可能包含不规范的代码，或者程序可能是不合规的。例如，考虑一个特征，它为给定的有符号类型生成相应的无符号类型。一个标准的特征——std::make_unsigned 可以执行这个转换，但是它要求传递的类型是有符号的整数类型而不是 bool 类型；否则，使用它将导致未定义的行为（参见附录 D 的 D.4 节）。因此，最好实现一个特征，如果可能，它会生成相应的无符号类型，否则会生成传递的类型（因此，如果给定了不合适的类型，就应该避免未定义的行为）。缺乏实践的实现将不会起作用，例如：

```
//错误：如果 T 为 bool 类型或没有整数类型，则会导致未定义的行为
template<typename T>
struct UnsignedT {
```

```
  using Type = IfThenElse<std::is_integral<T>::value
                           && !std::is_same<T,bool>::value,
                          typename std::make_unsigned<T>::type,
                          T>;
};
```

UnsignedT<bool>的实例化仍然是未定义的行为，因为编译器仍将尝试从以下内容组织类型：

```
typename std::make_unsigned<T>::type
```

为解决这个问题，需要额外添加一个间接级别，以便 IfThenElse 实参本身使用包装结果的类型函数：

```
//使用成员类型生成 T
template<typename T>
struct IdentityT {
    using Type = T;
};

//在 IfThenElse 计算后生成 unsigned
template<typename T>
struct MakeUnsignedT {
  using Type = typename std::make_unsigned<T>::type;
};

template<typename T>
struct UnsignedT {
  using Type = typename IfThenElse<std::is_integral<T>::value
                                    && !std::is_same<T,bool>::value,
                                   MakeUnsignedT<T>,
                                   IdentityT<T>
                                  >::Type;
};
```

在 UnsignedT 的上述定义中，IfThenElse 的类型实参都是类型函数本身的实例。但是，在 IfThenElse 选择其中一个类型函数之前，类型函数实际上不会被求值。IfThenElse 选择类型函数实例（MakeUnsignedT 或 IdentityT），然后::Type 对所选的类型函数实例求值以生成 Type。

这里值得强调的是，这完全依赖于一个事实，即 IfThenElse 构造中未选择的包装器类型从未完全实例化。事实上，以下代码将不起作用：

```
template<typename T>
struct UnsignedT {
  using Type = typename IfThenElse<std::is_integral<T>::value
                                     && !std::is_same<T,bool>::value,
                                   MakeUnsignedT<T>::Type,
                                   T
                                  >::Type;
};
```

我们必须在以后为 MakeUnsignedT<T>应用 ::Type，这意味着，我们需要这个 IdentityT helper 在 else 分支中也为 T 应用后面的 ::Type。

这也意味着，我们不能在这种上下文中使用：

```
template<typename T>
  using Identity = typename IdentityT<T>::Type;
```

我们可以声明这样的一个别名模板，它在其他地方可能有用，但是我们不能在 IfThenElse 的定义中有效地使用它，因为任何使用 Identity<T>的操作都会立即导致 IdentityT<T>通过完整实例化来检索它的 Type 成员。

IfThenElseT 模板在 C++标准库中可用于 std::conditional<>（参见附录 D 的 D.5 节）。有了它，UnsignedT 特征的定义如下：

```
template<typename T>
struct UnsignedT {
  using Type
   = typename std::conditional_t<std::is_integral<T>::value
                                   && !std::is_same<T,bool>::value,
                                  MakeUnsignedT<T>,
                                  IdentityT<T>
                                 >::Type;
};
```

19.7.2　检测 nonthrowing 操作

有时，确定一个特定操作是否可以抛出异常非常有用。例如，一个移动构造函数应该被标记为 noexcept，表示它在任何可能的情况下都不会抛出异常。但是，特定类的移动构造函数是否可以抛出异常，通常取决于其成员和基类的移动构造函数是否可以抛出异常。例如，考虑一个简单类模板 Pair 的移动构造函数：

```
template<typename T1, typename T2>
class Pair {
    T1 first;
    T2 second;
  public:
    Pair(Pair&& other)
     : first(std::forward<T1>(other.first)),
       second(std::forward<T2>(other.second)) {
    }
};
```

Pair 类模板的移动构造函数在 T1 或 T2 的移动操作抛出异常的时候抛出异常。给定一个 IsNothrowMoveConstructibleT 特征，我们可以通过在 Pair 类的移动构造函数中使用计算出的 noexcept 异常规范来表示这个属性。例如：

```
Pair(Pair&& other) noexcept(IsNothrowMoveConstructibleT<T1>::value &&
                            IsNothrowMoveConstructibleT<T2>::value)
  : first(std::forward<T1>(other.first)),
    second(std::forward<T2>(other.second))
{
}
```

剩下的就是 IsNothrowMoveConstructibleT 特征的实现。我们可以使用 noexcept 运算符直接实现此特征，该 noexcept 运算符确定给定表达式是否必然为 nonthrowing：

traits/isnothrowmoveconstructible1.hpp

```
#include <utility>        //对于 declval
#include <type_traits>    //对于 bool_constant

template<typename T>
struct IsNothrowMoveConstructibleT
 : std::bool_constant<noexcept(T(std::declval<T>()))>
{
};
```

因为结果是一个布尔值，我们可以直接传递它来定义基类 std::bool_constant<>，它用于定义 std::true_type 类型和 std::false_type 类型（参阅 19.3.3 节）。[1]

然而，这个实现应该还可以改进，因为它不是 SFINAE 友好的（参阅 19.4.4 节）：如果特征被实例化为一个没有可用的移动或拷贝构造函数的类型，使得表达式 T(std::declval<T&&>()) 无效，那么整个程序的格式都是不正确的。

```
class E {
  public:
    E(E&&) = delete;
};
...
std::cout << IsNothrowMoveConstructibleT<E>::value; //编译期错误
```

类型特征应该产生值 false，而不是终止编译。

如 19.4.4 节所述，在计算结果之前，我们必须检查计算结果的表达式是否有效。在这里，我们必须先确定移动构造函数是否有效，再检查它是否被标记为 noexcept。因此，我们通过添加一个默认为 void 的模板参数和偏特化来修改特征的第 1 个版本，偏特化使用 std::void_t 作为该参数的部分实参来修改特征的第 1 个版本，该参数只有在移动构造函数可用时才有效：

traits/isnothrowmoveconstructible2.hpp

```
#include <utility> //对于 declval
#include <type_traits> //对于 true_type、false_type 和 bool_constant<>

//基本模板
template<typename T, typename = std::void_t<>>
struct IsNothrowMoveConstructibleT : std::false_type
{
};

//偏特化（可能会被 SFINAE 取消）
template<typename T>
struct IsNothrowMoveConstructibleT
          <T, std::void_t<decltype(T(std::declval<T>()))>>
 : std::bool_constant<noexcept(T(std::declval<T>()))>
{
};
```

如果偏特化中 std::void_t<...>的替换有效，则选择该特化，并且可以安全地计算基类说明符中的 noexcept(...)表达式。否则，将丢弃偏特化且不实例化它，而是实例化基本模板（生成

① 在 C++11 和 C++14 中，我们必须将基类指定为 std::integral_constant<bool,...>而不是 std::bool_constant<...>。

一个类型为 std::false_type 的结果）。

注意，如果不能直接调用移动构造函数，就无法检查它是否抛出异常。也就是说，移动构造函数是公共且不被删除的仍是不够的，它还要求相应的类型不是抽象类（对抽象类的引用或指针可以正常执行）。出于这个原因，类型特征被命名为 IsNothrowMoveConstructible，而不是 HasNothrowMoveConstructor。对于其他任何事情，我们都需要编译器的支持。

C++标准库提供了一个相应的类型特征为 std::is_move_constructible<>，详情请参阅附录 D 的 D.3.2 节。

19.7.3 特征的便利性

类型特征的一个常见问题是相对冗长，因为每次使用类型特征都需要在尾部添加 ::Type，在依赖上下文中添加前导 typename 关键字，这两个关键字都是范例。当组合多个类型特征时，如果我们正确地实现它，并确保不返回常量或引用类型，可能会强制进行一些笨拙的格式化，就像我们运行的数组 operator+方法示例：

```
template<typename T1, typename T2>
Array<
  typename RemoveCVT<
    typename RemoveReferenceT<
      typename PlusResultT<T1, T2>::Type
    >::Type
  >::Type
>
operator+ (Array<T1> const&, Array<T2> const&);
```

通过使用别名模板和变量模板，可以方便地分别使用特征、生成类型或值。但是，请注意，在某些上下文中，这些快捷方式并不可用，我们必须使用原始的类模板。我们接下来将讨论更通用的情况。

1. 别名模板和特征

正如 2.8 节所介绍的，别名模板提供了一种减少冗长的方法。我们可以直接使用别名模板，而不是将类型特征表示为具有类型成员 Type 的类模板。例如，以下 3 个别名模板包装了上面使用的类型特征：

```
template<typename T>
using RemoveCV = typename RemoveCVT<T>::Type;

template<typename T>
using RemoveReference = typename RemoveReferenceT<T>::Type;

template<typename T1, typename T2>
using PlusResult = typename PlusResultT<T1, T2>::Type;
```

有了这些别名模板，我们可以将 operator+声明简化为：

```
template<typename T1, typename T2>
Array<RemoveCV<RemoveReference<PlusResultT<T1, T2>>>>
operator+ (Array<T1> const&, Array<T2> const&);
```

第 2 个版本显然更短，且特征的构成更加明显。这样的改进使得变量模板更适合于类型特征的某些用途。

但是，对类型特征使用别名模板也有缺点，如下所示。

- 别名模板不能被特化（参阅 16.3 节），而且由于编写特征的许多技术都依赖于特化，因此别名模板可能需要重定向到类模板。
- 有些特征是由用户特化的，例如描述特定加法操作是否可交换的特征，当大多数使用涉及别名模板时，特化类模板可能会造成混淆。
- 使用别名模板将始终实例化类型（例如，基础类模板特化），这使得很难避免实例化对给定类型没有意义的特征（如 19.7.1 节所述）。

表达最后一点的另一种方式是，别名模板不能和元函数转发同时使用（参见 19.3.2 节）。

因为使用别名模板来处理类型特征既有积极的一面，又有消极的一面，所以我们建议在本节中使用它们，正如在 C++标准库中所做的那样：为两个类模板提供特定的命名约定（我们选择了 T 后缀和 Type 类型成员）和别名模板〔它们的命名约定略有不同（我们删除了 T 后缀）〕，并根据底层类模板定义每个别名模板。这样，我们可以在别名模板提供更清晰的代码的地方使用别名模板。但为了更高级地使用别名模板，可以返回类模板。

请注意，由于历史原因，C++标准库有不同的约定。特征类模板产生一个类型的类型，没有特定的后缀（C++11 中引入了许多）。相应的别名模板（直接生成类型）开始在 C++14 中引入，并给出了_t 后缀，因为未加后缀的名称已经被标准化（参阅附录 D 的 D.1 节）。

2. 变量模板和特征

返回值的特征需要在尾部添加 ::value（或类似的成员选择）来生成特征的结果。在这种情况下，constexpr 变量模板（参阅 5.6 节）提供了一种减少这种冗长的方法。

例如，以下变量模板包装 19.3.3 节中定义的 IsSameT 特征和 19.5 节中定义的 IsConvertibleT 特征：

```
template<typename T1, typename T2>
  constexpr bool IsSame = IsSameT<T1,T2>::value;
template<typename FROM, typename TO>
  constexpr bool IsConvertible = IsConvertibleT<FROM, TO>::value;
```

现在我们可以简单地写为：

```
if (IsSame<T,int> || IsConvertible<T,char>) ...
```

而不是

```
if (IsSameT<T,int>::value || IsConvertibleT<T,char>::value) ...
```

同样，由于历史原因，C++标准库有不同的约定。生成结果值的特征类模板没有特定的后缀，其中许多都是在 C++11 标准中引入的。直接生成结果值的相应变量模板在 C++17 中引入了_v 后缀（参阅附录 D 的 D.1 节）。[①]

① C++标准委员会一直受一个传统约束，即所有标准的名称都是由小写字母和可选的下画线组成的。也就是说，像 isSame 或 IsSame 这样的名称不太可能被认真考虑用于标准化（除了会使用这个拼写风格的概念外）。

19.8 类型分类

有时，了解模板参数是否为内置类型、指针类型、类类型等是非常有用的。在下面的内容中，我们将开发一套类型特征，用于确定给定类型的各种属性。基于此，我们将能够编写特定于某些类型的代码：

```
if (IsClassT<T>::value) {
  ...
}
```

或者使用自C++17开始可用的编译期if（参阅8.5节）和特征的便利特性（参阅19.7.3节）：

```
if constexpr (IsClass<T>) {
  ...
}
```

或者使用偏特化：

```
template<typename T, bool = IsClass<T>>
class C {                        //基本模板，对于常用的情况
  ...
};

template<typename T>
class C<T, true> {               //对于类类型的偏特化
  ...
};
```

此外，IsPointerT<T>::value这样的表达式将是布尔常量，这些常量是有效的非类型模板实参。这允许我们构造更复杂、功能更强大的模板，根据其类型实参的属性特化其行为。

C++标准库定义了几个类似的特征来确定类型的基本类型和复合类型。[①]详见附录D的D.2.1节和附录D的D.2.2节。

19.8.1 确定基本类型

首先，让我们开发一个模板来确定一个类型是否是基本类型。在默认情况下，我们假设一个类型不是基本类型，并针对基本情况来特化这个模板：

traits/isfunda.hpp

```
#include <cstddef> //对于nullptr_t
#include <type_traits> //对于true_type、false_type和bool_constant<>

//基本模板：一般来说，T不是一个基本类型
template<typename T>
struct IsFundaT : std::false_type {
};
```

① “主要”（primary）与“复合”（composite）类型类别的用法，不应与“基本”（fundamental）与“复合”（compound）类型之间的区别相混淆。C++标准库描述了基本类型（如int或std::nullptr_t）和复合类型（如指针类型和类类型）。不同的是，复合类型类别（如算术）是主要类型类别（如浮点）的并集。

```
//专门用于基本类型的宏
#define MK_FUNDA_TYPE(T) \
  template<> struct IsFundaT<T> : std::true_type { \
  };

MK_FUNDA_TYPE(void)

MK_FUNDA_TYPE(bool)
MK_FUNDA_TYPE(char)
MK_FUNDA_TYPE(signed char)
MK_FUNDA_TYPE(unsigned char)
MK_FUNDA_TYPE(wchar_t)
MK_FUNDA_TYPE(char16_t)
MK_FUNDA_TYPE(char32_t)

MK_FUNDA_TYPE(signed short)
MK_FUNDA_TYPE(unsigned short)
MK_FUNDA_TYPE(signed int)
MK_FUNDA_TYPE(unsigned int)
MK_FUNDA_TYPE(signed long)
MK_FUNDA_TYPE(unsigned long)
MK_FUNDA_TYPE(signed long long)
MK_FUNDA_TYPE(unsigned long long)

MK_FUNDA_TYPE(float)
MK_FUNDA_TYPE(double)
MK_FUNDA_TYPE(long double)

MK_FUNDA_TYPE(std::nullptr_t)

#undef MK_FUNDA_TYPE
```

基本模板定义了常见情况。也就是说，通常，IsFundaT<T>::value 将计算为 false：

```
template<typename T>
struct IsFundaT : std::false_type {
    static constexpr bool value = false;
};
```

对于每个基本类型，我们都定义了一个特化，以便 IsFundaT<T>::value 为 true。方便起见，我们定义一个宏来扩展所需的代码。例如：

```
MK_FUNDA_TYPE(bool)
```

代码扩展如下：

```
template<> struct IsFundaT<bool> : std::true_type {
    static constexpr bool value = true;
};
```

下面的程序演示了此模板的一个可能用法：

traits/isfundatest.cpp

```
#include "isfunda.hpp"
#include <iostream>
```

```
template<typename T>
void test (T const&)
{
    if (IsFundaT<T>::value) {
        std::cout << "T is a fundamental type" << '\n';
    }
    else {
        std::cout << "T is not a fundamental type" << '\n';
    }
}

int main()
{
    test(7);
    test("hello");
}
```

输出以下内容：

```
T is a fundamental type
T is not a fundamental type
```

同样，我们可以定义类型函数 IsIntegralT 和 IsFloatingT 来识别这些类型中的整型标量类型和浮点标量类型。

C++标准库使用的是一种更细粒度的方法，而不只是检查一个类型是否为基本类型。它首先定义基本类型的种类，其中每个类型正好匹配一个类型的种类（参阅附录 D 的 D.2.1 节），然后定义复合类型的种类，如 std::is_integral 或 std::is_fundamental（参阅附录 D 的 D.2.2 节）。

19.8.2 确定复合类型

复合类型是从其他类型构造的类型。简单的复合类型包括指针类型、左值和右值引用类型、指向成员的指针类型和数组类型。它们由一个或多个基本类型构成。类类型和函数类型也是复合类型，它们的组合可以包含任意数量的基本类型（对于参数或成员）。在这个分类中，枚举类型也被视为非简单复合类型，即使它们不是由多个基本类型组成的复合类型。简单的复合类型可以使用偏特化进行分类。

1. 指针类型

对于指针类型，可以从一个简单的分类开始，例如：

traits/ispointer.hpp

```
template<typename T>
struct IsPointerT : std::false_type {     //基本模板：默认没有指针
};

template<typename T>
struct IsPointerT<T*> : std::true_type { //对于指针的偏特化
  using BaseT = T; //类型指向
};
```

基本模板是非指针类型的一个 catch-all 情形，并且像往常一样，通过基类 std::false_type

提供值为 false 的常量，表示该类型不是指针。偏特化可以捕获任何种类的指针（T*），并提供 true 值表示提供的类型是指针。此外，它还提供了一个类型成员 BaseT，用于描述指针指向的类型。请注意，只有当原始类型是指针时，此类型成员才可用，这使其成为 SFINAE 友好的类型特征（参阅 19.4.4 节）。

C++标准库提供了相应的特征，即 std::is_pointer<>，但是，它并不为指针指向的类型提供成员。附录 D 的 D.2.1 节将对此进行说明。

2. 引用类型

类似地，我们可以识别出左值引用类型，例如：

traits/islvaluereference.hpp

```
template<typename T>
struct IsLValueReferenceT : std::false_type {     //默认没有左值引用
};

template<typename T>
struct IsLValueReferenceT<T&> : std::true_type { //除非 T 是左值引用
    using BaseT = T;                              //类型引用
};
```

和右值引用类型，例如：

traits/isrvaluereference.hpp

```
template<typename T>
struct IsRValueReferenceT : std::false_type {      //默认没有右值引用
};

template<typename T>
struct IsRValueReferenceT<T&&> : std::true_type { //除非 T 是右值引用
    using BaseT = T;                               //类型引用
};
```

也可以将它们组合到 IsReferenceT<>这个特征中，例如：

traits/isreference.hpp

```
#include "islvaluereference.hpp"
#include "isrvaluereference.hpp"
#include "ifthenelse.hpp"

template<typename T>
class IsReferenceT
  : public IfThenElseT<IsLValueReferenceT<T>::value,
                       IsLValueReferenceT<T>,
                       IsRValueReferenceT<T>
                      >::Type {
};
```

在这个实现中，我们通过元函数转发的技术（在 19.3.2 节中讨论）使用 IfThenElseT（参阅 19.7.1 节）来选择 IsLValueReference<T>或 IsRValueReference<T>作为基类。如果 T 是一个左值引用，则从 IsLValueReference<T>继承，以获得适当的值和 BaseT 成员。否则，将从 IsRValueReference<T>继承，它将确定类型是否为右值引用（并在任何情况下提供适当的成员）。

C++标准库提供了相应的特征，即 std::is_lvalue_reference<>和 std::is_rvalue_reference<>，它们将在附录 D 的 D.2.1 节中描述；std::is_reference<>将在附录 D 的 D.2.2 节中描述。同样，这些特征不提供有关引用的类型的成员。

3. 数组类型

在定义特征来确定数组时，偏特化比基本模板涉及更多的模板参数，这的确会令人惊讶：

traits/isarray.hpp

```
#include <cstddef>

template<typename T>
struct IsArrayT : std::false_type {       //基本模板：不是数组
};

template<typename T, std::size_t N>
struct IsArrayT<T[N]> : std::true_type { //对于数组的偏特化
  using BaseT = T;
  static constexpr std::size_t size = N;
};

template<typename T>
struct IsArrayT<T[]> : std::true_type {  //非绑定数组的偏特化
  using BaseT = T;
  static constexpr std::size_t size = 0;
};
```

在这里，多个额外的成员提供有关被分类的数组的信息：它们的基本类型和大小（0 表示未知大小）。

C++标准库提供相应的 std::is_array<>特征来检查类型是否为数组，详情请参阅附录 D 的 D.2.1 节。此外，我们可以查询诸如 std::rank<>和 std::extent<>等特征的维度和特定维度的大小（参阅附录 D 的 D.3.1 节）。

4. 指向成员的指针类型

可以使用相同的技术对指向成员的指针进行处理，如下所示：

traits/ispointertomember.hpp

```
template<typename T>
struct IsPointerToMemberT : std::false_type {        //默认没有指向成员的指针
};

template<typename T, typename C>
struct IsPointerToMemberT<T C::*> : std::true_type { //偏特化
    using MemberT = T;
    using ClassT = C;
};
```

在这里，额外成员提供了成员的类型和该成员的类类型。

C++标准库提供了更多的特定特征，如 std::is_member_object_pointer<>和 std::is_member_function_pointer<>，请参阅附录 D 的 D.2.1 节中的描述，以及 std::is_member_pointer<>，这将在附录 D 的 D.2.2 节中进行描述。

19.8.3 识别函数类型

函数类型是很有趣的，因为除了结果类型之外，它们还有任意数量的参数。因此，在与函数类型匹配的偏特化中，我们使用参数包来捕获所有的参数，正如 19.3.2 节中针对 DecayT 特征所做的那样：

traits/isfunction.hpp

```
#include "../typelist/typelist.hpp"

template<typename T>
struct IsFunctionT : std::false_type {                    //基本模板：没有函数
};

template<typename R, typename... Params>
struct IsFunctionT<R (Params...)> : std::true_type {      //函数
    using Type = R;
    using ParamsT = Typelist<Params...>;
    static constexpr bool variadic = false;
};

template<typename R, typename... Params>
struct IsFunctionT<R (Params..., ...)> : std::true_type { //变参函数
    using Type = R;
    using ParamsT = Typelist<Params...>;
    static constexpr bool variadic = true;
};
```

请注意，函数类型的每个部分都是公开的：Type 提供结果类型，而所有参数都作为 ParamsT 在类型列表（请参阅第 24 章）中捕获，variadic 表示函数类型是否使用 C 风格的可变参数。

遗憾的是，IsFunctionT 不处理所有的函数类型，因为函数类型可以有 const 和 volatile 限定符，以及 lvalue (&)和 rvalue (&&)引用限定符（参阅附录 C 的 C.2.1 节），并且还有 noexcept 限定符（在 C++17 中）。请看示例：

```
using MyFuncType = void (int&) const;
```

这样的函数类型只有用于非静态成员函数时才是有意义的，且其仍然是函数类型。此外，标记为 const 的函数类型实际上不是 const 类型，[①]因此 RemoveConst 无法从函数类型中分离 const。要识别具有限定符的函数类型，我们需要引入大量额外的偏特化，包括对于限定符的每一个组合（无论有没有包含 C 风格的可变参数）的偏特化。在这里，我们仅说明许多[②]必需的偏特化中的 5 个：

```
template<typename R, typename... Params>
struct IsFunctionT<R (Params...) const> : std::true_type {
    using Type = R;
    using ParamsT = Typelist<Params...>;
```

① 具体地说，当函数类型被标记为 const 时，它引用隐式参数 this 指向的对象上的限定符，而 const 类型的 const 则指向实际类型的对象。

② 最新数字是 48。

```
        static constexpr bool variadic = false;
    };

    template<typename R, typename... Params>
    struct IsFunctionT<R (Params..., ...) volatile> : std::true_type {
        using Type = R;
        using ParamsT = Typelist<Params...>;
        static constexpr bool variadic = true;
    };

    template<typename R, typename... Params>
    struct IsFunctionT<R (Params..., ...) const volatile> : std::true_type {
        using Type = R;
        using ParamsT = Typelist<Params...>;
        static constexpr bool variadic = true;
    };

    template<typename R, typename... Params>
    struct IsFunctionT<R (Params..., ...) &> : std::true_type {
        using Type = R;
        using ParamsT = Typelist<Params...>;
        static constexpr bool variadic = true;
    };
    template<typename R, typename... Params>
    struct IsFunctionT<R (Params..., ...) const&> : std::true_type {
        using Type = R;
        using ParamsT = Typelist<Params...>;
        static constexpr bool variadic = true;
    };
    ...
```

所有这些准备就绪后，除了类类型和枚举类型之外，我们现在就可以对其他所有类型进行分类。我们将在以下几节中阐述这些情况。

C++标准库提供了 std::is_function<>特征，这将在附录 D 的 D.2.1 节中介绍。

19.8.4 确定类类型

和目前处理的其他复合类型不同，我们没有专门匹配类类型的偏特化模式。枚举所有类类型也不可行，因为其是基本类型。我们需要使用间接方法来标识类类型，方法是生成对所有类类型（而不是其他类型）都有效的类型或表达式。对于这种类型或表达式，我们可以应用 19.4 节中介绍的 SFINAE 特征技术。

在这种情况下，类类型最方便使用的属性是，只有类类型可以作为指向成员的指针的基础。也就是说，在 X Y::*, Y 形式的类型构造中，Y 只能是类类型。下面的 IsClassT<>表达式利用了此属性（为类型 X 任意选取 int）:

traits/isclass.hpp

```
#include <type_traits>

template<typename T, typename = std::void_t<>>
struct IsClassT : std::false_type {          //基本模板：默认情况下没有类
};

template<typename T>
```

```
struct IsClassT<T, std::void_t<int T::*>> //类可以有指向成员的指针
 : std::true_type {
};
```

C++语言指定：lambda 表达式的类型是唯一的、未命名的非联合类类型。因此，当检查lambda 表达式是否为类类型对象时，将产生 true：

```
auto l = []{};
static_assert<IsClassT<decltype(l)>::value, "">; //成功
```

还要注意，表达式 int T::* 对于联合类型（它们也是遵循 C++标准的类类型）也是有效的。

C++标准库提供了 std::is_class<>和 std::is_union<>这两个特征，详情请参阅附录 D 的 D.2.1 节。然而，这些特征需要特殊的编译器支持，因为目前无法通过任何标准的核心语言技术实现通过联合类型来区分类类型和结构类型。[①]

19.8.5 确定枚举类型

唯一没有被特征分类的类型是枚举类型。检查枚举类型可以直接通过编写基于 SFINAE 的特征来执行。该特征检查枚举类型是否显式转换为整型（比如 int），并显式排除基本类型、类类型、引用类型、指针类型和指向成员的指针类型，所有这些类型都可以转换为整型，但不是枚举类型。[②]相反，我们只需注意，不属于任何其他类型的任何类型，都必须是一个枚举类型，我们可以实现如下：

traits/isenum.hpp

```
template<typename T>
struct IsEnumT {
    static constexpr bool value = !IsFundaT<T>::value &&
                                  !IsPointerT<T>::value &&
                                  !IsReferenceT<T>::value &&
                                  !IsArrayT<T>::value &&
                                  !IsPointerToMemberT<T>::value &&
                                  !IsFunctionT<T>::value &&
                                  !IsClassT<T>::value;
};
```

C++标准库提供了附录 D 的 D.2.1 节中描述的 std::is_enum<> 特征。通常，为了提高编译性能，编译器将直接支持这种特征，而不是将其作为“其他任意东西”来实现。

19.9 policy 特征

到目前为止，我们给出了特征模板被用来确定模板参数的属性的示例：这些参数表示什么类型，应用于该类型的值的运算符的结果类型等。这样的特征被称为 property 特征。

相比之下，一些特征定义了应该如何对待某些类型，我们称之为 policy 特征。这让人想起

① 大多数编译器都支持像__is_union 这样的内部运算符，以帮助标准库实现各种特征模板。甚至对于某些可以使用本章中的技术实现的特征也是如此，因为内部函数可以提高编译性能。

② 本书第 1 版以这种方式描述了枚举类型的检查。但是，它检查了其他类型到整型的隐式转换，这就足以满足 C++98 标准。在语言中引入作用域的枚举类型（没有这种隐式转换）会使枚举类型的检查更复杂。

之前讨论的 policy 类的概念（我们已经指出，特征和 policy 之间的区别并不是很明显），但是 property 特征往往是与模板参数相关联的唯一属性（而 policy 类通常独立于其他模板参数）。

通常可以把 property 特征实现为类型函数，而 policy 特征通常将 policy 封装在成员函数中。为了说明这个概念，让我们看一个类型函数，它定义一个传递只读参数的 policy。

19.9.1 只读的参数类型

在 C 和 C++中，函数调用实参在默认情况下是按值传递的。这意味着：调用者计算出来的实参值，被拷贝到被调用者控制的位置中。大多数程序员都知道：对于大型结构来说，这种拷贝可能是很耗资源的。因此，对于此类结构，通过 const 引用（或通过 C 中指向 const 的指针）传递参数是合适的。对于较小的结构来说，情况就不是这么简单了，从性能的角度来看，最佳的机制取决于为其编写代码的实际结构体系。在大多数情况下，这对性能的影响并不大，但有时即使是小的数据结构，也必须要小心处理。

当然，使用模板时，事情会变得更加复杂：我们不知道替换模板参数的类型会有多大。此外，这个决定不仅仅取决于类型的大小：一个小的结构也可能会具有一个昂贵的拷贝构造函数，它应该也可以通过 const 引用传递只读参数。

如前所述，这个问题可以使用一个 policy 特征模板来方便地解决。该 policy 特征模板是一个类型函数，该函数把一个预期的实参类型 T 映射到最佳参数类型 T 或 T const&。基于下面的示例，我们给出一个近似的假设：基本模板可以对不大于“2 个指针”大小的类型使用“按值”传递，对其他所有类型则使用“按常量”传递：

```
template<typename T>
struct RParam {
    using Type = typename IfThenElseT<sizeof(T)<=2*sizeof(void*),
                                      T,
                                      T const&>::Type;
};
```

另外，对于容器类型，即使 sizeof 返回的是一个很小的值，也可能涉及昂贵的拷贝构造函数，因此我们可能需要编写如下的许多特化和偏特化：

```
template<typename T>
struct RParam<Array<T>> {
    using Type = Array<T> const&;
};
```

因为这些都是 C++中的常见类型，所以仅将具有普通拷贝和移动构造函数的小类型标记为按值类型①，然后在考虑性能时有选择地添加其他类类型（std::is_trivially_copy_constructible 和 std::is_trivially_move_constructible 是 C++标准库的一部分），这种做法可能更安全。

traits/rparam.hpp

```
#ifndef RPARAM_HPP
#define RPARAM_HPP

#include "ifthenelse.hpp"
#include <type_traits>
```

① 实际上，如果对拷贝或移动构造函数的调用可以被底层字节的简单副本替换，则称其为普通的构造函数。

```
template<typename T>
struct RParam {
  using Type
    = IfThenElse<(sizeof(T) <= 2*sizeof(void*)
                  && std::is_trivially_copy_constructible<T>::value
                  && std::is_trivially_move_constructible<T>::value),
                T,
                T const&>;
};

#endif //RPARAM_HPP
```

无论哪种方式，policy 现在都可以集中在特征模板定义中，而且客户端可以很好地使用它。例如，假设我们有两个类，其中一个类指定，针对只读实参，传值调用具有更好的性能：

traits/rparamcls.hpp

```
#include "rparam.hpp"
#include <iostream>

class MyClass1 {
  public:
    MyClass1 () {
    }
    MyClass1 (MyClass1 const&) {
        std::cout << "MyClass1 copy constructor called\n";
    }
};

class MyClass2 {
  public:
    MyClass2 () {
    }
    MyClass2 (MyClass2 const&) {
        std::cout << "MyClass2 copy constructor called\n";
    }
};

//对于 RParam<>的 MyClass2 参数，以传值的方式进行传递
template<>
class RParam<MyClass2> {
  public:
    using Type = MyClass2;
};
```

现在，我们可以声明将 RParam<>用于只读实参的函数，并调用这些函数：

traits/rparam1.cpp

```
#include "rparam.hpp"
#include "rparamcls.hpp"

//允许以传值或传引用的方式传递参数的函数
template<typename T1, typename T2>
void foo (typename RParam<T1>::Type p1,
          typename RParam<T2>::Type p2)
{
```

```
    ...
}

int main()
{
    MyClass1 mc1;
    MyClass2 mc2;
    foo<MyClass1,MyClass2>(mc1,mc2);
}
```

遗憾的是，使用 Rparam<>有一些明显的缺点。首先，函数声明要复杂得多。其次，可能更令人反感的是，像 foo()这样的函数不能用实参演绎来调用，因为模板参数只出现在函数参数的限定符里面。因此，调用的位置必须指定显式的模板实参。

对于上述问题，一个“笨拙”的解决方法是：使用提供完美转发的内联包装（wrapper）函数模板（参阅 15.6.3 节），但它假定编译器将忽略内联函数。例如：

traits/rparam2.cpp

```
#include "rparam.hpp"
#include "rparamcls.hpp"

//允许以传值或传引用的方式传递参数的函数
template<typename T1, typename T2>
void foo_core (typename RParam<T1>::Type p1,
               typename RParam<T2>::Type p2)
{
    ...
}

//为了避免指定显式模板参数而实现的包装
template<typename T1, typename T2>
void foo (T1 && p1, T2 && p2)
{
    foo_core<T1,T2>(std::forward<T1>(p1),std::forward<T2>(p2));
}

int main()
{
    MyClass1 mc1;
    MyClass2 mc2;
    foo(mc1,mc2); //等价于 foo_core<MyClass1,MyClass2>(mc1,mc2)
}
```

19.10 在标准库中

在 C++11 中，类型特征成为 C++标准库的一个固定部分。它们或多或少包含本章讨论的类型函数和类型特征。然而，对于其中的一些问题，如琐碎的操作检测特征和 std::is_union，还没有 C++语言解决方案。编译器为这些特征提供了内在的支持。而且，即使存在缩短编译时间的语言内解决方案，编译器也开始支持特征。

因此，如果需要类型特征，建议在可用时使用 C++标准库中的那些类型。附录 D 有详细描述。

注意，（正如所讨论的）一些特征具有潜在的令人惊讶的行为（至少，对于经验较少的程序员来说是这样的）。除了在 11.2.1 节和附录 D 的 D.1.2 节中给出的常用提示外，还要考虑我们在附录 D 中提供的具体说明。

C++标准库还定义了一些 policy 特征和 property 特征，如下所示。

- 类模板 std::char_traits 被 string 和输入输出流类用作 policy 特征参数。
- 为了使算法易于适应所使用的标准迭代器的类型，C++标准库提供了一个非常简单的 std::iterator_traits 属性模板（并用于标准库接口）。
- 模板 std::numeric_limits 也可以用作特征模板。
- 标准容器类型的内存分配是使用 policy 特征类来处理的。

自 C++98 以来，模板 std::allocator 被用作这些目的的标准组件。C++11 添加了模板 std::allocator_traits，以改变分配器的 policy 或行为（在经典行为和作用域内的分配器之间切换，分配器没有包含在 C++11 之前的框架里）。

19.11 后记

Nathan Myers 是首位使特征参数的概念走向正式化的专家。他最初将有关特征（该特征可以定义字符类型）的提案提交给 C++标准委员会，用于在标准库组件（例如，输入输出流）中处理字符类型。当时，他将其称为 baggage template，并指出 baggage template 可以包含多个特征。然而，一些 C++标准委员会成员并不喜欢 baggage 这个术语，反而更倾向于使用特征。从那时起，特征就被广泛使用了。

客户端代码通常都不涉及特征：默认的特征类可以满足一般的需求，并且因为这些特征类都是默认模板实参，所以它们根本不需要出现在客户端代码中。这有利于为默认特征模板提供长的描述名称。当客户端代码通过提供自定义特征实参来调整模板的行为时，最好为生成的特化声明一个适用于自定义行为的类型别名。在这种情况下，特征类可以被赋予一个长的描述名称，而不会“牺牲”太多的源代码优雅性。

特征可以用作反射的一种形式。在反射中，程序检查自己的高级属性（例如类型结构）。诸如 IsClassT 和 PlusResultT 等特征，以及检查程序中类型的许多其他类型特征，实现了编译时反射的一种形式，这被证明是元编程的强大支持者（参阅第 23 章和 17.9 节）。

把类型的属性存储为模板特化的成员的想法，至少可以追溯到 20 世纪 90 年代中期。早期类型分类模板的重要应用之一是 SGI（当时称为 Silicon Graphics）发布的 STL 实现中的 __type_traits 应用程序。SGI 模板用来表示它的模板实参的一些属性〔例如，它是 POD 类型，它的析构函数也是普通的〕。这些信息被用来优化特定类型的 STL 算法。SGI 解决方案的一个有趣的特性是，一些 SGI 编译器识别出 __type_traits 的特化，并提供了有关无法使用标准技术导出的实参的信息（__type_traits 模板的泛型实现使用起来很安全，但效果不太理想）。

Boost 提供了一套完整的类型分类模板（参见[*BoostTypeTraits*]），它形成了 C++11 标准库中的<type_traits>头文件。虽然其中大多数特征可以用本章中描述的技术实现，但是其他特征（如 std::is_pod，用于检测 POD）的实现需要编译器支持，这与 SGI 编译器提供的 __type_traits 特化非常相似。

当在第 1 次标准化工作中澄清类型演绎和替代规则时，C++标准委员会注意到将 SFINAE 原则用于类型分类的目的。然而，它从来没有正式的文档记录，因此，后来 C++标准委员会花费了大量的精力试图重新创建本章中描述的一些技术。本书第 1 版是这些技术最早的来源之一，它介绍了术语 SFINAE。在这一领域另一个值得注意的早期贡献者是 Andrei Alexandrescu，他习惯使用 sizeof 运算符来确定重载解析的结果。这种技术变得非常流行，以至于 C++11 标准将 SFINAE 的范围从简单类型错误扩展到函数模板直接上下文中的任意错误（参阅[*SpicerSFINAE*]）。这种扩展技术，加上 decltype、右值引用和变参模板，极大地提高了在特征中测试特定特性的能力。

使用像 isValid 这样的泛型 lambda 来提取 SFINAE 条件的本质是 Louis Dionne 在 2015 年引入的一种技术，Boost.Hana（参阅[*BoostHana*]）使用了这种技术，它是一种元编程库，适用于对类型和值进行编译期计算。

policy 类显然是由许多程序员和一些作者开发的。Andrei Alexandrescu 使 policy 类流行起来，他在 *Modern C++ Design* 里更详细地介绍了它们，该书包含一些本章所没有的内容（参阅[*AlexandrescuDesign*]）。

第 20 章

类型属性重载

函数重载允许对多个函数使用相同的函数名，但函数的参数类型不可以完全相同。例如：

```
void f(int);
void f(char const*);
```

使用函数模板，可对类型模式（诸如，指针指向 T 或指向 Array<T>）进行重载：

```
template<typename T> void f(T*);
template<typename T> void f(Array<T>);
```

考虑到类型特征的普遍性（参见第 19 章），基于模板实参的属性对函数模板进行重载是很自然的。例如：

```
template<typename Number> void f(Number);       //只适用于数值
template<typename Container> void f(Container); //只适用于容器
```

但是，基于类型属性的重载，C++现在没有提供任何的直接方法。实际上，这两个名为 f 的函数模板是同一个函数模板的声明，而不是两个不同的重载，这是因为在比较两个函数模板时，会忽略模板参数的名称。

幸运的是，基于类型属性对函数模板进行重载，可采用的模拟技术还是不少的。接下来，我们将讨论这些技术和有关这类重载的常见知识。

20.1 算法特化

重载函数模板背后的一个常见动机是提供一个更佳的算法（它是基于类型相关知识的）。请看一个简单的 swap()示例，用于交换两个值：

```
template<typename T>
void swap(T& x, T& y)
{
  T tmp(x);
  x = y;
  y = tmp;
}
```

这个实现包含 3 个拷贝操作。但是，对于某些类型，我们可以提供效率更高的 swap()。请考虑指针 Array<T>的示例，该指针指向数组的内容和长度：

```
template<typename T>
void swap(Array<T>& x, Array<T>& y)
```

```
{
  swap(x.ptr, y.ptr);
  swap(x.len, y.len);
}
```

swap()的两个实现都会正确地交换两个 Array<T>对象的内容。然而，后一种实现更为有效，因为它利用了 Array<T>的其他属性（特别是 ptr、len 及各自的知识点），这些属性对于任意类型都不可用。[①]因此，后一个函数模板（从概念上）比前一个函数模板更为特殊，因为它对前一个函数模板所接收的类型的子集执行相同的操作。幸运的是，基于函数模板的局部排序规则，可以确保后一个函数模板更加特殊（参阅 16.2.2 节）。因此在适用的情况下，编译器将选择更特殊（也更高效）的函数模板（也就是，对于 Array<T>实参），当更特殊的算法不适用时，返回更通用（可能效率较低）的算法。

引入更特殊的泛型算法变体的设计和优化方法被称为算法特化。更特殊的变体应用于泛型算法的有效输入的子集，基于类型的特定类型或属性来识别该子集，并且通常比该泛型算法的最常用实现更为有效。

实现算法特化的关键是：当更特殊的变体适用时，算法会自动选择，而调用方不必注意这些变体是存在的。在我们的 swap()示例中，通过用最普通的函数模板（第 1 个 swap()）重载（概念上）更特殊的函数模板（第 2 个 swap()），并基于 C++的局部排序规则，确保后一个函数模板更为特殊。

并不是所有特化程度更高的算法变体都可以直接转换为函数模板，这些函数模板提供了正确的局部排序实现。对于下一个示例，考虑 advanceIter()函数（类似于 C++标准库中的 std::advance()），它将迭代器 x 向前移动 n 步。这个通用算法可以对任何输入迭代器进行操作：

```
template<typename InputIterator, typename Distance>
void advanceIter(InputIterator& x, Distance n)
{
  while (n > 0) { //线性时间复杂度
    ++x;
    --n;
  }
}
```

对于提供随机访问操作的某类迭代器，我们可以提供更有效的实现：

```
template<typename RandomAccessIterator, typename Distance>
void advanceIter(RandomAccessIterator& x, Distance n) {
  x += n; //常数时间复杂度
}
```

遗憾的是，定义这两个函数模板将导致编译器错误，因为只基于模板参数，名称不同的函数模板是不允许重载的。接下来将讨论一些技术，它们用于模拟重载这些函数模板的预期效果。

20.2 标签调度

算法特化的一种方法是：使用标识变体的唯一类型来“标识”算法的不同实现变体。例

① swap()的一个更好的选择是，使用 std::move()来避免基本模板中的拷贝。然而，这里提出的替代方案适用范围更广。

如，为了处理刚才介绍的 advanceIter()问题，我们可以使用标准库的迭代器类别标签类型（定义如下）来标识 advanceIter()算法的两个实现变体：

```
template<typename Iterator, typename Distance>
void advanceIterImpl(Iterator& x, Distance n, std::input_iterator_tag)
{
  while (n > 0) { //线性时间复杂度
    ++x;
    --n;
  }
}

template<typename Iterator, typename Distance>
void advanceIterImpl(Iterator& x, Distance n,
                     std::random_access_iterator_tag) {
  x += n;          //常数时间复杂度
}
```

然后，advanceIter()函数模板本身只是将其实参与适当的标签一起转发：

```
template<typename Iterator, typename Distance>
void advanceIter(Iterator& x, Distance n)
{
  advanceIterImpl(x, n,
                  typename
                    std::iterator_traits<Iterator>::iterator_category());
}
```

特征类 std::iterator_traits 通过其成员类型 iterator_category 为迭代器提供一个类别。迭代器类别是前面提到的_tag 类型之一，它指定该类型是哪种迭代器。在 C++标准库中，可用的标签定义如下（当一个标签何时用于描述另一个标签派生的类别时，可以使用继承来说明）：[①]

```
namespace std {
 struct input_iterator_tag { };
 struct output_iterator_tag { };
 struct forward_iterator_tag : public input_iterator_tag { };
 struct bidirectional_iterator_tag : public forward_iterator_tag { };
 struct random_access_iterator_tag : public bidirectional_iterator_tag { };
}
```

有效利用标签调度的关键在于标签之间的关系。advanceIterImpl()的两个变体用 std::input_iterator_tag 和 std::random_access_iterator_tag 标签，因为 std::random_access_iterator_tag 继承自 std::input_iterator_tag，每当使用随机访问迭代器调用 advanceIterImpl()时，普通函数重载将首选更特殊的算法变量（使用 std::random_access_iterator_tag）。因此，标签调度依赖于从单个主函数模板到一组_impl 变量的委托，这些变量被标记为正常函数重载，编译器将选择适用于给定模板实参的最特殊的算法。

当算法使用的属性有一个自然的层次结构和一组提供这些标签的现有特征时，标签调度可以很好地工作。当算法特化依赖于特定类型属性时，就不那么方便了，例如类型 T 是否有一个普通的拷贝赋值运算符。为此，我们需要一种更强大的技术。

① 本例中的类别反映概念，概念的继承称为 refinement。概念和 refinement，请参见附录 E 的详细描述。

20.3 启用/禁用函数模板

算法特化涉及提供基于模板实参属性选择的不同函数模板。遗憾的是，函数模板的局部排序（参阅 16.2.2 节）和重载解析（附录 C）都不足以表示更高级形式的算法特化。

C++标准库提供的一个 helper 类是 std::enable_if，它在 6.3 节中介绍。本节讨论如何通过引入相应的别名模板来实现这个 helper 类。

就像 std::enable_if 一样，EnableIf 别名模板可以用于在特定条件下启用（或禁用）特定函数模板。例如，advanceIter()算法的随机访问版本可以实现如下：

```
template<typename Iterator>
constexpr bool IsRandomAccessIterator =
   IsConvertible<
     typename std::iterator_traits<Iterator>::iterator_category,
     std::random_access_iterator_tag>;

template<typename Iterator, typename Distance>
EnableIf<IsRandomAccessIterator<Iterator>>
advanceIter(Iterator& x, Distance n) {
  x += n; //常数时间复杂度
}
```

这里的 EnableIf 特化，仅在迭代器实际上用于随机访问时，才被用于启用 advanceIter()的此版本。EnableIf 的两个实参是一个布尔条件，指示是否应启用此模板，以及指示条件为 true 时 EnableIf 扩展生成的类型。在上面的示例中，我们使用类型特征 IsConvertible 作为条件（在 19.5 节和 19.7.3 节中介绍），定义类型特征 isRandomAccessiator。因此，只有当替代迭代器的具体类型可用作随机访问（即它与可转换为 std::random_access_iterator_tag 的标签相关联）时，才会考虑 advanceIter()实现的这个特定版本。

EnableIf 有一个很简单的实现：

typeoverload/enableif.hpp

```
template<bool, typename T = void>
struct EnableIfT {
};

template<typename T>
struct EnableIfT<true, T> {
  using Type = T;
};

template<bool Cond, typename T = void>
using EnableIf = typename EnableIfT<Cond, T>::Type;
```

由于 EnableIf 扩展到一个类型，因此实现为一个别名模板。我们希望使用偏特化（参阅第 16 章）来实现它，但是别名模板不能偏特化。幸运的是，我们可以引入一个 helper 类模板 EnableIfT，它完成了我们需要的实际工作，如果只需从 helper 模板中选择结果类型，就可以启用别名模板。当条件为 true 时，EnableIfT<...>::Type（因此 EnableIf<...>）只计算第 2 个模板实参 T。当条件为 false 时，EnableIf 不会生成有效的类型，因为 EnableIfT 的主类模板没有名为 Type 的成员。通常，这会是一个错误，但在 SFINAE（如 15.7 节所述）上下文（如函数模板的返回类型）中，它会导致模板实参演绎失败，从而将函数模板从考虑范围中删除。[①]

对于 advanceIter()，使用 EnableIf 意味着当迭代器实参是随机访问迭代器时，函数模板将可用（并且返回类型为 void）；当迭代器实参不是随机访问迭代器时，函数模板将从考虑范围中删除。我们可以将 EnableIf 看作一种“保护”模板免受不符合模板实现使用要求的模板实参实例化的方法，advanceIter()只能用随机访问迭代器实例化，因为它只需要仅在随机访问迭代器上可用的操作。以这种方式使用 EnableIf 并不是万无一失的——用户可以断言迭代器实参是随机访问迭代器，而不需要提供必要的操作——它可以帮助用户诊断早期的常见错误。

我们现在已经确定了：如何显式地“激活”应用于类型的特化较好的模板。但是，这还不够：我们还必须“禁用”特化不理想的模板，因为编译器无法对这两个模板进行“排序”，如果两个模板都适用，则会报告一个二义性错误。幸运的是，实现这一点并不难：我们可以在特化程度不好的模板上使用相同的 EnableIf 模式，并否定条件表达式。这样做可以确保为任何具体的迭代器类型激活两个模板。因此，对于一个不是随机访问迭代器的迭代器实参，我们的 advanceIter()版本如下：

```
template<typename Iterator, typename Distance>
EnableIf<!IsRandomAccessIterator<Iterator>>
advanceIter(Iterator& x, Distance n)
{
  while (n > 0) { //线性时间复杂度
    ++x;
    --n;
  }
}
```

20.3.1 提供多种特化

前面的模式一般适用于需要两个以上替代实现的情况：我们为每个替代实现配置 EnableIf 构造，这些构造的条件对于一组特定的具体模板实参是互斥的。这些条件通常会利用可以通过特征表达的各种属性。

注意，例如，我们引入了 advanceIter()算法的第 3 个变体：这次我们希望通过指定一个负数来允许“向后”移动。[②]这对于输入迭代器显然是无效的，对于随机访问迭代器显然是有效的。然而，C++标准库还包含双向迭代器的概念，它允许向后移动而不需要随机访问。实现这种效果需要稍微复杂点儿的逻辑：每个函数模板必须使用 EnableIf，其条件必须与表示算法不同变体的所有其他函数模板的条件互斥。这将导致出现以下一些情况。

- 随机访问迭代器：随机访问的情况（常数时间复杂度，向前或向后）。
- 双向迭代器和非随机访问迭代器：双向情况（线性时间复杂度，向前或向后）。
- 输入迭代器和非双向迭代器：一般情况（线性时间复杂度，向前）。

以下一组函数模板实现了这些情况：

---

① EnableIf 也可以放在默认的模板参数中，这比放在结果类型中更具优势。有关 EnableIf 放置的讨论，请参阅 20.3.2 节。

② 通常，算法特化只用于缩短计算时间或提高资源使用的效率。然而，算法的一些特化也提供了更多的功能，例如，在本例中提供了在序列中向后移动的功能。

typeoverload/advance2.hpp

```
#include <iterator>

//随机访问迭代器的实现
template<typename Iterator, typename Distance>
EnableIf<IsRandomAccessIterator<Iterator>>
advanceIter(Iterator& x, Distance n) {
  x += n; //常数时间复杂度
}

template<typename Iterator>
constexpr bool IsBidirectionalIterator =
    IsConvertible<
      typename std::iterator_traits<Iterator>::iterator_category,
      std::bidirectional_iterator_tag>;

//双向迭代器的实现
template<typename Iterator, typename Distance>
EnableIf<IsBidirectionalIterator<Iterator> &&
         !IsRandomAccessIterator<Iterator>>

advanceIter(Iterator& x, Distance n) {
  if (n > 0) {
    for ( ; n > 0; ++x, --n) { //线性时间复杂度
  }
  } else {
    for ( ; n < 0; --x, ++n) { //线性时间复杂度
    }
  }
}

//所有其他迭代器的实现
template<typename Iterator, typename Distance>
EnableIf<!IsBidirectionalIterator<Iterator>>
advanceIter(Iterator& x, Distance n) {
  if (n < 0) {
    throw "advanceIter(): invalid iterator category for negative n";
  }
  while (n > 0) {               //线性时间复杂度
    ++x;
    --n;
  }
}
```

通过使每个函数模板的 EnableIf 条件与其他每个函数模板的 EnableIf 条件互斥，我们可以确保，对于给定的实参集，至多有一个函数模板将成功地进行模板实参演绎。

我们的示例说明了使用 EnableIf 进行算法特化的一个缺陷：每次引入新的算法变体时，都需要重新访问所有算法变体的条件，以确保所有变体都是互斥的。使用标签调度引入双向迭代器变量（参阅 20.2 节），只需要使用标签 std::bidirectional_iterator_tag 添加一个新的 advanceIterImpl()重载。

标签调度和 EnableIf 这两种技术在不同的上下文中都很有用：一般来说，标签调度支持基于层次标签的简单调度，而 EnableIf 支持基于类型特征确定的任意属性集的更高级调度。

20.3.2 EnableIf 去往何处

EnableIf 通常用于函数模板的返回类型。但是，这种方法不适用于构造函数模板或转换函数模板，因为它们都没有指定的返回类型。[①]此外，EnableIf 的用法会使返回类型难以阅读。在这种情况下，我们可以将 EnableIf 嵌入默认模板实参中，例如：

typeoverload/container1.hpp

```
#include <iterator>
#include "enableif.hpp"
#include "isconvertible.hpp"

template<typename Iterator>
  constexpr bool IsInputIterator =
    IsConvertible<
      typename std::iterator_traits<Iterator>::iterator_category,
      std::input_iterator_tag>;

template<typename T>
class Container {
  public:
    //从输入迭代器序列构造
    template<typename Iterator,
             typename = EnableIf<IsInputIterator<Iterator>>>
    Container(Iterator first, Iterator last);

    //只要值类型是可转换的，就将其转换为容器
    template<typename U, typename = EnableIf<IsConvertible<T, U>>>
    operator Container<U>() const;
};
```

然而，这里有一个问题。如果我们尝试添加另一个重载（例如，用于随机访问迭代器的容器构造函数的更有效版本），程序将出现错误，例如：

```
//从输入迭代器序列构造
template<typename Iterator,
         typename = EnableIf<IsInputIterator<Iterator> &&
                             !IsRandomAccessIterator<Iterator>>>
Container(Iterator first, Iterator last);

template<typename Iterator,
         typename = EnableIf<IsRandomAccessIterator<Iterator>>>
Container(Iterator first, Iterator last);   //错误：重新声明构造函数模板
```

问题是除了默认模板实参外，这两个构造函数模板是相同的，但是在确定两个模板是否相同时，不考虑默认模板实参。

我们可以通过添加另一个默认模板参数来缓解此问题，因此这两个构造函数模板的模板参数个数不同：

① 虽然转换函数模板有一个返回类型，但只有它转换为该类型的模板参数的类型是可推断的（见第 15 章），转换函数模板才能正常工作。

```
//从输入迭代器序列构造
template<typename Iterator,
         typename = EnableIf<IsInputIterator<Iterator> &&
                             !IsRandomAccessIterator<Iterator>>>
Container(Iterator first, Iterator last);

template<typename Iterator,
         typename = EnableIf<IsRandomAccessIterator<Iterator>>,
          typename = int>                    //启用两个构造函数的额外伪参数
Container(Iterator first, Iterator last); //正确
```

20.3.3 编译期 if

这里值得注意的是，在许多情况下，C++17 的 constexpr if 特性（参阅 8.5 节）减弱了 EnableIf 的必要性。例如，在 C++17 中，可以重写 advanceIter()，请看示例：

typeoverload/advance3.hpp

```
template<typename Iterator, typename Distance>
void advanceIter(Iterator& x, Distance n) {
  if constexpr(IsRandomAccessIterator<Iterator>) {
    //随机访问迭代器的实现
    x += n; //常数时间复杂度
  }
  else if constexpr(IsBidirectionalIterator<Iterator>) {
    //双向迭代器的实现
    if (n > 0) {
      for ( ; n > 0; ++x, --n) { //正 n 的线性时间复杂度
      }
    } else {
      for ( ; n < 0; --x, ++n) { //负 n 的线性时间复杂度
      }
    }
  }
  else {
    //至少是输入迭代器的所有其他迭代器的实现
    if (n < 0) {
      throw "advanceIter(): invalid iterator category for negative n";
    }
    while (n > 0) {              //正 n 的线性时间复杂度
      ++x;
      --n;
    }
  }
}
```

这就更为清楚了。特化程度较高的代码（例如，对于随机访问迭代器）将只针对能够支持它们的类型进行实例化。有利的一面是，只要代码在适当保护的 if constexpr 的主体中，就可以安全地包含并非所有迭代器上都存在的操作（如+=）。

不利的一面是，只有当泛型组件中的差异可以完全在函数模板的主体中表示时，才可能使用 constexpr if。我们仍然需要 EnableIf 的情况如下：

- 涉及不同的“接口”；
- 需要不同的类定义；

➢ 某些模板实参列表，不应存在有效的实例化。

用以下模式处理最后一种情况是很有吸引力的：

```
template<typename T>
void f(T p) {
  if constexpr (condition<T>::value) {
    //在这里做点什么
  }
  else {
    //对 f()没有意义的 T
    static_assert(condition<T>::value, "can't call f() for such a T");
  }
}
```

这样做是不可取的，因为它不适合 SFINAE：函数 f<T>()没有从候选列表中删除，可能会抑制另一个重载解析结果。在另一种情况下，当替换 EnableIf<...>失败时，将完全删除使用的 EnableIf f<T>()。

20.3.4 术语

到目前为止提到的技术都可以很好地运用，但它们通常略显笨拙，可能会使用大量的编译器资源，并且在出现错误的情况下，可能会导致诊断困难。因此，许多泛型库创作者都在期待一些语言特性，它们可以更直接地实现相同的效果。因此，一个名为概念的特性很可能会被添加到语言中，参阅 6.5 节、18.4 节和附录 E。

例如，我们期望重载容器构造函数，只需如下代码：

typeoverload/container4.hpp

```
template<typename T>
class Container {
  public:
    //从一个输入迭代器序列构造
    template<typename Iterator>
    requires IsInputIterator<Iterator>
    Container(Iterator first, Iterator last);

    //从随机访问迭代器序列构造
    template<typename Iterator>
    requires IsRandomAccessIterator<Iterator>
    Container(Iterator first, Iterator last);

    //只要值类型是可转换的，就将其转换为容器
    template<typename U>
    requires IsConvertible<T, U>
    operator Container<U>() const;
};
```

requires 子句（参阅附录 E 的 E.1 节）说明了模板的要求。如果不满足任何要求，模板将不被看作一个候选模板。因此，它更直接地表述了 EnableIf 所代表的思想，并且是由语言本身来支持的。

requires 子句相较于 EnableIf 有更多的好处。约束的归并（参阅附录 E 的 E.3.1 节）提供了模板之间的排序，这些模板只在 requires 子句中有所不同，从而不需要标签调度。此外，

requires 子句可以隶属于非模板。例如，仅在类型 T 与<可比较时才提供 sort()成员函数：

```
template<typename T>
class Container {
 public:
  ...

  requires HasLess<T>
  void sort() {
    ...
  }
};
```

20.4 类特化

类模板偏特化可以用来为特定的模板实参提供类模板的替代的特化实现，就像我们为函数模板使用重载一样。而且，和重载函数模板一样，根据模板实参的属性来区分偏特化也是有意义的。考虑一个泛型 Dictionary 类模板，它使用键和值类型作为模板参数。只要键类型提供=运算符，就可以实现简单（但效率低下）的 Dictionary，示例如下：

```
template<typename Key, typename Value>
class Dictionary
{
 private:
  vector<pair<Key const, Value>> data;
 public:
  //通过索引访问数据
  value& operator[](Key const& key)
  {
    //使用键搜索元素
    for (auto& element : data) {
      if (element.first == key) {
        return element.second;
      }
    }

    //此键没有对应的元素，那么新增一个
    data.push_back(pair<Key const, Value>(key, Value()));
    return data.back().second;
  }
  ...
};
```

如果键类型支持<运算符，我们可以基于标准库的 map 容器提供更有效的实现。类似地，如果键类型支持散列操作，我们就可以基于标准库的 unordered_map 提供更有效的实现。

20.4.1 启用/禁用类模板

启用/禁用类模板的不同实现的方法是，使用类模板的启用/禁用偏特化。要将 EnableIf

与类模板偏特化一起使用，我们首先将一个未命名的默认模板参数引入 Dictionary：

```
template<typename Key, typename Value, typename = void>
class Dictionary
{
  ... //vector 实现，如上所述
};
```

此新模板参数作为 EnableIf 的锚点，现在可以嵌入 Dictionary 的 map 版本的偏特化的模板实参列表中：

```
template<typename Key, typename Value>
class Dictionary<Key, Value,
                 EnableIf<HasLess<Key>>>
{
 private:
  map<Key, Value> data;
 public:
  value& operator[](Key const& key) {
    return data[key];
  }
  ...
};
```

与重载函数模板不同，我们不需要禁用基本模板上的任何条件，因为任何偏特化都优先于基本模板。但是，当我们为具有哈希操作的键添加另一个实现时，我们需要确保偏特化的条件是互斥的：

```
template<typename Key, typename Value, typename = void>
class Dictionary
{
  ...
};

template<typename Key, typename Value>
class Dictionary<Key, Value,
                 EnableIf<HasLess<Key> && !HasHash<Key>>> {
{
  ...
};

template<typename Key, typename Value>
class Dictionary<Key, Value,
                 EnableIf<HasHash<Key>>>
{
 private:
  unordered_map<Key, Value> data;
 public:
  value& operator[](Key const& key) {
    return data[key];
  }
  ...
};
```

20.4.2 类模板的标签调度

标签调度也可用于在类模板偏特化之间进行选择。为了说明这一点，我们定义一个函数对象类型 Advance<Iterator>，类似于前面几节中使用的 advanceIter()算法，该算法将迭代器向前推进若干步骤。我们为双向和随机访问迭代器提供一般实现（针对输入迭代器）和专门实现，依靠辅助特征 BestMatchInSet（如下所述）为迭代器的类别标签选择最佳匹配：

```
//基本模板（有意地没有定义）
template<typename Iterator,
         typename Tag =
             BestMatchInSet<
                 typename std::iterator_traits<Iterator>
                              ::iterator_category,
                 std::input_iterator_tag,
                 std::bidirectional_iterator_tag,
                 std::random_access_iterator_tag>>
class Advance;

//输入迭代器的一般线性时间实现
template<typename Iterator>
class Advance<Iterator, std::input_iterator_tag>
{
 public:
  using DifferenceType =
          typename std::iterator_traits<Iterator>::difference_type;

  void operator() (Iterator& x, DifferenceType n) const
  {
    while (n > 0) {
      ++x;
      --n;
    }
  }
};

//双向迭代器的双向线性时间实现
template<typename Iterator>
class Advance<Iterator, std::bidirectional_iterator_tag>
{
 public:
  using DifferenceType =
          typename std::iterator_traits<Iterator>::difference_type;
void operator() (Iterator& x, DifferenceType n) const
{
  if (n > 0) {
    while (n > 0) {
      ++x;
      --n;
    }
  } else {
    while (n < 0) {
      --x;
      ++n;
    }
```

```
    }
  }
};

//用于随机访问迭代器的双向恒定时间实现
template<typename Iterator>
class Advance<Iterator, std::random_access_iterator_tag>
{
 public:
  using DifferenceType =
          typename std::iterator_traits<Iterator>::difference_type;

  void operator() (Iterator& x, DifferenceType n) const
  {
    x += n;
  }
}
```

这里的做法与函数模板的标签调度非常相似。然而，挑战在于编写 BestMatchInSet 特征，它用于确定哪个是与给定迭代器最匹配的标签（输入、双向和随机访问迭代器标签）。此特征旨在告诉我们，给定迭代器的类别标签的值，将选择以下函数模板的哪些重载，并报告其参数类型：

```
void f(std::input_iterator_tag);
void f(std::bidirectional_iterator_tag);
void f(std::random_access_iterator_tag);
```

模拟重载解析的最简单方法是实际使用重载解析，如下所示：

```
//为 Types...中的类型构造一组 match()重载
template<typename... Types>
struct MatchOverloads;

//基本情形：不匹配
template<>
struct MatchOverloads<> {
  static void match(...);
};

//递归案例：引入新的 match()重载
template<typename T1, typename... Rest>
struct MatchOverloads<T1, Rest...> : public MatchOverloads<Rest...> {
  static T1 match(T1);                   //为 T1 引入重载
  using MatchOverloads<Rest...>::match; //从基类重载
};

//对于 Types...中的 T，找到最佳匹配
template<typename T, typename... Types>
struct BestMatchInSetT {
  using Type = decltype(MatchOverloads<Types...>::match(declval<T>()));
};

template<typename T, typename... Types>
using BestMatchInSet = typename BestMatchInSetT<T, Types...>::Type;
```

对输入 Types 集中每个类型声明的 match()函数，MatchOverloads 模板使用递归继承。递归 MatchOverloads 偏特化的每个实例化都会为列表中的下一个类型引入新的 match()函数。然后通过 using 声明引入在基类中定义的 match()函数——该函数处理列表中的其余类型。递归应用时，结果是一组与给定类型对应的 match()重载，每个重载都返回其参数类型。最后，BestMatchInSetT 模板将 T 对象传递给这组重载的 match()函数，并生成所选（最佳）match()函数的返回类型。[1]如果所有函数都不匹配，返回类型为 void 的基本情形（使用省略号捕获任何实参）将会失败。[2]总之，BestMatchInSetT 将函数重载结果转换为特征，并使得使用标签调度在类模板偏特化中进行选择变得相对容易。

20.5 实例化安全模板

EnableIf 技术的本质是：当且仅当模板实参满足某些特定条件时，才启用特定模板或偏特化。例如，advanceIter()算法的功能是检查迭代器实参的类别是否可转换为 std::random_access_iterator_tag，这意味着算法将可以使用各种随机访问迭代器操作。

如果我们将这个技术的作用发挥到极致，将模板对其模板实参执行的每个操作编码为 EnableIf 条件的一部分，会怎么样？这种模板的实例化始终是成功的，因为不提供所需操作的模板实参将导致演绎失败（通过 EnableIf），而不是允许实例化继续。我们将此类模板称为“实例化安全模板”，并在此处概述此类模板的实现。

我们从一个非常基本的模板 min()开始，它可以计算两个值中的最小值。我们通常会用如下代码实现该模板：

```
template<typename T>
T const& min(T const& x, T const& y)
{
  if (y < x) {
    return y;
  }
  return x;
}
```

这个模板要求类型 T 有一个<运算符，它能够比较两个 T 值（特别是两个 T 常量左值），然后隐式地将比较结果转换为 bool 值，以便在 if 语句中使用。检查<运算符并计算其结果类型的特征类似于 19.4.4 节中讨论的 SFINAE 友好的 PlusResultT 特征，但方便起见，我们在此显示 LessResultT 特征：

typeoverload/lessresult.hpp

```
#include <utility> //对于 declval()
#include <type_traits> //对于 true_type 和 false_type

template<typename T1, typename T2>
class HasLess {
  template<typename T> struct Identity;
```

[1] 在 C++17 中，可以消除基类列表中的包扩展和使用声明（参阅 4.4.5 节）的递归。26.4 节将介绍此技术。

[2] 在失败的情况下，最好不提供任何结果，这一特性能够成为一种对 SFINAE 友好的特征（参阅 19.4.4 节）。此外，健壮的实现会将返回类型包装成类似 Identity 的形式，因为有些类型（如数组和函数类型）可以是参数类型，但不能是返回类型。为了简洁易读，此处省略了这些改进。

```
  template<typename U1, typename U2> static std::true_type
    test(Identity<decltype(std::declval<U1>() < std::declval<U2>())>*);
  template<typename U1, typename U2> static std::false_type
    test(...);
 public:
  static constexpr bool value = decltype(test<T1, T2>(nullptr))::value;
};
template<typename T1, typename T2, bool HasLess>
class LessResultImpl {
 public:
  using Type = decltype(std::declval<T1>() < std::declval<T2>());
};


template<typename T1, typename T2>
class LessResultImpl<T1, T2, false> {
};

template<typename T1, typename T2>
class LessResultT
 : public LessResultImpl<T1, T2, HasLess<T1, T2>::value> {
};

template<typename T1, typename T2>
using LessResult = typename LessResultT<T1, T2>::Type;
```

然后，可以将该特征和 IsConvertible 特征组合，使得 min()实例化安全：

typeoverload/min2.hpp

```
#include "isconvertible.hpp"
#include "lessresult.hpp"

template<typename T>
EnableIf<IsConvertible<LessResult<T const&, T const&>, bool>,
         T const&>
min(T const& x, T const& y)
{
  if (y < x) {
    return y;
  }
  return x;
}
```

尝试用不同的<运算符（或完全缺失运算符）调用不同类型的 min()函数是很有帮助的，示例如下：

typeoverload/min.cpp

```
#include "min.hpp"

struct X1 { };
bool operator< (X1 const&, X1 const&) { return true; }

struct X2 { };
bool operator<(X2, X2) { return true; }

struct X3 { };
```

```
bool operator<(X3&, X3&) { return true; }

struct X4 { };
struct BoolConvertible {
  operator bool() const { return true; } //隐式转换为 bool
};
struct X5 { };
BoolConvertible operator< (X5 const&, X5 const&)
{
  return BoolConvertible();
}

struct NotBoolConvertible { //没有转换为 bool
};
struct X6 { };
NotBoolConvertible operator< (X6 const&, X6 const&)
{
  return NotBoolConvertible();
}

struct BoolLike {
  explicit operator bool() const { return true; } //显式转换为 bool
};
struct X7 { };
BoolLike operator< (X7 const&, X7 const&) { return BoolLike(); }

int main()
{
  min(X1(), X1()); //X1 可以传递给 min()
  min(X2(), X2()); //X2 可以传递给 min()
  min(X3(), X3()); //错误：X3 不可以传递给 min()
  min(X4(), X4()); //错误：X4 不可以传递给 min()
  min(X5(), X5()); //X5 可以传递给 min()
  min(X6(), X6()); //错误：X6 不可以传递给 min()
  min(X7(), X7()); //未知错误：X7 不可以传递给 min()
}
```

在编译此程序时，请注意，虽然 X3、X4、X6 和 X7 4 个不同 min()调用都有错误，但这些错误并非来自 min()的主体，因为它们和非实例化安全的变量一样。相反，它们"抱怨"没有合适的 min()函数，因为唯一的选项已经被 SFINAE 取消了。Clang 输出以下诊断信息：

```
min.cpp:41:3: error: no matching function for call to'min'
  min(X3(), X3()); //错误：X3 cannot be passed to min
  ^~~
./min.hpp:8:1: note: candidate template ignored: substitution failure
      [with T = X3]: no type named'Type'in
      'LessResultT<const X3 &, const X3 &>'
min(T const& x, T const& y)
```

由于 EnableIf 只允许实例化那些满足模板要求的模板实参（X1、X2 和 X5），因此我们永远不会从 min()的主体中得到一个错误。此外，如果其他 min()重载可以用于这些类型，重载解析可以选择其中一个，而不是失败。

上述示例中的最后一种类型 X7 展示了实现实例化安全模板的一些微妙之处。特别是，如果将 X7 传递给非实例化安全的 min()，则实例化将成功。但是，实例化安全的 min()会拒绝

它，因为BoolLike不能隐式转换为bool。这里的区别特别微妙：在某些上下文中，可以隐式地使用到bool的显式转换，包括在控制流语句（如if、while、for和do）的布尔条件中内置的!、&&和||等运算符，以及三元运算符（?:）。在这些上下文中，这些值被称为上下文转换的bool。[①]

然而，我们坚持对bool进行通用的、隐式转换的结果是实例化安全模板受到过度约束。也就是说，它的指定需求（在EnableIf中）比它的实际需求（模板需要正确实例化的内容）强。另外，如果我们完全忽略了bool转换的需求，那么min()模板受到的约束较少，并且它允许一些可能导致实例化失败的模板实参（例如X6）。

为了修复实例化安全的min()，我们需要一个特征来确定：类型T是否可以在上下文中转换为bool。控制流语句对定义这个特征并没有帮助，因为这些语句和逻辑操作都不能出现在SFINAE上下文中，对于任意类型，逻辑操作都可能被重载。幸运的是，三元运算符（?:）是一个表达式，不可重载，因此可以利用它来测试类型在上下文中是否可转换为bool：

typeoverload/iscontextualbool.hpp

```
#include <utility>      //对于declval()
#include <type_traits> //对于true_type和false_type

template<typename T>
class IsContextualBoolT {
 private:
  template<typename T> struct Identity;
  template<typename U> static std::true_type
    test(Identity<decltype(declval<U>()? 0 : 1)>*);
  template<typename U> static std::false_type
    test(...);
 public:
  static constexpr bool value = decltype(test<T>(nullptr))::value;
};

template<typename T>
constexpr bool IsContextualBool = IsContextualBoolT<T>::value;
```

有了这一新的特征，在EnableIf中，我们可以为实例化安全的min()提供一组正确的需求：

typeoverload/min3.hpp

```
#include "iscontextualbool.hpp"
#include "lessresult.hpp"

template<typename T>
EnableIf<IsContextualBool<LessResult<T const&, T const&>>,
         T const&>
min(T const& x, T const& y)
{
  if (y < x) {
    return y;
  }
```

① C++11将上下文转换的概念引入bool和显式转换运算符中，它们一起取代了习惯用法“safe bool”（参阅[*KarlssonSafeBool*]），后者通常涉及（隐式）用户自定义的到指向数据成员的指针的转换。之所以使用指向数据成员的指针，是因为它可以被视为bool值，但没有其他多余的转换，例如作为算术运算的一部分，bool被提升为int。例如，BoolConvertible()+5是格式良好的语句。

```
    return x;
}
```

这里用到的使得 min()实例化安全的技术，可以扩展为描述非常规模板的需求。具体方法是将各种需求检查组合成描述某些类型的特征（例如前向迭代器），并在 EnableIf 中组合这些特征。这样做既有更好的重载行为，又可以消除编译器在嵌套模板实例化中深层捕捉错误时易产生的“新”错误。另外，上述操作提供的错误消息往往很难明确特定操作失败的原因。正如简单的 min()示例所示，准确地确定和编码模板的确切需求，可能是一项艰巨的任务。在 28.2 节中，我们探讨利用这些特征进行调试的技术。

20.6 在标准库中

C++标准库为输入、输出、转发、双向、随机访问的迭代器标签提供相应的迭代器类别标签，我们在本书示例中就使用了这些标签。这些迭代器类别标签是标准迭代器特征（std::iterator_traits）和迭代器要求的一部分，因此它们可以安全地给调度目的标注标签。

C++11 标准库中的 std::enable_if 类模板和这里提到的 EnableIfT 类模板非常相似。唯一的区别是类型名称不同：前者使用的是 type，而后者使用的是 Type。

算法特化在 C++标准库中的许多地方使用。例如，std::advance()和 std::distance()都有几个变体，它们是基于迭代器实参的迭代器类别的。大多数标准库实现都倾向于使用标签调度（tag dispatching），不过最近，有些标准库使用 std::enable_if 来实现算法特化。还有，许多 C++标准库也在实现内部使用这些技术，来实现各种标准算法的算法特化。例如，当迭代器引用连续内存时，其值类型具有普通的拷贝赋值运算符，可以将 std::copy()专用于 std::memcpy()或 std::memmove()调用。类似地，std::fill()可以被优化用于 std::memset()调用，并且当已知一种类型具有一个普通的析构函数时，各种算法可以防止调用析构函数。这些算法特化不是由 C++标准以同样的方式强制实现的，它们与 std::advance()或 std::distance()的实现方式相同，但是实现者为了提高效率而选择提供它们。

正如 8.4 节所介绍的，C++标准库强烈建议在实际需求中使用 std::enable_if<>或类似的基于 SFINAE 的技术。例如，std::vector 有一个构造函数模板，允许从迭代器序列构建一个 vector：

```
template<typename InputIterator>
vector(InputIterator first, InputIterator second,
       allocator_type const& alloc = allocator_type());
```

要求是“如果使用不符合输入迭代器条件的 InputIterator 类型调用构造函数，则构造函数不应进行重载解析”（参阅[*C++11*]第 14 部分的 23.2.3 节）。这个措辞很模糊，可以使用当时最有效的技术来实现，但在它被添加到标准之前，std::enable_if<>的使用方式就已经被预想到。

20.7 后记

标签调度在 C++中已有很长的时间了，它被用于 STL 的早期实现（参阅[*StepanovLeeSTL*]），并经常与萃取一起使用。SFINAE 和 EnableIf 的用法出现得比标签调度晚得多：本书第 1 版（参阅[*VandevoordeJosuttisTemplates1st*]）引入了 SFINAE，并演示了如何用它来检测成员类型的存在（可以参见书中的示例）。

"enable if"技术和术语最早由 Jaakko Järvi、Jeremiah Willcock、Howard Hinnant 和 Andrew Lumsdaine 在[*OverloadingProperties*]中发表，该书阐述了 EnableIf 模板：如何使用 EnableIf（和 DisableIf）实现函数重载；如何将 EnableIf 和类模板偏特化一起使用。从那时起，EnabeIf 和类似的技术已经在高级模板库中广泛使用，包括 C++标准库。此外，这些技术的普遍使用，推动了 C++11 中 SFINAE 的扩展（参阅 15.7 节）。Peter Dimov 首先注意到：函数模板的默认模板实参（另一个 C++11 特性）使得可以在构造函数模板中使用 EnabeIf，而不引入另一个函数参数。

我们期待概念语言特性（参阅附录 E 中的描述）纳入 C++17 之后的 C++标准中。可以猜想，许多有关 EnableIf 的技术，在很大程度上会被新特性淘汰。同时，C++17 的 constexpr if 语句（参阅 8.5 节和 20.3.3 节）也逐渐削弱了它们在现代模板库中的存在感。

第 21 章

模板与继承

模板与继承之间的交互也许并无太多值得关注之处。如果非说有，根据第 13 章的讨论可以知道，从依赖型基类派生将迫使程序员小心地处理非受限名称。然而，某些有意思的技巧的确结合了这两个特性，如奇妙递归模板模式（curiously recurring template pattern，CRTP）和混入（mixin）。本章将探讨几个这样的技巧。

21.1 空基类优化

C++的类常是“空”的，空的意思是它们的内部表示在运行期不需要占用任何内存。这对于仅包含类型成员、非虚函数成员和静态数据成员的类是典型的情况。非静态数据成员、虚函数和虚基类则是另一种情况，它们确实需要在运行期占用内存。

不过，即使是空类，其大小也是非零的。要验证这一点，请尝试运行以下程序：

inherit/empty.cpp

```
#include <iostream>

class EmptyClass {
};

int main()
{
  std::cout << "sizeof(EmptyClass): " << sizeof(EmptyClass) << '\n';
}
```

在许多平台中，这个程序会输出 1 作为 EmptyClass 的大小。有个别系统对于类类型强制要求更严格的对齐，可能会输出其他较小的整数值（通常是 4）。

21.1.1 布局原则

C++的设计者有种种理由来避免大小为 0 的类。例如，以大小为 0 的类为元素的数组的大小也将为 0，但这样指针运算的通常特性就不再适用了。例如，假设 ZeroSizedT 是一个大小为 0 的类型：

```
ZeroSizedT z[10];
...
&z[i] - &z[j]        //计算指针/地址之间的距离
```

正常情况下，上例中的差值是通过将两个地址之间的字节数目除以指针指向的类型的大小得出的，但是当它们的大小为 0 时，该关系显然就不成立了。

然而，尽管 C++中没有大小为 0 的类型，C++标准的确规定当以空类作为基类时，不需要为其分配空间，前提是这样做不会导致它被分配到与其他对象或者同类型的子对象相同的地址上。让我们以示例来阐明，在实践中空基类优化（empty base class optimization，EBCO）意味着什么。考虑下面的示例：

inherit/ebco1.cpp

```
#include <iostream>

class Empty {
  using Int = int;   //类型别名成员不会让一个类成为非空类
};

class EmptyToo : public Empty {
};

class EmptyThree : public EmptyToo {
};

int main()
{
  std::cout << "sizeof(Empty):      " << sizeof(Empty)      << '\n';
  std::cout << "sizeof(EmptyToo):   " << sizeof(EmptyToo)   << '\n';
  std::cout << "sizeof(EmptyThree): " << sizeof(EmptyThree) << '\n';
}
```

如果你用的编译器实现了 EBCO，它会为每个类输出相同的大小，但是没有类的大小为 0（见图 21.1）。这意味着在 EmptyToo 类中的 Empty 类不会被分配任何空间。同时请注意，一个继承自被优化的空基类（而没有其他基类）的空类仍然是空的。这解释了为什么 EmptyThree 类也能有和 Empty 类同样的大小。如果你用的编译器没有实现 EBCO，程序会输出不同的大小（见图 21.2）。

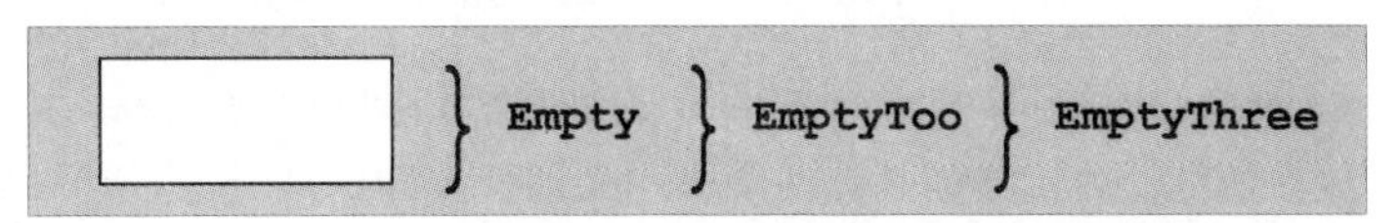

图 21.1　实现了 EBCO 的编译器编译出的 EmptyThree 的布局

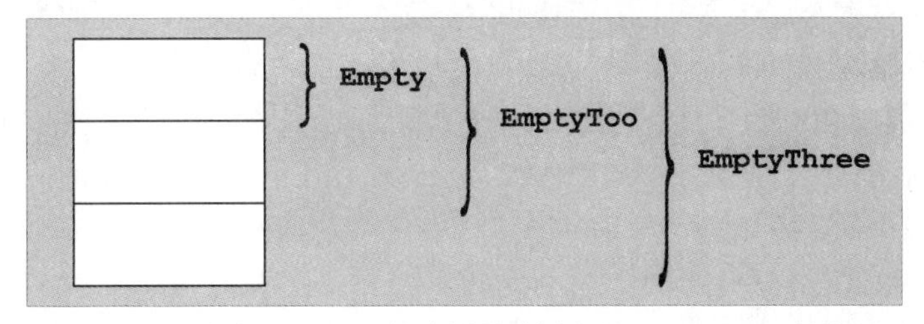

图 21.2　没有实现 EBCO 的编译器编译出的 EmptyThree 的布局

考虑一个遇到 EBCO 限制的示例：

inherit/ebco2.cpp

```
#include <iostream>

class Empty {
```

```
  using Int = int; //类型别名成员不会让一个类成为非空类
};

class EmptyToo : public Empty {
};

class NonEmpty : public Empty, public EmptyToo {
};

int main()
{
  std::cout << "sizeof(Empty):     " << sizeof(Empty) << '\n';
  std::cout << "sizeof(EmptyToo): " << sizeof(EmptyToo) << '\n';
  std::cout << "sizeof(NonEmpty): " << sizeof(NonEmpty) << '\n';
}
```

NonEmpty 类并不是空类，这可能有点让人吃惊。毕竟，它没有任何成员，它的基类也没有。然而，NonEmpty 的基类 Empty 和 EmptyToo 不能分配到同一个地址，因为这将导致 EmptyToo 的基类 Empty 最终与 NonEmpty 的基类 Empty 位于同一个地址。换句话说，两个相同类型的子对象最终会在同一个偏移量上，而这是 C++的对象布局规则所不允许的。也许可以设想将其中一个 Empty 基类子对象放在偏移量“0 字节”处，另一个放在偏移量“1 字节”处，但完整的 NonEmpty 对象仍然不能是 1 字节那么大，因为在包含两个 NonEmpty 对象的数组中，第 1 个元素的 Empty 子对象不可以与第 2 个元素的 Empty 子对象最终处于同一地址（见图 21.3）。

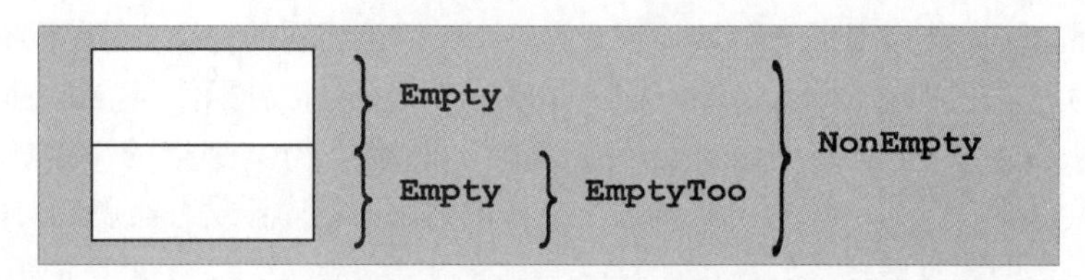

图 21.3　实现了 EBCO 的编译器编译出的 NonEmpty 布局

对 EBCO 进行限制的理由是期望能比较两个指针是否指向同一个对象。因为指针在程序内部几乎总是仅表示为地址，我们必须确保两个不同的地址（即指针值）对应两个不同的对象。

这个限制也许看起来不是非常重要。然而，在实践中经常会遇到相关问题，因为许多类往往继承自某些空类的一个小集合，而这些空类又往往定义了一些共同的类型别名。当这样的类的两个子对象被用在同一个完整对象中时，优化就会被阻止。

就算有此限制，EBCO 仍是模板库的一个重要优化，因为有些技巧要依赖于某些基类的引入，而引入这些基类只是为了引入新的类型别名或者在不增加新数据的情况下提供额外功能。本章会描述几个这样的技巧。

21.1.2　作为基类的成员

对于数据成员，不存在类似 EBCO 的技术，因为这会制造出指向成员的指针的表示方面（除了其他方面以外）的问题。那么我们不妨考虑将成员变量实现为（私有）基类的形式，而且第一眼看来，该类型确实也可以成为成员变量的类型，不过这都需要我们在后面对该类型进行特殊处理。

这一问题在模板的语境中最有意思，因为模板参数经常会被空的类类型替换，但一般我们无法依赖这一规律。如果对于模板类型参数一无所知，就无法轻易利用 EBCO。考虑下面的简单示例：

```
template<typename T1, typename T2>
class MyClass {
  private:
    T1 a;
    T2 b;
    ...
};
```

完全可能有一个或者两个模板参数被空的类类型替换。如果确实如此，那么 MyClass<T1,T2>这种表示可能是次优的，每一个实例都可能浪费一个字的内存。

采用让模板参数成为基类的方案可以避免这种浪费：

```
template<typename T1, typename T2>
class MyClass : private T1, private T2 {
};
```

然而，这种直截了当的替代方案也自有其问题，如下所示。

- 当 T1 或 T2 被一个非类的类型或者被联合体类型替换时，它就不起作用了。
- 当两个参数都被同一个类型替换时，它也不起作用了（尽管通过增加另外一层的继承可以相对容易地解决该问题）。
- 模板参数的类可能被标记为 final，继承它会导致错误。

就算圆满地解决了这些问题，还有一个非常严重的问题一直存在：加入基类，会从根本上改动该类的接口。对于 MyClass，该问题看起来并不严重，因为只会影响到极少的接口元素，但是正如在本章后面会展示的那样，从一个模板形参继承会影响到一个成员函数是不是虚函数。显而易见，这种利用 EBCO 的方式充满了麻烦。

可以针对一种常见情况设计更为现实的手段，即当仅有一个模板形参会被替换为类类型，而类模板还有另一个可用的成员时。主要的想法是使用 EBCO 将潜在的空类型参数与另一个成员“合并”。例如，不写成：

```
template<typename CustomClass>
class Optimizable {
  private:
    CustomClass info; //可能为空
    void*       storage;
    ...
};
```

模板实现者可以使用如下写法：

```
template<typename CustomClass>
class Optimizable {
  private:
    BaseMemberPair<CustomClass, void*> info_and_storage;
    ...
};
```

即便不看模板类 BaseMemberPair 的实现，显然使用它也让 Optimizable 的实现更“啰唆”。然而，据多个模板库实现者的报告，其在性能上的收益（对于他们的客户来说）值得为之付出额外的复杂度。我们将在25.1.1节元组存储的讨论中进一步探索这一惯用方法。

BaseMemberPair的实现可以做到相当紧凑：

inherit/basememberpair.hpp

```
#ifndef BASE_MEMBER_PAIR_HPP
#define BASE_MEMBER_PAIR_HPP

template<typename Base, typename Member>
class BaseMemberPair : private Base {
  private:
    Member mem;
  public:
    //构造函数
    BaseMemberPair (Base const & b, Member const & m)
      : Base(b), mem(m) {

    }
    //通过base()访问基类的数据
    Base const& base() const {
      return static_cast<Base const&>(*this);
    }
    Base& base() {
      return static_cast<Base&>(*this);
    }

    //通过member()访问成员的数据
    Member const& member() const {
      return this->mem;
    }
    Member& member() {
      return this->mem;
    }
};

#endif //BASE_MEMBER_PAIR_HPP
```

类的实现中，需要使用成员函数base()和member()来访问被封装（并且可能做了存储优化）的数据成员。

21.2 奇妙递归模板模式

另一个模式是奇妙递归模板模式（curiously recurring template pattern，CRTP）。这个命名古怪的模式指的是一类技巧，要点在于将派生类作为模板实参传给它自己的某个基类。该模式的最简单的C++代码实现如下：

```
template<typename Derived>
class CuriousBase {
  ...
};

class Curious : public CuriousBase<Curious> {
  ...
};
```

这段 CRTP 实现代码展示了一个非依赖型基类：Curious 类不是模板，因此免于与依赖型基类的名字可见性问题纠缠。然而，这不是 CRTP 的本质特征。确实，我们同样可以使用下面所示的另一种方式：

```
template<typename Derived>
class CuriousBase {
    ...
};

template<typename T>
class CuriousTemplate : public CuriousBase<CuriousTemplate<T>> {
    ...
};
```

以模板形参将派生类传给它的基类，这样基类不必使用虚函数就可以对派生类定制自己的行为。这样就利用 CRTP 避免了那些只能使用成员函数（例如构造函数、析构函数以及索引运算符）的实现，或是依赖于派生类标识的实现。

CRTP 的一种简单应用是记录某个类类型的对象被创造的总个数。这可以通过引入一个静态数据成员并在构造函数和析构函数中对其进行增减实现。然而，在每个类中都提供这部分代码就“啰唆”了，而通过单个（非 CRTP）基类去实现这一功能则会把不同的派生类的个数混在一起。使用更好的方式，我们可以写出如下的模板：

inherit/objectcounter.hpp

```
#include <cstddef>

template<typename CountedType>
class ObjectCounter {
  private:
    inline static std::size_t count = 0; //现存对象的个数

  protected:
    //默认构造函数
    ObjectCounter() {
      ++count;
    }
    //拷贝构造函数
    ObjectCounter (ObjectCounter<CountedType> const&) {
      ++count;
    }

    //移动构造函数
    ObjectCounter (ObjectCounter<CountedType> &&) {
      ++count;
    }

    //析构函数
    ~ObjectCounter() {
      --count;
    }

  public:
    //返回现有的成员个数
```

```
    static std::size_t live() {
      return count;
    }
};
```

请注意，这里使用 inline 来定义和初始化类结构中的 count 成员。在 C++17 之前，只能在类模板的外面定义它：

```
template<typename CountedType>
class ObjectCounter {
  private:
    static std::size_t count;    //现存对象的个数
    ...
};

//以 0 初始化计数器
template<typename CountedType>
std::size_t ObjectCounter<CountedType>::count = 0;
```

如果我们想清点某个类现有（也就是说还没被销毁）的对象，从 ObjectCounter 模板派生出这个类就足够了。例如，我们可以写以下几行代码来定义并使用一个带计数器的字符串类：

inherit/countertest.cpp

```
#include "objectcounter.hpp"
#include <iostream>

template<typename CharT>
class MyString : public ObjectCounter<MyString<CharT>> {
  ...
};

int main()
{
  MyString<char> s1, s2;
  MyString<wchar_t> ws;
  std::cout << "num of MyString<char>:    "
            << MyString<char>::live() << '\n';
  std::cout << "num of MyString<wchar_t>: "
            << ws.live() << '\n';
}
```

21.2.1 Barton-Nackman 技巧

在 1994 年，John J. Barton 和 Lee R. Nackman 提出了他们称之为受限模板扩展（restricted template expansion，参阅[*BartonNackman*]）的模板技巧——Barton-Nackman 技巧。其动机部分是出于当时的函数模板重载严重受限[①]并且在多数编译器中还不提供命名空间。

为了讲清楚这点，假定有一个类模板 Array，要为它定义相等运算符 operator==。一种可能是将运算符声明为类模板的一个成员，但是这不是一种好的做法，因为第 1 个参数（绑定到 this 指针）和第 2 个参数要遵循的转换规则不同。因为 operator==运算符对它左右的参数是

① 建议回顾一下 16.2 节，以理解在现代 C++中函数模板重载如何起作用。

对称的，所以更可取的方式是把它声明为命名空间作用域函数。以下代码简要展示了一种自然的实现方式：

```
template<typename T>
class Array {
  public:
    ...
  };

template<typename T>
bool operator== (Array<T> const& a, Array<T> const& b)
{
    ...
}
```

然而，如果函数模板不能被重载，就会引发一个问题：在该作用域内没有别的 operator==运算符模板能被声明，然而有可能其他的类模板还是需要那样一个函数模板。Barton 和 Nackman 通过在类的内部把运算符定义为一个普通的友元函数解决了这一问题：

```
template<typename T>
class Array {
  static bool areEqual(Array<T> const& a, Array<T> const& b);

  public:
    ...
    friend bool operator== (Array<T> const& a, Array<T> const& b) {
        return areEqual(a, b);
    }
};
```

假定这个版本的 Array 以 float 类型实例化。这一实例化的结果之一就是友元函数被声明，但应注意到这个函数本身并不是函数模板的实例化。作为实例化过程的副作用，它作为一个正常的非模板函数被注入全局作用域。因为它是一个非模板函数，甚至在语言支持函数模板重载之前，它就可以被其他 operator==运算符的声明所重载。Barton 和 Nackman 把它称为受限模板扩展，因为它避免了将模板运算符 operator==(T,T)应用于所有的类型 T（换言之，扩展不受限）。

因为

```
operator== (Array<T> const&, Array<T> const&)
```

在一个类的定义中被定义，它会被隐式地认为是一个内联函数，所以我们决定把实现部分委托给静态成员函数 areEqual，该函数不必是内联的。

由于友元函数声明的名称查找规则自从 1994 年就改变了，因此 Barton-Nackman 技巧在标准 C++中没那么有用。在此技巧刚被发明的时候，当模板在名为友元名称注入（friend name injection）的过程中被实例化时，友元的声明在类模板所在的作用域中是可见的。不过，标准 C++通过实参依赖查找来找到友元函数声明（参阅 13.22 节）。这意味着函数调用中至少有一个实参必须已经是和含友元函数的类相关联的类。如果实参是不相干的类，就算它可被转换为包含友元函数的类，友元函数也不会被发现。例如：

inherit/wrapper.cpp

```
class S {
```

```
};

template<typename T>
class Wrapper {
  private:
    T object;
  public:
    Wrapper(T obj) : object(obj) { //隐式地从 T 转换到 Wrapper<T>
    }
    friend void foo(Wrapper<T> const&) {
    }
};

int main()
{
  S s;
  Wrapper<S> w(s);
  foo(w); //正确：Wrapper<S>是一个和 w 关联的类
  foo(s); //错误：Wrapper<S>和 s 不相关
}
```

在这里，函数调用foo(w)是有效的，因为foo()是一个声明在Wrapper<S>中的友元函数，而Wrapper<S>是和实参w相关联的类①。然而，函数调用foo(s)中，友元函数foo(Wrapper<S> const&)的友元声明不可见，因为它是在Wrapper<S>类中声明的，而Wrapper<S>类和属于S类的实参s没有关联。于是，尽管从S类型到Wrapper<S>类型存在一个合理的隐式转换（通过Wrapper<S>的构造函数），但这一转换绝不会被考虑，因为候选函数foo()没有被发现。在Barton和Nackman发明这个技巧的时候，友元名称注入还是可以让友元函数foo()可见的，而调用foo(s)也是会成功的。

在现代C++中，同索性定义一个普通函数模板的做法相比，在类模板中定义友元函数的唯一优势在于语法：友元函数声明可以访问它们所在类的private和protected成员，而不需要再写出所在类模板的所有模板形参。然而，友元函数定义和CRTP组合使用的时候另有一番用处，21.2.2节的运算符实现中将予以说明。

21.2.2 运算符实现

当实现一个提供运算符重载的类的时候，通常的做法是提供一些不同（但是相关）的运算符的重载。例如，实现了相等（==）运算符的类往往也会实现不等（!=）运算符，而实现了小于（<）运算符的类往往也会实现其他关系运算符（如>、<=、>=）。在许多类中，这些运算符中往往只有一个是确实值得注意的，而其他都可以通过它定义出来。例如，类X的!=运算符往往是由==运算符定义出来的：

```
bool operator!= (X const& x1, X const& x2) {
  return !(x1 == x2);
}
```

由于大量的类都像这样来定义!=，因此很容易想到把它推广成模板：

① 注意，S也是和w相关联的类，因为它是w的类型的模板实参。ADL的特定规则在13.2.1节中讨论。

```
template<typename T>
bool operator!= (T const& x1, T const& x2) {
  return !(x1 == x2);
}
```

实际上，C++标准库的<utility>头文件就包含类似的定义。然而，这些定义（对于!=、<、<=和>=）在标准化的过程中已经被降级到 std::rel_ops 命名空间中，当时认定它们放在 std 命名空间中会带来问题。确实，让这些定义可见会显得任何类都有!=运算符（其实例化可能会失败），并且该运算符对它的两个实参总是恰好匹配的。虽然这个问题可以通过使用 SFINAE 技巧来解决（参阅 19.4 节），也就是说，只有当类型拥有合适的==运算符时，!=运算符才会为其进行实例化，但是另一个会导致优先匹配的问题还是没有解决：例如，有些用户提供的定义需要进行派生类到基类的转换，那以上一般的!=定义就会优先被实例化，这可能会造成意料之外的后果。

有一种基于 CRTP 的替代做法，可以让这些运算符定义比一般化的运算符定义更优先被实例化，这样既提高了代码的复用性，又没有将运算符过于一般化的弊病。

inherit/equalitycomparable.cpp

```
template<typename Derived>
class EualityComparable
{
  public:
    friend bool operator!= (Derived const& x1, Derived const& x2) {
      return !(x1 == x2);
    }
};

class X : public EqualityComparable<X>
{
  public:
    friend bool operator== (X const& x1, X const& x2) {
      //实现比较两个类型为 X 的对象的逻辑
    }
};

int main()
{
  X x1, x2;
  if (x1 != x2) {}
}
```

在此，我们把 CRTP 和 Barton-Nackman 技巧加以组合。EqualityComparable<>使用 CRTP，基于派生类中 operator==的定义为它的派生类提供 operator!=。它实际上通过定义一个友元函数（Barton-Nackman 技巧）提供了运算符的定义，而友元函数给了 operator!=的两个形参同样的转换行为。

CRTP 可用于将行为因素纳入基类中同时又保有最终派生类的身份。和 Barton-Nackman 技巧一起使用的时候，CRTP 可以基于几个典型的运算符为众多运算符提供一般性的定义。这些属性使得结合 Barton-Nackman 技巧的 CRTP 成为 C++模板库作者钟爱的一种技巧。

21.2.3 门面模式

使用 CRTP 和 Barton-Nackman 技巧来定义某些运算符是一条捷径。这个主意更进一步，就可让 CRTP 基类以 CRTP 派生类公开更小（但也更易于实现）的接口来定义某个类大部分或者全部的公开接口。这种模式被称为门面（facade）模式，它在定义需符合某些现有接口（如数值类型、迭代器、容器等）要求的新类型时尤其管用。

为了说明此模式，我们来实现一个迭代器的门面，它大幅简化了实现遵循标准库要求的迭代器的过程。迭代器类型（尤其是随机访问迭代器）要求实现相当大型的接口。以下类模板 IteratorFacde 的基本框架展示了迭代器接口的要求：

inherit/iteratorfacadeskel.hpp

```
template<typename Derived, typename Value, typename Category,
         typename Reference = Value&, typename Distance = std::ptrdiff_t>
class IteratorFacade
{
  public:
   using value_type = typename std::remove_const<Value>::type;
   using reference = Reference;
   using pointer = Value*;
   using difference_type = Distance;
   using iterator_category = Category;

   //输入迭代器接口
   reference operator *() const { ... }
   pointer operator ->() const { ... }
   Derived& operator ++() { ... }
   Derived operator ++(int) { ... }
   friend bool operator== (IteratorFacade const& lhs,
                           IteratorFacade const& rhs) { ... }
   ...
   //双向迭代器接口
   Derived& operator --() { ... }
   Derived operator --(int) { ... }

   //随机访问迭代器接口
   reference operator [](difference_type n) const { ... }
   Derived& operator +=(difference_type n) { ... }
   ...
   friend difference_type operator -(IteratorFacade const& lhs,
                                     IteratorFacade const& rhs) { ... }
   friend bool operator <(IteratorFacade const& lhs,
                          IteratorFacade const& rhs) { ... }
   ...
};
```

此处出于简洁，省略了一些声明，但即使为每个新的迭代器实现以上列出的每一个接口，也是相当枯燥的一件事。幸运的是，这些实现可以被提炼成几个核心运算。

- 对于所有迭代器接口实现以下运算。
  - dereference()：访问迭代器所指向的值（通常通过*和->运算符实现）。
  - increment()：移动迭代器以指向序列中的下一个项目。
  - equals()：判断两个迭代器是否引用了序列中的同一个项目。
- 对于双向迭代器接口实现以下运算。

  decrement()：移动迭代器以指向列表中的前一个项目。
- 对于随机访问迭代器接口实现以下运算。

- advance()：将迭代器向前（或向后）移动 n 步。
- measureDistance()：确定序列中从一个迭代器移到另一个迭代器需要的步数。

门面的作用是对只实现核心操作的类型进行适配以提供完整的迭代器接口。IteratorFacade 的实现主要将迭代器的语法映射到最小的接口。在下面的例子中，我们使用成员函数 asDerived()来访问 CRTP 派生类：

```
Derived& asDerived() { return *static_cast<Derived*>(this); }
Derived const& asDerived() const {
  return *static_cast<Derived const*>(this);
}
```

有了以上定义，该门面的大部分实现就变得直截了当[①]。我们只展示一些满足输入迭代器要求的定义，其他的与此相类似。

```
reference operator*() const {
  return asDerived().dereference();
}
Derived& operator++() {
  asDerived().increment();
  return asDerived();
}
Derived operator++(int) {
  Derived result(asDerived());
  asDerived().increment();
  return result;
}
friend bool operator== (IteratorFacade const& lhs,
                        IteratorFacade const& rhs) {
  return lhs.asDerived().equals(rhs.asDerived());
}
```

1. 定义一个链表迭代器

有了 IteratorFacade 的定义，我们可以容易地将迭代器定义到简单的链表类中。例如，设想在链表中定义如下节点。

inherit/listnode.hpp

```
template<typename T>
class ListNode
{
  public:
   T value;
   ListNode<T>* next = nullptr;
   ~ListNode() { delete next; }
};
```

使用 IteratorFacade，就能以一种直接的方式把迭代器定义到以上的链表类中。

inherit/listnodeiterator0.hpp

```
template<typename T>
```

① 为了简化表述，我们忽略了代理迭代器的存在，该迭代器解引用的操作不返回一个真正的引用。一个完整的迭代器门面实现会调整运算符->和运算符[]的结果类型以照顾到代理迭代器的情形，正如[*BoostIterator*]所做的那样。

```
class ListNodeIterator
 : public IteratorFacade<ListNodeIterator<T>, T,
                          std::forward_iterator_tag>
{
  ListNode<T>* current = nullptr;
 public:
  T& dereference() const {
    return current->value;
  }
  void increment() {
    current = current->next;
  }
  bool equals(ListNodeIterator const& other) const {
    return current == other.current;
  }
  ListNodeIterator(ListNode<T>* current = nullptr) : current(current) { }
};
```

ListNodeIterator 提供了作为前向迭代器所需的所有正确的运算符和嵌套类型，并且只需要非常少的代码来实现。正如我们将在后面看到的，定义更复杂的迭代器（例如，随机访问迭代器）只需要少量的额外工作。

2. 隐藏接口

以上 ListNodeIterator 实现的一个缺点是，作为公共接口，我们被要求公开 dereference()、advance()和 equals()运算。为了消除这一要求，我们可以改造 IteratorFacade，通过一个单独的访问类在派生的 CRTP 类上执行所有的操作，我们称为 IteratorFacadeAccess。

inherit/iteratorfacadeaccessskel.hpp

```
//将 IteratorFacade 声明为友元以允许其访问核心迭代器运算
class IteratorFacadeAccess
{
  //只有 IteratorFacade 可以使用这些定义
  template<typename Derived, typename Value, typename Category,
           typename Reference, typename Distance>
    friend class IteratorFacade;

  //所有迭代器都需要
  template<typename Reference, typename Iterator>
  static Reference dereference(Iterator const& i) {
      return i.dereference();
    }
  ...
  //双向迭代器需要
  template<typename Iterator>
  static void decrement(Iterator& i) {
    return i.decrement();
  }

  //随机访问迭代器需要
  template<typename Iterator, typename Distance>
    static void advance(Iterator& i, Distance n) {
      return i.advance(n);
```

```
    }
  ...
};
```

该类为每个核心迭代器运算提供静态成员函数，调用所提供迭代器的相应（非静态）成员函数。所有的静态成员函数都是私有的，访问权只授予 IteratorFacade 本身。这样一来，我们的 ListNodeIterator 可以将 IteratorFacadeAccess 作为友元，并将门面所需的接口保持为私有的。

```
friend class IteratorFacadeAccess;
```

3. 迭代器适配器

IteratorFacade 让我们易于构建像这样的迭代器适配器：它接收一个现有的迭代器并公开一个新迭代器，从而可以为底层序列提供视角转换。例如，我们可能有一个 Person 值的容器。

inherit/person.hpp

```
struct Person {
  std::string firstName;
  std::string lastName;

  friend std::ostream& operator<<(std::ostream& strm, Person const& p) {
    return strm << p.lastName << ", " << p.firstName;
  }
};
```

然而，我们并不想在容器中迭代所有的 Person 值，而是只想看到人们的名字。在这里，我们介绍名为 ProjectionIterator 的迭代器适配器，它允许我们将底层（基）迭代器的值“投射”到一些指向数据的指针成员上，如 Person::firstName。

ProjectionIterator 是一个迭代器，由基迭代器（Iterator）和将由迭代器公开的值的类型（T）来定义。

inherit/projectioniteratorskel.hpp

```
template<typename Iterator, typename T>
class ProjectionIterator
 : public IteratorFacade<
            ProjectionIterator<Iterator, T>,
            T,
            typename std::iterator_traits<Iterator>::iterator_category,
            T&,
            typename std::iterator_traits<Iterator>::difference_type>
{
  using Base = typename std::iterator_traits<Iterator>::value_type;
  using Distance =
    typename std::iterator_traits<Iterator>::difference_type;

  Iterator iter;
  T Base::* member;

  friend class IteratorFacadeAccess;
  ... //为 IteratorFacade 实现核心运算
  public:
```

```
    ProjectionIterator(Iterator iter, T Base::* member)
      : iter(iter), member(member) { }
};
template<typename Iterator, typename Base, typename T>
auto project(Iterator iter, T Base::* member) {
  return ProjectionIterator<Iterator, T>(iter, member);
}
```

以上模板定义的每个投射迭代器都存储了两个值：iter 是进入底层（Base 值的）序列的迭代器，而 member 是一个指向数据的指针成员，描述要对哪个成员进行投射。由此，我们来考虑提供给 IteratorFacade 基类的模板参数。第 1 个参数是 ProjectionIterator 本身(以启用 CRTP)。第 2 个（T）和第 4 个（T&）参数分别是我们的投射迭代器的值类型和引用类型，这就把投射迭代器定义为一个 T 值[①]的序列。第 3 个和第 5 个参数只是传递底层迭代器的类别以及不同类型。因此，当 Iterator 是输入迭代器时，投射迭代器将是输入迭代器；当 Iterator 是双向迭代器时，投射迭代器就是双向迭代器。project()函数让投射迭代器易于构建。

现在就只缺少 IteratorFacade 核心要求的实现了。值得注意的是，dereference()将底层迭代器解引用，然后通过指向数据的指针成员进行投射。

```
T& dereference() const {
  return (*iter).*member;
}
```

其余运算通过底层迭代器实现。

```
void increment() {
  ++iter;
}
bool equals(ProjectionIterator const& other) const {
  return iter == other.iter;
}
void decrement() {
  --iter;
}
```

随机访问迭代器的定义可以此类推，出于简洁，在此省略。

这就是了！有了投射迭代器，我们可以输出某个用来装 Person 值的 vector 里的人们的名字：

inherit/projectioniterator.cpp

```
#include <vector>
#include <algorithm>
#include <iterator>

int main()
{
  std::vector<Person> authors = { {"David", "Vandevoorde"},
                                  {"Nicolai", "Josuttis"},
                                  {"Douglas", "Gregor"} };
```

① 为简化表述，我们仍然假定底层迭代器返回一个引用，而不是代理。

```
  std::copy(project(authors.begin(), &Person::firstName),
            project(authors.end(), &Person::firstName),
            std::ostream_iterator<std::string>(std::cout, "\n"));
}
```

这段程序输出：

```
David
Nicolai
Douglas
```

门面模式在创建需遵循某些特定接口的新类型时尤其管用。新类型只需公开少数的核心运算（对于我们的迭代器门面而言是 2～6 个）给门面，门面就可以使用 CRTP 和 Barton-Nackman 技巧提供完整、正确的公共接口。

21.3 混入

考虑一个简单的 Polygon 类，它由点的序列组成：

```
class Point
{
  public:
    double x, y;
    Point() : x(0.0), y(0.0) { }
    Point(double x, double y) : x(x), y(y) { }
};

class Polygon
{
  private:
    std::vector<Point> points;
  public:
    ... //公开的运算
};
```

如果用户能够扩展与每个 Point 相关的信息集合，以包含特定的应用数据，如每个点的颜色，又或者给每个点关联一个标签，那么这个 Polygon 类将更有用。使这种扩展成为可能的一种方式是根据点的类型对 Polygon 进行参数化。

```
template<typename P>
class Polygon
{
  private:
    std::vector<P> points;
  public:
    ... //公开的运算
};
```

很容易想到，用户可以创建自己的类似 Point 的数据类型，以提供和 Point 同样的接口，但是使用继承来包含其他一些与特定应用有关的数据

```
class LabeledPoint : public Point
```

```
{
  public:
    std::string label;
    LabeledPoint() : Point(), label("") { }
    LabeledPoint(double x, double y) : Point(x, y), label("") { }
};
```

这种实现有它的缺点。首先，它要求将 Point 类公开给用户，以便用户从它派生。另外，LabeledPoint 的作者需要注意提供与 Point 完全一样的接口（例如，通过继承或提供与 Point 一样的所有构造函数），否则 LabeledPoint 将无法与 Polygon 一起工作。如果从 Polygon 模板的一个版本到另外一个版本之间的 Point 发生了变化，这个约束则会变得更有问题：Point 增加一个新的构造函数可能就要求每一个派生类都进行更新。

混入（mixin）提供了继承之外的另一种方法来定制一个类型的行为。混入本质上反转了一般的继承方向，因为这些新的类是作为类模板的基类“混入”继承层次结构的，而不是作为一个新的派生类被创建的。这种方法允许引入新的数据成员和其他运算，而不需要对接口进行任何重复。

支持混入的类模板通常会支持自任意个数的附加类进行派生：

```
template<typename... Mixins>
class Point : public Mixins...
{
  public:
    double x, y;
    Point() : Mixins()..., x(0.0), y(0.0) { }
    Point(double x, double y) : Mixins()..., x(x), y(y) { }
};
```

现在，我们可以混入一个基类，它包含一个可以产生 LabeledPoint 的标签：

```
class Label
{
  public:
    std::string label;
    Label() : label("") { }
};

using LabeledPoint = Point<Label>;
```

甚至还可以混入几个基类：

```
class Color
{
  public:
    unsigned char red = 0, green = 0, blue = 0;
};

using MyPoint = Point<Label, Color>;
```

有了这个基于混入的 Point，在不改变接口的情况下为 Point 引入额外的信息就变得容易了，于是 Polygon 的使用和演化也就更容易了。用户只需要将 Point 的特化隐式地转换为它的混入类（上面的 Label 或 Color）就可以访问相关数据或接口。此外，Point 类甚至可以完全隐藏，同时把混入提供给 Polygon 类模板本身。

```
template<typename... Mixins>
class Polygon
{
  private:
    std::vector<Point<Mixins...>> points;
  public:
    ... //公开的运算
};
```

混入可用于模板需要一些小级别的定制的场景（例如用用户指定的数据装饰内部存储的对象），而不需要库公开和记录这些内部数据类型及其接口。

21.3.1 奇妙的混入

混入可以与21.2节中描述的CRTP相结合而变得更加强大。其中，每个混入实际上是一个类模板，派生类的类型将会提供给它，让它对该派生类进行额外的定制。一个CRTP-混入版本的Point会这样写：

```
template<template<typename>... Mixins>
class Point : public Mixins<Point>...
{
  public:
    double x, y;
    Point() : Mixins<Point>()..., x(0.0), y(0.0) { }
    Point(double x, double y) : Mixins<Point>()..., x(x), y(y) { }
};
```

这种写法需要为每个将被混入的类做更多的工作，所以像Label和Color这样的类将需要成为类模板。然而，混入的类现在就可以根据它们将要混入的派生类的具体实例来调整它们的行为。例如，我们可以将之前讨论过的ObjectCounter模板混入Point中以统计Polygon创建的点的数量，还可以将该混入与其他应用特定的混入组合起来。

21.3.2 参数化的虚拟性

混入还允许我们间接地对派生类的其他属性进行参数化，比如成员函数的虚拟性。下面这个简单的示例展示了这种相当惊人的技巧。

inherit/virtual.cpp

```
#include <iostream>

class NotVirtual {
};

class Virtual {
  public:
    virtual void foo() {
    }
};

template<typename... Mixins>
```

```
class Base : public Mixins... {
  public:
    //foo()的虚拟性取决于它
    //(如果有的话) 在基类混入中的声明……
    void foo() {
      std::cout << "Base::foo()" << '\n';
    }
};

template<typename... Mixins>
class Derived : public Base<Mixins...> {
  public:
    void foo() {
      std::cout << "Derived::foo()" << '\n';
    }
};

int main()
{
    Base<NotVirtual>* p1 = new Derived<NotVirtual>;
    p1->foo(); //调用 Base::foo()

    Base<Virtual>* p2 = new Derived<Virtual>;
    p2->foo(); //调用 Derived::foo()
}
```

根据这种技巧可以设计出一种类模板，它们既可以用来实例化具体的类，也可以使用继承来扩展。然而，仅仅在一些成员函数上"点缀"些虚拟性，往往并不足以让一个类成为可以支持更多特化功能的优秀基类。此类的开发方法需要更多根本的设计决策。因此，更实际的做法往往是分别设计两种不同的手段（类或类模板层级），而不是试图把它们整合到一个模板层级中。

21.4 命名模板实参

各种模板技巧有时会导致一个类模板最终有许多不同的模板类型形参。然而，这些形参中的许多往往有合理的默认值。定义这样一个类模板的自然方式可能是：

```
template<typename Policy1 = DefaultPolicy1,
         typename Policy2 = DefaultPolicy2,
         typename Policy3 = DefaultPolicy3,
         typename Policy4 = DefaultPolicy4>
class BreadSlicer {
    ...
};
```

可以预见，这样的模板通常可以使用 BreadSlicer<>的语法来使用默认的模板实参值。然而，如果必须指定一个非默认形参，那所有排在前面的形参也必须被指定（即使它们可能有默认值）。

显然，要是能使用类似 BreadSlicer<Policy3 = Custom>的构造，而不是像目前这样使用 BreadSlicer<DefaultPolicy1, DefaultPolicy2, Custom>，将是有吸引力的。接下来所阐述的技巧

几乎可以完全实现这一目标①。

我们的技巧包括把默认类型值放在基类中，并且通过派生来覆盖其中的一些。不直接指定类型实参，而是通过辅助类提供它们。例如，我们可以写 BreadSlicer<Policy3_is<Custom>>。因为每一个模板实参可以描述任意一个策略（policy），默认值也不例外。换言之，在高层次上，每个模板形参是等价的。

```
template<typename PolicySetter1 = DefaultPolicyArgs,
         typename PolicySetter2 = DefaultPolicyArgs,
         typename PolicySetter3 = DefaultPolicyArgs,
         typename PolicySetter4 = DefaultPolicyArgs>
class BreadSlicer {
    using Policies = PolicySelector<PolicySetter1, PolicySetter2,
                                    PolicySetter3, PolicySetter4>;
    //使用 Policies::P1、 Policies::P2 等来指代各种策略
...
};
```

下一个挑战是编写PolicySelector模板。它必须把不同的模板形参合并成一个单一的类型，该类型以用户指定的非默认类型来覆盖默认的类型别名成员。这种合并可以通过继承实现：

```
//PolicySelector<A,B,C,D> 创造 A、B、C、D 作为基类
//Discriminator<> 即便基类相同，也能多次继承
template<typename Base, int D>
class Discriminator : public Base {
};

template<typename Setter1, typename Setter2,
         typename Setter3, typename Setter4>
class PolicySelector : public Discriminator<Setter1,1>,
                       public Discriminator<Setter2,2>,
                       public Discriminator<Setter3,3>,
                       public Discriminator<Setter4,4> {
};
```

请注意中间类模板 Discriminator 的使用。通过它来指定各个 Setter 可以是相同类型。（不允许多个相同类型的直接基类，而间接基类则可以有与其他基类相同的类型。）

正如前面介绍的，到此就可以把默认值合并到一个基类中：

```
//命名默认策略为 P1、P2、P3、P4
class DefaultPolicies {
public:
  using P1 = DefaultPolicy1;
  using P2 = DefaultPolicy2;
  using P3 = DefaultPolicy3;
  using P4 = DefaultPolicy4;
};
```

然而，如果我们最终从这个基类中多次继承，就必须注意避免歧义。因此，我们确保基类是虚继承的：

① 请注意，在 C++标准化进程的早期，一个类似的函数调用实参的语言扩展曾被提议（并被拒绝），详情请参阅 17.4 节。

```
//以类来定义默认策略值的使用方法，避免了我们从 DefaultPolicies 派生多次产生的歧义
class DefaultPolicyArgs : virtual public DefaultPolicies {
};
```

最后，我们还需要一些模板来覆盖默认策略值。

```
template<typename Policy>
class Policy1_is : virtual public DefaultPolicies {
  public:
    using P1 = Policy; //覆盖类型别名
};

template<typename Policy>
class Policy2_is : virtual public DefaultPolicies {
  public:
    using P2 = Policy; //覆盖类型别名
};
template<typename Policy>
class Policy3_is : virtual public DefaultPolicies {
  public:
    using P3 = Policy; //覆盖类型别名
};

template<typename Policy>
class Policy4_is : virtual public DefaultPolicies {
  public:
    using P4 = Policy; //覆盖类型别名
};
```

这些都到位后，我们就实现了预期的目标。现在通过实例来看看我们得到了什么。我们实例化一个 BreadSlicer<>，如下所示：

```
BreadSlicer<Policy3_is<CustomPolicy>> bc;
```

对于这样的 BreadSlicer<>，类型 Policies 被定义为

```
PolicySelector<Policy3_is<CustomPolicy>,
               DefaultPolicyArgs,
               DefaultPolicyArgs,
               DefaultPolicyArgs>
```

在 Discriminator<>类模板的帮助下，这就产生了一个层次结构，其中所有模板实参都是基类（见图 21.4）。重要的一点是，这些基类都有相同的虚基类 DefaultPolicies，它定义了 P1、P2、P3 和 P4 的默认类型。然而，P3 在其中一个派生类中被重新定义，也就是在 Policy3_is<>中。根据优先性规则（domination rule），这个定义隐藏了基类的定义。因此，这不是一个歧义[①]。

① 你可以在第一版 C++标准的 10.2.6 节中找到支配规则（参阅[*C++98*]）。[*EllisStroustrupARM*]的 10.1.1 节对它进行了讨论。

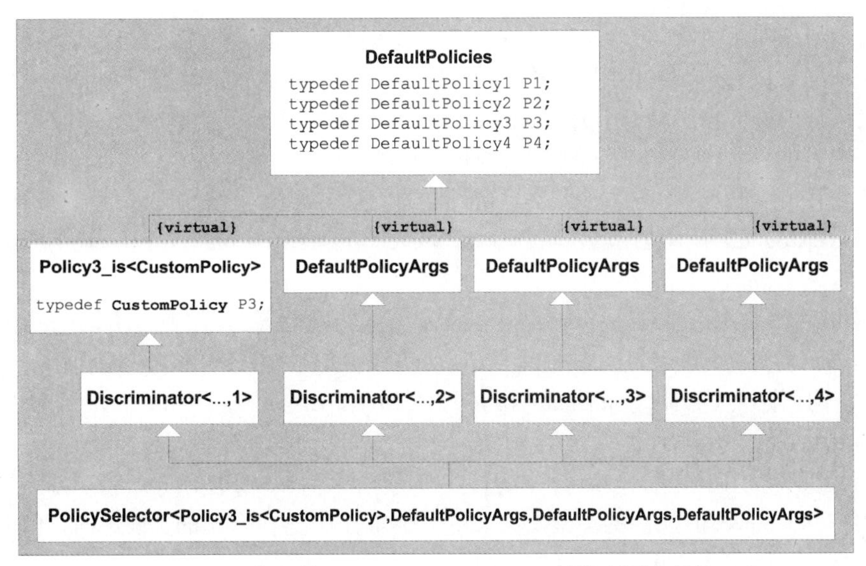

图 21.4　产生的 BreadSlicer<>::Policies 的类型层次结构

在模板 BreadSlicer 内部可以用有限定的名称来指代这 4 个策略，如 Policies::P3。示例如下：

```
template<...>
class BreadSlicer {
    ...
  public:
    void print () {
        Policies::P3::doPrint();
    }
    ...
};
```

在 inherit/namedtmpl.cpp 中可以找到完整的示例。

前面的内容以 4 个模板类型形参为例介绍了这一技巧，但显然这一技巧可以规模化到任何合理形参数目的情形。请注意，我们实际上从来没有实例化含有虚基类的辅助类的对象。那么，它们作为虚基类就不会带来任何性能或内存消耗问题。

21.5　后记

Bill Gibbons 是将 EBCO 引入 C++编程语言的主要发起人。Nathan Myers 让它流行起来，并提出了一个类似于 BaseMemberPair 的模板来更好地利用它。Boost 库包含一个复杂得多的模板，叫 compressed_pair，它解决了我们在本章中介绍的 MyClass 模板的一些问题。boost::compressed_pair 也可以用来代替本书中的 BaseMemberPair。

CRTP 从 1991 年就开始被使用了。然而，James Coplien 最早将其正式描述为一类模式（参阅[*CoplienCRTP*]）。从那以后，CRTP 的许多应用开始出现。参数化继承有时被错误地等同于 CRTP。正如我们所展示的，CRTP 根本不要求参数化继承，而且许多参数化继承的形式并不符合 CRTP。CRTP 有时也会与 Barton-Nackman 技巧（参阅 21.2.1 节）相混淆，因为 Barton 和 Nackman 经常将 CRTP 与友元名称注入结合使用（后者是 Barton-Nackman 技巧的一个重要组成部分)。我们使用结合 Barton-Nackman 技巧的 CRTP 提供运算符实现,这与 Boost.Operators 库(参阅[*BoostOperators*])使用了同样的方式,后者提供了大量运算符的定义。同样,我们对迭代器门面的处理也遵循了 Boost.Iterator 库(参阅[*BoostIterator*])的做法,该库为派生类型提供了丰富的、兼容标准库的迭代器界面,而派生类只需提供一些核心的迭代器运算(如比较、解引用、移动),还解决了涉及代理迭代器的棘手问题(出于简洁,我们没有着墨于此)。我们的 ObjectCounter 示例使用的技巧与 Scott Meyers 在[*MeyersCounting*]中阐述的一项技巧几乎相同。

最迟自 1986 年(参阅[*MoonFlavors*])开始,混入的概念就已经作为一种将一些小功能引入 OO 类的方式出现在面向对象编程中。在第 1 个 C++标准发布后不久,C++中使用模板的混入开始流行。两篇论文(参阅[*SmaragdakisBatoryMixins*]和[*EiseneckerBlinnCzarnecki*])描述了今天常用的混入方法。从那时起,混入就成了 C++库设计中的流行技巧。

命名模板实参用于简化 Boost 库中的某些特定类模板。Boost 使用元编程来创建具有类似于本书的 PolicySelector 属性的类型(但未使用虚继承)。这里介绍的更简单的替代方案是由本书作者之一(Vandevoorde)开发的。

第 22 章

桥接静多态与动多态

第 18 章描述了 C++中（通过模板的）静多态和（通过继承和虚函数的）动多态的性质。这两种多态机制都为编写程序提供了强大抽象，但每种都有取舍：静多态提供了与非多态代码同样的性能，但是其在运行期可以使用的类型集合在编译期就已经固定；通过继承机制，动多态允许单一版本的多态函数与编译时尚不明确的类型协同工作，但它的灵活性差，因为其类型必须继承自通用基类。

本章将描述如何在 C++的静多态和动多态之间架起桥梁，以兼得各模式的好处（参阅 18.3 节的讨论）：既有动多态的更小的可执行代码以及（几乎）完全以编译后的形式[①]发布，又有静多态的接口灵活性，从而有诸如能同内置类型无缝协同工作的好处。下面我们以一个简化版的标准库中的 function<>模板为例说明。

22.1 函数对象、指针以及 std::function<>

函数对象可用于为模板提供可定制的行为。例如，下面的函数模板枚举了从 0 到某个值的所有整数值，并将每个值提供给给定的函数对象 f。

bridge/forupto1.cpp

```
#include <vector>
#include <iostream>

template<typename F>
void forUpTo(int n, F f)
{
  for (int i = 0; i != n; ++i)
  {
    f(i); //对 i 调用传入的函数 f
  }
}

void printInt(int i)
{
  std::cout << i << ' ';
}

int main()
{
  std::vector<int> values;
```

① 如二进制库。——译者注

```
    //插入从 0 到 4 的值
    forUpTo(5,
            [&values](int i) {
              values.push_back(i);
            });

    //输出元素
    forUpTo(5,
            printInt); //输出 0、1、2、3、4
    std::cout << '\n';
}
```

forUpTo()函数模板可与任何函数对象一起使用，包括 lambda 表达式、函数指针或者类，只要该类实现了合适的 operator()或到函数指针/引用的转换，每次使用 forUpTo()都可能产生一个不同的函数模板实例化。我们的函数模板实例相当小，但如果模板大，这些实例化有可能增加代码量。

限制代码量增加的方法之一是把函数模板变成一个非模板，这样就不需要实例化了。例如，我们可尝试以一个函数指针来实现：

bridge/forupto2.hpp

```
void forUpTo(int n, void (*f)(int))
{
  for (int i = 0; i != n; ++i)
  {
    f(i); //对 i 调用传入的函数 f
  }
}
```

然而，尽管这一实现在传入 printInt()时有效，但传入 lambda 表达式时它会出错：

```
forUpTo(5,
    printInt); //正确：输出 0、1、2、3、4

forUpTo(5,
        [&values](int i) { //错误：lambda 表达式不能转换成函数指针
          values.push_back(i);
        });
```

标准库的类模板 std::function<>可以支持 forUpTo()的另外一种设计：

bridge/forupto3.hpp

```
#include <functional>

void forUpTo(int n, std::function<void(int)> f)
{
  for (int i = 0; i != n; ++i)
  {
    f(i); //对 i 调用传入的函数 f
  }
}
```

std::function<>的模板实参是一个函数类型，它描述了函数对象会接收的形参类型和它应该产生的返回类型，很像函数指针描述了形参和结果类型。

forUpTo()这样设计提供了静多态的某些好处，如能和无限种类型协同工作，包括函数指针、lambda 表达式和具有合适的 operator()的任意类，同时自身仍是一个具有单一实现的非模板函数。它通过一种叫作类型擦除（type erasure）的技术在静多态和动多态之间架起了一座桥梁。

22.2 泛化的函数指针

std::function<>类型实际上是 C++函数指针的一种泛化形式，提供了与 C++函数指针相同的基本操作。

- 它可以用来调用一个函数，而调用者对该函数本身一无所知。
- 它可以被拷贝、移动和赋值。
- 它可以从另一个（具有兼容签名的）函数初始化或赋值。
- 它有一个 null 状态，表示没有函数和它绑定。

然而，与 C++函数指针不同，std::function<>可以存储一个 lambda 表达式或任何其他具有合适 operator()的函数对象，而这些对象都可能具有不同的类型。

接下来构建我们自己的泛化函数指针类模板 FunctionPtr，以提供上述这些核心操作和功能，从而可以用来代替 std::function。

bridge/forupto4.cpp

```
#include "functionptr.hpp"
#include <vector>
#include <iostream>

void forUpTo(int n, FunctionPtr<void(int)> f)
{
  for (int i = 0; i != n; ++i)
  {
    f(i); //对 i 调用传入的函数 f
  }
}

void printInt(int i)
{
  std::cout << i << ' ';
}

int main()
{
  std::vector<int> values;

  //插入从 0 到 4 的值
  forUpTo(5, [&values](int i) {
             values.push_back(i);
          });

  //输出元素
  forUpTo(5,
          printInt); //输出 0、1、2、3、4
  std::cout << '\n';
}
```

FunctionPtr 的接口相当直接，提供了构造、拷贝、移动、析构、从任意函数对象初始化和赋值等功能，以及对底层函数对象的调用。该接口最值得关注的部分是它如何在类模板的偏特化中得以完全描述，偏特化的作用是将模板实参（函数类型）分解成其组成部分（结果和参数类型）。

bridge/functionptr.hpp

```
//基本模板
template<typename Signature>
class FunctionPtr;

//偏特化
template<typename R, typename... Args>
class FunctionPtr<R(Args...)>
{
  private:
    FunctorBridge<R, Args...>* bridge;
  public:
  //构造函数
  FunctionPtr() : bridge(nullptr) {
  }
  FunctionPtr(FunctionPtr const& other); //见 functionptr-cpinv.hpp
  FunctionPtr(FunctionPtr& other)
    : FunctionPtr(static_cast<FunctionPtr const&>(other)) {
  }
  FunctionPtr(FunctionPtr&& other) : bridge(other.bridge) {
    other.bridge = nullptr;
  }
  //从任意函数对象构造
  template<typename F> FunctionPtr(F&& f); //见 functionptr-init.hpp

  //赋值运算符
  FunctionPtr& operator=(FunctionPtr const& other) {
    FunctionPtr tmp(other);
    swap(*this, tmp);
    return *this;
  }
  FunctionPtr& operator=(FunctionPtr&& other) {
    delete bridge;
    bridge = other.bridge;
    other.bridge = nullptr;
    return *this;
  }
  //从任意函数对象赋值构造
  template<typename F> FunctionPtr& operator=(F&& f) {
    FunctionPtr tmp(std::forward<F>(f));
    swap(*this, tmp);
    return *this;
  }
  //析构函数
  ~FunctionPtr() {
    delete bridge;
 }

  friend void swap(FunctionPtr& fp1, FunctionPtr& fp2) {
    std::swap(fp1.bridge, fp2.bridge);
```

```
  }
  explicit operator bool() const {
    return bridge != nullptr;
  }

  //调用
  R operator()(Args... args) const; //见 functionptr-cpinv.hpp
};
```

该实现包含一个单一的非静态成员变量 bridge，它将负责存储函数对象和操作存储的函数对象。这个指针的所有权与 FunctionPtr 对象捆绑，因此提供的大部分实现仅管理 bridge 这个指针。以上代码中未实现的函数包含实现方案中值得关注的部分，这些内容将在后面内容中描述。

22.3 桥接接口

类模板 FunctorBridge 负责定义底层函数对象的所有权和操作。它被实现为一个抽象基类，形成了 FunctionPtr 动多态的基础。

bridge/functorbridge.hpp

```
template<typename R, typename... Args>
class FunctorBridge
{
  public:
    virtual ~FunctorBridge() {
    }
    virtual FunctorBridge* clone() const = 0;
    virtual R invoke(Args... args) const = 0;
};
```

FunctorBridge 提供了通过虚函数来操作存储的函数对象所需的必要操作：析构函数、执行拷贝的 clone()运算，以及调用底层函数对象的 invoke()运算。不要忘记将 clone()和 invoke()定义为常量成员函数[①]。

我们可以使用这些虚函数来实现 FunctionPtr 的拷贝构造函数和函数调用运算符。

bridge/functionptr-cpinv.hpp

```
template<typename R, typename... Args>
FunctionPtr<R(Args...)>::FunctionPtr(FunctionPtr const& other)
  : bridge(nullptr)
{
  if (other.bridge) {
    bridge = other.bridge->clone();
  }
}

template<typename R, typename... Args>
R FunctionPtr<R(Args...)>::operator()(Args... args) const
{
  return bridge->invoke(std::forward<Args>(args)...);
}
```

① 为 invoke()定义 const 是一项安全措施，可以防止通过 const FunctionPtr 对象来调用非 const 的 operator()，这样会违反程序员的预期。

22.4 类型擦除

FunctorBridge 的每个实例都是一个抽象类，所以它的派生类负责提供其虚函数的实际实现。为了支持全部的潜在函数对象（一个无限数量的集合），我们需要无限数量的派生类。幸运的是，通过在派生类所存储的函数对象的类型上对它进行参数化，可以实现这一点。

bridge/specificfunctorbridge.hpp

```
template<typename Functor, typename R, typename... Args>
class SpecificFunctorBridge : public FunctorBridge<R, Args...> {
  Functor functor;

  public:
  template<typename FunctorFwd>
    SpecificFunctorBridge(FunctorFwd&& functor)
    : functor(std::forward<FunctorFwd>(functor)) {
    }
  virtual SpecificFunctorBridge* clone() const override {
    return new SpecificFunctorBridge(functor);
  }
  virtual R invoke(Args... args) const override {
    return functor(std::forward<Args>(args)...);
  }
};
```

SpecificFunctorBridge 的每个实例都存储了一个函数对象的副本（其类型为 Functor），它可以被调用、拷贝（通过拷贝 SpecificFunctorBridge）或销毁（隐含在析构函数中）。每当 FunctionPtr 被初始化为新的函数对象时，就会创建 SpecificFunctorBridge 实例，正如以下示例代码所展示的那样，这样就完成了 FunctionPtr 的实现：

bridge/functionptr-init.hpp

```
template<typename R, typename... Args>
template<typename F>
FunctionPtr<R(Args...)>::FunctionPtr(F&& f)
  : bridge(nullptr)
{
  using Functor = std::decay_t<F>;
  using Bridge = SpecificFunctorBridge<Functor, R, Args...>;
  bridge = new Bridge(std::forward<F>(f));
}
```

请注意，虽然 FunctionPtr 构造函数本身是以函数对象类型 F 为模板的，但该类型只为 SpecificFunctorBridge 的特定特化（由 Bridge 类型别名描述）所知。一旦新分配的 Bridge 实例被赋给数据成员 bridge，由于从 Bridge *到 FunctorBridge<R, Args...> *[①]的由派生类到基类

① 尽管可以通过 dynamic_cast（以及其他手段）查询这一类型，但 FunctionPtr 类令 bridge 指针为私有的，于是 FunctionPtr 的用户无从访问类型本身。

的转换，关于特定类型 F 的额外信息就会丢失。这种类型信息的丢失解释了为什么类型擦除这个术语经常被用来描述静多态和动多态之间的桥接技巧。

该实现的一个独特之处是使用 std::decay（参阅附录 D 的 D.4 节）来产生 Functor 类型，这使得推断的类型 F 适用于存储，例如，通过将对函数类型的引用转换为函数指针类型并删除顶层的 const、volatile 和引用类型。

22.5 可选的桥接

我们的 FunctionPtr 模板几乎可以直接替代函数指针。然而，它还不支持一个函数指针可以提供的运算：测试两个 FunctionPtr 对象是否会调用同一个函数。添加这样的运算需要升级 FunctorBridge，加入一个 equals 运算：

```
virtual bool equals(FunctorBridge const* fb) const = 0;
```

以及 SepcificFunctorBridge 中的一部分实现，当它们具有相同类型时比较存储的函数对象：

```
virtual bool equals(FunctorBridge<R, Args...> const* fb) const override {
  if (auto specFb = dynamic_cast<SpecificFunctorBridge const*>(fb)) {
    return functor == specFb->functor;
  }
  //不同类型的 functor 永远不等
  return false;
}
```

最后，我们为 FunctionPtr 实现 operator==，它首先检查 functor 是否为 null，然后将其委托给 FunctorBridge：

```
friend bool
operator==(FunctionPtr const& f1, FunctionPtr const& f2) {
  if (!f1 || !f2) {
    return !f1 && !f2;
  }
  return f1.bridge->equals(f2.bridge);
}
friend bool
operator!=(FunctionPtr const& f1, FunctionPtr const& f2) {
  return !(f1 == f2);
}
```

这个实现是正确的。然而，它有一个令人遗憾的缺点：如果没有合适的 operator==的函数对象（例如 lambda 表达式）赋值或初始化 FunctionPtr，程序会编译失败。这也许令人意外，因为 FunctionPtr 的 operator==甚至还没有被使用，而其他许多类模板（诸如 std::vector）可以用没有 operator==的类型进行实例化，只要它们自己的 operator==不会被使用。

operator==的这个问题是由类型擦除造成的：因为一旦 FunctionPtr 被赋值或初始化，我们实际上就失去了函数对象的类型信息，所以我们需要在该赋值或初始化完成之前就捕获需要知道的关于类型的所有信息。这些信息包括构建对函数对象的 operator==的调用，因为我们无法确定何时会需要它[①]。

幸好，通过精心构造的特征，我们可以使用基于 SFINAE 的特征（在 19.4 节中讨论）在调用 operator==之前检查它是否可用。

bridge/isequalitycomparable.hpp

```
#include <utility> //为了 declval()
#include <type_traits> //为了 true_type 和 false_type

template<typename T>
class IsEqualityComparable
{
  private:
    //测试==和!==到 bool 的转换
    static void* conv(bool); //检查到 bool 的转换
    template<typename U>
      static std::true_type test(decltype(conv(std::declval<U const&>() ==
                                          std::declval<U const&>())),
                               decltype(conv(!(std::declval<U const&>() ==
                                            std::declval<U const&>())))
                              );
    //后备
    template<typename U>
      static std::false_type test(...);
  public:
    static constexpr bool value = decltype(test<T>(nullptr,
                                                   nullptr))::value;
};
```

IsEqualityComparable 特征应用了 19.4.1 节中介绍的表达式测试特征的典型形式：两个 test()重载，其中一个包含用 decltype 标识的要测试的表达式，另一个通过省略号接收任意参数。第 1 个 test()重载试图使用==来比较两个类型为 T const 的对象，然后确保结果既可以隐式转换为 bool（对于第 1 个参数），又可以传递给逻辑否定运算符!，进而将结果转换为 bool。如果两个运算都是结构良好的（well formed），参数类型本身将都是 void*。

使用 IsEqualityComparable 特征，我们就可以构造 TryEquals 类模板，可以要么在给定的类型上调用==（当它提供时），要么当没有合适的==存在时抛出异常。

bridge/tryequals.hpp

```
#include <exception>
#include "isequalitycomparable.hpp"

template<typename T,
         bool EqComparable = IsEqualityComparable<T>::value>
struct TryEquals
{
  static bool equals(T const& x1, T const& x2) {
    return x1 == x2;
  }
};
```

① 简单来说，这里的何时需要指的是调用 operator==的代码何时被实例化，是因为某个类模板（本例中是 SpecificFunctorBridge）中所有的虚函数往往会在类模板本身被实例化的时候实例化。

```
class NotEqualityComparable : public std::exception
{
};

template<typename T>
struct TryEquals<T, false>
{
  static bool equals(T const& x1, T const& x2) {
    throw NotEqualityComparable();
  }
};
```

最后，通过在我们的 SpecificFunctorBridge 实现中使用 TryEquals，我们能够在 FunctionPtr 中提供对==的支持，前提是存储的函数对象类型匹配并且支持==。

```
virtual bool equals(FunctorBridge<R, Args...> const* fb) const override {
  if (auto specFb = dynamic_cast<SpecificFunctorBridge const*>(fb)) {
    return TryEquals<Functor>::equals(functor, specFb->functor);
  }
  //不同类型的 functor 永远不相等
  return false;
}
```

22.6 性能考虑

类型擦除兼顾了静多态和动多态的一些优点，但并非全部。特别是，使用类型擦除生成的代码，其性能更接近动多态的性能，因为都通过虚函数使用了动态派发。于是，一些静多态的传统优点，比如编译器可以内联调用，可能就会失去。这种性能上的损失是否达到了可以感知的程度取决于应用，但是通常容易判断，即比较被调用的函数的运算量和虚函数调用的成本：如果两者很接近（例如，使用 FunctionPtr 只是使两个整数相加），那么类型擦除的执行速度可能比静多态的版本慢得多；如果函数调用执行了大量的工作（如查询数据库、对容器排序或更新用户界面），那么类型擦除的成本不大可能达到可感知的程度。

22.7 后记

Kevlin Henney 通过引入 any 类型（参阅[*HenneyValuedConversions*]）在 C++中普及了类型擦除，该类型后来成为 Boost 库中一个流行的库（参阅[*BoostAny*]），并成为 C++17 标准库的一部分。该技巧在 Boost.Function 库（参阅[*BoostFunction*]）中得到一定程度完善，它应用了各种性能和代码的优化，最终成为 std::function<>。然而，每个早期的库都只实现了一组运算：any 是一个简单的值类型，只有一个拷贝操作和一个类型转换操作，function 则在此基础上增加了调用操作。

后来的相关工作，比如 Boost.TypeErasure 库（参阅[*BoostTypeErasure*]）和 Adobe 的 Poly 库（参阅[*AdobePoly*]），应用了模板元编程技巧，允许用户使用指定列表的某些功能来组建擦除了类型的值。例如，下面这个类型（使用 Boost.TypeErasure 库构造）可以处理拷贝构造、执行类似 typeid 的操作，以及用于流式输出。

```
using AnyPrintable = any<mpl::vector<copy_constructible<>,
                                      typeid_<>,
                                      ostreamable<>
                                     >>;
```

第 23 章

元编程

元编程的内涵包括“对一个程序进行编程”。换句话说，编程系统将会执行我们所设计的代码，以生成新的代码，而这些新代码将实现我们真正想要的功能。通常，元编程这个术语意味着一个反身的属性。元编程组件既是程序的一部分，又为其所在的程序生成了一部分代码或程序。

为什么要进行元编程？正如大多其他的编程技巧，进行元编程的目标是实现事半功倍，结果可以用代码大小、维护成本等来衡量。元编程的特色是某些用户定义的计算在翻译期发生。进行元编程的深层次的动机经常是提高性能（翻译期计算的东西往往可以优化掉）或者简化接口（元编程通常比它扩展的程序更加短小），或兼顾两者。

元编程常常依赖第 19 章中介绍的特征和类型函数的概念。因此，我们建议在深入学习本章之前先熟悉第 19 章的内容。

23.1 现代 C++元编程的状况

C++元编程技巧随时间演化（本章后记中汇总了这一领域的一些关键节点）。下面让我们分类讨论现代 C++中常用的一些元编程技巧。

23.1.1 值元编程

在本书第 1 版中，我们受限于原始 C++标准（1998 年发布，2003 年进行小的修订）中引入的功能。当年，实现简单的编译期（“元”）计算曾是一个小小的挑战。因此我们在本章中专门留出相当篇幅通过一个高阶的例子来重温这种体验，即在编译期通过递归模板实例化来计算整数值的平方根。正如在 8.2 节中所介绍的，自从 C++11 开始，特别是 C++14，引入了 constexpr 函数[①]，那样的挑战大部分已经不复存在。举例来说，自 C++14 以来，可以像下面这样容易地写出在编译期计算平方根的函数：

meta/sqrtconstexpr.hpp

```
template<typename T>
constexpr T sqrt(T x)
{
  //处理 x 和它的平方根相等的特殊情况，以简化对于更大的 x 的迭代判断
  if (x <= 1) {
    return x;
```

① C++11 的 constexpr 特性足以应对许多常见的挑战，但是编程模型不总是令人愉快的（比如，没有循环语句，所以迭代计算不得不利用递归函数调用。详情请参阅 23.2 节）。C++14 提供了循环语句和各种其他构造。

```
  }

  //多次判断 x 的平方根在[lo,hi]区间的哪一半里，
  //直到该区间被收缩到只有一个值
  T lo = 0, hi = x;
  for (;;) {
    auto mid = (hi+lo)/2, midSquared = mid*mid;
    if (lo+1 >= hi || midSquared == x) {
      //mid 一定是要找的平方根
      return mid;
    }
    //在高/低半区间中继续
    if (midSquared < x) {
      lo = mid;
    }
    else {
      hi = mid;
    }
  }
}
```

该算法通过反复对已知含有 x 的平方根的区间进行折半来搜索答案（0 和 1 的平方根作为特例对待，以简化迭代判断）。该 sqrt()函数可以在编译期或者运行期求值：

```
static_assert(sqrt(25) == 5, ""); //可以 （编译期求值）
static_assert(sqrt(40) == 6, ""); //可以 （编译期求值）

std::array<int, sqrt(40)+1> arr;  //声明有 7 个元素的数组（编译期）
long long l = 53478;
std::cout << sqrt(l) << '\n';     //输出 231 （运行期求值）
```

该函数的实现也许不是在运行期最高效（这种场合利用机器本身的独特性通常能有所收获），但是因为它本就是为了进行编译期的计算，所以绝对的效率没有可移植性重要。注意，这个平方根例子中没有出现“模板魔法”，只用了对于函数模板常见的模板实参推导。这样的代码是“朴素的” C++代码，而且读起来没有特别的挑战性。

上述值元编程（即对编译期的值的运算进行编程）有时挺有用，而现在 C++（即 C++14 和 C++17）中还支持两种元编程——类型元编程和混合元编程。

23.1.2 类型元编程

我们在第 19 章讨论某些特征模板时已经遇到了某种形式的类型计算，它将一个类型作为输入，并根据它产生一个新的类型。例如，我们的 RemoveReferenceT 类模板计算了一个引用类型的底层类型。然而，我们在第 19 章中介绍的例子只进行相当初级的类型运算。依靠递归模板实例化（基于模板的元编程的一大支柱）我们可以进行相当复杂的类型计算。

考虑下面的小示例：

meta/removeallextents.hpp

```
//基本模板：一般产生的是给定的类型
template<typename T>
struct RemoveAllExtentsT {
  using Type = T;
```

```
};

//为（有界或无界的）数组类型偏特化
template<typename T, std::size_t SZ>
struct RemoveAllExtentsT<T[SZ]> {
  using Type = typename RemoveAllExtentsT<T>::Type;
};
template<typename T>
struct RemoveAllExtentsT<T[]> {
  using Type = typename RemoveAllExtentsT<T>::Type;
};

template<typename T>
using RemoveAllExtents = typename RemoveAllExtentsT<T>::Type;
```

这里，RemoveAllExtents 是一个类型元函数（即一种生产类型的计算工具），它将从一个类型中移除任意数量的顶层“数组层”①。你可以这样使用它：

```
RemoveAllExtents<int[]>       //产生 int
RemoveAllExtents<int[5][10]> //产生 int
RemoveAllExtents<int[][10]>  //产生 int
RemoveAllExtents<int(*)[5]>  //产生 int(*)[5]
```

元函数通过让与顶层数组相匹配的偏特化递归地“调用”元函数本身来执行其任务。

假如我们所能用的都只是标量值，那么用值进行计算就是非常受限的。幸运的是，几乎任何编程语言都至少有一个值容器构造，它极大地扩展了该语言的功能（大多数语言都有各种容器类型，如数组/vector、哈希表等）。类型元编程的情况也是如此：增加一个“类型的容器”构造会扩大该技术的适用范围。幸运的是，现代 C++包含能够开发这样一个容器的机制。第 24 章将非常详细地开发一个 Typelist<...>类模板，它正是这样一个类型的容器。

23.1.3 混合元编程

通过值元编程和类型元编程，我们可以在编译时计算值和类型。然而最终，我们对运行期的效果感兴趣，所以我们在运行期的代码中，在预期有类型和常量的地方使用元编程。不过，元编程能做的还不止这些。我们可以在编译期以编程方式组装具有运行期效果的代码片段。我们称之为混合元编程。

为说明其原理，让我们从一个简单的例子开始：计算两个 std::array 值的点积。回顾一下，std::array 是一个固定长度的容器模板，声明为：

```
namespace std {
  template<typename T, size_t N> struct array;
}
```

其中，N 是数组中（T 类型）的元素的数量。给定两个相同数组类型的对象，它们的点积可以按以下方式计算：

```
template<typename T, std::size_t N>
auto dotProduct(std::array<T, N> const& x, std::array<T, N> const& y)
```

① C++标准库提供了对应的类型特征——std::remove_all_extents。详情请参阅附录 D 的 D.4 节。

```
{
  T result{};
  for (std::size_t k = 0; k<N; ++k) {
    result += x[k]*y[k];
  }
  return result;
}
```

直接编译 for 循环将产生分支指令，在某些编译器中，与如下顺序执行相比，其可能会产生一些成本：

```
result += x[0]*y[0];
result += x[1]*y[1];
result += x[2]*y[2];
result += x[3]*y[3];
...
```

幸运的是，现代编译器会将循环优化为对目标平台最高效的形式。然而，为了便于讨论，我们以避免循环的方式重写 dotProduct()实现。[①]

```
template<typename T, std::size_t N>
struct DotProductT {
    static inline T result(T* a, T* b) {
        return *a * *b + DotProduct<T, N-1>::result(a+1,b+1);
    }
};

//作为终止判据的偏特化
template<typename T>
struct DotProductT<T, 0> {
    static inline T result(T*, T*) {
        return T{};
    }
};

template<typename T, std::size_t N>
auto dotProduct(std::array<T, N> const& x,
                std::array<T, N> const& y)
{
  return DotProductT<T, N>::result(x.begin(), y.begin());
}
```

这个新的实现将工作委托给一个类模板 DotProductT。这样就可以使用递归模板实例化，并可以用类模板偏特化来结束递归。请注意，DotProductT 的每个实例化都会产生点积的一个项与数组中其余部分的点积之和。对于 std::array<T,N>类型的值，将有 N 个基本模板的实例和一个递归终止的偏特化的实例。使其高效的关键是编译器对静态成员函数 result()的每一次调用进行内联。幸运的是，即使只是启用了中等的编译器优化，内联也会进行。[②]

这段代码的核心观点是，它将决定代码整体结构的编译期计算（在此通过递归模板实例

① 这就是所谓的循环展开。我们通常不建议在可移植代码中显式地展开循环，因为决定最佳展开策略的细节在很大程度上取决于目标平台和循环体。编译器通常在考虑这些因素的方面做得更好。

② 我们在此显式地指定了 inline 关键字，因为一些编译器（特别是 Clang）将此作为提示，会尽可能尝试内联调用。从语言的角度来看，这些函数是隐式内联的，因为它们被定义在封入它们的类的内容中。

化实现）与决定具体运行时效果的运行期计算（调用 result()）相融合。

我们在前面提到，如果有一个“类型的容器”，类型元编程的能力就会得到极大的增强。我们已经看到，在混合元编程中，一个固定长度的数组类型可能是有用的。尽管如此，混合元编程中真正的“英雄容器”是元组。元组是一个值的序列，每个值都有一个可选择的类型。C++标准库包含一个支持这种观念的 std::tuple 类模板。比如，

```
std::tuple<int, std::string, bool> tVal{42, "Answer", true};
```

上述代码定义了一个变量 tVal，它聚合了 int、std::string 和 bool 这 3 种类型的值（按特定顺序）。由于类元组容器对现代 C++编程的重要性，我们将在第 25 章中细致地开发一个元组。上述的 tVal 的类型与一个简单的 struct 类型非常相似，如：

```
struct MyTriple {
  int v1;
  std::string v2;
  bool v3;
};
```

既然对于数组类型和（简单的）struct 类型，我们已经有了灵活的 std::array 和 std::tuple 分别与之对应，自然会想到，对于简单的 union 类型，它的模板对应物对混合计算是否同样有用。答案是“是的”。C++标准库在 C++17 中为此目的引入了 std::variant 模板，我们将在第 26 章中开发一个类似的组件。

因为 std::tuple 和 std::variant 同 struct 类型一样，都是异质类型，使用这种类型的混合元编程有时被称为异质元编程。

23.1.4　单位类型的混合元编程

另一个展示混合计算能力的例子是能够计算不同单位类型的值的计算结果的库。值的计算在运行期进行，但结果单位的计算在编译期就确定了。

让我们用一个高度简化的例子来说明这一点。我们将以它们对于主要单位的比值（分数）来记录单位。例如，如果时间的主要单位是秒（s），那么 1ms 就用比值 1/1000 表示，1min 用比值 60/1 表示。所以，关键是要定义一个比值类型，其中每个值都有自己的类型：

meta/ratio.hpp

```
template<unsigned N, unsigned D = 1>
struct Ratio {
  static constexpr unsigned num = N; //分子
  static constexpr unsigned den = D; //分母
  using Type = Ratio<num, den>;
};
```

现在我们可以定义编译期的计算，如两个比值相加。

meta/ratioadd.hpp

```
//两个比值相加的实现
template<typename R1, typename R2>
struct RatioAddImpl
{
  private:
    static constexpr unsigned den = R1::den * R2::den;
```

```
    static constexpr unsigned num = R1::num * R2::den + R2::num * R1::den;
  public:
    typedef Ratio<num, den> Type;
};

//using 声明以方便使用
template<typename R1, typename R2>
using RatioAdd = typename RatioAddImpl<R1, R2>::Type;
```

这使我们能够在编译期计算出两个比值的和。

```
using R1 = Ratio<1,1000>;
using R2 = Ratio<2,3>;
using RS = RatioAdd<R1,R2>;                    //RS 的类型是 Ratio<2003,2000>
std::cout << RS::num << '/' << RS::den << '\n'; //输出 2003/3000

using RA = RatioAdd<Ratio<2,3>,Ratio<5,7>>;     //RA 的类型是 Ratio<29,21>
std::cout << RA::num << '/' << RA::den << '\n'; //输出 29/21
```

我们现在可以为持续时间定义一个类模板，以一个任意的值类型和一个 Ratio<>实例化后的单位类型作为它的参数。

meta/duration.hpp

```
//带有单位类型 U 的类型 T 的值的持续时间类型
template<typename T, typename U = Ratio<1>>
class Duration {
  public:
    using ValueType = T;
    using UnitType = typename U::Type;
  private:
    ValueType val;
  public:
    constexpr Duration(ValueType v = 0)
      : val(v) {
    }
    constexpr ValueType value() const {
      return val;
    }
};
```

值得注意的是 operator+的定义。将两个持续时间相加：

meta/durationadd.hpp

```
//将两个单位类型可能不同的持续时间相加
template<typename T1, typename U1, typename T2, typename U2>
auto constexpr operator+(Duration<T1, U1> const& lhs,
                         Duration<T2, U2> const& rhs)
{
  //结果类型是一个单位，其分子是 1，分母是将两个单位的比值相加后所得分数的分母
  using VT = Ratio<1,RatioAdd<U1,U2>::den>;
  //结果的值是转换到结果单位类型的两个值的和
  auto val = lhs.value() * VT::den / U1::den * U1::num +
             rhs.value() * VT::den / U2::den * U2::num;
  return Duration<decltype(val), VT>(val);
}
```

参数可以有不同的单位类型：U1 和 U2。使用这些单位类型计算出持续时间，使其具有相应的单位类型，即相应的单位分数（分子为 1 的分数）。有了这些，就可以编译下面的代码：

```
int x = 42;
int y = 77;

auto a = Duration<int, Ratio<1,1000>>(x); //x 个 1ms
auto b = Duration<int, Ratio<2,3>>(y);    //y 个 2/3s
auto c = a + b; //计算结果的单位类型，1/3000s
                //并生成运行期代码来计算 c = a*3 + b*2000
```

关键的“混合”效果是，对于和 c，编译器在编译期确定结果的单位类型 Ratio<1,3000>，并在运行期计算结果的值所需要的代码，而值会根据结果的单位类型进行调整。

由于值类型是一个模板参数，我们可以使用的值类型不限于 int 的 Duration 类，甚至可以使用异质的值类型（只要类型的值的加法运算是定义好的）。

```
auto d = Duration<double, Ratio<1,3>>(7.5);  //7.5 个 1/3s
auto e = Duration<int, Ratio<1>>(4);         //4s

auto f = d + e;  //计算出结果的值类型是 1/3s
                 //并生成代码以计算 f = d + e*3
```

此外，如果值在编译期已知，编译器甚至可以在编译期计算出值，因为持续时间的 operator+是 constexpr。

C++标准库的类模板 std::chrono 使用了这种方法，并做了一些改进，例如使用预定义的单位（如 std::chrono::milliseconds）支持持续时间字面量（例如 10ms），以及处理溢出。

23.2 反射元编程的维度

之前，我们描述了基于 constexpr 求值的值元编程和基于递归模板实例化的类型元编程。这两种元编程，在现代 C++中都是可用的，它们显然涉及驱动计算的不同方法。事实证明，值元编程也可以以递归模板实例化的方式来驱动，而且，在 C++11 中引入 constexpr 函数之前，这正是其实现机制。例如，下面的代码使用递归实例化来计算一个整数的平方根。

meta/sqrt1.hpp

```
//计算 Sqrt(N)的基本模板
template<int N, int LO=1, int HI=N>
struct Sqrt {
  //计算取整后的中点
  static constexpr auto mid = (LO+HI+1)/2;

  //折半后，搜索一个不那么大的值
  static constexpr auto value = (N<mid*mid) ? Sqrt<N,LO,mid-1>::value
                                            : Sqrt<N,mid,HI>::value;
}

//对 LO 等于 HI 的情形偏特化
template<int N, int M>
struct Sqrt<N,M,M> {
```

```
    static constexpr auto value = M;
};
```

这段元程序使用的算法与 23.1.1 节中介绍的整数平方根 constexpr 函数基本相同，即连续地将一个已知包含平方根的区间折半。然而，元函数的输入是一个非类型的模板实参，而不是一个函数的实参，跟踪区间边界的“局部变量”也被重新转换为非类型的模板实参。显然，这是一种远不如 constexpr 函数友好的方法，但我们还是会在后面分析这段代码，以考察它如何消耗编译器资源。

无论如何，可以看到，元编程的计算引擎有可能有许多潜在选项。然而，计算引擎并不是考虑这些选项的唯一维度。进一步说，一个全面的 C++元编程解决方案必须以 3 个维度做出选择：

- 计算；
- 反射；
- 生成。

反射是指以编程方式检查程序的特性的能力。生成是指为程序生成额外代码的能力。

我们已经看到了计算的两种选择：递归实例化和 constexpr 求值。对于反射，我们已经在类型特征中找到了部分解决方案（参阅 19.6.1 节）。尽管可用的特征能够实现相当多的高阶模板技术，但它们远远没有涵盖语言中反射功能的所有需求。例如，给定一个类类型，许多应用程序希望以编程方式探索该类的成员。我们目前的特征是基于模板实例化的，可以想象，C++可以提供额外的语言功能或“内部”（intrinsic）库组件[①]，以便在编译时产生包含反射信息的类模板实例。这样的方法与基于递归模板实例化的计算很匹配。遗憾的是，类模板实例会消耗大量的编译器存储空间，而这些存储空间在编译结束前是不能被释放的（假如不这么做，则会导致花费多得多的编译时间）。一个可供选择的方案是引入一个新的标准类型来表示被反射的信息，这个方案有望与计算维度的 constexpr 求值选项很好地搭配。17.9 节讨论了这个方案（现在正由 C++标准委员会积极探讨）。

17.9 节也展示了一种潜在的、未来的代码生成机制。在现有的 C++语言中创建一个灵活的、通用的、对程序员友好的代码生成机制仍然是一个挑战，各方都在探讨。然而，实例化模板其实一直就是某种代码生成机制。此外，编译器在将小型函数调用展开为内联方面已经变得足够可靠，以至于该机制可被用作代码生成的工具。这些认识恰恰是我们上面的 DotProductT 例子的基础，结合更强大的反射功能，现有的技术已经可以实现出色的元编程效果。

23.3 递归实例化的代价

接下来分析 23.2 节中介绍的 Sqrt<>模板。基本模板实现的是一般的递归计算，它是用模板参数 N（要取平方根的值）和另外两个可选参数来调用的。这些可选参数代表了结果可能具有的最小和最大值。如果模板被调用时只有一个参数，我们知道平方根最小是 1，最大是值本身。

然后，递归使用一种二元搜索技术（在此语境中通常称为二分法）进行。在模板内部，我们计算 value 是在 LO 到 HI 区间的前一半还是后一半。分支判断使用了条件运算符?:。如

① C++标准库提供的某些特征依赖于编译器提供的配合（通过非标准的 intrinsic 运算符）。详情请参阅 19.10 节。

果 mid2 大于 N，我们继续在前一半搜索。如果 mid^2 小于或等于 N，我们再次使用相同的模板在后一半进行搜索。

当 LO 和 HI 具有相同的值 M 时，偏特化结束递归过程，M 即最终值。

模板实例化并不“便宜”。即使是相对较小的类模板，也会为每个实例分配超过 1000 个字节的存储空间，而且这些存储空间在编译完成之前是无法回收的。接下来就让我们来检查一个使用我们的 Sqrt<>模板的简单程序的细节：

meta/sqrt1.cpp

```
#include <iostream>
#include "sqrt1.hpp"

int main()
{
  std::cout << "Sqrt<16>::value = " << Sqrt<16>::value << '\n';
  std::cout << "Sqrt<25>::value = " << Sqrt<25>::value << '\n';
  std::cout << "Sqrt<42>::value = " << Sqrt<42>::value << '\n';
  std::cout << "Sqrt<1>::value =  " << Sqrt<1>::value << '\n';
}
```

表达式

```
Sqrt<16>::value
```

被展开成

```
Sqrt<16,1,16>::value
```

在模板内部，元程序按如下方式计算 Sqrt<16,1,16>::value：

```
mid = (1+16+1)/2
    = 9

value = (16<9*9) ? Sqrt<16,1,8>::value
                 : Sqrt<16,9,16>::value
      = (16<81) ? Sqrt<16,1,8>::value
                : Sqrt<16,9,16>::value
      = Sqrt<16,1,8>::value
```

这样，结果被计算为 Sqrt<16,1,8>::value，它会被展开成：

```
mid = (1+8+1)/2
    = 5
value = (16<5*5) ? Sqrt<16,1,4>::value
                 : Sqrt<16,5,8>::value
      = (16<25) ? Sqrt<16,1,4>::value
                : Sqrt<16,5,8>::value
      = Sqrt<16,1,4>::value
```

类似地，Sqrt<16,1,4>::value 被展开成：

```
mid = (1+4+1)/2
    = 3
value = (16<3*3) ? Sqrt<16,1,2>::value
                 : Sqrt<16,3,4>::value
      = (16<9) ? Sqrt<16,1,2>::value
```

```
                  : Sqrt<16,3,4>::value
       = Sqrt<16,3,4>::value
```

最终，Sqrt<16,3,4>::value 的结果是：

```
mid = (3+4+1)/2
    = 4
value = (16<4*4) ? Sqrt<16,3,3>::value
                 : Sqrt<16,4,4>::value
      = (16<16) ? Sqrt<16,3,3>::value
                : Sqrt<16,4,4>::value
      = Sqrt<16,4,4>::value
```

而 Sqrt<16,4,4>::value 结束了递归过程，因为它与捕捉相等高低限值的显式特化成功匹配。因此，最后的结果是：

```
value = 4
```

23.3.1 追踪所有的实例化

我们上面的分析跟随着计算 16 的平方根的有效实例化进行。然而，当编译器对以下表达式求值时：

```
(16<=8*8) ? Sqrt<16,1,8>::value
          : Sqrt<16,9,16>::value
```

它不但会去实例化肯定分支，也会去实例化否定分支（Sqrt<16,9,16>）。进而，因为代码尝试使用::运算符去访问结果类类型的一个成员，该类类型的所有成员都会被实例化。这就意味着 Sqrt<16,9,16>的完全实例化造成了 Sqrt<16,9,12>和 Sqrt<16,13,16>的完全实例化。当整个过程被详细检查的时候，我们发现几十个实例化被生成了，总数几乎是 N 值的两倍。

幸好，有技巧可以减轻实例化数目的爆炸性增长。为了演示一种这样的重要技巧，我们重写 Sqrt 元程序如下：

meta/sqrt2.hpp

```
#include "ifthenelse.hpp"

//基本模板，针对主递归步骤
template<int N, int LO=1, int HI=N>
struct Sqrt {
  //计算取整后的中点
  static constexpr auto mid = (LO+HI+1)/2;
  //在一个折半的区间找一个不过大的值
  using SubT = IfThenElse<(N<mid*mid),
                          Sqrt<N,LO,mid-1>,
                          Sqrt<N,mid,HI>>;
  static constexpr auto value = SubT::value;
};

//偏特化，针对递归结束的判断
template<int N, int S>
struct Sqrt<N, S, S> {
```

```
  static constexpr auto value = S;
};
```

这里的关键变化是使用 IfThenElse 模板，该模板的详情请查阅 19.7.1 节。请记住，IfThenElse模板是一个基于给定的布尔常数在两种类型之间进行选择的工具。如果常数为true，第 1 种类型被类型别名为 Type；否则，Type 代表第 2 种类型。在此，重要的是记住，为一个类模板实例定义一个类型别名并不会导致 C++编译器对该实例的内容进行实例化。因此，当我们写

```
using SubT = IfThenElse<(N<mid*mid),
                         Sqrt<N,LO,mid-1>,
                         Sqrt<N,mid,HI>>;
```

Sqrt<N,LO,mid-1>和 Sqrt<N,mid,HI>都没有被完全实例化。无论两个类型中的哪一个最终成为 SubT 的别名，只有查找 SubT::value 时该类型才被完全实例化。与第一种方法相比，这种方法带来的实例化的数量与 $\log_2(N)$成正比：当 N 变得相当大时，这就非常显著地降低了元编程的成本。

23.4 计算完备性

Sqrt<>的例子展示了模板元编程可以包括如下内容。

- 状态变量：模板形参。
- 循环构造：通过递归。
- 执行路径选择：通过使用条件表达式或者特化。
- 整型算术。

如果不限制递归实例化的层数以及状态变量的数目，可以证明这些足以进行任何可计算的计算。然而，使用模板进行这样的计算可能并不方便。此外，因为模板实例化需要相当可观的编译器资源，大量的递归实例化会迅速拖慢编译器甚至耗尽可用的资源。C++标准建议最少允许 1024 层递归实例化，但不强制要求，这对大多数（当然不是全部）模板元编程任务是够用的。

所以，在实践中，应当克制地使用模板元编程。不过有几种情况中，要实现方便的模板时，它们是不可替代的手段。特别地，它们有时可以在更加常规的模板内部为关键算法实现提高性能。

23.5 递归实例化还是递归模板实参

考虑以下递归模板：

```
template<typename T, typename U>
struct Doublify {
};

template<int N>
struct Trouble {
  using LongType = Doublify<typename Trouble<N-1>::LongType,
```

```
                        typename Trouble<N-1>::LongType>;
};

template<>
struct Trouble<0> {
    using LongType = double;
};

Trouble<10>::LongType ouch;
```

使用 Trouble<10>::LongType 不仅触发了 Trouble<9>、Trouble<8>、……、Trouble<0>的递归实例化，而且通过越来越复杂的类型实例化 Doublify。表 23.1 展示了它复杂度的增长情况。

表 23.1 Trouble<N>::LongType 复杂度的增长情况

类型别名	底层类型
Trouble<0>::LongType	double
Trouble<1>::LongType	Doublify<double,double>
Trouble<2>::LongType	Doublify<Doublify<double,double>, Doublify<double,double>>
Trouble<3>::LongType	Doublify<Doublify<Doublify<double,double>, Doublify<double,double>>, <Doublify<double,double>, Doublify<double,double>>>

从表 23.1 可以看出，表达式 Trouble<N>::LongType 的类型描述的复杂度随着 N 的增加而呈指数级增长。一般来说，这种情况对 C++编译器带来的压力甚至超过了没有递归模板参数的递归实例化。这里的一个问题是，编译器会为类型保留一个重整（mangle）后的名称的表示。这个重整后的名称以某种方式编码了确切的模板特化，早期的 C++实现使用的编码与模板 id 的长度大致成正比。于是这些编译器就为 Trouble<10>::LongType 使用了远远超过 10 000 个字符。

较新的 C++实现考虑到了嵌套的模板标识在现代 C++程序中相当普遍，并使用巧妙的压缩技术来大大减少名称编码的增长（例如，对于 Trouble<10>::LongType 来说，只有几百个字符）。这些较新的编译器也避免了在实际不需要的情况下生成一个重整过的名称，因为实际上没有为模板实例生成低级代码。尽管如此，在其他条件相同的情况下，也许更好的方式是组织递归实例化从而避免将模板参数也递归嵌套。

23.6 枚举值还是静态常量

在 C++早期的类声明中，枚举值是将具名的成员创建为“真常量”（称为常量表达式）的唯一机制。例如，我们可以使用它们定义 Pow3 元程序来计算 3 的幂：

meta/pow3enum.hpp

```
//计算 3 的 N 次方的基本模板
template<int N>
```

```
struct Pow3 {
  enum { value = 3 * Pow3<N-1>::value };
}

//全局特化以结束递归
template<>
struct Pow3<0> {
  enum { value = 1 };
};
```

C++98 的标准化引入了类内静态常量初始化器，所以 Pow3 可以写成这样：

meta/pow3const.hpp

```
//计算 3 的 N 次方的基本模板
template<int N>
struct Pow3 {
  static int const value = 3 * Pow3<N-1>::value;
};

//全局特化以结束递归
template<>
struct Pow3<0> {
  static int const value = 1;
};
```

然而，这个版本有个缺点：静态常量成员是左值（见附录 B）。所以，如果我们有如下的声明：

```
void foo(int const&);
```

并且我们把一个元程序的结果传给它：

```
foo(Pow3<7>::value);
```

编译器就必须传递 Pow3<7>::vlaue 的地址，这就强制编译器去实例化静态成员的定义并为它分配空间。这样计算就不限于纯“编译期”的效应了。

枚举值不是左值（即它们没有地址）。所以，当我们使用引用传递它们的时候，不会使用静态内存。这样传递计算的值几乎就相当于传递字面量，所以本书第 1 版推荐在这种应用中使用枚举常量。

C++11 中引入了 constexpr 静态数据成员，它们并不限于整型。它们解决不了以上的地址问题，但是除了这个缺点，它们目前是元程序给出结果的一个通用方式。它们的优势在于拥有正确的类型（而非徒有表面形式的枚举类型），并且以 auto 类型说明符声明的时候类型能被推导出来。C++17 增加了 inline 静态数据成员，它解决了上述的地址问题，并能和 constexpr 配合使用。

23.7 后记

有记载的最早的元程序的例子来自 Erwin Unruh，当时他代表西门子公司加入 C++标准委员会。他注意到模板实例化过程的计算完备性，并通过开发元程序来证明他的观点。他使用

MetaWare 编译器，巧妙利用它发出包含连续素数的错误信息。以下是在 1994 年的 C++标准委员会会议上传阅的代码（经修改，现在可以在符合标准的编译器上编译）。[①]

meta/unruh.cpp

```
//计算素数
//（修改自 1994 年 Erwin Unruh 的原始代码）

template<int p, int i>
struct is_prime {
  enum { pri = (p==2) || ((p%i) && is_prime<(i>2?p:0),i-1>::pri) };
};

template<>
struct is_prime<0,0> {
  enum {pri=1};
};

template<>
struct is_prime<0,1> {
  enum {pri=1};
};

template<int i>
struct D {
  D(void*);
};

template<int i>
struct CondNull {
  static int const value = i;
};
template<>
struct CondNull<0> {
  static void* value;
};
void* CondNull<0>::value = 0;

template<int i>
struct Prime_print {                             //基本模板，循环输出素数
  Prime_print<i-1> a;
  enum { pri = is_prime<i,i-1>::pri };
  void f() {
    D<i> d = CondNull<pri ? 1 : 0>::value; //1 表示错误，0 表示正确
    a.f();
  }
};

template<>
struct Prime_print<1> {                          //全局特化以结束循环
  enum {pri=0};
  void f() {
    D<1> d = 0;
  };
};
```

① 感谢 Erwin Unruh 给本书提供这段代码。你可以在[*UnruhPrimOrig*]中找到原始代码。

```
#ifndef LAST
#define LAST 18
#endif

int main()
{
    Prime_print<LAST> a;
    a.f();
}
```

编译这个程序的过程中，Prime_print::f()中 d 的初始化失败，此时编译器会输出错误信息。这发生在初始值为 1 的时候，因为只有一个使用 void*的构造函数，而只有值为 0 的构造函数才可以有效地转换为 void*。例如，在某编译器上，除了其他几个错误以外，我们得到以下错误信息：①

```
unruh.cpp:39:14: error: no viable conversion from 'const int' to 'D<17>'
unruh.cpp:39:14: error: no viable conversion from 'const int' to 'D<13>'
unruh.cpp:39:14: error: no viable conversion from 'const int' to 'D<11>'
unruh.cpp:39:14: error: no viable conversion from 'const int' to 'D<7>'
unruh.cpp:39:14: error: no viable conversion from 'const int' to 'D<5>'
unruh.cpp:39:14: error: no viable conversion from 'const int' to 'D<3>'
unruh.cpp:39:14: error: no viable conversion from 'const int' to 'D<2>'
```

Todd Veldhuizen 在他的论文"Using C++ Template Metaprograms"（参阅[*VeldhuizenMeta95*]）中首次将 C++模板元编程的概念作为一种严肃的编程工具加以推广（并在一定程度上正规化）。Todd 在 Blitz++（C++的数值数组库，参阅[*Blitz++*]）上的工作也为元编程（以及第 27 章中介绍的表达式模板技巧）引入了许多细化和扩展。

通过分类收录至今仍在使用的一些基本技巧，本书第 1 版和 Andrei Alexandrescu 的《现代 C++设计》（参阅[*AlexandrescuDesign*]）都对利用基于模板的元编程的 C++库的爆发式增长做出了贡献。Boost 项目（参阅[*Boost*]）在秩序方面为这种爆发式增长发挥了重要作用。在早期，它引入了 MPL（元编程库），为类型元编程定义了一个一致的框架，并通过 Abrahams 和 Gurtovoy 的书《C++模板元编程》（参阅[*BoostMPL*]）普及了它。

另外，Louis Dionne 也取得重要进展，通过他的 Boost.Hana 库（参阅[*BoostHana*]），使得元编程在语法上更容易被理解。Louis 和 Andrew Sutton、Herb Sutter、David Vandevoorde 等人正在 C++标准委员会中带头努力，为元编程在语言中提供头等地位的支持。这项工作的一个重要基础是探索哪些程序属性应该通过反射来提供。Matúš Chochlík、Axel Naumann 和 David Sankel 是该领域的主要贡献者。

在[*BartonNackman*]中，John J. Barton 和 Lee R. Nackman 说明了如何在进行计算时跟踪维度单位。SIunits 库（参阅[*BrownSIunits*]）是由 Walter Brown 开发的用于处理物理单位的更全面的库。标准库中的 std::Chrono 组件是 23.1.4 节的灵感来源，它只处理时间和日期，由 Howard Hinnant 贡献。

① 由于编译器在错误处理上的差异，有些编译器可能会在第 1 条错误信息后停止输出。

第 24 章

类型列表

卓有成效的编程通常需要使用各种数据结构，元编程也不例外。对于类型元编程来说，核心数据结构是类型列表（typelist），正如它的名字所示，它是一个包含类型的列表。模板元编程可以对这些类型列表进行运算，操纵它们来最终产生可执行程序的一部分。在本章中，我们将讨论使用类型列表的技巧。由于大多数涉及类型列表的操作都使用了模板元编程，建议读者熟悉元编程，详见第 23 章的讨论。

24.1 解剖一个类型列表

类型列表是一种表示类型的列表的类型，可以由模板元程序来操纵。它提供了列表相关的常见操作：迭代列表中的元素（类型）、添加元素或删除元素。然而，类型列表与大多数运行期数据结构（如 std::list）不同，因为它们不允许“变异”。例如，向 std::list 添加一个元素会改变列表本身，而这种改变可以被程序中任何可以访问该列表的其他部分所观察。而向类型列表添加一个元素并不会改变原来的类型列表：向现有的类型列表添加一个元素只会创建一个新的类型列表而不会修改原来的类型列表。如果读者熟悉函数式编程语言，如 Scheme、ML 和 Haskell 等，可能会认识到在 C++中使用类型列表和使用这些语言中的列表之间的相似之处。

一个类型列表通常被实现为一个类模板的特化，在其模板实参中编码类型列表的内容，即它所包含的类型和这些类型的顺序。以下类型列表的直接实现就将其元素编码进了一个形参包：

typelist/typelist.hpp

```
template<typename... Elements>
class Typelist
{
};
```

Typelist 的元素被直接写成其模板实参。一个空的类型列表被写成 Typelist<>，一个只包含 int 类型元素的类型列表被写成 Typelist<int>，以此类推。下面是一个包含所有有符号整型元素的类型列表：

```
using SignedIntegralTypes =
          Typelist<signed char, short, int, long, long long>;
```

操纵这个类型列表通常需要将类型列表分成多个部分，一般是将列表中的第 1 个元素（头）与列表中的其余元素（尾）分开。例如，Front 元函数从类型列表中提取第 1 个元素：

typelist/typelistfront.hpp

```
template<typename List>
class FrontT;

template<typename Head, typename... Tail>
class FrontT<Typelist<Head, Tail...>>
{
 public:
  using Type = Head;
};

template<typename List>
using Front = typename FrontT<List>::Type;
```

因此，FrontT<SignedIntegralTypes>::Type（更简洁地写成 Front<SignedIntegralTypes>）将给出 signed char。类似地，PopFront 元函数从类型列表中删除第 1 个元素。它的实现将类型列表元素分成头和尾，然后用尾中的元素形成一个新的 Typelist 特化。

typelist/typelistpopfront.hpp

```
template<typename List>
class PopFrontT;

template<typename Head, typename... Tail>
class PopFrontT<Typelist<Head, Tail...>> {
  public:
    using Type = Typelist<Tail...>;
};

template<typename List>
using PopFront = typename PopFrontT<List>::Type;
   Typelist<short, int, long, long long>
```

PopFront<SignedIntegralTypes> 生成如下类型列表：

也可以将元素插入类型列表的前面，做法是将所有现有的元素捕捉到一个模板形参包中，然后创建一个包含所有这些元素的新的 Typelist 特化。

typelist/typelistpushfront.hpp

```
template<typename List, typename NewElement>
class PushFrontT;

template<typename... Elements, typename NewElement>
class PushFrontT<Typelist<Elements...>, NewElement> {
  public:
    using Type = Typelist<NewElement, Elements...>;
};

template<typename List, typename NewElement>
using PushFront = typename PushFrontT<List, NewElement>::Type;
```

不难想到，

```
PushFront<SignedIntegralTypes, bool>
```

给出：

```
Typelist<bool, signed char, short, int, long, long long>
```

24.2 类型列表算法

类型列表的基本操作 Front、PopFront 和 PushFront 可以组合在一起以创建更有趣的类型列表操作。例如，可以通过对 PopFront 的结果应用 PushFront 来替换类型列表中的第 1 个元素。

```
using Type = PushFront<PopFront<SignedIntegralTypes>, bool>;
          //相当于 Typelist<bool, short, int, long, long long>
```

进一步，可以实现算法（如搜索、转换、反转）作为操作类型列表的模板元函数。

24.2.1 索引

类型列表最基本的操作之一是从列表中提取一个特定的元素。24.1 节说明了如何实现一个提取第 1 个元素的操作。在这里把这个操作推广到提取第 N 个元素。例如，为了提取给定类型列表中索引为 2 的类型元素，可以这样写：

```
using TL = NthElement<Typelist<short, int, long>, 2>;
```

这让 TL 成为 long 的别名。NthElement 运算由一个递归的元程序来实现，它遍历类型列表直到找到要找的元素：

typelist/nthelement.hpp

```
//递归分支
template<typename List, unsigned N>
class NthElementT : public NthElementT<PopFront<List>, N-1>
{
};
//基础分支
template<typename List>
class NthElementT<List, 0> : public FrontT<List>
{
};

template<typename List, unsigned N>
using NthElement = typename NthElementT<List, N>::Type;
```

首先，考虑基础分支，由 N 为 0 的偏特化处理。该偏特化通过提供列表前面的元素来终止递归，它通过公开继承 FrontT<List>并使用元函数转发（在 19.3.2 节中讨论）来做到这一点。FrontT<List>（间接地）提供了 Type 类型的别名，该别名既是这个列表前面的元素，也是 NthElement 元函数的结果。

递归分支也是模板的主要定义，它遍历类型列表。因为偏特化保证了 N 大于 0，递归分支从列表中删除前面的元素，并从剩余的列表中请求第 N−1 个元素。在我们的例子里：

```
NthElementT<Typelist<short, int, long>, 2>
```

继承自

```
NthElementT<Typelist<int, long>, 1>
```

以上又继承自

```
NthElementT<Typelist<long>, 0>
```

这样我们就遇到了基础分支，它继承自 FrontT<Typelist<long>>并通过嵌套的类型 Type 提供了结果。

24.2.2 寻找最佳匹配

许多类型列表算法在类型列表中搜索数据。例如，人们可能想在类型列表中找到最大的类型（例如，分配足够的存储空间，以容纳列表中的任意一个类型）。这也可以通过递归模板元程序来完成：

typelist/largesttype.hpp

```
template<typename List>
class LargestTypeT;

//递归分支
template<typename List>
class LargestTypeT
{
  private:
    using First = Front<List>;
    using Rest = typename LargestTypeT<PopFront<List>>::Type;
  public:
    using Type = IfThenElse<(sizeof(First) >= sizeof(Rest)), First, Rest>;
};

//基础分支
template<>
class LargestTypeT<Typelist<>>
{
  public:
    using Type = char;
};

template<typename List>
using LargestType = typename LargestTypeT<List>::Type;
```

LargestType 算法将返回类型列表中第 1 次出现的最大的类型。例如，如果给定类型列表 Typelist<bool, int, long, short>，该算法将返回与 long 相同大小的第 1 个类型，可能是 int 或 long，具体取决于你的平台。①

LargestTypeT 的基本模板也是算法的递归分支。它采用了常见的第 1 个/其余惯用法（first/rest idiom），分 3 步。首先，它只根据第 1 个元素计算出一个部分结果，在这种情况下，第 1 个元素也就是列表的前部元素，将其放在 First 中。其次，它递归计算列表中其他元素的结果，并将该结果放在 Rest 中。例如，在类型列表 Typelist<bool, int, long, short>的第一步递归中，First 是 bool，而 Rest 是对 Typelist<int, long, short>应用该算法的结果。最后，将 First 和 Rest 的结果结合起来，给出最终结果。在这里，IfThenElse 选择列表中的第 1 个元素（First）

① 甚至有平台的 bool 和 long 大小一样！

或到目前为止的最佳候选元素（Rest）中较大的一个，并返回“赢家”。[①]>=会打破平局，优先选择在列表前面的元素。

递归在列表为空时终止。默认情况下，我们使用char作为哨兵类型以初始化算法，因为每个类型至少和char一样大。

请注意，基础分支明确提到了空类型列表Typelist<>。这有点儿遗憾，因为它排除了其他形式的类型列表的使用，我们将在后面的章节（包括24.3节、24.5节和第25章）中回到这一话题。为了解决此问题，我们引入一个IsEmpty元函数，用来确定给定的类型列表是否没有元素：

typelist/typelistisempty.hpp

```
template<typename List>
class IsEmpty
{
  public:
    static constexpr bool value = false;
};

template<>
class IsEmpty<Typelist<>> {
  public:
    static constexpr bool value = true;
};
```

使用IsEmpty，我们可以实现LargestType，使其对任何实现了Front、PopFront和IsEmpty的类型列表都适用，如下所示：

typelist/genericlargesttype.hpp

```
template<typename List, bool Empty = IsEmpty<List>::value>
class LargestTypeT;

//递归分支
template<typename List>
class LargestTypeT<List, false>
{
  private:
    using Contender = Front<List>;
    using Best = typename LargestTypeT<PopFront<List>>::Type;
  public:
    using Type = IfThenElse<(sizeof(Contender) >= sizeof(Best)),
                            Contender, Best>;
};

//基础分支
template<typename List>
class LargestTypeT<List, true>
{
  public:
  using Type = char;
};
```

① 注意，类型列表可能包含不适用于sizeof的类型，比如void。这种情况下，编译器会在计算类型列表中最大类型的时候给出一个错误。

```
template<typename List>
using LargestType = typename LargestTypeT<List>::Type;
```

LargestTypeT 默认的第 2 个模板参数 Empty，用于检查列表是否为空。如果不为空，递归分支（将此实参固定为 false）继续搜索列表。否则，基础分支（将此实参固定为 true）终止递归并提供初始结果（char）。

24.2.3 追加元素到类型列表

PushFront 原语运算允许我们在类型列表的前面添加一个新元素，以产生一个新的类型列表。假设我们还希望能在列表的末尾添加一个新元素，像我们在运行期容器（如 std::list 和 std::vector）中经常做的那样。对于我们的 Typelist 模板，只需要对 24.1 节中的 PushFront 实现做一个小改动就可以实现 PushBack：

typelist/typelistpushback.hpp

```
template<typename List, typename NewElement>
class PushBackT;

template<typename... Elements, typename NewElement>
class PushBackT<Typelist<Elements...>, NewElement>
{
  public:
    using Type = Typelist<Elements..., NewElement>;
};

template<typename List, typename NewElement>
using PushBack = typename PushBackT<List, NewElement>::Type;
```

不过，像 LargestType 算法一样，可以只使用 Front、PushFront、PopFront 和 IsEmpty 等原语运算来实现 PushBack 的通用算法：[①]

typelist/genericpushback.hpp

```
template<typename List, typename NewElement, bool = IsEmpty<List>::value>
class PushBackRecT;

//递归分支
template<typename List, typename NewElement>
class PushBackRecT<List, NewElement, false>
{
  using Head = Front<List>;
  using Tail = PopFront<List>;
  using NewTail = typename PushBackRecT<Tail, NewElement>::Type;

 public:
  using Type = PushFront<Head, NewTail>;
};
//基础分支
template<typename List, typename NewElement>
class PushBackRecT<List, NewElement, true>
{
  public:
```

① 请注意，为实验此版本的算法，需要移除 PushBack 对 Typelist 的偏特化，否则会把它用于代替泛化版本。

```
    using Type = PushFront<List, NewElement>;
};

//泛型的尾部推入运算
template<typename List, typename NewElement>
class PushBackT : public PushBackRecT<List, NewElement> { };

template<typename List, typename NewElement>
using PushBack = typename PushBackT<List, NewElement>::Type;
```

PushBackRecT 模板管理递归。在基础分支中，我们使用 PushFront 将 NewElement 添加到空列表中，因为对于空列表，PushFront 和 PushBack 等效。递归分支有趣得多。它将列表分割成它的第 1 个元素（Head）和一个包含其余元素的类型列表（Tail）。然后，新元素被递归地追加到尾部，以产生 NewTail。然后我们再次使用 PushFront 将 Head 添加到列表 NewTail 的前面，形成最终的列表。

让我们来分解一个进行简单递归的例子：

```
PushBackRecT<Typelist<short, int>, long>
```

在最外层步骤中，Head 为 short，Tail 为 Typelist<int>。递归到：

```
PushBackRecT<Typelist<int>, long>
```

这里 Head 是 int，Tail 是 Typelist<>。

再次递归，计算

```
PushBackRecT<Typelist<>, long>
```

这触发了基础分支，从而返回 PushFront<Typelist<>, long>，它本身求值为 Typelist<long>。递归随之展开，将之前的 Head 推到列表的前面：

```
PushFront<int, Typelist<long>>
```

这就产生了 Typelist<int, long>，递归继续展开，将最外层的 Head（short）推入列表：

```
PushFront<short, Typelist<int, long>>
```

这就产生了最终结果：

```
Typelist<short, int, long>
```

这一通用的 PushBackRecT 实现适用于各种各样的类型列表。像本节前面展现的几种算法一样，它需要线性数量的模板实例化来求值，因为对于一个长度为 N 的类型列表，将有 N+1 个 PushBackRecT 和 PushFrontT 的实例化，以及 N 个 FrontT 和 PopFrontT 实例。通过统计模板实例化的数量，可以粗略估计编译一个特定元程序所需的时间，因为模板实例化本身对编译器来说是一个相当复杂的过程。

编译时间对于大型模板元程序来说可能是一个问题，所以尝试减少这些算法[1]所执行的模板实例化的数量是合理的。事实上，我们对 PushBack 的第 1 个实现（采用了 Typelist 的偏特

[1] Abrahams 和 Gurtovoy（参阅[*AbrahamsGurtovoyMeta*]）提供了更深入的模板元程序编译时间的讨论，包括极大缩短编译时间的技巧。我们这里只涉及皮毛。

化）只需要恒定数量的模板实例化，这让它的效率（在编译期）远高于泛化版本的效率。此外，因为它被描述为 PushBackT 的偏特化，所以当在 Typelist 实例上执行 PushBack 时，这个高效的实现会被自动选择，这就把算法特化的概念（如 20.1 节中所讨论的）带到了模板元程序中。20.1 节中讨论的许多技巧都可以应用于模板元程序，以减少算法所需的模板实例化的数量。

24.2.4 反转类型列表

当类型列表的元素依从某种顺序排列的时候，在应用某些算法时，反转类型列表中元素的顺序将更为方便。例如，24.1 节介绍的 SignedIntegralTypes 类型列表是按照整数类型大小升序排列的。不过反转这个列表以产生降序的类型列表 Typelist<long long, long, int, short, signed char>可能会更有实用价值。Reverse 算法实现了这个元函数。

typelist/typelistreverse.hpp

```
template<typename List, bool Empty = IsEmpty<List>::value>
class ReverseT;

template<typename List>
using Reverse = typename ReverseT<List>::Type;

//递归分支
template<typename List>
class ReverseT<List, false>
 : public PushBackT<Reverse<PopFront<List>>, Front<List>> { };

//基础分支
template<typename List>
class ReverseT<List, true>
{
 public:
  using Type = List;
};
```

这个元函数递归的基础分支是空类型列表上的恒等函数。递归分支将列表分割成第 1 个元素和其余元素。例如，如果给定类型列表 Typelist<short, int, long>，递归步骤首先将第 1 个元素（short）与其余元素（Typelist<int, long>）分开；然后，它递归地反转其余元素的列表（产生 Typelist<long, int>）；最后，用 PushBackT 将第 1 个元素追加到这个反转的列表中（产生 Typelist<long, int, short>）。

Reverse 算法让类型列表的 PopBackT 实现成为可能，它可以删除类型列表的最后一个元素：

typelist/typelistpopback.hpp

```
template<typename List>
class PopBackT {
 public:
   using Type = Reverse<PopFront<Reverse<List>>>;
};

template<typename List>
using PopBack = typename PopBackT<List>::Type
```

该算法反转列表、删除反转后列表的第1个元素（使用PopFront），再反转结果列表。

24.2.5 转化类型列表

前面介绍的类型列表算法允许我们从类型列表中提取任意的元素，在列表中搜索、构造新的列表，以及反转列表。然而，我们还没有对类型列表内的元素本身进行运算。例如，我们可能希望以某种方式"转化"类型列表中的所有类型[①]。例如通过使用AddConst元函数将每个类型转化为其有const限定的变体。

typelist/addconst.hpp

```
template<typename T>
struct AddConstT
{
  using Type = T const;
};

template<typename T>
using AddConst = typename AddConstT<T>::Type;
```

为了达到这个目的，我们将实现一个Tranform算法，该算法接收一个类型列表和一个元函数，产出另一个类型列表，其中包含的是对原来的类型列表中每个类型应用元函数的结果。例如，类型

```
Transform<SignedIntegralTypes, AddConstT>
```

通常是一个类型列表，其中包含signed char const、short const、int const、long const以及long long const。元函数是通过一个模板的模板形参提供的，它将一个输入类型映射到一个输出类型。不难想到，Tranform算法本身仍然是递归算法：

typelist/transform.hpp

```
template<typename List, template<typename T> class MetaFun,
         bool Empty = IsEmpty<List>::value>
class TransformT;

//递归分支
template<typename List, template<typename T> class MetaFun>
class TransformT<List, MetaFun, false>
 : public PushFrontT<typename TransformT<PopFront<List>, MetaFun>::Type,
                     typename MetaFun<Front<List>>::Type>
{
};

//基础分支
template<typename List, template<typename T> class MetaFun>
class TransformT<List, MetaFun, true>
{
 public:
  using Type = List;
};
```

① 在函数式语言技术社区内，这个运算通常称为map。不过，我们称之为transform，这样就跟C++标准库自己的算法名称更协调。

```
template<typename List, template<typename T> class MetaFun>
using Transform = typename TransformT<List, MetaFun>::Type;
```

尽管这里的递归分支在语法上笨重了些，但直截了当。转化的结果是转化类型列表中的第 1 个元素（PushFront 的第 2 个实参），并将其添加到通过递归转化类型列表中的其余元素（PushFront 的第 1 个实参）生成的序列的开头的结果。

另见 24.4 节，该节展示如何开发一个更有效的 Transform 的实现。

24.2.6 累加类型列表

Transform 是一种有用的算法，用于转化序列中的每个元素。它经常与 Accumulate 一起使用，Accumulate 将一个序列的所有元素组合成一个单一的结果值[①]。Accumulate 算法接收一个带有元素 T1, T2, …, TN 的类型列表 T、一个初始类型 I 和一个元函数 F，它接收两个类型并返回一个类型。它返回 F (F (F (...F (I, T1), T2), …, TN-1), TN)，其中在累加的第 i 步，F 被应用于前 i−1 步的结果和 Ti 上。

根据类型列表、F 的选择和初始类型，我们可以使用 Accumulate 产生许多不同的结果。例如，如果 F 选择两个类型中最大的一个，Accumulate 将表现得像 LargestType 算法。而如果 F 接收一个类型列表和一个类型，并把类型推入类型列表的后面，Accumulate 就会表现得像 Reverse 算法。

Accumulate 的实现遵循了我们的标准递归-元程序组成方式。

typelist/accumulate.hpp

```
template<typename List,
         template<typename X, typename Y> class F,
         typename I,
         bool = IsEmpty<List>::value>
class AccumulateT;

//递归分支
template<typename List,
         template<typename X, typename Y> class F,
         typename I>
class AccumulateT<List, F, I, false>
 : public AccumulateT<PopFront<List>, F,
                      typename F<I, Front<List>>::Type>
{
};
//基础分支
template<typename List,
         template<typename X, typename Y> class F,
         typename I>
class AccumulateT<List, F, I, true>
{
 public:
  using Type = I;
};
```

① 在函数式语言技术社区内，这个运算通常称为 reduce。不过，我们称之为 accumulate，这样跟 C++标准库自己的算法名称更协调。

```
template<typename List,
         template<typename X, typename Y> class F,
         typename I>
using Accumulate = typename AccumulateT<List, F, I>::Type;
```

这里，初始类型 I 也被用作累加器，用于捕获当前的结果。于是，基础分支在到达类型列表结尾的时候返回这个结果[①]。在递归分支中，算法将 F 应用于先前的结果（I）和列表的首元素，将应用 F 的结果传递下去，将其作为初始类型继续累加列表的剩余部分。

有了 Accumulate，就可以通过将 PushFrontT 作为元函数 F，并用一个空类型列表（TypeList<T>）作为初始类型 I 来反转一个类型列表：

```
using Result = Accumulate<SignedIntegralTypes, PushFrontT, Typelist<>>;
             //得到 TypeList<long long, long, int, short, signed char>
```

实现基于累加器的 LargestType，即 LargestTypeAcc，需要多费些功夫，因为我们需要给出一个返回两个类型中较大者的元函数：

typelist/largesttypeacc0.hpp

```
template<typename T, typename U>
class LargerTypeT
 : public IfThenElseT<sizeof(T) >= sizeof(U), T, U>
{
};

template<typename Typelist>
class LargestTypeAccT
 : public AccumulateT<PopFront<Typelist>, LargerTypeT,
                      Front<Typelist>>
{
};

template<typename Typelist>
using LargestTypeAcc = typename LargestTypeAccT<Typelist>::Type;
```

请注意，LargestType 的这种写法需要一个非空的类型列表，因为它将类型列表的第 1 个元素作为初始类型。可以显式地处理空列表的情况，要么返回一些哨兵类型（char 或 void），要么将算法本身写成对 SFINAE 友好的，正如 19.4.4 节中所讨论的：

typelist/largesttypeacc.hpp

```
template<typename T, typename U>
class LargerTypeT
 : public IfThenElseT<sizeof(T) >= sizeof(U), T, U>
{
};

template<typename Typelist, bool = IsEmpty<Typelist>::value>
class LargestTypeAccT;

template<typename Typelist>
class LargestTypeAccT<Typelist, false>
 : public AccumulateT<PopFront<Typelist>, LargerTypeT,
```

① 这也保证了累加一个空列表的结果是初始值。

```
                    Front<Typelist>>
{
};

template<typename Typelist>
class LargestTypeAccT<Typelist, true>
{
};

template<typename Typelist>
using LargestTypeAcc = typename LargestTypeAccT<Typelist>::Type;
```

Accumulate是一种强大的类型列表算法，因为它允许我们表达许多不同的运算，所以它可以被视为一种操纵类型列表的基础算法。

24.2.7　插入排序

作为要介绍的最后一种类型列表算法，我们来实现一个插入排序。与其他算法一样，递归步骤将列表分割成第1个元素（头部）和其余元素（尾部）。然后对尾部进行（递归）排序，并将头部插入排序后的列表中的正确位置。这个算法的框架还是以类型列表算法表达。

typelist/insertionsort.hpp

```
template<typename List,
         template<typename T, typename U> class Compare,
         bool = IsEmpty<List>::value>
class InsertionSortT;

template<typename List,
         template<typename T, typename U> class Compare>
using InsertionSort = typename InsertionSortT<List, Compare>::Type;

//递归分支（将第 1 个元素插入排好序的列表）
template<typename List,
         template<typename T, typename U> class Compare>
class InsertionSortT<List, Compare, false>
 : public InsertedSortedT<InsertionSort<PopFront<List>, Compare>,
                          Front<List>, Compare>
{
};

//基础分支（空的列表被排序）
template<typename List,
         template<typename T, typename U> class Compare>
class InsertionSortT<List, Compare, true>
{
 public:
  using Type = List;
};
```

参数Compare是类型列表中排列元素时用于比较的类。它接收两种类型，求值为一个布尔值，并赋给它的value成员。基础分支处理空的类型列表，可以说是小菜一碟。

插入排序的核心是InsertSortedT元函数，它将值插入已排序列表中，其位置是仍能保持列表有序的第1个位置：

typelist/insertsorted.hpp

```
#include "identity.hpp"

template<typename List, typename Element,
         template<typename T, typename U> class Compare,
         bool = IsEmpty<List>::value>
class InsertSortedT;

//递归分支
template<typename List, typename Element,
         template<typename T, typename U> class Compare>
class InsertSortedT<List, Element, Compare, false>
{
  //计算结果列表的尾部
  using NewTail =
    typename IfThenElse<Compare<Element, Front<List>>::value,
                        IdentityT<List>,
                        InsertSortedT<PopFront<List>, Element, Compare>
             >::Type;
  //计算结果列表的头部
  using NewHead = IfThenElse<Compare<Element, Front<List>>::value,
                             Element,
                             Front<List>>;
 public:
  using Type = PushFront<NewTail, NewHead>;
};

//基础分支
template<typename List, typename Element,
         template<typename T, typename U> class Compare>
class InsertSortedT<List, Element, Compare, true>
 : public PushFrontT<List, Element>
{
};

template<typename List, typename Element,
         template<typename T, typename U> class Compare>
using InsertSorted = typename InsertSortedT<List, Element, Compare>::Type;
```

基础分支不必多说，因为单元素列表总是有序的。递归分支的不同在于要插入的元素是在列表的头部还是在列表的尾部。如果插入的元素在已经排好序的列表中的第1个元素之前，用PushFront将该元素从前面加入列表中。否则，我们将列表分成头部和尾部进行递归，从而将该元素插入尾部，然后将头部添加到将元素插入尾部的结果中。

这个实现包括一个编译期的优化，以避免实例化那些不会被使用的类型，这个技巧在19.7.1节中讨论过。下面的实现在技术上也是正确的：

```
template<typename List, typename Element,
         template<typename T, typename U> class Compare>
class InsertSortedT<List, Element, Compare, false>
 : public IfThenElseT<Compare<Element, Front<List>>::value,
                      PushFront<List, Element>,
                      PushFront<InsertSorted<PopFront<List>,
```

```
                                Element, Compare>,
                      Front<List>>>
{
};
```

然而，这种递归分支的写法不必要地降低了效率，因为它在 IfThenElseT 的两个分支中都对模板实参求值，尽管只会使用一个分支。在我们的例子中，在 then 分支中的 PushFront 通常是相当“便宜”的，但在 else 分支中递归的 InsertSorted 调用则不然。

在优化实现中，第 1 个 IfThenElse 计算结果列表的尾部 NewTail。IfThenElse 的第 2 个和第 3 个参数都是计算各分支结果的元函数。第 2 个参数（then 分支）使用 IdentityT（参阅 19.7.1 节）来产生未修改的 List。第 3 个参数（else 分支）使用 InsertSortedT 来计算在已排序列表的后面插入元素的结果。在顶层，IdentityT 或 InsertSortedT 只有其中之一会被实例化，所以很少有额外的工作被执行（在更差的情况下，是 PopFront）。第 2 个 IfThenElse 则会计算出结果列表的头部，分支会被立即求值，因为这两个分支都被认为是“便宜”的。最后的列表是由计算出的 NewHead 和 NewTail 构建的。这种写法有一个理想的特性，即在排序的列表中插入一个元素所需的实例化数量与它在结果列表中的位置成正比。这表现为插入排序的一个更高层次的属性，即对一个已经排序的列表进行排序的实例化数量与列表的长度呈线性关系。（对于反向排序的输入，插入排序的实例化数量与列表长度呈平方关系）。

下面的程序演示了如何使用插入排序来根据类型的大小对一个类型列表进行排序。比较运算使用 sizeof 运算符并对结果进行比较：

typelist/insertionsorttest.hpp

```
template<typename T, typename U>
struct SmallerThanT {
    static constexpr bool value = sizeof(T) < sizeof(U);
};

void testInsertionSort()
{
  using Types = Typelist<int, char, short, double>;
  using ST = InsertionSort<Types, SmallerThanT>;
  std::cout << std::is_same<ST,Typelist<char, short, int, double>>::value
            << '\n';
}
```

24.3 非类型类型列表

类型列表以一套丰富的算法和运算提供了描述和操纵类型序列的功能。在某些情况下，可以用它处理编译期的数值序列，如多维数组的边界或另一个类型列表的索引。

有多种方法可以产生一个编译期值的类型列表。一种简单的方法是定义一个 CTValue（compile-time value 的缩写）类模板，代表类型列表中某个特定类型的值：①

typelist/ctvalue.hpp

```
template<typename T, T Value>
```

① C++标准库定义的 std::integral_constant 模板是一种功能更全的 CTValue。

```
struct CTValue
{
  static constexpr T value = Value;
};
```

通过 CTValue 模板，我们现在可以表达一个包含前几个素数的整数值的类型列表：

```
using Primes = Typelist<CTValue<int, 2>, CTValue<int, 3>,
                        CTValue<int, 5>, CTValue<int, 7>,
                        CTValue<int, 11>>;
```

有了这种表示，可以对值组成的列表进行数值计算，比如计算这些素数的乘积。

首先，MultiplyT 模板接收两个相同类型的编译期值，将输入值相乘，从而产生一个相同类型的新编译期值：

typelist/multiply.hpp

```
template<typename T, typename U>
struct MultiplyT;

template<typename T, T Value1, T Value2>
struct MultiplyT<CTValue<T, Value1>, CTValue<T, Value2>> {
 public:
  using Type = CTValue<T, Value1 * Value2>;
};

template<typename T, typename U>
using Multiply = typename MultiplyT<T, U>::Type;
```

然后，通过使用 MultiplyT，以下表达式给出 Primes 中所有素数的乘积。

```
Accumulate<Primes, MultiplyT, CTValue<int, 1>>::value
```

遗憾的是，Typelist 和 CTValue 的这种用法相对烦琐，尤其是在所有的值都是同一类型的情况下。我们可以引入一个别名模板 CTTypelist 来优化这种特殊情况，它提供了一个同质的值的列表，用 CTValue 的 Typelist 来描述。

typelist/cttypelist.hpp

```
template<typename T, T... Values>
using CTTypelist = Typelist<CTValue<T, Values>...>;
```

现在可以用 CTTypelist 写一个等价（但简洁得多）的 Primes 的定义：

```
using Primes = CTTypelist<int, 2, 3, 5, 7, 11>;
```

该定义的唯一缺点是，别名模板终究只是别名，因此错误信息可能最终会输出底层的 CTValueType 类型的 Typelist，这会带来冗长的错误信息。为解决这个问题，可以创建一个全新的类型列表类 Valuelist，直接存储这些值。

typelist/valuelist.hpp

```
template<typename T, T... Values>
struct Valuelist {
};

template<typename T, T... Values>
struct IsEmpty<Valuelist<T, Values...>> {
```

```
  static constexpr bool value = sizeof...(Values) == 0;
};

template<typename T, T Head, T... Tail>
struct FrontT<Valuelist<T, Head, Tail...>> {
  using Type = CTValue<T, Head>;
  static constexpr T value = Head;
};

template<typename T, T Head, T... Tail>
struct PopFrontT<Valuelist<T, Head, Tail...>> {
  using Type = Valuelist<T, Tail...>;
};

template<typename T, T... Values, T New>
struct PushFrontT<Valuelist<T, Values...>, CTValue<T, New>> {
  using Type = Valuelist<T, New, Values...>;
};

template<typename T, T... Values, T New>
struct PushBackT<Valuelist<T, Values...>, CTValue<T, New>> {
  using Type = Valuelist<T, Values..., New>;
};
```

通过提供 IsEmpty、FrontT、PopFrontT 和 PushFrontT，我们使 Valuelist 成为一个合格的类型列表，可以与本章中定义的算法一起使用。PushBackT 以算法特化的形式提供[①]，以降低其在编译期的成本。Valuelist 可以与之前定义的 InsertionSort 算法一起使用，例如：

typelist/valuelisttest.hpp

```
template<typename T, typename U>
struct GreaterThanT;

template<typename T, T First, T Second>
struct GreaterThanT<CTValue<T, First>, CTValue<T, Second>> {
  static constexpr bool value = First > Second;
};

void valuelisttest()
{
  using Integers = Valuelist<int, 6, 2, 4, 9, 5, 2, 1, 7>;

  using SortedIntegers = InsertionSort<Integers, GreaterThanT>;

  static_assert(std::is_same_v<SortedIntegers,
                               Valuelist<int, 9, 7, 6, 5, 4, 2, 2, 1>>,
                "insertion sort failed");
}
```

请注意，可以通过使用字面量运算符提供初始化 CTValue 的功能，例如：

```
auto a = 42_c; //初始化 a 为 CTValue<int,42>
```

① 这里并没有使用泛化版本。——译者注

详情请参阅 25.6 节。

24.3.1 可推导非类型形参

在 C++17 中，CTValue 可以通过使用一个单一的、可推导的非类型形参（用 auto 标识）来改进：

typelist/ctvalue17.hpp

```
template<auto Value>
struct CTValue
{
  static constexpr auto value = Value;
};
```

这样就不需要在每次使用 CTValue 时都指定类型，使其更易用：

```
using Primes = Typelist<CTValue<2>, CTValue<3>, CTValue<5>,
                        CTValue<7>, CTValue<11>>;
```

C++17 的 Valuelist 也可以这样做，但结果不一定更好。正如 15.10.1 节中所指出的，一个具有推导类型的非类型形参包允许每个实参的类型不同：

```
template<auto... Values>
class Valuelist { };

int x;
using MyValueList = Valuelist<1, 'a', true, &x>;
```

虽然这样的异质的值列表可能有用，但它与我们以前的 Valuelist 不一样，后者要求所有的元素都有相同的类型。尽管编程者可以要求所有的元素都有相同的类型（15.10.1 节中也有讨论），一个空的 Valuelist<>必然没有已知的元素类型。

24.4 使用包扩展来优化算法

包扩展（在 12.4.1 节中有深入描述）可以作为一种有用的机制，将类型列表迭代的工作转交给编译器。24.2.5 节中开发的 Transform 算法是一个适于使用包扩展的算法，因为它对列表中的每个元素都进行了同样的运算。这样就可以对一个 Typelist 的 Transform 进行算法特化（通过偏特化）：

typelist/variadictransform.hpp

```
template<typename... Elements, template<typename T> class MetaFun>
class TransformT<Typelist<Elements...>, MetaFun, false>
{
 public:
  using Type = Typelist<typename MetaFun<Elements>::Type...>;
};
```

这个实现将类型列表的元素捕获到一个形参包 Elements 中。然后，它采用了一个具有 typename MetaFun<Elements>::Type 模式的包扩展，将元函数应用于 Elements 中的每个类型，并根据结果形成一个类型列表。这个实现可以说是比较简单的，因为它不需要递归，并且以一种相当直接的方式使用语言特性。此外，它需要更少的模板实例化，因为只需要实例化一个 Transform 模板的实例。Transform 算法仍然需要线性数量的 MetaFun 实例化，但这些实例化是该算法的根本。

其他算法也间接地从使用包扩展中受益。例如，24.2.4 节描述的 Reverse 算法需要线性数量的 PushBack 的实例化。通过 24.2.3 节描述的 PushBack 在 Typelist 上的包扩展形式（它仅需要一个实例化），可以知道 Reverse 仍是线性的算法。然而，该节描述的 Reverse 的更一般的递归实现本身在实例化的数量上是线性的，这就使得 Reverse 成了平方的算法。

包扩展也可以用来选择给定索引列表中的元素，以产生一个新的类型列表。Select 元函数接收一个类型列表和一个包含该类型列表索引的 Valuelist，然后产生一个包含 Valuelist 指定元素的新的类型列表。

typelist/select.hpp

```
template<typename Types, typename Indices>
class SelectT;

template<typename Types, unsigned... Indices>
class SelectT<Types, Valuelist<unsigned, Indices...>>
{
 public:
  using Type = Typelist<NthElement<Types, Indices>...>;
};

template<typename Types, typename Indices>
using Select = typename SelectT<Types, Indices>::Type;
```

索引被捕获在形参包 Indices 中，该形参包扩展后产生一个 NthElement 类型的序列，以索引到给定的类型列表，将结果捕获在一个新的 Typelist 中。下面的例子说明了我们如何使用 Select 来反转一个类型列表。

```
using SignedIntegralTypes =
   Typelist<signed char, short, int, long, long long>;

using ReversedSignedIntegralTypes =
  Select<SignedIntegralTypes, Valuelist<unsigned, 4, 3, 2, 1, 0>>;
  //产生 Typelist<long long, long, int, short, signed char>
```

包含另一列表的索引的非类型类型列表通常被称为索引列表（或索引序列），它可以简化或消除递归计算。在 25.3.4 节中对索引列表有详细描述。

24.5 cons 风格的类型列表

在引入变参模板之前，类型列表通常以 LISP 的 cons 单元为模型的递归数据结构来制定。每个 cons 单元包含一个值（列表的头部）和一个嵌套的列表，后者可以是另一个 cons 单元或空列表，即 nil。这个概念可以直接用 C++表达：

typelist/cons.hpp

```
class Nil { };
```

```
template<typename HeadT, typename TailT = Nil>
class Cons {
 public:
  using Head = HeadT;
  using Tail = TailT;
};
```

一个空的类型列表被写成 Nil，而一个包含 int 的单元素列表被写成 Cons<int, Nil>，或者更简洁地，写成 Cons<int>。更长的列表则需要嵌套：

```
using TwoShort = Cons<short, Cons<unsigned short>>;
```

任意长的类型列表可以通过深度递归嵌套来构造，尽管手动写这么长的列表会显得相当笨拙：

```
using SignedIntegralTypes = Cons<signed char, Cons<short, Cons<int,
                            Cons<long, Cons<long long, Nil>>>>>;
```

提取 cons 风格列表中的第 1 个元素，直接指代的就是列表的头部：

typelist/consfront.hpp

```
template<typename List>
class FrontT {
 public:
  using Type = typename List::Head;
};

template<typename List>
using Front = typename FrontT<List>::Type;
```

从前面加一个元素就是用另一个 Cons 包住现存的列表：

typelist/conspushfront.hpp

```
template<typename List, typename Element>
class PushFrontT {
 public:
  using Type = Cons<Element, List>;
};

template<typename List, typename Element>
using PushFront = typename PushFrontT<List, Element>::Type;
```

而从一个递归的类型列表中删除第 1 个元素就是提取列表的尾部：

typelist/conspopfront.hpp

```
template<typename List>
class PopFrontT {
 public:
  using Type = typename List::Tail;
};

template<typename List>
using PopFront = typename PopFrontT<List>::Type;
```

再加上 IsEmpty 对 Nil 的特化，类型列表的核心运算就得到完整支持：

typelist/consisempty.hpp

```
template<typename List>
struct IsEmpty {
  static constexpr bool value = false;
};

template<>
struct IsEmpty<Nil> {
  static constexpr bool value = true;
};
```

有了这些类型列表运算，现在我们可以以 cons 风格的列表使用 24.2.7 节中定义的 InsertionSort 算法：

typelist/conslisttest.hpp

```
template<typename T, typename U>
struct SmallerThanT {
  static constexpr bool value = sizeof(T) < sizeof(U);
};

void conslisttest()
{
  using ConsList = Cons<int, Cons<char, Cons<short, Cons<double>>>>;
  using SortedTypes = InsertionSort<ConsList, SmallerThanT>;
  using Expected = Cons<char, Cons<short, Cons<int, Cons<double>>>>;
  std::cout << std::is_same<SortedTypes, Expected>::value << '\n';
}
```

正如在插入排序中所看到的，cons 风格类型列表可以表达与本章中描述的变参类型列表相同的所有算法。的确，许多描述过的算法正是使用和操纵与 cons 风格类型列表相同的风格来写的。然而，它们的一些缺点让我们更喜欢变参版本。首先，嵌套使得长的 cons 风格的类型列表在源代码和编译器诊断中难写难读。其次，一些算法（包括 PushBack 和 Transform）可以为变参类型列表特化，以提供更高效的实现（以实例化的数目衡量）。最后，为类型列表使用变参模板会良好地适应第 25 章和第 26 章中讨论的异质容器上对变参模板的使用。

24.6 后记

类型列表大约在 C++98 标准发布后不久就出现了。Krysztof Czarnecki 和 Ulrich Eisenecker 在[*CzarneckiEiseneckerGenProg*]中介绍了一个受 LISP 启发的 cons 风格的整型常量列表，尽管他们并没有完成其到通用类型列表的飞跃。

Alexandrescu 在他颇有影响的《现代 C++设计》（参阅[*AlexandrescuDesign*]）一书中普及了类型列表。尤其是，Alexandrescu 展示了类型列表的通用性，通过模板元编程和类型列表能够解决有趣的设计问题，这就让这些技巧易于为 C++程序员所接受。

Abrahams 和 Gurtovoy 在[*AbrahamsGurtovoyMeta*]中为元编程提供了急需的结构，用 C++标准库中的熟悉术语描述了类型列表、类型列表算法和相关组件的抽象：序列、迭代器、算法和（元）函数。随同的 Boost.MPL（参阅[*BoostMPL*]）被广泛用于操作类型列表。

第 25 章

元组

贯穿本书，我们常使用同质容器和类似数组的类型来说明模板的“力量”。这种同质结构扩展了 C/C++数组的概念，普遍存在于大多数应用中。C++（和 C）也有非同质的容器工具：类（或结构体）。本章探讨元组（tuple），它以类似于类和结构体的方式聚集数据。例如，包含一个 int、一个 double 和一个 std::string 成员的元组与一个包含 int、double 和 std::string 成员的结构体类似，只是元组的元素是通过位置（如 0、1、2）指代而不是通过名字指代。位置接口以及从类型列表中轻松构造元组的能力使元组比结构体更适于使用模板元编程技巧。

另一种看法是把元组看作可执行程序中类型列表的一种表现。例如，类型列表 Typelist<int, double, std::string>描述了可在编译期进行操作的包含 int、double 和 std::string 的类型序列，而 Tuple<int, double, std::string>描述了可以在运行期进行操作的 int、double 和 std::string 的存储。例如，以下程序创建了这样一个元组的实例：

```
template<typename... Types>
class Tuple {
  ... //后面讨论其实现
};

Tuple<int, double, std::string> t(17, 3.14, "Hello, World!");
```

使用模板元编程与类型列表来生成可用于存储数据的元组是常见做法。例如，尽管我们在上面的例子中随意选择了 int、double 和 std::string 作为元素类型，但我们本来也可以用元程序来创建由元组存储的类型集合。

在本章的其余部分，我们将探讨 Tuple 类模板的实现和操作，它是类模板 std::tuple 的简化版本。

25.1 基础元组设计

25.1.1 存储

元组包含对模板实参列表中每个类型的存储。这些存储可以通过函数模板 get 来访问，对元组 t 来说，写为 get<I>(t)。例如，前面例子中 t 的 get<0>(t)将返回对 int 17 的引用，而 get<1>(t)则返回对 double 3.14 的引用。

元组存储的递归写法基于这样的思想：一个包含 N（N 大于 0）个元素的元组可以存储

为一个元素（第 1 个元素，或者说是列表的头部）加上一个包含 N-1 个元素的元组（尾部），而包含 0 个元素的元组是单独的特殊情况。因此，一个包含 3 个元素的元组 Tuple<int, double, std::string>可以被存储为一个 int 和一个 Tuple<double, std::string>。然后，后面那个包含两个元素的元组可以被存储为一个 double 和一个 Tuple<std::string>，后者本身可以被存储为一个 std::string 和一个 Tuple<>。事实上，这与类型列表算法的泛型版本中使用的递归分解是一样的，而递归元组存储的实际实现也类似地展开：

tuples/tuple0.hpp

```
template<typename... Types>
class Tuple;

//递归分支
template<typename Head, typename... Tail>
class Tuple<Head, Tail...>
{
 private:
  Head head;
  Tuple<Tail...> tail;
 public:
  //构造函数
  Tuple() {
  }
  Tuple(Head const& head, Tuple<Tail...> const& tail)
    : head(head), tail(tail) {
  }
  //...

  Head& getHead() { return head; }
  Head const& getHead() const { return head; }
  Tuple<Tail...>& getTail() { return tail; }
  Tuple<Tail...> const& getTail() const { return tail; }
};

//基础分支
template<>
class Tuple<> {
  //无须存储
};
```

在递归分支里，每个 Tuple 实例包含数据成员 head，用来存储列表中的第 1 个元素，以及数据成员 tail，用来存储列表中的其余元素。基础分支就是空元组，它没有相关联的存储。

get 函数模板遍历这个递归结构，以提取所请求的元素。①

tuples/tupleget.hpp

```
//递归分支
template<unsigned N>
struct TupleGet {
  template<typename Head, typename... Tail>
  static auto apply(Tuple<Head, Tail...> const& t) {
    return TupleGet<N-1>::apply(t.getTail());
```

① 完整的 get()实现应该还要正确处理非 const 和右值引用的元组。

```
  }
};

//基础分支
template<>
struct TupleGet<0> {
  template<typename Head, typename... Tail>
  static Head const& apply(Tuple<Head, Tail...> const& t) {
    return t.getHead();
  }
};

template<unsigned N, typename... Types>
auto get(Tuple<Types...> const& t) {
  return TupleGet<N>::apply(t);
}
```

请注意，函数模板 get 只是对 TupleGet 的静态成员函数进行调用的一层薄的包装。这一技巧实际上是函数模板缺乏偏特化的一种变通方案（参阅 17.3 节），我们用该函数模板对 N 的值进行特化。在递归分支（N > 0），静态成员函数 apply()提取当前元组的尾部，并递减 N 以继续在元组后面寻找要找的元素。基础分支（N = 0）返回当前元组的头部，完成实现。

25.1.2 构造

除了到目前为止定义的构造函数以外：

```
Tuple() {
}
Tuple(Head const& head, Tuple<Tail...> const& tail)
 : head(head), tail(tail) {
}
```

为了使元组更有用，我们需要既能从一组独立的值（每个元素一个）中构造它，也能从另一个元组中构造它。从一组独立的值中拷贝构造元组，传递第 1 个值以初始化头部元素（通过其基类），然后传递其余的值给表示尾部的基类。

```
Tuple(Head const& head, Tail const&... tail)
 : head(head), tail(tail...) {
}
```
这就实现了本章开头介绍的 Tuple 的例子。

```
Tuple<int, double, std::string> t(17, 3.14, "Hello, World!");
```

然而，这并不是最为通用的接口。用户可能希望用移动构造来初始化某些（也许不是全部）元素，或让一个元素从不同类型的值中构造。因此，我们应该使用完美转发（参阅 15.6.3 节）来初始化元组：

```
template<typename VHead, typename... VTail>
Tuple(VHead&& vhead, VTail&&... vtail)
 : head(std::forward<VHead>(vhead)),
   tail(std::forward<VTail>(vtail)...) {
}
```

接着，实现从另一个元组中构造新元组：

```
template<typename VHead, typename... VTail>
Tuple(Tuple<VHead, VTail...> const& other)
 : head(other.getHead()), tail(other.getTail()) { }
```

然而，该构造函数的引入并不足以支持元组的转换。给定前文的元组 t，试图以兼容类型构造另一个元组会失败：

```
//错误：不存在由 Tuple<int, double, string>到 long 的转换
Tuple<long int, long double, std::string> t2(t);
```

这里的问题是，试图以一组独立值进行初始化的构造函数模板比接收元组的构造函数模板更匹配。为解决这个问题，必须使用 std::enable_if<>（参阅 6.3 节和 20.3 节）。当尾部没有预期的长度时，关闭两个成员函数模板：

```
template<typename VHead, typename... VTail,
         typename = std::enable_if_t<sizeof...(VTail)==sizeof...(Tail)>>
Tuple(VHead&& vhead, VTail&&... vtail)
: head(std::forward<VHead>(vhead)),
  tail(std::forward<VTail>(vtail)...) { }

template<typename VHead, typename... VTail,
         typename = std::enable_if_t<sizeof...(VTail)==sizeof...(Tail)>>
Tuple(Tuple<VHead, VTail...> const& other)
 : head(other.getHead()), tail(other.getTail()) { }
```

完整的构造函数声明在 tuples/tuple.hpp 中。

makeTuple()函数模板使用类型推导来确定它所返回的 Tuple 的元素类型，这大大方便了从一个给定的元素集合中构造元组。

tuples/maketuple.hpp

```
template<typename... Types>
auto makeTuple(Types&&... elems)
{
  return Tuple<std::decay_t<Types>...>(std::forward<Types>(elems)...);
}
```

同样，我们使用完美转发并结合 std::decay<>特征，将字符串字面量和其他原始数组转换为指针，并删除 const 和引用。例如：

```
makeTuple(17, 3.14, "Hello, World!")
```

初始化成

```
Tuple<int, double, char const*>
```

25.2 基础元组运算

25.2.1 比较

元组是包含其他值的结构类型。要比较两个元组，只需比较它们的元素。因此，我们可

以写一个 operator==运算符的定义来按元素比较两个元组：

tuples/tupleeq.hpp

```
//基础分支
bool operator==(Tuple<> const&, Tuple<> const&)
{
  //空元组恒等
  return true;
}

//递归分支
template<typename Head1, typename... Tail1,
         typename Head2, typename... Tail2,
         typename = std::enable_if_t<sizeof...(Tail1)==sizeof...(Tail2)>>
bool operator==(Tuple<Head1, Tail1...> const& lhs,
                Tuple<Head2, Tail2...> const& rhs)
{
  return lhs.getHead() == rhs.getHead() &&
         lhs.getTail() == rhs.getTail();
}
```

如同许多类型列表和元组的算法，按元素比较先访问头部元素，然后递归访问尾部元素，最终会遇到基础分支。!=、<、>、<=和>=运算符的定义也类似。

25.2.2 输出

在本章中，我们会不停地创建新的元组，所以能够在执行的程序中看到这些元组是有用的。下面的 operator<<运算符输出任意元组，只要其元素类型可被输出。

tuples/tupleio.hpp

```
#include <iostream>

void printTuple(std::ostream& strm, Tuple<> const&, bool isFirst = true)
{
  strm << ( isFirst ? '(' : ')' );
}

template<typename Head, typename... Tail>
void printTuple(std::ostream& strm, Tuple<Head, Tail...> const& t,
                bool isFirst = true)
{
  strm << ( isFirst ? "(" : ", " );
  strm << t.getHead();
  printTuple(strm, t.getTail(), false);
}

template<typename... Types>
std::ostream& operator<<(std::ostream& strm, Tuple<Types...> const& t)
{
  printTuple(strm, t);
  return strm;
}
```

现在，创建和显示元组就比较容易了。例如：

```
std::cout << makeTuple(1, 2.5, std::string("hello")) << '\n';
```

会输出[1]

```
(1, 2.5, hello)
```

25.3 元组算法

元组是一种容器，它提供的功能有访问和修改每个元素（通过 get()）、创建新元组（直接地或通过 makeTuple()）和将元组分解成头部和尾部（通过 getHead()和 getTail()）。这些基本功能足以用来打造成套的元组算法，如为元组增加或删除元素、重新排列元素，或选择元组内的元素的某个子集。

元组算法特别有趣，因为它们既需要编译期计算，也需要运行期计算。就像第 24 章的类型列表算法一样，对元组应用算法可能会产生类型完全不同的元组，这需要编译期计算。例如，将 Tuple<int, double, string>反转会产生 Tuple<string, double, int>。然而，就像同质容器的算法（例如，对 std::vector 应用 std::reverse() ），元组算法实际上需要在运行期执行代码，我们要对所生成代码的效率心中有数。

25.3.1 作为类型列表

如果忽略我们的 Tuple 模板的实际运行期组件，我们会发现它的结构与第 24 章中开发的 Typelist 模板完全一样：它接收任意数量的模板类型形参。事实上，通过一些偏特化，我们可以把 Tuple 变成具有全功能的类型列表。

tuples/tupletypelist.hpp

```
//判断元组是否为空
template<>
struct IsEmpty<Tuple<>> {
  static constexpr bool value = true;
};

//提取前面的元素
template<typename Head, typename... Tail>
class FrontT<Tuple<Head, Tail...>> {
 public:
  using Type = Head;
};

//删除前面的元素
template<typename Head, typename... Tail>
class PopFrontT<Tuple<Head, Tail...>> {
 public:
  using Type = Tuple<Tail...>;
};

//将元素加到前面
```

① 对空元组进行输出会有问题。——译者注

```
template<typename... Types, typename Element>
class PushFrontT<Tuple<Types...>, Element> {
 public:
  using Type = Tuple<Element, Types...>;
};

//将元素加到后面
template<typename... Types, typename Element>
class PushBackT<Tuple<Types...>, Element> {
 public:
  using Type = Tuple<Types..., Element>;
};
```

现在，第 24 章中开发的所有类型列表算法对 Tuple 和 Typelist 同样有效，于是我们就可以轻松处理元组的类型。比如：

```
Tuple<int, double, std::string> t1(17, 3.14, "Hello, World!");
using T2 = PopFront<PushBack<decltype(t1), bool>>;
T2 t2(get<1>(t1), get<2>(t1), true);
std::cout << t2;
```

输出结果是：

```
(3.14, Hello, World!, 1)
```

下面马上会看到，应用于元组的类型列表算法常被用来帮助确定元组算法的结果类型。

25.3.2 增删

能在元组的头部或尾部增加一个元素是重要的功能，有了它我们就可以构建更高级的算法来操纵元组中的值。与类型列表一样，在元组的前面插入元素要比在后面插入元素容易得多，所以我们从 pushFront()开始。

tuples/pushfront.hpp

```
template<typename... Types, typename V>
PushFront<Tuple<Types...>, V>
pushFront(Tuple<Types...> const& tuple, V const& value)
{
  return PushFront<Tuple<Types...>, V>(value, tuple);
}
```

在现有元组的前面添加一个新的元素（称为 value），需要我们形成一个以 value 为头部，以现有元组为尾部的新元组。生成的元组类型是 Tuple<V, Types...>。然而，我们选择使用类型列表算法 PushFront()来演示元组算法的编译期层面与运行期层面的紧密耦合，编译期的 PushFront()计算出需要构造的类型，运行期用它来生成合适的值。

在现有元组的末尾添加一个新的元素就比较复杂了，因为这需要对元组进行递归遍历，边遍历边构建修改后的元组。请注意 pushBack()实现的结构，看它如何遵循 24.2.3 节中类型列表 PushBack()的递归实现方式。

tuples/pushback.hpp

```
//基础分支
```

```
template<typename V>
Tuple<V> pushBack(Tuple<> const&, V const& value)
{
  return Tuple<V>(value);
}

//递归分支
template<typename Head, typename... Tail, typename V>
Tuple<Head, Tail..., V>
pushBack(Tuple<Head, Tail...> const& tuple, V const& value)
{
  return Tuple<Head, Tail..., V>(tuple.getHead(),
                                 pushBack(tuple.getTail(), value));
}
```

不出所料，基础分支将一个值追加到一个长度为 0 的元组，它产生一个只包含该值的元组。在递归分支中，我们将列表起始处的当前元素（tuple.getHead()）和添加新元素到列表尾部的结果元组（由递归的 pushBack()调用得到）组装起来，形成一个新的元组。尽管我们选择将构造的类型表达为 Tuple<Head, Tail..., V>，请注意，这相当于使用编译期的 PushBack<Tuple<Head, Tail...>, V>。

同样容易实现 popFront()：

tuples/popfront.hpp

```
template<typename... Types>
PopFront<Tuple<Types...>>
popFront(Tuple<Types...> const& tuple)
{
  return tuple.getTail();
}
```

现在就可以这样编写 25.3.1 节的例子：

```
Tuple<int, double, std::string> t1(17, 3.14, "Hello, World!");
auto t2 = popFront(pushBack(t1, true));
std::cout << std::boolalpha << t2 << '\n';
```

输出结果如下：

```
(3.14, Hello, World!, true)
```

25.3.3 反转

元组的元素仍然可以用递归元组算法来反转，其结构遵循 24.2.4 节的类型列表反转的递归实现方式：

tuples/reverse.hpp

```
//基础分支
Tuple<> reverse(Tuple<> const& t)
{
  return t;
}

//递归分支
```

```
template<typename Head, typename... Tail>
Reverse<Tuple<Head, Tail...>> reverse(Tuple<Head, Tail...> const& t)
{
  return pushBack(reverse(t.getTail()), t.getHead());
}
```

基础分支不必细说，而递归分支则是将列表的尾部反转，并把当前的头部追加其后。举例来说，这意味着

```
reverse(makeTuple(1, 2.5, std::string("hello")))
```

会生成 Tuple<string, double, int>，值分别为 string("hello")、2.5、1。

与类型列表类似，现在可以对临时反转的列表调用 popFront()，结合使用 24.2.4 节的 PopBack()，从而轻松提供 popBack()：

tuples/popback.hpp

```
template<typename... Types>
PopBack<Tuple<Types...>>
popBack(Tuple<Types...> const& tuple)
{
  return reverse(popFront(reverse(tuple)));
}
```

25.3.4 索引列表

25.3.3 节中元组反转的递归写法是正确的，但在运行期，它的低效令它显得毫无用处。为了弄清楚这个问题，我们引入一个简单的类，统计其元素被拷贝的次数。[①]

tuples/copycounter.hpp

```
template<int N>
struct CopyCounter
{
  inline static unsigned numCopies = 0;
  CopyCounter() {
  }
  CopyCounter(CopyCounter const&) {
    ++numCopies;
  }
};
```

然后，我们创建一个由 CopyCounter 实例组成的元组并反转它：

tuples/copycountertest.hpp

```
void copycountertest()
{
  Tuple<CopyCounter<0>, CopyCounter<1>, CopyCounter<2>,
        CopyCounter<3>, CopyCounter<4>> copies;
  auto reversed = reverse(copies);
  std::cout << "0: " << CopyCounter<0>::numCopies << " copies\n";
  std::cout << "1: " << CopyCounter<1>::numCopies << " copies\n";
  std::cout << "2: " << CopyCounter<2>::numCopies << " copies\n";
```

① 在 C++17 之前，还不支持内联静态成员。因此，在一个编译单元中，我们不得不在类结构的外面初始化 numCopies。

```
  std::cout << "3: " << CopyCounter<3>::numCopies << " copies\n";
  std::cout << "4: " << CopyCounter<4>::numCopies << " copies\n";
}
```

程序将会输出：

```
0: 5 copies
1: 8 copies
2: 9 copies
3: 8 copies
4: 5 copies
```

太多次拷贝了！在元组反转的理想实现中，每个元素只会被拷贝一次，即从源元组直接拷贝到结果元组中的正确位置。通过小心地使用引用，包括使用对中间实参类型的引用，我们可以实现这个目标。但是这样做会让实现变得相当复杂。

为了消除元组反转中不必要的拷贝，请考虑对于一个已知长度的单一元组（比如包含 5 个元素的元组，像上面的例子），如何为它实现一次性完成的反转运算。可以简单地使用 makeTuple()和 get() 做到这一点：

```
auto reversed = makeTuple(get<4>(copies), get<3>(copies),
                          get<2>(copies), get<1>(copies),
                          get<0>(copies));
```

程序的输出正是我们想要的，元组中的每个元素仅拷贝一次：

```
0: 1 copies
1: 1 copies
2: 1 copies
3: 1 copies
4: 1 copies
```

索引列表（也称为索引序列，参阅 24.4 节）泛化了这一观念，其将元组索引的集合（在本例中是 4、3、2、1、0）捕获到一个形参包中，这样就能通过包扩展来产生 get 调用序列。这就让索引运算和索引列表的实际应用可以分离开来，索引运算可以是任意复杂的模板元程序，而索引列表的实际应用则重在运行期效率。标准类型 std::integer_sequence（在 C++14 中引入）常被用来表示索引列表。

25.3.5 用索引列表反转

为了用索引列表进行元组反转，我们首先需要一个索引列表的表示。索引列表是一种包含数值的类型列表，目的是作为类型列表或异质数据结构的索引使用（参阅 24.4 节）。我们使用 24.3 节中开发的 Valuelist 类型表示我们的索引列表。与上面的元组反转例子相对应的索引列表是：

```
Valuelist<unsigned, 4, 3, 2, 1, 0>
```

如何产生这样的索引列表呢？一种方式是，首先生成一个索引列表，从 0 到 N–1（包含）递增计数，其中 N 是一个元组的长度。用一个简单的模板元程序 MakeIndexList 来实现：[①]

---

① C++14 提供了一个类似的模板 make_index_sequence（用于生成一个类型为 std::size_t 的索引列表）和一个更通用的 make_integer_sequence（允许选择特定的类型）。

tuples/makeindexlist.hpp

```
//递归分支
template<unsigned N, typename Result = Valuelist<unsigned>>
struct MakeIndexListT
 : MakeIndexListT<N-1, PushFront<Result, CTValue<unsigned, N-1>>>
{
};

//基础分支
template<typename Result>
struct MakeIndexListT<0, Result>
{
  using Type = Result;
};

template<unsigned N>
using MakeIndexList = typename MakeIndexListT<N>::Type;
```

然后我们便能将此运算与类型列表的 Reverse 组合来产生合适的索引列表：

```
using MyIndexList = Reverse<MakeIndexList<5>>;
                    //相当于 Valuelist<unsigned, 4, 3, 2, 1, 0>
```

为了实际执行反转，需要将索引列表中的索引捕获到非类型形参包中。这通过将索引集合元组的 reverse()算法分为两部分来处理：

tuples/indexlistreverse.hpp

```
template<typename... Elements, unsigned... Indices>
auto reverseImpl(Tuple<Elements...> const& t,
                 Valuelist<unsigned, Indices...>)
{
  return makeTuple(get<Indices>(t)...);
}

template<typename... Elements>
auto reverse(Tuple<Elements...> const& t)
{
  return reverseImpl(t,
                     Reverse<MakeIndexList<sizeof...(Elements)>>());
}
```

在 C++11 中，返回类型必须声明为

```
-> decltype(makeTuple(get<Indices>(t)...))
```

以及

```
-> decltype(reverseImpl(t, Reverse<MakeIndexList<sizeof...(Elements)>>()))
```

reverseImpl()函数模板从它的 Valuelist 参数中将索引捕获到形参包 Indices 中。然后用捕获的索引形成的索引集合对元组调用 get()形成实参，以此实参调用 makeTuple()得到返回结果。

正如前面所讨论的，reverse()算法本身只形成了合适的索引集合，并将其提供给 reverseImpl 算法。索引是作为模板元程序被操作的，因此它不产生运行期代码。仅有的运行期代码在 reverseImpl 中，它使用 makeTuple()一步构建结果元组，因此只对元组元素进行一次拷贝。

25.3.6 重排和选择

25.3.5 节中用来形成反转元组的 reverseImpl()函数模板实际上不包含 reverse()运算的具体代码。更准确地说，它只从某个现有的元组中选择一组特定的索引，并使用它们来形成一个新的元组。reverse()提供了一个反转的索引集合，而许多算法都可以建立在这个核心的元组 select()算法之上。①

tuples/select.hpp

```
template<typename... Elements, unsigned... Indices>
auto select(Tuple<Elements...> const& t,
            Valuelist<unsigned, Indices...>)
{
  return makeTuple(get<Indices>(t)...);
}
```

元组的“溅”（splat）运算就是建立在 select()之上的一个简单算法，它从元组中抽取并拷贝某个元素来创建另一个元组，其中包含该元素一定数量的副本。比如：

```
Tuple<int, double, std::string> t1(42, 7.7, "hello"};
auto a = splat<1, 4>(t);
std::cout << a << '\n'
```

将产生 Tuple<double, double, double, double>，它的每个值都是一份 get<1>(t)的副本，所以会输出

```
(7.7, 7.7, 7.7, 7.7)
```

splat()是 select()的一个直接应用，通过给定一个元程序，产生一个“要被拷贝的”索引集合，包含值 I 的 N 个副本。②

tuples/splat.hpp

```
template<unsigned I, unsigned N, typename IndexList = Valuelist<unsigned>>
class ReplicatedIndexListT;

template<unsigned I, unsigned N, unsigned... Indices>
class ReplicatedIndexListT<I, N, Valuelist<unsigned, Indices...>>
 : public ReplicatedIndexListT<I, N-1,
                               Valuelist<unsigned, Indices..., I>> {
};

template<unsigned I, unsigned... Indices>
class ReplicatedIndexListT<I, 0, Valuelist<unsigned, Indices...>> {
 public:
  using Type = Valuelist<unsigned, Indices...>;
};
```

---

① 在 C++11 中，返回类型必须被声明为-> decltype(makeTuple(get<Indices>(t)...))。

② 在 C++11 中，splat()的返回类型必须被声明为-> decltype(return 表达式)，即->decltype(select(t, ReplicatedIndexList<I, N>()))。

```
template<unsigned I, unsigned N>
using ReplicatedIndexList = typename ReplicatedIndexListT<I, N>::Type;

template<unsigned I, unsigned N, typename... Elements>
auto splat(Tuple<Elements...> const& t)
{
  return select(t, ReplicatedIndexList<I, N>());
}
```

通过模板元程序来操纵索引列表，再对其应用 select()，即便是复杂的元组算法也能实现。例如，我们可以使用 24.2.7 节中开发的插入排序，来按元素类型的大小对元组中的元素进行排序。给出这样一个 sort()函数，它接收一个比较元组元素类型大小的模板元函数进行比较运算，我们就可以用如下代码按类型大小对元组元素进行排序：

tuples/tuplesorttest.hpp

```
#include <complex>

template<typename T, typename U>
class SmallerThanT
{
 public:
  static constexpr bool value = sizeof(T) < sizeof(U);
};

void testTupleSort()
{
  auto t1 = makeTuple(17LL, std::complex<double>(42,77), 'c', 42, 7.7);
  std::cout << t1 << '\n';
  auto t2 = sort<SmallerThanT>(t1); //t2 是 Tuple<int, long, std::string>
  std::cout << "sorted by size: " << t2 << '\n';
}
```

输出可能如下：[①]

```
(17, (42,77), c, 42, 7.7)
sorted by size: (c, 42, 7.7, 17, (42,77))
```

实际的 sort()实现涉及以元组的 select()来使用 InsertionSort。[②]

tuples/tuplesort.hpp

```
//比较元组中元素的元函数的包装
template<typename List, template<typename T, typename U> class F>
class MetafunOfNthElementT {
 public:
  template<typename T, typename U> class Apply;

  template<unsigned N, unsigned M>
  class Apply<CTValue<unsigned, M>, CTValue<unsigned, N>>
    : public F<NthElement<List, M>, NthElement<List, N>> { };
};
```

① 请注意，结果的顺序取决于具体平台的类型大小。比如，double 的大小可能小于、等于或者大于 long long 的大小。
② 在 C++11 中，sort()的返回类型必须被声明为->decltype(return 表达式)。

```
//基于元素类型大小的比较对元组元素排序
template<template<typename T, typename U> class Compare,
         typename... Elements>
auto sort(Tuple<Elements...> const& t)
{
  return select(t,
                InsertionSort<MakeIndexList<sizeof...(Elements)>,
                              MetafunOfNthElementT<
                                        Tuple<Elements...>,
                                        Compare>::template Apply>());
}
```

请仔细观察 InsertionSort 的使用：实际上要被排序的类型列表是由指向类型列表元素的索引组成的列表，它由 MakeIndexList<>构造。因此，插入排序的结果也是由指向元组元素的索引组成的集合，它随后被提供给 select()。然而，因为 InsertionSort 是对索引进行操作，所以它期望它的比较运算能够比较两个索引。考虑非元编程的例子，比如对 std::vector 的索引进行排序，就更容易理解其原理：

tuples/indexsort.cpp

```
#include <vector>
#include <algorithm>
#include <string>

int main()
{
  std::vector<std::string> strings = {"banana", "apple", "cherry"};
  std::vector<unsigned> indices = { 0, 1, 2 };
  std::sort(indices.begin(), indices.end(),
            [&strings](unsigned i, unsigned j) {
                return strings[i] < strings[j];
            });
}
```

这里，indices 包含指向 vector strings 中元素的索引。sort()运算对实际索引进行排序，所以要提供 lambda 进行比较运算，它接收两个 unsigned 值（而不是 string 值）。而 lambda 的函数体使用这些 unsinged 值作为指向 strings 这一 vector 中元素的索引，所以排序实际上是根据 strings 的内容进行的。排序结束时，indices 提供指向 strings 中元素的索引，并且它们已经根据元素值排好序了。

我们在元组的 sort() 中使用 InsertionSort 也采用了同样的方法。适配器模板 MetafunOfNthElementT 提供了一个模板元函数（其嵌套的 Apply），它接收两个索引（CTValue 的特化），并使用 NthElement 从其 Typelist 实参中提取相应的元素。在某种意义上，成员模板 Apply 已“捕获”了提供给它所在模板（MetafunOfNthElementT）的类型列表，就像 lambda 从它所在的作用域捕获 strings 这一 vector 一样。然后 Apply 将提取的元素类型转发给底层元函数 F，完成适配。

请注意，本节的所有排序计算都在编译期进行，并直接形成结果元组，在运行期没有额外的值拷贝。

25.4 展开元组

元组可用于将一组相关的值存储在一起，成为一个单一的值，无论这些相关的值有什么类型或有多少。有时，可能需要对这样的元组进行展开，例如，将其元素作为单独的参数传递给函数。举一个简单的例子，我们可能想使用一个元组，将其元素传给 12.4 节中描述的变参 print()运算：

```
Tuple<std::string, char const*, int, char> t("Pi", "is roughly",
                                             3, '\n');
print(t...); //错误：不能展开元组，它不是形参包
```

正如这个例子中指出的，以“显而易见”的方式去尝试展开元组行不通，因为它不是形参包。我们可以使用索引列表实现这一目的。下面的函数模板 apply()接收一个函数和一个元组，它以展开的元组元素调用函数：

tuples/apply.hpp

```
template<typename F, typename... Elements, unsigned... Indices>
auto applyImpl(F f, Tuple<Elements...> const& t,
               Valuelist<unsigned, Indices...>)
  ->decltype(f(get<Indices>(t)...))
{
  return f(get<Indices>(t)...);
}

template<typename F, typename... Elements,
         unsigned N = sizeof...(Elements)>
auto apply(F f, Tuple<Elements...> const& t)
  ->decltype(applyImpl(f, t, MakeIndexList<N>()))
{
  return applyImpl(f, t, MakeIndexList<N>());
}
```

applyImpl()函数模板接收一个给定的索引列表并用它来展开元组中的元素，将其放入它的函数对象形参 f 的形参列表中。面向使用者的 apply()只负责构造初始的索引列表。有了这两者，我们就可以把元组展开到 print()的形参之中：

```
Tuple<std::string, char const*, int, char> t("Pi", "is roughly",
                                             3, '\n');
apply(print, t); //正确：输出 Pi is roughly 3
```

C++17 提供了一个类似的函数，适用于任意类似于元组的类型。

25.5 优化元组

元组是一种基本的异质容器，有大量的潜在用途。因此，值得考虑如何优化它在运行期（如减少存储、执行时间）和编译期（如减少模板实例化的数目）的使用。本节将讨论对上文中的 Tuple 实现的一些具体优化。

25.5.1 元组和 EBCO

对于 Tuple 的存储方式，我们使用了比严格意义上所需更多的存储空间。一个问题是，tail 成员终究是一个空元组，因为每个非空元组都以一个空元组结束，而数据成员至少占用一个字节的存储空间。

为提高 Tuple 的存储效率，我们可以应用 21.1 节中讨论的空基类优化（EBCO），让元组从尾部元组继承，而不是让尾部元组成为成员。例如：

tuples/tuplestorage1.hpp

```
//递归分支
template<typename Head, typename... Tail>
class Tuple<Head, Tail...> : private Tuple<Tail...>
{
  private:
    Head head;
  public:
    Head& getHead() { return head; }
    Head const& getHead() const { return head; }
    Tuple<Tail...>& getTail() { return *this; }
    Tuple<Tail...> const& getTail() const { return *this; }
};
```

这与 21.1.2 节中对 BaseMemberPair 采取的方法相同。遗憾的是，实际上它产生副作用，即颠倒构造函数中元组元素初始化的顺序。先前，因为 head 成员在 tail 成员之前，所以 head 会先被初始化。在新的 Tuple 存储方式里，尾部在基类中，所以它将在成员 head 之前被初始化。[①]

为解决这一问题，可以将 head 成员放入元组的基类，把它放在基类列表中的尾部基类之前。该方法的直接实现将引入一个 TupleElt 模板，用于包装每个元素类型，于是 Tuple 可以从它继承：

tuples/tuplestorage2.hpp

```
template<typename... Types>
class Tuple;

template<typename T>
class TupleElt
{
  T value;

 public:
  TupleElt() = default;

  template<typename U>
  TupleElt(U&& other) : value(std::forward<U>(other)) { }

  T&       get()       { return value; }
  T const& get() const { return value; }
};
```

① 这一改动的另一个实际的影响是元组的元素其实是逆序存储的，因为基类通常存放在成员之前。

```
//递归分支
template<typename Head, typename... Tail>
class Tuple<Head, Tail...>
 : private TupleElt<Head>, private Tuple<Tail...>
{
 public:
  Head& getHead() {
    //潜在歧义
    return static_cast<TupleElt<Head> *>(this)->get();
  }
  Head const& getHead() const {
    //潜在歧义
    return static_cast<TupleElt<Head> const*>(this)->get();
  }
  Tuple<Tail...>& getTail() { return *this; }
  Tuple<Tail...> const& getTail() const { return *this; }
};

//基础分支
template<>
class Tuple<> {
  //无须存储
};
```

虽然这种方法解决了初始化先后的问题，但它引入了一个新的（更糟糕的）问题：我们无法再从一个有两个相同类型元素的元组中提取元素，比如 Tuple<int, int>，因为从元组到该相同类型的 TupleElt（比如 TupleElt<int>）进行的派生类到基类的转换将是有歧义的。

为了消除这种歧义，我们需要确保每个 TupleElt 基类在一个给定的 Tuple 中是唯一的。一种方法是在其元组内对元素的"高度"进行编码，也就是对尾部元组的长度进行编码。元组中的最后一个元素将被存储为高度 0，倒数第 2 个元素将被存储为高度 1，以此类推。[①]

tuples/tupleelt1.hpp

```
template<unsigned Height, typename T>
class TupleElt {
  T value;
 public:
  TupleElt() = default;

  template<typename U>
  TupleElt(U&& other) : value(std::forward<U>(other)) { }

  T&       get()       { return value; }
  T const& get() const { return value; }
};
```

有了这个解决方案，我们可以产生一个应用了 EBCO 的 Tuple，同时保持初始化次序合理和支持同一类型的多个元素。

① 更直观的做法是干脆使用元组元素的索引而不是它的高度。然而，这个信息在 Tuple 中并不易得，因为一个给定的元组既可以作为一个独立的元组出现，也可以作为另一个元组的尾部出现。一个给定的元组确实知道在它自己的尾部有多少个元素。

tuples/tuplestorage3.hpp

```
template<typename... Types>
class Tuple;

//递归分支
template<typename Head, typename... Tail>
class Tuple<Head, Tail...>
 : private TupleElt<sizeof...(Tail), Head>, private Tuple<Tail...>
{
  using HeadElt = TupleElt<sizeof...(Tail), Head>;
 public:
  Head& getHead() {
    return static_cast<HeadElt *>(this)->get();
  }
  Head const& getHead() const {
    return static_cast<HeadElt const*>(this)->get();
  }
  Tuple<Tail...>& getTail() { return *this; }
  Tuple<Tail...> const& getTail() const { return *this; }
};

//基础分支
template<>
class Tuple<> {
  //无须存储
};
```

有了这个实现，下面的程序：

tuples/compressedtuple1.cpp

```
#include <algorithm>
#include "tupleelt1.hpp"
#include "tuplestorage3.hpp"
#include <iostream>

struct A {
   A() {
     std::cout << "A()" << '\n';
   }
};

struct B {
   B() {
     std::cout << "B()" << '\n';
   }
};

int main()
{
  Tuple<A, char, A, char, B> t1;
  std::cout << sizeof(t1) << " bytes" << '\n';
}
```

输出

```
A()
```

```
A()
B()
5 bytes
```

EBCO 已经消除了一个字节（对于空元组 Tuple<>）。请注意，A 和 B 都是空类，这提示在 Tuple 中还有一次应用 EBCO 的机会。TupleElt 可以稍微进行扩展，在安全的情况下继承元素类型，而不需要改变 Tuple。

tuples/tupleelt2.hpp

```
#include <type_traits>

template<unsigned Height, typename T,
         bool = std::is_class<T>::value && !std::is_final<T>::value>
class TupleElt;

template<unsigned Height, typename T>
class TupleElt<Height, T, false>
{
  T value;

 public:
  TupleElt() = default;
  template<typename U>
    TupleElt(U&& other) : value(std::forward<U>(other)) { }

  T&       get()       { return value; }
  T const& get() const { return value; }
};

template<unsigned Height, typename T>
class TupleElt<Height, T, true> : private T
{
 public:
  TupleElt() = default;
  template<typename U>
    TupleElt(U&& other) : T(std::forward<U>(other)) { }

  T&       get()       { return *this; }
  T const& get() const { return *this; }
};
```

当提供给 TupleElt 的是一个非 final 的类的时候，它会私有地继承该类，以允许把 EBCO 应用到存储的值。有了这个改动，前面的程序现在输出

```
A()
A()
B()
2 bytes
```

25.5.2 常数时间复杂度的 get()

在使用元组时，get()操作极为常见，但是它的递归实现需要线性数量的模板实例化，这会影响编译时间。幸好，25.5.1 节介绍的 EBCO 也可以让 get()的实现更加高效，下面来

具体介绍。

关键在于，模板实参推导（参阅第 15 章）在将一个形参（基类类型）与一个实参（派生类类型）相匹配时，推导出基类的模板实参。因此，如果可以计算出希望提取的元素的高度 H，我们就可以依赖从 Tuple 特化到 TupleElt<H, T>（其中 T 是推导出来的）的转换来提取该元素，而无须手动遍历所有的索引。

tuple/constantget.hpp

```
template<unsigned H, typename T>
T& getHeight(TupleElt<H,T>& te)
{
  return te.get();
}

template<typename... Types>
class Tuple;

template<unsigned I, typename... Elements>
auto get(Tuple<Elements...>& t)
  -> decltype(getHeight<sizeof...(Elements)-I-1>(t))
{
  return getHeight<sizeof...(Elements)-I-1>(t);
}
```

因为 get<I>(t)接收的是所需元素的索引 I（从元组的开始算起），而元组实际上是按照高度 H 存储的（从元组的结束算起），所以我们从 I 中计算出 H。为 getHeight()调用而进行的模板实参推导执行实际的搜索：高度 H 是固定的，因为它是在调用中显式提供的，所以只有一个 TupleElt 基类将被匹配，从它那里将推导出类型 T。请注意，getHeight()必须被声明为 Tuple 的友元，以允许到私有基类的转换。例如：

```
//在类模板 Tuple 的递归分支内部
template<unsigned I, typename... Elements>
friend auto get(Tuple<Elements...>& t)
        -> decltype(getHeight<sizeof...(Elements)-I-1>(t));
```

请注意，这个实现只需要常数数量的模板实例化，因为我们已经将匹配索引的艰苦工作转移给了编译器的模板参数推导引擎。

25.6 元组索引

原则上，也可以定义一个 operator[]来访问元组的元素，类似于 std::vector 定义 operator[]的方式。[①]然而，与 std::vector 不同，元组的每个元素都可以有不同的类型，所以元组的 operator[]必须是一个模板，结果类型会根据元素的索引而不同。这又要求每个索引有不同的类型，所以索引的类型可以用来确定元素的类型。

24.3 节中介绍的类模板 CTValue 允许我们在一个类型中对数字索引进行编码。我们可以用它来定义一个索引运算符作为 Tuple 的成员。

```
template<typename T, T Index>
```

① 感谢 Louis Dionne 指出本节中描述的特性。

```
auto& operator[](CTValue<T, Index>) {
  return get<Index>(*this);
}
```

在此，使用在 CTValue 形参类型内传入的索引值来进行相应的 get<>()调用。

现在可以这样来使用类模板：

```
auto t = makeTuple(0, '1', 2.2f, std::string{"hello"});
auto a = t[CTValue<unsigned, 2>{}];
auto b = t[CTValue<unsigned, 3>{}];
```

a 和 b 将会分别以元组中的第 3 个和第 4 个元素的类型和值来初始化。

为了让常数索引的使用更加方便，可以用 constexpr 实现字面量运算符，从而可以从常规的以_c 为后缀的字面量中直接计算出数值的编译期字面量。

tuples/literals.hpp

```
#include "ctvalue.hpp"
#include <cassert>
#include <cstddef>

//在编译期转换单个 char 值到相应的 int 值
constexpr int toInt(char c) {
  //十六进制字符
  if (c >= 'A' && c <= 'F') {
    return static_cast<int>(c) - static_cast<int>('A') + 10;
  }
  if (c >= 'a' && c <= 'f') {
    return static_cast<int>(c) - static_cast<int>('a') + 10;
  }
  //其他（不支持带有“.”的浮点型字面量）
  assert(c >= '0' && c <= '9');
  return static_cast<int>(c) - static_cast<int>('0');
}

//编译期解析 char 类型数组到相应的 int 值
template<std::size_t N>
constexpr int parseInt(char const (&arr)[N]) {
  int base = 10;          //处理基数（默认是十进制的）
  int offset = 0;         //跳过类似 0x 这样的前缀
  if (N > 2 && arr[0] == '0') {
    switch (arr[1]) {
      case 'x':           //因为前缀为 0x 或 0X，所以是十六进制
      case 'X':
        base = 16;
        offset = 2;
        break;
      case 'b':           //因为前缀为 0b 或者 0B（自 C++14 以来），所以是二进制
      case 'B':
        base = 2;
        offset = 2;
        break;
      default:            //因为前缀为 0，所以是八进制
        base = 8;
        offset = 1;
        break;
```

```
    }
  }
  //迭代所有数字，计算出结果的值
  int value = 0;
  int multiplier = 1;
  for (std::size_t i = 0; i < N - offset; ++i) {
    if (arr[N-1-i] != '\'') { //忽略分隔的单引号（例如在 1'000 中）
      value += toInt(arr[N-1-i]) * multiplier;
      multiplier *= base;
    }
  }
  return value;
}

//字面量运算符：解析以_c 为后缀的整型字面量为 char 序列
template<char... cs>
constexpr auto operator"" _c() {
  return CTValue<int, parseInt<sizeof...(cs)>({cs...})>{};
}
```

在这里我们利用了一个事实，即对于数值字面量，可以使用字面量运算符去推导字面量的每个字符作为它自己的模板形参（详情请参阅 15.5.1 节）。我们传递这些字符给 constexpr 辅助函数 parseInt()，该函数在编译期计算出字符序列的值并将值以 CTValue 给出。

例如：

- 42_c 给出 CTValue<int,42>;
- 0x815_c 给出 CTValue<int,2069>;
- 0b1111'1111_c 给出 CTValue<int,255>[①]。

请注意，该解析器不处理浮点型字面量。对于浮点型字面量，断言会造成一个编译期错误，因为它是一个运行期特性，无法在编译期语境中使用。

有了这些，我们可以这样来使用元组：

```
auto t = makeTuple(0, '1', 2.2f, std::string{"hello"});
auto c = t[2_c];
auto d = t[3_c];
```

这种方式被用于 Boost.Hana（参阅[*BoostHana*]）——一个既适用于计算类型，也适用于计算值的元编程库。

25.7 后记

元组构造似乎属于那种被许多程序员独立尝试过的模板应用。Boost.Tuple 库（参阅[*BoostTuple*]）成为 C++中最流行的元组实现方式之一，并最终发展成 C++11 的 std::tuple。

在 C++11 之前，许多元组的实现都基于递归对（pair）结构的想法，本书第 1 版[*VandevoordeJosuttisTemplates1st*]通过“递归对”展示了这样一种方法。Andrei Alexandrescu 在[*AlexandrescuDesign*]中提出了一个有趣的替代方案。他将元组中的类型列表与字段列表“干净”地分开，使用类型列表的概念（如第 24 章中讨论的）作为元组的基础。

① 自从 C++14 以来，支持二进制字面量的前缀 0b 以及用于分隔数字的单引号字面量。

C++11 带来了变参模板，其中形参包可以清晰地为元组捕获类型列表，消除对递归对的需求。包扩展和索引列表的概念（参阅[*GregorJarviPowellVariadiCTemplates*]）将递归模板实例化压缩成更简单、高效的模板实例化，使元组更加实用、应用更加广泛。索引列表对于元组和类型列表算法的性能变得非常关键，以至于编译器包含一个内在的别名模板，即_ _make_integer_seq<S, T, N>，它可以扩展成 S<T, 0, 1, …, N>，而无须额外的模板实例化，从而加速 std::make_index_sequence 和 make_integer_sequence 的应用。

元组是使用最广泛的异质容器，但它并非唯一的异质容器。Boost.Fusion 库（参阅[*BoostFusion*]）为常见的容器提供了另外一些对应的异质容器，比如异质的 list、deque、set 和 map。更重要的是，它提供了一个为异质集合编写算法的框架，使用了与 C++标准库本身同样的抽象和术语（例如迭代器、序列和容器）。

Boost.MPL（参阅[*BoostMPL*]）和 Boost.Fusion 这两个项目都是远在 C++11 迈向成熟之前就被设计和实现了的，Boost.Hana（参阅[*BoostHana*]）吸收了两者的许多想法，并利用新的 C++11（和 C++14）语言特性对它们进行了重新设计。其结果是一个优雅的库，为异质计算提供强大的、可组合的组件。

第 26 章

可辨识联合体

第 25 章介绍的元组将某个列表中的各类型的值聚合成一个单一的值，赋予它们和简单的结构体大致相同的功能。类似地，我们自然就会思考一个联合体（union）的相应类型会是什么：它会包含一个单一的值，但值的类型选自一个可能类型组成的集合。例如，一个数据库位域可能包含一个整型值、浮点型值、字符串或者二进制数据块，但它在任一时刻只能包含某一个类型的值。

在本章中，我们开发了一个类模板 Variant，它动态存储一个值，其类型是给定值类型的集合中的某个类型，这类似于 C++17 标准库的 std::variant<>。类模板 Variant 是一种可辨识联合体（discriminated union），这意味着某个 variant 知道当前哪一个可能的值类型是活跃的，从而比相应的 C++联合体提供了更好的类型安全性。Variant 自身是一个变参模板，它接收活跃值的可能类型组成的列表。例如，变量

```
Variant <int, double, string> field;
```

可以存储一个 int、double 或者 string 类型，但是在某一时刻只能是其中之一。[①]下面的程序说明了 Variant 的行为：

variant/variant.cpp

```
#include "variant.hpp"
#include <iostream>
#include <string>

int main()
{
  Variant<int, double, std::string> field(17);
  if (field.is<int>()) {
    std::cout << "Field stores the integer " << field.get<int>()
              << '\n';
  }
  field = 42;       //赋相同类型的值
  field = "hello"; //赋不同类型的值
  std::cout << "Field now stores the string \'"
            << field.get<std::string>() << "'\n";
}
```

它会产生如下输出：

```
Field stores the integer 17
Field now stores the string "hello"
```

① 请注意，在声明 Variant 的时候可能的类型列表就固定了，这意味着 Varaint 是一种封闭（close）的可辨识联合体。一个开放（open）的可辨识联合体将允许在联合体内部存储在它创建之时还不知道的额外类型。第 22 章探讨的 FunctionPtr 类可被视为某种形式的开放可辨识联合体。

variant 可以被赋值为它类型中的任何一个。我们可以用成员函数 is<T>()来测试该 variant 当前是否包含一个类型为 T 的值，然后用 get<T>()把存储的值提取出来。

26.1 存储简介

Variant 类型的第 1 个主要设计考虑是如何管理活跃值（active value）的存储，活跃值即目前存储在 variant 内部的值。不同的类型可能会有不同的大小和对齐需要考虑。另外，variant 需要存储一个辨识器（discriminator）来指示哪一个可能类型是当前活跃值的类型。一种简单（虽然低效）的存储机制是直接使用一个元组（见 25 章）。

variant/variantstorageastuple.hpp

```
template<typename... Types>
class Variant {
 public:
  Tuple<Types...> storage;
  unsigned char discriminator;
};
```

其中，辨识器扮演了指向元组的动态索引的角色。元组元素中，谁的静态索引值等于当前辨识器的值，谁才能有一个有效值，所以当 discriminator 是 0 时，get<0>(storage)提供对活跃值的访问；当 discriminator 是 1 时，get<1>(storage)提供对活跃值的访问，以此类推。

可以将核心的 variant 运算 is<T>()和 get<T>()建立在元组之上。然而，这么做颇为低效，因为 variant 自身的存储需要占用的空间是所有可能类型的大小的和，尽管每次只有一个类型是活跃的[①]。一种更好的方式是将每一种可能类型的存储重叠。这可以通过递归地将 variant 展开为头部和尾部来实现，类似于 25.1.1 节中为元组所做的一样，但是用的是联合体而不是类。

variant/variantstorageasunion.hpp

```
template<typename... Types>
union VariantStorage;

template<typename Head, typename... Tail>
union VariantStorage<Head, Tail...> {
  Head head;
  VariantStorage<Tail...> tail;
};

template<>
union VariantStorage<> {
};
```

在这里，联合体会确保有充分的空间和合适的对齐以允许 Types 中的任何类型在任何时候都能得到存储。不过，联合体本身相当难用，因为大多数用来实现 Variant 的技巧会用到继承，但联合体是不允许用继承的。

于是，我们为 variant 的存储选择了一种低级表示：一个足够大的字符数组。对于需要支持的任何类型，它都足够大，也都有合适的对齐，可以作为存储活跃值的缓存。VariantStorage 类模

① 这一方式还有许多其他问题，比如它意味着要求 Types 的所有类型都需要有一个默认构造函数。

板实现了这个带有辨识器的模板。

variant/variantstorage.hpp

```
#include <new>  //为了 std::launder()

template<typename... Types>
class VariantStorage {
  using LargestT = LargestType<Typelist<Types...>>;
  alignas(Types...) unsigned char buffer[sizeof(LargestT)];
  unsigned char discriminator = 0;
 public:
  unsigned char getDiscriminator() const { return discriminator; }
  void setDiscriminator(unsigned char d) { discriminator = d; }

  void* getRawBuffer() { return buffer; }
  const void* getRawBuffer() const { return buffer; }

  template<typename T>
    T* getBufferAs() { return std::launder(reinterpret_cast<T*>(buffer)); }
  template<typename T>
    T const* getBufferAs() const {
      return std::launder(reinterpret_cast<T const*>(buffer));
    }
};
```

在此，使用在 24.2.2 节中开发的 LargestType 元程序来计算缓存的大小，以确保它对任何值类型都足够大。类似地，alignas 包扩展确保缓存的对齐方式也会适合任何值类型[①]。我们可以使用 getBuffer()访问缓存的指针，并通过使用显式转换、布置 new（创建新值）和显式销毁（销毁创建的值）来操作存储。如果你不熟悉 getBufferAs()中使用的 std::launder()，暂且知道它返回自己的形参而不加以修改就足够了；我们将在讨论 Variant 模板的赋值运算符时解释它的作用（参阅 26.4.3 节）。

26.2 设计

解决了 variant 的存储问题，接下来设计 Variant 类型本身。正如 Tuple 类型，我们使用继承来为 Types 列表中的每个类型提供行为。然而不同于 Tuple，所继承的基类并没有存储。更进一步说，每个基类使用 21.2 节的 CRTP 通过最晚辈的派生类型来访问共享的 variant 存储。

下面定义的类模板 VariantChoice 提供了 variant 的活跃值是（或者将是）类型 T 时在缓存上操作所需的核心运算。

variant/variantchoice.cpp

```
#include "findindexof.hpp"

template<typename T, typename... Types>
class VariantChoice {
  using Derived = Variant<Types...>;
```

① 如果没有这么做，我们还可以使用一段模板元程序来计算最大的对齐。两种方法的结果是一样的，但是正文中用的方法把计算对齐的工作移交给了编译器。

```
  Derived& getDerived() { return *static_cast<Derived*>(this); }
  Derived const& getDerived() const {
    return *static_cast<Derived const*>(this);
  }
 protected:
  //计算本类型要使用的辨识器
  constexpr static unsigned Discriminator =
    FindIndexOfT<Typelist<Types...>, T>::value + 1;
 public:
  VariantChoice() { }
  VariantChoice(T const& value);          //见 variantchoiceinit.hpp
  VariantChoice(T&& value);               //见 variantchoiceinit.hpp
  bool destroy();                         //见 variantchoicedestroy.hpp
  Derived& operator= (T const& value);    //见 variantchoiceassign.hpp
  Derived& operator= (T&& value);         //见 variantchoiceassign.hpp
};
```

模板形参包 Types 将包含 Variant 中的所有类型。Types 的第 1 个有趣用途是它允许我们为 CRTP 形成 Derived 类型，从而提供向下转换运算 getDerived()。Types 的第 2 个有趣的用途是通过元函数 FindIndexOfT 找到特定类型 T 在 Types 列表中的位置。

variant/findindexof.hpp

```
template<typename List, typename T, unsigned N = 0,
         bool Empty = IsEmpty<List>::value>
struct FindIndexOfT;

//递归分支
template<typename List, typename T, unsigned N>
struct FindIndexOfT<List, T, N, false>
 : public IfThenElse<std::is_same<Front<List>, T>::value,
                     std::integral_constant<unsigned, N>,
                     FindIndexOfT<PopFront<List>, T, N+1>>
{
};

//基础分支
template<typename List, typename T, unsigned N>
struct FindIndexOfT<List, T, N, true>
{
};
```

这个索引值用于计算与 T 相对应的辨识器值，我们将在后面回过头来看辨识器的值。

以下 Variant 框架实现说明了 Variant、VariantStorage 和 VariantChoice 之间的关系。

variant/variant-skel.hpp

```
template<typename... Types>
class Variant
 : private VariantStorage<Types...>,
   private VariantChoice<Types, Types...>...
{
  template<typename T, typename... OtherTypes>
    friend class VariantChoice; //使能 CRTP
  ...
};
```

如前所述，每个 Variant 有一个单一的、共享的 VariantStorage 基类[①]。此外，它还有一些 VariantChoice 基类，这些基类是由下面的嵌套包扩展产生的（参阅 12.4.4 节）：

```
VariantChoice<Types, Types...>...
```

本例有两个展开。外部展开：通过展开对 Types 的第 1 次引用，为 Types 中的每个类型 T 产生一个 VariantChoice 基类。内部展开：对 Types 的第二次引用进行展开，还会将 Types 中的所有类型传递给每个 VariantChoice 基类。对于某个

```
Variant<int, double, std::string>
```

它会产生以下 VariantChoice 基类的集合：[②]

```
VariantChoice<int, int, double, std::string>,
VariantChoice<double, int, double, std::string>,
VariantChoice<std::string, int, double, std::string>
```

这 3 个基类的辨识器值将分别为 1、2 和 3。当 variant 存储的 discriminator 成员与某个特定 VariantChoice 基类的辨识器值一致时，该基类负责管理活跃值。

辨识器值 0 为 variant 不含任何值的情况保留，这是一种奇怪的状态，只有在赋值过程中抛出异常时才能观察到。在关于 Variant 的讨论中，我们需要小心应对辨识器值为 0 的情况（并在适当的时候才设置它），不过我们把对这种情况的讨论留到 26.4.3 节。

Variant 的完整定义如下。随后的内容将描述 Variant 每个成员的实现。

variant/variant.hpp

```
template<typename... Types>
class Variant
 : private VariantStorage<Types...>,
   private VariantChoice<Types, Types...>...
{
  template<typename T, typename... OtherTypes>
    friend class VariantChoice;

 public:
  template<typename T> bool is() const;              //见 variantis.hpp
  template<typename T> T& get() &;                   //见 variantget.hpp
  template<typename T> T const& get() const&;        //见 variantget.hpp
  template<typename T> T&& get() &&;                 //见 variantget.hpp

  //见 variantvisit.hpp
  template<typename R = ComputedResultType, typename Visitor>
    VisitResult<R, Visitor, Types&...> visit(Visitor&& vis) &;
  template<typename R = ComputedResultType, typename Visitor>
    VisitResult<R, Visitor, Types const&...> visit(Visitor&& vis) const&;
  template<typename R = ComputedResultType, typename Visitor>
    VisitResult<R, Visitor, Types&&...> visit(Visitor&& vis) &&;

  using VariantChoice<Types, Types...>::VariantChoice...;
```

① 基类是私有的，因为它们的存在不是公共接口的一部分。为了让 VariantChoice 中的 getDerived()函数能够执行对 Variant 的向下转换，需要使用友元模板。

② 仅以类型 T 区分给定 Variant 的 VariantChoice 基类，会产生一个有趣的效果，这防止了类型的重复。一个 Variant<double, int, double>将产生一个编译器错误，指示一个类不能两次直接继承于同一个基类（在这种情况下是 VariantChoice<double, double, int, double>）。

```
  Variant();                                          //见 variantdefaultctor.hpp
  Variant(Variant const& source);                     //见 variantcopyctor.hpp
  Variant(Variant&& source);                          //见 variantmovector.hpp
  template<typename... SourceTypes>
    Variant(Variant<SourceTypes...> const& source); //见 variantcopyctortmpl.hpp
  template<typename... SourceTypes>
    Variant(Variant<SourceTypes...>&& source);

  using VariantChoice<Types, Types...>::operator=...;
  Variant& operator= (Variant const& source);         //见 variantcopyassign.hpp
  Variant& operator= (Variant&& source);
  template<typename... SourceTypes>
    Variant& operator= (Variant<SourceTypes...> const& source);
  template<typename... SourceTypes>
    Variant& operator= (Variant<SourceTypes...>&& source);

  bool empty() const;

  ~Variant() { destroy(); }
  void destroy();                                     //见 variantdestroy.hpp
};
```

26.3 值的查询与提取

对 Variant 类型最基本的查询是查询它的活跃值是否属于一个特定的类型 T，以及在其类型已知时访问活跃值。下面定义的 is()成员函数可以确定 variant 当前是否存储了一个 T 类型的值：

variant/variantis.hpp

```
template<typename... Types>
template<typename T>
bool Variant<Types...>::is() const
{
  return this->getDiscriminator() ==
           VariantChoice<T, Types...>::Discriminator;
}
```

给定 variant v，v.is<int>()将检查 v 的活跃值是否为 int 类型。这个检查直截了当，其将 variant 存储空间中的辨识器值与相应的 VariantChoice 基类的 Discriminator 的值进行比较。

如果我们要找的类型（T）在列表中找不到，VariantChoice 基类将无法实例化，因为 FindIndexOfT 将不包含值成员，从而在 is<T>()中（故意地）导致编译失败。这就防止了用户错误地请求不可能存储在 variant 中的类型。

成员函数 get()提取对存储值的引用。必须提供所要提取的类型给它（例如，v.get<int>()），并且只有当 variant 的活跃值是该类型时才有效：

variant/variantget.hpp

```
#include <exception>

class EmptyVariant : public std::exception {
```

```
};

template<typename... Types>
 template<typename T>
T& Variant<Types...>::get() & {
  if (empty()) {
    throw EmptyVariant();
  }

  assert(is<T>());
  return *this->template getBufferAs<T>();
}
```

当变量没有存储值（其辨识器值为 0）时，get()会抛出一个 EmptyVariant 异常。辨识器值为 0 的情形本身也是由于异常，详情请参阅 26.4.3 节。以错误的类型从 variant 中获取值的其他尝试则属于程序员的错误，会通过失败的断言检测出来。

26.4 元素初始化、赋值和析构

当活跃值具有 T 类型时，每个 VariantChoice 基类都负责处理初始化、赋值和析构。本节通过填充 VariantChoice 类模板的细节来实现这些核心运算。

26.4.1 初始化

首先，用 variant 所存储的类型之一的值来初始化它。例如，用一个 double 值初始化一个 Variant<int, double, string>。这通过 VariantChoice 构造函数完成，它接收 T 类型的值。

variant/variantchoiceinit.hpp

```
#include <utility>  //为了 std::move()

template<typename T, typename... Types>
VariantChoice<T, Types...>::VariantChoice(T const& value) {
  //把值放入缓存并设置类型辨识器
  new(getDerived().getRawBuffer()) T(value);
  getDerived().setDiscriminator(Discriminator);
}

template<typename T, typename... Types>
VariantChoice<T, Types...>::VariantChoice(T&& value) {
  //把移动而来的值放入缓存并设置类型辨识器
  new(getDerived().getRawBuffer()) T(std::move(value));
  getDerived().setDiscriminator(Discriminator);
}
```

在每种情况下，构造函数都用 CRTP 操作 getDerived()来访问共享缓存，然后执行布置 new，从而以 T 类型的新值来初始化存储。第 1 个构造函数拷贝构造了传入的值，而第 2 个构造函数移动构造了传入的值[①]。之后，构造函数设置辨识器的值，以指示 variant 存储的（动

① 这里的构造函数避免了在 Variant 设计中使用引用类型。这一限制可以通过将引用包装进一个如 std::reference_wrapper 的类来解除。

态）类型。

我们的最终目标是能够以 Variant 类型中任一类型的值初始化一个 variant，甚至可以处理隐式转换。比如：

```
Variant<int, double, string> v("hello"); //隐式转换为字符串
```

为了实现这点，我们通过引入 using 声明[①]，将 VariantChoice 构造函数继承到 Variant 本身：

```
using VariantChoice<Types, Types...>::VariantChoice...;
```

实际上，这个 using 声明产生了 Variant 构造函数，该函数从 Types 中的每个类型 T 拷贝或移动。对于一个 Variant<int, double, string>，构造函数实际上是

```
Variant(int const&);
Variant(int&&);
Variant(double const&);
Variant(double&&);
Variant(string const&);
Variant(string&&);
```

26.4.2 析构

当初始化 Variant 时，会在其缓存中构造一个值。destroy 运算处理该值的析构：

variant/variantchoicedestroy.hpp

```
template<typename T, typename... Types>
bool VariantChoice<T, Types...>::destroy() {
  if (getDerived().getDiscriminator() == Discriminator) {
    //如果类型匹配，调用布置 delete
    getDerived().template getBufferAs<T>()->~T();
    return true;
  }
  return false;
}
```

当辨识器匹配时，通过调用恰当的析构函数->~T()来显式地销毁缓存中的内容。

这里的 VariantChoice::destroy()运算只有当辨识器匹配时才起作用。然而，我们通常希望销毁 variant 中存储的值而不用关心 variant 中当前哪一个类型是活跃的。因此，Varaint::destroy()在它的基类中调用所有的 VariantChoice::destroy()运算。

variant/variantdestroy.hpp

```
template<typename... Types>
void Variant<Types...>::destroy() {
  //对每一个 VariantChoice 基类调用 destroy()，至多有一个会成功
  bool results[] = {
    VariantChoice<Types, Types...>::destroy()...
  };
```

① 在 using 声明中使用包扩展（参阅 4.4.5 节）是在 C++17 中引入的。在 C++17 前，继承构造函数还需要一个递归继承的模式，类似于第 25 章中展示的 Tuple 的方式。

```
  //指示 variant 没有存储值
  this->setDiscriminator(0);
}
```

results 的初始化器中的包扩展确保了在每个 VariantChoice 基类上调用 destroy。实际上，这些调用中至多有一个会成功（具有匹配的辨识器的那个调用），从而让 varaint 变为空。空状态通过将辨识器的值设为 0 来表示。

数组 results 本身的存在只是为了提供一个使用初始化列表的上下文，它的实际值被忽略了。在 C++17 中，我们可以使用折叠表达式（参阅 12.4.6 节）来消除对这个额外变量的需要。

variant/variantdestroy17.hpp

```
template<typename... Types>
void Variant<Types...>::destroy()
{
  //对每一个 VariantChoice 基类调用 destroy()，至多有一个会成功
  (VariantChoice<Types, Types...>::destroy() , ...);

  //指示 variant 没有存储值
  this->setDiscriminator(0);
}
```

26.4.3 赋值

赋值建立在初始化和析构的基础上，正如赋值运算符说明的那样：

variant/variantchoiceassign.hpp

```
template<typename T, typename... Types>
auto VariantChoice<T, Types...>::operator= (T const& value) -> Derived& {
  if (getDerived().getDiscriminator() == Discriminator) {
    //赋以同类型的新值
    *getDerived().template getBufferAs<T>() = value;
  }
  else {
    //赋以不同类型的新值
    getDerived().destroy();     //尝试所有类型的 destroy()
    new(getDerived().getRawBuffer()) T(value);  //布置新值
    getDerived().setDiscriminator(Discriminator);
  }
  return getDerived();
}

template<typename T, typename... Types>
auto VariantChoice<T, Types...>::operator= (T&& value) -> Derived& {
  if (getDerived().getDiscriminator() == Discriminator) {
    //赋以同类型的新值
    *getDerived().template getBufferAs<T>() = std::move(value);
  }
  else {
    //赋以不同类型的新值
    getDerived().destroy();     //尝试所有类型的 destroy()
    new(getDerived().getRawBuffer()) T(std::move(value));  //布置新值
    getDerived().setDiscriminator(Discriminator);
```

```
  }
  return getDerived();
}
```

如同初始化是根据所存储的值类型之一进行的，每个 VariantChoice 也提供了一个赋值运算符，可以将其存储的值类型拷贝（或移动）到 variant 的存储中。这些赋值运算符由 Variant 通过以下 using 声明继承：

```
using VariantChoice<Types, Types...>::operator=...;
```

赋值运算符的实现有两条路径。如果 variant 已经存储了一个给定类型 T 的值（由辨识器匹配识别），那么赋值运算符将酌情把类型 T 的值直接拷贝赋值或移动赋值到缓存。 辨识器不会被改动。

如果 variant 没有存储一个 T 类型的值，那么赋值需要两步：使用 Variant::destroy()销毁当前值，然后使用布置 new（placement new）初始化一个 T 类型的新值，并相应地设置辨识器。

使用布置 new 的两步赋值有 3 个常见问题，我们必须加以考虑：

- 自我赋值；
- 异常；
- std::launder()。

1. 自我赋值

在下面这样的表达式中，variant v 就会发生自我赋值。

```
v = v.get<T>()
```

在前面介绍的两步赋值中，源值在被拷贝之前就会被销毁，可能会导致内存被破坏。幸运的是，自我赋值总是意味着辨识器的匹配，所以这样的代码会调用 T 的赋值运算符，而不是两步赋值。

2. 异常

如果现有值的销毁完成了，但是新值的初始化抛出异常，那么 variant 的状态是什么？在我们的实现中，Variant::destroy()将辨识器的值重置为 0。在非异常情况下，辨识器将在初始化完成后被相应地设置。而在初始化新值的过程中发生异常时，辨识器值保持为 0，以表示变体没有存储值。在我们的设计中，这是产生没有值的 variant 的唯一方法。

下面的程序说明了如何触发一个没有存储的 variant，方法就是通过尝试拷贝一个拷贝构造函数抛出异常的类型的值：

variant/variantexception.cpp

```
#include "variant.hpp"
#include <exception>
#include <iostream>
#include <string>

class CopiedNonCopyable : public std::exception
{
};

class NonCopyable
{
```

```
public:
  NonCopyable() {
  }

  NonCopyable(NonCopyable const&) {
    throw CopiedNonCopyable();
  }

  NonCopyable(NonCopyable&&) = default;

  NonCopyable& operator= (NonCopyable const&) {
    throw CopiedNonCopyable();
  }

  NonCopyable& operator= (NonCopyable&&) = default;
};

int main()
{
  Variant<int, NonCopyable> v(17);
  try {
    NonCopyable nc;
    v = nc;
  }
  catch (CopiedNonCopyable)  {
    std::cout << "Copy assignment of NonCopyable failed." << '\n';
    if (!v.is<int>() && !v.is<NonCopyable>()) {
      std::cout << "Variant has no value." << '\n';
    }
  }
}
```

程序的输出为：

```
Copy assignment of NonCopyable failed.
Variant has no value.
```

对没有存储值的 variant 的访问，无论是通过 get()还是通过 26.5 节描述的访问者机制，都会抛出 EmptyVariant 异常，以允许程序从这种特殊情况下恢复。empty()成员函数可以检查 variant 是否处于空状态。

variant/variantempty.hpp

```
template<typename... Types>
bool Variant<Types...>::empty() const {
  return this->getDiscriminator() == 0;
}
```

使用两步赋值遇到的第 3 个常见问题是一个微妙的问题，C++标准委员会在 C++17 标准化过程结束时才意识到这一点。下面简要地解释一下。

3. std::launder()

C++编译器通常以生成高性能的代码为目标，而提高生成的代码的性能的主要机制也许是避免重复地将数据从内存拷贝到寄存器。为了做好这一点，编译器必须做一些假设，其中一个假设是，某些类型的数据在其生命周期内是不可改变的。这包括 const 数据、引用（可以初始化，但此后不能修改），以及一些存储在多态对象中的簿记数据，这些簿记数据被用来分发虚函数、定位虚基类，以及处理 typeid 和 dynamic_cast 运算符。

前面的两步赋值的问题是，它偷偷地结束了一个对象的生命周期，并在同一地方开始了另一个对象的生命周期，而编译器可能无法识别这个问题。因此，编译器可能会认为它从一个 Variant 对象的前一个状态中获得的值仍然有效，而事实上，以布置 new 进行的初始化使它失效了。如果没有缓解措施，最终结果将是，当进行性能优化的编译时，程序如果使用具有不可变数据成员的类型组成的 Variant，可能会偶尔产生无效的结果。这样的错误通常是很难追踪的（部分原因是它们很少发生，部分原因是它们在源代码中并不真正可见）。

从 C++17 开始，这个问题的解决方法是通过 std::launder()访问新对象的地址，std::launder()只是返回它的实参，但它会使编译器认识到，所产生的地址指向的对象可能与编译器对传给 std::launder()的实参的假设不匹配。然而，请注意，std::launder()只固定它返回的地址，而不固定传递给 std::launder()的实参，因为编译器是用表达式来推理的，而不是实际地址（因为它们在运行期才会存在）。因此，在用布置 new 构造了一个新的值之后，我们必须确保后续每个访问都使用“清洗过”的数据。这就是为什么我们总是清洗指向我们的 Variant 缓存的指针。有一些方法可以做得更好（比如添加一个额外的指针成员来指向缓存，并在每次使用布置 new 的赋值后让它获得清洗过的地址），但这些方法使代码变得难以维护且复杂。我们的方法简单而正确，只要坚持通过 getBufferAs()成员访问缓存就行了。

std::launder()的情况并不完全令人满意。它非常微妙、难以察觉（例如，我们直到即将完成本书前才注意到它），而且难以补救（也就是说，std::launder()不是很易用），这种情况不能完全令人满意。因此，C++标准委员会的几个成员要求做更多的工作，以找到一个令人满意的解决方案。关于这个问题的更详细描述见[*JosuttisLaunder*]。

26.5 访问者

is()和 get()成员函数允许我们检查活跃值是否属于特定类型，并访问该类型的值。然而，检查一个 varaint 中所有可能的类型很快就会演变成一个累赘的 if 语句链。例如，下面的程序输出一个名为 v 的 Variant<int, double, string>的值：

```
if (v.is<int>()) {
    std::cout << v.get<int>();
}
else if (v.is<double>()) {
    std::cout << v.get<double>();
}
else {
    std::cout << v.get<string>();
}
```

要泛化它以输出存储在任意 variant 中的值，需要一个递归实例化的函数模板和一个辅助类。比如：

variant/printrec.cpp

```
#include "variant.hpp"
#include <iostream>
```

```
template<typename V, typename Head, typename... Tail>
void printImpl(V const& v)
{
  if (v.template is<Head>()) {
    std::cout << v.template get<Head>();
  }
  else if constexpr (sizeof...(Tail) > 0) {
    printImpl<V, Tail...>(v);
  }
}

template<typename... Types>
void print(Variant<Types...> const& v)
{
  printImpl<Variant<Types...>, Types...>(v);
}

int main() {
  Variant<int, short, float, double> v(1.5);
  print(v);
}
```

对于一个相对简单的运算，这样的代码量是可观的。为了简化，我们通过为 Variant 扩展 visit()运算来扭转局面。用户从而可以传入一个访问者（visitor）函数对象，该对象的 operator()将以活跃值被调用。因为活跃值可能是 variant 中的任何一种潜在类型，这个 operator()很可能要被重载或者本身就是一个函数模板。例如，一个泛型 lambda 提供了一个模板化的 operator()，允许我们简洁地表示 varaint v 的输出：

```
v.visit([](auto const& value) {
          std::cout << value;
        });
```

这样一个泛型 lambda 大致相当于下面的函数对象，可用于还不支持泛型 lambda 的编译器：

```
class VariantPrinter {
 public:
  template<typename T>
  void operator()(T const& value) const
  {
    std::cout << value;
  }
};
```

visit()运算的核心类似于递归 print 运算：它逐步遍历 Variant 中的类型，检查活跃值是否具有给定的类型（用 is<T>()），然后在找到相应类型后采取行动。

variant/variantvisitimpl.hpp

```
template<typename R, typename V, typename Visitor,
         typename Head, typename... Tail>
R variantVisitImpl(V&& variant, Visitor&& vis, Typelist<Head, Tail...>) {
  if (variant.template is<Head>()) {
    return static_cast<R>(
```

```
            std::forward<Visitor>(vis)(
              std::forward<V>(variant).template get<Head>()));
    }
    else if constexpr (sizeof...(Tail) > 0) {
      return variantVisitImpl<R>(std::forward<V>(variant),
                                 std::forward<Visitor>(vis),
                                 Typelist<Tail...>());
    }
    else {
      throw EmptyVariant();
    }
  }
```

variantVisitImpl()是一个带有许多模板形参的非成员函数模板。模板形参 R 描述了访问运算的结果类型，稍后会分析它。V 是 variant 的类型，Visitor 是访问者的类型。Head 和 Tail 用于分解 Variant 中的类型以实现递归。

if 执行（运行期）检查，以确定给定 variant 的活跃值是否为 Head 类型：如果是，则通过 get<Head>()从 variant 中提取该值并将其传递给访问者，终止递归。当有更多元素需要考虑时，else if 会执行递归。如果没有一个类型匹配，则变量不包含任何值[①]，在这种情况下，会抛出 EmptyVariant 异常。

除了 VisitResult 提供的结果类型计算（这将在 26.5.1 节讨论）以外，visit()的实现是直截了当的：

variant/variantvisit.hpp

```
  template<typename... Types>
   template<typename R, typename Visitor>
  VisitResult<R, Visitor, Types&...>
  Variant<Types...>::visit(Visitor&& vis)& {
    using Result = VisitResult<R, Visitor, Types&...>;
    return variantVisitImpl<Result>(*this, std::forward<Visitor>(vis),
                                    Typelist<Types...>());
  }

  template<typename... Types>
   template<typename R, typename Visitor>
  VisitResult<R, Visitor, Types const&...>
  Variant<Types...>::visit(Visitor&& vis) const& {
    using Result = VisitResult<R, Visitor, Types const &...>;
    return variantVisitImpl<Result>(*this, std::forward<Visitor>(vis),
                                  Typelist<Types...>());
  }

  template<typename... Types>
   template<typename R, typename Visitor>
  VisitResult<R, Visitor, Types&&...>
  Variant<Types...>::visit(Visitor&& vis) && {
    using Result = VisitResult<R, Visitor, Types&&...>;
    return variantVisitImpl<Result>(std::move(*this),
                                    std::forward<Visitor>(vis),
                                    Typelist<Types...>());
  }
```

① 这种情况在 26.4.3 节中详细讨论。

以上 3 个模板实现将工作直接委托给 variantVisitImpl，为其传递 variant 本身、转发访问者，并提供完整的类型列表。这 3 个实现之间的唯一区别是它们是以 Variant&、Variant const& 还是 Variant&&的形式传递 variant 本身。

26.5.1 访问结果类型

visit()的结果类型仍然是一个谜。某个给定的访问者可能有不同的 operator()重载从而产生不同的结果类型，某个模板化的 operator()的结果类型则取决于其形参类型，或者是它们的一些组合。例如，考虑下面的泛型 lambda：

```
[](auto const& value) {
  return value + 1;
}
```

这个 lambda 的结果类型取决于输入类型：给定一个 int，它会产生一个 int，而给定一个 double，它将产生一个 double。如果这个泛型 lambda 被传递给 Variant<int, double>的 visit()运算，结果应是什么？

不存在单一的正确答案，所以我们的 visit()运算允许显式地提供结果类型。例如，我们可能想在另一个 Variant<int, double>中捕获结果。编程者可以显式指定 visit()的结果类型作为第 1 个模板实参。

```
v.visit<Variant<int, double>>([](auto const& value) {
                                return value + 1;
                              });
```

当没有一个“一刀切”的解决方案时，显式指定结果类型的功能就变得重要了。然而，要求在所有情况下都显式指定结果类型可能太麻烦。因此，visit()使用一个默认的模板实参和一个简单的元程序的组合来选择是否显示指定结果类型。回顾 visit()的声明：

```
template<typename R = ComputedResultType, typename Visitor>
  VisitResult<R, Visitor, Types&...> visit(Visitor&& vis) &;
```

示例显式指定的模板参数 R 也有一个默认实参，所以模板参数 R 就不需要总是被显式指定。这个默认实参是一个不完整的哨兵类型 ComputedResultType。

```
class ComputedResultType;
```

为了计算其结果类型，visit 将其所有的模板形参传递给别名模板 VisitResult（提供对于新类型 traitVisitResultT 的访问）。

variant/variantvisitresult.hpp

```
//一个显式提供的访问者结果类型
template<typename R, typename Visitor, typename... ElementTypes>
class VisitResultT
{
 public:
  using Type = R;
};

template<typename R, typename Visitor, typename... ElementTypes>
```

```
using VisitResult =
typename VisitResultT<R, Visitor, ElementTypes...>::Type;
```

因为 VisitResultT 的主定义处理已明确指定 R 的实参情况，所以将 Type 定义为 R。当 R 接收它的默认实参 ComputedResultType 时，会应用另外一个偏特化：

```
template<typename Visitor, typename... ElementTypes>
class VisitResultT<ComputedResultType, Visitor, ElementTypes...>
{
  ...
}
```

这一偏特化是 26.5.2 节的主题，它负责为公共的情况计算一个相应的结果类型。

26.5.2 公共结果类型

有的访问者可能为 variant 的每个元素类型产生不同类型，当调用这样的访问者时，我们如何将这些类型合并成 visit()的一个单一结果类型？有一些显而易见的情况——如果访问者对每个元素类型均返回相同的类型，那它就应该是 visit()的结果类型。

C++已经有一个合理的结果类型的概念，1.3.3 节介绍过：在三元表达式 b ? x : y 中，表达式的类型是 x 和 y 的类型之间的公共类型。例如，如果 x 的类型是 int，y 的类型是 double，公共类型就是 double，因为 int 可以推广到 double。我们可以在一个类型特征中捕捉这个公共类型的概念：

variant/commontype.hpp

```
using std::declval;

template<typename T, typename U>
class CommonTypeT
{
 public:
  using Type = decltype(true? declval<T>() : declval<U>());
};

template<typename T, typename U>
using CommonType = typename CommonTypeT<T, U>::Type;
```

公共类型的概念可以延伸到一个类型集合：公共类型是集合中的所有类型都能推广到的类型。对于我们的访问者，要计算以 variant 中的每个类型调用它而产生的结果类型的公共类型：

variant/variantvisitresultcommon.hpp

```
#include "accumulate.hpp"
#include "commontype.hpp"

//以类型为 T 的值调用访问者时产生的结果类型
template<typename Visitor, typename T>
using VisitElementResult = decltype(declval<Visitor>()(declval<T>()));

//以给定的每个元素类型调用某个访问者时产生的公共结果类型
template<typename Visitor, typename... ElementTypes>
class VisitResultT<ComputedResultType, Visitor, ElementTypes...>
{
```

```
  using ResultTypes =
    Typelist<VisitElementResult<Visitor, ElementTypes>...>;

 public:
  using Type =
    Accumulate<PopFront<ResultTypes>, CommonTypeT, Front<ResultTypes>>;
};
```

VisitResult 的计算分两个阶段。首先，VisitElementResult 计算以类型为 T 的值调用访问者时产生的结果类型。这个元函数被应用于每个给定的元素类型，以确定访问者可能产生的所有结果类型，并在类型列表 ResultTypes 中捕获结果。

其次，通过 24.2.6 节中描述的 Accumulate 算法对结果类型的类型列表进行公共类型计算。它的初始值（Accumulate 的第三个参数）是结果类型中的第 1 个，它通过 CommonTypeT 与 ResultTypes 类型列表中的其余值相继组合。最终的结果是所有访问者的结果类型都可以转换成的公共类型。如果结果类型不兼容，则最终结果会出错。

从 C++11 开始，标准库提供了一个相应的类型特征，即 std::common_type<>，它使用上文这种方法来产生任意数量的传入类型的公共类型（参阅附录 D 的 D.5 节），有效结合了 CommonTypeT 和 Accumulate。通过使用 std::common_type<>，VisitResultT 的实现更加简单。

variant/variantvisitresultstd.hpp

```
template<typename Visitor, typename... ElementTypes>
class VisitResultT<ComputedResultType, Visitor, ElementTypes...>
{
 public:
  using Type =
    std::common_type_t<VisitElementResult<Visitor, ElementTypes>...>;
};
```

在下面的程序中，传入一个在其接收的值上加 1 的泛型 lambda，程序会输出产生的类型：

variant/visit.cpp

```
#include "variant.hpp"
#include <iostream>
#include <typeinfo>

int main()
{
  Variant<int, short, double, float> v(1.5);
  auto result = v.visit([](auto const& value) {
                          return value + 1;
                        });
  std::cout << typeid(result).name() << '\n';
}
```

该程序会输出 double 的 type_info 名称，因为这正是所有的结果类型能转换成的类型。

26.6 variant 的初始化和赋值

variant 可以通过各种方式被初始化和赋值，包括默认构造、拷贝和移动构造，以及拷贝和移动赋值。本节详细介绍这些 Variant 运算。

1. 默认初始化

variant 应该提供默认构造函数吗？如果不提供，variant 可能会变得难用，如果这样，程序员就不得不每次都拟一个初始值（即使在程序中没有意义）。如果 variant 真的要提供默认构造函数，那么语义应该是什么？

一种可能的语义是默认初始化没有存储值，由辨识器值 0 表示。然而，这种空 variant 一般没有用处（例如，人们不能访问它们或找到任何可以提取的值），将此作为默认初始化的行为将把空 variant 的异常状态（详情请参阅 26.4.3 节）提升为常见状态。

另一种可能的语义是默认构造函数应该以某种类型构造一个值。对于本章的 variant，我们遵循 C++17 中 std::variant<>的语义，并默认构造一个值，其类型即类型列表中的第 1 个类型：

variant/variantdefaultctor.hpp

```
template<typename... Types>
Variant<Types...>::Variant() {
  *this = Front<Typelist<Types...>>();
}
```

这种做法简单且可预测，在大多数情况下避免了引入 variant。可以通过以下程序了解其行为：

variant/variantdefaultctor.cpp

```
#include "variant.hpp"
#include <iostream>

int main()
{
  Variant<int, double> v;
  if (v.is<int>()) {
      std::cout << "Default-constructed v stores the int "
                << v.get<int>() << '\n';
  }
  Variant<double, int> v2;
  if (v2.is<double>()) {
      std::cout << "Default-constructed v2 stores the double "
                << v2.get<double>() << '\n';
  }
}
```

这会产生如下输出：

```
Default-constructed v stores the int 0
Default-constructed v2 stores the double 0
```

2. 拷贝/移动初始化

拷贝和移动初始化更有意思。要拷贝一个源 variant，需要确定它当前存储的是哪种类型的值，拷贝构造该值到缓存，并设置相应辨识器。幸运的是，visit()可用于处理源 variant 活跃值的解码，从 VariantChoice 继承的拷贝赋值运算符将拷贝构造一个值到缓存中，从而得到一种紧凑的实现。[1]

variant/variantcopyctor.hpp

```
template<typename... Types>
Variant<Types...>::Variant(Variant const& source) {
  if (!source.empty()) {
    source.visit([&](auto const& value) {
                   *this = value;
                 });
  }
}
```

移动构造函数与此类似，不同的只是它在访问源 variant 和从源值移动赋值时使用 std::move：

variant/variantmovector.hpp

```
template<typename... Types>
Variant<Types...>::Variant(Variant&& source) {
  if (!source.empty()) {
    std::move(source).visit([&](auto&& value) {
                              *this = std::move(value);
                            });
  }
}
```

基于访问者的实现还有一个特别有意思的地方，即它也适用于拷贝和移动运算的模板化形式。例如，模板化的拷贝构造函数可以被定义如下：

variant/variantcopyctortmpl.hpp

```
template<typename... Types>
 template<typename... SourceTypes>
Variant<Types...>::Variant(Variant<SourceTypes...> const& source) {
  if (!source.empty()) {
    source.visit([&](auto const& value) {
                   *this = value;
                 });
  }
}
```

由于这段代码访问了源 variant，因此源 variant 的每个类型都会发生对*this 的赋值。对这一赋值的重载决策会为每一种源类型找到最合适的目标类型，从而在必要时进行隐式转换。以下示例演示了不同 variant 类型的构造和赋值：

variant/variantpromote.cpp

```
#include "variant.hpp"
#include <iostream>
#include <string>

int main()
{
  Variant<short, float, char const*> v1((short)123);
```

① 尽管在 lambda 中使用了赋值运算符，但 VariantChoice 中赋值运算符的实际实现将执行拷贝赋值，这是因为该 varaint 最初没有存储任何值。

```
  Variant<int, std::string, double> v2(v1);
  std::cout << "v2 contains the integer " << v2.get<int>() << '\n';

  v1 = 3.14f;
  Variant<double, int, std::string> v3(std::move(v1));
  std::cout << "v3 contains the double " << v3.get<double>() << '\n';

  v1 = "hello";
  Variant<double, int, std::string> v4(std::move(v1));
  std::cout << "v4 contains the string " << v4.get<std::string>() << '\n';
}
```

从 v1 到 v2 或 v3 的构造或赋值涉及整型推广（short 到 int）、浮点推广（float 到 double），以及用户定义的转换（char const*到 std::string）。该程序的输出如下：

```
v2 contains the integer 123
v3 contains the double 3.14
v4 contains the string hello
```

3. 赋值

Variant 赋值运算符与前面介绍的拷贝和移动构造函数相类似。在此仅说明拷贝赋值运算符。

variant/varintcopyassign.hpp

```
template<typename... Types>
Variant<Types...>& Variant<Types...>::operator= (Variant const& source) {
  if (!source.empty()) {
    source.visit([&](auto const& value) {
                   *this = value;
                 });
  }
  else {
    destroy();
  }
  return *this;
}
```

需要关注的只有在 else 分支中加入的一些处理工作：当源 varaint 不含值（以辨识器值 0 表示）的时候，我们销毁目标 variant 的值，隐式地把它的辨识器值设为 0。

26.7 后记

Andrei Alexandrescu 在系列文章[*AlexandrescuDiscriminatedUnions*]中详细介绍了可辨识联合体。我们对 Variant 的处理依赖于某些相同的技术，如用于就地存储的对齐缓存和对提取值的访问。某些差异来自语言标准：Andrei 当年用的是 C++98，所以，变参模板或继承构造函数等就不能使用。Andrei 还投入了相当的时间来计算对齐，而 C++11 通过引入 alignas 使其变得更易使用。最有意思的设计差异在于对辨识器的处理：我们选用一个整型的辨识器值来指示当前存储在 variant 中的类型，而 Andrei 采用了一种"静态 vtable"方法——使用函数指针来构造、拷贝、查询和销毁底层元素类型。有趣的是，这种静态 vtable 方法作为开放的可辨识联合体（比如 22.2 节中开发的 FunctionPtr 模板）的优化技术更具影响力，并且是

std::function 实现的常见优化，以消除对虚函数的使用。Boost 的 any 类型（参阅[*BoostAny*]）是另一种开放的可辨识联合体类型，在 C++17 中被标准库采纳为 std::any。

后来，Boost 库（参阅[*Boost*]）引入了几种可辨识联合体类型，其中包括影响了本章所开发的 variant 的 Variant 类型（参阅[*BoostVariant*]）。Boost.Variant（参阅[*BoostVariant*]）的设计文档包括一场针对 variant 赋值的异常安全问题（被称为“永不为空保证”），以及对该问题的各种不完满的解决方案的精彩讨论。在 C++17 中，当标准库采用 std::variant 时，放弃了“永不为空”保证：如果给它分配一个新的值会抛出异常，那么允许 std::variant 的状态变为 valueless_by_ exception，这样消除了为备份分配堆存储的需要，我们以空变体效仿这种行为。

不同于 Variant 模板，std::variant 允许多个相同的模板参数（如 std::variant <int, int>）。在 Variant 中启用该功能需要对本书的设计进行改动，包括添加一个方法来消除 VariantChoice 基类的歧义，还要添加 26.2 节中描述的嵌套包扩展的替代方法。

本章所描述的 variant 的 visit()操作在结构上与 Andrei Alexandrescu 在[*Alexandrescu-AdHocVisitor*]中描述的临时访问者模式相同。Alexandrescu 的临时访问者模式意在简化参照已知派生类的集合（描述为类型列表）来对指向某普通基类的指针加以检查的过程。该实现使用 dynamic_cast 来测试指针与类型列表中的每个派生类的关系，发现匹配时就以派生类的指针调用访问者。

第 27 章

表达式模板

本章将探讨一种叫作表达式模板（expression template）的模板编程技巧。发明它，最初是为了支持数值数组类，而这也正是我们介绍表达式模板的背景。

数值数组类支持对整个数组对象的数值操作。例如，可以将两个数组相加，其结果包含的元素分别是参数数组中相应数值的和。同样，整个数组可以乘一个标量，也就是说，数组中的每个元素都会被缩放。自然，我们希望能保留熟悉的内置标量类型的运算符记法。

```
Array<double> x(1000), y(1000);
…
x = 1.2*x + x*y;
```

对于严肃的高性能数值计算平台，这种表达式的求值效率必须达到运行平台的极限。要以本例所用的紧凑的运算符记法达到这点，不是一件容易的事，但表达式模板将提供帮助。

表达式模板让人回忆起模板元编程，部分原因是表达式模板（有时会）依赖于深度嵌套的模板实例化，这与模板元编程中遇到的递归实例化并无两样。这两种技术最初都是为了支持高性能的数组运算而开发的（参见 23.1.3 节中使用模板展开循环的例子），这一事实可能易使人们产生一种感觉：它们是相关的。当然，这两种技术是互补的。例如，元编程对于固定大小的小型数组的处理较为方便，而表达式模板对于运行期才能确定大小的中到大型数组的运算则非常有效。

27.1 临时变量和割裂的循环

为了领会表达式模板的概念，让我们从一个直接的（或是朴素的）方法开始，实现能够进行数值数组运算的模板。一个基本的数组模板可能看起来如下（SArray 代表简单数组）：

exprtmpl/sarray1.hpp

```
#include <cstddef>
#include <cassert>

template<typename T>
class SArray {
  public:
    //以初始大小创建数组
    explicit SArray (std::size_t s)
     : storage(new T[s]), storage_size(s) {
        init();
    }

    //拷贝构造
```

```
    SArray (SArray<T> const& orig)
     : storage(new T[orig.size()]), storage_size(orig.size()) {
        copy(orig);
    }

    //析构函数：释放内存
    ~SArray() {
        delete[] storage;
    }

    //赋值运算符
    SArray<T>& operator= (SArray<T> const& orig) {
        if (&orig!=this) {
            copy(orig);
        }
        return *this;
    }

    //返回大小
    std::size_t size() const {
        return storage_size;
    }

    //常量及变量的索引运算符
    T const& operator[] (std::size_t idx) const {
        return storage[idx];
    }
    T& operator[] (std::size_t idx) {
        return storage[idx];
    }

  protected:
    //以默认构造函数初始化值
    void init() {
        for (std::size_t idx = 0; idx<size(); ++idx) {
            storage[idx] = T();
        }
    }
    //拷贝另外一个数组的值
    void copy (SArray<T> const& orig) {
        assert(size()==orig.size());
        for (std::size_t idx = 0; idx<size(); ++idx) {
            storage[idx] = orig.storage[idx];
        }
    }

  private:
    T*          storage;       //元素的存储
    std::size_t storage_size;  //元素的数量
};
```

数值运算符可以这样编写：

exprtmpl/sarrayops1.hpp

```
//两个 SArray 相加
template<typename T>
```

```
SArray<T> operator+ (SArray<T> const& a, SArray<T> const& b)
{
    assert(a.size()==b.size());
    SArray<T> result(a.size());
    for (std::size_t k = 0; k<a.size(); ++k) {
        result[k] = a[k]+b[k];
    }
    return result;
}

//两个 SArray 相乘
template<typename T>
SArray<T> operator* (SArray<T> const& a, SArray<T> const& b)
{
    assert(a.size()==b.size());
    SArray<T> result(a.size());
    for (std::size_t k = 0; k<a.size(); ++k) {
        result[k] = a[k]*b[k];
    }
    return result;
}

//标量与 SArray 相乘
template<typename T>
SArray<T> operator* (T const& s, SArray<T> const& a)
{
    SArray<T> result(a.size());
    for (std::size_t k = 0; k<a.size(); ++k) {
        result[k] = s*a[k];
    }
    return result;
}

//SArray 与标量相乘
//标量与 SArray 相加
//SArray 与标量相加
...
```

类似以上的运算符还可以写出许多版本，但是以上的这些已经足够支持下面的表达式例子：

exprtmpl/sarray1.cpp

```
#include "sarray1.hpp"
#include "sarrayops1.hpp"

int main()
{
    SArray<double> x(1000), y(1000);
    ...
    x = 1.2*x + x*y;
}
```

事实证明这样的实现非常低效，原因有二。

- 每次应用某个运算符（除赋值运算符）时都需要创建至少一个临时数组（也就是说，假定编译器执行了所有允许的临时拷贝消除，在上面例子中也至少有3个临时数组，每个大小为1000）。

➢ 每次应用某个运算符时都需要对参数和结果数组进行额外的遍历（在上面的例子中，假设只生成 3 个临时的 SArray 对象，大约需要读取 6000 个 double 元素，并写入大约 4000 个 double 元素）。

具体发生的是一连串的循环，对临时数组进行运算：

```
tmp1 = 1.2*x;        //循环运算 1000 次
                     //加上 tmp1 的创建和析构
tmp2 = x*y           //循环运算 1000 次
                     //加上 tmp2 的创建和析构
tmp3 = tmp1+tmp2;    //循环运算 1000 次
                     //加上 tmp3 的创建和析构
x = tmp3;            //1000 次读运算和 1000 次写运算
```

除非使用特殊的快速分配器，否则在小数组上做运算所需的时间将主要花在创建那些不必要的临时变量上。对于真正的大数组，临时变量是完全不可接受的，因为没有存储空间来容纳它们。（具有挑战性的数值仿真常试图使用所有可用内存以获得更真实的结果。如果内存被用来容纳不必要的临时变量，仿真的效果就会受到影响。）

早期的数值数组库的实现在面临这个问题的时候，鼓励用户使用计算赋值（如+=、*=等）。这些赋值的优势在于，参数和目标都是由调用方提供的，所以不需要临时变量。例如，可以按如下方式添加 SArray 成员：

exprtmpl/sarrayops2.hpp

```
//SArray 的加赋值
template<typename T>
SArray<T>& SArray<T>::operator+= (SArray<T> const& b)
{
    assert(size()==orig.size());
    for (std::size_t k = 0; k<size(); ++k) {
        (*this)[k] += b[k];
    }
    return *this;
}

//SArray 的乘赋值
template<typename T>
SArray<T>& SArray<T>::operator*= (SArray<T> const& b)
{
    assert(size()==orig.size());
    for (std::size_t k = 0; k<size(); ++k) {
        (*this)[k] *= b[k];
    }
    return *this;
}

//标量的乘赋值
template<typename T>
SArray<T>& SArray<T>::operator*= (T const& s)
{
    for (std::size_t k = 0; k<size(); ++k) {
        (*this)[k] *= s;
    }
    return *this;
}
```

有了这样的运算符，例子中的计算可以改写为：

exprtmpl/sarray2.cpp

```
#include "sarray2.hpp"
#include "sarrayops1.hpp"
#include "sarrayops2.hpp"

int main()
{
    SArray<double> x(1000), y(1000);
    ...
    //处理 x = 1.2*x + x*y
    SArray<double> tmp(x);
    tmp *= y;
    x *= 1.2;
    x += tmp;
}
```

显然，使用计算赋值的技巧仍有不足。

- 写法变臃肿了。
- 还留下了一个不必要的临时变量 tmp。
- 循环被割裂成多个运算，需要从内存中读取约 6000 个 double 元素，并将 4000 个 double 元素写入内存。

我们真正想要的是一个“理想的循环”，为每个索引处理整个表达式。

```
int main()
{
    SArray<double> x(1000), y(1000);
    ...
    for (int idx = 0; idx<x.size(); ++idx) {
        x[idx] = 1.2*x[idx] + x[idx]*y[idx];
    }
}
```

这样做我们不需要临时数组，而且每次迭代只有两次内存读取（x[idx]和 y[idx]）和一次内存写入（x[idx]）。因此，手动编写的循环只需要大约 2000 次内存读取和 1000 次内存写入。

鉴于在现代、高性能的计算机架构上，内存带宽是这类数组运算速度的限制因素，所以在实践中，这里展示的简单运算符重载方式，其性能比手动编写的循环要慢一到两个数量级就不足为奇了。然而，我们希望能获得手动编写的循环的性能，而不需要付出特别努力来手动编写这些循环（那样既烦琐又容易犯错误），也不需要使用笨拙的记法。

27.2 在模板实参中对表达式编码

解决这一问题的关键是在看到整个表达式之前（在我们的例子中，在调用赋值运算符之前），不要试图对表达式的一部分进行求值。因此，在求值之前，我们必须记录哪些运算被应用于哪些对象。这些运算是在编译期确定的，因此可以在模板实参中编码。

对于表达式的例子，

```
1.2*x + x*y;
```

这意味着 1.2*x 的结果不是一个新数组，而是一个对象，代表 x 的每个值乘 1.2。同样，x*y 必须求出 x 的每个元素乘 y 的每个相应元素的结果。最后，当我们需要得到结果数组的值时，我们再来执行之前为了后面的求值而存储起来的那些运算。

让我们设计一个具体的实现。我们的实现将对以下表达式求值：

```
1.2*x + x*y;
```

求值的结果成为一个具有如下类型的对象：

```
A_Add<A_Mult<A_Scalar<double>,Array<double>>,
      A_Mult<Array<double>,Array<double>>>
```

我们将一个新的基本的 Array 类模板与类模板 A_Scalar、A_Add 和 A_Mult 相结合。你可能会认出对应于这个表达式的语法树的前缀表示（见图 27.1）。以上这个嵌套的模板标识代表了所涉及的运算和运算应该应用到的对象的类型。A_Scalar 将在后面介绍，但其本质上只是数组表达式中某标量的占位符。

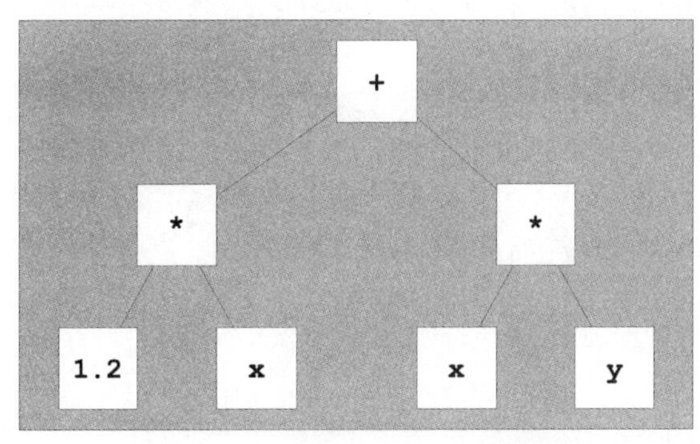

图 27.1　表达式 1.2*x+x*y 的树表示

27.2.1　表达式模板的操作数

为了完成表达式的表示，我们必须在每个 A_Add 和 A_Mult 对象中存储对参数的引用，并在 A_Scalar 对象中记录标量的值（或其引用）。下面是相应操作数的可能定义：

exprtmpl/exprops1.hpp

```
#include <cstddef>
#include <cassert>

//包含辅助类特征模板以选择是否
//通过值或者引用来指代一个表达式模板的节点
#include "exprops1a.hpp"

//表示两个操作数相加的对象的类
template<typename T, typename OP1, typename OP2>
class A_Add {
  private:
    typename A_Traits<OP1>::ExprRef op1;     //第 1 个操作数
    typename A_Traits<OP2>::ExprRef op2;     //第 2 个操作数

  public:
    //构造函数初始化对操作数的引用
```

```
    A_Add (OP1 const& a, OP2 const& b)
     : op1(a), op2(b) {
    }

    //当值被请求时计算和
    T operator[] (std::size_t idx) const {
        return op1[idx] + op2[idx];
    }

    //尺寸取最大值
    std::size_t size() const {
        assert (op1.size()==0 || op2.size()==0
                || op1.size()==op2.size());
        return op1.size()!=0 ? op1.size() : op2.size();
    }
};

//表示两个操作数乘法的对象的类
template<typename T, typename OP1, typename OP2>
class A_Mult {
  private:
    typename A_Traits<OP1>::ExprRef op1;     //第 1 个操作数
    typename A_Traits<OP2>::ExprRef op2;     //第 2 个操作数

  public:
    //构造函数初始化对操作数的引用
    A_Mult (OP1 const& a, OP2 const& b)
     : op1(a), op2(b) {
    }

    //当值被请求时计算乘积
    T operator[] (std::size_t idx) const {
        return op1[idx] * op2[idx];
    }

    //尺寸取最大值
    std::size_t size() const {
        assert (op1.size()==0 || op2.size()==0
                || op1.size()==op2.size());
        return op1.size()!=0 ? op1.size() : op2.size();
    }
};
```

可以看出，我们添加了索引和查询大小的运算，这样就可以进行以给定对象为根的子树节点所表示的运算，从而计算出结果数组的大小和其中元素的值。

对于只涉及数组的操作，结果的大小是任一数组操作数的大小。然而，对于同时涉及数组和标量的操作，结果的大小是数组操作数的大小。为了区分数组操作数和标量操作数，我们定义标量的大小为 0。因此，A_Scalar 模板定义如下：

exprtmpl/exprscalar.hpp

```
//表示标量的对象的类
template<typename T>
class A_Scalar {
  private:
```

```
    T const& s;  //标量的值①

  public:
    //构造函数初始化值
    constexpr A_Scalar (T const& v)
     : s(v) {
    }

    //对于索引运算，标量是每一个元素的值
    constexpr T const& operator[] (std::size_t) const {
        return s;
    }

    //标量的大小为 0
    constexpr std::size_t size() const {
        return 0;
    };
};
```

我们已经声明了构造函数和成员函数为 constexpr，所以以上这个类可以在编译期使用。然而，对于我们的目的来说，这并不是严格必需的。

注意，标量也提供了一个索引运算符。在表达式内部，它表示一个每个索引的标量值都相同的数组。

你也许看到运算符类使用了辅助类 A_Traits 来定义操作数的成员：

```
typename A_Traits<OP1>::ExprRef op1; //第 1 个操作数
typename A_Traits<OP2>::ExprRef op2; //第 2 个操作数
```

这是必要的，因为一般来说，我们可以将操作数声明为引用，由于多数临时节点被绑定在顶层表达式中，从而这些节点会一直生存到整个表达式求值过程的结束。[②]一个例外是 A_Scalar 节点，它们被绑定在运算符函数中，可能不会生存到整个表达式求值过程的结束。因此，为了避免成员引用不再存在的标量，A_Scalar 操作数必须被按值拷贝。

换句话说，我们对成员有如下要求。

- 一般是常量引用。

```
OP1 const& op1;  //以引用指代第 1 个操作数
OP2 const& op2;  //以引用指代第 2 个操作数
```

- 但标量就用普通的值。

```
OP1 op1;         //以值指代第 1 个操作数
OP2 op2;         //以值指代第 2 个操作数
```

这是特征类的一个完美应用。特征类将类型定义成：一般是常量引用，但是如果是标量则用普通的值。

exprtmpl/exprops1a.hpp

```
//辅助特征类，用于选择以何种方式指代一个表达式模板的节点
//通常是以引用
//标量则是以值
```

① 该值本身是对一个标量的引用。——译者注

② 表达式模板中的类数组对象一般在表达式之前就已被构造好，所以会生存到表达式求值完成之后。

```
template<typename T> class A_Scalar;

//基础模板
template<typename T>
class A_Traits {
  public:
    using ExprRef = T const&;     //指代的类型是常量引用
};

//为标量偏特化
template<typename T>
class A_Traits<A_Scalar<T>> {
  public:
    using ExprRef = A_Scalar<T>;  //指代的类型是普通的值
};
```

请注意，由于 A_Scalar 对象在顶层表达式中指代标量，这些标量可以使用引用类型。也就是说，A_Scalar<T>::s 是一个引用成员。

27.2.2 Array 类型

有了使用轻量级表达式模板对表达式进行编码的功能，就可以创建 Array 类型，该类型可以控制实际的存储，并且识别表达式模板。然而，出于工程上的使用目的，应尽可能地保持两者接口的类似——有存储功能的真实数组的接口和结果为数组的表达式的接口。为此，我们声明数组模板如下：

```
template<typename T, typename Rep = SArray<T>>
class Array;
```

如果 Array 是一个真实的存储数组，那么 Rep 类型可以是 SArray[①]也可以是编码了表达式的模板 id，比如 A_Add 或 A_Mult。无论哪种方式，我们都在处理 Array 的实例化，这大大简化了我们后面的处理。事实上，Array 模板的定义甚至无须特化来区分这两种情况，尽管有些成员不能像 A_Mult 替换 Rep 那样针对类型实例化。[②]

以下就是 Array 类型的定义。功能大致限于前文 SArray 模板所提供的功能，不过一旦理解了代码，增加功能也不难。

exprtmpl/exprarray.hpp

```
#include <cstddef>
#include <cassert>
#include "sarray1.hpp"

template<typename T, typename Rep = SArray<T>>
class Array {
  private:
    Rep expr_rep;    //（访问）数组的数据
```

① 在这里，如果希望实现方便，可以复用之前开发的 SArray，但是在工业级的库中，专用的实现可能更合适，因为我们不会用到 SArray 的所有功能。

② 例如不同类型的数组的赋值运算符成员，只有在知道 T2 的时候才能实例化。

```
  public:
    //以初始大小创建数组
    explicit Array (std::size_t s)
     : expr_rep(s) {
    }

    //从可能的表示创建数组
    Array (Rep const& rb)
     : expr_rep(rb) {
    }

    //对同一个类型的数组的赋值运算
    Array& operator= (Array const& b) {
        assert(size()==b.size());
        for (std::size_t idx = 0; idx<b.size(); ++idx) {
            expr_rep[idx] = b[idx];
        }
        return *this;
    }

    //对不同类型的数组的赋值运算
    template<typename T2, typename Rep2>
    Array& operator= (Array<T2, Rep2> const& b) {
        assert(size()==b.size());
        for (std::size_t idx = 0; idx<b.size(); ++idx) {
            expr_rep[idx] = b[idx];
        }
        return *this;
    }

    //大小就是所代表数据的大小
    std::size_t size() const {
        return expr_rep.size();
    }

    //常量和变量的索引运算
    decltype(auto) operator[] (std::size_t idx) const {
        assert(idx<size());
        return expr_rep[idx];
    }
    T& operator[] (std::size_t idx) {
        assert(idx<size());
        return expr_rep[idx];
    }

    //返回数组当前所代表的数据
    Rep const& rep() const {
        return expr_rep;
    }
    Rep& rep() {
        return expr_rep;
    }
};
```

可以看出，许多运算被简单地转发给底层的 Rep 对象。然而，当拷贝另一个数组时，我们必须考虑到另一个数组实际上建立在表达式模板上的可能性。因此，我们用底层的 Rep 表示对这些拷贝操作进行参数化。

索引运算符值得讨论一下。请注意，该运算符的 const 版本使用了一个推导的返回类型，而不是更传统的 T const&类型。我们这样做是因为如果 Rep 表示的是 A_Mult 或 A_Add，它的索引运算符会返回一个临时值（即一个纯右值），该值不能通过引用返回（而且 decltype(auto) 将为纯右值的情况推导一个非引用类型）。另外，如果 Rep 是 SArray<T>，那么底层的索引运算符会产生一个 const 左值，推导出的返回类型将是这种情况下的对应 const 引用。

27.2.3 运算符

对数值 Array 模板进行高效数值运算所需的大部分“零部件”已经准备就绪，除了这些运算符本身。前文讨论过，这些运算符只是组装表达式模板对象，实际上并不对结果数组求值。

exprtmpl/exprops2.hpp

```
//两个 Array 相加
template<typename T, typename R1, typename R2>
Array<T,A_Add<T,R1,R2>>
operator+ (Array<T,R1> const& a, Array<T,R2> const& b) {
    return Array<T,A_Add<T,R1,R2>>
           (A_Add<T,R1,R2>(a.rep(),b.rep()));
}

//两个 Array 相乘
template<typename T, typename R1, typename R2>
Array<T, A_Mult<T,R1,R2>>
operator* (Array<T,R1> const& a, Array<T,R2> const& b) {
    return Array<T,A_Mult<T,R1,R2>>
           (A_Mult<T,R1,R2>(a.rep(), b.rep()));
}

//标量与 Array 相乘
template<typename T, typename R2>
Array<T, A_Mult<T,A_Scalar<T>,R2>>
operator* (T const& s, Array<T,R2> const& b) {
    return Array<T,A_Mult<T,A_Scalar<T>,R2>>
           (A_Mult<T,A_Scalar<T>,R2>(A_Scalar<T>(s), b.rep()));
}

//Array 与标量相乘，标量与 Array 相加
//Array 与标量相加
...
```

这些运算符的声明有些烦琐（从以上示例中可以看出），但上面这些函数模板实际上没做太多事。例如，两个数组的加号运算符首先创建一个 A_Add<>对象，代表运算符和操作数。

```
A_Add<T,R1,R2>(a.rep(),b.rep())
```

并把该对象包进 Array 对象，这样我们就可以像使用其他表示数组数据的对象一样使用它的结果：

```
return Array<T,A_Add<T,R1,R2>> (...);
```

对于标量乘法，我们使用 A_Scalar 模板来创建 A_Mult 对象：

```
A_Mult<T,A_Scalar<T>,R2>(A_Scalar<T>(s), b.rep())
```

再包一次：

```
return Array<T,A_Mult<T,A_Scalar<T>,R2>> (...);
```

其他非成员的双目运算符类似，可以用宏加相对较少的代码来覆盖大多数运算符。再加上一个（更小的）宏可以用于非成员的单目运算符。

27.2.4 回顾

初次学习表达式模板时，其各种声明和定义的交互可能令人生畏。因此，自顶向下地回顾一下示例代码可能有助于透彻而具体地理解表达式模板。要分析的代码如下（是 meta/exprmain. cpp 的一部分）。

```
int main()
{
    Array<double> x(1000), y(1000);
    ...
    x = 1.2*x + x*y;
}
```

因为 x 和 y 的定义省略了 Rep 参数（它被设置为默认值，即 SArray<double>），所以，x 和 y 是具有"真实"存储的数组，而不只是运算的记录。

当解析表达式

```
1.2*x + x*y
```

的时候，编译器首先进行最左边的乘法运算，它是一个标量-数组运算。这样，重载决策选择 operator*的标量-数组形式：

```
template<typename T, typename R2>
Array<T, A_Mult<T,A_Scalar<T>,R2>>
operator* (T const& s, Array<T,R2> const& b) {
    return Array<T,A_Mult<T,A_Scalar<T>,R2>>
           (A_Mult<T,A_Scalar<T>,R2>(A_Scalar<T>(s), b.rep()));
}
```

操作数的类型是 double 和 Array<double, SArray<double>>。这样，结果的类型是

```
Array<double, A_Mult<double, A_Scalar<double>, SArray<double>>>
```

结果的值被构造出来，指代由 double 值 1.2 构造出来的 A_Scalar<double>，以及对象 x 的 SArray<double>表示。

接着进行第 2 个乘法运算 x*y：它是一个数组-数组运算。这次同样使用相应的 operator*：

```
template<typename T, typename R1, typename R2>
Array<T, A_Mult<T,R1,R2>>
operator* (Array<T,R1> const& a, Array<T,R2> const& b) {
    return Array<T,A_Mult<T,R1,R2>>
```

```
            (A_Mult<T,R1,R2>(a.rep(), b.rep()));
}
```

两个操作数的类型都是 Array<double, SArray<double>>，所以结果类型是

```
Array<double, A_Mult<double, SArray<double>, SArray<double>>>
```

这次，包装起来的 A_Mult 对象指代了两个 SArray<double>的表示：一个 x，一个 y。

最后，进行加法运算。这还是一个数组-数组运算，运算符的类型是我们刚刚推导的。所以，我们调用数组-数组运算符+：

```
template<typename T, typename R1, typename R2>
Array<T,A_Add<T,R1,R2>>
operator+ (Array<T,R1> const& a, Array<T,R2> const& b) {
    return Array<T,A_Add<T,R1,R2>>
            (A_Add<T,R1,R2>(a.rep(),b.rep()));
}
```

T 被 double 替换，R1 被替换为

```
A_Mult<double, A_Scalar<double>, SArray<double>>
```

而 R2 被替换为

```
A_Mult<double, SArray<double>, SArray<double>>
```

于是，赋值符号右边表达式的类型就是

```
Array<double,
      A_Add<double,
            A_Mult<double, A_Scalar<double>, SArray<double>>,
            A_Mult<double, SArray<double>, SArray<double>>>>
```

这一类型又被匹配到 Array 模板的赋值运算符模板：

```
template<typename T, typename Rep = SArray<T>>
class Array {
  public:
    ...
    //不同类型的数组的赋值运算
    template<typename T2, typename Rep2>
    Array& operator= (Array<T2, Rep2> const& b) {
        assert(size()==b.size());
        for (std::size_t idx = 0; idx<b.size(); ++idx) {
             expr_rep[idx] = b[idx];
        }
        return *this;
    }
    ...
};
```

该赋值运算通过对右边应用索引运算符计算出目标 x 的每个元素的值，右边的类型是：

```
A_Add<double,
      A_Mult<double, A_Scalar<double>, SArray<double>>,
```

```
    A_Mult<double, SArray<double>, SArray<double>>>>
```

细心追踪这个索引运算符，可以看出，对于给定的索引 idx，它可以计算出

```
(1.2*x[idx]) + (x[idx]*y[idx])
```

这正是我们想要的。

27.2.5 表达式模板赋值

要用基于我们例子中的 A_Mult 和 A_Add 表达式模板构建出来的 Rep 实参来实例化某个数组的写操作是不可能的。(的确，写 a+b=c 并无意义。) 然而，可以写出完全合理的对结果进行赋值的表达式模板。例如，用整型数组进行索引就直观地对应于子集选择。换句话说，表达式

```
x[y] = 2*x[y];
```

应该等同于

```
for (std::size_t idx = 0; idx<y.size(); ++idx) {
    x[y[idx]] = 2*x[y[idx]];
}
```

允许这么做意味着建立在表达式模板上的数组表现得像一个左值(即可写)。在这一点上表达式模板组件与 A_Mult 没有本质上的区别，只是要同时提供 const 和非 const 版本的索引运算符，并且要求它们可以返回左值(引用)。

exprtmpl/exprop3.hpp

```
template<typename T, typename A1, typename A2>
class A_Subscript {
  public:
    //构造函数初始化对于操作数的引用
    A_Subscript (A1 const& a, A2 const& b)
     : a1(a), a2(b) {
    }

    //当值被请求时处理索引
    decltype(auto) operator[] (std::size_t idx) const {
        return a1[a2[idx]];
    }
    T& operator[] (std::size_t idx) {
        return a1[a2[idx]];
    }

    //大小是内部数组的大小
    std::size_t size() const {
        return a2.size();
    }
  private:
    A1 const& a1;    //第 1 个操作数的引用
    A2 const& a2;    //第 2 个操作数的引用
};
```

decltype(auto)在处理数组的索引方面也较为方便，无论底层的表示法产生的是纯右值还是左值。

先前提示的带有子集语义的扩展索引运算符还需要在 Array 模板中添加额外的索引运算符。其中之一可以如下定义（可以预料还需要一个相应的 const 版本）。

exprtmpl/exprops4.hpp

```
template<typename T, typename R>
  template<typename T2, typename R2>
Array<T, A_Subscript<T, R, R2>>
Array<T, R>::operator[](Array<T2, R2> const& b) {
    return Array<T, A_Subscript<T, R, R2>>
           (A_Subscript<T, R, R2>(*this, b));
}
```

27.3 表达式模板的性能与局限

表达式模板这一想法带来的复杂性是值得的，通过它我们在对数组进行操作时得到了性能上的大幅提升。当追踪表达式模板的时候，可以发现许多小的内联函数相互调用，而许多小的表达式模板对象被分配到调用栈上。优化器必须对这些小对象进行完全的内联和消除，以得到与手动编写的循环一样高的性能。在本书第 1 版中，我们发现很少有编译器能够实现这样的优化。之后的情况有了相当大的改善，无疑，这部分归功于该技术在实践中的流行。

表达式模板技巧并不能解决所有涉及对数组进行数值运算的问题。例如，它对以下形式的矩阵-向量乘法不起作用。

```
x = A*x;
```

其中，***x*** 是一个大小为 *n* 的列向量，***A*** 是一个 *n* 乘以 *n* 的矩阵。这里的问题是必须使用一个临时变量，因为结果中的每个元素都可能依赖于原始 ***x*** 中的每个元素。遗憾的是，表达式模板循环立即更新了 ***x*** 的第 1 个元素，然后使用这个新计算出的元素来计算第 2 个元素，这就错了。稍不同的表达式

```
x = A*y;
```

却并不需要临时变量，只要 ***x*** 和 ***y*** 不是彼此的别名。这就意味着解决方案将需要知道操作数在运行期的关系，进而意味着需要创建一个运行期结构来代表表达式树，而不是把树编码到表达式模板的类型中。这种方案是由 Robert Davies 的 NewMat 库开创的（参阅[*NewMat*]）。早在表达式模板被开发出来之前，它就已经为人所知。

27.4 后记

表达式模板（Todd 创造了这一术语）是由 Todd Veldhuizen 和 David Vandevoorde 开发的，当时成员模板还不是 C++编程语言的一部分（而且当时看来它们永远不会被加入 C++）。这给赋值运算符的实现带来了一些问题：它不能为表达式模板参数化。一种变通的技巧是在表达式模板中引入一个转换运算符，以将其转换到一个以表达式模板为参数的 Copier 类，但该类

继承自一个只在元素类型中参数化的基类。然后这个基类提供了一个（虚拟的）copy_to 接口，赋值运算符可以指代这个接口。

以下是该机制的一种草稿（使用本章中的模板名称）：

```
template<typename T>
class CopierInterface {
  public:
    virtual void copy_to(Array<T, SArray<T>>&) const;
};

template<typename T, typename X>
class Copier : public CopierInterface<T> {
  public:
    Copier(X const& x) : expr(x) {
    }
    virtual void copy_to(Array<T, SArray<T>>&) const {
        //实现赋值循环
        ...
    }
  private:
    X const& expr;
};
template<typename T, typename Rep = SArray<T>>
class Array {
  public:
    //委托的赋值运算符
    Array<T, Rep>& operator=(CopierInterface<T> const& b) {
        b.copy_to(rep);
    };
     ...
};
template<typename T, typename A1, typename A2>
class A_mult {
  public:
    operator Copier<T, A_Mult<T, A1, A2>>();
    ...
};
```

这为表达式模板增加了又一个层次的复杂性和一些额外的运行期成本，但即便如此，由此带来的性能优势在当时还是令人印象深刻的。

C++标准库包含一个类模板 valarray，其目标场景正是值得使用本章中介绍的 Array 模板技巧的场景。当时有某种 valarray 的前身被设计出来，目的是让面向科学计算市场的编译器能够识别数组类型，并使用高度优化的内部代码进行操作。假如有这样的编译器，那它就可以在某种意义上“理解”这些类型。然而，这从未发生（一部分原因是有关的市场相对较小，还有一部分原因是随着 valarray 成为模板，这个问题的复杂性也在增加）。在表达式模板技术出现后的一段时间，本书作者团队中的一位（Vandevoorde）向 C++标准委员会提交了一份提案，将 valarray 基本上变成了本章介绍的 Array 模板（其中功能细节的灵感来自已经存在的 valarray 功能）。该提案使 Rep 参数的概念第 1 次得到正式记载。在此之前，有实际存储的数组和表达式模板的伪数组是不同的模板。当客户端代码引入一个接收数组的函数时，例如 foo()

```
double foo(Array<double> const&);
```

调用 foo(1.2*x)会迫使表达式模板转换为具有实际存储空间的数组，即使应用于该参数的运算不需要临时变量。有了嵌入在 Rep 参数中的表达式模板，就可以这样声明

```
template<typename Rep>
double foo(Array<double, Rep> const&);
```

而只有实际需要时转换才会发生。

在 C++标准化过程中，valarray 提案出现得较晚，实际上它重写了 C++标准中关于 valarray 的所有文本。结果是，它被否决，而 C++标准只对现有文本做了些小调整，以允许基于表达式模板的实现。然而，要利用这种小调整带来的便利仍然比这里讨论的要麻烦得多。在编写本书的时候，还没有这样的实现，而且一般来说，标准的 valarray 在执行它原本设计要进行的运算时效率相当低。

最后，值得注意的是，本章介绍的许多开创性技巧，以及后来被称为 STL①的模板库，最初都是在同一个编译器上实现的：Borland C++编译器的第 4 版。这也许是第一个使模板编程在 C++编程界广泛流行的编译器。

表达式模板最初主要应用于对类似数组类型的运算。然而，几年之后，人们发现了新的应用。其中最具突破性的是 Jaakko Järvi 和 Gary Powell 的 Boost.Lambda 库（参阅[*LambdaLib*]），它在 lambda 表达式成为核心语言特性之前就提供了可用的 lambda 表达式功能②，以及 Eric Niebler 的 Boost.Proto 库，它是一个元编程表达式模板库，目的是在 C++中创建嵌入的领域特定语言（embedded domain-specific language）。其他的 Boost 库，比如 Boost.Fusion 和 Boost.Hana，也对表达式模板进行了高级应用。

① 标准模板库（STL）引发了 C++库的一场革命，后来它成为 C++标准库的一部分（参阅[*JosuttisStdLib*]）。
② Jaakko 在开发核心语言特性方面也发挥了重要的作用。

第 28 章

调试模板

对于调试，模板引发了两类挑战：一类挑战对于模板编写者来说无疑是个问题：如何确保我们编写的模板对于任何满足文档中条件的模板实参都能发挥作用；另一类挑战则几乎相反，当模板的行为不符合文档中的条件时，模板的用户如何才能发现它违反了模板形参要求中的哪一条。

在深入讨论这些挑战之前，也许有必要思考一下可能施加在模板形参上的各种约束。在本章中，我们主要处理那些在违反时会导致编译错误的约束，我们称这些约束为语法约束。语法约束包括需要某种构造函数的存在、特定的函数调用必须无歧义等。另一些约束我们称之为语义约束。要对这些约束做自动化验证很难。在一般情况下，这样做甚至可能不切实际。例如，我们可能会要求在模板类型参数上定义一个<运算符（语法约束），但是通常也会要求这个运算符在其作用域内实际定义了某种排序（语义约束）。

术语概念（concept）经常被用来表示模板库中反复需要的一组约束。例如，C++标准库依赖于随机访问迭代器（random access iterator）和可默认构造（default constructible）等概念。有了这个术语，我们便可以说，调试模板代码的时候，大量的工作在于确定概念在模板实现和使用中如何被违反。本章将深入探讨设计和调试技巧，这些技巧可以使模板与相关的工作更容易开展，无论是对模板编写者还是对模板用户。

28.1 浅层实例化

当模板错误发生时，问题往往是在一长串的实例化之后才发现的，从而导致出现冗长的错误信息，如 9.4 节中所讨论的那样。[1]为了说明这一点，请考虑以下有些牵强的代码：

```
template<typename T>
void clear (T& p)
{
  *p = 0; //假定 T 是类似指针的类型
}

template<typename T>
void core (T& p)
{
  clear(p);
}

template<typename T>
void middle (typename T::Index p)
```

① 不过，如果你已经读到本书的这部分，毫无疑问，你已经遭遇过让 9.4 节的例子相形见绌的错误信息了。

```
{
  core(p);
}

template<typename T>
void shell (T const& env)
{
  typename T::Index i;
  middle<T>(i);
}
```

这个示例展示了软件开发中典型的分层情况。像 shell()这样的高层次函数模板依赖于像 middle()这样的组件，而这些组件本身又利用了 core()这样的基本功能。当我们实例化 shell()时，它下面的所有层次也需要被实例化。在这个示例中，最深的一层暴露了一个问题：core()被 int 类型（来自 middle()中对 Client::Index 的使用）实例化，并试图将该类型的一个值解引用，而这是错误的。

这个错误只有在实例化的时候才会被发现。比如：

```
class Client
{
  public:
    using Index = int;
};

int main()
{
  Client mainClient;
  shell(mainClient);
}
```

良好的泛型诊断信息会给出追踪信息，包含所有引发该错误的层次，但我们认为，太多的信息可能显得有些笨拙。

围绕这个问题的核心有一场出色的讨论，请参阅[*StroustrupDnE*]，其中 Bjarne Stroustrup 指出了两类方法来提早确定模板参数是否满足一组约束：通过语言扩展，或通过提前使用参数。我们在 17.8 节和附录 E 中介绍前者，后者则通过浅层实例化（shallow instantiation）强行暴露所有错误。这是通过插入不会被使用的代码来实现的，插入代码的目的就是在该代码被实例化为不符合更深层次模板要求的模板实参时触发错误。

在先前的例子中，可以在 shell()中添加代码，它尝试对一个 T::Index 类型的值进行解引用。比如：

```
template<typename T>
void ignore(T const&)
{
}

template<typename T>
void shell (T const& env)
{
  class ShallowChecks
  {
    void deref(typename T::Index ptr) {
```

```
      ignore(*ptr);
    }
  };
  typename T::Index i;
  middle(i);
}
```

如果 T 的类型会使 T::Index 不能被解引用，就可以在局部类 ShallowChecks 上诊断出一个错误。请注意，由于局部类并没有被实际使用，添加的代码并不会影响 shell()函数的运行时间。遗憾的是，许多编译器会警告 ShallowChecks 没有被使用（它的成员也没有被使用）。像 ignore()模板这样的技巧可以用来抑制这种警告，但这样也会增加代码的复杂性。

概念检查

显然，在我们的例子中，假代码可能会变得和实现模板实际功能的代码一样复杂。为了降低这种复杂性，自然要尝试把各种假代码片段收入某种库中。这样的库可以包含一些宏，它们能够扩展为代码，当模板形参的替换违反了该形参的底层概念时，就会触发相应的错误。这种库中最流行的是概念检查库（concept check library），它是 Boost 发行版的一部分（参阅 [*BCCL*]）。

不过，这种技巧不那么具备可移植性（不同的编译器诊断错误的方式有相当大的不同），并且有时候在高层次上无法被捕获的错误会被掩盖而放过。

自从 C++支持了概念（见附录 E），我们就有了其他方法来支持对于要求和预期行为的定义。

28.2 静态断言

在 C++中，宏 assert()经常被用于检查特定的条件在程序执行的某些时刻是否成立。如果断言失败，程序停止运行以让程序员能够修复程序。

C++的 static_assert 关键字在 C++11 中引入，与 assert()作用相同，但是它在编译期求值：如果条件（必须是一个常量表达式）求值结果为 false，编译器就会发出一条错误信息。该信息会包含一个字符串（字符串是 static_assert 表达式的一部分），为程序员指出哪里出了错。例如，下面的静态断言确保我们是在支持 64 位指针的平台上对代码进行编译的：

```
static_assert(sizeof(void*) * CHAR_BIT == 64, "Not a 64-bit platform");
```

当模板实参不满足模板的约束时，静态断言可以用来提供有用的错误信息。例如，使用 19.4 节中描述的技巧，我们可以创造一个类型特征来确定一个给定的类型是不是可以被解引用：

debugging/hasderef.hpp

```
#include <utility>          //为了 declval()
#include <type_traits>      //为了 true_type 和 false_type

template<typename T>
class HasDereference {
 private:
```

```
  template<typename U> struct Identity;
  template<typename U> static std::true_type
    test(Identity<decltype(*std::declval<U>())>*);
  template<typename U> static std::false_type
    test(...);
 public:
  static constexpr bool value = decltype(test<T>(nullptr))::value;
};
```

现在，我们可以在shell()中引入一个静态断言，这样当28.1节中的shell()模板以不能被解引用的类型来实例化时，可以提供更好的诊断信息：

```
template<typename T>
void shell (T const& env )
{
  static_assert(HasDereference<T>::value, "T is not dereferenceable");

  typename T::Index i;
  middle(i);
}
```

有了这个改动，编译器就可以产生简洁得多的诊断信息，指出类型T是不能被解引用的。使用模板库的时候，静态断言通过让错误信息变得更短、更直接，以大幅改善用户体验。请注意，也可以将静态断言应用到类模板中，并使用附录D中探讨的所有类型特征：

```
template<typename T>
class C {
  static_assert(HasDereference<T>::value, "T is not dereferenceable");
  static_assert(std::is_default_constructible<T>::value,
                "T is not default constructible");
  ...
  };
```

28.3 原型

当编写模板的时候，要确保模板的定义对于任何满足该模板规定约束的模板形参都能编译，这是有挑战的。请考虑一个简单的find()算法，其从数组中寻找一个值，同时满足文档中的约束：

```
//T 必须是 EqualityComparable 的，意味着:
//两个 T 类型的对象可以用==来加以比较，结果能转换为 bool 值
template<typename T>
int find(T const* array, int n, T const& value);
```

我们可以想到下面这样直截了当的函数模板实现：

```
template <typename T>
int find(T const* array, int n, T const& value) {
  int i = 0;
  while(i != n && array[i] != value)
    ++i;
  return i;
}
```

这样的模板定义其实有两个问题，当给定的模板实参技术上满足模板的要求，然而行为上跟模板编写者的预期有细微差别的时候，这两个问题都会表现为编译错误。我们将依照 find()模板所规定的，使用原型（archetype）来测试我们的实现对于模板形参的使用效果。

原型是用户定义类，它可以用作模板实参来测试模板的定义是否遵循模板施加在相应的模板参数上的约束。一个原型要以最小化的方式特别打造来满足模板的要求，而不提供任何额外的运算。如果一个模板定义以原型作为它的模板形参实例化成功，那么我们就知道模板定义并没有试图使用任何未曾被模板显式要求的运算。

举例来说，下面是一个原型，意图满足 find()算法的文档中描述的 EqualityComparable 概念的要求：

```
class EqualityComparableArchetype
{
};

class ConvertibleToBoolArchetype
{
  public:
    operator bool() const;
};

ConvertibleToBoolArchetype
operator==(EqualityComparableArchetype const&,
           EqualityComparableArchetype const&);
```

EqualityComparableArchetype 没有成员函数或数据，它提供的唯一运算是一个被重载的 operator==，以满足 find()的相等性要求。operator==本身是最小化的，它返回另一个原型 ConvertibleToBoolArchetype，该原型只定义了一个用户定义类型到 bool 类型的转换。

EqualityComparableArchetype 显然达到了前述的 find()模板的要求，于是我们可以用 EqualityComparableArchetype 去实例化 find()，从而检查 find()的实现是否遵守了约束：

```
template int find(EqualityComparableArchetype const*, int,
                  EqualityComparableArchetype cosnt&);
```

find<EqualityComparableArchetype>的实例化将会失败，指示我们已经发现了第 1 个问题：EqualityComparableArchetype 的描述仅要求==，但是 find()的实现依赖于用!=来比较 T 对象。我们的实现将能同大多数用户定义类型协同工作，它们往往都成对实现了==和!=，但实际上这是不正确的。使用原型的意图就是要在模板库开发的早期发现这样的问题。

更改 find()的实现，使用==而不是!=来判断就解决了第 1 个问题，于是 find()模板使用原型就能成功编译了：[①]

```
template<typename T>
int find(T const* array, int n, T const& value) {
  int i = 0;
  while(i != n && !(array[i] == value))
    ++i;
```

① 程序能成功编译但是无法成功链接，因为我们从未定义重载的 operator==。这对于原型是常见情形，它通常只用于编译期的辅助检查。

```
  return i;
}
```

用原型发现 find()的第 2 个问题就需要更多的“灵气”。请注意，find()的新定义现在将!直接作用在==的结果上。在本例中，这依赖于用户定义类型到 bool 的转换，以及内置的逻辑非 operator!。一个精心构造的 ConvertibleToBoolArchetype 的实现会“毒化”operator!，这样它就无法被不恰当地使用了：

```
class ConvertibleToBoolArchetype
{
  public:
    operator bool() const;
    bool operator!() = delete; //逻辑非不被显式地需要
}
```

我们可以进一步拓展这个原型，使用删除的函数[①]同样“毒化”&&和||运算符以找到其他模板定义中的问题。通常，模板编写者会考虑给每一种在模板库中确定的概念开发一个原型，然后使用这些原型去测试每一个模板定义，看定义是不是符合它自己所陈述的要求。

28.4 追踪器

到此，我们已经探讨了在编译或链接包含模板的程序的时候会出现的错误。然而，确保程序运行期的行为正确这一最有挑战性的任务通常是在程序成功构建之后进行的。模板有时会令这一任务更为困难，因为由模板表示的泛型代码的行为会独特地依赖于该模板的客户代码（一定比通常的类和函数更为依赖）。追踪器是一种软件设备，它能够通过在开发周期早期的模板定义中侦测到问题，从而缓解这方面的调试困难。

追踪器是一种用户定义类，可以作为实参用在要被测试的模板上。通常，追踪器也是原型，编写它们只是为了达到模板的要求。然而，更重要的是，追踪器可以生成一条调用它进行运算的踪迹（trace）。举例来说，这就允许用它试验性地验证算法的效率以及运算的顺序。

下面是一个追踪器的示例，可能用于测试排序算法：[②]

debugging/tracer.hpp

```
#include <iostream>

class SortTracer {
  private:
    int value;                            //要被排序的整型值
    int generation;                       //这条踪迹的迭代次数
    inline static long n_created = 0;     //调用构造函数的次数
    inline static long n_destroyed = 0;   //调用析构函数的次数
    inline static long n_assigned = 0;    //赋值的次数
    inline static long n_compared = 0;    //比较的次数
    inline static long n_max_live = 0;    //现存最多的对象数量

    //重新计算现存最多的对象数量
```

① 删除的函数在重载决策中以普通函数的形式参与。然而如果它们被重载决策选中，编译器会产生错误。

② 在 C++17 前，我们不得不在类声明之外的某个编译单元中初始化静态成员。

```
    static void update_max_live() {
        if (n_created-n_destroyed > n_max_live) {
            n_max_live = n_created-n_destroyed;
        }
    }

  public:
    static long creations() {
        return n_created;
    }
    static long destructions() {
        return n_destroyed;
    }
    static long assignments() {
        return n_assigned;
    }
    static long comparisons() {
        return n_compared;
    }
    static long max_live() {
        return n_max_live;
    }

  public:
    //构造函数
    SortTracer (int v = 0) : value(v), generation(1) {
        ++n_created;
        update_max_live();
        std::cerr << "SortTracer #" << n_created
                  << ", created generation " << generation
                  << " (total: " << n_created - n_destroyed
                  << ")\n";
    }

    //拷贝构造
    SortTracer (SortTracer const& b)
     : value(b.value), generation(b.generation+1) {
        ++n_created;
        update_max_live();
        std::cerr << "SortTracer #" << n_created
                  << ", copied as generation " << generation
                  << " (total: " << n_created - n_destroyed
                  << ")\n";
    }

    //析构函数
    ~SortTracer() {
        ++n_destroyed;
        update_max_live();
        std::cerr << "SortTracer generation " << generation
                  << " destroyed (total: "
                  << n_created - n_destroyed << ")\n";
    }

    //赋值
    SortTracer& operator= (SortTracer const& b) {
```

```
        ++n_assigned;
        std::cerr << "SortTracer assignment #" << n_assigned
                  << " (generation " << generation
                  << " = " << b.generation
                  << ")\n";
        value = b.value;
        return *this;
    }

    //比较
    friend bool operator < (SortTracer const& a,
                            SortTracer const& b) {
        ++n_compared;
        std::cerr << "SortTracer comparison #" << n_compared
                  << " (generation " << a.generation
                  << " < " << b.generation
                  << ")\n";
        return a.value < b.value;
    }

    int val() const {
        return value;
    }
};
```

除了追踪要被排序的值 value 以外，追踪器还提供几个成员用来追踪一次实际的排序：对于每个对象，generation 追踪的是与原始对象隔了多少个拷贝运算。也就是说，原始对象的 generation==1，对于原始对象的直接拷贝有 generation==2，某个拷贝的拷贝具有 generation==3，以此类推。其他的静态成员追踪创建的数量（构造函数调用）、析构、赋值、比较以及现存最多的对象数量。

这样的一个追踪器允许我们追踪实体创建和销毁的模式，还有给定模板所进行的赋值和比较的模式。以下的测试程序以 C++标准库中的 std::sort()为例说明了这一点：

debugging/tracertest.cpp

```
#include <iostream>
#include <algorithm>
#include "tracer.hpp"

int main()
{
    //准备样例输入
    SortTracer input[] = { 7, 3, 5, 6, 4, 2, 0, 1, 9, 8 };

    //输出初始值
    for (int i=0; i<10; ++i) {
        std::cerr << input[i].val() << ' ';
    }
    std::cerr << '\n';

    //记住初始条件
    long created_at_start = SortTracer::creations();
    long max_live_at_start = SortTracer::max_live();
    long assigned_at_start = SortTracer::assignments();
    long compared_at_start = SortTracer::comparisons();
```

```
    //执行算法
    std::cerr << "---[ Start std::sort() ]--------------------\n";
    std::sort<>(&input[0], &input[9]+1);
    std::cerr << "---[ End std::sort() ]----------------------\n";

    //验证结果
    for (int i=0; i<10; ++i) {
        std::cerr << input[i].val() << ' ';
    }
    std::cerr << "\n\n";

    //最终报告
    std::cerr << "std::sort() of 10 SortTracer's"
              << " was performed by:\n "
              << SortTracer::creations() - created_at_start
              << " temporary tracers\n "
              << "up to "
              << SortTracer::max_live()
              << " tracers at the same time ("
              << max_live_at_start << " before)\n "
              << SortTracer::assignments() - assigned_at_start
              << " assignments\n "
              << SortTracer::comparisons() - compared_at_start
              << " comparisons\n\n";
}
```

运行该程序会制造出相当数量的输出，从最终报告中能得到很多结论。对于某种 std::sort() 函数的实现，我们有以下发现：

```
std::sort() of 10 SortTracer's was performed by:
  9 temporary tracers
  up to 11 tracers at the same time (10 before)
  33 assignments
  27 comparisons
```

可以看出，虽然在排序时创建了 9 条临时的踪迹，但任何时刻至多还有 2 条额外踪迹。

追踪器有两种作用：它证明我们的追踪器的功能已满足标准的 sort()算法的要求（例如，不需要==和>运算符），并且它让我们了解了算法的成本。然而，它并没有揭示出太多关于排序模板正确性的信息。

28.5 预言机

追踪器相对简单而有效，但是对于模板的执行，它只允许我们追踪特定的输入数据以及和它功能相关的某个特定的行为。我们可能会感到疑惑，比如，比较运算符必须满足何种条件，才能保证排序算法是有意义的（或是正确的）。但是在我们的例子中，我们只是测试了一个比较运算符，它对于整型数据表现得如同小于运算符。

在有些圈子，有一种对追踪器的扩展，称为预言机（oracle，或者运行期分析预言机）。它们是一种连接到某种推理引擎（inference engine）的追踪器，也是一种可以记忆断言以及它们的成因，以此来推出某些结论的程序。

在有些情况下，预言机允许我们动态地验证模板算法，而无须完全提供将要替换到的模板实参（预言机就是实参）或输入数据（推理引擎在中断的时候也许会请求某种输入假设）。然而，可以用这种方式分析的算法的复杂性仍然是不怎么高的（因为推理引擎的局限），并且工作量还相当大。因为这些理由， 我们不会深入预言机的开发，请有兴趣的读者研究一下本章后记中提及的学术出版物（及其中包含的引用文献）。

28.6 后记

一种通过在高层次模板中加入假代码来改善 C++编译器诊断效果的相对系统化的尝试见于 Jeremy Siek 的概念检查库（参阅[*BCCL*]）。它是 Boost 库的一部分（参阅[*Boost*]）。

Robert Klarer 和 John Maddock 提出了 static_assert 特性以帮助程序员在编译期对条件进行检查。它是 C++11 中加入最顺利的特性之一。在那之前，它通常被表达为某个库或者宏，使用类似在 28.1 节中描述的技巧。Boost.StaticAssert 库就是这样的一种实现。

MELAS 系统为 C++标准库的特定部分提供预言机，允许验证其中的某些算法。这一系统的探讨见[*MusserWangDynaVeri*]。[①]

① 作者之一的 David Musser 也曾是开发 C++标准库的一位关键人物。除了其他众多贡献，他设计和实现了第一批关联容器。

附录 A

单一定义规则

被人们称为 ODR 的单一定义规则（one-definition rule）是良构（well-formed）的 C++程序结构的基石。ODR 的最常见推论记忆和应用起来都相当简单：在所有的文件中，只能定义一次非内联函数或者对象，而在每个编译单元中最多只能定义一次类、内联函数以及内联变量，从而确保对于同一个实体的所有定义完全相同。

然而，“魔鬼”就在细节中，当混合了模板实例化的时候，这些细节令人生畏。本附录意在为对 ODR 感兴趣的读者提供全面概述。我们也会指出特定的相关问题在正文的何处有进一步的讨论。

A.1 编译单元

在实践中，我们通过往文件中填入代码来编写 C++程序。然而，在 ODR 的语境中由文件所设定的界限却不是很重要。实际上，真正要紧的是编译单元（translation unit）。本质上，一个编译单元是将预处理程序应用到你输入编译器的某个文件的结果。预处理程序会扔掉没有被条件编译指令（#if、#ifdef，以及类似的指令）选中的代码段，扔掉注释，插入被包含的文件（以递归的方式），并且将宏展开。

于是，从 ODR 的角度来看，以下两个文件：

```
//header.hpp
#ifdef DO_DEBUG
 #define debug(x) std::cout << x << '\n'
#else
 #define debug(x)
#endif

void debugInit();

//myprog.cpp
#include "header.hpp"

int main()
{
    debugInit();
    debug("main()");
}
```

相当于这样的一个文件：

```
//myprog.cpp
```

```
void debugInit();

int main()
{
    debugInit();
}
```

跨编译单元边界的联系是通过两个编译单元之间拥有相应的外部链接声明而建立的（例如，全局函数 debugInit()的两处声明）。

请注意，编译单元的概念比预处理文件的要更抽象。比如，如果我们要将一个预处理文件输入编译器两次以形成单个程序，它就会给程序带来两个不同的编译单元（然而，这样做并没有什么意义）。

A.2 声明和定义

术语声明（declaration）和定义（definition）在程序员的一般交谈中常被交替使用。然而在 ODR 的语境中，有必要分清楚这两个术语的确切意思[①]。

声明是一种 C++的构造，它（通常）在你的程序中引入或再次引入某个名字。[②]一个声明有可能也是一个定义，具体取决于它引入了哪一个实体，以及如何引入该实体。

- **命名空间和命名空间别名**：命名空间和命名空间别名的声明一定是定义，尽管定义这个名词在这一语境下有些古怪，因为命名空间的成员列表可以在晚些时候被扩展（这和类以及枚举类型等是不一样的）。
- **类、类模板、函数、函数模板、成员函数以及成员函数模板**：当且仅当它们的声明包含跟名字相关联的花括号包围起来的内容的时候，声明才是定义。这一规则也适用于联合体、运算符、成员运算符、静态成员函数、构造函数和析构函数，以及以上的模板版本的显式特化（即任何类似类的或类似函数的实体）。
- **枚举类型**：当且仅当它的声明包含花括号标识的枚举成员列表时，它的声明才是定义。
- **局部变量和非静态数据成员**：这些实体的声明总是可以按定义对待，尽管它们的区别在极少数情况下是有意义的。请注意，在函数定义中对函数形参的声明本身是定义，因为它指代的是局部变量，但是在并非函数定义的函数声明中的函数形参的声明则不是定义。
- **全局变量**：如果它的声明前面并没有直接地接着关键字 extern，或者它有初始化器，那全局变量的声明也是它的定义。除此之外，它的声明不是定义。
- **静态数据成员**：当且仅当它出现在所属类或者类模板的外面，或者它被声明为 inline 或者 constexpr 的时候，它的声明才是定义。
- **显式特化和偏特化**：如果 template<>或 template<...>后面的声明本身是定义的话，那么整个声明也是定义。除此之外，对静态数据成员或者静态数据成员模板的显式特化而言，它们的声明只有包括初始化器才是定义。

其他的声明则不是定义。其中包括类型别名（使用 typedef 或 using）、using 声明、using 指令、模板形参声明、显式实例化指令、static_assert 声明等。

① 我们也认为在交流有关 C 和 C++的想法时，谨慎对待术语是个好习惯。我们在全书中都这么做。

② 有些构造（比如 static_assert）并不引入任何名字，但是在语法上还是将其按声明来对待。

A.3　单一定义规则的细节

正如本附录介绍中所提示的，实际情况中 ODR 有许多细节。下面我们按其作用域来对 ODR 的约束加以介绍。

A.3.1　程序中的单一定义约束

每个程序中，以下项目最多只能有一处定义：

- 非内联函数和非内联成员函数（包括函数模板的全局特化）；
- 非内联变量（实质上就是声明在某命名空间作用域或全局作用域上且没有 static 说明符的变量）；
- 非内联静态数据成员。

例如，一个由以下两个编译单元组成的 C++程序是无效的：

```
//编译单元 1
int counter;

//编译单元 2
int counter;            //错误：定义了两次（违反 ODR）
```

这条约束对使用内部链接（internal linkage）的实体（实质上就是在全局作用域或某个命名空间作用域上以 static 说明符声明的变量）不适用，因为即便有两个这样的实体同名了，它们仍被认为是不同的。同样的道理，在无名命名空间上声明的实体，如果它们在不同的编译单元出现，也被认为是不同的。在 C++11 及以后，这样的实体默认是内部链接的，但在 C++11 之前它们默认是外部链接的。例如，下面的两个编译单元可以组合成一个有效的 C++程序：

```
//编译单元 1
static int counter = 2; //与其他编译单元没有关系

namespace {
    void unique()        //与其他编译单元没有关系
    {
    }
}

//编译单元 2
static int counter = 0; //与其他编译单元没有关系

namespace {
    void unique()        //与其他编译单元没有关系
    {
      ++counter;
    }
}
int main()
{
    unique();
}
```

进一步地，如果本节开始列举的项目（实体）被使用在除了废弃的 constexpr if 语句分支（仅在 C++17 中支持的特性，详情请参阅 14.6 节）之外的其他上下文中，那程序中必须有唯一定义。“使用”这个词在这种上下文里有精确的意思。它表示程序中某处对实体的某种指代，这就导致了以直接的方式生成代码会需要该实体，[①]这种指代可以是对某个变量值的访问、对某个函数的调用或者是该实体的地址。这种指代可以显式出现在源代码中，也可以是隐式的。举例来说，一个 new 表达式可能创造了一个隐式的对相关联的 delete 的调用，以处理这样的情况：构造函数抛出一个异常，提示需要清理未被使用（但已被分配）的内存。另一个例子跟拷贝构造相关，拷贝构造必须被定义，即便它们最终会被优化掉（C++语言要求它们被优化掉，这在 C++17 中是频繁出现的情况）。虚函数也会被隐式地使用（被使能了虚函数调用的内部结构使用），除非它们是纯虚函数。若干其他类型的隐式使用也存在，这里忽略。

有些指代不构成前述意义上的使用，如那些出现在不求值操作数（unevaluated operand，例如 sizeof 或者 decltype 运算符的操作数）之中的指代。typeid 运算符（参阅 9.1.1 节）的操作数只在某些情况下是不求值的。具体来说，如果一个指代作为 typeid 运算符的一部分出现，那它不是前文意义中的使用，例外情况是 typeid 运算符的实参最终指定了一个多态对象，一个带有（可能是继承而来的）虚函数的对象。例如，考虑下面的单文件程序：

```
#include <typeinfo>

class Decider {
#if defined(DYNAMIC)
    virtual ~Decider() {
    }
#endif
};

extern Decider d;

int main()
{
    char const* name = typeid(d).name();
    return (int)sizeof(d);
}
```

当且仅当预处理符 DYNAMIC 没有被定义的时候，这个程序是有效的。确实，没有定义变量 d，但是在 sizeof(d)中对 d 的指代并不构成使用，而在 typeid(d)中的指代只有当 d 是多态类型的对象时才构成使用（因为通常来说，只有到运行期才能确定多态的 typeid 运算符的结果）。

按照 C++的标准，本节描述的约束不要求来自 C++实现的诊断信息。在实践中，它们通常被链接器报告为重复或者缺失的定义。

A.3.2 编译单元中的单一定义约束

在编译单元中，实体不允许被定义超过一次，所以以下程序是无效的：

```
inline void f() {}
```

① 各种优化技术可能会移除这一需要，但是 C++语言并不假定这样的优化一定发生。

```
inline void f() {} //错误：重复的定义
```

这正是在头文件中使用防卫（guard）声明包围代码的主要原因之一：

```
//guarddemo.hpp
#ifndef GUARDDEMO_HPP
#define GUARDDEMO_HPP
...

#endif //GUARDDEMO_HPP
```

这样的防卫声明保证了当同一个头文件被第二次包含时，它的内容会被舍弃，从而避免了对头文件中所可能包含的类、内联实体、模板等的重复定义。

ODR 也规定了在特定的情形下有些实体必须被定义。这样的实体可能是类类型、内联函数以及内联变量。以下对 ODR 的细节进行回顾。

在一个编译单元中，类类型 X（包括 struct 和 union）必须先定义，才能以以下任何方式之一使用。

- X 类型的对象的创建（例如，作为变量声明或者通过 new 表达式创建）。如果对象本身包含 X 类型的对象，那么在创建过程中，X 类型的创建则可能是非直接的。
- X 类型的数据成员的声明。
- 对于 X 成员的对象应用 sizeof 或者 typeid 运算符。
- 显式或者隐式地访问 X 的成员。
- 使用任何转换方式对于 X 类型进行转入或者转出，或者在某个表达式和指向 X 的指针或引用之间以隐式的 static_cast 或 dynamic_cast 的方式进行转入或转出操作。
- 对于 X 类型的对象赋值。
- 定义或者调用实参或返回类型是 X 的函数。然而，只是声明这样一个函数并不需要类型被定义。

针对类型的 ODR 也适用于从类模板中生成的类型 X，这意味着在类必须被定义的情形下，相应的模板也必须被定义。这样的情形创造了实例化点（POI，详情请参阅 14.3.2 节）。

内联函数必须在每一个使用它们（被调用或者被取地址）的编译单元中被定义。然而，不像类类型，内联函数的定义可以跟在使用点的后面：

```
inline int notSoFast()

int main()
{
    notSoFast();
}

inline int notSoFast()
{
}
```

尽管这是合法的 C++程序，但有些基于老技术的编译器并不会内联一个还没有见到函数体的函数调用，于是期望的效果可能无法达到。

正如类模板的情形，使用由参数化的函数声明（某个函数或者成员函数模板，或者某个类模板的成员函数）生成的函数，创造了一个实例化点。然而，不同于类模板，相应的定义可以出现在实例化点的后面。

在本节中解释的 ODR 的各个方面一般来说可以容易地在 C++编译器上检验，于是 C++标准要求在编译器检查到有关违规操作时发出某种形式的诊断信息。一个例外是参数化函数定义的欠缺，这样的情况一般来说不会触发编译器诊断信息。

A.3.3 跨编译单元的等价性约束

在超过一个编译单元中定义特定类型的实体的能力带来了一种潜在的新的错误种类：不匹配的多重定义。遗憾的是，在逐一处理编译单元的传统编译器技术中，难以检测出这样的错误。因此，C++标准并不强制多重定义被检测出或者被诊断出（但允许检测出或诊断出）。然而，如果跨编译单元的约束被违反，C++标准认为这会引起未定义的行为（undefined behavior），这就意味着合理或者不合理的任何事都可能发生。通常，这样未被诊断的错误可能引起程序崩溃或者结果错误，理论上它们还可能引起其他更为直接的破坏（例如，文件损坏）。

跨编译单元的约束规定当一个实体在两个不同的地方被定义的时候，这两个地方必须包含完全等价的标记（关键字、运算符、标识符，以及其他各种预处理之后所保留的标记）序列。进一步地，这些标记在它们各自的上下文中的含义必须一致（例如，标识符可能需要指代同一个变量）。

考虑以下例子：

```
//编译单元 1
static int counter = 0;
inline void increaseCounter()
{
    ++counter;
}

int main()
{
}

//编译单元 2
static int counter = 0;
inline void increaseCounter()
{
    ++counter;
}
```

这个例子是错误的，因为尽管内联函数 increaseCounter()的标记序列在两个编译单元中看起来完全等价，但它们包含的标记 counter 指代的是两个不同的实体。确实，两个名字是 counter 的变量有内部链接（static 说明符），它们尽管同名，却是不相关的。请注意，尽管两个内联函数都没有被实际使用，这仍然是个错误。

将可能被多个编译单元所定义的实体的定义放在头文件中，需要的时候用#include 引入头文件，这样就确保了在所有情形里的标记序列是完全等价的。[①]有了这样的方法，两个一样的标记序列指代不同东西的情形就变得相当少见了，但这种情形一旦出现，造成的错误通常

① 偶然情况下，条件编译指令在不同的编译单元中的求值会有差异。要小心使用这样的指令。其他的不同也是可能的，但是它们更少见。

是神秘而难以追踪的。

跨编译单元的约束不仅适用于在多处定义的实体，也适用于声明中的默认实参。换句话说，以下的程序有未定义的行为：

```
//编译单元 1
void unused(int = 3);

int main()
{
}

//编译单元 2
void unused(int = 4);
```

在这里我们应该注意标记序列的等价性有时可能会带来微妙而隐式的效应。下面的例子是从 C++标准中“拎”出来的（以一种略微改动过的形式）：

```
//编译单元 1
class X {
  public:
    X(int, int);
    X(int, int, int);
};

X::X(int, int = 0)
{
}

class D {
  X x = 0;
};

D d1; //X(int, int)被 D()调用

//编译单元 2
class X {
  public:
    X(int, int);
    X(int, int, int);
};

X::X(int, int = 0, int = 0)
{
}

class D : public X {
  X x = 0;
}

D d2; //X(int, int, int)被 D()调用
```

在这个例子里，问题的出现是因为在两个编译单元中隐式生成的默认构造函数 D 是不同的。其中一个调用的 X 构造函数接收 2 个参数，而另外一个调用的 X 构造函数接收 3 个参数。值得提出的是，这个例子再次促使人们考虑，应该将默认参数限制在程序的某一个位置（如

果可能，这个位置应该是头文件中）。所幸，将默认参数放在类型之外的定义中是罕见情况。

完全一样的标记序列必须指代完全一样的实体这一规则也有例外。如果完全一样的标记序列指代的是不相关的常数，这些常数有相同的值，而且结果表达式的地址并未被使用（甚至是隐式地被使用，例如将一个引用绑定到产生某个常数的变量上），那么标记序列也被认为是等价的。这个例外允许如下的程序结构：

```
//header.hpp
#ifndef HEADER_HPP
#define HEADER_HPP

int const length = 10;

class MiniBuffer {
  char buf[length];
  ...
};

#endif //HEADER_HPP
```

原则上，当以上头文件被包含进两个不同的编译单元的时候，两个不同的名为 length 的常数变量会被创造，因为 const 在这个上下文中意味着 static。然而，这样的常数变量通常是为了定义编译期常数值，而不是为了定义一个运行期的特定的存储位置。于是，如果我们不强制规定这样的存储位置存在（通过指代该变量的地址），让这两个常数值相同就足够了。

最后，有关模板的一点说明如下。模板中的名称在两个阶段绑定。非依赖型名称在模板定义处绑定。对于这些名称，适用同其他非模板定义的等价性规则类似的等价性规则。对于在实例化阶段绑定的名称，等价性规则必须在该阶段应用，而绑定必须是等价的。

附录 B

值类别

表达式是 C++语言的基石之一，它提供了表达式计算的主要机制。每个表达式都有一个类型，该类型描述其计算生成的值的静态类型。表达式 7 为 int 类型，表达式 5+2 也是 int 类型，如果 x 是一个 int 类型的变量，则表达式 x 也是 int 类型的。每个表达式还具有一个值类别，该类别描述了值的生成方式以及对表达式行为的影响。

B.1 传统的左值和右值

在 C++发展历史上，只有两种值类别——左值和右值。左值是指存储在内存或机器寄存器中的实际值的表达式，例如表达式 x，其中 x 是变量的名称。这些表达式可以被修改，允许更新存储的值。例如，如果 x 是 int 类型的变量，则以下赋值语句将 x 的值更新为 7：

```
x = 7;
```

术语左值（lvalue）产生自这些表达式在赋值操作中可能扮演的角色：字母“l”表示“左侧”，因为（历史上，在 C 语言中）只有左值可能出现在赋值操作的左侧。相反地，右值（rvalue，字母“r”表示“右侧”）只能出现在赋值操作的右侧。

然而，在 1998 年 C 语言标准化时，情况发生了变化：尽管 const 类型的整型数据仍存储于内存，但它不能出现在赋值操作的左侧。

```
int const x; //x 是一个不可修改的左值
x = 7;         //错误：左侧需为可修改的左值
```

C++进一步变化：对于表示类的右值，允许其出现在赋值操作的左侧。这种赋值操作，实际上调用了类的赋值运算符函数，而不是对标量类型的简单赋值，因此它们遵循成员函数调用的（独立）规则。

正因为这些变化，左值现在有时被称为可本地化的值。引用变量的表达式不是唯一的左值表达式。左值表达式也包括指针解引用操作（例如*p），它引用存储在指针引用的地址处的值，以及引用类对象成员的表达式（例如，p->data）。即使对返回值使用 & 声明的“传统”左值引用类型的函数调用，也是一种左值。例如（参阅附录 B 的 B.4 节）：

```
std::vector<int> v;
v.front()                  //因为返回类型是左值引用类型，所以生成左值
```

也许有点儿令人惊讶的是，字符串文字也是（不可修改的）左值。

右值是纯数学值（如数字 7 或字符“a”），不需要有任何存储。它们被用于计算，但一旦被使用，就不能再次引用。尤其是，除了字符串（例如 7、'a'、true、nullptr）外的任何值都

是右值，许多内置的算术计算（例如，x + 5 中的 x 是整型的）的结果以及对按值返回结果的函数调用也是右值。也就是说，所有的临时值都是右值。（但这不适用于引用它们的命名引用。）

B.1.1 左值到右值的转换

由于右值的短暂性，右值必须限制在（简单）赋值操作的右侧，例如 7 = 8 的赋值操作没有意义，因为不允许重新定义 7。另外，左值似乎没有相同的限制，例如，当 x 和 y 是兼容类型的变量时，x = y 的赋值操作是允许的，即使表达式 x 和 y 都是左值。

赋值操作 x = y 之所以有效，是因为右侧的表达式 y 经历了左值到右值的隐式转换。顾名思义，左值到右值的转换采用一个左值，并通过在与左值关联的存储器或寄存器中进行读取，来生成一个相同类型的右值。因此，该转换完成了两件事：第一，它确保左值可以在预期右值的任何地方（例如，位于赋值操作的右侧或在一个类似 x + y 的表达式中）使用；第二，它识别编译器（在优化之前）可能在程序中的何处发出 load 指令，以便从内存中读取值。

B.2 C++11 值类别

在 C++11 中引入了右值引用以支持移动语义新特性之后，将表达式分为左值和右值的传统方法，已不能完全描述所有 C++11 语言行为。因此，C++标准委员会重新设计了基于 3 个核心类别和两个复合类别的值类别体系（见图 B.1）。核心类别是 lvalue、prvalue（pure rvalue，即纯右值）和 xvalue。复合类别有 glvalue（generalized lvalue，即广义左值，为 lvalue 和 xvalue 的并集）和 rvalue（xvalue 和 prvalue 的并集）。

注意，所有表达式仍然是左值或右值，但右值类别现在将进一步细分。

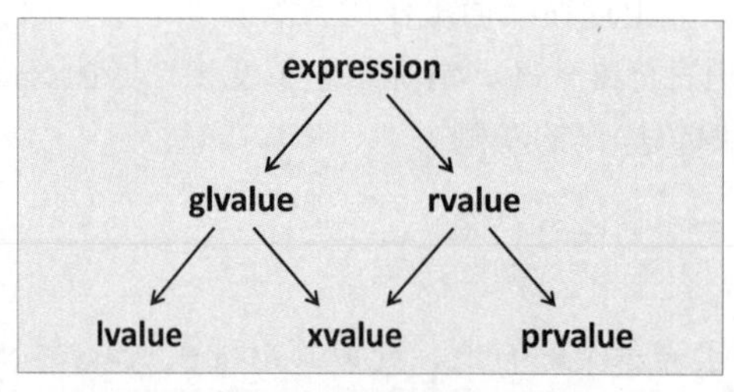

图 B.1 C++11 值类别体系

实际上，这个 C++11 值类别体系保持不变，但 C++17 对其中各类别特征进行了重新定义，如下。

- glvalue 是表达式，它的计算过程确定对象、位字段或函数（也就是具有存储地址的实体）的标识。
- prvalue 是表达式，其计算初始化对象或位字段，或计算运算符操作数的值。
- xvalue 是 glvalue，它指定对象或位字段，其资源可以被重复使用（通常是因为它即将“过期”，xvalue 中的“x”最初来自“expiring value”）。
- lvalue 是不为 xvalue 的 glvalue。
- rvalue 是表达式，它可以是 prvalue 或 xvalue。

注意，在 C++17 中（在某种程度上，也包含 C++11 和 C++14 中），glvalue 与 prvalue 的

区别方法，可以说比传统的左值与右值的区别方法更具有基础性。

虽然以上描述的是 C++17 中引入的特性，但这些描述也适用于 C++11 和 C++14（之前的描述是相同的，但更加不易理解）。

除了位字段外，glvalue 生成具有内存地址的实体。该地址可能是大封闭对象的子对象的地址。对于生成基类子对象的 glvalue（表达式），它的类型称为其静态类型，基类所属的派生对象的类型称为 glvalue 的动态类型。如果 glvalue 不生成基类子对象，则其静态和动态类型是相同的（例如，表达式类型）。

lvalue 的使用场景如下。

- 指定变量或函数的表达式。
- 内置一元运算符 *（指针间接寻址）的应用。
- 仅为字符串的表达式。
- 调用返回类型为左值引用的函数。

prvalue 的使用场景如下。

- 由除了字符串和用户自定义变量以外的文本组成的表达式。[①]
- 内置一元运算符&的应用（即获取表达式的地址）。
- 内置算术运算符的应用。
- 调用返回类型不是引用类型的函数。
- lambda 表达式。

xvalue 的使用场景如下。

- 调用一个返回类型为对象类型的右值引用的函数（如 std::move()）。
- 对象类型的右值引用的强制转换。

注意，对函数类型的右值引用生成 lvalue，而不是 xvalue。

值得强调的是，glvalue、prvalue、xvalue 等都是表达式，而不是值[②]或实体。即使表示变量的表达式是左值，变量也不是左值：

```
int x = 3; //这里的 x 是一个变量，不是左值。3 是初始化变量 x 的 prvalue
int y = x; //这里的 x 是一个左值。该左值表达式的计算不会生成值 3，而是生成包含值 3 的对象。然后，
           //将该左值转换为 prvalue，这是初始化 y 的值
```

B.2.1 临时物化

之前有提到，左值通常会经历到右值的转换[③]，因为 prvalue 是初始化对象（或者为大部分内置运算符提供操作数）的表达式类型。

在 C++17 中，这种转换是双重的，称为临时物化（temporary materialization），也可以被称为“prvalue 到 xvalue 的转换”：在任何时候，prvalue 正确地出现在预期出现一个 glvalue（包括 xvalue）的地方，一个临时对象被创建并以 prvalue 初始化（回顾一下，prvalue 主要是初始化值），prvalue 被一个指定临时值的 xvalue 替换。例如：

```
int f(int const&);
int r = f(3);
```

① 用户自定义变量可能产生左值或右值，具体取决于关联变量运算符的返回类型。

② 遗憾的是，这意味着这些术语用词不恰当。

③ 在 C++11 值类别体系中，术语 glvalue 到 prvalue 的转换更为准确，但传统语义仍更常见。

由于本例中的 f()有一个引用参数，因此它需要一个 glvalue 实参。然而，表达式 3 是 prvalue。因此，临时物化规则开始生效，表达式 3 被转换为 xvalue，指定一个用值 3 初始化的临时对象。

更通俗地说，在下列情形中，一个临时变量使用 prvalue 初始值来物化。

- prvalue 被绑定到引用（例如，上面的 f(3)调用）。
- 一个类 prvalue 的成员被访问。
- 数组 prvalue 被索引。
- 转换数组 prvalue 为指向其第 1 个元素的指针（即数组退化）。
- prvalue 出现在初始化列表中，对于某些类型 X，初始化 std::initializer_list<X>类型的对象。
- sizeof 或 typeid 运算符被应用于 prvalue。
- prvalue 是“expr;”形式语句中的顶层表达式，或者一个表达式被强制转换为 void。

因此，在 C++17 中，由 prvalue 初始化的对象总是由上下文决定的，该对象只有在真正需要临时对象时才会被创建。在 C++17 之前，prvalue（特别是类类型）总是隐含一个临时变量值。这些临时变量值的副本可以选择在以后省略，但编译器仍必须强制执行拷贝操作的大多数语法约束检查（例如，拷贝构造函数可能需要能够被调用）。下面的示例显示了 C++17 修订版规则的一种影响：

```
class N {
 public:
  N();
  N(N const&) = delete; //此类既不可拷贝，也不可移动
  N(N&&) = delete;
};

N make_N() {
  return N{};           //在 C++17 之前，创建一个临时对象
}                       //在 C++17 之后，这里不创建临时对象

auto n = make_N();      //在 C++17 之前，此处错误。因为 prvalue 需要一个副本
                        //在 C++17 之后，此处正确。因为 n 是直接从 prvalue 初始化的
```

在 C++17 之前，prvalue N{}生成了一个 N 类型的临时对象，但是编译器被允许忽略该临时对象的拷贝和移动（实际上，编译器总是这样处理的）。在这种情况下，这意味着调用 make_N()的临时结果可以直接在 n 的存储单元中构造，不需要拷贝或移动操作。遗憾的是，C++17 之前的编译器仍然必须检查是否可执行拷贝或移动操作。在本例中，这是不可能的，因为 N 的拷贝构造函数被删除（且没有生成移动构造函数）。因此，对于这个示例，C++11 和 C++14 编译器必须抛出一个错误。

对于 C++17，prvalue N{}本身不会生成临时对象。它会初始化一个由上下文确定的对象：在示例中，这个对象是由 n 表示的。没有拷贝或移动操作曾被斟酌和考虑（这不是优化，而是语言保障机制），因此对于 C++17 该代码是有效的。

最后，我们来看一个示例，它显示了各种值类别的使用情况：

```
class X {
};
```

```
X v;
X const c;

void f(X const&); //接收一个任何值类别的表达式
void f(X&&);      //仅接收 prvalue 和 xvalue，但与前面的声明相比，
                  //对于它们来说更加匹配
f(v);             //传递一个可修改的左值给第 1 个 f()
f(c);             //传递一个不可修改的左值给第 1 个 f()
f(X());           //传递一个 prvalue（在 C++17 中，被物化为 xvalue）给第 2 个 f()
f(std::move(v));  //传递一个 xvalue 给第 2 个 f()
```

B.3　使用 decltype 检查值类别

关键字 decltype（在 C++11 中引入）可以用于检查任何 C++表达式的值类别。对于任何表达式 x，decltype((x))（注意双括号）返回：

- type，当 x 是一个 prvalue；
- type&，当 x 是一个 lvalue；
- type&&，当 x 是一个 xvalue。

decltype((x))中必须使用双括号，用于避免在表达式 x 确定命名实体的情况下（在其他情况下，双括号无效）返回命名实体的声明类型。例如，如果表达式 x 简单地命名一个变量 v，那么不带双括号的构造将变为 decltype(v)，这将生成变量 v 的类型，而不是返回引用该变量的表达式 x 的值类别的类型。

因此，对任何表达式 e 使用类型特征，我们可以检查它们的值类别，如下所示：

```
if constexpr (std::is_lvalue_reference<decltype((e))>::value) {
  std::cout << "expression is lvalue\n";
}
else if constexpr (std::is_rvalue_reference<decltype((e))>::value) {
  std::cout << "expression is xvalue\n";
}
else {
  std::cout << "expression is prvalue\n";
}
```

详见 15.10.2 节。

B.4　引用类型

C++中的引用类型（如 int&）是以两种重要方式与值类别进行交互的。第 1 种方式是，引用对它可以绑定到的表达式的值类别可能有所限制。例如，一个 int&类型的非 const 左值引用，只能使用 int 类型的左值表达式来初始化。类似地，一个 int&&类型的右值引用，只能使用 int 类型的右值表达式来初始化。

第 2 种方式是函数的返回类型，使用引用类型作为返回类型会影响调用该函数的值类别。尤其是：

- 调用一个返回类型为左值引用的函数，则生成一个 lvalue；
- 调用一个返回类型是对对象类型的右值引用的函数，则生成一个 xvalue（对函数类型

的右值引用总是转化为左值）；

- 调用一个返回非引用类型的函数，则生成一个 prvalue。

我们在下面的示例中说明了引用类型和值类别之间的交互。例如：

```
int& lvalue();
int&& xvalue();
int prvalue();
```

一个给定表达式的值类别和类型都可以通过 decltype 确定。如 15.10.2 节所述，当表达式是一个 lvalue 或是一个 xvalue 时，它可以使用引用类型来说明：

```
std::is_same_v<decltype(lvalue()), int&>     //返回 true，因为结果是 lvalue
std::is_same_v<decltype(xvalue()), int&&>    //返回 true，因为结果是 xvalue
std::is_same_v<decltype(prvalue()), int>     //返回 true，因为结果是 prvalue
```

因此，可能出现的场景如下：

```
int& lref1 = lvalue();     //正确：左值引用可以绑定到一个 lvalue
int& lref3 = prvalue();    //错误：左值引用无法绑定到一个 prvalue
int& lref2 = xvalue();     //错误：左值引用无法绑定到一个 xvalue

int&& rref1 = lvalue();    //错误：右值引用无法绑定到一个 lvalue
int&& rref2 = prvalue();   //正确：右值引用可以绑定到一个 prvalue
int&& rref3 = xvalue();    //正确：右值引用可以绑定到一个 xrvalue
```

附录 C

重载解析

重载解析是一个过程，即针对给定的调用表达式，来选择要调用的函数。

考虑下面简单的代码：

```
void display_num(int);          //#1
void display_num(double);       //#2

int main()
{
    display_num(399);          //#1 比#2 匹配得更好
    display_num(3.99);         //#2 比#1 匹配得更好
}
```

在本例中，函数 display_num()可以说是被重载了的。在调用这个函数时，C++编译器必须使用一些额外信息，以区分不同的候选函数；通常，这些信息是指调用实参的类型。在我们的示例中，当使用整数实参调用函数时，显然应该调用 int 版本的；当提供浮点数实参时，则应该调用 double 版本的。试图模拟选择的这个过程，就是重载解析过程。

重载解析规则的许多概念是很简单的，但是在 C++标准化过程中，一些细节却变得相当复杂。这种复杂性主要是为了重载解析能支持现实中的一些例子，这些例子在主观上（对人类而言）看起来应当是“明显的最佳匹配”，但是当试图将这些例子进行形式化实现时，各种困难却随之出现。

在本附录中，我们将对重载解析规则进行详细阐述。然而，由于这一过程的复杂性，我们不能完全涵盖该过程的每个主题。

C.1 何时应用重载解析

重载解析只是函数调用的整个处理过程中的一部分。事实上，不是每个函数调用都会涉及重载解析。第一，如果通过函数指针和成员函数指针来调用，就不会进行重载解析，因为要调用的函数完全由指针所决定（在运行期）。第二，类似函数的宏不能被重载，因此也不受重载解析的约束。

从一个很高的层次来看，对一个命名函数的调用，会使用以下步骤进行处理。

- 查找名称，形成一个初始的重载集。
- 如有必要，用各种方法对该重载集进行修改（例如，发生模板实参演绎和替换的时候，这可能导致某些候选函数模板被丢弃）。
- 任何和调用不匹配（即使考虑了隐式转型和默认实参后仍然不匹配）的候选函数都会从重载集中删除。最终得到的就是可行的候选函数集。

- 执行重载解析来寻找最佳候选函数。如果能找到，则选择这个最佳候选函数；否则，当前调用存在二义性。
- 被选中的候选函数会被检查。例如，如果它是已删除的函数（即使用 =delete 定义的函数）或存在不可访问的私有成员函数，编译器则会发出诊断结果。

这些步骤的每一步都有一定难度，但重载解析可以说是其中最复杂的一步。幸运的是，一些简单的规则解释了大多数情况。接下来我们将讨论这些规则。

C.2 简化过的重载解析

重载解析通过比较调用的每个实参和候选函数的相应参数的匹配程度，来对可行的候选函数进行排序。对于一个候选函数被认为比另一个更好的情形来说，前者的每个参数的匹配程度都不能低于另一个候选函数相应参数的匹配程度。下面的例子说明了这一点：

```
void combine(int, double);
void combine(long, int);

int main()
{
    combine(1, 2); //存在二义性!
}
```

在这个例子中，combine()的调用是有二义性的，因为第 1 个候选函数可以最佳匹配第 1 个实参（int 类型的数值 1），而第 2 个候选函数则可以最佳匹配第 2 个实参。我们可能会争辩：从某种意义上说，int 更接近于 long 而不是 double（选择了第 2 个候选函数），但是 C++不会试图定义一个涉及多个调用实参的相似度度量。

第 1 个规则说明，需要指出给定实参和候选函数对应参数的匹配程度。大致上，我们可以对下面可能的匹配进行排序（从最佳匹配到最差匹配）。

- 完美匹配。参数和表达式的类型相同，或者参数类型是指向表达式类型的引用（也可以增加 const 或者 volatile 限定符）。
- 有微小调整的匹配。例如，数组变量退化为指向数组第一个元素的指针，或添加 const，从而让 int**类型的实参和 int const* const*类型的参数相匹配。
- 提升的匹配。提升是一种隐式转型，它包括把位数较小的整数类型（诸如 bool、char、short 和某些枚举类型）转换为 int、unsigned int、long 或者 unsigned long，还有从 float 到 double 的类型转换。
- 只匹配标准转型。这包括任何类型的标准转型（如从 int 到 float），或从派生类到其公共且明确的基类，但不包括隐式调用的类型转换运算符或转换构造函数。
- 用户自定义转型的匹配。这允许任何种类的隐式转型。
- 省略号（...）的匹配。省略号参数几乎可以匹配任何类型。然而，也有一个例外：其对于具有非常规的拷贝构造函数的类类型，可能是有效的，也可能是无效的（在实现过程中，可以允许或禁止这种情况）。

下面给出的例子说明了这些匹配：

```
int f1(int);        //#1
int f1(double);     //#2
```

```
f1(4);                  //调用#1 : 完美匹配(#2 要求一个标准转型)

int f2(int);            //#3
int f2(char);           //#4
f2(true);               //调用#3 : 提升的匹配
                        //         (#4 要求只匹配标准转型)

class X {
  public:
    X(int);
};

int f3(X);             //#5
int f3(...);           //#6
f3(7);                 //调用#5 : 用户自定义转型的匹配
                       //         (#6 要求省略号的匹配)
```

请注意，重载解析是发生在模板实参演绎之后的，此演绎并不考虑以上所有类型的转型。例如：

```
template<typename T>
class MyString {
  public:
    MyString(T const*); //可进行转换的构造函数
    ...
};

template<typename T>
MyString<T> truncate(MyString<T> const&, int);

int main()
{
    MyString<char> str1, str2;
    str1 = truncate<char>("Hello World", 5); //正确
    str2 = truncate("Hello World", 5);        //错误
}
```

在模板实参演绎过程中，并不考虑通过转换构造函数所提供的隐式转型。对 str2 的赋值并没有找到可行的 truncate()函数，因此，根本不会执行重载解析。

在模板实参演绎过程中，如果对应的实参是左值，则对模板参数的右值引用可以演绎为左值引用类型（在引用折叠之后）；如果对应的实参是右值，则可以演绎为右值引用类型（参阅 15.6 节）。例如：

```
template<typename T> void strange(T&&, T&&);
template<typename T> void bizarre(T&&, double&&);

int main()
{
    strange(1.2, 3.4); //正确：T 演绎成 double
    double val = 1.2;
    strange(val, val); //正确：T 演绎成 double&
    strange(val, 3.4); //错误：有二义性的演绎
    bizarre(val, val); //错误：左值 val 不能和 double&&匹配
}
```

前面的规则只是一个近似的规则，但它涵盖了绝大多数情形。然而，仍有相当多的常见

情形是不能用这一规则来充分解释的。接下来，我们将简要讨论针对这一规则的最重要的改进。

C.2.1 成员函数的隐含实参

对非静态成员函数的调用有一个隐含参数，该参数在成员函数的定义中是*this。对于类 MyClass 的成员函数，隐含参数的类型通常为 MyClass&（对于 non-const 成员函数）或 MyClass const&（对于 const 成员函数）。[①]这确实会让人感到有点儿奇怪，为何 this 是指针类型？如果能把 this 等价于现在的*this，那就更好了。然而，在引入引用类型之前，this 已经是早期 C++ 版本的一部分，等到加入时间引用类型的时候，太多的代码已经依赖于 this 指针了。

隐含的 this*参数和显式参数一样，都会被重载解析。大多数情况下，这是很自然的，但偶尔会出现出人意料的结果。下面的例子展示了一个类似字符串的类，它不能按预期的方式执行（然而我们在现实中会看到这样的代码）：

```
#include <cstddef>

class BadString {
  public:
    BadString(char const*);
    ...

    //通过索引运算符访问字符
    char& operator[] (std::size_t); //#1
    char const& operator[] (std::size_t) const;

    //隐式转换为以 null 结尾的字符串
    operator char* ();              //#2
    operator char const* ();
    ...
};

int main()
{
    BadString str("correkt");
    str[5] = 'c'; //可能会产生重载解析的二义性
}
```

起初，对于表达式 str[5]，赋值操作看起来似乎都是确定的。在#1 处的索引运算符看起来也是完美匹配的。但是，这并不是非常完美的：因为实参 5 的类型是 int，而运算符期望的是一个无符号整数类型（size_t 和 std::size_t 通常是 unsigned int 或 unsigned long 类型，但肯定不会是 int 类型）。不过，一个简单的标准整数转型，使得#1 处的实现是容易的。然而，还有另一个可行的候选函数：内置的索引运算符。实际上，如果我们对 str（这是隐式成员函数实参）应用隐式的类型转换，我们将获得一个指针类型，之后就可以应用内置的索引运算符了。此内置运算符接收一个 ptrdiff_t 类型的实参，在许多平台上，该参数类型等同于 int，因此和实参 5 是完美匹配的。因此，尽管内置的索引运算符与隐含实参（通过用户自定义转型）匹

① 如果成员函数是用 volatile 标识的，那么可以是 MyClass volatile&或 MyClass const volatile&类型，但这种情况很少见。

配得不太好，但索引运算符比#1 处定义的运算符匹配得更好！于是就出现了二义性。[1]为了方便地解决这类问题，你可以用 ptrdiff_t 声明作为运算符[]的参数，或者将显式类型转换改成 char*的隐式类型转换（这通常是推荐的方式）。

一组可行的候选函数，可同时包含静态成员和非静态成员。当对静态成员和非静态成员进行比较时，隐式实参的匹配将被忽略（只有非静态成员才有隐式*this 参数）。

默认情况下，非静态成员具有隐式*this 参数，它是左值引用，但在 C++11 中引入了新语法使其成为右值引用。例如：

```
struct S {
    void f1();      //隐式参数 *this 是一个左值引用（请看下面）
    void f2() &&;  //隐式参数 *this 是一个右值引用
    void f3() &;   //隐式参数 *this 是一个左值引用
};
```

从本例中，你可以看出，不仅可以使隐式参数成为右值引用（带有 && 后缀），还可以使其成为左值引用（带有 & 后缀）。有趣的是，指定 & 后缀并不完全等同于不使用它：一个以前的特例，允许把右值绑定到一个 non-const 类型的左值引用，而该引用是传统的隐式*this 参数，但是，如果显式要求使用左值引用来进行处理，那么这种做法（这种做法是有点儿危险的）就不再适用了。因此，S 的给定定义如下：

```
int main()
{
    S().f1();    //正确：原来的规则允许 S()右值和隐式*this 左值引用类型 S&进行匹配
    S().f2();    //正确：S()右值和*this 右值引用类型匹配
    S().f3();    //错误：S()右值和隐式*this 左值引用类型不能进行匹配
}
```

C.2.2 精细完美匹配

对于 X 类型的实参，构成完美匹配的常见参数类型有 4 种：X、X&、X const&、X&&（虽然 X const&&也是完美匹配，但是很少使用）。然而，在两种类型的引用上进行重载是很普遍的。在 C++11 之前，这意味着以下情况：

```
void report(int&);            //#1
void report(int const&);      //#2

int main()
{
    for (int k = 0; k<10; ++k) {
        report(k);            //调用#1
    }
    report(42);               //调用#2
}
```

在这里，当实参是左值时，没有额外 const 的版本是优先考虑的；当实参是右值时，那么将会考虑带有 const 的版本。

① 请注意，这种二义性只存在于 size_t 等同于 unsigned int 的平台上。如果是在 size_t 等同于 unsigned long 的平台上，ptrdiff_t 类型是 long 的类型别名，则不存在二义性，这是因为内置的索引运算符还需要对索引表达式进行转型。

在 C++11 中，通过添加 rvalue 引用，下面的例子说明了需要区分的两个完美匹配的另一种常见情况：

```
struct Value {
  ...
};

void pass(Value const&); //#1
void pass(Value&&);      //#2

void g(X&& x)
{
  pass(x);               //调用#1，因为 x 是左值
  pass(X());             //调用#2，因为 X()是右值(实际上是 prvalue)
  pass(std::move(x));    //调用#2，因为 std::move(x)是右值
                         //（实际上是 xvalue）
}
```

这次，采用右值引用被看成更适合右值的匹配，但它不能匹配左值。

注意，这同样也适用于成员函数调用的隐式实参：

```
class Wonder {
  public:
    void tick();         //#1
    void tick() const;   //#2
    void tack() const;   //#3
};

void run(Wonder& device)
{
  device.tick();        //调用#1
  device.tack();        //调用#3，因为不存在一个 non-const 版本的 Wonder::tack()
}
```

最后，下面是对前面的例子的修改，以此来说明如果在有引用和无引用的情况下进行重载，两个完美匹配也会产生二义性：

```
void report(int);        //#1
void report(int&);       //#2
void report(int const&); //#3

int main()
{
    for (int k = 0; k<10; ++k) {
        report(k); //二义性：#1 和#2 的匹配程度一样
    }
    report(42);    //二义性：#1 和#3 的匹配程度一样
}
```

C.3 重载的细节

前面涵盖了日常 C++程序设计中遇到的大多数重载情况。遗憾的是，还存在一些规则和例子没能在本书中阐述，原因在于本书并不是专门讨论函数重载的图书。尽管如此，我们还

是准备在这里讨论其中的一些规则，一方面是它们比其他规则应用得更广泛，另一方面是为了说明一些内在细节。

C.3.1　非模板优先或更特化的模板

当重载解析的其他所有方面都等同的时候，非模板函数将优先于由模板生成的实例（不管是从泛型模板定义生成的实例，还是显式特化提供的实例）。例如：

```
template<typename T> int f(T); //#1
void f(int);                   //#2

int main()
{
    return f(7);               //错误：选择了#2，没有返回值
}
```

该例子清晰地说明了：重载解析通常不会考虑被选中的函数的返回类型。

然而，当重载解析的其他方面略有不同时（诸如具有不同的常量和引用限定符），首先会应用重载解析的常用规则。当成员函数接收与拷贝或移动构造函数相同的参数时，这很容易发生意外。详情请参阅 16.2.4 节。

如果在两个模板之间进行选择，则会优先选择特化程度高的模板（前提是一个模板的特化程度要比其他模板的高）。16.2.2 节对此概念进行了详细解释。还有一种特殊情况是，当两个模板的区别仅在于一个模板添加了一个末尾参数 pack 时，不带 pack 的模板被认为特化程度更高，因此如果它与调用进行匹配，则会优先选择不带 pack 的模板。4.1.2 节中的例子就说明了这种情况。

C.3.2　转换序列

隐式转换通常可以由一系列简单的转型构成。考虑下面的代码示例：

```
class Base {
  public:
    operator short() const;
};

class Derived : public Base {
};

void count(int);

void process(Derived const& object)
{
    count(object); //和用户自定义转型匹配
}
```

count(object)调用是正确的，因为 object 对象可以隐式地转型为 int。然而，这个转型要求进行以下几个步骤。

（1）object 对象从派生类 const 到基类 const 的转型（这是 glvalue 转型，它保留了对象的

特征）。

（2）结果从其类 const 到 short 的用户自定义转型。

（3）从 short 到 int 的（转型）提升。

最常用的转型序列如下：先进行一个标准的转型（在这个例子中，指的是派生类到基类的转型），然后进行一个用户自定义转型，再进行一个标准的转型。尽管一个转型序列中最多只能有一个用户自定义转型，但可以有一个或者多个标准的转型。

重载解析的另一个重要规则是：对于一个转型序列及它的子序列，会优先使用前者序列所对应的转型。假设有另外一个候选函数：

```
void count(short);
```

在这个例子中，对于 count(object)，将会优先使用上面的候选函数，因为它并不需要进行转型序列的第（3）步（提升）。

C.3.3 指针的转型

指针和成员指针会进行各种特定的标准转型，包含以下：

- 从指针到 bool 类型的转型；
- 从任意的指针类型到 void*类型的转型；
- 从派生类指针到基类指针的转型；
- 从基类成员指针到派生类成员指针的转型。

尽管这些会引发只进行标准转型的匹配，但它们的等级是不同的。

首先，任何其他类型的标准转型，都要优于到 bool 类型的转型（普通的指针或成员指针）。例如：

```
void check(void*); //#1
void check(bool);  //#2

void rearrange (Matrix* m)
{
    check(m);         //调用#1
    ...
}
```

在普通指针的转型中，从派生类指针到基类指针的转型要优于到 void*类型的转型。此外，如果涉及继承中的多个类的转型，则优选派生路径最短的转型。下面是一个简单的例子：

```
class Interface {
    ...
};

class CommonProcesses : public Interface {
    ...
};

class Machine : public CommonProcesses {
...
};
```

```
char* serialize(Interface*);              //#1
char* serialize(CommonProcesses*);        //#2

void dump (Machine* machine)
{
    char* buffer = serialize(machine);  //调用#2
    ...
}
```

从 Machine*到 CommonProcesses*的转型要优于到 Interface*的转型，这符合我们的主观想法。

该规则也很适用于指向成员的指针：在成员类型指针的相关的两次转型之间，将优先选择最接近（即派生层次最少）的基类的一个派生类的转型。

C.3.4　初始化列表

不同类型的参数包括：初始化列表、具有初始化列表构造函数的类类型、初始化列表元素可以作为（单独）构造函数参数处理的类类型，或由初始化列表元素进行初始化成员聚合的类类型。

下面的例子说明了这些情况：

overload/initlist.cpp

```
#include <initializer_list>
#include <string>
#include <vector>
#include <complex>
#include <iostream>

void f(std::initializer_list<int>) {
  std::cout << "#1\n";
}

void f(std::initializer_list<std::string>) {
  std::cout << "#2\n";
}

void g(std::vector<int> const& vec) {
  std::cout << "#3\n";
}

void h(std::complex<double> const& cmplx) {
  std::cout << "#4\n";
}

struct Point {
  int x, y;
};

void i(Point const& pt) {
  std::cout << "#5\n";
}
```

```
int main()
{
  f({1, 2, 3});                              //输出#1
  f({"hello", "initializer", "list"}); //输出#2
  g({1, 1, 2, 3, 5});                        //输出#3
  h({1.5, 2.5});                             //输出#4
  i({1, 2});                                 //输出#5
}
```

f()的前两次调用中，初始化列表实参转换为 std::initializer_list 值，这涉及将初始化列表中的每个元素转换为 std::initializer_list 的元素类型。在第 1 次调用中，所有元素都已经是 int 类型，因此无须额外的类型转换。在第 2 次调用中，通过 string(char const*)构造函数的调用，将初始化列表中的每个字符串转换为 std::string。第 3 次调用（指的是 g()）进行用户自定义的类型转换，通过使用 std::vector(std::initializer_list<int>)构造函数来实现。第 4 次调用的是 std::complex(double, double)构造函数，就如编写 std::complex<double>(1.5, 2.5)一样。第 5 次调用执行聚合初始化，它用初始化列表中的元素对 Point 类实例的成员进行初始化，而不用调用 Point 构造函数。[①]

初始化列表有几个比较有意思的重载情形。当从一个初始化列表转换到另一个初始化列表时，如前面示例的前两次调用所示，针对整体类型转换而言，从初始化列表中的任何给定元素转换到初始化列表的元素类型（即，initializer_list<T>中的 T），最差类型的转换效果是一样的。这可能会产生一些不可预料的结果，如下所示：

overload/initlistovl.cpp

```
#include <initializer_list>
#include <iostream>

void ovl(std::initializer_list<char>) {    //#1
  std::cout << "#1\n";
}

void ovl(std::initializer_list<int>) {     //#2
  std::cout << "#2\n";
}

int main()
{
  ovl({'h', 'e', 'l', 'l', 'o', '\0'});    //输出#1
  ovl({'h', 'e', 'l', 'l', 'o', 0});       //输出#2
}
```

ovl()的第 1 次调用中，初始化列表的每个元素都是 char 类型。对于第 1 个 ovl()函数，这些元素根本就不需要转换。对于第 2 个 ovl()函数，这些元素需要提升为 int 类型。因为完美匹配比提升显得更好，所以 ovl()的第 1 次调用是位于#1 处的函数。

ovl()的第 2 次调用中，前 5 个元素的类型是 char，而最后一个元素的类型是 int。对于第 1 个 ovl()函数，char 元素是完美匹配的，但是 int 需要一个标准转型，因此整体转型被列为标

① 聚合初始化只适用于 C++中的聚合类型：要么是数组，要么是更简单的类型；聚合类型类似于 C 语言中的没有自定义的构造函数的类，没有私有或受保护的非静态数据成员，没有基类，也没有虚函数。在 C++14 之前，它们还必须不能有默认成员初始化器。C++17 之后，公共基类允许有。

准转型。对于第 2 个 ovl()函数，char 元素需要提升为 int 类型，而 int 元素在末尾是一个完美匹配。第 2 个 ovl()函数的整体转型被提升了，比起第 1 个 ovl()，尽管它只有一个元素更佳的转型，但仍会是更好的候选函数。

当用初始化列表对类类型的对象进行初始化时，就像在前面的示例中调用 g()和 h()一样，重载解析将分两个阶段进行。

第一阶段只考虑初始化列表构造函数，也就是说，对于某些类型 T（在移除顶级引用和 const 或 volatile 限定符之后），它就是唯一的非默认参数的构造函数，它的参数类型为 std::initializer_list<T>。

如果找不到这样可行的构造函数，第二阶段将会考虑其他构造函数。

该规则有如下例外：如果初始化列表为空并且具有默认构造函数，则跳过第一阶段，调用默认构造函数。

该规则的效果是，对于任何非初始化列表构造函数，任何初始化列表构造函数会更匹配，例如：

overload/initlistctor.cpp

```
#include <initializer_list>
#include <string>
#include <iostream>

template<typename T>
struct Array {
  Array(std::initializer_list<T>) {
    std::cout << "#1\n";
  }
  Array(unsigned n, T const&) {
    std::cout << "#2\n";
  }
};

void arr1(Array<int>) {
}

void arr2(Array<std::string>) {
}

int main()
{
  arr1({1, 2, 3, 4, 5});                    //输出#1
  arr1({1, 2});                             //输出#1
  arr1({10u, 5});                           //输出#1
  arr2({"hello", "initializer", "list"}); //输出#1
  arr2({10, "hello"});                      //输出#2
}
```

请注意，当从初始化列表初始化数组<int>对象时，将不会调用第 2 个构造函数，该构造函数采用无符号整型和 T const&，因为和非初始化列表构造函数相比，初始化列表构造函数匹配得更好。然而，对于 Array<string>，当初始化列表构造函数不可行时，将会调用非初始化列表构造函数，就如对 arr2()的第 2 次调用。

C.3.5 仿函数和代理函数

我们在前面提到过，在查找完函数名并生成一个初始化重载集之后，该重载集将会以各种方式进行调整。当调用表达式引用的是类对象而不是函数时，则会出现一种有趣的情形。在这种情形下，重载集可能会添加两个额外的函数。

第 1 个添加操作是很简单的：把任何 operator ()（即函数调用运算符）添加到重载集中。具有此运算符的对象通常称为仿函数或仿函数对象（参阅 11.1 节）。

第 2 个添加操作发生在当类类型对象包含一个到函数类型（或者函数类型的一个引用）指针的隐式转型运算符时，此添加操作不会太明显。[①]在这种情况下，就会将伪函数（或代理函数）添加到重载集中。该候选的代理函数被看成：具有隐含参数，该参数的类型是转型函数所指定的；具有显式参数，该参数的类型是该转型函数的目标类型中的类型。举个例子，可以更清楚地说明这一点：

```
using FuncType = void (double, int);

class IndirectFunctor {
  public:
    ...
    void operator()(double, double) const;
    operator FuncType*() const;
};

void activate(IndirectFunctor const& funcObj)
{
    funcObj(3, 5); //错误：存在二义性
}
```

调用 funcObj(3, 5)被视为具有 3 个实参：funcObj、3 和 5。可行的候选函数包括 operator()成员（参数类型被看成 IndirectFunctor const&、double 和 double）和一个参数类型为 FuncType*、double 和 int 的代理函数。代理函数的匹配比隐含参数的匹配要差（因为它需要用户自定义的转型），但对最后一个参数来说代理函数的匹配会更好，因此，不能对这两个候选函数进行排序。因此，调用就产生了二义性。

代理函数在 C++中只是一个冷僻的知识，很少出现在实际应用中（幸运的是）。

C.3.6 其他的重载情况

到目前为止，我们已经讨论了关于重载的话题：对于给定的调用表达式，应该调用哪个函数。然而，在其他一些情况下，需要进行类似的函数选择。

第 1 个上下文出现在需要函数地址的时候。考虑下面的例子：

```
int numElems(Matrix const&);                //#1
int numElems(Vector const&);                //#2
...
int (*funcPtr)(Vector const&) = numElems; //选择#2
```

① 从某种意义上来说，转换运算符还必须适用，例如，对于 const 对象，不会考虑 non-const 运算符。

这里，两个 numElems 指的是同一个重载集，但只需该重载集中一个函数的地址。于是，重载解析尝试将所需的函数类型（本例中是 funcPtr 类型）和可用的候选函数进行匹配。

另一个需要进行重载解析的上下文出现在初始化的时候。遗憾的是，这是一个很复杂的话题，超出了本附录内容的范围。然而，下面是一个简单的例子，通过该例子至少可以说明重载解析的特殊情况：

```
#include <string>

class BigNum {
  public:
    BigNum(long n);                    //#1
    BigNum(double n);                  //#2
    BigNum(std::string const&);        //#3
    ...
    operator double();                 //#4
    operator long();                   //#5
    ...
};

void initDemo()
{
    BigNum bn1(100103);                //选择#1
    BigNum bn2("7057103224.095764");  //选择#3
    int in = bn1;                      //选择#5
}
```

在本例中，我们需要重载解析来选择适当的构造函数和转型运算符。具体来说，bn1 的初始化调用第 1 个构造函数，bn2 的初始化调用第 3 个构造函数，in()的初始化调用 operator long()。在绝大多数情况下，重载规则都会产生符合直觉的结果。然而，这些规则的细节是相当复杂的，一些应用程序依赖于 C++语言中的一些更加冷僻的知识。

附录 D

标准库类型实用程序

C++标准库主要由模板构成，其中有很多模板依赖于本书中介绍和讨论的各种技术。出于这个原因，一些技术在某种意义上被“标准化”了，即标准库通过定义一些模板来实现泛型代码库。这些类型实用程序（类型特征和辅助类模板）会在本附录中被罗列并讲解。

请注意，有些类型特征需要编译器支持，而有些则仅用现有的语言内置特性就可在标准库中实现（我们在第 19 章中讨论了其中一些）。

D.1 使用类型特征

我们使用类型特征时，通常必须包含头文件<type_traits>：

```
#include <type_traits>
```

然后用法取决于萃取物是类型还是数值。

- 对于萃取物为**类型**的特征，可以按如下方式访问该类型：

```
typename std::trait<...>::type
std::trait_t<...>                  //从 C++14 开始
```

- 对于萃取物为**数值**的特征，可以按如下方式访问该数值：

```
std::trait<...>::value
std::trait<...>()                  //隐式转换为其类型
std::trait_v<...>                  //从 C++17 开始
```

例如：

utils/traits1.cpp

```
#include <type_traits>
#include <iostream>

int main()
{
  int i = 42;
  std::add_const<int>::type c = i;     //c是int类型常量
  std::add_const_t<int> c14 = i;       //从 C++14 开始
  static_assert(std::is_const<decltype(c)>::value, "c should be const");

  std::cout << std::boolalpha;
  std::cout << std::is_same<decltype(c), int const>::value  //为true
            << '\n';
  std::cout << std::is_same_v<decltype(c), int const>        //从 C++17 开始
```

```
            << '\n';
  if (std::is_same<decltype(c), int const>{}) {   //隐式转换为bool类型
    std::cout << "same \n";
  }
}
```

_t特征的定义方式请参阅2.8节；_v特征的定义方式请参阅5.6节。

D.1.1 std::integral_constant和std::bool_constant

所有萃取物为**数值**的标准类型特征都是从辅助类模板的实例std::integral_constant派生而来的：

```
namespace std {
  template<typename T, T val>
  struct integral_constant {
    static constexpr T value    = val;       //特征的数值
    using value_type            = T;         //数值的类型
    using type                  = integral_constant<T,val>;
    constexpr operator value_type() const noexcept {
      return value;
    }
    constexpr value_type operator() () const noexcept {   //从C++14开始
      return value;
    }
  };
}
```

说明如下。

- 我们可以使用value_type成员来查询结果类型。由于很多萃取物为数值的特征是谓词，因此value_type常常只是bool类型。
- 萃取类型的对象会隐式转换为通过类型特征所得数值的类型。
- C++14（和后续版本）中，类型特征的对象也是函数对象（仿函数），在“函数调用处”萃取它们的值。
- 类型成员只能萃取底层的integral_constant实例。

如果萃取物为布尔值，也可以使用[①]

```
namespace std {
    template<bool B>
    using bool_constant = integral_constant<bool, B>;     //从C++17开始
    using true_type = bool_constant<true>;
    using false_type = bool_constant<false>;
}
```

以便这些布尔值特征若适用于特定属性则继承自 std::true_type，否则继承自 std::false_type。这也意味着这些布尔值对应的value成员等于true或false。true和false类型特征的结果值具有不同类型，使得我们可以基于它们类型特征的结果进行标记-派发（请参阅19.3.3节和20.2

① 在C++17之前，该标准不包括别名模板bool_constant<>。然而，std::true_type和std::false_type确实存在于C++11和C++14中，并且分别根据integral_constant<bool, true>和integral_constant<bool, false>直接指定。

节）。

例如：

utils/traits2.cpp

```
#include <type_traits>
#include <iostream>

int main()
{
  using namespace std;
  cout << boolalpha;

  using MyType = int;
  cout << is_const<MyType>::value << '\n';    //输出 false

  using VT = is_const<MyType>::value_type;    //bool 类型
  using T = is_const<MyType>::type;           //integral_constant<bool,false>
  cout << is_same<VT, bool>::value << '\n';   //输出 true
  cout << is_same<T, integral_constant<bool, false>>::value
       << '\n';                               //输出 true
  cout << is_same<T, bool_constant<false>>::value
       << '\n';                               //输出 true（C++17 前不可用）

  auto ic = is_const<MyType>();               //萃取类型的对象
  cout << is_same<decltype(ic), is_const<int>>::value << '\n';  //为 true
  cout << ic() << '\n';                       //函数调用（输出 false）

  static constexpr auto mytypeIsConst = is_const<MyType>{};
  if constexpr(mytypeIsConst) {               //从 C++17 开始，编译期检查=>false
    ...                                       //丢弃的语句
  }
  static_assert(!std::is_const<MyType>{}, "MyType should not be const");
}
```

在各种元编程上下文环境中，为非 bool 类型 integral_constant 特化提供不同类型也很有用。请参阅 24.3 节中对相似类型 CTValue 的讨论，以及 25.6 节中使用其访问元组中的元素。

D.1.2 使用特征时应该知道的事

使用特征时需要注意以下几点。

➢ 类型特征直接应用于类型，不过 decltype 让我们也可以测试表达式、变量和函数的属性。然而，回想一下，只有在实体命名没有附加括号时，decltype 才萃取变量或函数类型；对于其他任何表达式，它萃取的类型也反映了表达式的类型类别。例如：

```
void foo (std::string&& s)
{
  //检查 s 的类型
  std::is_lvalue_reference<decltype(s)>::value      //false
  std::is_rvalue_reference<decltype(s)>::value      //true，作为声明
  //检查 s 作为表达式使用的值类别
  std::is_lvalue_reference<decltype((s))>::value    //true，s 作为左值使用
  std::is_rvalue_reference<decltype((s))>::value    //false
}
```

详见 15.10.2 节。

- 对新手程序员来说，某些特征的行为可能不直观。示例请参阅 11.2.1 节。
- 某些特征有要求或先决条件，违反这些要求或先决条件会导致未定义的行为。[①] 请参阅 11.2.1 节的一些示例。
- 许多特征需要完整类型（参阅 10.3.1 节），为了能将它们用于非完整类型，我们有时可以引入模板来推迟评估它们（详见 11.5 节）。
- 有时逻辑运算符&&、||和!不能用于基于其他类型特征来定义新的类型特征。此外，处理可能失败的萃取会成为一个问题，或者至少造成一些问题。出于这个原因，C++标准提供了让我们可以有逻辑地组合布尔值特征的特殊特征。详见附录 D 的 D.6 节。
- 尽管使用标准别名模板（以_t 或_v 结尾）常常很方便，但它们也有在某些元编程的上下文中不可用的缺点。详见 19.7.3 节。

D.2 基本和复合类型类别

我们从测试基本和复合类型类别的标准特征开始（见图 D.1）。[②] 通常而言，每个类型只属于一个基本类型类别（图 D.1 中的白色元素）。然后，复合类型类别将基本类型类别合并到更高级别的概念中。

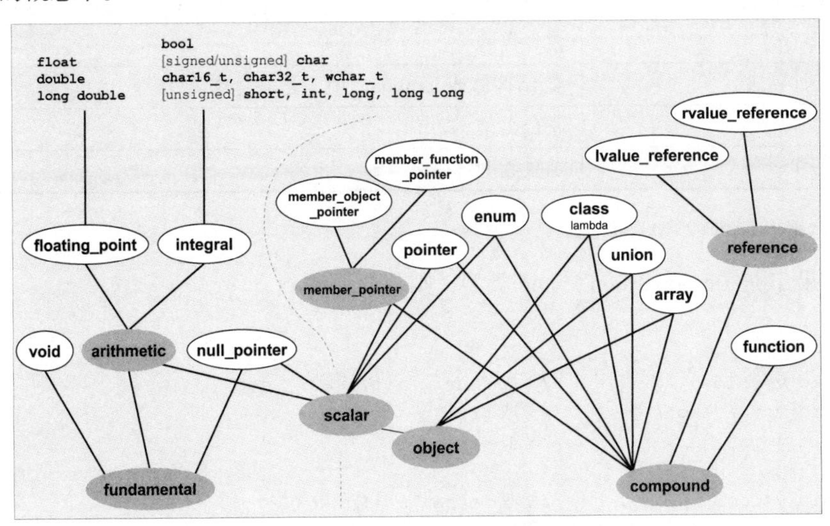

图 D.1 基本和复合类型类别

D.2.1 基本类型类别的测试

本节将详述测试给定类型的基本类型类别的类型实用程序。对于任何给定的类型，只有一个基本类型类别具有计算结果为 true 的静态 value 成员。[③]结果与类型是否用 const 和（或）

① C++标准委员会考虑对于 C++17 的建议，要求违反类型特征的先决条件总会导致编译期错误。然而，由于目前某些类型特征有比前者更为严格的要求（比如总是要求完整类型），因此推迟了这个变更。

② 感谢 Howard Hinnant 提供了这种类型的层次结构。

③ 在 C++14 之前，唯二的例外是 nullptr、std::nullptr_t 类型，对于它们，所有基本类型类别实用程序都萃取 false，这是因为 is_null_pointer<>不是 C++11 的一部分。

volatile 限定修饰（cv-qualified）无关。

请注意，对于类型 std::size_t 和 std::ptrdiff_t，is_integral<>萃取 true；对于类型 std::max_align_t，这些基本类型类别中的哪一个萃取 true，要看实现细节（因此，它可能是整型类型、浮点类型或类类型）。C++语言指定 lambda 表达式的类型为类类型（参阅 15.10.6 节）。因此，对该类型应用 is_class 会萃取 true。表 D.1 列出了用于检查主要类型类别的特征。

表 D.1　　用于检查主要类型类别的特征

特征	结果
is_void<T>	void 类型
is_integral<T>	整型类型（包括 bool、char、char16_t、char32_t、wchar_t）
is_floating_point<T>	浮点类型（float、double、long double）
is_array<T>	普通数组类型（不是 std::array 类型）
is_pointer<T>	指针类型（包括函数指针，但不包括指向非静态成员的指针）
is_null_pointer<T>	空指针类型（自 C++14 起）
is_member_object_pointer<T>	指向非静态数据成员
is_member_function_pointer<T>	指向非静态成员函数
is_lvalue_reference<T>	左值引用
is_rvalue_reference<T>	右值引用
is_enum<T>	枚举类型
is_class<T>	类/结构体或 lambda，但不是联合类型
is_union<T>	联合类型
is_function<T>	函数类型

```
std::is_void<T>::value
```

➢ 如果 T 是（cv-qualified）void 类型，则萃取 true。

例如：

```
is_void_v<void>            //萃取 true
is_void_v<void const>      //萃取 true
is_void_v<int>             //萃取 false
void f();
is_void_v<decltype(f)>     //萃取 false（f 具有函数类型）
is_void_v<decltype(f())>   //萃取 true（f()的返回类型是 void 类型）
```

```
std::is_integral<T>::value
```

➢ 如果类型 T 是下列之一的（cv-qualified）类型，则萃取 true：
   - bool 类型；
   - 字符类型（char、signed char、unsigned char、char16_t、char32_t 或者 wchar_t）；
   - 整型类型（signed 或 unsigned 的 short、int、long 或者 long long，这包括 std::size_t 和 std::ptrdiff_t）。

```
std::is_floating_point <T>::value
```

➢ 如果类型 T 是（cv-qualified）float、double 或者 long double，则萃取 true。

```
std::is_array <T>::value
```

- 如果类型 T 是（cv-qualified）数组类型，则萃取 true。
- 回想一下，通过 C++语言规则声明为数组（带或不带长度）的参数实际上具有指针类型。
- 注意，类 std::array<>不是数组类型，而是类类型。

例如：

```
is_arr_v<int[]>              //萃取 true
is_array_v<int[5]>           //萃取 true
is_array_v<int*>             //萃取 false

void foo(int a[], int b[5], int* c)
{
  is_array_v<decltype(a)>    //萃取 false（a 属于 int*类型）
  is_array_v<decltype(b)>    //萃取 false（b 属于 int*类型）
  is_array_v<decltype(c)>    //萃取 false（c 属于 int*类型）
}
```

实现细节参阅 19.8.2 节。

```
std::is_pointer<T>::value
```

- 如果类型 T 是（cv-qualified）指针类型，则萃取 true。

这包括：

  - 指向静态/全局（成员）函数的指针；
  - 声明为数组（带或不带长度）的参数或者函数类型。

这不包括：

  - 指向成员的指针类型（比如，&X::m 类型，其中 X 是类类型，并且 m 是非静态成员函数或者非静态数据成员）；
  - nullptr、std::nullptr_t 类型。

例如：

```
is_pointer_v<int>                     //萃取 false
is_pointer_v<int*>                    //萃取 true
is_pointer_v<int* const>              //萃取 true
is_pointer_v<int*&>                   //萃取 false
is_pointer_v<decltype(nullptr)>       //萃取 false

int* foo(int a[5], void(f)())
{
  is_pointer_v<decltype(a)>           //萃取 true（a 属于 int*类型）
  is_pointer_v<decltype(f)>           //萃取 true（f 属于 void(*)()类型）
  is_pointer_v<decltype(foo)>         //萃取 false
  is_pointer_v<decltype(&foo)>        //萃取 true
  is_pointer_v<decltype(foo(a,f))>    //萃取 true（由于返回 int*类型）
}
```

- 实现细节参阅 19.8.2 节。

```
std::is_null_pointer<T>::value
```

- 如果类型 T 是（cv-qualified）std::nullptr_t 类型，则萃取 true，其为 nullptr 类型。

例如:

```
is_null_pointer_v<decltype(nullptr)>  //萃取 true

void* p = nullptr;
is_null_pointer_v<decltype(p)>        //萃取 false
```

p 不具有 std::nullptr_t 类型

➢ 自 C++14 开始提供以下特性。

```
std::is_member_object_pointer<T>::value
std::is_member_function_pointer<T>::value
```

➢ 如果类型 T 是(cv-qualified)指向成员的指针类型(比如,对于某类类型 X 的 int X::* 或者 int(X::*)()类型),则萃取 true。

```
std::is_lvalue_reference<T>::value
std::is_rvalue_reference<T>::value
```

➢ 如果类型 T 是(cv-qualified)左值或右值引用类型,则分别萃取 true。

例如:

```
is_lvalue_reference_v<int>       //萃取 false
is_lvaule_reference_v<int&>      //萃取 true
is_lvalue_reference_v<int&&>     //萃取 false
is_lvalue_reference_v<void>      //萃取 false
is_rvalue_reference_v<int>       //萃取 false
is_rvalue_reference_v<int&>      //萃取 false
is_rvalue_reference_v<int&&>     //萃取 true
is_rvalue_reference_v<void>      //萃取 false
```

实现细节参阅 19.8.2 节。

```
std::is_enum<T>::value
```

➢ 如果类型 T 是(cv-qualified)枚举类型,则萃取 true。这适用于作用域和非作用域枚举类型。

实现细节参阅 19.8.5 节。

```
std::is_class<T>::value
```

➢ 如果类型 T 是用 class 或 struct 声明的(cv-qualified)类类型,包括从实例化类模板生成的类型,则萃取 true。请注意,C++语言保证 lambda 表达式的类型是类类型(参阅 15.10.6 节)。

➢ 对于联合、作用域枚举类型(尽管用枚举类声明)、std::nullptr 和其他任何类型,都萃取 false。

例如:

```
is_class_v<int>                  //萃取 false
is_class_v<std::string>          //萃取 true
is_class_v<std::string const>    //萃取 true
is_class_v<std::string&>         //萃取 false
auto l1 = []{};
```

```
is_class_v<decltype(l1)>        //萃取 true（lambda 是类对象）
```

实现细节参阅 19.8.4 节。

```
std::is_union<T>::value
```

- 如果类型 T 是（cv-qualified）联合体，包括从作为联合模板的类模板生成的联合体，则萃取 true。

```
std::is_function<T>::value
```

- 如果类型 T 是（cv-qualified）函数类型，则萃取 true；如果是函数指针类型、lambda 表达式类型和其他任何类型，则萃取 false。
- 回想一下，通过 C++语言规则声明为函数类型的参数实际上具有指针类型。

例如：

```
void foo(void(f)())
{
  is_function_v<decltype(f)>       //萃取 false（f 属于类型 void(*)()）
  is_function_v<decltype(foo)>     //萃取 true
  is_function_v<decltype(&foo)>    //萃取 false
  is_function_v<decltype(foo(f))>  //萃取 false（对于返回类型）
}
```

实现细节参阅 19.8.3 节。

D.2.2　复合类型类别的测试

以下类型实用程序确定某个类型是否属于更通用的类型类别，该类别是某些基本类型类别的联合体。复合类型类别没有形成严格区分：一个类型可能属于多个复合类型类别（例如，指针类型既是标量类型又是复合类型）。同样，cv-qualified（如 const 和 volatile）的类型分类并不重要。表 D.2 列出了用于检查复合类型类别的萃取。

表 D.2　　用于检查复合类型类别的萃取

萃取	结果
is_reference<T>	左值或右值引用
is_member_pointer<T>	指向非静态成员的指针
is_arithmetic<T>	整型类型（包括布尔类型和字符类型）或浮点类型
is_fundamental<T>	void 类型、整型类型(包括布尔类型和字符类型)、浮点类型或 std::nullptr_t 类型
is_scalar<T>	整型类型（包括布尔类型和字符类型）、浮点类型、枚举类型、指针类型、指向成员的指针类型和 std::nullptr_t
is_object<T>	除 void、函数或引用之外的任何类型
is_compound<T>	与 is_fundamental<T>互斥：数组、枚举类型、联合、类、函数、引用、指针或指向成员的指针等类型

```
std::is_reference<T>::value
```

- 如果 T 是引用类型，则萃取 true。
- 等同于：is_lvalue_reference_v<T> || is_rvalue_reference_v<T>。
- 实现细节参阅 19.8.2 节。

```
std::is_member_pointer<T>::value
```

- 如果类型 T 是任意指向成员的指针类型，则萃取 true。
- 等同于：!(is_member_object_pointer_v<T> || is_member_function_pointer_v<T>)。

```
std::is_arithmetic<T>::value
```

- 如果类型 T 是算术类型（布尔类型、字符类型、整型类型或者浮点指针类型），则萃取 true。
- 等同于：is_integral_v<T> || is_floating_point_v<T>。

```
std::is_fundamental<T>::value
```

- 类型 T 是基本类型（算术类型、void 或 std::nullptr_t），则萃取 true。
- 等同于：is_arithmetic_v<T> || is_void_v<T> || is_null_pointer_v<T>。
- 等同于：!is_compound_v<T>。
- 实现细节请参阅 19.8.1 节的 IsFundaT。

```
std::is_scalar<T>::value
```

- 如果类型 T 是标量类型，则萃取 true。
- 等同于：is_arithmetic_v<T> || is_enum_v<T> || is_pointer_v<T> || is_member_pointer_v<T> || is_null_pointer_v<T>。

```
std::is_object<T>::value
```

- 如果类型 T 描述为对象的类型，则萃取 true。
- 等同于：is_scalar_v<T> || is_array_v<T> || is_class_v<T> || is_union_v<T>。
- 等同于：!(is_function_v<T> || is_reference_v<T> || is_void_v<T>)。

```
std::is_compound<T>::value
```

- 如果类型 T 是由其他类型构成的复合类型，则萃取 true。
- 等同于：!is_fundamental_v<T>。
- 等同于：is_enum_v<T> || is_array_v<T> || is_class_v<T> || is_union_v<T> || is_reference_v<T> || is_pointer_v<T> || is_member_pointer_v<T> || is_function_v<T>。

D.3 类型属性和操作

下一组萃取测试单个类型的其他属性以及可能应用于它们的某些操作（如值交换）。

D.3.1 其他类型属性

```
std::is_signed<T>::value
```

- 如果 T 是有符号算术类型〔即包含负值表示的算术类型，包括（signed）int、float 等类型〕，则萃取 true。
- 对于 bool 类型，萃取 false。
- 对于 char 类型，由实现定义是否萃取 true 或 false。
- 对于所有非算术类型（包括枚举类型），都萃取 false。

```
std::is_unsigned<T>::value
```

- 如果 T 是无符号算术类型（即不包含负值表示的算术类型，包括 unsigned int 和 bool 等类型），则萃取 true。
- 对于 char 类型，由实现定义是否萃取 true 或 false。
- 对于所有非算术类型（包括枚举类型），都萃取 false。

```
std::is_const<T>::value
```

- 如果 T 是 const-qualified 类型，则萃取 true。
- 注意，const 指针是 const-qualified 类型，而 non-const 指针或对 const 类型的引用不是 const-qualified 类型。例如：

```
is_const<int* const>::value      //为 true
is_const<int const*>::value      //为 false
is_const<int const&>::value      //为 false
```

- 如果元素类型是 const-qualified 类型，则 C++语言定义数组为 const-qualified 类型。[①]例如：

```
is_const<int[3]>::value          //为 false
is_const<int const[3]>::value    //为 true
is_const<int[]>::value           //为 false
is_const<int const[]>::value     //为 true
```

表 D.3 列出了用于测试简单类型属性的萃取。

表 D.3　用于测试简单类型属性的萃取

萃取	结果
is_signed<T>	有符号算术类型
is_unsigned<T>	无符号算术类型
is_const<T>	const 限定符
is_volatile<T>	volatile 限定符
is_aggregate<T>	聚合类型（自 C++17 起）
is_trivial<T>	标量、trivial 类或这些类型的数组
is_trivially_copyable<T>	标量、可拷贝的 trivial 类或这些类型的数组
is_standard_layout<T>	标量、标准布局类或这些类型的数组
is_pod<T>	POD 类型（该类型的 memcpy()用于拷贝对象）
is_literal_type<T>	标量、引用、类或这些类型的数组（自 C++17 起弃用）
is_empty<T>	无成员、虚成员函数或虚基类的类

① C++11 发布之后，通过核心问题 1059 的解决方案澄清了这一点。

续表

萃取	结果
is_polymorphic<T>	含（派生的）虚成员函数的类
is_abstract<T>	抽象类（至少有一个纯虚函数）
is_final<T>	final 类（禁止派生的类，自 C++14 起）
has_virtual_destructor<T>	含虚析构函数的类
has_unique_object_representations<T>	任何两个含有相同值的对象在内存中具有相同表示（自 C++17 起）
alignment_of<T>	相当于 alignof(T)
rank<T>	数组类型的维度（或 0）
extent<T, I=0>	维度 I 的大小（或 0）
underlying_type<T>	枚举类型的底层类型
is_invocable<T, Args...>	可以用作参数为 Args...的可调用对象（自 C++17 起）
is_nothrow_invocable<T, Args...>	可以用作参数为 Args...、不抛出异常的可调用对象（自 C++17 起）
is_invocable_r<RT, T, Args...>	可以用作参数为 Args...、返回 RT 的可调用对象（自 C++17 起）
is_nothrow_invocable_r<RT, T, Args...>	可以用作参数为 Args...、返回 RT 且不抛出异常的可调用对象（自 C++17 起）
invoke_result<T, Args...>	参数为 Args...的可调用对象的结果类型（自 C++17 起）
result_of<F, ArgTypes>	以 ArgTypes 类型的实参调用 F 的结果类型（自 C++17 起弃用）

```
std::is_volatile<T>::value
```

➢ 如果类型 T 是 volatile-qualified 的类型，则萃取 true。

➢ 注意，volatile 指针是 volatile-qualified 类型，而 non-volatile 指针或对 volatile 类型的引用不是 volatile-qualified 类型。例如：

```
is_volatile<int* volatile>::value      //为 true
is_volatile<int volatile*>::value      //为 false
is_volatile<int volatile&>::value      //为 false
```

➢ 如果元素类型是 volatile-qualified 类型，则 C++语言定义数组为 volatile-qualified 类型。[①] 例如：

```
is_volatile<int[3]>::value              //为 false
is_volatile<int volatile[3]>::value     //为 true
is_volatile<int[]>::value               //为 false
is_volatile<int volatile[]>::value      //为 true
```

```
std::is_aggregate<T>::value
```

➢ 如果类型 T 是聚合（aggregate）类型（用户定义的数组或类/结构/联合，无显式的或继承的构造函数，无私有或保护的非静态数据成员，无虚函数，并且无虚基类、私有

① C++11 发布之后，通过核心问题 1059 的解决方案澄清了这一点。

基类或保护基类)，则萃取 true。[①]

- 有助于确定是否需要初始化列表。例如：

```
template<typename Coll, typename... T>
void insert(Coll& coll, T&&... val)
{
 if constexpr(!std::is_aggregate_v<typename Coll::value_type>) {
  coll.emplace_back(std::forward<T>(val...));  //对聚合类型无效
 }
 else {
  coll.emplace_back(typename Coll::value_type{std::forward<T>(val)...});
 }
}
```

- 要求给定的类型是完整的（参阅 10.3.1 节）或是（cv-qualified）void 类型。
- 自 C++17 起可用。

```
std::is_trivial<T>::value
```

- 如果类型 T 是 trivial 类型，则萃取 true。
  这包括以下类型。
  - 标量类型(整型类型、浮点类型、枚举类型、指针类型，参阅附录 D 的 is_scalar<>)。
  - trivial 类类型〔无虚函数、无虚基类、无（间接的）用户定义的默认构造函数；有拷贝/移动构造函数、拷贝/移动赋值运算符或析构函数；无非静态数据成员的初始化器、无 volatile 类型成员和无 nontrival 成员的类〕。
  - 以上类型的数组。
  - 以上类型的 cv-qualified 版本。
- 如果 is_trivially_copyable_v<T>萃取 true，则 is_trivial<T>也萃取 true，并且存在一个 trivial 类类型的默认构造函数。
- 要求给定的类型是完整的（参阅 10.3.1 节）或是（cv-qualified）void 类型。

```
std::is_trivially_copyable<T>::value
```

- 如果类型是 trivially copyable 类型，则萃取 true。
  这包括以下类型。
  - 标量类型(整型类型、浮点类型、枚举类型、指针类型，参阅附录 D 的 is_scalar<>)。
  - trivial 类类型〔无虚函数、无虚基类、无（间接的）用户定义的默认构造函数；有拷贝/移动构造函数、拷贝/移动赋值运算符或析构函数；无非静态数据成员的初始化器、无 volatile 类型成员和无 nontrival 成员的类〕。
  - 以上类型的数组。
  - 以上类型的 cv-qualified 版本。
- 除无须 trivial 类型的默认构造函数，对于类类型能萃取 true，它与 is_trivial_v<T>的萃取结果相同。
- 与 is_standard_layout<>相比不同的是，成员不能是 volatile 类型，可以是引用类型，成员可能具有不同的访问权限，并且成员可能分布在不同的（基）类中。

① 请注意，聚合体的基类或数据成员不必是聚合类型的。在 C++14 之前，聚合类类型不能有默认成员初始化器。在 C++17 之前，聚合体不能有公有基类。

➢ 要求给定的类型是完整的（参阅 10.3.1 节）或是（cv-qualified）void 类型。

```
std::is_standard_layout<T>::value
```

➢ 如果类型具有标准布局，则萃取 true，这样可以更容易地与其他语言交换此类型的值。这包括以下类型。
  - 标量类型（整型类型、浮点类型、枚举类型、指针类型，参阅附录 D 的 is_scalar<>）。
  - standard-layout 类类型（无虚函数、无虚基类、无非静态引用成员，所有非静态引用成员位于使用相同访问权限定义的相同（基）类中，所有成员也都是 standard-layout 类型）。
  - 以上类型的数组。
  - 以上类型的 cv-qualified 版本。

➢ 与 is_trival<>相比不同的是，成员可以是 volatile 类型，不能是引用类型，成员可能具有相同的访问权限，并且成员可能会分布在相同的（基）类中。
➢ 要求给定的类型（对于数组，为基本类型）是完整的（参阅 10.3.1 节）或是（cv-qualified）void 类型。

```
std::is_pod<T>::value
```

➢ 如果 T 是 POD 类型，则萃取 true。
➢ 这种类型的对象可以通过拷贝底层存储的原始数据来实现对象拷贝（例如，使用 memcpy()）。
➢ 等同于 is_trivial_t<T> && is_standard_layout_v<T>。
➢ 对于下列情况，萃取 false。
  - 无 trival 类型的默认构造函数、拷贝/移动构造函数、拷贝/移动赋值构造或析构函数的类。
  - 具有虚成员或虚基类的类。
  - 具有 volatile 或引用成员的类。
  - 具有在不同（基）类中的类成员或具有不同访问权限的类。
  - lambda 表达式类型（称为闭包类型）。
  - 函数。
  - void 类型。
  - 由以上类型组成的类型。

➢ 要求给定的类型是完整的（参阅 10.3.1 节）或是（cv-qualified）void 类型。

```
std::is_literal_type<T>::value
```

➢ 如果给定的类型是 constexpr 函数的有效返回类型（尤其是排除任何需要 nontrivial 析构的类型），则萃取 true。
➢ 如果 T 是字面量类型，则萃取 true。
  这包括以下类型。
  - 标量类型（整型类型、浮点类型、枚举类型、指针类型，参阅附录 D 的 is_scalar<>）。
  - 引用类型。
  - 一种至少有一个 constexpr 构造函数的类类型，该构造函数是存在于每个（基）类中的非拷贝/移动构造函数，在任何（基）类或成员中都没有用户定义的或虚的析构函数，其中对于非静态数据成员的每次初始化都使用一个常量表达式。
  - 以上类型的数组。
- 要求给定的类型是完整的（参阅 10.3.1 节）或是（cv-qualified）void 类型。
- 注意，从 C++17 开始弃用了这个特征，因为在泛型代码中使用它几乎没有意义，真正需要的是知道特定的构造将产生常量初始化的功能。

```
std::is_empty<T>::value
```

- 如果 T 是类类型而不是联合体类型，其对象不包含数据，则萃取 true。
- 如果 T 定义为具备以下条件的类或结构体，则萃取 true。
  - 除长度为 0 的位域外，无非静态数据成员。
  - 无虚成员函数。
  - 无虚基类。
  - 无非空基类。
- 如果给定的类型是类/结构体（不完整的联合体也是可以的），则要求该类型是完整的（参阅 10.3.1 节）。

```
std::is_polymorphic<T>::vaule
```

- 如果 T 是多态类类型（声明或继承虚函数的类），则萃取 true。
- 要求给定的类型要么是完整的（参阅 10.3.1 节），要么既不是类也不是结构体。

```
std::is_abstract<T>::value
```

- 如果 T 是抽象类类型（因为它至少有一个纯虚成员函数，所以不能为该类创建对象），则萃取 true。
- 如果给定的类型是类/结构体（不完整的联合体也是可以的），则要求该类型是完整的（参阅 10.3.1 节）。

```
std::is_final<T>::value
```

- 如果 T 是 final 类类型（由于声明为 final 而不能用作基类的类或者联合体），则萃取 true。
- 对于像 int 类型这样的非类/联合体类型，它返回 false（因此，这和某种类似可派生的类型不同）。
- 要求给定的类型要么是完整的（参阅 10.3.1 节），要么既不是类/结构体也不是联合体。
- 自 C++14 起可用。

```
std::has_virtual_destructor<T>::value
```

- 如果类型 T 有虚析构函数，则萃取 true。
- 如果给定的类型是类/结构体（不完整的联合体也是可以的），则要求该类型是完整的（参阅 10.3.1 节）。

```
std::has_unique_object_representations<T>::value
```

- 如果 T 类型的任意两个对象在内存中表现为同一对象，则萃取 true。也就是说，始终使用相同的字节值序列来表示两个完全相同的值。
- 具有此属性的对象可以通过哈希关联的字节序列来生成可靠的哈希值（不存在因情况

而异，某些对象的比特位不参与哈希值计算的风险）。

- 要求给定的类型是平凡可拷贝的（拷贝不变的，参阅附录 D 的 D.3.1 节），或是完整的（参阅 10.3.1 节），或是（cv-qualified）void 类型，或是边界未知的数组。
- 自 C++17 起可用。

`std::alignment_of<T>::value`

- 以 std::size_t 类型（对数组来说是元素类型，对引用来说是引用类型）萃取类型 T 的对象的对齐值。
- 等同于 alignof(T)。
- 这个特征在 alignof(...)构造之前引入 C++11，不过它仍然很有用，因为它可以作为类类型传递，这对某些元编程来说很有用。
- 要求 alignof(T)是有效表达式。
- 使用 aligned_union<>来获得多种类型的公共对齐值（参阅附录 D 的 D.5 节）。

`std::rank<T>::value`

- 以 std::size_t 类型萃取类型 T 的数组的维度值。
- 对于所有其他类型，萃取 0。
- 指针没有任何关联的维度。未指定边界的数组类型指定为一维。（通常，用数组类型声明的函数参数没有实际的数组类型，而且 std::array 也不是数组类型。参阅附录 D 的 D.2.1 节。）

例如：

```
int a2[5][7];
rank_v<decltype(a2)>;   //萃取 2
rank_v<int*>;           //萃取 0（不是数组）
extern int p1[];
rank_v<decltype(p1)>;   //萃取 1
```

`std::extent<T>::value`
`std::extent<T, IDX>::value`

- 以 std::size_t 类型萃取 T 类型数组的第一维或第 IDX 维的大小。
- 如果 T 不表示数组，维度不存在或大小未知，则萃取 0。
- 实现细节参阅 19.8.2 节。

```
int a2[5][7];
extent_v<decltype(a2)>;        //萃取 5
extent_v<decltype(a2), 0>;     //萃取 5
extent_v<decltype(a2), 1>;     //萃取 7
extent_v<decltype(a2), 2>;     //萃取 0
extent_v<int*>;                //萃取 0
extern int p1[];
extent_v<decltype(p1)>;        //萃取 0
```

`std::underlying_type<T>::type`

- 萃取枚举类型 T 的底层类型。
- 要求给定的类型是完整的（参阅 10.3.1 节）枚举类型。对于所有其他类型，它具有未定义行为。

```
std::is_invocable<T, Args...>::value
std::is_nothrow_invocable<T, Args...>::value
```

- 如果 T 可用作参数 Args...的可调用对象，则萃取 true（保证不会抛出异常）。
- 也就是说，我们可以使用这些萃取来测试是否能以参数 Args...调用或通过 std::invoke()给定的可调用（callable）对象 T（有关可调用和 std::invoke()的详细信息，请参阅 11.1 节。）
- 要求给定的类型是完整的（参阅 10.3.1 节），或是（cv-qualified）void 类型，或是未知边界数组。

例如：

```
struct C {
  booloperator() (int) const {
    return true;
  }
};
std::is_invocable<C>::value          //为 false
std::is_invocable<C, int>::value     //为 true
std::is_invocable<int*>::value       //为 false
std::is_invocable<int(*)()>::value   //为 true
```

- 自 C++17 起可用。[①]

```
std::is_invocable_r<RET_T, T, Args...>::value
std::is_nothrow_invocable_r<RET_T, T, Args...>::value
```

- 如果我们可以使用 T 作为参数 Args...的可调用对象，则萃取 true（在保证不抛出异常的情况下），返回值转换为 RET_T 类型。
- 也就是说，我们可以使用这些萃取来测试是否能以参数 Args...调用或通过 std::invoke()传入的可调用对象 T，并将返回值转换为 RET_T 类型。（有关可调用和 std::invoke()的详细信息，请参阅 11.1 节。）
- 要求给定的类型是完整的（参阅 10.3.1 节），或是（cv-qualified）void 类型，或是未知边界数组。

例如：

```
struct C {
  booloperator() (int) const {
    return true;
  }
};

std::is_invocable_r<bool, C, int>::value                     //为 true
std::is_invocable_r<int, C, long>::value                     //为 true
std::is_invocable_r<void, C, int>::value                     //为 true
std::is_invocable_r<char*, C, int>::value                    //为 false
std::is_invocable_r<long, int(*), (int)>::value              //为 false
std::is_invocable_r<long, int(*), (int), int>::value         //为 true
std::is_invocable_r<long, int(*), (int), double>::value //为 true
```

- 自 C++17 起可用。

① 在 C++17 的标准化过程后期，重命名 is_callable 为 is_invocable。

```
std::invoke_result<T, Args...>::value
std::result_of<T, Args...>::value
```

- 萃取以 Args...调用的可调用对象 T 的返回类型。
- 注意，语法略有不同。
  - 对 invoke_result<>来说，必须将可调用对象类型和实参类型都作为参数传递。
  - 对 result_of<>来说，必须使用相应的类型传递“函数声明”。
- 如果无调用可能，则无类型成员定义，因此使用它会是个错误（可能 SFINAE 掉在其声明中使用它的函数模板，参阅 8.4 节）。
- 也就是说，我们可以使用这些特征来获取在以 Args...调用或通过 std::invoke()给定可调用对象 T 时的返回类型（有关可调用和 std::invoke()的详细信息，请参阅 11.1 节）。
- 要求所有给定类型是完整的（参阅 10.3.1 节），或是（cv-qualified）void 类型，或是未知边界的数组。
- invoke_result<>自 C++17 起可用，并替换了同时弃用的 result_of<>，因为 invoke_result<>提供了一些改进，比如更简单的语法和允许 T 为抽象类型。

例如：

```
std::string foo(int);

using R0 = typenamestd::result_of<decltype(&foo)(int)>::type;     //C++11
using R1 =std::result_of_t<decltype(&foo)(int)>;                  //C++14
using R2 =std::invoke_result_t<decltype(foo), int>;               //C++17

struct ABC {
  virtual ~ABC() = 0;
  void operator() (int) const {
  }
};

using T1 = typename std::result_of<ABC(int)>::type;       //错误：ABC 是抽象类型
using T2 = typename std::invoke_result<ABC, int>::type;   //从 C++17 开始正确
```

完整示例参阅 11.1.3 节。

D.3.2 特定操作测试

表 D.4 列出了用于检查特定操作的萃取。

表 D.4　用于检查特定操作的萃取

萃取	结果
is_constructible<T, Args...>	能用类型 Args 来初始化构造类型 T
is_trivially_constructible<T, Args...>	能用类型 Args 来 trivial 初始化构造类型 T
is_nothrow_constructible<T, Args...>	能用类型 Args 来初始化构造类型 T，并在操作中不能抛出异常
is_default_constructible<T>	可以无实参初始化构造类型 T
is_trivially_default_constructible<T>	可以无实参 trivial 初始化构造类型 T
is_nothrow_default_constructible<T>	可以无实参初始化构造类型 T，并在操作中不能抛出异常

续表

萃取	结果
is_copy_constructible<T>	可以拷贝构造类型 T
is_trivially_copy_constructible<T>	可以 trivial 拷贝构造类型 T
is_nothrow_copy_constructible<T>	可以拷贝构造类型 T，并在操作中不能抛出异常
is_move_constructible<T>	可以移动构造类型 T
is_trivially_move_constructible<T>	可以 trival 移动构造类型 T
is_nothrow_move_constructible<T>	可以移动构造类型 T，并在操作中不能抛出异常
is_assignable<T, T2>	可以将类型 T2 赋值给类型 T
is_trivially_assignable<T, T2>	可以将类型 T2 trivial 赋值给类型 T
is_nothrow_assignable<T, T2>	可以将类型 T2 赋值给类型 T，并在操作中不能抛出异常
is_copy_assignable<T>	可以拷贝赋值类型 T
is_trivially_copy_assignable<T>	可以 trivial 拷贝赋值类型 T
is_nothrow_copy_assignable<T>	可以拷贝赋值类型 T，并在操作中不能抛出异常
is_move_assignable<T>	可以移动赋值类型 T
is_trivally_move_assignable<T>	可以 trivial 移动赋值类型 T
is_nothrow_move_assignable<T>	可以移动赋值类型 T，并在操作中不能抛出异常
is_destructible<T>	可以析构类型 T
is_trivially_destructible<T>	可以 trivial 析构类型 T
is_nothrow_destructible<T>	可以析构类型 T，并在操作中不能抛出异常
is_swappable<T>	针对 T 类型调用 swap()（自 C++17 起）
is_nothrow_swappable<T>	针对 T 类型调用 swap()，并在操作中不能抛出异常（自 C++17 起）
is_swappable_with<T, T2>	可以针对 T、T2 类型使用特定的值类别来调用 swap()（自 C++17 起）
is_nothrow_swappable_with<T, T2>	可以针对 T、T2 类型使用特定的值类别来调用 swap()，并在操作中不能抛出异常（自 C++17 起）

其中形式上带 is_trivially_...字样的，会进一步检查是否对象、成员或基类调用的所有（子）操作都是 trivial 的（既非用户定义也非虚拟的）。形式上带 is_nothrow_...字样的会进一步检查调用的操作是否保证不抛出异常。注意，所有带 is_..._constructible 字样的都意味着对应有带 is_..._destructible 字样的。例如：

utils/isconstructible.cpp

```
#include <iostream>

class C {
  public:
    C() {                          //无 noexcept 的默认构造函数
    }
    virtual ~C() = default;        //使 C 成为 nontrivial 的类型
};

int main()
{
```

```
    using namespace std;
    cout << is_default_constructible_v<C> <<'\n';            //为true
    cout << is_trivially_default_constructible_v<C> <<'\n'; //为false
    cout << is_nothrow_default_constructible_v<C> <<'\n';    //为false
    cout << is_copy_constructible_v<C> <<'\n';               //为true
    cout << is_trivially_copy_constructible_v<C> <<'\n';     //为true
    cout << is_nothrow_copy_constructible_v<C> <<'\n';       //为true
    cout << is_destructible_v<C> <<'\n';                     //为true
    cout << is_trivially_destructible_v<C> <<'\n';           //为false
    cout << is_nothrow_destructible_v<C> <<'\n';             //为true
}
```

由于虚构造函数的定义，所有操作都不再是trivial的。并且因为我们定义了一个无noexcept的默认构造函数，该默认构造函数可能会抛出异常。默认情况下所有其他操作都保证不抛出异常。

```
std::is_constructible<T, Args...>::value
std::is_trivially_constructible<T, Args...>::value
std::is_nothrow_constructible<T, Args...>::vaule
```

- 如果T类型的对象可以用Args...给定类型的实参初始化，则萃取true（不使用nontrivial操作或保证不抛出异常）。也就是说，以下语句必须有效：

```
T t(std::declval<Args>()...);
```
[①]

- 值为true意味着相应地可以析构对象(即is_destructible_v<T>、is_trivially_destructible_v<T>或is_nothrow_destructible_v<T>萃取true)。
- 要求所有给定类型是完整的（参阅10.3.1节），或是（cv-qualified）void类型，或是边界未知的数组。

例如：

```
is_constructible_v<int>                                  //为true
is_constructible_v<int, int>                             //为true
is_constructible_v<long, int>                            //为true
is_constructible_v<int, void*>                           //为false
is_constructible_v<void*, int>                           //为false
is_constructible_v<char const*, std::string>             //为false
is_constructible_v<std::string, char const*>             //为true
is_constructible_v<std::string, char const*, int, int>  //为true
```

- 注意，对于源类型和目标类型，is_convertible有不同的顺序。

```
std::is_default_constructible<T>::value
std::is_trivially_default_constructible<T>::value
std::is_nothrow_default_constructible<T>::value
```

- 如果类型T的对象可以在无任何用于初始化的实参的情况下初始化(不使用nontrivial操作或保证不抛出异常)，则萃取true。
- 分别与is_constructible_v<T>、is_trivially_constructible_v<T>或is_nothrow_constructible_v<T>相同。
- 值为true意味着可以相应地析构对象(即is_destructible_v<T>、is_trivially_destructible_v<T>

① 关于std::declval的影响参阅11.2.3节。

或 is_nothrow_destructible_v<T>萃取 true）。

- 要求所有给定类型是完整的（参阅 10.3.1 节），或是（cv-qualified）void 类型，或是边界未知的数组。

```
std::is_copy_constructible<T>::value
std::is_trivially_copy_constructible<T>::value
std::is_nothrow_copy_constructible<T>::value
```

- 如果可以通过拷贝类型 T 的另一个值来创建类型 T 的对象（不使用 nontrivial 操作或保证不抛出异常），则萃取 true。
- 如果 T 不是可引用类型〔不是（cv-qualified）void 类型，就是使用 const、volatile、& 或&&限定符修饰的函数类型〕，则萃取 false。
- 假设 T 是可引用类型，则分别与 is_constructible<T, T const&>::value、is_trivially_constructible<T, T const&>::value 或 is_nothrow_constructible<T, T const&>::value 相等。
- 要确定 T 的对象是否可以从类型 T 的右值拷贝构造而来，请使用 is_constructible<T, T&&>，以此类推。
- 值为 true 意味着相应地可以析构对象（即 is_destructible_v<T>、is_trivially_destructible_v<T>或 is_nothrow_destructible_v<T>萃取 true）。
- 要求所有给定类型是完整的（参阅 10.3.1 节），或是（cv-qualified）void 类型，或是边界未知的数组。

例如：

```
is_copy_constructible_v<int>                          //萃取 true
is_copy_constructible_v<void>                         //萃取 false
is_copy_constructible_v<std::unique_ptr<int>>         //萃取 false
is_copy_constructible_v<std::string>                  //萃取 true
is_copy_constructible_v<std::string&>                 //萃取 true
is_copy_constructible_v<std::string&&>                //萃取 false
//与之对比
is_constructible_v<std::string, std::string>          //萃取 true
is_constructible_v<std::string&, std::string&>        //萃取 true
is_constructible_v<std::string&&, std::string&&>      //萃取 true
```

```
std::is_move_constructible<T>::value
std::is_trivially_move_constructible<T>::value
std::is_nothrow_move_constructible<T>::value
```

- 如果可以从类型 T 的右值创建类型 T 的对象（不使用 nontrivial 操作或保证不抛出异常），则萃取 true。
- 如果 T 不是可引用类型〔不是（cv-qualified）void 类型，就是使用 const、volatile、& 或&&限定符修饰的函数类型〕，则萃取 false。
- 假设 T 是可引用类型，则分别与 is_constructible<T, T&&>::value、is_trivially_constructible<T, T&&>::value 或 is_nothrow_constructible<T, T&&>::value 相等。
- 值为 true 意味着相应地可以析构对象（即 is_destructible_v<T>、is_trivially_destructible_v<T>或 is_nothrow_destructible_v<T>萃取 true）。
- 请注意，如果不能直接为类型 T 的对象调用移动构造函数，就无法检查该移动构造函数是否抛出异常。对构造函数来说，具有公有和非删除的属性还不够，它还要求相应的类型不是抽象类（对抽象类的引用或指针可以正常工作）。

➢ 实现细节参阅 19.7.2 节。

例如：

```
is_move_constructible_v<int>                          //萃取 true
is_move_constructible_v<void>                         //萃取 false
is_move_constructible_v<std::unique_ptr<int>>         //萃取 true
is_move_constructible_v<std::string>                  //萃取 true
is_move_constructible_v<std::string&>                 //萃取 true
is_move_constructible_v<std::string&&>                //萃取 true
//与之对比
is_constructible_v<std::string, std::string>          //萃取 true
is_constructible_v<std::string&, std::string&>        //萃取 true
is_constructible_v<std::string&&, std::string&&>      //萃取 true
```

```
std::is_assignable<TO, FROM>::value
std::is_trivially_assignable<TO, FROM>::value
std::is_nothrow_assignable<TO, FROM>::value
```

➢ 如果可以将 FROM 类型的对象赋值给 TO 类型的对象（不使用 nontrivial 操作或保证不抛出异常），则萃取 true。

➢ 要求给定类型是完整的（参阅 10.3.1 节），或是（cv-qualified）void 类型，或是边界未知的数组。

➢ 请注意，对于将非引用和非类的类型作为第一参数类型的 is_assignable_v<>，总是萃取 false，因为这样的类型会生成纯右值。也就是说，语句“42 = 77;”无效。然而，对于类类型，如果给定一个适当的赋值运算符，则可以将右值赋值给它（由于能以类类型的右值调用非常量成员函数的旧规则）。[①]

➢ 请注意，对于源类型和目标类型，is_convertible 有不同顺序。

例如：

```
is_assignable_v<int, int>                           //萃取 false
is_assignable_v<int&, int>                          //萃取 true
is_assignable_v<int&&, int>                         //萃取 false
is_assignable_v<int&, int&>                         //萃取 true
is_assignable_v<int&&, int&&>                       //萃取 false
is_assignable_v<int&, long&>                        //萃取 true
is_assignable_v<int&, void*>                        //萃取 false
is_assignable_v<void*, int>                         //萃取 false
is_assignable_v<void*, int&>                        //萃取 false
is_assignable_v<std::string, std::string>           //萃取 true
is_assignable_v< std::string&, std::string&>        //萃取 true
is_assignable_v< std::string&&, std::string&&> //萃取 true
```

```
std::is_copy_assignable<T>::value
std::is_trivially_copy_assignable<T>::value
std::is_nothrow_copy_assignable<T>::value
```

➢ 如果类型 T 的值可以（拷贝）赋值给类型 T 的对象（不使用 nontrivial 操作或保证不

① 感谢 Daniel Krügler 指出这一点。

抛出异常），则萃取 true。

- 如果 T 不是可引用类型〔不是（cv-qualified）void 类型，就是用 const、volatile、&或&&限定符修饰的函数类型〕，则萃取 false。
- 假设 T 是可引用类型，则分别与 is_assignable<T&, T const&>::value、is_trivially_assignable<T&, T const&>::value 或 is_nothrow_assignable<T&, T const&>::value 相同。
- 要确定是否可以将 T 类型的右值拷贝赋值给另一个 T 类型的右值，请使用 is_assignable<T&&, T&&>，以此类推。
- 请注意，对于 void 类型、内置数组类型和禁用拷贝赋值运算符的类，不能进行拷贝赋值操作。
- 要求所有给定类型是完整的（参阅 10.3.1 节），或是（cv-qualified）void 类型，或是边界未知的数组。

例如：

```
is_copy_assignable_v<int>                        //萃取 true
is_copy_assignable_v<int&>                       //萃取 true
is_copy_assignable_v<int&&>                      //萃取 true
is_copy_assignable_v<void>                       //萃取 false
is_copy_assignable_v<void*>                      //萃取 true
is_copy_assignable_v<char[]>                     //萃取 false
is_copy_assignable_v<std::string>                //萃取 true
is_copy_assignable_v<std::unique_ptr<int>>       //萃取 false
```

```
std::is_move_assignable<T>::value
std::is_trivially_move_assignable<T>::value
std::is_nothrow_move_assignable<T>::value
```

- 如果类型 T 的右值可以移动赋值给类型 T 的对象（不使用 nontrivial 操作或保证不抛出异常），则萃取 true。
- 如果 T 不是可引用类型〔不是（cv-qualified）void 类型，就是使用 const、volatile、&或&&限定符修饰的函数类型〕，则萃取 false。
- 假设 T 是可引用类型，则分别与 is_assignable<T&, T&&>::value、is_trivially_assignable<T&, T&&>::value 或 is_nothrow_assignable<T&, T&&>::value 相同。
- 请注意，对于 void 类型、内置数组类型和禁用移动赋值运算符的类，不能进行移动赋值操作。
- 要求所有给定类型是完整的（参阅 10.3.1 节），或是（cv-qualified）void 类型，或是边界未知的数组。

例如：

```
is_move_assignable_v<int>                        //萃取 true
is_move_assignable_v<int&>                       //萃取 true
is_move_assignable_v<int&&>                      //萃取 true
is_move_assignable_v<void>                       //萃取 false
is_move_assignable_v<void*>                      //萃取 true
is_move_assignable_v<char[]>                     //萃取 false
is_move_assignable_v<std::string>                //萃取 true
is_move_assignable_v<std::unique_ptr<int>>       //萃取 true
```

```
std::is_destructible<T>::value
```

```
std::is_trivially_destructible<T>::value
std::is_nothrow_destructible<T>::value
```

- 如果类型 T 的对象可以析构（不使用 nontrivial 操作或保证不会抛出异常），则萃取 true。
- 对于引用总是萃取 true。
- 对于 void 类型、边界未知的数组类型和函数类型，总是萃取 false。
- 如果对象 T 的析构函数、任何基类或任何非静态数据成员都不是用户定义或虚拟的，则 is_trivially_destructible 萃取 true。
- 要求所有给定类型是完整的（参阅 10.3.1 节），或是（cv-qualified）void 类型，或是边界未知的数组。

例如：

```
is_destructible_v<void>                                  //萃取 false
is_destructible_v<int>                                   //萃取 true
is_destructible_v<std::string>                           //萃取 true
is_destructible_v<std::pair<int, std::string>>           //萃取 true

is_trivially_destructible_v<void>                        //萃取 false
is_trivially_destructible_v<int>                         //萃取 true
is_trivially_destructible_v<std::string>                 //萃取 false
is_trivially_destructible_v<std::pair<int, int>>         //萃取 true
is_trivially_destructible_v<std::pair<int, std::string>> //萃取 false
```

```
std::is_swappable_with<T1, T2>::value
std::is_nothrow_swappable_with<T1, T2>::value
```

- 如果通过 swap()，T1 类型的表达式能与 T2 类型的表达式交换 T1 和 T2 的值，则萃取 true，除非引用类型仅确定表达式的值类别（保证不会抛出异常）。
- 要求所有给定类型是完整的（参阅 10.3.1 节），或是（cv-qualified）void 类型，或是边界未知的数组。
- 请注意，对于将非引用、非类的类型作为第 1 个或第 2 个类型，is_swappable_with_v<> 总是萃取 false，因为这样的类型会生成纯右值。也就是说，swap(42,77)无效。

例如：

```
is_swappable_with_v<int, int>                          //萃取 false
is_swappable_with_v<int&, int>                         //萃取 false
is_swappable_with_v<int&&, int>                        //萃取 false
is_swappable_with_v<int&, int&>                        //萃取 true
is_swappable_with_v<int&&, int&&>                      //萃取 false
is_swappable_with_v<int&, long&>                       //萃取 false
is_swappable_with_v<int&, void*>                       //萃取 false
is_swappable_with_v<void*, int>                        //萃取 false
is_swappable_with_v<void*, int&>                       //萃取 false
is_swappable_with_v<std::string, std::string>          //萃取 false
is_swappable_with_v<std::string&, std::string&>        //萃取 true
is_swappable_with_v<std::string&&, std::string&&>      //萃取 false
```

- 自 C++17 起可用。

```
std::is_swappable<T>::value
std::is_nothrow_swappable<T>::value
```

- 如果 T 类型的左值可以交换（保证不抛出异常），则萃取 true。
- 假设 T 是可引用类型，则分别与 is_swappable_with<T&, T&>::value 或 is_nothrow_swappable_with<T&，T&>::value 相同。
- 如果 T 不是可引用类型〔不是（cv-qualified）void 类型，就是使用 const、volatile、& 或&&限定符修饰的函数类型〕，则萃取 false。
- 要确定 T 类型的右值是否可以与另一个 T 类型的右值交换，请使用 is_swappable_with<T&&, T&&>。
- 要求所有给定类型是完整的（参阅 10.3.1 节），或是（cv-qualified）void 类型，或是边界未知的数组。

例如：

```
is_swappable_v<int>                         //萃取 true
is_swappable_v<int&>                        //萃取 true
is_swappable_v<int&&>                       //萃取 true
is_swappable_v<std::string&&>               //萃取 true
is_swappable_v<void>                        //萃取 false
is_swappable_v<void*>                       //萃取 true
is_swappable_v<char[]>                      //萃取 false
is_swappable_v<std::unique_ptr<int>>        //萃取 true
```

- 自 C++17 起可用。

D.3.3 类型之间的关系

表 D.5 列出了用于测试类型之间存在某种关系的类型特征。这包括检查为类类型提供了哪些构造函数和赋值运算符。

表 D.5 用于测试类型关系的萃取

萃取	结果
is_same<T1, T2>	T1 和 T2 是相同的类型（包括 const/volatile 限定符）
is_base_of<T, D>	类型 T 是类型 D 的基类
is_convertible<T, T2>	T 类型可以转换为 T2 类型

```
std::is_same<T1, T2>::value
```

- 如果 T1 和 T2 类型相同，包括 cv-qualifiers（const 和 volatile），则萃取 true。
- 如果一个类型是另一个类型的类型别名，则萃取 true。
- 如果两个对象由相同类型的对象初始化，则萃取 true。
- 对于与两个不同 lambda 表达式关联的（闭包）类型，即使它们定义了相同的行为，也萃取 false。

例如：

```
auto a = nullptr;
auto b = nullptr;
is_same_v<decltype(a), decltype(b)>     //萃取 true

using A = int;
is_same_v<A, int>                       //萃取 true
```

```
auto x = [] (int) {};
auto y = x;
auto z = [] (int) {};
is_same_v<decltype(x), decltype(y)>     //萃取 true
is_same_v<decltype(x), decltype(z)>     //萃取 false
```

实现细节详见 19.3.3 节。

```
std::is_base_of<B, D>::value
```

- 如果 B 是 D 的基类，或 B 与 D 是相同的类，则萃取 true。
- 类型是否是 cv-qualified 的、是否是使用私有或保护继承的、D 是否具有多个 B 类型的基类，或者 D 是否通过多路继承（通过虚继承）将 B 作为基类，这些都无关紧要。
- 如果其中至少有一个联合类型，则萃取 false。
- 要求类型 D 是完整的（参阅 10.3.1 节），或与 B 类型相同（忽略任何 const/volatile 限定符），或既不是结构体也不是类。

例如：

```
classB{
};
class D1 : B {
};
class D2 : B {
};
classDD : private D1, private D2 {
};
is_base_of_v<B, D1>          //萃取 true
is_base_of_v<B, DD>          //萃取 true
is_base_of_v<B const, DD>    //萃取 true
is_base_of_v<B, DD const>    //萃取 true
is_base_of_v<B, B const>     //萃取 true
is_base_of_v<B&, DD&>        //萃取 false（非类类型）
is_base_of_v<B[3], DD[3]>    //萃取 false（非类类型）
is_base_of_v<int, int>       //萃取 false（非类类型）
```

```
std::is_convertible<FROM, TO>:: value
```

- 如果 FROM 类型的表达式可以转换为 TO 类型的，则萃取 true。因此，以下代码必须有效：[1]

```
TO test() {
  Return std::declval<FROM>();
}
```

- FROM 类型顶部的引用仅用于确定要转换表达式的值类别，然后底层类型就是源表达式的类型。
- 请注意，is_constructible 并不总是意味着 is_convertible。例如：

```
class C {
  public:
```

① 关于 std::declval 的影响参见 11.2.3 节。

```
    explicit C(C const&);  //无隐式拷贝构造函数
    ...
};

is_constructible_v<C, C>     //萃取 true
is_convertible_v<C, C>       //萃取 false
```

- 要求所有给定类型是完整的（参阅 10.3.1 节），或是（cv-qualified）void 类型，或是边界未知的数组。
- 请注意，is_constructible（参阅附录 D 的 D.3.2 节）和 is_assignable（参阅附录 D 的 D.3.2 节）的源类型和目标类型有不同顺序。

有关实现细节，请参阅 19.5 节。

D.4 类型构造

表 D.6 中列出的萃取用于根据其他类型构造类型。

表 D.6 用于类型构造的萃取

萃取	结果
remove_const<T>	不带 const 的对应类型
remove_volatile<T>	不带 volatile 的对应类型
remove_cv<T>	不带 const 和 volatile 的对应类型
add_const<T>	对应的 const 类型
add_volatile<T>	对应的 volatile 类型
add_cv<T>	对应的 const volatile 类型
make_signed<T>	对应的有符号非引用类型
make_unsigned<T>	对应的无符号非引用类型
remove_reference<T>	对应的非引用类型
add_lvalue_reference<T>	对应的左值引用类型（右值变成左值）
add_rvalue_reference<T>	对应的右值引用类型（左值保持左值）
remove_pointer<T>	指针的引用类型（其他类型相同）
add_pointer<T>	指向对应的非引用类型的指针类型
remove_extent<T>	数组的元素类型（否则为相同类型）
remove_all_extents<T>	多维数组的元素类型（否则为相同类型）
decay<T>	转换为对应的“按值”类型

```
std::remove_const<T>::type
std::remove_volatile<T>::type
std::remove_cv<T>::type
```

- 在顶层生成没有 const 和/或 volatile 的类型 T。
- 注意，const 指针是 const 限定的类型，而非 const 指针或对 const 类型的引用则不是 const 限定的类型。示例如下：

```
remove_cv_t<int>                    //生成 int 类型
```

```
remove_const_t<int const>           //生成 int 类型
remove_cv_t<int const volatile>     //生成 int 类型
remove_const_t<int const&>          //生成 int const&类型（只指涉 int const）
```

显然，应用类型构造时萃取的顺序很重要：[①]

```
remove_const_t<remove_reference_t<int const&>>   //生成 int 类型
remove_reference_t<remove_const_t<int const&>>   //生成 int const 类型
```

我们可能更倾向于使用 std::decay<>，但是，它会将数组和函数类型转换为相应的指针类型：

```
decay_t<int const&>                         //生成 int 类型
```

相关实现的详细信息，请参阅 19.3.2 节。

```
std::add_const<T>::type
std::add_volatile<T>::type
std::add_cv<T>::type
```

- 在顶层生成带有 const 和/或 volatile 限定符的类型 T。
- 将这些特征中的一个应用于引用类型或函数类型时，没有任何效果。示例如下：

```
add_cv_t<int>                     //生成 int const volatile 类型
add_cv_t<int const>               //生成 int const volatile 类型
add_cv_t<int const volatile>      //生成 int const volatile 类型
add_const_t<int>                  //生成 int const 类型
add_const_t<int const>            //生成 int const 类型
add_const_t<int&>                 //生成 int&类型
```

```
std::make_signed<T>::type
std::make_unsigned<T>::type
```

- 产生相应的有符号/无符号类型的 T。
- 要求 T 不是 bool 类型，而是枚举类型或（cv-qualified）整型。所有其他类型都会导致未定义的行为（关于如何避免这种未定义的行为的讨论，请参阅 19.7.1 节）。
- 将这些特征中的一个应用到引用类型或函数类型是没有效果的，而指涉一个常量类型的非常量类型的指针或引用不是由 const 限定的。示例如下：

```
make_unsigned_t<char>          //生成 unsigned char 类型
make_unsigned_t<int>           //生成 unsigned int 类型
make_unsigned_t<int const&>    //未定义的行为
```

```
std::remove_reference<T>::type
```

- 生成引用类型 T 所指向的类型（如果 T 不是引用类型，则生成 T 本身）。

示例如下：

```
remove_reference_t<int>           //生成 int 类型
remove_reference_t<int const>     //生成 int const 类型
remove_reference_t<int const&>    //生成 int const 类型
remove_reference_t<int&&>         //生成 int 类型
```

① 基于这个原因，C++17 之后的下一个标准可能会提供一个 remove_refcv 萃取。

- 注意，引用类型本身不是常量类型。因此，应用类型构造时萃取的顺序很重要：①

```
remove_const_t<remove_reference_t<int const&>> //生成 int 类型
remove_reference_t<remove_const_t<int const&>> //生成 int const 类型
```

我们可能更倾向于使用 std::decay<>，但是，它会将数组和函数类型转换为相应的指针类型：

```
decay_t<int const&>  //生成 int 类型
```

相关实现的详细信息，请参阅 19.3.2 节。

```
std::add_lvalue_reference<T>::type
std::add_lvalue_reference<T>::type
```

- 如果 T 是可引用类型，则生成对 T 的左值或右值的引用。
- 如果 T 不是可引用类型〔(cv-qualified) void 类型，或 const、volatile、&和/或&&限定的函数类型〕，则生成 T 本身。
- 注意，如果 T 已经是引用类型，萃取将使用引用折叠规则（详情请参阅 15.6.1 节）：只有使用了 add_rvalue_reference，并且 T 是右值引用时，其结果才会是右值引用。

示例如下：

```
add_lvalue_reference_t<int>           //生成 int&类型
add_rvalue_reference_t<int>           //生成 int&&类型
add_rvalue_reference_t<int const>     //生成 int const&&类型
add_lvalue_reference_t<int const&>    //生成 int const&类型
add_rvalue_reference_t<int const&>    //生成 int const&（引用折叠规则）类型
add_rvalue_reference_t<remove_reference_t<int const&>> //生成 int&&类型
add_lvalue_reference_t<void>          //生成 void 类型
add_rvalue_reference_t<void>          //生成 void 类型
```

- 相关实现的详细信息，请参阅 19.3.2 节。

```
std::remove_pointer<T>::type
```

- 生成指针类型 T 所指向的类型（如果不是指针类型，则生成 T 本身）。

示例如下：

```
remove_pointer_t<int>                          //生成 int 类型
remove_pointer_t<int const*>                   //生成 int const 类型
remove_pointer_t<int const* const* const>      //生成 int const* const 类型
```

```
std::add_pointer<T>::type
```

- 生成指涉 T 的指针的类型，或者在引用类型 T 的情况下，生成指涉 T 的基本类型的指针的类型。
- 如果没有这样的类型，则生成 T（适用于 cv-qualified 的函数类型）本身。

示例如下：

```
add_pointer_t<void>                  //生成 void*类型
```

① 出于这个原因，C++17 之后的下一个标准可能会提供一个 remove_refcv 萃取。

```
add_pointer_t<int const* const>    //生成 int const* const*类型
add_pointer_t<int&>                //生成 int*类型
add_pointer_t<int[3]>              //生成 int(*)[3]类型
add_pointer_t<void(&)(int)>        //生成 void(*)(int)类型
add_pointer_t<void(int)>           //生成 void(*)(int) 类型
add_pointer_t<void(int) const>     //生成 void(int) const 类型（未改变）
```

```
std::remove_extent<T>::type
std::remove_all_extents<T>::type
```

- 给定一个数组类型，remove_extent 会产生它的直接元素类型（它本身也可以是数组类型），remove_all_extents 会剥离所有的“数组层”以产生基本的元素类型（因此不再是数组类型）。如果 T 不是数组类型，则生成 T 本身。
- 指针没有任何关联的维度。数组类型中未指定的边界确实指定了其维度。（通常，用数组类型声明的函数参数没有实际的数组类型，并且 std::array 也不是数组类型。详情请参阅附录 D 的 D.2.1 节。）

示例如下：

```
remove_extent_t<int>                  //生成 int 类型
remove_extent_t<int[10]>              //生成 int 类型
remove_extent_t<int[5][10]>           //生成 int[10]类型
remove_extent_t<int[][10]>            //生成 int[10]类型
remove_extent_t<int*>                 //生成 int*类型
remove_all_extents_t<int>             //生成 int 类型
remove_all_extents_t<int[10]>         //生成 int 类型
remove_all_extents_t<int[5][10]>      //生成 int 类型
remove_all_extents_t<int[][10]>       //生成 int 类型
remove_all_extents_t<int(*)[5]>       //生成 int(*)[5]类型
```

- 相关实现的详细信息，请参阅 23.1.2 节。

```
std::decay<T>::type
```

- 产生 T 的退化类型。
- 具体来说，对于类型 T，将执行以下转换。
  - 首先，使用 remove_reference。
  - 如果结果是数组类型，将生成一个指涉直接元素类型的指针（详情请参阅 7.1 节）。
  - 如果结果是函数类型，则为这个函数类型生成 add_pointer 所产生的类型（详情请参阅 11.1.1 节）。
  - 否则，该结果不会生成任何顶级的 const（或 volatile）限定符。
- decay<>在初始化 auto 类型的对象时，通过参数的值传递或类型转换来建模。
- decay<>在处理模板参数时特别有用，这些参数可以被引用类型所替换，用于确定另一个函数的返回类型或参数类型。关于 std::decay<>()的讨论和使用（后者包含 std::make_pair<>()实现的历史），请参阅 1.3.2 节和 7.6 节。

示例如下：

```
decay_t<int const&>       //生成 int 类型
decay_t<int const[4]>     //生成 int const*类型
void foo();
decay_t<decltype(foo)>    //生成 void(*)()类型
```

➢ 相关实现的详细信息，请参阅 19.3.2 节。

D.5 其他特征

表 D.7 列出了所有剩余的类型特征。它们可用于查询特殊属性或提供更复杂的类型转换。

表 D.7 其他的类型特征

特征	结果
enable_if<B,T=void >	只有当 bool 值 B 为 true 时，才产生类型 T
conditional<B,T,F >	如果 bool 值 B 为 true，那么返回类型 T，否则返回类型 F
common_type<T1,... >	所有传递类型的共用类型（common type）
aligned_storage<Len >	使用默认对齐方式的 Len 字节类型
aligned_storage<Len,Align >	根据 size_t Align 的除数对齐的 Len 字节类型
aligned_union<Len,Types... >	为联合体 Types…对齐的 Len 字节类型

```
std::enable_if<cond>::type
std::enable_if<cond,T>::type
```

➢ 如果 cond 为 true，那么在其成员类型中生成 void 或 T。否则，它不会定义成员类型。
➢ 因为当 cond 为 false 时，没有定义成员类型，这个特征通常用于根据给定的条件禁用或 SFINAE 输出函数模板。
➢ 相关细节和第 1 个示例的详细信息，请参阅 6.3 节。关于另一个使用参数包的示例，请参阅附录 D 的 D.6 节。
➢ std::enable_if 的相关实现的详细信息，请参阅 20.3 节。

```
std::conditional<cond,T,F>::type
```

➢ 如果 cond 为 true，那么生成 T 类型，否则生成 F 类型。
➢ 这是在 19.7.1 节中介绍的特征 IfThenElseT 的标准版本。
➢ 注意，与普通的 C++中的 if-then-else 语句不同，then 和 else 分支的模板实参在选择之前都会进行评估，因此两个分支都不能包含语法错误的代码，或者疑似错误的程序语法。对此，可能必须添加一个间接级别，以避免 then 和 else 分支中的表达式在未使用该分支时被估算。19.7.1 节为 IfThenElseT 演示了这一点，它们都有相同的行为。
➢ 相关示例，请参阅 11.5 节。
➢ 关于如何实现 std::conditional 的详细信息，请参阅 19.7.1 节。

```
std::common_type<T...>::type
```

➢ 生成给定类型 T1, T2, …, Tn 的共用类型。
➢ 共用类型的计算比本附录中介绍的更复杂一些。粗略地说，两种类型 U 和 V 的常见共用类型是条件运算符？产生的类型：当它的第 2 个和第 3 个操作数分别是 U 类型和 V 类型时（引用类型仅用于确定两个操作数的值类别），如果操作数无效，那么没有共用类型。decay_t（详情请参阅附录 D 的 D.4 节）将应用于这个结果。但这个默认计算可能会被 std::common_type<U, V>的用户特化所覆盖（在 C++标准库中，持续时间和时间点存在偏特化)。

- 如果没有给定类型或没有共用类型，就没有定义类型成员，因此使用共用类型是一个错误(这可能会导致 SFINAE 使用它的函数模板)。
- 如果给定类型，那么将得到 decay_t 应用于该类型的结果。
- 对于两个以上的类型，common_type 递归地使用共用类型替换类型 T1 和 T2。如果该过程在任何时候失败，那么将没有共用类型。
- 在处理共用类型时，传递的类型是退化类型，因此特征总是会产生退化类型(详情请参阅附录 D 的 D.4 节)。
- 相关的讨论和应用该特性的示例，请参阅 1.3.3 节。
- 特征主要模板的核心通常是这样实现的(这里只使用了两个参数):

```
template<typename T1, typename T2>
struct common_type<T1,T2> {
  using type = std::decay_t<decltype(true ? std::declval<T1>()
                                          : std::declval<T2>())>;
};
```

std::**aligned_union**<MIN_SZ,T...>::type

- 生成可用作未初始化存储的 POD 类型，其大小至少为 MIN_SZ，并且适合保存任何给定的类型 T1, T2, …, Tn。
- 此外，它将生成一个静态成员 alignment_value，其值遵守所有给定类型中最严格的对齐，它的结果类型等价于;
  - std::alignment_of_v<type>::value(详情请参阅附录 D 的 D.3.1 节);
  - alignof(type)。
- 要求：至少提供一个类型。

示例如下:

```
using POD_T = std::aligned_union_t<0, char,
                                   std::pair<std::string,std::string>>;
std::cout << sizeof(POD_T) << '\n';
std::cout << std::aligned_union<0, char,
                                std::pair<std::string,std::string>
                               >::alignment_value;
          << '\n';
```

- 注意，应使用 aligned_union 而不是 aligned_union_t，来获取对齐的值而不是其类型。

std::**aligned_storage**<MAX_TYPE_SZ>::type
std::**aligned_storage**<MAX_TYPE_SZ,DEF_ALIGN>::type

- 生成可用作未初始化存储的 POD 类型，它的大小为 MAX_TYPE_SZ，可用于容纳所有可能的类型，考虑默认对齐或作为 DEF_ALIGN 传递的对齐。
- 要求：MAX_TYPE_SZ 大于 0，并且平台至少有一个对齐值为 DEF_ALIGN 的类型。

示例如下:

```
using POD_T = std::aligned_storage_t<5>;
```

D.6 组合类型特征

在大多数情况下，可以使用逻辑运算符组合多个类型特征谓词。但是，在模板元编程的某些情况下，这还不够。

- 在必须处理可能失败的特征（比如非完全类型）的情况下。
- 在想合并类型特征的定义的情况下。

为了这个目的，类型特征提供了 std::conjunction<>、std::disjunction<>和 std::negation<>。

一个示例是这些辅助程序会执行短路布尔计算（分别是在&&的第 1 个 false 或是||的第 1 个 true 之后，立即中止计算）。[①]比如，如果使用非完全类型：

```
struct X {
  X(int);     //从 int 类型转换而来
};
struct Y;     //非完全类型
```

以下代码可能无法编译，因为 is_constructible 会导致非完全类型的未定义的行为（不过，某些编译器可以接受下面的代码）：

```
//未定义的行为
static_assert(std::is_constructible<X,int>{}
                || std::is_constructible<Y,int>{},
              "can't init X or Y from int");
```

相反，下面的语句保证可以编译，因为 is_constructible<x,int>的结果为 true：

```
//正确
static_assert(std::disjunction<std::is_constructible<X, int>,
                               std::is_constructible<Y, int>>{},
             "can't init X or Y from int");
```

又一个示例是通过逻辑组合现有的类型特征，来定义新类型特征的简单方法。比如，可以很容易地定义一个特征来检查一个类型是否为“非指针”（即既不是指针，也不是成员指针，更不是空指针）：

```
template<typename T>
struct isNoPtrT : std::negation<std::disjunction<std::is_null_pointer<T>,
                                                 std::is_member_pointer<T>,
                                                 std::is_pointer<T>>>
{
};
```

这里不能使用逻辑运算符，因为组合了相应的特征类。有了这个定义，以下的情况是可能的：

```
std::cout <<isNoPtrT<void*>::value<<'\n';          //false
std::cout <<isNoPtrT<std::string>::value<<'\n';    //true
auto np = nullptr;
std::cout <<isNoPtrT<decltype(np)>::value<<'\n';   //false
```

并带有相应的变量模板：

① 感谢 Howard Hinnant 在此处的指正。

```
template<typename T>
constexpr bool isNoPtr = isNoPtrT<T>::value;
```

可以这样编写：

```
std::cout << isNoPtr<void*> << '\n';                  //false
std::cout << isNoPtr<int> << '\n';                    //true
```

作为最后一个示例，下面的函数模板，只有在它的所有模板实参既不是类，也不是联合时才会启用：

```
template<typename... Ts>
std::enable_if_t<std::conjunction_v<std::negation<std::is_class<Ts>>...,
                                    std::negation<std::is_union<Ts>>...
                                   >>
print(Ts...)
{
  ...
}
```

注意，省略号位于每个否定后面，以便它应用于参数包的每个元素。表 D.8 列出了组成其他类型特征的类型特征。

表 D.8　　　　组成其他类型特征的类型特征

特征	结果
conjunction<B...>	布尔类型特征 B…的逻辑与（从 C++17 开始）
disjunction<B...>	布尔类型特征 B…的逻辑或（从 C++17 开始）
negation<B>	布尔类型特征 B…的逻辑非（从 C++17 开始）

```
std::conjunction<B...>::value
std::disjunction<B...>::value
```

- 判断所有或其中一个传入的布尔类型特征 B…是否返回 true。
- 在逻辑上对传入的特征分别应用运算符&&或运算符||。
- 两个特征都会短路（在第 1 个 false 或 true 之后中止计算）。相关实现的详细信息，请参阅上面的示例。
- 从 C++17 开始可用。

```
std::negation<B>::value
```

- 判断传入的布尔类型特征 B 是否返回 false。
- 逻辑上对传入的特征应用运算符!。
- 相关实现的详细信息，请参阅上面的示例。
- 从 C++17 开始可用。

D.7　其他工具

C++标准库提供了一些其他的实用程序，这些实用程序对于编写可移植的泛型代码非常有用。

表 D.9 列出了一些其他的元编程工具。

表 D.9 其他的元编程工具

特征	结果
declval<T >()	生成一个类型的对象（右值引用），而不构造它
addressof(r)	生成一个对象或函数的地址

std::**declval**<T>()

- 定义在头文件<utility>中。
- 生成任何类型的对象或函数，而不调用任何构造函数或初始化。
- 如果 T 为 void，则返回类型为 void。
- 这可以用于处理未求值表达式中的任何类型的对象或函数。
- 简单定义如下：

```
template<typename T>
add_rvalue_reference_t<T> declval() noexcept;
```

因此：
  - 如果 T 是普通类型或右值引用，那么它将生成 T&&类型；
  - 如果 T 是左值引用，那么它将生成 T&类型；
  - 如果 T 是 void，那么它将生成 void 类型。
- 相关详细信息，请参阅 19.3.4 节和 11.2.3 节，以及附录 D 的 D.5 节的 common_type<>类型特征的使用示例。

std::**addressof** (r)

- 定义在头文件<memory>中。
- 生成对象或函数 r 的地址，即使 operator&被重载为其类型。
- 相关详细信息请参阅 11.2.2 节。

附录 E

概念

多年以来，C++语言的设计者们一直在探索如何约束模板的形参。例如，在原型化的 max()模板中，我们想要事先说明它不应该被不能使用 < 运算符来进行比较的类型所调用。其他的模板可能想要要求它们只被有效“迭代器”类型（出于该术语的某种正式的定义）或者有效“算术”类型（它可能是比内置算术类型所含类型更多的类型）所实例化。

概念（concept）是关于一个或多个模板形参的有名字的约束集合。在开发 C++11 的时候，人们曾为它设计过一个非常丰富的概念系统，但是实践证明将这一特性整合进语言规范需要太多的 C++标准委员会资源，因此 C++11 最终舍弃了那个版本的概念。一段时间以后，一种不同的设计被提出，看起来它会以某种形式最终成功纳入标准。实际上，正在本书即将完成的时候，C++标准委员会投票通过将新设计整合进入 C++20 草案。本附录将描述这个新设计的要素。

在前面的内容中，我们已经介绍了概念的动机，也展示了它的某些应用。

- 6.5 节说明了如何运用要求和概念来实现只有当模板形参可以被转化到字符串的时候才使能构造函数（这样可以防止意外地将构造函数用作拷贝构造函数）。
- 18.4 节展示了如何使用概念来说明和要求对表示几何对象的类型的约束。

E.1 使用概念

我们首先研究如何在客户端代码（即那些定义了模板却未必定义了应用于模板形参的概念的代码）中使用概念。

1. 处理要求

我们惯用的两个参数的 max()模板如下，其中带一个约束：

```
  template<typename T> requires LessThanComparable<T>
T max(T a, T b) {
  return b < a ? a : b;
}
```

唯一增加的是 requires 子句：

```
requires LessThanComparable<T>
```

它假定我们之前声明过（最有可能的是通过包含头文件声明）LessThanComparable 概念。

这样的概念是一个布尔谓词（也就是说，某个生成一个布尔类型的值的表达式），它求值出一个常量表达式。这一点的重要性在于约束是在编译期被求值，所以并不会在代码生成方面产生成本：这样的受约束模板会生成和其他地方探讨过的无约束模板运行速度一样快的代码。

当我们尝试使用这个模板的时候，直到 requires 子句被求值并得到一个 true 值的时候它才会被实例化。如果它产生一个 false 值，编译器可能会报错，并指出要求的哪个部分失败了（或者，可能会选中一个不会造成要求失败的匹配的重载模板）。

requires 子句不一定必须以概念来表达（尽管这样做更好，而且易于产生更好的诊断信息）：任何布尔常量表达式都可以。例如，在 6.5 节中探讨过，以下代码确保构造函数模板不会被当作拷贝构造函数：

```
class Person
{
  private:
    std::string name;
  public:
    template<typename STR>
    requires std::is_convertible_v<STR,std::string>
    explicit Person(STR&& n)
     : name(std::forward<STR>(n)) {
        std::cout << "TMPL-CONSTR for '" << name << "'\n";
    }
    ...
};
```

在这里，不使用有名字的概念（参阅附录 E 的 E.2 节）也可以，因为临时的布尔常量表达式（在这个例子中使用了类型特征）：

```
std::is_convertible_v<STR,std::string>
```

可用来解决使用构造函数模板取代拷贝构造函数的问题。组织概念和约束仍然是 C++社区的活跃探索领域，并将会随时间演进，但是一致的意见似乎是，概念应当反映代码的含义，而不是反映它能否成功编译。

2. 处理多个要求

在以上例子中，只有一个要求，但是有多个要求也不少见。例如，可以想象一个 Sequence 概念，它描述了一个元素值的序列（与 C++标准中相同的术语匹配）以及一个模板 find()，给定一个序列和一个值，返回序列中某个值第 1 次出现时的迭代器（如果有这个值的话）。这样的一个模板也许可以这样定义：

```
template<typename Seq>
  requires Sequence<Seq> &&
           EqualityComparable<typename Seq::value_type>
typename Seq::iterator find(Seq const& seq,
                            typename Seq::value_type const& val)
{
  return std::find(seq.begin(), seq.end(), val);
}
```

在此，对这个模板的任何调用将首先依次检查每个要求，只有当所有的要求都产生 true 值时，这个模板才能被选择调用并被实例化（当然，前提是重载决策不会因为其他原因丢弃这个模板，比如另一个模板更匹配）。

也可以用||来表达替代要求。但很少需要这么做，也不应该太随意就这么做，因为在

requires 子句中过度使用||运算符可能会对编译资源产生潜在的负担（使编译速度明显变慢）。然而，在某些情况下，这么做可能是相当方便的。例如：

```
template<typename T>
  requires Integral<T> ||
           FloatingPoint<T>
T power(T b, T p);
```

单个要求也可以涉及多个模板形参，而且单个概念可以表达多个模板形参的谓词。例如：

```
template<typename T, typename U>
  requires SomeConcept<T, U>
auto f(T x, U y) -> decltype(x+y)
```

这样，概念就可以强制要求类型参数之间具备某种关系。

3. 单个要求的简记法

为了降低 requires 子句写法上的成本，当某约束一次只涉及一个参数时，有一条语法上的捷径。为了说明它，可能最好的例子就是对上文中受约束的 max()模板声明使用简记法：

```
template<LessThanComparable T>
T max(T a, T b) {
  return b < a ? a : b;
}
```

这在功能上等同于 max()的先前定义。然而，当重新声明一个受约束的模板时，必须使用与原始声明相同的形式（这意味着它们在功能上是等价的，但并不是等同的声明）。

我们可以对 find()模板的两个要求之一使用同样的简记法：

```
template<Sequence Seq>
  requires EqualityComparable<typename Seq::value_type>
typename Seq::iterator find(Seq const& seq,
                            typename Seq::value_type const& val)
{
  return std::find(seq.begin(), seq.end(), val);
}
```

同样，这与 find()模板针对序列类型的先前定义等同。

E.2 定义概念

概念很像布尔类型的 constexpr 变量模板，但类型没有显式指定：

```
template<typename T> concept LessThanComparable = ... ;
```

这里的“...”也许可以用一个表达式来代替，该表达式使用各种特征来确定类型 T 是否确实可以使用<运算符进行比较，但是概念提案提供了一个工具来简化这个任务：requires 表达式（它与上面描述的 requires 子句不同）。这个概念的完整定义可能是下面这样的：

```
template<typename T>
concept LessThanComparable = requires(T x, T y) {
```

```
  { x < y } -> bool;
};
```

请注意，requires 表达式可以包括一个可选的形参列表：这些参数永远不会被实参所取代，而应被认为是一组“假变量”，用来表达 requires 表达式主体中的要求。在本例中，只有一个这样的要求，由如下短语表达：

```
{ x < y } -> bool;
```

这种短语意味着表达式 x < y 必须在 SFINAE 意义上有效，并且表达式的结果必须可以转换为布尔类型。在这种短语中，关键词 noexcept 可以在->标记之前，以表示可以确定花括号中的表达式是不会抛出异常的（即应用于该表达式的 noexcept(...)应该为 true）。如果不需要这样的约束，短语的隐式转换部分（即->类型）可以完全省略，而且如果只需要检查表达式的有效性，花括号也可以不要，这样短语就只剩下一个表达式。例如：

```
template<typename T>
concept Swappable = requires(T x, T y) {
  swap(x, y);
};
```

requires 表达式也可以表达对相关类型的要求。考虑一下我们前面假想的 Sequence 概念：除了要求像 seq.begin()这样的表达式的有效性之外，它还要求了相应的序列迭代器类型。这可以表达成：

```
template<typename Seq>
concept Sequence = requires(Seq seq) {
  typename Seq::iterator;
  { seq.begin() } -> Seq::iterator;
  ...
  };
```

所以短语 typename type;表达了对 type 存在的要求［这被称为 type 要求（type requirement）］。在以上例子中，必须存在的类型是概念模板形参的一个成员，但这并不是唯一的表达方式。例如，我们可以代之以要求存在一个 IteratorFor<Seq>类型，这可以通过要求短语（requirement-phrase）实现：

```
...
typename IteratorFor<Seq>;
...
```

上面的 Sequence 概念定义展示了如何依次列出短语，从而将它们组合起来。还有第三类要求短语，它只是调用了另一个概念。例如，假定我们有一个表达迭代器的概念。我们希望 Sequence 概念不仅要求 Seq::iterator 是一个类型，而且要求该类型满足 Iterator 概念的约束。这可以表达如下：

```
template<typename Seq>
concept Sequence = requires(Seq seq) {
  typename Seq::iterator;
  requires Iterator<typename Seq::iterator>;
  { seq.begin() } -> Seq::iterator;
  ...
};
```

也就是说，我们完全可以在 requires 表达式中添加 requires 子句，而这种子句称为嵌套要求（nested requirement）。

E.3 约束的重载

让我们暂时假定，已经定义了概念 IntegerLike<T>和 StringLike<T>，并决定编写模板来输出这两个概念中的类型的值。我们可以这样做：

```
template<IntegerLike T> void print(T val); //#1
template<StringLike T> void print(T val);  //#2
```

假如没有不同的约束，这两个声明将声明同一个模板。然而，约束是模板签名的一部分，允许模板在重载决策的过程中被区分开来。特别是，如果发现两个模板都是可行的候选模板，但只有模板#1 满足其约束条件，那么重载会选择满足约束条件的模板。例如，假定 int 只满足 IntegerLike，std::string 只满足 StringLike，但反之则不然：

```
int main()
{
  printf(1);      //选择模板 #1
  printf("1"s);  //选择模板 #2
}
```

我们可以想象一个支持类似整数计算的类似字符串的类型。例如，如果"6"_NS 和"7"_NS 是该类型的两个字面量，将这些字面量相乘会产生值"42"_NS。这样的类型可能同时满足 IntegerLike 和 StringLike，因此，像 print("42"_NS)这样的调用会有歧义。

E.3.1 约束的归并

在我们初步讨论由约束条件区分的函数模板的重载时，涉及的约束条件通常是互斥的。例如，IntegerLike 和 StringLike 的例子中，尽管可以设想同时满足这两个概念的类型，但可以预料这种情况足够少，所以重载的 print 模板仍然有用。

然而，有一些概念的集合从来都不是相互排斥的，而是其中一个“归并”了另一个。这方面的经典例子是标准库中的迭代器类别：输入迭代器、前向迭代器、双向迭代器、随机访问迭代器，以及在 C++17 中的连续迭代器。[①]假定有一个 ForwardIterator 的定义：

```
template<typename T>
  concept ForwardIterator = ...;
```

那么“更加精化”的概念 BidirectionalIterator 可能可以这样定义：

```
template<typename T>
  concept BidirectionIterator =
    ForwardIterator<T> &&
```

① 连续迭代器（contiguous iterator）是 C++17 中引入的随机访问迭代器的重新定义，并没有为它们加入 std::contiguous_iterator_tag，因为如果改动标签（tag），那么现存算法中依赖于 std::random_ access_iterator_tag 的算法将不再被选中。

```
    requires (T it) {
      { --it } -> T&
    };
```

也就是说，我们在前向迭代器已经提供的功能之上又增加了应用前缀 operator--的功能。

考虑 std::advance()算法（称之为 advanceIter()），使用受约束模板为前向迭代器和双向迭代器而重载：

```
template<ForwardIterator T, typename D>
  void advanceIter(T& it, D n)
  {
    assert(n >= 0);
    for (; n != 0; --n) { ++it; }
  }

template<BidirectionalIterator T, typename D>
  void advanceIter(T& it, D n)
  {
    if (n > 0) {
      for (; n != 0; --n) { ++it; }
    } else if (n < 0) {
      for (; n != 0; ++n) { --it; }
    }
  }
```

当以一个单纯的前向迭代器（而并非双向迭代器）调用 advanceIter()的时候，只有第 1 个模板的约束会被满足，因而重载决策就是直截了当的——第 1 个模板被选中。然而，一个双向迭代器会满足两个模板。在这样的情况下，当重载决策直观上并不倾向于其中一个时，它将会选中能够归并（subsume）另一个候选者约束的候选者，而被归并者不会被选中。归并的确切定义超出了本附录内容的范围，但是知道以下决策规则也就足够了：如果某个约束 C2<Ts...>是由对于约束 C1<Ts...>的要求和额外的要求（例如&&）来定义的，那么是前者归并了后者。[1]显然，在我们的例子中，BidirectionalIterator<T>归并了 ForwardIterator<T>，所以当以双向迭代器进行调用时，第 2 个 advanceIter()模板会被优先选中。

E.3.2 约束和标签调度

请回顾 20.2 节，我们用标签调度（tag dispatching）来解决重载 advanceIter()算法的问题。该方法可以以一种相对优雅的方式整合到受约束模板中。例如，输入迭代器和前向迭代器不能通过它们的语法接口来区分。所以我们通过标签来以其中一个定义另一个：

```
template<typename T>
  concept ForwardIterator =
    InputIterator<T> &&
    requires {
      typename std::iterator_traits<T>::iterator_category;
      is_convertible_v<std::iterator_traits<T>::iterator_category,
                       std::forward_iterator_tag>;
    };
```

① 提议给标准的规范比这强大一点儿。它将约束分解为“原子组件”（atomic component）的集合（还包括 requires 表达式的一部分），并分析这些集合，从而知道一个约束是不是另外一个的严格的子集。

这样，ForwardIterator<T>归并了 InputIterator<T>，我们就可以重载受两种迭代器类别约束的模板了。

E.4 概念小提示

尽管 C++的概念已经被打磨了很多年，实验性的实现也已经以某种形式出现了 10 多年，但有关它们的广泛经验才刚刚开始出现。我们希望本书未来的版本能够提供更多关于如何设计受约束模板库的实践指导。同时我们在这里提出 3 个注意点。

E.4.1 测试概念

概念是布尔谓词，是有效的常量表达式。因此，给定一个概念 C 和一些为该概念建模的类型 T1, T2, ...，我们可以对前一句的观察结论进行如下静态断言：

```
static_assert(C<T1, T2, ...>, "Model failure");
```

因此，在设计概念时，建议设计一些简单的类型，以这种方式来测试概念。这包括挑战概念要求边界的类型，它们回答诸如以下的问题。

- 接口或算法是否需要拷贝或移动所建模的类型的对象？
- 哪些转换是能被接受的，哪些是需要的？
- 模板所假定的基本运算集是唯一的吗？例如，它能否使用*=、*和=进行运算？

在这里，原型（archetype）的概念（参阅 28.3 节）可能是有用的。

E.4.2 概念粒度

随着概念成为 C++语言的一部分，我们很自然地想要建立“概念库”，就如同在类库和模板库的功能一旦可用的时候，我们就立即建立类库和模板库。与其他库一样，我们也很自然地会想到以各种方式对概念进行分层。我们简单讨论了迭代器类别的例子，不难设想可以在类别周边建立“范围类别”（range category），然后在这些类别之上建立“序列概念”（sequence concept），等等。

另外，我们可能会有一种冲动去将所有的概念建立在基本语法概念之上。例如，我们可以想象：

```
template<typename T, typename U>
  concept Addable =
    requires (T x, U y) {
      x + y;
    }
```

然而并不推荐这么做，因为 Addable 是一个没有清晰语义内涵的概念，迥然不同的类型将都能满足它。例如，T 和 U 都是 std::string，或者一个类型是指针而另外一个是整型，甚至算术类型也能满足它。然而在这 3 种情况下，Addable 的语义有着根本的区别（它们分别意味着联结、迭代器位置移动以及各种算数加法）。引入这样一个概念将给库带来模糊的接口，从而可能触发奇怪的歧义。

看来，概念设计时，其实最好是对问题领域中出现的真实的语义建模。以有原则的方式来这样做必然会改进库的整体设计，因为它让展现给客户的接口变得一致且清晰。当标准模板库（STL）被加入 C++标准库的时候，正是带来了这样的改进。尽管它当时并没有基于语言的“概念”可以运用，但是其设计思想中有强烈的概念的观念（例如迭代器和迭代器层级），其余的已经成为历史。

E.4.3 二进制兼容性

有经验的 C++程序员知道，当特定的实体（尤其是函数和成员函数）被编译到低层次的机器码的时候，由其被声明的名字、类型和作用域组合出的一个名字会跟它们联系起来。这样的名字，通常被称为实体的重整名（mangled name），它被目标代码链接器用来解析对该实体的指代（如从其他的目标文件）。例如，某函数的定义：

```
namespace X {
  void f() {}
}
```

在 Itanium C++ ABI（参阅[*ItaniumABI*]）中其重整名是_ZN1X1fEv（在此编码中的字母 X 和 f 分别来自命名空间的名字和函数名）。

重整名在同一个程序中不可以“冲突”。所以，如果两个函数在同一个程序中有共存的可能，它们就必须有不同的重整名。进一步地，这就意味着约束也必须被编码进函数名（因为其他方面都一样而只有约束不同的模板特化和它们的函数体可能出现在不同的编译单元中）。考虑以下两个编译单元：

```
#include <iostream>

template<typename T>
concept HasPlus = requires (T x, T y) {
  x+y;
};

template<typename T> int f(T p) requires HasPlus<T> {
  std::cout << "TU1\n";
}

void g();

int main() {
  f(1);
  g();
}
```

以及

```
  #include <iostream>

template<typename T>
concept HasMult = requires (T x, T y) {
  x*y;
};
```

```
template<typename T> int f(T p) requires HasMult<T> {
  std::cout << "TU2\n";
}

template int f(int);

void g() {
  f(2);
}
```

这个程序必定输出

```
TU1
TU2
```

这意味着 f()两处定义的重整名一定是不同的。[①]

① GCC 7.1 中概念的实验性实现在这方面是有已知欠缺的。

术语表

术语表包含本书所使用的最重要的技术概念。如果想了解 C++程序员所使用的、更通用的术语，请参阅[*StroustrupGlossary*]。

abstract class（抽象类）

无法产生具体对象（实例）的类。抽象类可以用来收集单个类型中不同类的公共属性，也可以用来定义多态接口。由于抽象类被用作基类，因此其缩写 ABC 有时被用于抽象基类。

ADL

argument-dependent lookup（依赖于参数的查找）的缩写。ADL 是一个在命名空间和类中查找函数（或运算符）的名称的过程。这些命名空间和类是指：以某种方式的函数调用和函数（或运算符名称）的实参相关联的命名空间和类。由于历史原因，它有时被称为扩展的 Koenig 查找，或直接称为 Koenig 查找（后者也应用于运算符的 ADL）。

alias template（别名模板）

一种表示类型别名族的构造。它指定了一个通过用特定实体替换模板参数来生成实际的类型别名的模式。别名模板可以是类成员。

angle bracket hack（角括号技巧）

它是一个 C++特性，允许编译器把两个连续的字符 > 看成两个右角括号。例如，角括号技巧使 vector<list<int>>与 vector<list<int> >可以被视为等价的。它被称为词汇技巧，因为它不适用于 C++标准规范（尤其是语法），也不适用于典型编译器的通用体系结构。另一个类似的技巧机制，可处理偶然出现的连字格式（参见术语 digraph）。

angle bracket（角括号）

当把符号<和>用作分隔符，而不是小于和大于运算符时，称这两个符号为角括号。

ANSI

American National Standard Institute 的缩写，它是一家私有的非营利性组织，致力于各种标准规范的制定工作。可参见 INCITS。

argument（实参）

它是一个值（从广义上说），用于替换程序实体的参数。例如，在函数调用 abs(-3)中，实参为-3。在某些编程社区中，实参（argument）也称为实际参数（actual parameter），而参数（parameter）称为形式参数（formal parameter）。另请参见模板实参（template argument）。

argument-dependent lookup（依赖于参数的查找）

见 ADL。

class（类）

是对同一类型的对象的描述。类定义了该类型的任何对象的一组共同特征，包括类的数据（如属性、数据成员）和操作（如方法、成员函数）。在 C++中，类可以看作一种结构，它的成员可以是函数，并且具有访问限制。类是使用关键字 class 或 struct 来声明的。

class template（类模板）

一种表示类族的构造。它指定了一种用指定实体替换模板参数来生成具体类的模式。类模板有时也称为参数化类（parameterized class）。

class type（类类型）

用 class、struct 或 union 声明的 C++类型。

collection class（集合类）

一种用来管理一组对象的类。在 C++中，集合类也称为容器。

compiler（编译器）

它是一种程序或库组件，可以将编译单元中的源代码编译成目标代码（带有符号注释的机器代码，允许链接器跨编译单元解析引用）。

complete type（完全类型）

完全类型指的是：已定义的类、完整元素和已知大小的数组、具有已定义基础类型的枚举类型、除 void 以外的任何基本数据类型（可选地使用限定符 const 或 volatile）。

concept（概念）

应用于一个或多个模板参数的命名约束集。见附录 E。

constant-expression（常量表达式）

在编译期可以由编译器计算其值的一种表达式。我们有时称之为真常量（true constant），以避免与 constant expression（不带连字符“-”）发生混淆。常量表达式是指不能由编译器在编译时计算的一种表达式。

const member function（const 成员函数）

可以针对常量或者临时对象进行调用的成员函数，因为它通常不能修改*this 对象的成员。

container（容器）

见集合类。

conversion function（转换函数）

一种特殊的成员函数，定义了如何把一个对象隐式（或者显式）地转换为另一个类型的对象。可使用 operator type()的形式进行声明。

conversion operator（转换运算符）

转换函数的同义词。后者是标准术语，但是前者也是经常使用的。

CPP file（CPP 文件）

一个用于定义变量和非内联函数的文件。程序的可执行（与声明性相反）代码通常放在 CPP 文件中。它们被命名为 CPP 文件，因为它们通常以.cpp 作为扩展名。但由于历史原因，扩展名也可以是.C、.c、.cc 或.cxx。可参见头文件和编译单元。

CRTP（奇妙递归模板模式）

curiously recurring template pattern 的缩写。这是一种编码模式，类 X 派生自以 X 作为模板实参的基类。

curiously recurring template pattern（奇妙递归模板模式）

见 CRTP。

decay（退化）

一种把数组或函数隐式转换为指针的操作。例如，字符串“hello”的类型是 char const[6]，但在许多 C++的上下文中，它会隐式地转换为 char const *类型的指针（指向字符串的第 1 个字符）。

declaration（声明）

一种把一个名称引入或重新引入某个 C++作用域的构造。见“定义”。

deduction（演绎）

根据使用模板的上下文隐式地确定模板实参的过程。完整的概念是模板实参演绎（template argument deduction）。

definition（定义）

它是一种声明，需要提供被声明实体的详细信息，或者对于变量，必须为被声明的实体保留存储空间。对于类类型和函数定义而言，指的是包含在一对花括号内的声明。对于外部变量声明而言，指的是没有 extern 关键字的声明或有初始值的声明。

dependent base class（依赖型基类）

一种依赖于模板参数的基类。需要特别小心地访问依赖型基类的成员。参见两阶段查找（two-phase lookup）。

dependent name（依赖型名称）

取决于模板参数的名称。例如，当 A 或 T 是模板参数时，A<T>::x 是一个依赖型名称。如果函数调用中的任何实参依赖于模板参数的类型，则函数调用中函数名也是依赖型的。例如，如果 T 是一个模板参数，f((T*)0)中的 f 就是依赖型的。然而，模板参数的名称不被认为是依赖型的。另请参见两阶段查找。

digraph（连字符）

两个连续字符的组合，等价于 C++代码中的另一个单一字符。连字符的目的是，允许使用缺少某些字符的键盘输入 C++代码。尽管很少使用连字符，但当左角括号紧跟域解析运算符（::）而中间没有间隔符时，有时就会意外地形成连字符<:。在这种情况下，C++11 引入了一个词汇技巧来禁用连字符解析。

EBCO（空基类优化）

empty base class optimization 的缩写。它是现代大多数编译器所使用的一种优化，“空”基类的子对象不会占用存储空间。

empty base class optimization（空基类优化）

见 EBCO。

explicit instantiation directive（显式实例化指令）

一种旨在生成一个 POI 的 C++构造。

explicit specialization（显式特化）

为了替换模板，声明或定义另一个候选定义的构造。原来的（泛型）模板称为基本模板。如果候选定义仍然依赖于一个或多个模板参数，则称为偏特化。否则，就称为全局特化。

expression template（表达式模板）

它是一种类模板，用于表示表达式的一部分。模板自身代表了一种特定的操作。模板参数表示该操作所用到的操作数类型。

forwarding reference（转发引用）

T&& 形式的右值引用（rvalue reference）中，T 是可推导的模板参数。转发引用适用不同于普通右值引用的特殊规则（参阅 6.1 节）。该术语是由 C++17 引入的，用来替换通用引用，因为这种引用的主要用途是转发对象。然而，值得注意的是，它不会自动转发。也就是说，这个术语不是说明它是什么，而是说明它通常用于做什么。

friend name injection（友元名称注入）

通过把函数名称声明为友元，而使函数名称可见的过程。

full specialization（全局特化）

见显式特化（explicit specialization）。

function object（函数对象）

一种使用函数调用语法的对象。在 C++中，指向函数的指针有重载的 operator()（见仿函数）和具有转换函数的类，它们产生指向函数的指针或对函数的引用。

function template（函数模板）

表示函数族的一种构造。它指定了一种产生实际函数的模式：用特定的实体替换模板参数。请注意，函数模板是模板，而不是函数。函数模板有时也称为参数化函数。

functor（仿函数）

一种具有重载 operator()的类类型的对象，可以使用函数调用语法来进行调用。这包含 lambda 表达式的闭包类型。

glvalue（广义左值）

一类为存储值（广义本地化值）占据位置的表达式。glvalue 可以是 lvalue 或 xvalue。参见值类别和附录 B 的 B.2 节。

header file（头文件）

通过使用#include 指令成为编译单元一部分的文件。这些文件通常包含从多个编译单元引用的变量和函数的声明、类型、内联函数、模板、常量和宏的定义。它们通常以.hpp、.h、.H、.hh 或.hxx 为扩展名，也称为被包含的文件。另请参见 CPP 文件和编译单元。

INCITS

InterNational Committee for Information Technology Standards（国际信息技术标准委员会）的缩写，该委员会是经 ANSI 认证的美国标准开发组织（以前也称为 X3）。一个名为 J16 的小组委员会，致力于 C++标准化的工作。该组织与 International Organization for Standardization（ISO，国际标准化组织）密切合作。

include file（被包含的文件）

见头文件。

incomplete type（非完全类型）

是指一个已声明但未定义的类，或是一个元素类型不完整或大小未知的数组，或是一个未定义基础类型的枚举类型，或是 void 类型（可使用 const 或 volatile）。

indirect call（间接调用）

一种函数调用，在实际发生调用（在运行期）之前，哪一个函数被调用是未知的。

Initializer（初始化器）

一种指定如何初始化一个对象的构造。例如：

std::complex<float> z1 = 1.0, z2(0.0, 1.0);

那么初始化器就是 = 1.0 和(0.0, 1.0)。

initializer list（初始化列表）

用逗号分隔开的表达式列表，用花括号标识，用于初始化对象和引用。初始化列表通常用于初始化变量，也用于初始化构造函数定义中的成员和基类的值。该初始化可以直接进行，也可以通过中间的 std::initializer_list 对象进行。

injected class name（注入的类名称）

对于类来说，它的名称在其自身的定义作用域中是可见的。对于类模板，在模板的作用域内，如果模板名称后面没有紧跟模板实参列表，则该模板名称被视为一个类名称。

instance（实例）

在 C++程序设计中，实例这个术语有两个含义。从面向对象的角度来讲，其代表的是类的实例、类的一个实现对象。例如，在 C++中，std::cout 是类 std::ostream 的实例。另一种含义（在本书中所使用的概念）是模板实例，通过用特定的值替换所有的模板参数而获得的实例，包含类、函数或成员函数。从这个意义上说，实例也被称为特化，尽管特化经常被误认为显式特化。

Instantiation（实例化）

指的是在模板定义中替换模板参数，以生成一个具体实体（如函数、类、变量或别名）的过程。如果只替换模板的声明而不替换其定义，则有时会使用术语“局部模板实例化”。参见替换。本书中不使用生成一个类的实例（对象）的这一种含义（参见实例）。

ISO

International Organization for Standardization（国际标准化组织）的缩写。一个称为 WG21 的 ISO 工作组，致力于 C++的标准化和发展。

iterator（迭代器）

一种知道如何遍历一系列元素的对象。通常，这些元素属于一个集合（见集合类）。

linkable entity（可链接实体）

包括函数或成员函数、全局变量或静态数据成员，还包括产生自模板生成的链接器可见的任何实体。

linker（链接器）

一种程序或操作系统服务，将编译好的编译单元链接在一起，并在这些编译单元之间，对可链接实体进行解析和引用。

lvalue（左值）

对于一类表达式，它为不可更改的存储值（即没有 xvalue 的 glvalue）提供一个位置。典型的例子是，表示命名对象（变量或成员）的表达式和字符串文本。参见值类别和附录 B 的 B.1 节。

member class template（成员类模板）

一种表示成员类族的构造。它是在另一个类或类模板定义中声明的类模板，具有自己的模板参数集（这一点不同于类模板的成员类）。

member function template（成员函数模板）

一种表示成员函数族的构造。它有自己的模板参数集(这一点不同于类模板的成员函数)。它和函数模板非常相似，但是当所有的模板参数都被替换之后，它本身就变成了一个成员函数（而不是普通函数）。成员函数模板不能是虚的。

member template（成员模板）

指成员类模板、成员函数模板、静态数据成员模板。

modern C++（现代 C++）

在本书中，是指 C++11 或更高版本（即 C++14 或 C++17）的标准化语言。

nondependent name（非依赖型名称）

一个不依赖于模板参数的名称。参见依赖型名称和两阶段查找。

ODR

one-definition rule（单一定义规则）的缩写。此规则对 C++程序中出现的定义设置了一些约束。参阅 10.4 节和附录 A。

one-definition rule（单一定义规则）

见 ODR。

overload resolution（重载解析）

指当存在多个候选函数（通常都具有相同的名称）时，从这些候选函数中选择要调用哪个最佳匹配函数的过程。见附录 C。

parameter（参数）

一种占位符实体，在某一时刻被实际值（实参）所替换。对于宏参数和模板参数来说，这种替换发生在编译期。对于函数调用参数而言，它发生在运行期。在某些编程社区中，参数（parameter）称为形式参数（formal parameter），而实参（argument）称为实际参数（actual parameter）。参见实参（argument）和模板参数。

parameterized class（参数化类）

类模板或嵌入在类模板中的类。它们都是被参数化过的，因为在指定模板实参之前，它们不能对应于唯一的类。

parameterized function（参数化函数）

可以是函数或成员函数模板，也可以是类模板的成员函数。所有参数都是参数化过的，因为在被指定模板实参之前，它们不对应于唯一的函数（或成员函数）。

partial specialization（偏特化）

是声明或定义模板进行某些替换后的一个候选定义的构造。原来的（泛型）模板称为基本模板。候选定义仍然要依赖于模板参数。目前，此构造仅适用于类模板。参见显式特化。

POD（普通旧数据）

plain old data 的缩写。POD 类型是那些没有特定的 C++特性（诸如虚拟成员函数、访问关键字等）就可以定义的类型。例如，每个普通的 C 结构都是 POD 类型。

POI（实例化点）

point of instantiation 的缩写。POI 是源代码中的一个位置，通过用模板实参替换模板参数，从概念上对模板（或成员模板）进行扩展。实际上，不需要在每个 POI 处都进行这种扩展。参见显式实例化指令。

point of instantiation

见 POI。

policy class（policy 类）

指的是一个类或类模板，其成员描述了一种泛型组件的可配置行为。policy 通常是作为模板实参传递的。例如，排序模板可以具有一个排序 policy。policy 类也称为 policy 模板或 policy。另请参见特征模板。

polymorphism（多态）

是一种把一个操作（由其名称来标识）应用于不同类型对象的功能。在 C++中，传统的面向对象的多态（也称为运行期多态或动多态），是通过在派生类中重写的虚函数实现的。此外，C++模板实现了静多态。

precompiled header（预编译头文件）

是编译器可以快速加载源代码的一种处理形式。预编译头文件的源代码必须位于编译单元的首部（即它不能位于编译单元中间的某些位置）。通常，一个预编译头文件对应多个头文件。使用预编译头文件可以大大减少构建 C++大型应用程序所需的时间。

primary template（基本模板）

不是偏特化的模板。

prvalue（纯右值）

是执行初始化的一类表达式。prvalue 可以假定为指定的纯数学值，例如 1、true、临时值（特别是返回值）。在 C++11 之前的任何 rvalue 都是 C++11 中的 prvalue。参阅附录 B 的 B.1 节的值类别和 B.2 节。

qualified name（受限名称）

包含一种有作用域的限定符（::）的名称。

reference counting（引用计数）

一种资源管理策略，可以用于跟踪统计引用某一特定资源的实体个数。当个数降至 0 时，可以释放该资源。

rvalue（右值）

不是 lvalue 的一类表达式。rvalue 可以是 prvalue（例如一个临时值）或 xvalue（例如，用 std::move()标记的 lvalue）。C++11 之前的 rvalue 在 C++11 中被称为 prvalue。参阅附录 B 的 B.1 节的值类别和 B.2 节。

SFINAE（替换失败不是错误）

substitution failure is not an error 的缩写。它是一种机制，当试图以无效的方式替换模板实参时，它会自动丢弃模板，而不是触发编译错误。如果替换成功，则将选择重载集中的其他模板。

source file（源文件）

头文件或者 CPP 文件。

specialization（特化）

用实际值替换模板参数后的结果。特化可以通过实例化或显式特化产生。这个术语有时会和显式特化发生混淆。参见实例。

static data member template（静态数据成员模板）

作为类或类模板的成员的变量模板。

substitution（替换）

一个用实际类型、值或模板来替换模板实体中模板参数的过程。替换的程度依赖于上下文。例如，在重载解析期间，只需执行最小数量的替换来产生候选函数的类型，如果该替换导致无效构造，那么使用 SFINAE 规则。另请参见实例化。

template（模板）

一种表示一系列类型、函数、成员函数或变量的构造。它指定了一种生成具体的类型、函数、成员函数或变量的模式：用特定的实体替换模板参数。在本书中，这个术语不包括函数、类、静态数据成员和类型别名，它们仅仅是通过类模板的成员来参数化的。参见别名模板、变量模板、类模板、参数化类、函数模板和参数化函数。

template argument（模板实参）

用于替换模板参数的值。这个值通常是一个类型，尽管某些常量值和模板也可以成为有效的模板实参。参见实参。

template argument deduction（模板实参演绎）

参见演绎。

template-id（模板 id）

模板名称和在角括号中指定的模板实参的组合（例如，std::list<int>）。

template parameter（模板参数）

在模板中的泛型占位符。最常见的模板参数是类型参数，它代表一种类型。非类型参数表示一个特定类型的常量值，模板参数表示类型模板。参见参数。

templated entity（模板实体）

在模板中定义或生成的模板或实体。实体包括类模板的普通成员函数，或模板中出现的闭包类型的 lambda 表达式。

trait template（特征模板）

一个类模板，其成员描述模板实参的特征。通常，特征模板的目的是避免模板参数个数过多。见 policy 类。

translation unit（编译单元）

一个使用#include 指令包含所有头文件和标准库头文件的 CPP 文件，除去那些由条件编译指令（如#if）所舍弃的文本。简单起见，可以将编译单元看成预处理 CPP 文件的结果。见 CPP 文件和头文件。

true constant（真常量）

由编译器在编译期计算值的一种表达式。见 constant-expression。

tuple（元组）

C struct 概念的一种泛化，可以通过数字访问成员。

two-phase lookup（两阶段查找）

在模板中，是一种名称查找机制。这两个阶段是指：模板定义的处理；特定模板实参的模板实例化。非依赖型名称只在第一阶段被查找，在该阶段中不会考虑非依赖型基类。只有在第二阶段，才对具有域限定符（::）的依赖型名称进行查找。在这两个阶段中，都会对不带域限定符的依赖型名称进行查找，但在第二阶段中，只执行 ADL。

type alias（类型别名）

类型的一个替代名称，通过使用 typedef 关键字声明、别名声明或别名模板的实例化进行引入。

type template（类型模板）

类模板、成员类模板或别名模板。

universal reference（通用引用）

T&& 形式的右值引用（rvalue references）中，T 是可推导的模板参数。通用引用适用不同于普通右值引用的特殊规则（参阅 6.1 节）。这个术语是由 Scott Meyers 创造的，作为左值引用和右值引用的通用术语。因为“通用”这个词用得过于普遍，所以 C++17 标准引入了转发引用（forwarding reference）这个术语。

user-defined conversion（自定义的类型转换）

一种由程序员定义的类型转换。它可以是只有一个参数的构造函数或是一个类型转换函数。对于构造函数或类型转换函数来说，除非前面用关键字 explicit 声明，否则类型转换可以隐式进行。

value category（值类别）

是一类表达式。常规的值类别包括 lvalue 和 rvalue，它们继承自 C。C++11 引入的类别包括：表示存储对象的 glvalue（广义 lvalue）和表示初始化对象的 prvalue（纯 rvalue）。其他的类别将 glvalue 细分为 lvalue（可本地化值）和 xvalue（将亡值）。此外，在 C++11 中，rvalue 用作 xvalue 和 prvalue（在 C++11 之前，rvalue 也就是在 C++11 中的 prvalue）的通用类别。详见附录 B。

variable template（变量模板）

表示一系列变量或静态数据成员的一种构造。它指定了一种产生具体变量和静态数据成员的模式：用特定的实体替换模板参数。

whitespace（间隔符）

在 C++中，这是用于分隔源代码中各个标记（可以是标识符、文字、符号等）的空格。除了传统的空格符、换行符和水平制表符之外，还包括注释。其他间隔符（如页面控制字符）有时也是有效的间隔符。

xvalue（将亡值）

表示一类为存储对象生成位置的表达式，可以假设该位置不再使用。一个典型的例子是用 std::move()标记的左值。参见值类别和附录 B 的 B.2 节。